国防电子信息技术丛书

合成孔径雷达成像算法与实现

Digital Processing of Synthetic Aperture Radar Data

Algorithms and Implementation

[加] Ian G. Cumming
Frank H. Wong   著

洪　文　胡东辉　韩　冰　等译
吴一戎　审校

电子工业出版社

Publishing House of Electronics Industry

北京·BEIJING

内 容 简 介

本书专门论述 SAR 成像处理算法及其涉及的数字信号处理理论和技术。全书首先讨论了合成孔径雷达基础知识，重点介绍 SAR 成像处理所涉及的信号处理理论、合成孔径基本概念、合成孔径雷达信号特征分析等；接着讨论 SAR 成像处理算法、实现及其比较，包括距离多普勒算法、Chirp Scaling 算法、ωK 算法、SPECAN 算法等成像处理算法，此外还论述了宽成像带 ScanSAR 工作模式的成像处理方法等；最后，本书讨论了 SAR 成像处理算法中的重要辅助算法，即多普勒参数估计，包括多普勒中心估计和方位向调频率估计等。

本书重视细节，强调算法的工程实现，并提供了数据和习题等，对专门从事 SAR 成像处理研究人员而言是一本操作性很强的书籍，同时也是一本出色的教学和培训用书。此外，作为合成孔径雷达系统的核心技术之一，本书所探讨的 SAR 成像处理方面的知识也非常适合系统工程师和后续 SAR 图像应用单位的研究人员阅读。

© 2005 ARTECH HOUSE, INC.

685 Canton Street, Norwood, MA 02062.

本书中文翻译版专有出版权由 Artech House Inc.授予电子工业出版社，未经许可，不得以任何方式复制或抄袭本书的任何部分。

版权贸易合同登记号　图字:01-2006-1684

图书在版编目(CIP)数据

合成孔径雷达成像算法与实现/(加)伊恩·G. 卡明(Ian G. Cumming)等著；洪文等译 . —北京：电子工业出版社，2019.7

(国防电子信息技术丛书)

书名原文：Digital Processing of Synthetic Aperture Radar Data：Algorithms and Implementation

ISBN 978-7-121-35930-9

Ⅰ.①合… Ⅱ.①伊… ②洪… Ⅲ.①合成孔径雷达-成象原理 Ⅳ.①TN958

中国版本图书馆 CIP 数据核字(2019)第 014617 号

责任编辑：马　岚
印　　刷：三河市君旺印务有限公司
装　　订：三河市君旺印务有限公司
出版发行：电子工业出版社
　　　　　北京市海淀区万寿路 173 信箱邮编：100036
开　　本：787×1092　1/16　印张：25.5　字数：653 千字
版　　次：2019 年 7 月第 1 版
印　　次：2023 年 11 月第 5 次印刷
定　　价：119.00 元

凡所购买电子工业出版社图书有缺损问题，请向购买书店调换。若书店售缺，请与本社发行部联系，联系及邮购电话：(010)88254888，88258888。

质量投诉请发邮件至 zlts@ phei. com. cn，盗版侵权举报请发邮件至 dbqq@ phei. com. cn。

本书咨询联系方式:classic-series-info@ phei. com. cn。

再 版 序

作为一种主动的航天、航空遥感手段，微波成像技术具有全天时、全天候工作的特点，在环境保护、灾害监测、海洋观测、资源勘查、精细农业、地质测绘、政府公共决策等方面有着广泛的应用，目前已成为高分辨率对地观测和全球资源管理的最重要手段之一。以其中的典型代表——合成孔径雷达(SAR)技术为例，经过将近五十年的研究和发展，我国在系统研制、数据获取、信息处理及其遥感应用等方面取得了一系列重大的技术突破和丰硕的科研成果。

微波成像技术国家重点实验室主要从事以合成孔径雷达技术为代表的微波成像新概念、新体制、新方法的研究。实验室为持续跟踪国际最先进微波成像技术的发展动态，自2007年起开始组织外文著作系列翻译工作，目前已出版7部，分别涉及SAR先进系统、成像算法、图像理解和遥感应用等方面，为本专业领域的技术推广和人才培养起到了积极的推动作用。

本书专门论述了SAR信号处理基础、成像处理算法及其实现。鉴于作者在SAR成像理论方面的长期研究基础、丰富的教学经验及其实际地面处理系统的研制经历，读者既能在信号处理基础和雷达系统，特别是合成孔径雷达成像理论等方面获得系统而全面的专业基础知识，又能通过学习SAR成像处理算法的难点细节及其工程实现获得深入浅出的直观理解。

本书翻译工作由国内从事微波成像研究的中国科学院空间信息处理与应用系统技术重点实验室等专业研究团队具体组织完成。洪文、胡东辉和韩冰负责全书的校译，吴一戎院士对全书进行了终稿审定。本书的翻译同时还得到了中国科学院电子学研究所多位专家的帮助。译者坚持以准确地传达原著的学术观点为中译本的首要原则，并结合国内研究领域的研究现状和专业用语习惯，可读性和可操作性强。本书中译本出版之后，曾获得原新闻出版总署2007年度"引进版科技类优秀图书奖"，现已成为国内电子工程专业的研究生相关课程教材和广大工程技术人员的重要参考书。

2019年电子工业出版社有限公司决定再次出版本书，我们对译文进行了认真勘误和部分更新。原著两位作者或颐养天年或已悄然仙逝，愿他们的科学精神随他们的论著得到传播和继承。

作者简介

Ian G. Cumming

于加拿大多伦多大学获得工程物理专业理学学士学位，并于伦敦大学皇家学院获得计算与自动化专业博士学位。1977 年加入 MacDonald Dettwiler（即 MacDonald Dettwiler & Associates，MDA），在此进行 SAR 信号处理算法的研究（包括多普勒估计和自聚焦方法），并参与设计了 SEASAT, SIR-B, ERS-1/2, J-ERS-1 和 RADARSAT-1，以及多部机载雷达系统的 SAR 数字处理器算法。

1993 年，Cumming 博士任职于英属哥伦比亚大学电子与计算机工程系，担任 MDA/NSERC 雷达遥感方向的工业研究主席，所在的雷达遥感实验室从事 SAR 处理、SAR 数据编码、星载 SAR 双路干涉、机载 SAR 顺轨干涉、极化雷达图像分类，以及 SAR 多普勒估计等方面的研究。

1999 年，Cumming 博士在位于 Oberpfaffenhofen 的德国宇航中心做了一年的访问学者。工作之余，Cumming 博士还喜好徒步旅行、滑雪和旅游。

Frank H. Wong

中文名黄熙炽，祖籍广东新会，于美国 McGill 大学获得电子工程专业工程学士学位，于英国皇家大学获得电子工程专业科学理科硕士学位，并于英属哥伦比亚大学获得计算机科学博士学位。1977 年加入 MDA，最初几年从事 Landsat 和 SPOT 成像领域的工作，接着专注于 SAR，开始从事机载和星载 SAR 处理和多普勒估计的工作，并在英属哥伦比亚大学雷达遥感实验室讲授了 18 年图像处理课程。1999 年在新加坡国立大学进行了为期一年的访问，在此开展了双站 SAR 处理领域的研究。工作之余，他喜欢象棋、桥牌和乒乓球。

序

 星载合成孔径雷达(SAR)在地球遥感中的应用可以追溯至 1978 年的 SEASAT，其 100 余天的飞行使人们得以初窥 SAR 在成像方面的巨大潜力。但直到 1991 年的 ERS-1，SAR 才真正做到了对地球的长期观测，并实现了成像模式的可靠运行。许多具有较强雷达遥感应用背景的一国和跨国空间项目，确保了在环境监测及全球性变化研究方面都必不可少的数据获取的连续性。

 此后，一些从未设想过的新应用相继出现，其中最振奋人心的莫过于 SAR 的干涉，即利用 SAR 复图像对的相干特性对地表形态、运动或去相关结构进行测量。目前，超过 13 年的连续不断的数据获取，使一些长期研究成为可能，近 10 年的信号积累已经揭示了每年 1 mm 的陆地下沉(速率)及海浪变化。通常需要对同一地区进行上百次成像、精确配准和分析，才能得到类似的结论。

 由于 SAR 处理实现了从光学平台到数字信号处理器(DSP)的跨越式发展，以上应用不再是天方夜谭。数字处理使 SAR 图像的获取和重现变得十分便捷，它既能保证较大动态范围内的无失真图像输出，也保留了精确的相位信息，同时信号处理运算不受物理条件的限制。而且，SAR 数字处理器仍在不断地从飞速发展的计算能力中获益。起初需要使用超级计算机或专用 DSP 进行 SAR 处理，而今天一台笔记本电脑就可以在适度的时间内处理出一幅图像。数字处理的巨大潜力和持续增长的 SAR 数据应用需求，促使许多研究机构和商业公司进行 SAR 处理器的开发，由此发展出了一些满足高分辨率、宽测绘带、高相位精度及复杂成像模式的新算法。

 数据的相干特性使 SAR 在图像结构与数据处理方面与其他遥感技术截然不同。对这样一种系统及其信号的最恰当描述方式是复数方程，因而其处理手段应该是基于信号的，而非基于图像的。SAR 处理固然离不开 DSP，而 DSP 同样也从 SAR 中获益，SAR 成像原理及处理算法本身已成为一类可以移植到其他领域中的颇具吸引力的 DSP 方法。SAR 在一般意义上的成像原理方面与 X 射线断层摄影术很相似，因而从教学角度来说，对其进行研究也是非常有价值的。

 但是，到目前为止全面介绍 SAR 数字处理的书籍并不多见，对该领域的了解还主要限于期刊、会议文集、内部报告及专利，因此 Cumming 教授和 Wong 博士的这本书是非常独特的。

 首先，本书是由遥感测量中首台 SAR 数字处理器(可能也是使用时间最长的)的开发者撰写的。其次，它对现有的 SAR 算法进行了总结，并利用相干信号处理术语予以表述。本书与传统雷达书籍的不同之处在于，它是从处理角度而非雷达载荷角度进行讨论的。由于本书主要针对的是斜视角和孔径都相对较小的星载 SAR，因而一些源于常规雷达的概念(有时显得多余)能以一种更清晰的简化方式予以表达。经验表明，一种技术虽然已得到了充分发展，但距其真正使用还有一段距离。然而，对本书所涉及的条带模式和 ScanSAR 模式处理算法而言，其在应用上已十分成熟。同时，本人希望该书后续版本能将聚束模式也包括在内。

 无疑，本书作者具有深厚的教学素养，并且在知识的传授上毫无保留(Ian Cumming 是位教授，Frank Wong 是英属哥伦比亚大学的短期讲师)。我与两位作者相交多年，对他们以简单易懂的方式阐释复杂问题的能力一直很钦佩。本书对 SAR 处理过程的介绍简明扼要、逻辑清晰、层次分明并且结构完整，全书首先回顾相关的信号处理基础，随后分别对传统的距离多普勒算法，各种 Chirp Scaling 方法及参数估计进行了介绍。所有章节都提供了丰富的图表示例。本书还提供了一组 SAR 数据，以利于读者对书中算法进行有益的实验①。

　　我深信，大学教师、研究生和工程师们，无论是初学者还是 SAR 处理专家，都将从本书中获益。就我个人而言，如果在刚进入 SAR 处理领域时能读到类似的书籍，那么一定会少走许多弯路。

Richard Bamler 主任

遥感技术研究所

德国宇航中心(DLR)

Oberpfaffenhofen

2004 年 12 月

---

① 读者可登录华信教育资源网(www.hxedu.com.cn)注册并下载相关数据。——编者注

前　　言

内容范围

本书记述了我们在遥感 SAR 数据处理方面所积累的经验，其中大部分素材已发表于早先的技术文献中，但汇集成书尚属首次。

我们在 SAR 方面的工作始于 1977 年在 MacDonald Dettwiler（MDA）进行的 SEASAT 数字处理器设计，随后又相继开发了 SIR-B，ERS-1，ERS-2，RADARSAT-1 及 ENVISAT 处理器。与此同时我们也构建了一些机载 SAR 处理器，其中包括本书落笔时刚刚完成的一个双频极化干涉系统，随着目前 RADARSAT-2 处理器的开发，相关工作一直在延续。本书试图对过去 27 年中积累的知识进行总结。

最初的工作是基于相干光学 SAR 处理器的。通过借鉴数字声呐，很自然地会将数字信号处理原理用于 SAR 数据。虽然军方早已介入了这方面的工作，但我们对此一无所知，因而几乎是从零开始进行 SAR 处理器设计的。

我们的经验主要来自"遥感" SAR，这类 SAR 得到的地表图像一般用于地图绘制、地质学、海洋学、林学及农业等方面，其分辨率通常在数米至数十米，测绘带约为 2000~8000 个采样点，地面覆盖可达 150 km（ScanSAR 下甚至更宽）。

星载和机载 SAR 在数据处理上存在较大差异，能够同时满足对两类数据进行有效处理的平台在构建上比较困难。鉴于星载数据较易公开获得，本书一般针对这种情况进行算法讨论，在保持本书大框架的前提下，将对部分机载数据的处理差异进行简单解释。

本书主要从 DSP 角度对 SAR 处理进行说明，除了有助于理解 SAR 回波数据特性，本书一般不详细论述雷达系统原理。

预期读者

本书主要面向 SAR 数据处理及算法开发人员，阐述了大多数有助于理解和设计高质量和/或高吞吐量 SAR 处理器的技术细节。对于那些不具有较强 DSP 背景的读者，本书也介绍了一些相关理论。

此外，本书也将加深图像解译专家对 SAR 数据特性的理解。

作为 DSP 原理的具体应用，SAR 数字处理器在涉及大量标准 DSP 算法的同时，也引入了一些新的概念。因而，本书也将对那些希望进一步了解 DSP 实际应用的高年级学生或研究生有所帮助。

笔误、错印及疏漏

在此，作者对本书中可能出现的错误深表歉意，并希望读者予以批评指正。

在技术资料的引用上，本书尽量选取关系最密切、最原始的参考文献，但在许多情况下使用的是最为熟知的文章，这意味着作者的某些论点可能是值得商榷的，在此衷心希望其他专家予以指正。

致　谢

在此，作者对与本书关系密切的四批人员表示诚挚谢意。首先，作者要感谢多年来一起工作的许多同事，其中包括富于远见的公司创始人 John MacDonald 先生，正是由于他给予我们的巨大支持和充分信任，才使作者在许多人认为不可能的情况下，于 1977 年建立了第一部商用数字 SAR 处理器。同时，作者还要感谢本研究组前十年的组长 John Bennett 先生，其对问题的深刻洞察能力是我们所望尘莫及的。本组最初的成员还包括 Robert Deane, Robert Orth, Pietro Widmer 和 Pete McConnell，他们与作者共同进行了 SAR 数据处理方面的探索。

随着 SAR 处理器市场的不断扩大，许多新成员加入了 MDA 团队，大多数人目前仍在其 SAR 研究组中工作，其中部分人员对 SAR 处理技术做出了重要贡献，包括 David Stevens, Gordon Davidson, Martie Goulding, Paul Lim 和 Tim Scheuer。

作者的大部分工作得到了加拿大和欧洲政府机构的资助（尤其是加拿大遥感中心、加拿大航天局和欧洲航天局），我们也一直与用户保持着技术上的密切联系，在此要特别感谢以下人员与作者进行的富有成效的合作，包括加拿大诸机构的 Keith Raney, Laurence Gray, Paris Vachon 和 Bob Hawkins，以及欧洲航天局的 Rudolph Okkes, Jean-Claude DeGavre 和 Yves Desnos。

在此还要提到另外两个较有影响的机构里的同行们，虽然我们之间只是偶尔打交道，但许多算法却是同时提出的，并且都获益于对方的工作。其中包括美国喷气推进实验室（JPL）的 Charlie Wu, Michael Jin, Dan Held, Paul Rosen 和 Richard Garande，他们开发了与本书相关的一些技术。同时，还包括德国宇航中心（DLR）的 Richard Bamler, Hartmut Runge, Michael Eineder, Alberto Moreira, Rolf Scheiber 和 Josef Mittermeier，他们长期从事 SAR 处理算法的设计工作。这里，作者要特别感谢为本书作序的 Richard Bamler。以上人员的名字将在本书所引用的算法文献中不断出现。

作者还要对为本书提供素材的人员表示感谢。其中，MDA 的 Kjell Magnussen 对地球/卫星几何模型的定义提供了帮助；Politecnico di Milano 的 Fabio Rocca 教授给出了一些有关 ωKA 的深入理解；那不勒斯市 IREA-CNR 的 Riccardo Lanari 博士提供了一种有关改进 SPECAN 算法的解释，JPL 的 Paul Rosen 提供了一幅 SRTM 图像；CCRS 的 Bob Hawkins 提供了两幅 Convair-580 机载 SAR 图像，Gordon Staples 提供了大量 RADARSAT-1 图像和原始数据；英属哥伦比亚大学雷达遥感研究组的许多研究生，包括 Shu Li, Millie Sikdar, Kaan Ersahin 和 Yewlam Neo，阅读了本书的各个章节，并且进行了 RADARSAT-1 数据读取及第 12 章和第 13 章的部分多普勒参数估计图的程序编写。

作者应感谢在本书不同撰写阶段参与审稿的人员。在撰写本书第一部分时，Ian Cumming 正在 DLR 度年假，许多人员对这一阶段的审稿提供了帮助。DLR 的 Juergen Holzner 对本书终稿进行了细致的审校。本书前两章写成后，Frank Wong 去新加坡国立大学的电子工程系进行讲学，其间许多人参与了审阅，他们当中包括英属哥伦比亚大学的 Bernd Scheuchl 和 Yewlam Neo, Calgary 大学的 Dave Alton，以及 MDA 的 Martie Goulding, Paul Lim 和 Norm Goldstein。

关于编辑制作，本书的文稿编辑 Eunice Ludlow 在文字表述方面花费了大量时间，以确保初入行的专业人员或跨专业的读者都能够理解本书的大部分内容，她对全文进行了细致的标点加注，以避免出现超过三行的语句。同样感谢 Rebecca Allendorf 和 Artech House 的所有编辑人员，感谢他们在保持手稿风格方面付出的辛劳。

最后，作者感谢家人在我们紧张无序的工作中所给予的耐心支持。

一幅机载 SAR 图像

在展现正文之前，我们先提供一幅 SAR 图像以飨读者，该图由搭载在 Convair-580 上的加拿大遥感中心 C 波段极化机载雷达得到，数据获取时间为 2004 年 9 月 30 日，成像区为哥伦比亚威斯特汉(Westham)岛上的测试场。

图 A.1 给出的是四个极化通道的合成图像。图像中心位于北纬 49.2°，西经 123.1°，测绘带为 10 km，该图由实时处理器经七视处理得到，图像经过了常规辐射校正。

由 MacDonald Dettwiler 搭建的第一个实时数字 SAR 处理器于 1979 年交付 CCRS，并安装在 Convair-580 上。本图由 1986 年更新的第二代实时处理器得到。

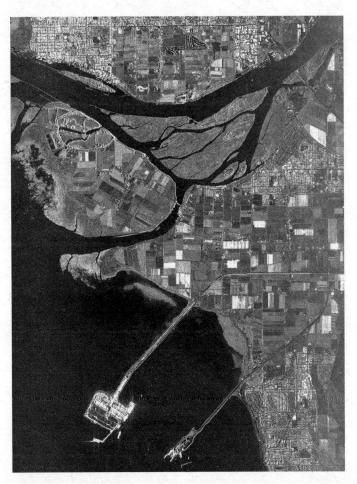

图 A.1　Convair-580 实时处理出的哥伦比亚三角洲市兰德纳地区图像(由 CCRS 的 Bob Hawkins 提供)

目　录

第一部分　合成孔径雷达基础

第二部分　SAR 处理算法

第三部分　多普勒参数估计

第一部分　合成孔径雷达基础

第1章 概 论

1.1 合成孔径雷达背景简介

雷达是由第二次世界大战中的军事需求发展起来的，最初用于跟踪恶劣天气及黑夜中的飞机和舰船。随着射频(RF)技术、天线以及近来数字技术[1]的发展，雷达技术也得到了稳步的发展。

早期的雷达系统利用时间延迟测量雷达与目标(雷达反射体)之间的距离，通过天线指向探测目标方位，继而又利用多普勒频移检测目标速度。1951年，美国Goodyear Aerospace公司的Carl Wiley发现，通过对多普勒频移进行处理，能够改善方位向分辨率。根据这一原理，就可以利用雷达得到二维地表图像。这种通过信号分析技术来构建一个等效长天线的思想称为合成孔径雷达(Synthetic Aperture Radar，SAR)。有关SAR早期的一些技术发展可以参阅Kovaly的著作[2]的前几章。

20世纪50年代和60年代，民用领域的遥感技术得到了发展。在航空摄影方面，开始在飞机和卫星上使用具有几种光学频带的数字扫描仪，人们也开始进行大面积精细地表图像的应用研究。20世纪70年代，军用SAR技术向民用组织开放。遥感学家们发现，SAR图像能为光学传感器[3]提供非常有用的补充。

许多SAR的基础技术是在机载平台上发展起来的，但直到第一颗星载SAR的发射才引起了遥感领域对这种新型传感器的关注。1978年，NASA的SEASAT卫星向全世界展示了SAR获得高清晰度地表图像的能力。SEASAT的发射促进了包括SAR数字处理器及SAR应用研究(如海浪波长、高度及方向测量等)在内的许多遥感领域技术的发展。

雷达系统接收到的SAR数据是散焦的，看上去很像随机噪声。与全息技术类似，回波数据的基本信息隐藏在相位中，所以需要一个对相位敏感的处理器来获得聚焦图像。

利用傅里叶光学原理[4]，聚焦可以通过激光波束和透镜组来完成。将雷达回波数据记录在黑白胶片上，用一个激光束瞄准并照射胶片，利用透镜组将这些数据进行一次实时二维傅里叶变换，然后通过衍射光栅来聚焦数据，再经过另一组透镜进行傅里叶变换，就能在胶片上获得最终的图像。1970年出版的Harger的著作[5]中详细阐述了SAR数据的光学处理方法。

通过SAR光学处理器可以得到聚焦良好的图像，但需要对安放在光路上的高质量透镜组进行精确调整。虽然除去胶片冲洗时间，数据处理是实时的，但仍需一个熟练的操作员来控制图像的质量，并且很难做到自动化处理。另外，最终图像的动态范围也受限于输出胶片[6]。

SEASAT之后，人们开始集中力量开发SAR数字处理器。回波数据经过数字化后，记录在胶带或磁盘上。20世纪70年代后期，256 KB内存对于计算机来说已经相当大了，并且当时的磁盘容量和运算速度以今天的标准来衡量是非常低的。尽管如此，在1978年还是建立了一台SAR数字处理器来处理SEASAT数据，该处理器处理一幅40 km×40 km大小的25 m分辨率图像需要40 h[7]。同样的数据用今天的桌面工作站处理只需要几十秒。

开发SAR数字处理算法需要将光学处理方法进行完整的移植。其中，字节长度、缩放比例、转角、插值以及快速卷积等都是需要考虑的细节。经过一系列原型化开发，1978 年，MacDonald Dettwiler(MDA)和喷气推进实验室(Jet Propulsion Lab，JPL)同时独立研究出了精确的数据处理算法：距离多普勒算法(Range Doppler Algorithm，RDA)，人们很快就认识到 SAR 数字处理的优势和潜力，数字化方法也旋即被奉为圭臬。

1978 年以后，RDA 经过了多次改进，其他数字处理算法也不断涌现，其中有些是针对特殊应用的。本书的目的就是概述 1978 年以来各种算法的发展，并详细介绍那些在星载数据处理中使用的算法。

在此无须说明数字技术的优势。可以毫不夸张地讲，过去 30 年里绝大部分雷达系统方面的革新都是由数字技术在雷达系统设计(尤其是数据处理)中的应用带来的。随着算法处理速度和雷达系统的不断改进，每年都有功能更强大的遥感雷达被设计出来。

1.2 遥感中的雷达

SAR 在遥感领域获得越来越多的应用，主要基于以下 3 个原理：

1. 雷达自带照射源，在黑夜中同样能出色地工作。
2. 一般雷达所使用波段的电磁波几乎可以无失真地穿透水汽云层。
3. 物质的光学散射能量与其雷达电磁散射能量是不同的，因此雷达与光学传感器具有互补性，有时甚至比光学传感器具有更强的地表特征区分能力。

有关 SAR 在遥感应用方面的一般性评述可以在 *Manual of Remote Sensing*[8]（遥感手册）以及许多网站(包括加拿大遥感中心教育网站)找到。主要的应用包括农业、土壤湿度、林业、地质、水文、洪水和海冰监测、海洋学、舰船和浮油探测、冰雪探测、地表覆盖测绘、高度测绘和地球变化检测(如陆地沉陷、冰川运动和火山活动)等方面。更值得一提的是，由于雷达信号能够穿透一些诸如干砂之类的物质，在 SAR 图像中也能检测到一些地下特征。此外，研究表明 SAR 还可以应用于海底地形测量[9,10]。

1.3 SAR 基础

在遥感中，SAR 借助机载或星载平台获得地表图像。这一过程是通过雷达波束沿着与传感器运动矢量近乎垂直的方向发射相位调制(phase-encoded)脉冲，接收并记录经地表反射后的回波来完成的。

为形成一幅图像，需要在两个互相正交的轴向上进行强度测量。对于 SAR 来说，其中一个轴向(图像 x 轴)平行于雷达波束指向，在这个方向上，回波延时正比于雷达与散射体之间的距离。通过测量回波延时，雷达就能沿图像 x 轴将回波置于正确的位置上。但实际上，天线波束与地面之间并不是平行的，波束指向与雷达运动方向之间也不是严格垂直的，由此造成的几何畸变需要在处理过程中加以校正。

图像的第二个轴向(图像 y 轴)由传感器的航向确定。当雷达在地表上方沿直线飞行时，雷达波束以近似相等的速度扫过地面。雷达发射电磁脉冲串并接收回波脉冲，这些回波经处理后即可依据当前的传感器位置而出现在图像 y 轴上，即产生具有正确几何坐标的图像。类似于旋转雷达波束的方位向，y 轴方向又称为方位向(沿航迹向)。不同的是，对于 SAR 来说，方位向是通过雷达的线性移动来获得的，而不是像静止雷达那样通过波束旋转来获得的。

SAR 的不同工作模式

合成孔径雷达可以按许多种不同方式进行工作,例如多系统工作方式,或者单个系统中包含不同模式的工作方式。其中,部分工作模式如下所示。

条带合成孔径雷达(Stripmap SAR) 在这种模式下,随着雷达平台的移动,天线的指向保持不变。天线基本上匀速扫过地面,得到的图像也是不间断的。该模式对于地面的一个条带进行成像,条带的长度仅取决于雷达移动的距离,方位向的分辨率由天线的长度决定。

扫描合成孔径雷达(Scan SAR) 这种模式与条带模式的不同之处在于,在一个合成孔径时间内,天线会沿着距离向进行多次扫描。通过这种方式,牺牲了方位向分辨率(或者方位向视数)而获得了宽的测绘带宽。扫描模式能够获得的最佳方位向分辨率等于条带模式下的方位向分辨率与扫描条带数的乘积。

聚束合成孔径雷达(Spotlight SAR) 通过扩大感兴趣区域(如地面上的有限圆域)的天线照射波束角宽,可以在条带模式的基础上提高分辨率。这一点可以通过控制天线波束指向,使其随着雷达飞过照射区而逐渐向后调整来实现。波束指向的控制可在短时间内模拟出一个较宽的天线波束(也就是说一个短天线),但是波束指向不可能永远向后,最终还是要调回到向前,这就意味着地面覆盖区域是不连续的,即一次只能对地面的一个有限圆域进行成像。

逆合成孔径雷达(Inverse SAR,ISAR) 前面考虑的都是目标静止而雷达移动的情况,然而在目标移动而雷达静止的情况下,SAR 同样可以工作。这种相反的工作模式称为“逆合成孔径雷达”。逆 SAR 的一个例子就是用地基雷达跟踪卫星航迹。此概念可以推广到雷达和目标都运动的情况,例如用机载或星载合成孔径雷达对波涛汹涌的海面上的舰船进行成像。

双站合成孔径雷达(Bistatic SAR) 在这种工作模式下,接收机和发射机分置于不同的位置。对于遥感 SAR 来说,接收机和发射机通常很接近,可以近似成单基模式。

干涉合成孔径雷达(InSAR) 在这种工作模式下,可以通过复数图像的后处理来提取地形高度和移位。将两幅在同一空间位置(差分干涉 SAR)或间隔很小的两个位置(地形高度干涉 SAR)获得的复数图像进行共轭相乘,就能得到一幅具有等高度线或等位移线的干涉图。

本书主要讨论单基合成孔径雷达的条带模式和扫描模式,因为这些模式是目前遥感合成孔径雷达中的主流模式。本章后面的参考文献[11~14]中详细介绍了聚束合成孔径雷达的数据处理知识,参考文献[15~17]中介绍了逆合成孔径雷达。双站合成孔径雷达的相关概念和数据处理方法可以在参考文献[17~23]中找到。对于聚束合成孔径雷达,极坐标算法(PFA)是一种比较合适的算法[11~13],而对于干涉合成孔径雷达的数据处理可参阅参考文献[24,25]。

SAR 分辨率

信号处理器在 SAR 分辨率中起着至关重要的作用,因为实际使用中发射脉冲的宽度很宽,必须经过脉冲压缩技术才能在距离向得到良好的分辨率。经脉冲压缩后,斜距分辨率等于光速除以二倍的[①]距离处理带宽。有关脉冲压缩技术的细节参见第 3 章。

实际上,脉冲压缩技术在许多雷达系统中都有应用,而不仅限于 SAR,但是信号处理器的另一个作用却是 SAR 独有的,也是 SAR 区别于其他雷达的主要特征。一般雷达的方位向

---

① “二倍的”为翻译时所加。——译者注

分辨率等于波束角宽与雷达到目标之间的斜距的乘积，即使对于窄波束雷达，几千米的斜距增量也会导致非常明显的方位向分辨率恶化。

然而我们注意到，处于雷达波束不同位置的散射体的回波具有不同的多普勒频移，如果利用这一点来区分不同的方位单元，就可以得到良好的方位向分辨率。这就涉及了"合成孔径"的概念。第 4 章将讨论这个问题，并由此给出"SAR"这一名称的缘由。利用多普勒频移，可以合成几千米的孔径，分辨率也得到了相应的提高。

经过处理，最终的方位向分辨率等于天线尺寸的二分之一，而与距离无关。因此，为了得到更好的方位向分辨率，天线尺寸越小越好。一般的天线和透镜都是尺寸越大则分辨率越高，SAR 的这个特殊性质使得它与普通天线或透镜的工作原理正好相反。但是，若天线尺寸过小或作用距离过远，图像的信噪比就会低于可接受范围。以上这些问题将在第 4 章中进行讨论。

信噪比

SAR 系统的另一个重要参数是图像信噪比(signal-to-noise，SNR)。SAR 信号的信噪比可以由雷达方程导出。雷达方程表明，雷达接收功率是发射功率、雷达与目标之间的距离，以及许多雷达系统和散射体变量的函数。为建立图像质量与雷达发射功率之间的定量关系，一般将雷达方程表示成图像信噪比的形式，若图像包含分布目标(一般指杂波)，则信噪比为

$$\mathrm{SNR}_{\mathrm{clutter}} = \frac{P_{\mathrm{ave}}\, G^2\, \lambda^3\, \sigma_0\, c}{256\, \pi^3\, R^3\, K\, T\, B_T\, F_n\, L_s\, V\, \sin\theta_i} \tag{1.1}$$

其中 P_{ave} 为平均发射功率，G 为天线增益，λ 为雷达波长，σ_0 为地面目标的归一化后向散射系数，c 为光速，R 为雷达与反射体的距离，K 为玻耳兹曼常数，T 为接收机温度，B_T 为发射信号带宽，F_n 为接收机噪声系数，L_s 为系统损失，V 为平台速度，θ_i 为波束入射角。

平均发射功率通常可以表示如下：

$$P_{\mathrm{ave}} = P_T\, F_a\, T_r \tag{1.2}$$

其中 P_T 为峰值发射功率，F_a 为雷达脉冲重复频率，T_r 为发射脉冲持续时间。

天线增益是俯仰角和方位角的函数。计算俯仰向的增益时需要将雷达与目标的距离考虑在内；方位向的增益则是合成孔径角度范围内天线方向图的加权平均。KT 是标称工作温度下理想接收机的热噪声，F_n 是实际接收机相对于理想接收机的附加噪声系数，L_s 是信号在传输路径中的损耗。

当对孤立点目标成像时，由于点目标的尺寸近似于或小于雷达分辨率，因此它的大部分能量集中在图像的一个点上，点目标 SNR 为

$$\mathrm{SNR}_{\mathrm{target}} = \frac{P_{\mathrm{ave}}\, G^2\, \lambda^3\, \sigma_t\, c}{256\, \pi^3\, R^3 K\, T\, B_T\, F_n\, L_s\, V\, \rho_r\, \rho_a} \tag{1.3}$$

其中 σ_t 为目标的雷达截面积，ρ_r 为斜距分辨率，ρ_a 为方位向分辨率。

这里使用的是目标的实际(没有归一化)雷达截面积，ρ_r 和 ρ_a 是数据处理后的分辨率。利用这些公式，可以计算出点目标信杂比或点目标与杂波及噪声之和的比值。

SAR 的信噪比与一般雷达信噪比的主要区别在于对距离 R 的依赖关系不同。根据熟知的平方反比律(即能量均匀分布于整个半径为 R 的球面)，由于雷达能量在发射和接收的传播中都经过了 $1/R^2$ 的衰减，一般雷达信噪比正比于 $1/R^4$。相比而言，SAR 处理器在方位向将回波能量按正比于斜距 R 的长度进行积分，因此消掉了分母中的一个表征能量传播关系的 R，导致 SAR 的信噪比正比于 $1/R^3$。对 SAR 的信噪比公式的理解并不能帮助我们更好地成像，但是 $1/R^3$ 法则将会用于图像的辐射校正。

距离徙动

合成孔径处理是针对大量回波脉冲进行的。由于在合成孔径内传感器的移动,雷达与目标的距离随时间变化,这个变化所引发的回波数据的多普勒频移构成了合成孔径处理的基础。然而,这种距离变化同时也导致了距离徙动(Range Cell Migration, RCM)现象①,使数据处理变得更复杂了。

雷达接收到回波以后,就对数据进行采样和存储。数据处理是一个二维过程,但一般分成距离向和方位向两个互相独立的一维处理过程。当回波能量在一个合成孔径时间内沿距离向没有明显的变化时,这种分离是非常简单的。这里的"明显"依赖于距离向的采样密度。如果回波能量分布沿距离向的变化(或称距离徙动)超过了一个距离向采样点(或称距离单元),就认为这种变化是"明显"的,在成像处理时必须加以考虑。通常处理过程中的 RCM 校正是单独进行的,称为距离徙动校正(Range Cell Migration Correction, RCMC)。

RCMC 是 SAR 处理中很棘手的一步,要点在于如何在不过度增加处理复杂度的同时精确地校正 RCM。在本书对各种算法的介绍中,读者将会看到,正是对 RCMC 的不同处理,使不同算法得以互相区分。

1.4　星载合成孔径雷达传感器

本书主要针对用于遥感的 SAR 数据处理,重点在于具有广阔地域覆盖性和数据实用性的卫星传感器。

为了给本书的主要部分,即 SAR 成像算法的介绍做好准备,下面介绍一些与算法发展关系密切的主要 SAR 传感器。更多细节可以从 *Manual of Remote Sensing*[8] 和 *Observation of the Earth and Its Environment*[26] 中找到。

SEASAT

SEASAT 发射于 1978 年,是第一颗民用星载 SAR,它引起了遥感界对于 SAR 优势的关注。SEASAT 工作于 L 波段(1.27 GHz),入射角为 23°。回波数据的大距离徙动是设计数字处理器时需要考虑的一个重要因素。它激发了许多数字处理方面的设计灵感,现在使用的许多处理器都可以追溯到 SEASAT 时代。

作为一个最初主要用于海洋探测的卫星,SEASAT 同时也促进了 SAR 数据在遥感应用中的广泛发展。SEASAT 携带了五个专门为海洋应用而设计的器件:

- 用于测量卫星距离海面高度和平均大地水准面的雷达高度计;
- 用于测量风速和风向的微波散射仪;
- 用于测量海面温度的扫描式多通道微波辐射计;
- 用于辨识云层、陆地和水面特征的可见光及红外线辐射计;
- L 波段 HH 极化并拥有固定视角的合成孔径雷达,用来监测全球表面波场和极地海冰状态。

"麦哲伦号"

NASA/JPL 的"麦哲伦号"(Magellan)探测器发射于 1989 年 5 月 4 日,并于 1990 年 8 月 10 日到达金星。它使用一个 4 m 的碟形卫星天线作为 SAR 天线。雷达的工作频率是 2.4 GHz(S 波段)。

---

① 即同一目标在不同脉冲发射周期内,回波信号被接收之后,数据记录位置发生变化的现象。——译者注

在两年的 SAR 测绘任务中，绘制了金星 98% 地表区域的 100 m 分辨率图像。

ALMAZ

俄罗斯的 SAR，即 ALMAZ 发射于 1991 年，西方遥感界对它知之甚少，其最主要的特点就是工作在 S 波段(3.0 GHz)。

SIR-C/X-SAR

SIR-C 是 NASA 用航天飞机运载的 SAR 系列中的第三部雷达，它分别在 1994 年 4 月和 10 月执行了两次任务。其主要特征是可以工作在 L，C 和 X 三个波段，并且在 L 波段和 C 波段采用全极化工作模式。X 波段 SAR 是由德国和意大利提供的。多通道工作模式产生了一系列应用项目的研究，也为 SAR 体制的后续发展指明了方向。

ERS-1/2

作为全球合作化成果的体现，欧洲遥感卫星 ERS-1 于 1991 年发射。12 个欧洲国家联合加拿大共同建造了一个多器件微波卫星，其中的 SAR 工作于 C 波段，其他器件包括一个高度计、一个辐射计和一个散射仪。除了发射波长不同，SAR 在设计上基本类似于 SEASAT。

ERS-2 发射于 1995 年，在设计上与 ERS-1 毫无二致，唯一特点在于它和 ERS-1 沿相同轨道一前一后飞行，从而开启了重复轨道星载干涉 SAR 领域的研究。由于观测间隔只有一天，因此从几乎相同的轨道位置测得的图像就能用来测量地形高度和探测地表特征的变化。

ERS-1 的另一个有趣特征是其 SAR 传感器具有波模式。在日常的运作中，它可以得到 5 km 范围的图像，用于海波分析、地表风向估计和天气预报。

J-ERS

日本地球遥感卫星(J-ERS)发射于 1992 年，其设计和 SEASAT 类似，但其入射角较大，更适合地质应用。

RADARSAT-1

RADARSAT-1 是加拿大航天局在 1995 年发射的卫星，它工作于 C 波段，其主要用途是对北极地区的冰层进行日常成像。它的主要创新在于使用了称为 ScanSAR 的扫描模式，该模式通过在一个合成孔径时间内让雷达波束分别在几个不同的视角上扫描，实现宽测绘带成像。通过两个波位扫描可得到 300 km 的测绘带宽，而四个波位扫描可得到 500 km 的测绘带宽。

利用 7 个标准波束(25 m 分辨率，100 km 测绘带宽)、3 个宽波束(30 m 分辨率，150 km 测绘带宽)和 5 个精细波束(8 m 分辨率，50 km 测绘带宽)，RADARSAT-1 进一步扩展了其在功能上的多样性。每组波束所覆盖的距离入射角范围为 16°~49°，而且还有工作在极限入射角度的实验波束。

RADARSAT-1 的一个崭新应用是 1997 年对南极地区进行的测绘成像。卫星通过复杂的机动装置使天线调整为左视，从而第一次获得了南极极点附近的图像。

SRTM

2000 年 2 月，SIR-C 和 X-SAR 第三次被航天飞机载上天空，执行往返雷达地形测绘任务。这一次，航天飞机上多加了一个 60 m 的吊杆来装置外部天线，以便同时接收 C 波段和 X 波段的信号。由于时间去相关问题得到了解决，这将星载干涉 SAR 技术提高到了一个新的水平。接收数据提供了几乎整个南北纬 60° 之间的地形高度图像，其定位精度为 30 m，高程精度为 16 m。

ENVISAT/ASAR

能够提供高质量数据的第三颗欧洲 SAR 卫星于 2002 年 2 月发射。它在 ERS-1 和 ERS-2 的基础上又增加了双极化模式、宽测绘带模式和 ScanSAR 模式。

未来的 SAR 卫星传感器

在本书撰写之际，一些预定在 2005 年至 2006 年发射的新的 SAR 卫星系统正在研制中，其中包括加拿大的 RADARSAT-2（C 波段）和欧洲的 TERRASAR-X（X 波段），以及日本的 ALOS/PALSAR（L 波段）。

RADARSAT-2 在设计上和 RADARSAT-1 很相似，但有如下几点显著的改进：

- 多种极化模式，包括窄测绘带宽的全极化模式；
- 分辨率提高到 3 m；
- 可以在几分钟内从右视切换到左视；
- 固态数据记录仪；
- 通过全球定位系统（GPS）接收机提高定位精度。

1.5　内容概要

本书分为三个部分。第一部分介绍理解 SAR 处理算法所需的基本知识，包括 SAR 系统的背景、一些信号处理基础，以及 SAR 信号描述等；第二部分论述和分析了卫星遥感中主要使用的 SAR 处理算法；第三部分介绍了主要的多普勒参数，即多普勒中心频率和多普勒调频率的提取算法。

本书的每一章都自成体系，并附有详细的参考文献。具有一定 SAR 背景的读者可以直接阅读有关成像算法及多普勒参数估计的章节。下面详细给出每一章的概要。

第一部分　合成孔径雷达基础

第 1 章　概论

本章介绍合成孔径雷达系统概念，以及一些遥感领域人尽皆知的星载传感器。

第 2 章　信号处理基础

本章介绍了 SAR 处理中要用到的一些基本数字信号处理知识，重点介绍采样、傅里叶变换、卷积、窗、插值，以及点目标分析。

第 3 章　线性调频信号的脉冲压缩

本章介绍了线性调频信号的性质，包括匹配滤波器的压缩特性，同时还讨论了窗函数的使用和压缩误差的影响。

第 4 章　合成孔径的概念

本章讨论 SAR 数据接收的几何关系，由此引出 SAR 信号特性及合成孔径与分辨率的概念。

第 5 章　SAR 信号的性质

本章详细介绍 SAR 信号的数学结构，包括其在距离多普勒域和二维频域内的信号谱形式。本章还讨论了斜视对于 SAR 信号及多普勒中心频率、距离徙动的影响。

第二部分 SAR 处理算法

第 6 章 距离多普勒算法

在 SAR 处理算法的开篇，我们首先介绍星载 SAR 中最常见的算法，即距离多普勒算法（RDA），具体内容包括了斜视处理、距离徙动校正（RCMC）及多视处理。在本章和接下来的一些章节中，通过点目标处理来揭示算法的处理机制。

第 7 章 Chirp Scaling 算法

与 RDA 不同，Chirp Scaling 算法（CSA）以距离向时间－方位向频域上的变标操作替代插值来实现距离徙动校正操作，从而得到比 RDA 更好的图像质量。

第 8 章 ωK 算法

波方程又称 omega-K 算法（ωKA），沿用了地震处理技术，其距离徙动校正是在二维频域通过距离插值完成的。在所有算法中，本算法所能处理的孔径长度和斜视角都是最高的。

第 9 章 SPECAN 算法

这种算法适用于以很小的存储空间和计算量生成快视图像的场合。与一般算法需要两次快速傅里叶变换不同，它只需一次长度较短的快速傅里叶变换就能完成压缩处理。这种算法的图像质量稍逊于 RDA，对此将主要从相位和辐射精度等方面进行详细讨论。

第 10 章 ScanSAR 数据处理

ScanSAR 的数据处理方法和常规的处理方法不同，因为每个点目标在方位向只经历了部分的孔径。由于 SPECAN 算法本身就需要使用部分孔径，故常用在中等分辨程度的 ScanSAR 处理中。本章也介绍了其他一些 ScanSAR 处理算法，例如全孔径算法、短时 IFFT 算法、chirp-z算法，以及扩展 Chirp Scaling 算法。

第 11 章 算法比较

在第二部分的结尾，对不同算法进行了比较，并对具体情况下算法的使用提出了建议。

第三部分 多普勒参数估计

第 12 章 多普勒中心估计

多普勒中心频率，即接收回波数据的中心频率，是 SAR 信号处理中进行滤波器中心对准时必须知道的一个参数。多普勒中心频率是波束指向角的函数，但是角度测量值通常达不到精度要求，必须对 SAR 接收的回波数据进行估计以提高精度，本章介绍了几种估计算法。

第 13 章 方位向调频率估计

为确定方位向匹配滤波器的相位并提高图像聚焦质量，必须获得方位向调频率。从几何关系模型中可以看出，方位向调频率是等效雷达速度的函数，如果这样的估算值不够精确，就可以利用雷达接收数据进行估计，从而提高估计精度。

1.5.1 星载合成孔径雷达图像示例

RADARSAT-1 系统在 1995 年获得的第一幅图像如图 1.1 所示，它标志着星载 SAR 日常处理进入了一个全新的阶段。

相关数据由加蒂诺地面接收站在 1995 年 11 月 28 日接收到，并由加拿大 CDPF 处理中心用距离多普勒算法（见第 6 章）进行处理。

图 1.1　RADARSAT-1 获得的加拿大新斯科舍省 Cape Breton 岛的图像(加拿大航天局版权所有, 1995)

该场景覆盖了新斯科舍省的 Cape Breton 岛的中东部地区, 场景中心大约位于北纬 46° 和西经 60°, 图像尺寸约为 120 km×175 km。图像经过了四视处理, 分辨率为 25 m。悉尼的煤和钢铁之城在图像中心偏下几厘米处。该地区当时刮的是西南风, 使场景中的海洋部分出现一些有趣的特征。

需要说明的是, 由于文件大小和印刷效果的限制, 本图以及书中的其他图像并不能全面反映雷达的图像质量。

参考文献

[1]　M. I. Skolnik. *Introduction to Radar Systems*. McGraw-Hill, New York, 2001.

[2]　J. J. Kovaly. *Synthetic Aperture Radar*. Artech House, Dedham, MA, 1976.

[3]　K. Tomiyasu. Tutorial Review of Synthetic-Aperture Radar(SAR) with Applications to Imaging of the Ocean Surface. *Proc. IEEE*, 66(5), pp. 563-583, 1978.

[4]　J. W. Goodman. *Introduction to Fourier Optics*. McGraw-Hill, New York, 1968.

[5]　R. O. Harger. *Synthetic Aperture Radar Systems: Theory and Design*. Academic Press, New York, 1970.

[6] D. A. Ausherman. Digital Versus Optical Techniques in Synthetic Aperture Radar Data Processing. In *Application of Digital Image Processing*(*IOCC 1977*), Vol. 119, pp. 238-256. SPIE, 1977.

[7] J. R. Bennett, I. G. Cumming, R. A. Deane, P. Widmer, R. Fielding, and P. McConnell. SEASAT Imagery Shows St. Lawrence. *Aviation Week and Space Technology*, page 19 and front cover, February 26, 1979.

[8] F. M. Henderson and A. J. Lewis, editors. *Manual of Remote Sensing*, Volume 2: *Principles and Applications of Imaging Radar*. John Wiley & Sons, New York, 3rd edition, 1998.

[9] W. A. Alpers and I. Hennings. A Theory of the Imaging Mechanism of Underwater Bottom Topography by Real and Synthetic Aperture Radar. *J. of Geophysical Research*, 89(C6), pp. 10529-10546, November 1984.

[10] R. Romeiser, O. Hirsch, and M. Gade. Remote Sensing of Surface Currents and Bathymetric Features in the German Bight by Along-Track SAR Interferometry. In *Proc. Int. Geoscience and Remote Sensing Symp.*, *IGARSS'00*, Vol. 3, pp. 1081-1083, Honolulu, HI, July 2000.

[11] W. G. Carrara, R. S. Goodman, and R. M. Majewski. *Spotlight Synthetic Aperture Radar*: *Signal Processing Algorithms*. Artech House, Norwood, MA, 1995.

[12] C. V. Jakowatz, D. E. Wahl, P. H. Eichel, D. C. Ghiglia, and P. A. Thompson. *Spotlight-Mode Synthetic Aperture Radar*: *A Signal Processing Approach*. Kluwer Academic Publishers, Boston, MA, 1996.

[13] M. Soumekh. *Synthetic Aperture Radar Signal Processing with MATLAB Algorithms*. Wiley-Interscience, New York, 1999.

[14] G. Franceschetti and R. Lanari. *Synthetic Aperture Radar Processing*. CRC Press, Boca Raton, FL, 1999.

[15] D. L. Mensa. *High Resolution Radar Cross-Section Imaging*. Artech House, Norwood, MA, 1991.

[16] D. R. Wehner. *High Resolution Radar*. Artech House, Norwood, MA, 2nd edition, 1995.

[17] R. J. Sullivan. *Microwave Radar Imaging and Advanced Concepts*. Artech House, Norwood, MA, 2000.

[18] M. I. Skolnik. *Radar Handbook*. McGraw-Hill, New York, 2nd edition, 1990.

[19] D. Massonnet. Capabilities and Limitations of the Interferometric Cartwheel. *IEEE Trans. on Geoscience and Remote Sensing*, 39(3), pp. 506-520, March 2001.

[20] Y. Ding and D. C. Munson. A Fast Back-Projection Algorithm for Bistatic SAR Imaging. In *Proc. Int. Conf. on Image Processing*, *ICIP 2002*, Vol. 2, pp. 449-452, Rochester, NY, September 22-25, 2002.

[21] P. Dubois-Fernandez, O. Ruault du Plessis, M. Wendler, R. Horn, G. Krieger, B. Vaizan, H. Cantalloube, D. Heuz, and B. Gabler. The ONERA-DLR Bistatic Experiment: Design of the Experiment and Preliminary Results. In *Proc. Advanced SAR Workshop*, Canadian Space Agency, Saint-Hubert, Quebec, June 25-27, 2003.

[22] D. D'Aria, A. Monti Guarnieri, and F. Rocca. Focusing Bistatic Synthetic Aperture Radar Using Dip Move Out. *IEEE Trans. on Geoscience and Remote Sensing*, 42(7), pp. 1362-1376, July 2004.

[23] O. Loffeld, H. Nies, V. Peters, and S. Knedlik. Models and Useful Relations for Bistatic SAR Processing. *IEEE Trans. on Geoscience and Remote Sensing*, 42(10), pp. 2031-2038, October 2004.

[24] R. Bamler and P. Hartl. Synthetic Aperture Radar Interferometry. *Inverse Problems*, 14(4), pp. R1-R54, 1998.

[25] R. F. Hanssen. *Radar Interferometry*: *Data Interpretation and Error Analysis*. Kluwer Academic Publishers, Dordrecht, the Netherlands, 2001.

[26] H. J. Kramer. *Observation of the Earth and Its Environment*: *Survey of Missions and Sensors*. Springer-Verlag, Berlin, 1996.

第 2 章　信号处理基础

2.1　简介

本章对 SAR 数字信号处理(DSP)的数学基础进行介绍。读者需要熟悉在许多出色教材中[1-5]都有所讨论的线性系统理论。本章无意取代这些著作,仅复习 SAR 处理中将要用到的一些专门的 DSP 工具和数学运算。

SAR 处理中的主要工具包括傅里叶变换、卷积、插值和图像质量参数测量。本章将重述这些概念。首先在 2.2 节中回顾线性卷积,卷积一般通过傅里叶变换在频域进行。2.3 节则对这种与 SAR 处理相关的变换及其性质进行概要描述。2.4 节将讨论基于傅里叶变换的圆卷积运算。

2.5 节概述了采样定理,并对实采样和复采样之间的差异进行了讨论。本节还给出了基带信号和基本频带的定义,并介绍了采样信号的频谱特性。

通常,在 SAR 数据处理中要用到平滑窗或锐化窗(tapering window)。Kaiser 窗通常用于图像质量控制,2.6 节将给出这种窗的时频特性。

SAR 处理的几个步骤都要用到插值。2.7 节将讨论在工程实践中应用最广泛的 sinc 插值。本节还将对如何快速精确地实现插值进行探讨。

对 SAR 图像质量的评价一般通过测量一组图像质量参数而实现。这些参数描述了 SAR 系统和处理器的冲激响应,可以通过测量处理后的点目标而获得。2.8 节将对这些参数和测量方法进行讨论。

正如本书书名所暗示的,SAR 处理是针对有限长度离散时间信号的,而不是针对连续时间信号进行的。但是,考虑到数学上的简单和方便,通常先在连续时间上导出某些性质或进行数据分析。在得到连续时间的分析结果后,总能通过对应的离散分析得到等价的结论。

2.2　线性卷积

2.2.1　连续时间卷积

信号处理中的一个基本运算就是信号 $s(t)$ 和滤波器 $h(t)$ 的卷积。在连续时域,卷积可写为

$$y(t) = s(t) \otimes h(t) = \int_{-\infty}^{\infty} s(u) h(t-u) \, \mathrm{d}u = \int_{-\infty}^{\infty} s(t-u) h(u) \, \mathrm{d}u \qquad (2.1)$$

其中 $\otimes$ 代表卷积运算,$y(t)$ 是输出信号。通常滤波器时间短于信号时间。设滤波器的时间长度为 T,以 $t=0$ 为中心。式(2.1)的积分限可减至

$$y(t) = \int_{t-T/2}^{t+T/2} s(u) h(t-u) \, \mathrm{d}u = \int_{-T/2}^{T/2} s(t-u) h(u) \, \mathrm{d}u \qquad (2.2)$$

对于定义域为 $u=0..T$ 的因果滤波器 $h(u)$,式(2.2)中的积分限应为 $0 \sim T$。

可以从几何角度对卷积进行理解：

1. 生成 $h(u)$ 的时间反褶图像 $h(-u)$，其中 u 是虚时间。

2. 将 $h(-u)$ 以一定的时间位移 t 滑过信号。

3. 在每一位移点上，对 $h(t-u)$ 和信号 $s(u)$ 的重叠乘积进行积分，这种积分又称为"内积"。

注意，信号 $s(t)$，$y(t)$ 和滤波器 $h(t)$ 也可以是复数。

卷积的一个非常有用的性质在于其为线性运算，这意味着对于两个输入信号 $s_1(x)$ 和 $s_2(x)$，满足

$$[\alpha s_1(x) + \beta s_2(x)] \otimes h(x) = \alpha s_1(x) \otimes h(x) + \beta s_2(x) \otimes h(x) \tag{2.3}$$

其中 α 和 β 是常量。该性质源自叠加原则，即输入信号和的卷积等于每个信号卷积的和。

卷积还具有交换性，即

$$s(t) \otimes h(t) = h(t) \otimes s(t) \tag{2.4}$$

相关

卷积和相关是有区别的。相关的定义为

$$\Phi_{\mathrm{sh}}(t) = \int_{-\infty}^{\infty} s(u) h^*(u - t) \, \mathrm{d}u \tag{2.5}$$

其中 $h*$ 表示复变量 h 的复共轭。在几何上，相关又解释为滑动内积。然而，与卷积不同，滤波器的时间轴无须进行反转；若滤波器是复的，则还需取共轭。通常，相关是对等式右边的两个信号进行比较，其中 t 为时间延迟。

与卷积不同，相关是不可交换的，但是

$$\Phi_{\mathrm{sh}}(t) = \Phi_{\mathrm{hs}}^*(-t) \tag{2.6}$$

在本书中，除非特别说明，"滤波"一般通过卷积来实现。

二维卷积

卷积可以被推广至二维，设 t_1 和 t_2 是两个独立的时间变量

$$
\begin{aligned}
y(t_1, t_2) &= s(t_1, t_2) \otimes h(t_1, t_2) \\
&= \int_{-\infty}^{\infty} \int_{-\infty}^{\infty} s(u_1, u_2) h(t_1 - u_1, t_2 - u_2) \, \mathrm{d}u_1 \, \mathrm{d}u_2 \\
&= \int_{-\infty}^{\infty} \int_{-\infty}^{\infty} s(t_1 - u_1, t_2 - u_2) h(u_1, u_2) \, \mathrm{d}u_1 \, \mathrm{d}u_2
\end{aligned}
\tag{2.7}
$$

由于 SAR 信号是二维信号，故滤波可以如式 (2.7) 那样在二维进行。虽然如此，但通常能将其解耦为两个一维滤波器，这样无论在设计上还是实现上都相对简单。解耦后的滤波器可表示为

$$h(t_1, t_2) = h_1(t_1) \otimes h_2(t_2) \tag{2.8}$$

其中 $h_1(t_1)$ 和 $h_2(t_2)$ 是相应的一维滤波器。这样，式 (2.7) 中与 $h(t_1, t_2)$ 的卷积可以通过将 $s(t_1, t_2)$ 在 t_1 和 t_2 方向上与 $h_1(t_1)$ 和 $h_2(t_2)$ 先后进行一维卷积来实现。

$$
\begin{aligned}
y(t_1, t_2) &= s(t_1, t_2) \otimes [h_1(t_1) \otimes h_2(t_2)] \\
&= [s(t_1, t_2) \otimes h_1(t_1)] \otimes h_2(t_2)
\end{aligned}
\tag{2.9}
$$

等式的最后一行源自卷积结合律。

2.2.2 离散时间卷积

一维离散时间卷积可写为

$$
\begin{aligned}
y(n) &= s(n) \otimes h(n) \\
&= \sum_{m=0}^{M-1} s(n-m)\,h(m) \\
&= \sum_{m=n-(M-1)}^{n} s(m)\,h(n-m)
\end{aligned}
\tag{2.10}
$$

其中，滤波器的长度为 M 个采样点，其在积分域 $[0, M-1]$ 之外被赋为 0。假设滤波器长度 M 短于信号长度 K（SAR 数据即属于这种情况）。式（2.10）中的下标表明滤波器是因果的，时刻 n 的输出只与 n 和 n 之前的信号有关。

利用式（2.10），图 2.1 示意了 $K=8$ 点信号与 $M=3$ 点滤波器之间的线性卷积。这也是 MATLAB 中函数 conv(s,h) 的计算原理。信号为正常时序，滤波器则为反褶时序。图中给出了两个循环位移位置上的滤波器，一个是在信号开始位置 $n=0$ 处，一个是在信号结束位置 $n=9$ 处。在这两个位置之间，滤波器以每次移过一位的规律向右滑动，在每个位置上进行内积计算，即可得到一个输出样本。

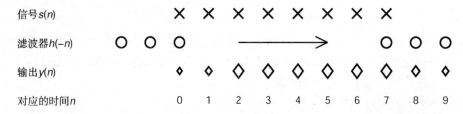

图 2.1　线性卷积运算中的信号（×代表输入样本，○代表滤波器系数，◇代表输出信号）

滤波后的输出在 $n=0,1,2,\cdots,9$ 时非零。但要注意到在 $n=0$ 和 1 及 $n=8$ 和 9 上，信号仅与滤波器系数的子集相乘，故输出结果是部分卷积的，在图中以小菱形表示。前两个点对应于滤波器初始条件未确定时的输出。

部分卷积点在某些应用中很有用，但在其他情况下却并不需要。对于后者，在 $n=2,3,\cdots,7$ 时得到的 $K-M+1=6$ 个输出点称为有效输出点（good output point），而其他输出点则被丢弃。MATLAB 中的 conv(s,h) 函数则对图 2.1 中所有 $K+M-1=10$ 个输出点进行计算。使用离散傅里叶变换计算卷积时同样存在边缘效应。这些多余的边缘点即为 2.4 节将讨论的"弃置"区。

以下为一个 $K=8$，$M=3$ 的一维线性卷积示例：

$$
\{1,3,-1,5,2,6,4,-2\} \otimes \{1,2,3\} = \{1,5,8,12,9,25,22,24,8,-6\}
\tag{2.11}
$$

6 个有效输出点是 $\{8,12,9,25,22,24\}$。边缘点或部分卷积点是 $\{1,5\}$ 和 $\{8,-6\}$。

二维卷积

现在考察滤波器 h 维数为 $M_1 \times M_2$ 的二维卷积，

$$
\begin{aligned}
y(n_1, n_2) &= s(m_1, m_2) \otimes h(n_1, n_2) \\
&= \sum_{m_1=0}^{M_1} \sum_{m_2=0}^{M_2} s(n_1-m_1, n_2-m_2)\,h(m_1, m_2) \\
&= \sum_{m_1=n_1-(M_1-1)}^{n_1} \sum_{m_2=n_2-(M_2-1)}^{n_2} s(m_1, m_2)\,h(n_1-m_1, n_2-m_2)
\end{aligned}
\tag{2.12}
$$

其中二维变量分别用下标 1 和 2 表示。以 3×4 低通滤波器为例，

$$h(n_1, n_2) = \begin{bmatrix} 1 & 2 & 2 & 1 \\ 3 & 6 & 6 & 3 \\ 1 & 2 & 2 & 1 \end{bmatrix} \qquad (2.13)$$

该二维滤波器可以分解为一个水平低通滤波器和一个垂直低通滤波器,

$$h_1(n_1) = \begin{bmatrix} 1 \\ 3 \\ 1 \end{bmatrix} \qquad 和 \quad h_2(n_2) = \begin{bmatrix} 1 & 2 & 2 & 1 \end{bmatrix} \qquad (2.14)$$

这两个一维滤波器的卷积即为式(2.13)的 3×4 滤波器。这表明该二维滤波器可以解耦为一个三点垂直方向滤波器和一个四点水平方向滤波器。以上两步是可交换的。在 MATLAB 中,函数 conv2(h,s) 用于实现采用式(2.13)进行的二维卷积,而 conv2(h1,h2,s) 则用于实现采用式(2.14)进行的二维卷积。注意,不是所有二维滤波器都能按这种方式进行解耦。

上述分解在显著减少算术运算的同时还节省了存储空间。使用式(2.13)的 $h(n_1, n_2)$,计算一个输出点要进行 $2M_1M_2 - 1$ 次运算(M_1M_2 次相乘和 $M_1M_2 - 1$ 次相加),而使用式(2.14)的 $h_1(n_1)$ 和 $h_2(n_2)$ 仅需进行 $2(M_1+M_2-1)$ 次运算。对于 $M_1 \approx M_2 \approx M$ 的较大尺寸的滤波器,解耦后的计算开销可以降低 $M/2$ 倍。在 SAR 处理中,滤波器尺寸处于 800×800 的量级,如果在时域中计算卷积,那么计算量可减小为原来的 1/400。

线性卷积的一个示例是可用卷积滤波器进行建模的 SAR 数据采集系统(见第 4 章)。在这种系统中,来自某一目标的信号在表达上很简单。地面可以视为由无数个具有不同幅度和相位的无限小点目标组成。采集到的数据是来自所有目标的信号和,即目标集合与系统滤波器的卷积。每一无限小点目标为一个冲激脉冲,其响应即为系统冲激响应。该冲激响应是对系统特性的完整描述。

另一个示例是对采集数据进行处理的 SAR 处理系统。与数据采集系统类似,由于处理系统中目标集合的处理响应等于每个目标的单独响应之和①,故其也是线性的。因而,可以很方便地利用单个目标的冲激响应对处理系统进行描述,也可以很方便地利用相关信号性质进行 SAR 处理器设计。也就是说,冲激响应是对处理系统特性的完整刻画。

2.3　傅里叶变换

傅里叶变换是信号和图像处理(包括 SAR 处理)中的一个很重要的工具,卷积和插值主要通过傅里叶变换来实现。有关傅里叶变换理论、性质、实现[6~8]和应用(通信应用[9,10]和信号处理应用[11~18])方面的书籍非常多。今天,得益于许多研究人员和软件工程师的工作,只需要在 MATLAB 或其他科学子程序软件包中简单地利用 fft 或 ifft,就可以进行傅里叶变换和逆变换。本节对连续时间信号和离散时间信号的傅里叶变换对进行简要回顾。

2.3.1　连续时间傅里叶变换

首先考察连续时域的傅里叶变换。连续时间傅里叶变换就是时间连续的(即未采样的)傅里叶变换,或简称为傅里叶变换。傅里叶变换的优势在于函数 $g(t)$ 可以表示为一组幅度和相位各不相同的正弦信号的和。函数 $g(t)$ 可以是复数,其中 t 为连续时间。每个正弦函数都对应于 $g(t)$ 频谱的一个谱分量。

---

① 当处理中使用检波时,系统不再具有"线性"特性。这种运算将在 2.8 节进行描述。

连续时间傅里叶变换对可写为

$$G(f) = \int_{-\infty}^{\infty} g(t) \exp\{-\mathrm{j}\,2\pi f\,t\}\,\mathrm{d}t \tag{2.15}$$

$$g(t) = \int_{-\infty}^{\infty} G(f) \exp\{+\mathrm{j}\,2\pi f\,t\}\,\mathrm{d}f \tag{2.16}$$

其中 j 是复常数，$\sqrt{-1}$。第一个等式表示正变换，用于计算复频谱 $G(f)$。第二个等式表示傅里叶逆变换，用于从频谱中重建初始信号 $g(t)$[①]。变换对通常可表示为

$$g(t) \longleftrightarrow G(f) \tag{2.17}$$

傅里叶变换可以很容易地扩展到二维。令 t_1 和 t_2 代表两个时间轴，f_1 和 f_2 代表相应的频率轴。二维傅里叶变换对可写为

$$G(f_1, f_2) = \int_{-\infty}^{\infty} \int_{-\infty}^{\infty} g(t_1, t_2)\ \exp\{-\mathrm{j}2\pi\,(f_1 t_1 + f_2 t_2)\}\,\mathrm{d}t_1\,\mathrm{d}t_2$$

$$g(t_1, t_2) = \int_{-\infty}^{\infty} \int_{-\infty}^{\infty} G(f_1, f_2) \exp\{+\mathrm{j}2\pi\,(f_1 t_1 + f_2 t_2)\}\,\mathrm{d}f_1\,\mathrm{d}f_2 \tag{2.18}$$

2.3.2　离散傅里叶变换

下面考察离散傅里叶变换（DFT）及其逆变换（IDFT）。这些变换适用于有限长度或周期采样信号。对于长度为 N 的离散信号 $g(n)$，DFT 变换对可写为

$$\text{DFT：}\quad G(k) = \sum_{n=0}^{N-1} g(n) \exp\left\{-\mathrm{j}\frac{2\pi k n}{N}\right\},\ k = 0, \cdots, N-1 \tag{2.19}$$

$$\text{IDFT：}\quad g(n) = \frac{1}{N}\sum_{k=0}^{N-1} G(k) \exp\left\{+\mathrm{j}\frac{2\pi k n}{N}\right\},\ n = 0, \cdots, N-1 \tag{2.20}$$

其中 $G(k)$ 的 N 个值称为谱系数。注意，式（2.20）中的尺度因子 $1/N$ 在一些实际应用中可忽略，但要正确地重建信号 $g(n)$ 的幅值，必须使用这个因子。

时域第一个点 $g(0)$ 对应的时刻为零时刻，信号在时域上以 $1/f_s$ 等间隔采样，其中 f_s 是采样频率。类似地，频域第一个点 $G(0)$ 对应的频率为零频，频域采样间隔则为 f_s/N。因此，频谱样本 $G(k)$ 对应的频率为 kf_s/N（即复正弦信号频率在 N 个样本点内经历了 k 个周期）。

由于复指数函数的周期为 2π，以下 DFT 性质对于任何整数 M 都成立：

$$g(n+MN) = g(n) \tag{2.21}$$

$$G(k+MN) = G(k) \tag{2.22}$$

注意，式（2.21）表明时间序列在分析区间 $n = 0, \cdots, N-1$ 外具有周期性。实际上序列通常是非周期的，但在进行 DFT 时必须使用周期假定。本节最后讨论的泄漏就来自非周期信号的周期假设。

式（2.22）表明离散时间序列的频谱也是周期的。2.5 节将说明，与时间序列的周期性或有限长度不同，频谱的周期性源自采样定理。由于频谱是周期的，在 DFT 的某一输出点 k，观察到的能量可能来自连续时间信号的任一 $kf_s/N \pm Mf_s$ 频率分量。这种 M 值的不确定性称为谱模糊。在某些应用中，M 的大小并不重要，但在 5.4 节提到的一些 SAR 操作中，M 却是非常重要的。

离散傅里叶变换及其逆变换的运算量级为 N^2。当 N 可分解为许多小因子时（如 2 次幂），

---

① 时域信号用小写字母表示，频谱则用大写字母表示。

则可以通过快速傅里叶变换(FFT)高效地计算离散傅里叶变换及其逆变换。当 N 是 2 的幂级数时，快速傅里叶变换及其逆变换(IFFT)的运算量级为 $N\log_2 N$。具体地说，基二 FFT 需要 $(N/2)\log_2 N$ 次复乘和 $N\log_2 N$ 次复加。一次复乘包括 4 次实数乘法和两次实数加法，一次复加包括两次实数加法。若将一次实数加法或一次实数乘法作为一次运算，则基二 FFT 或 IFFT 需要 $5N\log_2 N$ 次运算。只要可以对长度进行因子分解，那么该长度下的 FFT 在效率上几乎和基二 FFT 一样高。

MATLAB 中的 fft 和 ifft 对序列长度没有限制，可能的情况下也可以使用快速算法。如果需要，可将被分析序列的长度补零至 2 的幂或其他有效长度(见 2.3.3 节)。

二维离散傅里叶变换

对于维数为 N_1 和 N_2 的二维离散时间信号，二维离散傅里叶变换对可写为

$$G(k_1, k_2) = \sum_{n_1=0}^{N_1-1} \sum_{n_2=0}^{N_2-1} g(n_1, n_2) \exp\left\{-j\, 2\pi\left(\frac{k_1 n_1}{N_1} + \frac{k_2 n_2}{N_2}\right)\right\} \tag{2.23}$$

$$g(n_1, n_2) = \frac{1}{N_1 N_2} \sum_{k_1=0}^{N_1-1} \sum_{k_2=0}^{N_2-1} G(k_1, k_2) \exp\left\{+j\, 2\pi\left(\frac{k_1 n_1}{N_1} + \frac{k_2 n_2}{N_2}\right)\right\} \tag{2.24}$$

其中下标 k_1, k_2, n_1 和 n_2 的范围为 0 至 N_1-1 或 0 至 N_2-1。

2.3.3　傅里叶变换性质

本节的目的是概述一些将在 SAR 处理中用到的傅里叶变换性质。其详细推导可参阅相关教材[6~8]。

本节的讨论同样是基于连续时间的，除非特别说明，这些性质也适用于离散情况。这里的绝大多数性质是针对一维变换的，但是也可以直接推广到二维情况。在以下性质中，令 $g(t)\leftrightarrow G(f)$，$g_1(t)\leftrightarrow G_1(f)$，$g_2(t)\leftrightarrow G_2(f)$。

复共轭　信号的傅里叶变换取复共轭，并将频率轴反褶，与信号复共轭的傅里叶变换相等。

$$g^*(t) \longleftrightarrow G^*(-f) \tag{2.25}$$

线性　和的傅里叶变换等于傅里叶变换的和

$$\alpha\, g_1(t) + \beta\, g_2(t) \longleftrightarrow \alpha\, G_1(f) + \beta\, G_2(f) \tag{2.26}$$

其中 α 和 β 为常数。

尺度变换特性　某一域中的尺度变换相当于另一域中的"压缩"或"拉伸"。对非零尺度因子 a，

$$g(a\, t) \longleftrightarrow \frac{1}{|a|} G\left(\frac{f}{a}\right) \tag{2.27}$$

当 $|a|<1$ 时，信号在时域被拉伸，在频域被压缩；当 $|a|>1$ 时，情况则相反。

位移/调制　这些性质对滤波器设计和插值等应用非常重要。信号在时域中右移 t_0，等效于在频域与一个负指数线性相位函数相乘。类似地，频谱右移 f_0 相当于在时域中用一个正指数函数对信号进行调制。对于连续时间，有

$$g(t - t_0) \longleftrightarrow G(f) \exp\{-j\, 2\pi f\, t_0\} \tag{2.28}$$

$$g(t) \exp\{j\, 2\pi f_0\, t\} \longleftrightarrow G(f - f_0) \tag{2.29}$$

对于离散时间，所有位移都具有周期性，等效于位移值对 N 取模。

均值　对于连续时间，

$$G(0) = \int_{-\infty}^{\infty} g(t)\,dt \tag{2.30}$$

$$g(0) = \int_{-\infty}^{\infty} G(f)\,df \tag{2.31}$$

每个实部和虚部分别对应于曲线 $G(f)$ 和 $g(t)$ 下的面积。

对于离散时间,

$$G(0) = \sum_{n=0}^{N-1} g(n) \tag{2.32}$$

$$g(0) = \frac{1}{N} \sum_{k=0}^{N-1} G(k) \tag{2.33}$$

第一个频率样本等于所有时域样本的和,第一个时域样本等于所有频域样本的均值。

对称性　　如果 $g(t)$ 是实信号,则频谱 $G(f)$ 满足共轭对称性,即 $G(f)$ 的实部关于零频对称,而虚部关于零频反对称,

$$G(f) = G^*(-f) \tag{2.34}$$

复信号则不具有这种对称性。这意味着复信号中的正负频率是可区分的,因而在复信号中正负频率可以单独表示信息。

Parseval 定理　　在连续情况下,信号与频谱在功率上满足

$$\int_{-\infty}^{\infty} |g(t)|^2 dt = \int_{-\infty}^{\infty} |G(f)|^2 df \tag{2.35}$$

在离散时间下,该关系为

$$\sum_{n=0}^{N-1} |g(n)|^2 = \frac{1}{N} \sum_{k=0}^{N-1} |G(k)|^2 \tag{2.36}$$

这表明离散傅里叶变换及其逆变换满足能量守恒律,即 N 点序列的总能量等于频谱系数的能量平均。

卷积/乘法　　某一域中的卷积等效于另一域中的相乘

$$g_1(t) \otimes g_2(t) \quad \longleftrightarrow \quad G_1(f)\,G_2(f) \tag{2.37}$$

$$g_1(t)\,g_2(t) \quad \longleftrightarrow \quad G_1(f) \otimes G_2(f) \tag{2.38}$$

在离散时间下,卷积具有循环性,该性质将在 2.4 节中阐述。这是 SAR 处理中用到的最重要的性质。

补零　　在离散时间下,某一域(频域或时域)中的序列补零相当于对另一域进行升采样。这使得另一域中的数据量增大,但不会改变序列的信息内容(例如带宽)。

补零可以用于对序列进行插值,按某一特定值调整样本间隔,或使变换长度便于高效处理(如 2 的幂)。2.8 节给出了一些关于补零位置的具体示例。

二维扭曲和旋转　　二维傅里叶变换有一个有趣的几何性质。考察傅里叶变换对

$$g(t_1, t_2) \quad \longleftrightarrow \quad G(f_1, f_2) \tag{2.39}$$

在某一域中沿一个数据轴进行的扭曲,将导致另一域中沿另一个轴的数据扭曲,

$$g(t_1 - \alpha t_2, t_2) \quad \longleftrightarrow \quad G(f_1, f_2 + \alpha f_1) \tag{2.40}$$

$$g(t_1, t_2 - \alpha t_1) \quad \longleftrightarrow \quad G(f_1 + \alpha f_2, f_2) \tag{2.41}$$

其中 α 为扭曲常数。该性质可以用式(2.28)的位移性质予以证明。

而且,使用二维变量替换[19]

$$\begin{bmatrix} t_1' \\ t_2' \end{bmatrix} = \begin{bmatrix} \cos\theta & -\sin\theta \\ \sin\theta & \cos\theta \end{bmatrix} \begin{bmatrix} t_1 \\ t_2 \end{bmatrix} \tag{2.42}$$

和

$$\begin{bmatrix} f_1' \\ f_2' \end{bmatrix} = \begin{bmatrix} \cos\theta & -\sin\theta \\ \sin\theta & \cos\theta \end{bmatrix} \begin{bmatrix} f_1 \\ f_2 \end{bmatrix} \tag{2.43}$$

可以看到某一域中的角度旋转,将导致另一域中同样的角度旋转。

$$g(t_1', t_2') \longleftrightarrow G(f_1', f_2') \tag{2.44}$$

图 2.2 对式(2.40)和式(2.44)给出的傅里叶变换对进行了说明。图 2.2(c)和图 2.2(d)表明,图像的垂直扭曲会导致频谱的水平扭曲。图 2.2(e)和图 2.2(f)表明,图像旋转 20° 会导致频谱沿同样的方向旋转相同的角度。为清晰起见,每一频谱都被移位(使用 MATLAB 中的 fftshift),以使其峰值出现在图像中心。

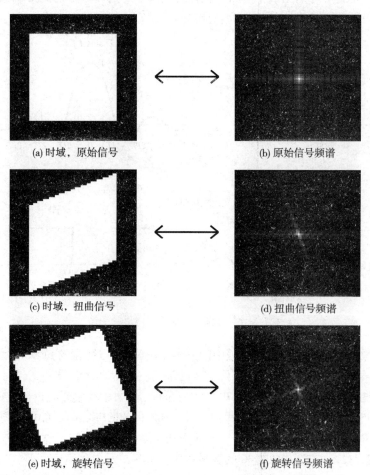

(a) 时域,原始信号　　　　　　　　(b) 原始信号频谱

(c) 时域,扭曲信号　　　　　　　　(d) 扭曲信号频谱

(e) 时域,旋转信号　　　　　　　　(f) 旋转信号频谱

图 2.2　包含数据扭曲和旋转的傅里叶变换对

2.3.4　傅里叶变换示例

本节给出了几种常用的傅里叶变换对。绝大部分情况下,这些性质在时间和频率上是可互换的。

矩形和 sinc 函数

$$\mathrm{rect}\left(\frac{t}{T}\right) \quad \longleftrightarrow \quad T\,\mathrm{sinc}(fT) \tag{2.45}$$

$$\mathrm{sinc}\left(\frac{t}{T}\right) \quad \longleftrightarrow \quad T\,\mathrm{rect}(fT) \tag{2.46}$$

其中 $\mathrm{rect}(x)$ 为矩形函数，定义为

$$\mathrm{rect}(x) = \begin{cases} 1 & \text{若} \ |x| \leq 0.5 \\ 0 & \text{其他} \end{cases} \tag{2.47}$$

sinc 函数为

$$\mathrm{sinc}(x) = \frac{\sin(\pi x)}{\pi x} \tag{2.48}$$

sinc 函数的第一对零点出现在 $x = \pm 1$ 处。

这两个傅里叶变换对如图 2.3 所示。在任一情况下，某一域中的矩形函数将被变换为另一域中的 sinc 函数。其最重要的特性为：时间函数越宽，频率函数越窄，反之亦然。

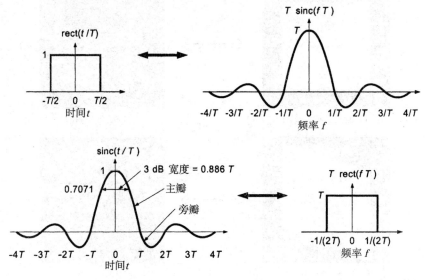

图 2.3　矩形和 sinc 函数的傅里叶变换

式 (2.46) 的逆变换揭示了 SAR 处理中的一个重要性质：对（宽的）矩形频谱进行离散傅里叶逆变换，就会得到（窄的）冲激响应。图 2.3 的最后一行表明，如果带宽（频谱扩散）为 $1/T$，相应的 sinc 函数的 3 dB 宽度则为 $0.886T$[①]。也就是说，信号的持续时间近似与带宽成反比。

信号的一个重要参数是其时间带宽积（Time Bandwidth Product，TBP），顾名思义，其为信号的 3 dB 时宽和 3 dB 带宽的乘积。矩形函数和 sinc 函数的时间带宽积近似为 1。

对于 sinc 型脉冲，$-T \leq t \leq T$ 之间的区域称为主瓣[②]，分布在主瓣两侧，与主瓣轮廓相似的区域称为旁瓣。最大旁瓣功率（图中的 $t \approx \pm 1.5T$ 处）与峰值功率（$t = 0$ 处）的比值称为峰值旁瓣比（将在 2.8 节讨论）。在 sinc 函数中，该比值为 -13 dB。如果一个函数在频域中近似为矩形，但向两端逐渐锐化，则峰值旁瓣比将会降低，3 dB 带宽将会增大。这种影响将在第 3 章中进行讨论。

由于时间与频率的对偶性，同样的定义也适用于第一个傅里叶变换对，只是需将频率替

---

① 分贝（dB）定义为 $10\log_{10}(P)$，其中 P 是功率或功率比，或等价地定义为 $20\log_{10}(V)$，其中 V 是电压或电压比，或为一个具有"幅度"量纲的变量。函数持续时间（分辨率）通常为峰值以下 3 dB 处的宽度。

② 主瓣宽度还有其他定义，见 2.8 节。

换为时间，反之亦然。该傅里叶变换也有同样的时间带宽积。

单频信号　对于一个单频信号，

$$\exp\{j2\pi f_0 t\} \longleftrightarrow \delta(f - f_0) \tag{2.49}$$

其中 δ 是冲激函数。单频函数（即复正弦函数）的傅里叶变换为频域的一个尖峰（δ 函数）。然而，在离散时间下，这种情况只在 $f_0 = kf_s/N$ 时才会发生（即被分析序列正好涵盖 k 个周期，此时频率 f_0 与离散傅里叶变换的一个输出采样频率相同），其中 f_s 是采样频率，N 是 DFT 长度，k 为整数。否则，就会造成频谱"泄漏"，所有离散傅里叶变换输出点都包含一些"错置"能量。在这种情况下，大部分能量集中在 f_0 附近，但也有相当多的能量弥散到其他频谱区域。

脉冲序列　对于离散脉冲序列，

$$\sum_{n=-\infty}^{\infty} \delta(t - nT_s) \longleftrightarrow f_s \sum_{n=-\infty}^{\infty} \delta(f - nf_s) \tag{2.50}$$

其中 T_s 为采样间隔 $1/f_s$。这表明，某一域中的冲激序列变换到另一域中仍为冲激序列，频域连续冲激序列的间隔为采样频率 f_s。

2.4　卷积的离散傅里叶变换计算

卷积是数字信号处理中使用最频繁的运算之一，如何有效计算卷积是十分重要的。可以利用式（2.37）的卷积/乘法性质来提高效率，因为某一域中的卷积可以通过另一域中的乘法来实现。通过快速傅里叶变换完成离散傅里叶变换，就可以使效率得到提高，这又称为快速卷积。

由于离散傅里叶变换及其逆变换的周期假设和循环寻址，卷积实际上是周期卷积或循环卷积。通过将序列补零至合适的长度，就可以利用离散傅里叶变换进行线性卷积。

图 2.4 说明了离散傅里叶变换的循环性质。在图 2.4(a) 中，较长的信号序列围绕圆周按顺时针方向排列。为满足周期性假设，序列结束点 s_7 与序列开始点 s_0 相连。第二个序列，即滤波序列，绕圆周逆时针排列，并通过补零使圆周闭合。每次将滤波器沿顺时针方向移动一位（旋转内圆），对应点相乘后再相加（点乘），即可完成循环卷积。重复 N 次得到 N 个值，其中 N 是较长序列的长度。

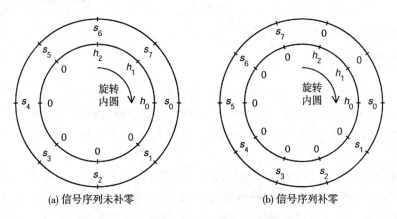

(a) 信号序列未补零　　　　　　　　　(b) 信号序列补零

图 2.4　使用离散傅里叶变换时卷积的循环特性

这种方式实现的循环卷积有一个不同于线性卷积的有趣性质。如果内圆位置如图所示，或者再顺时针旋转一位，那么滤波器样本同时跨越了信号序列的开始点和结束点。如果信号序列具有周期性，那么结果是正确的，但信号很可能是非周期的，因此在这两个点上得到的输出就是错误的。这些源自循环卷积卷绕错误的点应从输出序列中去除，将其称为弃置点。在前述 8 个点的例子中，2 个点是弃置点，6 个点是有效点。

例如，当使用离散傅里叶变换时，式(2.11)的线性卷积变为

$$\{1,3,-1,5,2,6,4,-2\} \otimes \{1,2,3\} = \{9,-1,8,12,9,25,22,24\} \qquad (2.51)$$

其中 3 点滤波器补零至 8 点。6 个有效点与前面的相同，但将式(2.11)的边缘点叠加，就会发现：$(1,5)+(8,-6)=(9,-1)$，这两个点正是循环卷积中的卷绕点。

补零

为了避免错误输出，将两个序列长度都延拓补零至 $N=n_1+n_2-1$，其中 n_1 和 n_2 为序列初始长度。图 2.4(b) 对此进行了示意。为了提高效率，DFT 长度 N 通常选为 2 的幂。例如，假设 n_1 和 n_2 的长度分别为 3100 和 900，则适宜的 FFT 长度应为 4096，每个信号都应补零至这个长度。最终结果包括 4096 个样点，其中 $n_1-n_2+1=2201$ 个点是完全卷积结果，$2(n_2-1)=1798$ 个点是部分卷积结果，其余 $N-n_1-n_2+1=97$ 个点为多余的零点。

部分卷积结果通常是不需要的。令 n_1 为较长序列的长度。如果使用离散傅里叶变换，则最小 DFT 长度为 n_1，只有较短的序列 n_2 需要补零至 DFT 长度。如果使用快速傅里叶变换，则 n_1 和 n_2 序列都要补零至适宜的长度。无论是离散傅里叶变换还是快速傅里叶变换，通过循环卷积都能得到 n_1-n_2+1 个完全卷积的正确结果，如图 2.4(a)所示。

在 MATLAB 中，循环卷积通过以下函数实现：

```
ifft( fft(s,N) .* fft(h,N) )
```

可以根据需要的补零量或/和快速傅里叶变换计算效率来选择 FFT 长度 N。在 MATLAB 中，补零是在每个序列结尾处内置补零。

2.5　信号采样

只有当信号被正确采样时，才能精确有效地进行数字信号处理。这意味着采样率必须足够高，才能无失真地保存信号，但是过高的采样率会导致效率降低。如果采样率不够高，则会出现混叠。采样要求与信号类型有关，例如实信号和复信号，基带信号和非基带信号。本节将讨论时域和频域上的采样影响。

2.5.1　采样信号的频谱

在进行数字信号处理操作时，为考察操作对信号信息的保留程度，应进行频谱分析。实际上，一些信号处理运算是直接应用于信号频谱的。离散时间信号与连续时间信号在频谱上存在不同。根据信号在时间上的连续/离散和在长度上的有限/无限，共有图 2.5 所示的 4 种情况。

假设所考察的无限连续时间信号是带限的（即信号能量局限在 $\pm f_b$ 频率之间的有限区域内，如图 2.5 第 1 行所示）。此时信号是无限的，而频谱是连续的。第 2 行示意的则是仅有有限观测长度的截断信号。当进行傅里叶变换时，其频谱是离散的，通常称为傅里叶级数[①]。

---

① 从理论上讲，截断信号的带宽不可能是精确带限的，但是为了目前讨论的需要，如果带外的频率成分很小，则可以认为信号是有效带限的。图 2.5 第 2 行右边的频谱实际是有限长度连续信号周期延拓的傅里叶级数。

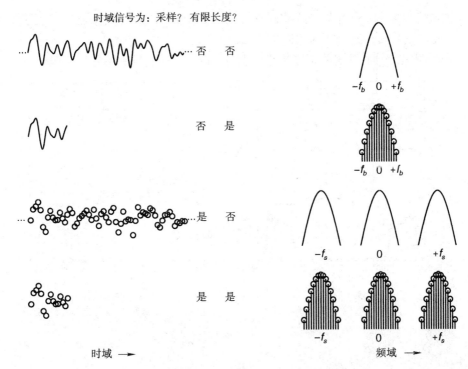

图 2.5　连续时间和离散时间信号的频谱特性

第 3 行和第 4 行显示的是采样后的信号。如图 2.5 下半部分所示，这会导致沿频率轴的频谱复制。但在离散傅里叶变换的输出中只能看到一个频率周期（f_s）范围内的频谱。这种频谱的重复性直接源自式（2.22）或式（2.50）。由于数字信号处理中分析的信号都是有限长度的离散样本，故仅需考虑最后一种情况。

当对采样信号进行 N 点离散傅里叶变换时，输出序列第一个样本的频率为零，最后一个样本的频率为 $(N-1)f_s/N \approx f_s$。为了便于分析和说明，通常将离散傅里叶变换输出序列的左右两半互相交换。这种操作在 MATLAB 中是通过 fftshift 完成的。互换后，序列第一个样本频率为$-f_s/2$，最后一个样本频率为 $(N-2)f_s/2N \approx f_s/2$。对于实信号，离散傅里叶变换输出序列的前一半就可以完整地描述信号，后一半则是冗余的。

2.5.2　信号类型

采样受信号的信息存储方式影响。在此考察几种不同的采样情况：一方面，实信号与复信号在采样上存在差别；另一方面，基带信号与非基带信号的采样也有所不同。图 2.6 以连续信号频谱为例对此进行了示意。

实信号与复信号

现实世界中的所有信号都是实信号，例如电路终端处的电压。但在数字信号处理器中，对复信号进行操作则更方便和高效。例如，离散傅里叶变换所处理的序列就是复序列。

在实际情况下，可以通过复解调过程（又称正交解调），将实信号转换为含有相同信息的复信号。在该运算中，信号与具有一定频率的余弦波混合（相乘），滤除高频分量后的输出称为实通道信号。与此同时，信号与同一频率的正弦波混合，其输出称为虚通道信号。这两路信号经同步采样器采样后得到一个复采样。以上操作是可交换的，即先对实信号进行采样，然后在离散域完成解调[20]。附录 4A 将进一步讨论正交解调。复信号转换也可通过希尔伯特变换实现，此时信号将产生 $\pi/2$ 的相移。

图 2.6 表明实信号的频谱关于零频是共轭对称的，而复信号则不满足频谱对称条件。

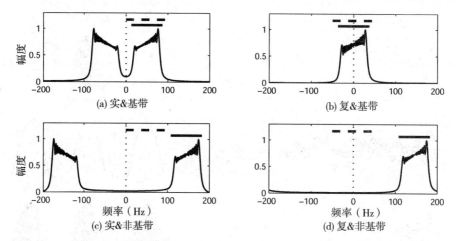

图 2.6　实信号和复信号，基带信号与非基带信号之间的频谱差异

信号带宽

信号带宽对采样要求是非常重要的。对于实信号，仅考虑正频率即可。如果信号的最高频率为 f_2，最低（正）频率为 f_1，则信号带宽为 f_2-f_1。

对于复信号，对正、负频率都要考虑。此时，包含负频率之后的最低信号频率为 f_1。信号带宽仍为 f_2-f_1。

在图 2.6 中，水平实线所涵盖的范围即为带宽。所有四种情况下的带宽约为 75 Hz。当所有能量几乎都集中于通带内时，带宽似乎很好定义。但实际情况并非总是如此，而且从理论上讲，有限长度信号不可能是带限的。为避开这一问题，可以在忽略低于一定基准能量的前提下，将有限长度信号等效为带限信号。因此，只需要考虑高于"主要"基准的能量。该基准通常定在峰值能量以下 3 dB 处（在某些应用中也使用 10 dB 基准）。实际上，模拟信号一般包含一些多余的高频分量（如白噪声）。为尽可能降低采样率，可以在采样前使用抗混叠滤波器，将信号带宽限制在感兴趣的频谱范围内。

基本频率范围

一定采样率下的基本范围是指能完整保存信号信息的最低频率集合。如果采样率为 f_s，则实信号的基本频率范围为零至 $f_s/2$，复信号的基本频率范围为 $-f_s/2$ 至 $+f_s/2$，或零至 f_s。图 2.6 通过水平点线对基本范围进行了示意，其中假设实信号采样率为 200 Hz，复信号采样率为 100 Hz。

基带和非基带信号

对于实信号，基带信号是指最低正频相对于带宽很小的信号。例如，当白噪声信号通过低通滤波器时，信号能量能延伸至零频。在这种情况下，可以通过选择采样率使连续时间信号的主要能量处于基本范围以内。

图 2.6(a) 给出了实基带信号频谱的一个示例。如果信号的最低正频比零频大得多，则称其为非基带信号。非基带信号在通信系统中是很常见的（当信号信息被调制到高频载波上

时）。图 2.6(c)给出了非基带实信号频谱的示例。

对于复信号，基带信号是指在一定的采样率下，连续信号的主要能量完全集中在基本范围以内的信号。图 2.6(b)给出了一个示例。相反，非基带信号是指主要能量没有完全集中在基本范围以内的信号，如图 2.6(d)所示。

2.5.3　奈奎斯特采样率和混叠

由于每个复信号样本的信息量是实信号样本的两倍，故两者的采样要求是不同的。

实信号采样

奈奎斯特采样定理表明，对于有限带宽的连续基带实信号，为使采样能正确描述信号信息，采样率必须高于最高信号频率的两倍，该最小采样率称为奈奎斯特采样率。实信号采样定理的另一种表述是，信号所包含的每一正弦波在一个周期内至少被采样两次。

为说明采样要求，考察图 2.7 实线所示的 300 Hz 连续正弦波。图中示意了 3 个周期，持续时间为 10 ms。首先，令信号的采样率 $f_s = 800$ Hz，如图中星号所示。该采样率相当于每周期 2.667 个采样点，高于奈奎斯特采样率。通过给定的采样点可得无限多个正弦波。由于连续正弦波的频率在 0 和 $f_s/2$ 之间（即在基本范围内），故只有唯一一个正弦波，即图中实线所示的正弦波。在这种情况下，初始信号频率（300 Hz）处于基本频带内，通过采样重建的信号频率是正确的。

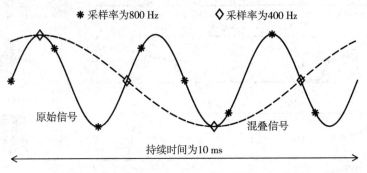

图 2.7　以两个不同采样率对 300 Hz 的正弦波采样来说明混叠现象

现在，用 400 Hz 频率（每周期 1.333 个采样点）对同一连续信号进行采样，如图 2.7 中菱形所示。从图中虚线可见，通过采样点得到的最低频率正弦波在频率上是错误的。换句话说，经采样重建后的信号与初始信号不同。这种由初始信号频率的错误采样所导致的观测频率改变称为混叠。当以 400 Hz 采样时，由式(2.53)表示的可观测频率仅有 400−300 = 100 Hz。

非基带实信号

对于偏离基带的实信号（称为非基带信号或带通信号），要使用带宽而不是最高频率分量来定义采样条件。此时奈奎斯特采样定理表述为：采样率必须高于非基带实信号带宽的两倍。但是，只有当信号频谱全部处于混叠边界内时，该定理才成立。图 2.8 对此进行了阐明，其中实信号带宽为 150 Hz。

图 2.8 左半部分是连续信号的幅度谱。随着中心频率的不断变化，信号过渡为非基带信号。第 1 行信号的中心频率为 100 Hz，故其为基带信号。以下各行信号的中心频率（由 F_c 表示）依次递增 50 Hz。采样率为 400 Hz，所以混叠边界的间隔为 $f_s/2 = 200$ Hz（见图中的垂直虚线）。

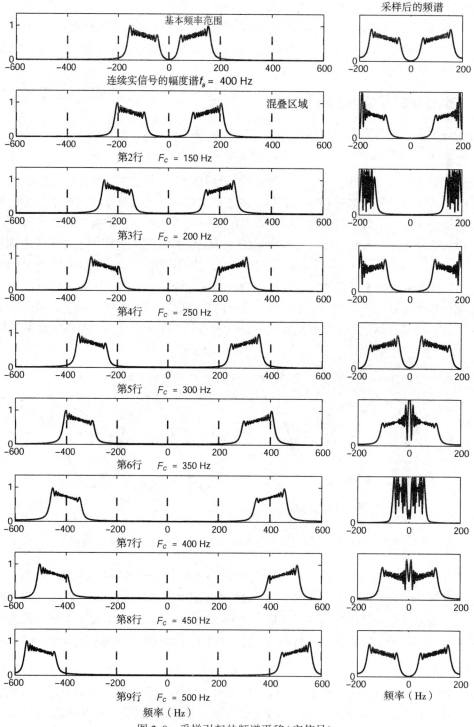

图 2.8　采样引起的频谱平移(实信号)

　　第 5 行和第 9 行的连续信号频谱全部处于混叠边界内，因此采样不会导致信号不同频谱能量的相互干扰，即采样信号的频谱是无失真的(如右列所示)。但是，两者之间也存在区别，第 5 行频谱的正负频率必须交换才能等同于第 1 行信号。这种不同来自实信号混叠的扇状折叠性质(fan-fold)(见图 2.10)。

满足以上条件时，采样保存了连续信号的全部信息。实际上，非基带信号在采样前通常被移至基带，以避免信号不在混叠边界内所导致的频谱失真。

复信号采样

复信号的奈奎斯特采样率与信号带宽相等。考虑到复样本(一对实部/虚部)携带的信息是实样本的两倍，其与实信号情况并不矛盾。图 2.9 示意了采样对复信号频谱的影响。其中，初始信号带宽为 300 Hz，采样率 f_s = 400 Hz，图中每一行的中心频率以每次 100 Hz 从 0 Hz 递增至 400 Hz。

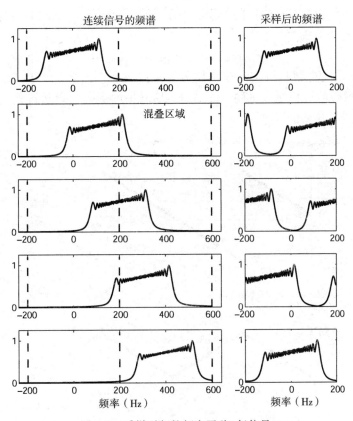

图 2.9　采样引起的频率平移(复信号)

图 2.9 说明了复信号的几个独特性质。首先，如 2.3.3 节所讨论的，频谱关于零频是不对称的。其次，基本频率范围从 $-f_s/2$ 到 $+f_s/2$(见图中最左侧的一对虚线)。虚线是混叠边界，其为实信号的两倍。

图 2.9 第 1 行中的连续复信号带宽处于采样信号的基本频率范围内，故不会出现混叠(如右列所示)。随着中心频率的增加，信号带宽移出基本频率范围，某些能量进入由最右侧虚线对标识的混叠区[①]。此时，混叠区中的每一信号分量会被采样平移至基本频率区域的相关位置。

读者会发现，混叠模式比实信号简单，即频率轴方向保持不变。因此，混叠信号的不同分量之间不会相互影响，只要采样率高于奈奎斯特采样率，采样频谱就能保存连续信号的全

---

① 其他混叠区域在高于 600 Hz 和低于 -200 Hz 频率处，但图中没有画出来。

部信息。当对采样信号进行数字信号处理操作时，在采样前后都能很方便地进行频谱搬移，以使采样信号具有连续频谱(见图 2.9 中第 1 行到第 5 行)。

混叠方程

由采样导致的频率变化可以通过采样方程来表示。复信号采样后的可观测频率为

$$F_{\text{apparent\_complex}} = F_{\text{continuous}} - \{\text{round}(F_{\text{continuous}}/f_s)\} f_s \tag{2.52}$$

其中 $F_{\text{continuous}}$ 是连续信号频率，f_s 是采样率，"round"表示取整。注意，复信号的 $F_{\text{continuous}}$ 可以是负的。

由于实信号中的折叠不是单向的，所以混叠后的可观测频率比复信号更复杂一些。其与复信号可观测频率的关系为

$$F_{\text{apparent\_real}} = |F_{\text{apparent\_complex}}| \tag{2.53}$$

图 2.10 示意了混叠频率与实际连续信号频率的关系。由式(2.52)和式(2.53)可以发现，实信号和复信号的混叠模式不同。注意，实信号中的混叠为扇状折叠模式。3.2.3 节将进一步讨论由欠采样导致的混叠。

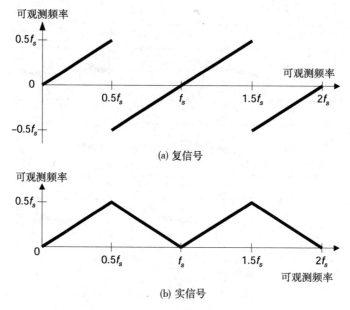

图 2.10　由混叠引起的可观测频率

通过图 2.5 的频谱复制可以给出采样定理和混叠的另一种解释。首先，如果图下半部分的各频谱区不相交，则符合采样定理。此时，频谱不存在混叠和失真，可以重建连续信号①。其次，如果连续信号频率在 $\pm f_s/2$ 之间，则采样信号是无混叠的，否则将会出现混叠。如果采样前信号的频率超出 $\pm f_s/2$(即图 2.8 和图 2.9 中的混叠区)，则采样后可观测频率范围小于 $\pm f_s/2$。

离散傅里叶变换只能"观察"到频谱的基本部分(即基带频谱)。换句话说，离散傅里叶变换只能得到图 2.9 右边一列所示的频谱。通过观察离散傅里叶变换输出，不可能判断出初

---

① 对于完美重建，信号记录必须是无限的。而在实际情况下，当重建点的任一侧有 4~8 个有效采样点时，该点即可得到较好的重建。

始信号所处的"实际频段"。有时，为了正确进行 SAR 处理，必须知道初始信号频率。第 5 章和第 12 章将对此进行讨论。

注意，"正确采样"与"混叠"之间存在微妙的差异。前者指信号能被正确重建，后者指采样造成的频率变化。遵循奈奎斯特定理的采样是正确的，而当频率超出基本频率范围，则会出现混叠。不正确的采样会出现混叠，而混叠并不总是意味着不正确的采样(见图 2.8 最后一行)。

过采样系数

如前所述，奈奎斯特采样率等于复信号带宽，对于实信号则等于其带宽的两倍。这样就导出了一个称为过采样系数的采样参数，其为实际采样率与奈奎斯特采样率的比值。为了保留连续信号的信息，该比值必须大于 1，通常取在 1.1~1.4 之间。

2.6　平滑窗

锐化窗或平滑窗是一个从中心峰值点向两侧衰落的实函数，在信号处理中用来缓解有限长度信号的截断影响。由于加窗具有使孔径中心的权值高于两端权值的效应，故又称为"加权"。

在脉冲压缩中(见第 3 章)，使用窗来控制旁瓣，同时尽可能保持高的分辨率。由于旁瓣的降低会导致分辨率的展宽，故需进行折中考虑。通常在处理中使用 Kaiser 窗，因为该窗函数有一个用来调整加权度进而均衡旁瓣/分辨率[21]的参数。

在时域中，长度为 T 的 Kaiser 窗可以表示为

$$w_k(t, T) = \frac{I_0\left(\beta\sqrt{1-(2t/T)^2}\right)}{I_0(\beta)}, \qquad -\frac{T}{2} \leq t \leq \frac{T}{2} \tag{2.54}$$

其中 β 是可调整的衰减系数或平滑系数，$I_0(\cdot)$ 为零阶贝塞尔函数[19]。类似地，频率域中长度为 F 的 Kaiser 窗为

$$W_k(f, F) = \frac{I_0\left(\beta\sqrt{1-(2f/F)^2}\right)}{I_0(\beta)}, \qquad -\frac{F}{2} \leq f \leq \frac{F}{2} \tag{2.55}$$

在 MATLAB 中，`kaiser(N,beta)` 产生的是一个平滑系数为 `beta` 的 N 元列矢量。图 2.11 给出了 7 个不同 β 值的 Kaiser 窗。通常 β 取为 2.5，此时边缘处的窗权重是峰值处的三分之一。

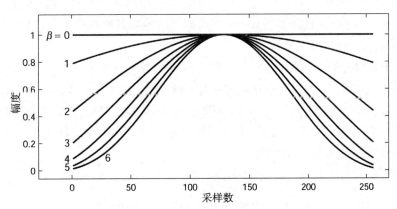

图 2.11　不同 β 值的 Kaiser 窗形状

Kaiser 窗的傅里叶变换或傅里叶逆变换是一个 sinc 型(sinc-like)函数。当 $\beta = 0$ 时,窗退化为矩形(见图 2.3)。当 $\beta > 0$ 时,两侧的锐化扩大了变换后函数的 3 dB 宽度,同时降低了峰值旁瓣比(见图 2.3 中的相关描述),如图 2.12 所示。展宽定义为加窗前后 3 dB 宽度的比值。2.8 节将进一步讨论这些影响。

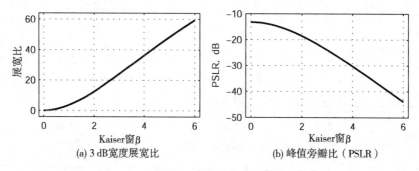

(a) 3 dB 宽度展宽比   (b) 峰值旁瓣比(PSLR)

图 2.12   不同 Kaiser 窗的展宽和峰值旁瓣比

另外两个常用的窗是 Hanning 窗和 Hamming 窗[14],其时域和频域表达式为

$$w_h(t, T) \;=\; \alpha - (1-\alpha)\cos\left(\frac{2\pi t}{T}\right), \quad \frac{-T}{2} \leqslant t \leqslant \frac{T}{2} \tag{2.56}$$

$$W_h(f, F) \;=\; \alpha - (1-\alpha)\cos\left(\frac{2\pi f}{F}\right), \quad \frac{-F}{2} \leqslant f \leqslant \frac{F}{2}$$

$\alpha = 1/2$ 的 Hanning 窗称为余弦平方窗。$\alpha = 0.54$ 的 Hamming 窗称为升余弦平方窗。式(2.56)所表示的窗又称为广义余弦窗,α 可用来控制平滑度[15]。广义余弦窗有一个有利的性质,即其傅里叶逆变换是闭合的。以上这些窗在分辨率/旁瓣均衡上不如 Kaiser 窗,因此在许多数字信号处理应用中都使用后者。3.3.4 节将进一步讨论在滤波器中使用的窗。

2.7   插值

数字信号和图像处理中经常用到的样本位置移动主要是通过插值实现的。考虑一个在离散位置 $x = i$ 处被采样的信号 $g(x)$,其中 x 是连续独立变量,i 是整数(采样数)。由于在实际应用中通常使用空间坐标,所以在本节中用 $x = tf_s$ 代替时间 t。设 $g_d(i)$ 为采样后的信号,故当 $x = i$ 时有 $g_d(i) = g(x)$。在许多场合中,需要知道信号在其他非整数点 x 上的值,此时就需要利用插值对 $g_d(i)$ 进行"重采样"。

如 2.3.3 节所讨论的,非整数点 x 上的信号 $g(x)$ 可以通过离散傅里叶变换的平移/调制性质或频谱补零得到。但是,一般来说这些方法都不够灵活,因为前者仅能得到一定偏移后的初始信号采样,而后者仅能得到间隔为 $1/M$ 的采样,其中 M 是扩展系数(必须为整数)。

本节给出一种能得到任意 x 点处 $g(x)$ 值的变通方法,其中需要使用尽可能高效准确的插值因子。插值可以通过卷积来实现

$$g(x) \;=\; \sum_i g_d(i)\, h(x-i) \tag{2.57}$$

其中 $h(x)$ 称为插值因子或插值核。实际应用时,核是 x 的偶函数,故 $h(x-i) = h(i-x)$。i 处的样本被核 $h(i-x)$ 加权。插值点 x 处的 $g(x)$ 等于插值核内的样本 $g_d(i)$ 与 $h(i-x)$ 的乘积之和,即 $g(x)$ 等于 x 邻域样本的加权和。

2.7.1　sinc 插值

本节介绍一种特殊的插值核，并讨论其精度及实现方法。这种核基于 sinc 函数，是根据香农采样定理得到的。

采样定理表明：在满足以下两个条件时，可以从 $g(x)$ 的等间隔离散样本中无失真地重建信号：

- 信号是带限的，即其最高频率有界。实际上对任何物理系统进行的测量都是带限的。
- 采样满足奈奎斯特采样率。实信号的采样率必须高于信号最高频率的两倍。复信号的采样率必须高于信号带宽。

重建方程

采样定理表明，在满足以上条件时，就可以通过卷积重建初始信号。在基带信号下，卷积核是 sinc 函数

$$h(x) = \text{sinc}(x) = \frac{\sin(\pi x)}{\pi x} \tag{2.58}$$

插值信号为

$$g(x) = \sum_i g_d(i)\,\text{sinc}(x-i) \tag{2.59}$$

即为所有输入样本的加权叠加。

式（2.58）可以通过频域来理解。如图 2.5 所示，采样信号 $g_d(i)$ 的频谱 $G_d(f)$ 等于以采样率重复的信号频谱。为了重建信号 $g(x)$，只需要一个周期的频谱（如基带周期），因此需要理想矩形低通滤波器在频域中提取基带频谱（见图 2.13）。由图 2.3 可知，该理想滤波器在时域中是 sinc 函数。由于频域相乘相当于时域卷积，故插值可以通过与 sinc 核的卷积来实现。

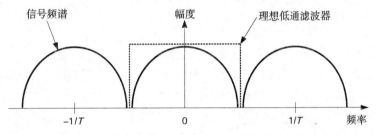

图 2.13　理想低通滤波器怎样对采样信号进行插值

图 2.14 给出了 $g(x)$ 在 $x=11.7$ 处的插值示例。连续 sinc 插值函数如图 2.14(a) 所示。图 2.14(b) 中的插值核以 $x=11.7$ 为中心。在计算完采样处的权值（见图中星号）后，根据式（2.59）得到数据点的加权和。插值结果以图 2.14(c) 中的菱形表示。由图 2.14(c) 中的虚线可知，在 x 的稠集上进行插值，就能得到穿过所给样本的一条平滑曲线。

为精确计算某一点上的 $g(x)$，卷积核需要覆盖无限多个点。实际上这是无法做到的，而且使用大量数据点会使插值非常耗时。幸运的是，核值随着与 x 的间隔增大而降低，这意味着可以在不过度损失精度的同时对卷积核进行截断。在图 2.14 中，卷积核限制为 8 个点，$g(11.7)$ 通过 8~15 数据点计算得到。

当使用较短的卷积核时，可以很容易地将式（2.14）所示的一维卷积核应用到图像中。通过这种途径可以得到图像的旋转和扭曲。

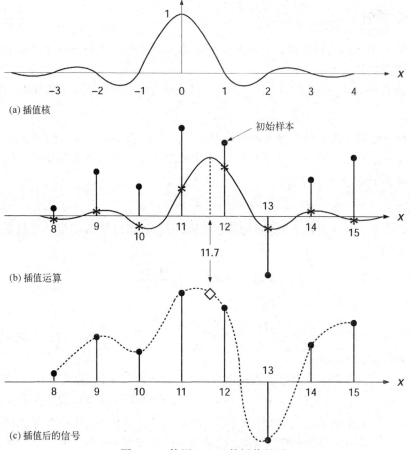

图 2.14　使用 sinc 函数插值的图

核的归一化

对于截断后的核，需要进行归一处理，使其增益单位化，否则采样处的权值和不再等于 1，并且在不同插值点 x 之间存在差异。在这种情况下，最好令所有插值点上的权值和都等于常量 1。假设一个幅值为 M_u 的均匀幅度信号，插值结果等于权值和与 M_u 的乘积，而权值和归一化后的结果也为 M_u，这正是预期的结果，因为插值应保持均匀幅度不变。归一化后的插值结果为

$$g'(x) = \frac{g(x)}{S} \qquad (2.60)$$

其中 S 是在特定插值点处的权值和

$$S = \sum_i \mathrm{sinc}(x-i) \qquad (2.61)$$

其中 i 受限于核的尺寸。对于需要恒定信号功率的情况，归一化常数为

$$S_2 = \sqrt{\sum_i \mathrm{sinc}^2(x-i)} \qquad (2.62)$$

随着核长的增加，两种情况中的归一化常数逐渐接近于 1，其区别相应减小。式(2.60)等价于通过将每一权值 $h(x-i)$ 除以 S 对核进行归一化，故归一化权值的和(或平方和)为 1。

加窗 sinc 函数

当使用截断后的 sinc 核对存在陡峭边缘的函数进行插值时，会出现一种称为 Gibbs 效应

的振铃现象。为了减小这种影响，应对插值核进行锐化窗（如 2.6 节讨论的 Kaiser 窗）加权。图 2.15 给出了加权核的一个例子。进行核归一化时也要考虑窗的影响。

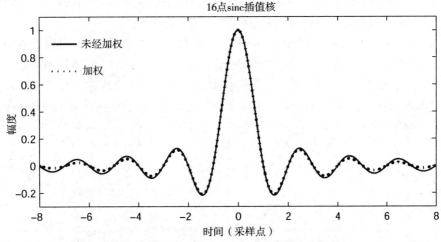

图 2.15　Kaiser 窗加权后的 sinc 函数，$\beta = 2.5$

为了提高计算效率，可以将升采样后的插值核存储在表格中，这样就无须对每个插值点计算 sinc 函数、窗和归一化因子，而只需使用最接近移动位置处的表格系数。核长及表格中的升采样点数都对精度有所影响。对表格的尺寸限制最多会引入一个 1/2 升采样间隔的几何误差。

表 2.1 给出了一个插值系数表格例子。量化位移为采样点的 1/16。一定位移下的插值系数可以从表格中的相应行得到。每行中的 8 个系数定义了一个具体的插值因子。第 1 行为平移 1/16 采样点时的系数，第 16 行则为平移 1 个采样点时的系数。

表 2.1　加权 sinc 插值核

-0.003	0.010	-0.024	0.062	0.993	-0.054	0.021	-0.009
-0.007	0.021	-0.049	0.131	0.973	-0.098	0.040	-0.017
-0.012	0.032	-0.075	0.207	0.941	-0.134	0.055	-0.023
-0.016	0.043	-0.101	0.287	0.896	-0.160	0.066	-0.027
-0.020	0.054	-0.125	0.371	0.841	-0.176	0.074	-0.030
-0.024	0.063	-0.147	0.457	0.776	-0.185	0.078	-0.031
-0.027	0.071	-0.165	0.542	0.703	-0.185	0.079	-0.031
-0.030	0.076	-0.178	0.625	0.625	-0.178	0.076	-0.030
-0.031	0.079	-0.185	0.703	0.542	-0.165	0.071	-0.027
-0.031	0.078	-0.185	0.776	0.457	-0.147	0.063	-0.024
-0.030	0.074	-0.176	0.841	0.371	-0.125	0.054	-0.020
-0.027	0.066	-0.160	0.896	0.287	-0.101	0.043	-0.016
-0.023	0.055	-0.134	0.941	0.207	-0.075	0.032	-0.012
-0.017	0.040	-0.098	0.973	0.131	-0.049	0.021	-0.007
-0.009	0.021	-0.054	0.993	0.062	-0.024	0.010	-0.003
-0.000	0.000	-0.000	1.000	0.000	-0.000	0.000	-0.000

2.7.2　插值核的频谱

由于 $g(x)$ 的初始值是未知的，所以很难判断出插值精度。精度可以通过特殊的检测信号来分析，也可以通过分析插值核的频谱得到。

如前所述，$g(x)$ 是正弦函数的叠加。可以通过插值核的频谱来判断每一频率分量的重建精度。理想重建核的幅度谱在 $-f_s/2$ 和 $+f_s/2$ 之间是平坦的，而相位谱是线性的。实际插值因子相对于理想核的谱偏表征了每一信号频率处的插值误差。

图 2.16 分别给出了 4 点、8 点和 16 点的 sinc 插值核的平均幅度谱（即幅频响应）。可以看出，与较长的核相比，较短的核相对于理想低通滤波响应（虚线）的谱偏更大。一般来说，较短的核会降低被插值信号的带宽。无论核有多长，都存在振铃现象。如图 2.16(d) 所示，振铃可通过加窗来压低，但却以带宽的进一步损失为代价，其中的窗为 $\beta = 2.5$ 的 Kaiser 窗。

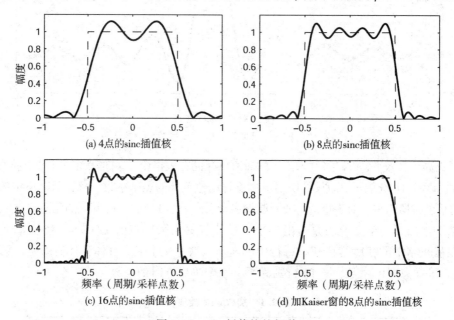

图 2.16　sinc 插值核的频谱

在选择插值长度和权值时，还应考虑信号频谱 $G(f)$。典型信号的频谱在高频处出现衰落，而过采样通常会在奈奎斯特折叠频率附近导致能量间隙，此时可降低对插值因子的长度要求。

注意，图 2.16 给出的是插值因子的平均幅度响应。由于每一输出样本是通过完整插值因子的不同升采样移动（即图 2.14 中的 sinc 函数平移）插值得到的，故每个输出样本的误差都与以上模型不同。然而，当系数的个数不同或使用加权时，均值对于指明插值因子的设计方向很有帮助。注意，插值因子的平均相位是线性的，但每个系数子集的相位却不是线性的。

总之，插值因子的长度与数据频谱和实际需求有关。虽然较长核的频谱更接近理想低通滤波器，但其运算量也随之增加。由于精度提高得很小，在实际中很少使用长度超过 16 的核。在现有计算资源下，一个 8 点的加权 sinc 函数比较适于 SAR 处理。

2.7.3　非基带和复插值

前面考虑的都是基带信号的插值，其频谱分布在以零频为中心的 $\pm f_s/2$ 内，能被理想低通滤波器所涵盖。在需要进行非基带和/或复信号插值的场合，则应修改插值因子以适应信号频谱。图 2.17 给出了一个非基带复信号下的插值因子频谱示例，图中的中心频率为 Δf。

这里有两种实现非基带信号插值的方法，具体选择视实际应用而定。

- 将信号转到基带。这意味着将信号左移 Δf, Δf 为基带频移。根据傅里叶平移性质(2.29)，时域中的信号要乘以线性相位 $\exp\{-\mathrm{j}2\pi\Delta ft\}$。如果需要，那么可将插值后的信号频谱回移至初始中心频率。
- 将基带滤波器移至信号中心频率处(见图 2.17)。图中的滤波器频谱要右移 Δf。根据傅里叶平移性质(2.29)，时域中的插值核要乘以线性相位 $\exp\{\mathrm{j}2\pi\Delta ft\}$，从而使插值因子系数变为复数。

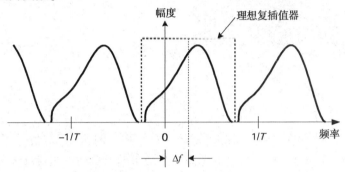

图 2.17　需要插值的非基带复信号的频谱和理想复插值器的幅度响应

2.8　点目标分析

SAR 系统是线性的，可以通过冲激响应描述系统的性质。冲激响应是输入为冲激函数时的系统输出。在 SAR 系统中，它是通过测量地面的一个单一孤立散射体(如角反射器)的系统响应得到的。这种小的孤立散射体称为点目标。许多重要的 SAR 图像质量参数都可以通过测量点目标响应予以估计。由于 SAR 图像是二维的，所以应在两个方向上对某些质量参数进行测量。本节将对典型的 SAR 图像质量参数进行描述，并给出其测量方法。

如图 2.3 所示，点目标在处理后的 SAR 图像中表现为 sinc 型函数。点目标测量给出的最重要质量参数包括：(1)冲激响应宽度(IRW)；(2)峰值/积分旁瓣比(PSLR 或 ISLR)，前者规定了 SAR 的分辨率，后者则与图像对比度有关。由于点目标峰值在处理后的数据中仅占一两个像素，所以必须对峰值邻域内的目标响应进行插值，以便进行上述参数的测量。实际情况下，通常以峰值点为中心截取 $16\times16\sim64\times64$ 的样本窗，对其进行 8 倍或 16 倍的插值或扩展后再进行分析。数据点的扩充可以使用经离散傅里叶变换和补零得到的 sinc 型插值因子来实现。

图 2.18 示意了二维插值。左侧给出的是理想点目标频谱，它通过对以目标为中心的 32×32 切片进行二维离散傅里叶变换得到。由于对复信号插值比对检波后的实信号插值精度更高[①]，所以此处使用复图像数据。数据处于基带，其频谱以零频为中心(见图 2.18 左上角)，由于本例中没有进行加权，所以频谱相当平坦。

根据 2.3.3 节概述的傅里叶变换性质，可以通过频域补零对点目标进行扩展。白色虚线标识了可补零的无效频谱区。补零后进行二维离散傅里叶逆变换，就能得到扩展后的点目标。图 2.18(b)给出了扩展后点目标能量中心处的等值线。

---

① 检波运算是指通过取复数据实部平方和虚部平方的和，将复样本转换为实数。这是功率检波，会使信号带宽展为原来的两倍。幅度检波还包括一个取平方根的运算。由于幅度检波会使带宽超过原复信号的两倍，点目标分析中一般不推荐使用它，但在 SAR 图像显示中一般使用幅度检波。

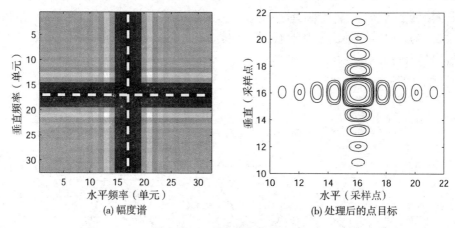

图 2.18　二维点目标分析图示

可以通过扩展后的数据得到主瓣和旁瓣的内在结构。例如，经峰值点可截取水平和垂直方向上的幅相剖面(见图 2.19)。以下图像质量参数可通过测量扩展冲激响应得到。

冲激响应宽度(IRW)　冲激响应宽度指冲激响应的 3 dB 主瓣宽度，在 SAR 处理中又称为图像分辨率(见第 3 章)。光学图像中的对应概念是瞬时观测域(IFOV)。冲激响应宽度的单位是像素，也可以用系统单位，如米(m)来表示。由于目标频谱近似平坦，故图 2.19 中的脉冲接近于 sinc 函数。此时，冲激响应宽度是过采样率(典型值为 1.1~1.4)的 0.886 倍。在加权情况下，冲激响应宽度展宽约为 20%，即为 1.2~1.5 个像素。

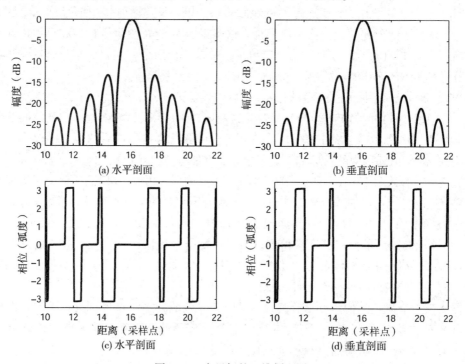

图 2.19　点目标的一维剖面图

峰值旁瓣比(PSLR)　峰值旁瓣比指最大旁瓣与主瓣的高度比，以分贝(dB)表示。如 2.3.4 节所讨论的，均匀频谱的傅里叶变换为 sinc 函数，峰值旁瓣比为-13 dB。SAR 系统中的峰值旁瓣比必须小于该值，以使弱目标不会被邻近的强目标掩盖。峰值旁瓣比一般应取在 −20 dB 左右。可以通过在处理中使用锐化窗达到这一要求（见第 3 章）。

一维积分旁瓣比（ISLR） 虽然信号是二维的，但一般先在一维分析旁瓣功率。积分旁瓣比可以通过对图 2.19(a) 或图 2.19(b) 所示的一定区域内的冲激响应功率（幅度平方）进行积分得到。令 P_{main} 为主瓣功率，P_{total} 为总功率，则一维积分旁瓣比为

$$\text{ISLR} = 10 \lg\left\{\frac{P_{\text{total}} - P_{\text{main}}}{P_{\text{main}}}\right\} \tag{2.63}$$

其中分子是旁瓣的总能量。主瓣宽度以峰值为中心，大小取为冲激响应宽度的 α 倍（α 为预设量，通常在 2~2.5 之间）。也可以将 2.3.4 节中的相邻零点作为主瓣宽度。

一维积分旁瓣比应维持在较低的水平，以使图像中的暗回波区不被邻近强散射区所污染。当主瓣宽度取为相邻零点时，典型的一维积分旁瓣比为 −17 dB。

从原则上讲，P_{total} 应对切片内外的所有功率进行测量。由于旁瓣通常衰减得很快，所以不必测量切片外的功率。在实际情况下，如果积分限过宽，也可能把外面的目标包含进来。

二维积分旁瓣比 二维积分旁瓣比与一维的类似，主瓣为矩形，每一方向上的宽度为相应冲激响应宽度的 α 倍。旁瓣功率为减去主瓣功率后的全部二维图像切片功率。如果二维冲激响应在方向上是可分解的，其近似就是两个一维积分旁瓣比，即

$$p(t_1, t_2) = p_1(t_1, B_1)\, p_2(t_2, B_2) \tag{2.64}$$

其中 $p_i(t_i, B_i)$，$i=1,2$ 是带宽为 B 的 sinc 型函数。对于无加权基带信号，$p_i(t, B) = \text{sinc}\,(\pi B t)$。进一步地，若 $\text{ISLR}_x = \text{ISLR}_y$，且 x 和 y 为弱相关，则

$$\text{ISLR}_{2d} \approx \text{ISLR}_x + 3 \tag{2.65}$$

其中所有积分旁瓣比的单位都为 dB。

峰值位置 峰值位置指二维样本空间中的冲激响应峰值位置。该参数一般用于几何定标（即图像的相对或绝对几何定位精度）。最终处理出的图像一般要标注经度和纬度之类的地理位置信息。为了测量绝对精度，必须将可识别的图像点与地图或勘测位置进行比对。

相对精度与场景中不同点之间的间隔有关，而与图像的恒定偏移和/或旋转无关。

换句话说，地面上的正方形在图像中也应为正方形，而无论其在图像中的方向如何。测量出的尺寸还应与地图保持一致。

信号峰值幅度 信号峰值幅度指峰值点处的目标响应幅度。该参数用于辐射定标（即测量目标的雷达截面积）。有时，幅度积分更适于进行这种测量。

相位 相位是干涉和极化等应用中的重要参数，因此 SAR 处理器如何保留所接收信号的相位信息是至关重要的。在一些诸如多普勒中心估计和自聚焦（见第 12 章和第 13 章）的 SAR 处理步骤中也要用到相位。

某一方向上测量出的点目标相位特性可能与另一方向上的不同。因为压缩后目标在冲激响应峰值两侧存在相位斜坡，其斜率正比于该方向上数据的中心频率。每一方向上的相位规则程度表征了数据压缩的好坏。

由于压缩后的目标峰值相位是在二维冲激响应的最大点测量到的，故其是单值的。在第 5 章中将会讲到，相位与目标位置有关。

在图 2.18(a) 中，二维信号的频谱边缘与坐标轴平行，故补零插值相当容易。而 SAR 处理中的频谱通常是旋转的，如图 2.20(a) 所示。此时，补零应十分谨慎，应将其置于图中白色虚线附近。

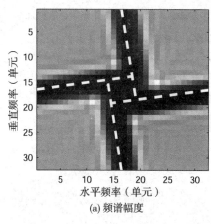
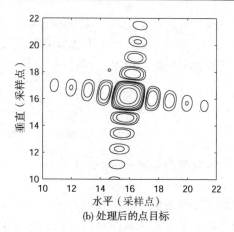

(a) 频谱幅度　　　　　　　　　(b) 处理后的点目标

图 2.20　扭曲频谱图中的补零位置

为了正确地分析点目标，所有方向上的数据都必须进行恰当的采样。通常，不同处理阶段中的复数据是被充分采样的。然而，如果在点目标分析之前进行图像检波，由于增大了信号带宽，那么可能会产生降采样误差。为了保证检测后的数据无混叠，检测之前应在每一方向上对数据进行两倍的过采样。然而，由于数据本身的过采样及高频频谱的衰落，每一方向上 1.4 倍的过采样率通常已完全满足对检波后点目标特性的描述。

2.9　小结

本章介绍了 SAR 处理所需的基本数学知识，概述了卷积和傅里叶变换的重要性质。其中在后续章节中主要用到的两个性质是：(1)某一域中的卷积相当于另一域中的乘积；(2)某一域中的移动相当于另一域中的线性相位相乘。卷积可以通过离散傅里叶变换下的圆卷积高效地实现。

本章对离散信号的频谱进行了讨论，其频谱按采样率周期重复。这种性质在 SAR 处理的某些步骤中必须加以考虑。

本章还介绍了源自香农采样定理的 sinc 插值核。为了提高效率，一般按一定的升采样间隔(如 1/16 采样间隔)将插值核制成表格。为了降低振铃现象，可以使用锐化窗对 sinc 系数进行加权，并对其进行归一化处理，以便在插值后的数据中保持平均幅度或平均功率。

在 SAR 处理中，典型冲激响应是 sinc 型函数。本章总结了可从冲激响应测量中得出的重要图像质量参数(如冲激响应宽度和峰值旁瓣比)。矩形窗傅里叶变换后的峰值旁瓣比为 $-13\,dB$。通过在变换前引入锐化窗，可将其降至可接受的 $-20\,dB$。本章解释了不同的图像质量参数，其中许多参数都能利用点目标进行测量。测量是通过对截取自目标周围的小切片进行频谱补零扩充实现的。精确的参数测量应基于复信号进行，如果基于检波信号，则在检测前需要进行过采样。

2.9.1　"麦哲伦号"获得的金星坑图像

星载 SAR 已用在许多空间探索中(包括 2004 年的土星探测)，其中最成功的是 1990 年至 1992 年 NASA/JPL 的"麦哲伦号"探测器对金星的观测。其主要科学目的是研究金星的地形和构造、撞击过程、腐蚀、沉积、化学过程，以及建立金星内部模型。

图 2.21 示意了位于金星北纬 17°, 东经 267°, Asteria Regio 地区的直径 72 km 的 Wheatley 坑。图中显示的是由典型火山喷发形成的环形山(亮区域), 以及略有起伏的平坦山底。

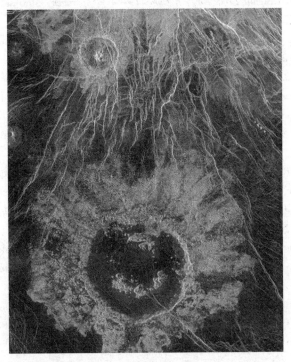

图 2.21   "麦哲伦号"获得的金星坑图像(由 NASA/JPL 提供)

参考文献

[1]   T. Kailath. *Linear Systems*. Prentice Hall, Upper Saddle River, NJ, 1980.

[2]   A. Papoulis. *Probability, Random Variables and Stochastic Processes*. McGraw-Hill, New York, 1984.

[3]   E. W. Kamen. *Fundamentals of Signals and Systems Using MATLAB*. Prentice Hall, Upper Saddle River, NJ, 1996.

[4]   A. V. Oppenheim and A. S. Willsky. *Signals and Systems*. Prentice Hall, Upper Saddle River, NJ, 2nd edition, 1996.

[5]   B. P. Lathi. *Signal Processing and Linear Systems*. Oxford University Press, New York, 1998.

[6]   A. Papoulis. *The Fourier Integral and Its Applications*. McGraw-Hill College Division, New York, 1962.

[7]   E. O. Brigham. *The Fast Fourier Transform: An Introduction to Its Theory and Application*. Prentice Hall, Upper Saddle River, NJ, 1974.

[8]   R. N. Bracewell. *The Fourier Transform and Its Applications*. WCB/McGraw-Hill, New York, 3rd edition, 1999.

[9]   J. G. Proakis and M. Salehi. *Communication Systems Engineering*. Prentice Hall, Upper Saddle River, NJ, 1993.

[10]   S. S. Haykin. *Communications Systems*. John Wiley & Sons, New York, 4th edition, 2000.

[11]   L. B. Jackson. *Digital Filters and Signal Processing*. Kluwer Academic Publishers, Boston, MA, 3rd edition, 1996.

[12] J. G. Proakis and D. G. Manolakis. *Digital Signal Processing: Principles, Algorithms and Applications*. Prentice Hall, Upper Saddle River, NJ, 3rd edition, 1996.

[13] S. K. Mitra. *Digital Signal Processing: A Computer-Based Approach*. McGraw-Hill College Division, New York, 2nd edition, 2001.

[14] A. V. Oppenheim, R. W. Schafer, and J. R. Buck. *Discrete-Time Signal Processing*. Prentice Hall, Upper Saddle River, NJ, 2nd edition, 1999.

[15] J. H. McClellan, C. S. Burrus, A. V. Oppenheim, T. W. Parks, R. W. Schafer, and H. W. Schuessler. *Computer-Based Exercises for Signal Processing Using MATLAB 5*. Prentice Hall, Upper Saddle River, NJ, 1998.

[16] V. K. Ingle and J. G. Proakis. *Digital Signal Processing Using MATLAB V. 4*. Brooks/Cole Publishing Co., Pacific Grove, CA, 1st edition, 2000.

[17] J. H. McClellan, R. W. Schafer, and M. A. Yoder. DSP First: *A Multimedia Approach*. Prentice Hall, Upper Saddle River, NJ, 1998.

[18] E. C. Ifeachor and B. W. Jervis. *Digital Signal Processing: A Practical Approach*. Pearson Education, Harlow, England, 2nd edition, 2002.

[19] E. Kreyszig. *Advanced Engineering Mathematics*. John Wiley & Sons, New York, 7th edition, 1993.

[20] W. G. Carrara, R. S. Goodman, and R. M. Majewski. *Spotlight Synthetic Aperture Radar: Signal Processing Algorithms*. Artech House, Norwood, MA, 1995.

[21] J. F. Kaiser. Nonrecursive Digital Filter Design Using the Io-sinh Window Function. In *1974 Inter. Conf. on Circuits and Systems*, pp. 20-23, April 22-25, 1974. Reprinted in "Selected Papers in Digital Signal Processing, II" IEEE Press, New York, 1976.

第3章　线性调频信号的脉冲压缩

3.1　概述

脉冲压缩是一种广泛用于雷达、声呐、地震和其他探测系统的信号处理技术。在本书中，探测系统是指对远场反射回波进行目标参数测量的发、转、收系统。类似的技术也用在诸如蜂窝电话和全球定位系统的信源系统中。脉冲压缩是一种频谱扩展方法，用于最小化峰值功率、最大化信噪比，以及获得高分辨率目标(如获得高灵敏度的目标检测能力或良好的图像质量)。在本章中，脉冲压缩是通过匹配滤波实现的。具体的研究则基于在 SAR 系统理论和应用中都十分重要的线性调频信号。

3.2 节介绍线性调频(FM)信号及其性质。将在时域和频域对信号进行分析，尤其注重信号时频性质的比较研究。由此导出 3.3 节所讨论的匹配滤波器，信号处理中的高分辨率即由该方法得到。本节还将在理想线性调频信号的基础上，详细讨论基带信号和非基带信号匹配滤波的时频差别。同样的理论可以扩展至近似线性调频信号中。3.4 节则对匹配滤波的不同实现方法进行讨论。实际上，在设计匹配滤波器时不可避免地会出现误差。通常利用二次相位误差对失配进行量化分析。3.5 节将讨论该参数及其对压缩的影响。

3.2　线性调频信号

线性调频信号在 SAR 系统中非常重要，其瞬时频率是时间的线性函数。这种信号用于发射，以得到均匀的信号带宽，其在接收信号中则来自传感器运动。本节将讨论线性调频信号的时域和频域性质。

3.2.1　时域表达

在时域中，一个理想线性调频信号或脉冲的持续时间为 T 秒，振幅为常量，中心频率为 f_{cen} Hz，相位 $\theta(t)$ 随时间按一定规律变化。物理探测系统经常发射这种形式的脉冲。由于频率的线性调制，相位是时间的二次函数。当 f_{cen} 为 0 时，信号的复数形式为[①]

$$s(t) = \text{rect}\left(\frac{t}{T}\right) \exp\{j\pi K t^2\} \tag{3.1}$$

其中 t 是时间变量(单位为 s)，K 是线性调频率(单位为 Hz/s)。图 3.1 给出了 $f_{cen}=0$ 时的一个复线性调频信号示例。实部和虚部都为时间的振荡函数，振荡频率随着远离时间原点而逐渐增大。

从图 3.1(d)的时频关系中可以看出信号被称为线性调频(或 K 被称为线性调频率)的缘由。脉冲相位由式(3.1)中指数项的幅角给出

---

① 实际上，发送信号是实的，调制到载波信号上。但是，通常处理解调信号更方便，解释信号是复信号。实信号与复信号的该方面的性质，包括非零中心频率 f_{cen} 的影响，将在第 4 章中讨论。

$$\phi(t) = \pi K t^2 \tag{3.2}$$

单位为 rad。如图 3.1(c) 所示,其为时间的二次函数。对时间取微分后的瞬时频率为

$$f = \frac{1}{2\pi}\frac{\mathrm{d}\phi(t)}{\mathrm{d}t} = \frac{1}{2\pi}\frac{\mathrm{d}(\pi K t^2)}{\mathrm{d}t} = K t \tag{3.3}$$

单位为 Hz。这说明频率是时间 t 的线性函数,斜率为 K(单位为 Hz/s)。带宽指主要 chirp 能量占据的频率范围,或者为信号的频率漂移(实信号中只需考虑正频率)。根据图 3.1(d),带宽是 chirp 斜率及其持续时间的乘积,

$$\mathrm{BW} = |K| T \tag{3.4}$$

单位为 Hz。3.3.2 节中将指出,带宽决定了能够达到的分辨率。

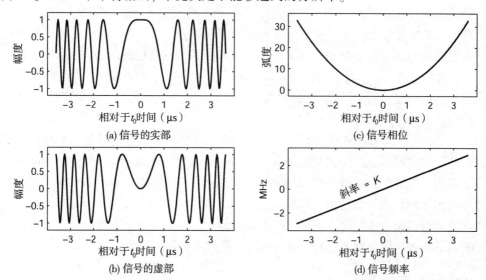

图 3.1　线性调频脉冲的相位和频率。为了清楚地观察(a)和(b)信号的幅度结构,进行了 5 倍的过采样

另一个重要参数是 2.3.4 节已介绍过的时间带宽积(TBP)。它是带宽 $|K| T$ 和 chirp 持续时间 T 的乘积,该参数是无量纲的,为

$$\mathrm{TBP} = |K| T^2 \tag{3.5}$$

式(3.1)所示基带线性调频信号的 TBP 可以通过在时域计算信号实部或虚部的过零点数得到。当 $f_{\mathrm{cen}} = 0$ 时,信号过零点数约为 TBP 的一半(或完整的周期数近似为 TBP/4[①])。在图 3.1 中,$T = 7.24\,\mu\mathrm{s}$,带宽为 $5.80\,\mathrm{MHz}$,TBP 为 42。由图 3.1(a) 和图 3.1(b) 可知,全部过零点数为 21。如果信号的中心频率不为零,过零点数就会大于 TBP/2。

总之,线性调频信号的相位是二次的,其频率是时间的线性函数。频率斜率是线性调频率。由于与鸟鸣很相似,故线性调频信号经常被称为 chirp。如果斜率为正,就称信号为正扫频的(见图 3.1);如果斜率为负,就称信号为负扫频的。在式(3.1)中,chirp 方向隐含在 K 中。无论是正扫频的还是负扫频的,以下分析都适用。

3.2.2　线性调频脉冲的频谱

在 SAR 系统分析中,经常要用到线性调频信号频谱的解析形式。本节的目的是导出傅

---

① 设式(3.1)所示基带线性调频信号的相位为 ϕ,即 $\phi(t) = \pi K t^2$。在脉冲某一端的相位为 $\phi(T/2) = \pi K (T/2)^2$,在 $t = 0$ 和 $t = T/2$ 之间,$\cos(\pi K t^2)$ 经历了 $|K|(T/2)^2$ 次过零。这样,全部信号的过零点数为 $|K| T^2/2$,为 TBP 的一半。

里叶变换后的信号近似解析表达。虽然难以进行直接的精确推导，但是可以利用驻定相位原理（POSP）[1~5]得到简单的近似表达式。

设 $g(t)$ 是一个调频信号，其调制可以如式（3.1）那样是线性的，也可以是近似线性的，

$$g(t) = w(t) \exp\{ \mathrm{j}\,\phi(t) \} \tag{3.6}$$

其中 $w(t)$ 是实包络，$\phi(t)$ 为信号调制相位。假设与相位相比，包络为时间缓变函数。

该信号的频谱为 $g(t)$ 的傅里叶变换

$$
\begin{aligned}
G(f) &= \int_{-\infty}^{\infty} g(t) \exp\{ -\mathrm{j}\,2\pi f t \}\, \mathrm{d}t \\
&= \int_{-\infty}^{\infty} w(t) \exp\{ \mathrm{j}\,\phi(t) - \mathrm{j}\,2\pi f t \}\, \mathrm{d}t \\
&= \int_{-\infty}^{\infty} w(t) \exp\{ \mathrm{j}\,\theta(t) \}\, \mathrm{d}t
\end{aligned}
\tag{3.7}
$$

其中，来自傅里叶变换的相位 $-2\pi f t$ 合并于单一相位项中：

$$\theta(t) = \phi(t) - 2\pi f t \tag{3.8}$$

被积相位包含二次项或更高次项。即使对于只有二次项的线性调频信号，也很难用常规方法得到积分的解析表达式。

POSP 的简要解释如下。图 3.1 表明信号相位 $\phi(t)$ 在 $\mathrm{d}\phi(t)/\mathrm{d}t$ 等于 0 的时刻 t_s 是"驻留的"。在图 3.1 中，驻留点出现在 $t=0$ 处。与实、虚部的幅度变化一样，相位在该点的邻域附近是缓变的，而在其他时间点上则是捷变的。式（3.8）中的相位 $\phi(t)$ 也有类似情况，只不过驻留点随 f 而改变。

假设与相位函数相比，$w(t)$ 变化得很慢，则积分式（3.7）有如下性质。在相位 $\theta(t)$ 变化很快的地方，包络 $w(t)$ 在一个完整相位周期内近似为常数。由于这一区间内相位周期的正负部分相互抵消，故其对积分的贡献（包括实部和虚部）几乎为零。对积分起主要作用的部分集中在相位驻留点附近，由此可以得到式（3.7）所示 $G(f)$ 的近似解析解。

在此直接给出结果，详细推导过程见参考文献[4,5]。信号的频谱近似为

$$G(f) \approx C_1 W(f) \exp\{ \mathrm{j}(\Theta(f) \pm \pi/4) \} \tag{3.9}$$

其中的变量定义如下：

- C_1 为一个通常可忽略的常数

$$C_1 = \sqrt{\frac{2\pi}{|\phi''(t_s)|}} \tag{3.10}$$

上标""""代表关于 t 的二次导数。注意 $\phi''(t_s) = \theta''(t_s)$。

- $W(f)$ 为频域包络

$$W(f) = w[\iota(f)] \tag{3.11}$$

其为时域包络 $w(t)$ 的尺度变换。

- $\Theta(f)$ 为频域相位

$$\Theta(f) = \theta[t(f)] \tag{3.12}$$

其为时域相位 $\theta(t)$ 的尺度变换。

- 式（3.11）和式（3.12）中的 $t(f)$ 由信号时频关系给出。这一关系可由驻留点（导数为 0）处完整被积相位[见式（3.8）]的导数给出。

$$\frac{\mathrm{d}\theta(t)}{\mathrm{d}t} = 0 \tag{3.13}$$

- $\pi/4$ 的符号由 $\phi''(t_s)$ 的符号给出。与 C_1 类似,在绝大多数分析中都可忽略该常数相位的影响。

线性调频信号的积分解

利用式(3.1)的线性调频信号,信号频谱为

$$G(f) = \int_{-\infty}^{\infty} \text{rect}\left(\frac{t}{T}\right) \exp\left\{j\pi K t^2\right\} \exp\left\{-j2\pi ft\right\} dt \qquad (3.14)$$

其中包络 $w(t)$ 为矩形,被积相位为

$$\theta(t) = \pi Kt^2 - 2\pi ft \qquad (3.15)$$

与式(3.13)类似,令 $d\theta(t)/dt = 0$,则线性调频信号的时频关系为

$$f = Kt \quad \text{和} \quad t = \frac{f}{K} \qquad (3.16)$$

与时域分析中直接得到的频率关系式(3.3)一致。

频域相位为

$$\Theta(f) = \theta(t=f/K) = \pi K\left(\frac{f}{K}\right)^2 - 2\pi f\left(\frac{f}{K}\right) = -\pi\frac{f^2}{K} \qquad (3.17)$$

频域包络为

$$W(f) = w\left(t=\frac{f}{K}\right) = \text{rect}\left(\frac{f}{|K|T}\right) \qquad (3.18)$$

其中矩形函数的中心频率为 0。将式(3.17)和式(3.18)代入式(3.9),并忽略常数 C_1 和相位 $\pm\pi/4$,由式(3.14)积分得到的线性调频信号频谱为

$$G(f) = \text{rect}\left(\frac{f}{KT}\right) \exp\left\{-j\pi\frac{f^2}{K}\right\} \qquad (3.19)$$

频谱讨论

图 3.2 给出了通过离散傅里叶变换而不是驻定相位原理得到的线性调频脉冲频谱。脉冲结构与图 3.1 相同,只是将 TBP 增加到 720,以使驻定相位原理更精确,并且将过采样率从 5 降至 1.25。由于在离散傅里叶变换后进行了 `fftshift`(左/右半边互换)操作,故零频位于序列中心。

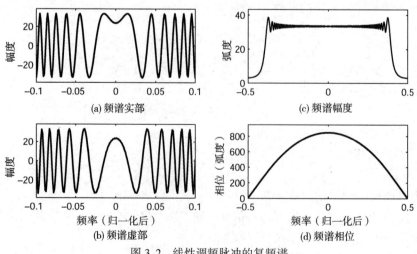

图 3.2 线性调频脉冲的复频谱

一些重要的频谱性质如下所示。

- 图 3.2(a) 和图 3.2(b) 所示的频谱实部和虚部与图 3.1(a) 和图 3.1(b) 所示的实部和虚部具有相似的线性调频结构。与时域相比，不同之处在于存在 π/4 的相变和调频斜率符号的改变。为清晰起见，图中只示意了 20% 的频谱。
- 图 3.2(c) 的包络与图 3.1 所示时域信号的矩形包络近似一致。也就是说，两个域中的包络近似不变。幅度谱的陡降源自 1.25 倍的时间过采样。
- 图 3.2(d) 中的频域相位与时域相位相同，基本上是二次的。这意味着频时关系为 $f = Kt$，表明线性调频信号中的频率与时间之间存在着一一对应的线性关系。

驻定相位原理只是一种近似。然而，如果调频信号的周期足够多，这种方法对于分析来说就是足够精确的。信号周期数为 TBP/4，当 TBP 值大于 100 时，POSP 是相当准确的。图 3.3 示意了不同 TBP 值的情况，其中实线表示离散傅里叶变换的幅度和解绕后的相位，虚线表示驻定相位原理结果。

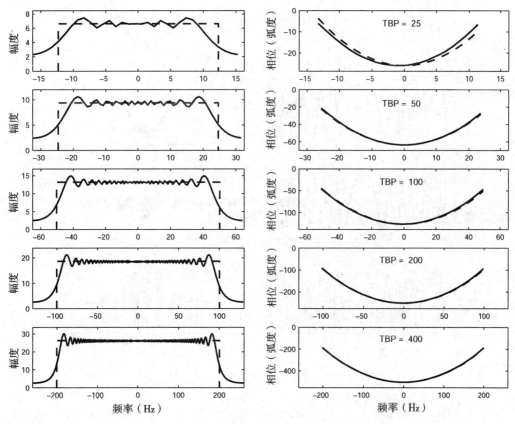

图 3.3　不同 TBP 值的离散傅里叶变换频谱变化

驻定相位原理也可以用于含有更高次(高于二次)相位的近似线性调频信号。在后续章节的二维信号处理中将会用到这一性质。

3.2.3　调频信号采样

2.5 节讨论了实信号和复信号的采样。对于本节讨论的复线性调频信号，奈奎斯特采样定理可以表述为采样率必须高于信号带宽。

　　基带复线性调频信号的最高频率为 $|K|T/2$(即带宽的一半)，所以最低复采样率 f_s 必须大于带宽 $|K|T$。检验采样率充分性的另一种方法是寻找采样信号频谱中的间隙。若间隙不存在，则采样率过小。若间隙高于采样率的20%，则采样率大于最优效率值。

　　为了衡量能量间隙的相对大小，定义过采样因子(或比值)为

$$\alpha_{os} = \frac{f_s}{|K|T} \tag{3.20}$$

图3.4给出了不同过采样率下的能量间隙[①]。随着过采样率以0.2间隔逐行降低，能量间隙也会相应地减少。与图3.2不同的是，为了更清楚地显示间隙，频率按离散傅里叶变换的输出顺序排列。最上面一行中的 $\alpha_{os}=1.4$，间隙相当宽。此时，采样率高于必需值，需要额外的存储和计算，以进行信号处理。间隙也可看成未被利用的频谱空间。

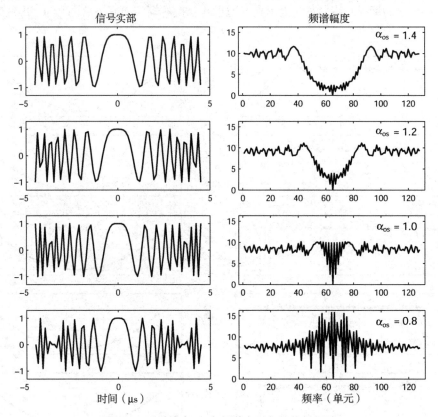

图3.4　过采样率 α_{os} 在频谱中引起的能量间隙

　　图3.4中第2行的 $\alpha_{os}=1.2$，此时频谱中存在一个很小但很清晰的间隙。这一过采样值很好地兼顾了效率和精度。第3行中的 $\alpha_{os}=1.0$，此时间隙消失。虽然严格来讲此时不会出现混叠，但由于存在于标称带宽范围外的频率泄漏，仍会有少量混叠发生。

　　最下面一行中的 $\alpha_{os}=0.8$，此时存在严重的混叠。如图3.4左下角所示，在-4 μs之前和+4 μs之后出现频率卷绕。较低和较高部分的信号频谱能量互相交织在一起，以至于无法区

---

　　① 图3.4中不同行间的采样数和采样率保持不变。在图中从高到低，调频率每行递增约20%，以使信号带宽增大并相应地减小 α_{os}。

分。通过图 3.4 右下角频谱中的"冗余"能量可以看出这一点(50~80 频率单元)。

通常,为既能有效地利用数据采样点,又能留有足够的频谱间隙,过采样因子应选在 1.1 ~1.4 之间。当存在明显的间隙时,可以对样本进行精确的信号处理(如 2.7 节讨论过的连续信号的精确重建)。

3.2.4　频率和时间不连续性

如前所述,离散傅里叶变换认为时域和频域序列具有周期性和循环性,即假设每一序列是首尾相连的。但是,对于某些应用来说,必须确定序列的实际结束位置(如补零中的置零区)。

对于时域序列,由于输入是通过对较长序列进行截断得到的,端点位于离散傅里叶变换的输入的首、尾样本处。虽然离散傅里叶变换假设输入为 N 点周期信号,但通常信号是非周期的,因而在序列的截断处会存在不连续性。如果需要在时域补零来得到合适的变换长度,使信号与滤波器等长,或者扩大频谱的样本空间,则补零必须在序列的一端进行。注意,补零区的选择会影响频谱相位。

对于频域序列,频谱端点由 3.2.3 节讨论的间隙来界定。以图 3.4 最上面的一行为例,频谱间隙中心位于第 65 个单元。此时,频谱主区开始于第 90 个单元,结束于第 40 个单元,频率从左至右逐渐增加。如果所处理的频谱是连续的,那么当间隙处于离散傅里叶变换输出序列中心附近时,可将序列的左右两半部分互换,从而使间隙在两端处分开。这种运算可以通过 MATLAB 中的 fftshift 函数方便地实现。

对于实值时间信号,频谱间隙总是以离散傅里叶变换输出序列的中点($f_s/2$ 频率处)为中心。频谱关于零频(即第一个输出样本)共轭对称。但是,对于复时间序列,频谱不一定是对称的,间隙可能出现在频谱的任意位置。图 3.4 中的信号虽然是复的,但由于信号的中心频率为零,故间隙仍处于频谱中心。当信号中心频率非零时,间隙则会出现在其他位置(见图 2.9)。当不能预判间隙位置时,需要对其进行估计。

如果在频域进行信号处理,则必须把频谱样本看成连续的,其以间隙末端为起点,经过离散傅里叶变换序列的两端(如果需要),而结束于间隙始端。其中一个实例是将在第 6 章中介绍的频域滤波器的设计和应用,另一个示例则是对频谱补零(必须在间隙中心处补零),以扩展时域的样本空间。

如前所述,在时域中,序列的任一端都存在不连续性,但是这只对输入数据成立。如果在频域处理数据,则不一定会有不连续性。通过傅里叶变换将数据变回到时域,此时序列的时间轴是循环的。问题的关键在于如何确定时间间断点。这一问题在后续章节中还会讨论到。以如下运算为例:(1)对输入序列进行傅里叶变换;(2)在频域中与一个线性相位相乘;(3)进行傅里叶逆变换。以上运算会产生一个循环位移,见式(2.28),其大小与相位斜率有关。

3.3　脉冲压缩

3.3.1　脉冲压缩原理

在探测系统中,通过脉冲能量对远场目标的距离、速度、形状或反射率等参数进行测量。为了使测量有效,接收脉冲必须具有足够强的能量和足够好的分辨率。如果发射脉冲的持续时间为 T,则每一目标在回波数据中占据相同的时间间隔 T,故压缩前的可分辨能力为

$$\rho' = T \tag{3.21}$$

在任意时刻，回波中间隔大于这一时间的两个目标都不会被同一脉冲同时照射到。因此，为了得到良好的分辨率，必须使用短脉冲或至少使用经过信号处理能得到短脉冲的信号。

但是，为了得到精确的目标参数，接收信号的信噪比必须足够高，这一要求经常与分辨率相矛盾。增大信号的平均发射功率，可以提高信噪比。这可以通过增大峰值功率或发射信号长度(持续时间)予以实现。由于高峰值功率较难实现，通常都采用后一种方法，经延伸后的信号长度一般远高于分辨率所要求的脉冲长度。在信号处理中，将这种通过发送一个展宽脉冲，再对其进行脉冲压缩以得到所需分辨率的技术称为脉冲压缩。

雷达系统中的脉冲压缩与通信系统中的展布频谱很相似[6]。脉冲压缩的目的是获得高分辨率接收数据，从而得到聚焦良好的图像，而通信中的展布频谱是为了在噪声环境中发送消息。在脉冲压缩中，信号在时域进行展宽和压缩，发射信号的持续时间高于最终分辨率。在展布频谱中，信号的展布与解展布则是在频域进行的，发送信号的带宽宽于消息中的信息量。

脉冲压缩很容易地通过线性调频信号实现。为了对此有所了解，可以考虑以下几点。

1. 在2.3.4节中讨论过，最短物理可实现信号的时间带宽积近似为1。也就是说，其持续时间是带宽的倒数。为了合成一个短(好的分辨率)脉冲，必须发送、接收和处理大的信号带宽。
2. 一定带宽下的最短脉冲可近似为 sinc 函数，其时域能量分布非常集中。
3. 根据图2.3，sinc 函数可以通过对矩形函数进行傅里叶逆变换得到。虽然图中没有说明，但矩形函数的相位必须与正弦波的相位对应(即必须是线性的)，正弦波的频率确定了 sinc 函数的时间位置。

因此，为了取得好的脉冲压缩，必须对接收信号进行处理，使其频谱幅度非常平坦，相位仅包含常量和线性分量。3.2节说明了如何使线性调频信号具有近似平坦的频谱。这几乎是有限长度信号可得到的最平坦的频谱。这种平坦性是通过在信号带宽内进行均匀扫频实现的。

线性调频信号中的均匀扫频可通过时域相位的二次分量得到。由 POSP 导出的信号频谱中也包含二次相位。此时，为了得到具有线性相位的平坦频谱，可以与含有二次共轭相位的类似频谱信号相乘。相乘后的信号相位即是线性的。再经过傅里叶逆变换就得到了所需的 sinc 函数。

可见，频域中的脉冲压缩本质上就是将信号频谱与含有二次共轭相位的频域滤波器进行相乘。脉冲压缩又称为"匹配滤波"。这一术语源自滤波器与接收信号预期相位的匹配关系。

看待匹配滤波的另一种方式来自通信实践。如果预期的信号淹没在接收信号矢量的噪声中，通过将接收信号与预期信号的共轭进行互相关，就可以对信号的存在及其发生时间做出判断。一旦在接收数据中发现信号，输出中都会出现一个类似 sinc 函数的尖峰。在本文中，相关"滤波器"与信号的预期相位特性相匹配。一般来说，如果 $s_r(t)$ 为接收信号，$g(t)$ 为复制信号，则匹配滤波可以通过相关实现

$$s_{\text{out}}(t) = \int_{-\infty}^{\infty} s_r(u)\, g^*(u - t)\, \mathrm{d}u \tag{3.22}$$

注意，根据相关的定义，$g(t)$ 应取复共轭。如果使用卷积而不是相关进行滤波，则滤波核为复制信号时间反褶后的复共轭，

$$h(t) = g^*(-t) \tag{3.23}$$

卷积和相关的区别在2.2节中已说明过。本书中的匹配滤波器是指卷积滤波器，卷积积分为

$$s_{\text{out}}(t) \ = \ s_r(t) \otimes h(t) \ = \ \int_{-\infty}^{+\infty} s_r(u)\, h(t-u)\, \mathrm{d}u \tag{3.24}$$

3.3.2　线性调频信号的时域压缩

脉冲压缩的一个量化量度是压缩比, 其为初始信号长度除以压缩脉冲的 3 dB 宽度, 接近未压缩脉冲的 TBP。线性调频脉冲的压缩比可达几百甚至几千的量级。3.2 节描述了线性调频脉冲的时频特性。本节的目的则是推导基带和非基带信号下的匹配滤波器时域输出表达式。

基带信号

设发射信号 $s(t)$ 为式(3.1), 则 t_0 时延后的目标接收回波可表示为

$$s_r(t) \ = \ \text{rect}\left(\frac{t-t_0}{T}\right) \exp\left\{\mathrm{j}\pi K(t-t_0)^2\right\} \tag{3.25}$$

t_0 为 0 时的匹配滤波器为时间反褶后 $s(t)$ 的复共轭

$$
\begin{aligned}
h(t) \ &= \ \text{rect}\left(\frac{t}{T}\right) \exp\left\{-\mathrm{j}\pi K(-t)^2\right\} \\
&= \ \text{rect}\left(\frac{t}{T}\right) \exp\left\{-\mathrm{j}\pi K t^2\right\}
\end{aligned}
\tag{3.26}
$$

匹配滤波器的输出由式(3.24)的卷积给出, 具体细节见附录 3A。压缩后的输出近似为 sinc 函数

$$s_{\text{out}}(t) \ \approx \ T\,\text{sinc}(KT(t-t_0)) \tag{3.27}$$

该近似在大的时间带宽积情况下是很精确的。图 3.5 对附录 3A 中的压缩示例进行了放大, 其中 TBP = 100, t_0 设为零, 为清晰起见, 进行了 8 倍过采样。

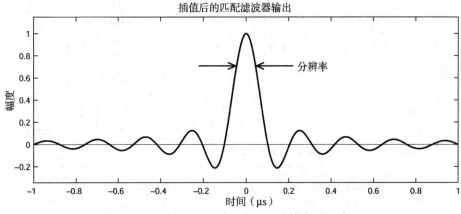

图 3.5　匹配滤波器输出的 3 dB 分辨率的测量

式(3.25)和式(3.26)中的信号和匹配滤波器的持续时间都设为 T。但是, 对于某些不满足该假设的 SAR, 会出现一个一般可忽略不计的二次附加相位(详细推导见附录 3A.2)

注意, 由于匹配滤波器是专门针对信号设计的, 故式(3.27)是相位为 0 或 π 的实函数。实际上, 每一目标的相位都不同, 因而压缩后的脉冲有可能是复的。

脉冲分辨率

分辨率指压缩后信号中的两个 −3 dB 点之间的间隔, 其为幅度峰值以下 0.707 倍处的脉冲宽度(见图 3.5)。根据图 2.3, 时间量纲下的 3 dB 分辨率可表示为[①]

---

① 当乘以传播速度后, 分辨率变为距离量纲, 见第 4 章。

$$\rho = \frac{0.886}{|K|T} \approx \frac{1}{|K|T} \tag{3.28}$$

在某些情况下，因子 0.886 可近似忽略不计，尤其在考虑加窗引入的展宽影响时更是如此（见 3.3.4 节）。由于 $|K|T$ 为 chirp 带宽，分辨率为带宽的倒数，所以带宽越宽，分辨率越高。由于式(3.24)表示匹配滤波后的点目标响应（回顾 2.8 节），所以分辨率又称为冲激响应宽度（IRW）。

忽略因子 0.886 后的压缩比等于未压缩脉冲的 TBP，为

$$C_r = \frac{\rho'}{\rho} \approx \frac{T}{1/(|K|T)} = |K|T^2 \tag{3.29}$$

以 RADARSAT-1 中等分辨波束中的 K 和 T 为例，$K=0.41\times10^{12}$ Hz/s，$T=42\times10^{-6}$ s，则带宽为 17.2 MHz，分辨率为 0.058 μs，压缩比为 723。压缩的另一种解释为：通过展宽/压缩将发射脉冲合成到 $1/(|K|T)=0.058$ μs 的极短时间内，这一时间只有实际发送脉冲长度的 1/723。

脉冲压缩示例

图 3.6 示意了匹配滤波。图 3.6(a)给出的是去除时延以后，点目标的接收线性调频信号实部。图 3.6(b)则为压缩脉冲的幅度。利用 2.8 节中的点目标分析方法，可以对图 3.6(c)和图 3.6(d)中的信号幅相进行更详尽的观察。接收信号长 7.2 μs，压缩脉冲 3 dB 宽约为 0.17 μs，压缩比和时间带宽积近似相等，约为 42。从图 3.6(c)中可见，第一旁瓣(即峰值旁瓣)与主瓣的比值为矩形函数经傅里叶逆变换后的−13 dB。这一比值即为 2.8 节讨论过的峰值旁瓣比(PSLR)。

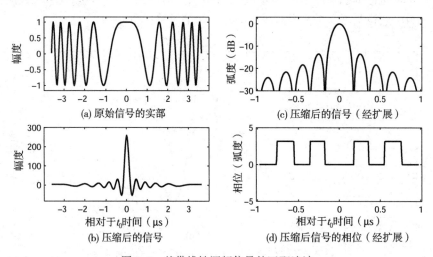

图 3.6　基带线性调频信号的匹配滤波

在本例中，由于压缩脉冲的实部为正，虚部为零，故主瓣及偶数旁瓣中的相位为零，这是因为信号不含噪声，而匹配滤波器的相位是信号相位的共轭。对于奇数旁瓣，由于实部为负，虚部仍为零(虚部中可能存在干扰理想相位的取整误差)，故其相位为 π。

实际上，接收信号总是含有噪声的。为了揭示接收噪声的影响，可在式(3.25)接收信号的实部和虚部中加入高斯随机噪声。噪声的标准差为信号幅度的 0.75 倍，相当于+2.5 dB 的接收 SNR。结果如图 3.7 所示。与图 3.6 相比，可看出图 3.7(a)中有明显的接收信号失真。然而，图 3.7(b)中的压缩结果却并未比无噪声情况差得多。

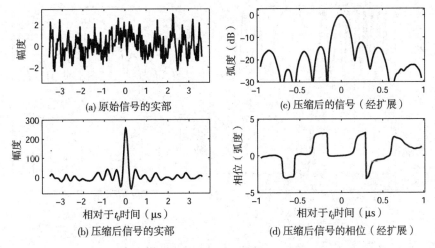

图 3.7　存在噪声时线性调频信号的匹配滤波，噪声的标准方差为信号峰值的 3/4

　　这种对噪声的不敏感性是由于滤波器只与信号匹配，而不与噪声匹配（它与噪声不相关）。匹配滤波器将大部分信号分量集中为单一的尖峰，而噪声仍以随机的形式分布在输出序列中。对于高斯加性噪声，匹配滤波接收机是使压缩脉冲峰值处 SNR 最大的最佳接收机[7~9]。噪声不会影响对 SAR 处理原理的理解，在后续讨论中可忽略不计。

　　可以通过观察旁瓣的规整性及相位形式，对压缩质量（尤其是匹配滤波器与信号的相位匹配程度）进行判断。比较图 3.7 和图 3.6 可以看出，噪声对旁瓣［见图 3.7（c）］和相位［见图 3.7（d）］的明显影响。

非基带信号

　　在时域中，非基带信号可以视为零频时刻偏离脉冲中心的信号（见 2.5.2 节）。设 t_c 是脉冲中心相对于 $t=0$ 的时间偏移①，回顾式（3.1），则发射信号 $s(t)$ 为

$$s(t) = \text{rect}\left(\frac{t}{T}\right) \exp\left\{ j\pi K (t - t_c)^2 \right\} \tag{3.30}$$

脉冲压缩的分析与 3.3.2 节讨论的基带情况非常相似。如果接收回波时延为 t_0，回顾式（3.25），则目标回波可表示为

$$s_r(t) = \text{rect}\left(\frac{t - t_0}{T}\right) \exp\left\{ j\pi K(t - t_0 - t_c)^2 \right\} \tag{3.31}$$

回顾式（3.26），匹配滤波器为

$$h(t) = s^*(-t) = \text{rect}\left(\frac{t}{T}\right) \exp\left\{ -j\pi K(t + t_c)^2 \right\} \tag{3.32}$$

　　根据附录 3A 对式（3.27）的推导，压缩信号为

$$s_{\text{out}}(t) = T \exp\{-j2\pi K t_c (t - t_0)\} \, \text{sinc}\{KT(t - t_0)\} \tag{3.33}$$

结果如图 3.8 所示。

---

①　有时会选取一个参考时间，以使 $t=0$ 为零多普勒时刻（即零频位置）。此时脉冲可写为

$$s(t) = \text{rect}\left(\frac{t - t_c}{T}\right) \exp\left\{ j\pi K t^2 \right\}$$

其零频位置被移至脉冲以左 t 处，但相似的推导依然适用。

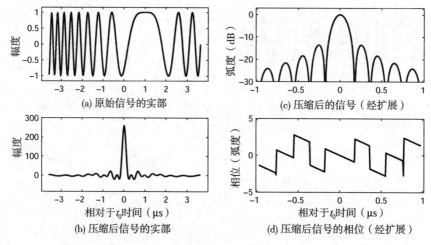

图 3.8　非基带线性调频信号匹配滤波

与式(3.27)相比,脉冲仍被压缩至脉冲中心 t_0,但是由于式(3.33)中的指数项,有一个 $-2\pi K t_c t$ 的线性相位穿过脉冲峰值。因子 $-K t_c$ 可以从物理上解释为接收解调数据的中心频率,或压缩脉冲的频偏。由于本例为正扫频脉冲,脉冲中心位于零频左侧,故其值为负,如图 3.8(a)所示。

注意,信号 $s_r(t)$ 的零频不在 t_0 时刻,而是在 t_0+t_c 时刻。通常要将压缩数据校准至零频位置。这可以通过频域中的匹配滤波很方便地实现。

3.3.3　频域匹配滤波器

本节将直接在频域推导线性调频信号的匹配滤波器及其输出,推导将基于基带和非基带信号进行。

基带信号

3.3.2 节讨论的时域匹配滤波器可以通过时域卷积实现。同样的结果也可通过频域中的快速卷积得到。并且,还可直接在频域设计精度很高的匹配滤波器中得到。有时这样做非常方便。在此忽略所有无关紧要的常数因子,从式(3.25)的点目标接收信号开始进行推导。

对式(3.25)使用 POSP,信号频谱近似为

$$S_r(f) = \mathrm{rect}\left\{\frac{f}{|K|T}\right\} \exp\left\{-\mathrm{j}\pi\frac{f^2}{K}\right\} \exp\{-\mathrm{j}2\pi f t_0\} \tag{3.34}$$

最后一个指数项中的附加线性相位源于相对零时刻的目标偏移 t_0(见傅里叶变换的平移性质)。

匹配滤波器在设计上应能消除式(3.34)中的二次相位,即为

$$H(f) = \mathrm{rect}\left\{\frac{f}{|K|T}\right\} \exp\left\{+\mathrm{j}\pi\frac{f^2}{K}\right\} \tag{3.35}$$

注意,二次相位与目标位置 t_0 无关。如果有必要,也可将其消除。匹配滤波后的信号频谱为

$$S_{\mathrm{out}}(f) = S_r(f)H(f) = \mathrm{rect}\left\{\frac{f}{|K|T}\right\} \exp\{-\mathrm{j}2\pi f t_0\} \tag{3.36}$$

式(3.34)和式(3.35)中的二次相位相互抵消,只余下线性位置相位。图 3.9 给出了一个频谱示例,可看到频域匹配滤波后正弦(线性相位)项占主导地位。

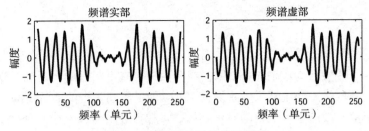

图 3.9　匹配滤波后的信号频谱

对 $S_{\text{out}}(t)$ 进行傅里叶逆变换，得到压缩信号

$$s_{\text{out}}(t) = |K|T \operatorname{sinc}\{KT(t-t_0)\} \tag{3.37}$$

除了附加增益 $|K|$，该结果与时域结果式(3.27)相同。增益 $|K|$ 源自频域推导，回顾式(3.10)，这是由于在 POSP 中忽略了一个 $1/\sqrt{|K|}$ 的常量。信号频谱式(3.34)中应含有该常量，也可将其纳入式(3.35)所示的匹配滤波器，以去除因子 $|K|$。但是，由于在实际中使用其他归一化准则以设置匹配滤波器的增益，所以该常量一般会忽略不计。

非基带信号

以上推导假设信号为零中心频率的"基带"信号。对于非基带信号，频谱被旋转，信号中心频率不再为零。根据傅里叶变换的性质，频谱平移会在时域中引入一个在压缩目标峰值处过零的线性相位。3.3.2 节已经通过时域卷积下的代数运算对此进行了说明。本节利用频域中的匹配滤波器导出了同样的结果。

对非基带接收信号式(3.31)进行 POSP，回顾式(3.34)，接收信号频谱为

$$S_r(f) = \operatorname{rect}\left\{\frac{f+Kt_c}{|K|T}\right\} \exp\left\{-\mathrm{j}\pi\frac{f^2}{K}\right\} \exp\{-\mathrm{j}2\pi f(t_0+t_c)\} \tag{3.38}$$

根据式(3.35)，频域滤波器为

$$H(f) = \operatorname{rect}\left\{\frac{f+Kt_c}{|K|T}\right\} \exp\left\{\mathrm{j}\pi\frac{f^2}{K}\right\} \tag{3.39}$$

根据式(3.36)，匹配滤波器相乘后的频谱为

$$S_{\text{out}}(f) = \operatorname{rect}\left\{\frac{f+Kt_c}{|K|T}\right\} \exp\{-\mathrm{j}2\pi f(t_0+t_c)\} \tag{3.40}$$

压缩信号是式(3.40)的傅里叶逆变换

$$
\begin{aligned}
s_{\text{out}}(t) &= \int_{-|K|T/2-Kt_c}^{+|K|T/2-Kt_c} \exp\{\mathrm{j}2\pi f(t-t_0-t_c)\}\,\mathrm{d}f \\
&= |K|T \exp\{-\mathrm{j}2\pi Kt_c(t-t_0-t_c)\} \operatorname{sinc}\{KT(t-t_0-t_c)\}
\end{aligned} \tag{3.41}
$$

对接收信号进行频谱平移，目标被压缩至 t_0+t_c，即目标定位在接收信号的零频位置。即使零频处于信号带宽以外，这一性质仍然成立。接收信号中的频谱平移仅影响压缩信号中线性相位的斜率。

某些应用需要将目标定位至接收信号的起始时刻(或中间时刻)，为此可将式(3.35)的滤波函数乘以一个线性调制相位 $\exp(-\mathrm{j}2\pi\Delta tf)$，其中 Δt 是零频时刻和定位时刻的时间差。

前面所述的时间和频率都被假定为连续的，因此不必考虑混叠。实际上，采样率在频域滤波器的设计中十分重要。第 5 章将讨论 SAR 信号中的采样和混叠。

3.3.4　窗效应

前面所讨论的匹配滤波器的幅度都为常量①。从图 3.6 中可知，频谱近似为矩形时，峰值旁瓣比为 −13 dB。一般认为该值过高，因为在图像中会淹没附近的弱目标。降低峰值旁瓣比的一种方法是对频域匹配滤波器引入平滑窗，以减少主瓣到旁瓣的能量泄漏。

窗是一个对信号频谱进行加权的对称实函数。权值在信号频谱中心处（峰值）最大，向频谱两边逐渐衰落。回顾 3.2.3 节对频谱间隙的讨论，当频谱峰值位于距间隙中心 1/2 采样率处时，必须将窗进行旋转，以实现与频谱的峰值对准。

窗能够平滑频谱，即弱化频谱边缘处的不连续性。这样会降低压缩脉冲中的主瓣能量泄漏，但要以损失分辨率为代价。这是因为窗使压缩中的有效信号带宽变窄。

典型窗包括 Taylor 窗、Chebyshev 窗、Hanning 窗、Hamming 窗和 Kaiser 窗[10]。本节将主要讨论 Kaiser 窗，它有以下几个特性。

1. 由于 Kaiser 窗是一种似长球波函数[11]，故其能在一定积分旁瓣比情况下，近似最优地使压缩脉冲的主瓣能量达到最大。
2. Kaiser 窗有一个可调参数 β，可以在不同应用中兼顾分辨率和旁瓣。

式（2.54）和式（2.55）分别给出了时域和频域中的 Kaiser 窗。图 2.11 已经示意了不同 β 值的 Kaiser 窗。加权后，式（3.35）的频域匹配滤波器变为

$$H(f) = W_k(f, |K|T) \exp\left\{ j\pi \frac{f^2}{K} \right\} \qquad (3.42)$$

由于线性调频信号存在一一对应的时频关系，所以可在时域加窗，还可在时域设计无窗匹配滤波器，直至在频域处理数据时再加窗。加窗后，在时域中，式（3.26）所示的匹配滤波器变为

$$h(t) = w_k(t, T) \exp\{ -j\pi K t^2 \} \qquad (3.43)$$

图 3.10 示意了以上两个域中的窗的应用。左列示意的是时域中的窗及其对信号边缘处的锐化效应；右列则为频域中的类似效果。为简化起见，在此假设信号是基带的。

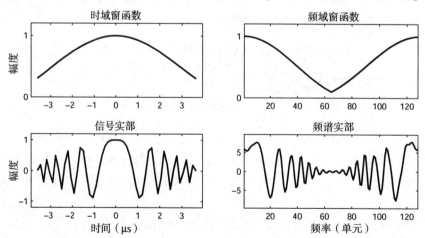

图 3.10　Kaiser 窗在时域和频域中的实现形式。在频域中，β 已做出调整，使窗函数在信号带宽边缘的值相同

---

① 真正的问题在于频域中匹配滤波器与信号的幅度乘积。在本章中假设信号幅度不变，所以全部加权效应来自窗函数。本书稍后将讨论会对窗效应产生影响的具有锐化幅度特性的信号。

与式(3.36)相比，经加权和匹配滤波后的信号频谱为

$$S_{\text{out}}(f) = S_r(f)H(f) = W_k(f, |K|T) \exp\{-j2\pi f t_0\} \tag{3.44}$$

由窗的傅里叶逆变换可得压缩脉冲的冲激响应[①]

$$s_{\text{out}}(t) = p(t - t_0) \tag{3.45}$$

这是一个中心为 t_0 的 sinc 型函数。与 sinc 函数相比，其主瓣较宽，旁瓣较低。忽略乘性复幅度以后的矩形窗冲激响应由式(3.37)给出。设 γ_w 为窗引入的冲激响应宽度加权展宽因子。式(3.28)的分辨率可写为

$$\rho = \frac{0.886\,\gamma_w}{|K|T} \tag{3.46}$$

在确定系统性能时，对冲激响应宽度和峰值旁瓣比都必须加以限制。因此，应对窗参数的选择进行权衡。图 2.12 给出了 Kaiser 窗的峰值旁瓣比及相对于矩形窗(即 $\beta = 0$ 的 IRW 展宽。β 的一个典型值为 2.5。与矩形窗相比，Kaiser 窗将峰值旁瓣比降至 $-21\,\text{dB}$(近似为幅度的 1/10)，分辨率则扩展了 $\gamma_w = 1.18$ 倍。由于窗的展宽效应可以抵消式(3.28)中的 0.886(在这个例子中的因子为 $0.886 \times 1.18 = 1.05$)，故其可忽略不计。

3.3.5　过采样率重定义

式(3.20)中的过采样率定义为采样率与信号带宽的比，也可将其定义为分辨率与采样间隔的比。

设时间采样间隔 Δt 为 $1/f_s$。联立式(3.20)和式(3.46)，可得

$$\frac{\rho}{\Delta t} = 0.886\,\gamma_w\,\alpha_{\text{os}} \approx \alpha_{\text{os}} \tag{3.47}$$

由于 $\gamma_w \approx 1/0.886$，故可近似忽略不计。

3.4　匹配滤波器的实现

式(3.26)所示的匹配滤波器可以通过时域中的线性卷积实现。但是，由于 SAR 中的匹配滤波器一般比较长，故通常在频域实现。以下讨论是基于基带信号的，但也可以推广到非基带信号。

频域匹配滤波器的生成方式一般有如下 3 种：

方式 1　将时间反褶后的复制脉冲(发射复制脉冲)取复共轭，计算补零离散傅里叶变换。

方式 2　复制脉冲补零后进行离散傅里叶变换，对结果取复共轭(无时间反褶)。

方式 3　根据设定的线性调频特性，直接在频域生成匹配滤波器。

前两种方式中的复制信号在进行快速傅里叶变换之前要补零至选定的长度。由于弃置区等于复制信号长(减 1)，为了进行有效的处理，FFT 长度应数倍于信号长度。

弃置区位置

不同滤波器中的弃置区(见 2.4 节中的概念)位置是不同的。如果在复制信号序列的末端补零，则循环卷积中的弃置区或者位于离散傅里叶逆变换输出序列的起始处(方式 1)，或

---

① 设 $w(t)$ 是一个一般的时域窗，$W(f)$ 是相应的频域窗。与本书中其他部分的使用惯例不同，两者不构成傅里叶变换对。但是，$p(t) \leftrightarrow W(f)$ 是傅里叶变换对。在需要时可以通过下标标识。

者位于离散傅里叶逆变换输出序列的结束处(方式 2)。将匹配滤波弃置区置于离散傅里叶逆变换输出序列的结束处是比较方便的, 所以有时更倾向于选择方式 2。方式 3 中的弃置区则被分置于离散傅里叶逆变换输出序列的两侧。

由于处理器只使用接收辅助数据中的 chirp 复制信号, 故脉冲不必是精确的线性调频信号, 这是方式 1 和方式 2 的一个额外的优势。方式 1 在性质上与方式 2 相似, 以下不再对其进一步讨论。

方式 2: 匹配滤波器的实现

方式 2 中的时域复制脉冲 $s(t)$ 在已知形式的前提下可直接从数学表达式生成, 如式(3.1)所示, 否则需要从雷达系统中得到。引入锐化窗后的加窗复制信号为

$$h'(t) = w(t, T) \exp\left\{ +\mathrm{j}\pi K t^2 \right\}, \quad -T_r/2 < t < T_r/2 \tag{3.48}$$

此时, 时域匹配滤波器由式(3.43)给出, 为 $h'(t)$ 的时间反褶再取复共轭。另一方面, 频域匹配滤波器则为 $h'(t)$(无时间反褶)经离散傅里叶变换后的复共轭。

以具有如下基带 chirp 参数的 RADARSAT-1 中等分辨率为例, chirp 持续时间 $T = 42\ \mu s$, 调频率 $K = 0.41 \times 10^{12}\ \mathrm{Hz/s}$, 采样率 $f_s = 18.5\ \mathrm{MHz}$。带宽为 17.2 MHz, 过采样因子为 1.07, chirp 采样点数为 777。设 $w(t, T)$ 为 $\beta = 2.5$ 的 Kaiser 窗。

通过离散傅里叶变换将时域滤波器变换到频域, 有

$$H_2(f) = \left\{ \mathrm{fft}[h'(t), N_{\mathrm{fft}}] \right\}^* \tag{3.49}$$

该式采用了 MATLAB 的符号, 表示时域序列 $h'(t)$ 被末端补零至 FFT 长度 N_{fft}。在此示例中 N_{fft} 为 2048。

图 3.11 示意了由方式 2 生成的匹配滤波器的频率响应 $H_2(f)$。由于使用了 Kaiser 窗, 快速傅里叶变换输出序列中心处(相当于复制脉冲两侧的频率分量)的幅度出现下降。在频域中可以明显看到窗的形状, 如图中虚线所示, 窗"起始于"样本点 1190, "终止于"样本点 860。在频谱两端附近可以观察到由脉冲截断造成的振铃效应。在样本点 990 和 1060 之间, 匹配滤波的能量接近为零, 相当于过采样带来的复制信号中的缺失频率。

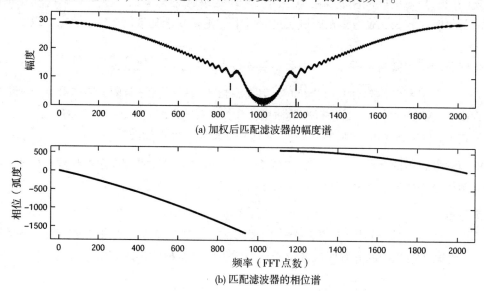

(a) 加权后匹配滤波器的幅度谱

(b) 匹配滤波器的相位谱

图 3.11　方式 2 生成的匹配滤波器频率响应函数的幅度和相位

由图 3.11 下半部分可以看出，相位也是频率的二次函数，但是不同于图 3.2，它关于零频不对称。这是由于时域序列已经补零，使复制信号中的驻定相位(零多普勒)点偏离了序列中心。这样就在频谱中引入了一个使相位曲线产生倾斜的线性斜坡相位。注意相位谱中没有振铃现象[①]。

方式 3：匹配滤波器的实现

方式 3 中的匹配滤波器直接在频域生成，假设脉冲的线性调频特性与 3.3.3 节描述的相同。此时匹配滤波器 $H_3(f)$ 由式(3.42)给出。使用与前述相同的仿真参数，图 3.12(a)给出了频域滤波器的幅度。

为了实现该滤波器，必须对频率变量 f 进行设定，其取值范围应覆盖滤波序列的采样频宽。由于在序列内 f 具有周期性，故不可避免地会存在间断点。序列中的间断会导致相位的不连续，而不连续相位应被置于频谱的无效点处。设采样率为 f_s，本例中，该点处于 $\pm f_s/2$ Hz，如图 3.12(b)所示。这是由于复制脉冲是基带信号，在频域中，第一个采样点对应的频率为零频。

相位如图 3.12(c)所示。与图 3.12(c)和图 3.11(b)相比，可以看到相位是关于零频对称的无扭曲相位。

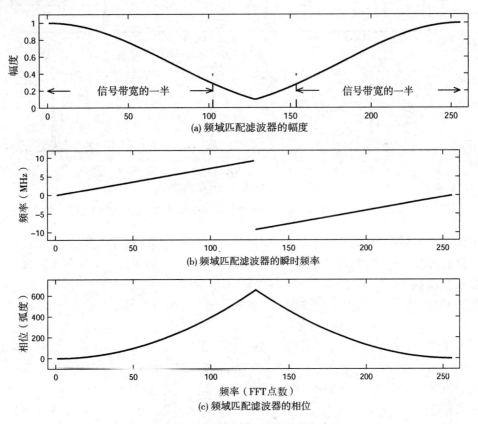

图 3.12　方式 3 生成的频域匹配滤波器

[①]　对于基带信号，频谱不连续出现在 DFT 输出序列中心(即 $f=0.5f_s$ 时)。为了得到正确的相位曲线，应忽略无效频谱附近的频率，并从无效频谱右侧开始进行相位解绕。

3.4.1　目标定位和匹配滤波器弃置区

最后，图 3.13 示意了经由方式 2 和方式 3 匹配滤波后得到的压缩目标在 IFFT 输出序列中的位置。在此考察图 3.13(a) 所示的 3 个各占 $N=401$ 个样本点的目标。零频点位于目标中点右侧 $N_{\mathrm{ZD}}=(N_\mathrm{L}-N_\mathrm{R})/2$ 样本处。

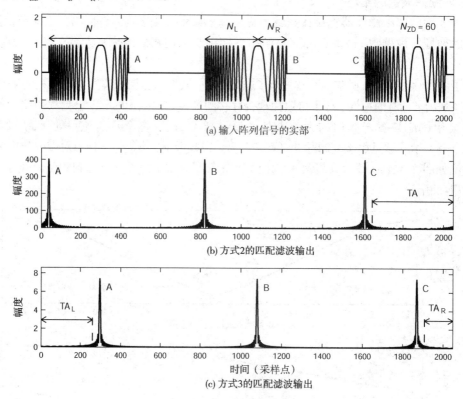

图 3.13　通过压缩目标的位置来说明基带信号的弃置区和 TA 值

图 3.13(b) 表明，当使用方式 2 时，输出序列中的每一目标对准至其输入的前沿。此时，弃置区位于输出的结尾，长为 $\mathrm{TA}=N-1=400$ 个样本点。目标对准，以及弃置区的大小和位置都独立于 N_{ZD}。

图 3.13(c) 表明，当使用方式 3 时，输出序列的每一目标对准至其输入的零频点。此时，弃置区被分置于输出序列的两侧。如果目标以零频为中心，则两侧弃置区相等，分别为 $\mathrm{TA_L}=\mathrm{TA_R}=(N-1)/2=200$ 个样本点。当目标零频点位于距中心右侧 N_{ZD} 个样本点处时，左侧弃置区长为 $\mathrm{TA_L}=(N-1)/2+N_{\mathrm{ZD}}$ 个样本点，而右侧弃置区长为 $\mathrm{TA_R}=(N-1)/2-N_{\mathrm{ZD}}$ 个样本点。由于本例中的零频点位于中心的右侧，故右侧弃置区比左侧弃置区短。

一般更倾向于使用方式 3 将每一目标对准至其零频位置(见第 6 章)。如果需要，也可以在频域匹配滤波器中附加一个线性斜坡相位，使全部弃置区位于输出序列的端点处。

一种判断弃置区位置的直观方法如下：如果目标 A 的第一个照射样本位于输入序列的第一个采样，则弃置区结束于目标峰值的左侧样本。类似地，如果目标 C 的最后一个照射样本位于输入序列的最后一个采样，则弃置区开始于目标峰值的右侧样本。当快速傅里叶逆变换(IFFT)输出序列的样本按循环方式排列时，这一原则适用于方式 2 和方式 3。

3.5　调频率失配

有时用于压缩的匹配滤波器是不精确的。一般用 3 个参数对线性调频信号的匹配滤波器加以描述，即持续时间、中心频率和调频率。其中，调频率的误差影响最严重。本节将分析基带信号和非基带信号下的调频率误差对 4 个主要图像质量参数，即冲激响应宽度（IRW）、峰值旁瓣比、定位和相位的影响[1]。两种情况下的误差影响略有不同。

3.5.1　基带信号中的失配影响

调频率 K 的误差会引起滤波器的失配，使 IRW 展宽，旁瓣增大。其影响可以通过对式(3.26)所示 $h(t)$ 或式(3.35)所示 $H(f)$ 引入调频率误差 ΔK，运用实验手段进行分析。通过调整误差即可对相关参数进行测量。

对 IRW 展宽的定量分析，可以借助于那些能够对其进行直接描述的参数来实现。一个合适的参数是二次相位误差（QPE），该参数描述了给定窗下线性调频信号的展宽性质。

二次相位误差定义如下。当存在 ΔK 时，信号与滤波器之间存在一个相位误差。设匹配滤波器的带宽与信号相同。忽略可能存在的常数相位偏移，假设滤波器的中间相位与信号的中间相位匹配，则二次相位误差为信号任意一端处的相对相位失配，此处失配最大。在此定义下，线性调频信号式(3.1)的二次相位误差为

$$\mathrm{QPE} = \pi \Delta K \left(\frac{T}{2} \right)^2 \tag{3.50}$$

对于 β 值为 2.5 的典型 Kaiser 窗，图 3.14(a)所示为 IRW 展宽。不同应用中适用的展宽准则可能不同。对应于 2%，5% 或 10% 以下的展宽，相应的二次相位误差应小于 0.27π，0.41π 或 0.55π。随着相位误差的增大，展宽急速增加。

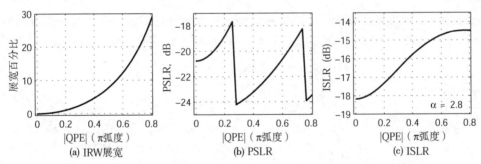

图 3.14　当 $\beta=2.5$ 时的 IRW 展宽，以及旁瓣比与二次相位误差之间的关系

实际情况下的展宽与窗和孔径加权有关。本书中将其等效为在匹配滤波中使用的 $\beta=2.5$ 的 Kaiser 窗，因此一种大致的近似准则为：0.5π 二次相位误差下的 IRW 展宽不超过 10%。

另一个有意义的质量参数是峰值旁瓣比，图 3.14(b)给出了相位误差增加时的峰值旁瓣比变化曲线。峰值旁瓣比随着二次相位误差的增加而上升，但当二次相位误差超过 0.28π 时曲线不具有明显的意义，此处峰值旁瓣比出现陡降。这是因为随着二次相位误差的增加，主瓣的展宽将导致最近的旁瓣被吸纳进主瓣中[2]。

---

① 在后续章节中可以看到，点目标二维信号在某个方向上是基带信号，在另一个方向上则是非基带信号。

② 当相位误差增加时，旁瓣远离主瓣，但移动速度不足以使其避免被主瓣所吸纳。

例如，当 $|\text{QPE}|$ 在 0.28π 附近时，峰值旁瓣比从 $-18\,\text{dB}$ 跳至 $-24\,\text{dB}$。图 3.15 通过分析二次相位误差取在该边界两侧时的冲激响应，对这种现象进行了解释。图 3.15 中的二次相位误差分别取在 0.28π 两侧附近。图 3.15(a) 中的最大旁瓣位于 2.5 和 5.5 采样点处。但在图 3.15(b) 中，当相位误差略有增加时，虽然冲激响应宽度与图 3.15(a) 中的几乎相等，但最大旁瓣却位于 1.5 和 6.5 采样点处。这些"远离中心"的旁瓣非常小，从而导致了图 3.14(b) 中的不连续性。

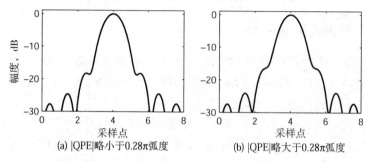

(a) |QPE|略小于0.28π弧度　　　　　　(b) |QPE|略大于0.28π弧度

图 3.15　最大旁瓣位置不同，而脉冲响应相似时的情况

由于峰值旁瓣比曲线中存在跳变点，所以能够更好地描述旁瓣泄漏能量的参数应该是积分旁瓣比。以上讨论的旁瓣特性也会影响积分旁瓣比的测量。但是，使测量更一致的一种简单方法是，根据 2.8 节的建议，将主瓣边缘定义为理想分辨率的固定倍数，而与调频率误差无关。

在计算积分旁瓣比时，积分限的选择是任意的。为了计算图 3.14(c) 中的积分旁瓣比，式(2.63) 中 P_{main} 的积分限应为冲激响应宽度的 $\alpha = 2.8$ 倍。可以看到，使 IRW 展宽 10% 的调频率误差会导致积分旁瓣比上升约 3.3 dB。

冲激响应的变化

在此分别在时域和频域对存在调频率误差的匹配滤波过程进行分析。首先进行时域推导，接收信号为式(3.25)。匹配滤波器由式(3.26)给出，但用存在误差的 $K+\Delta K$ 代替 K，

$$h(t) = \text{rect}\left(\frac{t}{T}\right) \exp\left\{-j\pi(K+\Delta K)t^2\right\} \tag{3.51}$$

匹配滤波输出为

$$\begin{aligned} s_{\text{out}}(t) &= s_r(t) \otimes h(t) \\ &= \int_{-T/2}^{T/2} \exp\left\{-j\pi\Delta K\,u^2\right\} \exp\left\{-j2\pi K(t-t_0)u\right\} \text{d}u \end{aligned} \tag{3.52}$$

使用频域推导，信号频谱为式(3.34)

$$S_r(f) = \text{rect}\left(\frac{f}{|K|T}\right) \exp\left\{-j\pi\frac{f^2}{K}\right\} \exp\left\{-j2\pi f\,t_0\right\} \tag{3.53}$$

根据式(3.35)，匹配滤波器为

$$\begin{aligned} H(f) &= \text{rect}\left(\frac{f}{|K+\Delta K|T}\right) \exp\left\{j\pi\frac{f^2}{K+\Delta K}\right\} \\ &\approx \text{rect}\left(\frac{f}{|K|T}\right) \exp\left\{j\pi\frac{f^2}{K}\right\} \exp\left\{-j\pi\frac{\Delta K\,f^2}{K^2}\right\} \end{aligned} \tag{3.54}$$

最后一步源于信号和滤波器矩形包络的近似相等假设。而且，当 $|\Delta K| \ll |K|$ 时，$1/(K+\Delta K) \approx 1/K - \Delta K/K^2$，那么频域匹配滤波的输出近似为

$$S_{\text{out}}(f) = S_r(f) H(f)$$

$$= \text{rect}\left(\frac{f}{|K|T}\right) \exp\left\{-\mathrm{j}\pi\, \frac{\Delta K f^2}{K^2}\right\} \exp\{-\mathrm{j}2\pi f t_0\} \tag{3.55}$$

通过傅里叶逆变换将匹配滤波输出变换到时域

$$s_{\text{out}}(t) = \int_{-|K|T/2}^{+|K|T/2} \exp\left\{-\mathrm{j}\pi\, \frac{\Delta K f^2}{K^2}\right\} \exp\{\,\mathrm{j}2\pi f(t-t_0)\}\,\mathrm{d}f \tag{3.56}$$

对线性调频信号进行变量替换 $f = Ku$，其中 u 为虚拟变量，并且注意到偶函数的傅里叶变换与其逆变换成正比，则式(3.56)的 $s_{\text{out}}(t)$ 与式(3.52)的相同。

由 ΔK 产生的二次相位误差不会改变基带信号的压缩峰值位置，此时压缩峰值仍处于 $t = t_0$。只有线性相位分量才会导致峰值位置的改变。

在某些应用中，相位精度同样很重要。可以推得，由 ΔK 导致的压缩目标峰值处的相位误差为二次相位误差的 1/3。附录 3B 给出了使用式(3.52)的推导。因此，$\pi/2$ 的二次相位误差会在峰值处引入 $\pi/6$(即 30°)的相位误差。对于某些应用来说，其值可能过大，虽然 10% 的幅度响应展宽也许是可接受的，但如此高的相位误差则不能容忍。

3.5.2　非基带信号中的失配影响

在此考察非基带信号式(3.31)及其频谱式(3.38)。类似地，设匹配滤波器的调频率误差为 ΔK。根据 3.3.3 节中的频域方法，回顾式(3.41)，输出信号为

$$s_{\text{out}}(t) = \int_{-|K|T/2-Kt_c}^{+|K|T/2-Kt_c} \exp\left\{-\mathrm{j}\pi\, \frac{\Delta K f^2}{K^2}\right\} \exp\{\,\mathrm{j}2\pi f(t-t_0-t_c)\}\,\mathrm{d}f \tag{3.57}$$

进行变量替换 $u = f + Kt_c$，将与 u 无关的各项进行合并化简，得到输出信号

$$
\begin{aligned}
s_{\text{out}}(t) = {}& \exp\left\{\mathrm{j}\pi\left[-\Delta K t_c^2 - 2Kt_c(t-t_0-t_c)\right]\right\} \\
& \times \int_{-|K|T/2}^{+|K|T/2} \exp\left\{-\mathrm{j}\pi\, \frac{\Delta K u^2}{K^2}\right\} \times \exp\left\{+\mathrm{j}2\pi u\left(t-t_0-t_c+\Delta K t_c/K\right)\right\}\,\mathrm{d}u
\end{aligned} \tag{3.58}
$$

信号被压缩至时刻 $t = t_0 + t_c - \Delta K t_c/K$。在该点上，第一个指数项的相位为 $\pi\Delta K t_c^2$。包含二次相位误差之后，总相位为

$$\Delta\phi = \pi\Delta K t_c^2 - \frac{\pi\Delta K}{3}\left(\frac{T}{2}\right)^2 \tag{3.59}$$

其中最后一项为二次相位误差的 1/3(见附录 3B 的推导)。

比较式(3.58)和无相位误差的式(3.41)，前者有一个附加时间平移 $\Delta K t_c/K$ 和一个附加相位 $\pi\Delta K t_c^2$。该时间平移也可从线性调频信号的时频关系 $t = f/K$ 推导出来(将 t 对 K 进行微分)。与基带信号相比，该平移不会影响 IRW 展宽和旁瓣效应。也就是说，图 3.14 给出的基带信号中的 IRW 展宽和峰值旁瓣比效应同样适用于非基带信号。

通过时域方法也可以得到与式(3.58)和式(3.59)相同的结果。

3.5.3　滤波器失配和时间带宽积

利用线性调频信号中的相位误差关系式(3.50)和图 3.14(a)的 IRW 展宽结果，可以大致建立可允许调频率误差与信号时间带宽积的式(3.5)之间的关系。如果允许的二次相位误差为 $Q\pi$，则相对调频率误差准则可表示为

$$\left|\frac{\Delta K}{K}\right| \leqslant \frac{4Q}{\text{TBP}} \qquad (3.60)$$

这表明信号的持续时间越长，带宽越宽，其对调频率误差的敏感度也就越强，因而必须在压缩中使用精确的参数。

图 3.14 表明，0.41 的 Q 相当于 5% 的 IRW 展宽，而 0.55 的 Q 则会导致 10% 的 IRW 展宽。将 $Q=0.5$ 设为中间过渡值（展宽 8%），则一个简单的准则是，中等聚焦精度下的调频率误差应限制在 $|\Delta K/K| \leqslant 2/\text{TBP}$ 以内，而高聚焦精度（IRW 展宽小于 2%）下的 $|\Delta K/K|$ 则应低于 $1/\text{TBP}$。

对于 3.3.2 节中的 RADARSAT-1 示例（$K=0.41\times10^{12}$ Hz/s，$T=42\,\mu\text{s}$，TBP 为 723）。在中等聚焦精度下，调频率误差不应超出 0.28%，高聚焦精度下的则为 0.14%。注意，以上结论是在 $\beta=2.5$ 的 Kaiser 窗下得到的。对于更小的 β，误差准则将比上述值更严格。还要注意 TBP 是加窗之前的值，加窗会降低信号的有效 TBP。

3.6　小结

本章对线性调频信号及其时域、频域特性进行了介绍。在调频信号中，时域和频域之间存在着一一对应关系。当调频信号为线性时，这种关系也是线性的，因而时域和频域之间存在简单的对偶性。比如，两个域中的包络形状和相位轮廓都近似相同。

线性调频信号的频谱解析式和时频关系可以通过驻定相位原理推导出来。表 3.1 对本章推导的重要线性调频脉冲压缩表达式进行了汇总。所有表达式都假设信号为正扫频，目标位置位于 $t_0=0$。

表 3.1　线性调频信号压缩表达式汇总

参数	符号	表达式	单位
线性调频信号	$s_r(t)$	$\text{rect}\left\{\dfrac{t-t_0}{T}\right\} \exp\{\text{j}\pi K(t-t_0)^2\}$	
时域滤波器	$h(t)$	$\text{rect}\left\{\dfrac{t}{T}\right\} \exp\{-\text{j}\pi Kt^2\}$	
频域滤波器	$H(f)$	$\text{rect}\left\{\dfrac{f}{|K|T}\right\} \exp\{\text{j}\pi f^2/K\}$	
时频关系		$f=Kt$	Hz
信号带宽	BW	$|K|T$	Hz
时间带宽积	TBP	$|K|T^2$	
二次相位误差	QPE	$\pi\Delta K(T/2)^2$	rad
压缩脉冲	$s_{\text{out}}(t)$	$\propto \text{sinc}[KT(t-t_0)]$	
匹配滤波前的持续时间	ρ'	T	s
匹配滤波后的分辨率	ρ	$0.886\gamma_w/(|K|T)$	s
重采样比	α_{os}	$f_s/(|K|T)\approx\rho/\Delta t=\rho f_s$	
压缩比	C_r	$\rho'/\rho\approx|K|T^2=\text{TBP}$	
调频率误差	$|\Delta K/K|$	$1/\text{TBP}$，积分旁瓣比展宽小于 2% $2/\text{TBP}$，积分旁瓣比展宽小于 8%	

为了避免混叠,复信号的采样率必须高于其带宽。实际上一般按 1.1~1.4 倍带宽的采样率对信号进行过采样,此时信号频谱中会产生能量间隙。对于数字信号处理操作,间隙处的频率是不连续的。

脉冲压缩或匹配滤波中的最重要质量参数是分辨率,其为压缩脉冲的 3 dB 宽,近似等于带宽的倒数。压缩比为发射脉冲长度与压缩脉冲宽度的比值,量级可达数百。匹配滤波器为时间反褶后的发射脉冲复共轭,可以在时域和频域中实现。本章给出了线性调频信号的压缩示例。

本章最后研究基带和非基带信号下匹配滤波器的调频率误差影响。研究表明,两种情况下的 IRW 展宽是相同的,对于 8% 的 IRW 展宽限制,二次相位误差应低于 π/2。为了满足这个界限,调频率的精度必须在 2/TBP 以内,对于更严格的二次相位误差或 IRW 展宽限制,则要精确至 1/TBP 以内。在非基带信号中,压缩信号以正比于频谱偏移的比率被平移。调频率误差也会导致相位失真。基带信号中的相位失真为二次相位误差的 1/3,对于非基带信号则还要加上一个附加相位。

3.6.1　ENVISAT/ASAR 宽带图像

图 3.16 为由 ENVISAT/ASAR 传感器接收的一幅 SAR 图像实例。雷达工作于 HH 极化,于 2004 年 10 月 31 日 16∶33(格林尼治标准时间)被瑞典基律纳的 ESA 地面站接收,行号为384,轨道号为 13965。

图 3.16　ENVISAT/ASAR 获得的埃尔斯米尔岛宽测绘带图像(欧洲航天局版权所有, 2004 年)

该幅 ScanSAR 宽带图像由 MacDonald Dettwiler 搭建的 ESA PF-ASAR v3.08 SAR 处理器处理得到。处理算法为 SPECAN 算法,处理视数为距离向七视,方位向三视。处理后的分辨率约为 150 m,为便于显示,在两个方向上对图像进行了五点平滑。

景中心位于 80°N, 70°W 附近。本景图像在每一方向上的幅宽约为 400 km。图像左上角为指北方向。

景中心右侧的垂直区域是冰雪覆盖的纳雷斯海峡,它将左侧加拿大的埃尔斯米尔岛和右侧的北格陵兰分隔开来。右上角处的亮区域是格陵兰冰盖，其粗糙表面具有很强的雷达后向散射。冰盖上有许多直接流入大海的冰川(如右上方的冰川)。

参考文献

[1] M. Born and E. Wolf. *Principles of Optics*. Cambridge University Press, Cambridge, England, 7th edition, 1999.

[2] A. Papoulis. *Signal Analysis*. McGraw-Hill, New York, 1977.

[3] M. I. Skolnik. *Radar Handbook*. McGraw-Hill, New York, 2nd edition, 1990.

[4] E. L. Key, E. N. Fowle, and R. D. Haggarty. A Method of Designing Signals of Large Time-Bandwidth Product. *IRE Intern. Conv. Record*, (4), pp. 146-154, March 1961.

[5] J. Curlander and R. McDonough. *Synthetic Aperture Radar: Systems and Signal Processing*. John Wiley & Sons, New York, 1991.

[6] R. C. Dixon. *Spread Spectrum Systems with Commercial Applications*. Wiley-Interscience, New York, 3rd edition, 1994.

[7] J. M. Wozencraft and I. M. Jacobs. *Principles of Communication Engineering*. John Wiley & Sons, New York, 1965.

[8] B. R. Mahafza. *Radar Systems Analysis and Design Using MATLAB*. Chapman and Hall/CRC Press, Boca Raton, FL, 2000.

[9] R. J. Sullivan. *Microwave Radar Imaging and Advanced Concepts*. Artech House, Norwood, MA, 2000.

[10] V. K. Ingle and J. G. Proakis. *Digital Signal Processing Using MATLAB V. 4*. Brooks/Cole Publishing Co., Pacific Grove, CA, 1st edition, 2000.

[11] A. V. Oppenheim, R. W. Schafer, and J. R. Buck. *Discrete-Time Signal Processing*. Prentice Hall, Upper Saddle River, NJ, 2nd edition, 1999.

附录 3A　匹配滤波输出的推导

本附录对由式(3.24)卷积积分给出的匹配滤波输出进行推导。这里将考察两种情况：(1)信号和匹配滤波器长度相等；(2)长度不等。除了后者存在一个附加的二次相位，两者在结果上很相似。

3A.1　信号和匹配滤波器等长

设信号为式(3.25)，匹配滤波器为式(3.26)，两者具有相等的长度 T，

$$s_r(t) = \text{rect}\left(\frac{t}{T}\right)\exp\{+\text{j}\pi K t^2\} \tag{3A.1}$$

$$h(t) = \text{rect}\left(\frac{t}{T}\right)\exp\{-\text{j}\pi K t^2\} \tag{3A.2}$$

为简单起见，设 $t_0 = 0$，则匹配滤波输出式(3.24)为

$$
\begin{aligned}
s_{\text{out}}(t) &= s_r(t) \otimes h(t) \\
&= \int_{-\infty}^{\infty} \text{rect}\left(\frac{u}{T}\right)\text{rect}\left(\frac{t-u}{T}\right)\exp\{\text{j}\pi K u^2\}\exp\{-\text{j}\pi K(t-u)^2\}\,\text{d}u \\
&= \exp\{-\text{j}\pi K t^2\}\int_{-\infty}^{\infty}\text{rect}\left(\frac{u}{T}\right)\text{rect}\left(\frac{t-u}{T}\right)\exp\{\text{j}2\pi K t u\}\,\text{d}u
\end{aligned}
\tag{3A.3}
$$

当两个矩形函数存在重叠时，积分有效。根据信号与滤波器的重叠情况，在两段区间内分别进行积分，其中一段区间内的信号位于匹配滤波器左侧，而另一段区间则位于匹配滤波器右侧。改变相应的积分限，则

$$
\begin{aligned}
s_{\text{out}}(t) = \exp\{-\text{j}\pi K t^2\}\Bigg\{ &\text{rect}\left(\frac{t+T/2}{T}\right)\int_{-T/2}^{t+T/2}\exp(\text{j}2\pi K t u)\,\text{d}u \\
&+ \text{rect}\left(\frac{t-T/2}{T}\right)\int_{t-T/2}^{T/2}\exp(\text{j}2\pi K t u)\,\text{d}u \Bigg\}
\end{aligned}
\tag{3A.4}
$$

经过代数运算后的匹配滤波输出为

$$
\begin{aligned}
s_{\text{out}}(t) = &(t+T)\,\text{rect}\left(\frac{t+T/2}{T}\right)\text{sinc}[K t(t+T)] \\
&+ (T-t)\,\text{rect}\left(\frac{t-T/2}{T}\right)\text{sinc}[K t(T-t)]
\end{aligned}
\tag{3A.5}
$$

输出 $s_{\text{out}}(t)$ 为实函数，可一般地写为

$$s_{\text{out}}(t) = (T-|t|)\,\text{rect}\left(\frac{t}{2T}\right)\text{sinc}[K t(T-|t|)] \tag{3A.6}$$

可以将式(3A.6)表示的函数视为由两部分组成，其中缓变部分(或包络)为 $(T-|t|)\,\text{rect}\{t/(2T)\}$，捷变部分为 sinc 函数。如图 3A.1(a)所示，包络为三角函数。这是因为当两个幅

度均匀的函数 $s_r(t)$ 和 $h(t)$ 进行相对移动时，其重叠部分从中间向两侧降低。本例中的参数取自 TBP = 100 的雷达，为清晰起见，峰值进行了归一化处理。

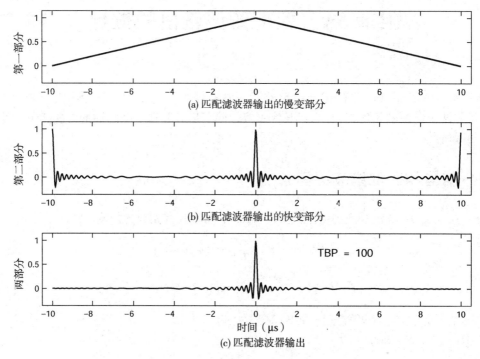

图 3A.1　匹配滤波器输出的各组成部分

捷变部分近似由图 3A.1(b)所示的三个 sinc 函数表示，峰值时刻分别位于 $t = -T, 0$ 和 $+T$。由于假设信号具有极大的 TBP，每一 sinc 函数的有效持续时间远小于 T。

合成后的函数如图 3A.1(c)所示。由于三角函数在 $-T$ 和 $+T$ 处附近接近为零，故可忽略这两处的 sinc 函数峰值的影响。当 TBP < 100 时，这些远离中心的 sinc 函数开始变得明显。而且，对于峰值位于 $t = 0$ 点的 sinc 函数，在零时刻附近($|t| \leqslant T$)的包络接近为 T。那么，TBP $\geqslant$ 100 时的压缩输出可近似为

$$s_{\text{out}}(t) \approx T \operatorname{sinc}(KTt) \tag{3A.7}$$

图 3A.1(c)中曲线的放大显示如图 3.5 所示。由于本例中的 TBP 极大，几乎看不到近似影响。

3A.2　信号和匹配滤波器不等长

以上推导假设信号与滤波器的长度相等，即矩形函数长度相等。这需要将式(3A.3)的积分分为两部分。以下考察式(3A.3)中矩形函数不等长的情况，此时无须进行分块积分，推导更简单。

卷积积分可以通过去除某一函数的矩形窗得到。例如，去除式(3.25)中 $s_r(t)$ 的矩形窗，这相当于假设信号 $s_r(t)$ 的持续时间长于滤波器 $h(t)$ 的持续时间。类似地，设 $t_0 = 0$，匹配滤波器输出为

$$
\begin{aligned}
s_{\text{out}}(t) &= \int_{-\infty}^{\infty} \text{rect}\left(\frac{t-u}{T}\right) \exp\left\{-\mathrm{j}\pi\, K(t-u)^2\right\} \exp\left\{\mathrm{j}\pi\, K u^2\right\} \mathrm{d}u \\
&= \int_{-\infty}^{\infty} \text{rect}\left(\frac{t-u}{T}\right) \exp\left\{\mathrm{j}2\pi\, K\, t\, u - \mathrm{j}\pi\, K\, t^2\right\} \mathrm{d}u \\
&= \exp\left\{-\mathrm{j}\pi\, K t^2\right\} \int_{t-T/2}^{t+T/2} \exp\left\{\mathrm{j}2\pi\, K\, t\, u\right\} \mathrm{d}u \\
&= \exp\left\{+\mathrm{j}\pi\, K t^2\right\} \int_{-T/2}^{+T/2} \exp\left\{\mathrm{j}2\pi\, K\, t\, u\right\} \mathrm{d}u
\end{aligned}
\tag{3A.8}
$$

最后一行中的积分为矩形窗的傅里叶逆变换(见 2.3.4 节)，其结果为 sinc 型函数

$$
s_{\text{out}}(t) = T \exp\left\{\mathrm{j}\pi\, K t^2\right\} \text{sinc}(KT t)
\tag{3A.9}
$$

与式(3A.7)相比，式(3A.9)有一个附加的二次相位 $\exp\{\mathrm{j}\pi K t^2\}$。该项在 $t=0$ 附近的峰值主瓣内通常可忽略。

无论信号长于滤波器还是滤波器长于信号，得到的结果都一样(前者更普遍)。对于第 9 章和第 10 章讨论的 SAR 模式，需要截断信号，以使匹配滤波器长于信号。

附录 3B　相位失配误差推导

本附录将表明，在基带信号中，由调频率误差 ΔK 引入的压缩目标峰值相位误差是二次相位误差的 1/3。3.5.2 节已指出，除了式(3.59)中的附加常数相位，非基带信号中也能得到同样的二次相位误差。以下进行推导，为对卷积(匹配滤波器)进行积分，应使用幂级数展开。

假设相位误差仅为二次的，则基带信号中 K 的误差只造成 IRW 展宽，而不会改变压缩后的峰值位置；也就是说，相位误差不含线性分量。在完全压缩时，峰值 $s_{\text{out}}(0)$ 处的相位应为零，其中 $s_{\text{out}}(t)$ 为压缩后的信号，因而相位误差为式(3.52)中 $s_{\text{out}}(0)$ 的相位，为简单起见，设 t_0 为零，得到

$$s_{\text{out}}(0) = \int_{-T/2}^{T/2} \exp\{-\text{j}\pi\Delta K t^2\}\,\text{d}t \tag{3B.1}$$

上式忽略了匹配滤波器的加权影响。加权对相位误差的影响很小，尤其在对称情况下更是如此。此时，相位误差为

$$\Delta\phi = \arctan\left[\frac{-\int_{-T/2}^{T/2}\sin(\pi\Delta K t^2)\,\text{d}t}{+\int_{-T/2}^{T/2}\cos(\pi\Delta K t^2)\,\text{d}t}\right] \tag{3B.2}$$

其中，通过正弦和余弦函数的幂级数展开进行积分计算。化简后的结果为

$$\Delta\phi = \arctan\left[-\frac{\text{QPE}}{3} - \frac{\text{QPE}^3}{105} + \cdots\right] \tag{3B.3}$$

其中 QPE 值由式(3.50)给出。反正切函数可以通过幂级数展开。具体的展开形式与相角值有关。由于 QPE 值小于 $\pi/2$(以使 IRW 展宽小于 8%)，观察式(3B.3)会发现相角小于 1 rad。在此假设下，幂级数可近似展开为

$$\Delta\phi = -\frac{\text{QPE}}{3} - \frac{\text{QPE}^3}{105} - \frac{1}{3}\left(-\frac{\text{QPE}}{3} - \frac{\text{QPE}^3}{105} + \cdots\right)^3 + \cdots \tag{3B.4}$$

$$= -0.333\,\text{QPE} + 0.0028\,\text{QPE}^3 + \cdots \approx -0.333\,\text{QPE}$$

可见，$\pi/2$ 的二次相位误差会在目标峰值点引入一个近似为 $\pi/6$(即 30°)的绝对相位误差。

第 4 章　合成孔径的概念

4.1　概述

本章的目的是从雷达角度阐明"合成孔径"这一概念，并导出诸如方位向带宽和方位向分辨率等相关参数。首先，4.2 节说明了 SAR 的几何关系，以及成像雷达中使用的一些专业术语。接着在 4.3 节中给出了"距离方程"，该方程详述了雷达与目标间的相对距离随时间的变化关系。

随后三节讨论了 SAR 信号的获取。首先，4.4 节给出了雷达发射脉冲的信号形式，并揭示了发射带宽与距离向分辨率的关系。接收回波是脉冲和地面反射率的卷积。

其次，在 4.5 节中讨论了 SAR 的方位向信号形式。脉冲相干性概念和发射脉冲串的时序也在此进行了论述。由 PRF 决定的时序受许多雷达系统设计参数的影响，而且它的选择在卫星传感器中很受限制。在讨论过影响接收信号强度的诸多因素后，将接着论述照射时间、多普勒频率及带宽等重要信号参数。

4.6 节解释了接收信号如何被当成一个二维信号，以及它怎样写入信号处理器存储单元的距离维和方位维。该数据结构是将 SAR 接收信号处理成二维地表图像所必需的。这一节还引入了 SAR 传感器脉冲冲激响应的概念，并给出了典型的机载和星载 SAR 参数。

SAR 信号处理的核心思想是基于对 SAR 回波信号进行距离向和方位向上的匹配滤波。之所以能够运用匹配滤波，是由于接收到的 SAR 数据在以上方向都受到一个恰当的相位调制。距离向的调制由发射脉冲的相位编码决定，而方位向的调制来自雷达平台的运动[①]。相位中包含了信号最重要的信息，所以在本章中对相位调制特性的分析将贯穿始终。有关 SAR 信号特性的更多细节将在第 5 章中进一步给出。

至此已完成距离向分辨率和匹配滤波的基础工作，从而很容易通过匹配滤波得到高方位向分辨率的概念。4.7.1 节将根据处理带宽和 SAR 平台速度导出方位向分辨率的经典界限，即天线孔径的一半。

最后，在 4.7.2 节中基于前述讨论引出了合成孔径概念。信号处理器是对雷达照射时间内来自某一特定目标的一组信号进行的处理，这相当于产生了一个具有很长孔径的等效天线。从这种合成孔径的概念同样可以推导出方位向分辨率。

本章结尾给出了三个附录，附录 4A 从局部圆卫星轨道和局部地球圆球模型对距离方程进行推导，证明了 4.3.1 节使用的雷达近似速度公式。附录 4B 详述了正交解调，包括如何校正两个正交通道的标校误差。附录 4C 从天线角度给出了"合成孔径"的另一种解释。

4.2　SAR 几何关系

本节的目的是对 SAR 数据的获取几何进行描述，并定义了文中用到的一些相关几何术语。

[①] 为简明起见，本书中的术语"平台"和"传感器"是指飞机与(或)卫星，而术语"飞机"和"卫星"用在两者之间的区分比较重要的特殊情况。

4.2.1　术语定义

雷达位置和波束在地面覆盖区的简单几何模型如图 4.1 所示。雷达系统可以采用单基站、双基站或多基站结构，这由接收机和发射机的相对位置决定。在此主要考察收发共用天线的单基站雷达。虽然 Massonnet 提出了一种称为干涉轮的多基站结构[1,2]，但在遥感中得到广泛应用的还是单基站雷达。

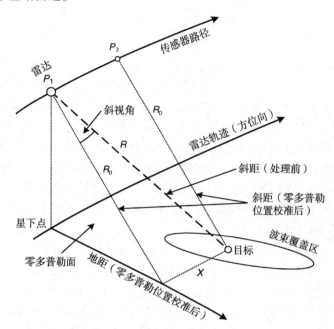

图 4.1　雷达数据获取的几何关系

用于描述 SAR 几何关系的术语定义如下。

目标　目标是被 SAR 照射的地球表面上的一个假想点。实际上，雷达系统是对地球表面上的一个区域成像，但是为了建立 SAR 关系式，一般考虑用地面上的单个点来代表目标。这样的点称为点目标或点散射体，又简称为目标或散射体。

波束覆盖区　随着平台的前移，具有电磁能量的脉冲以一定的间隔向地面发射。在某个脉冲的发射过程中，雷达天线的波束投影到地面的某个区域，称其为波束覆盖区。该覆盖区的位置和形状由天线波束方向图和地球与雷达之间的几何关系决定，又称为雷达波束照射区。

星下点　星下点是直接位于传感器下方的地表点，所以星下点至传感器的连线是地球表面的法线。在地球圆球模型下，传感器至地心的矢量与地球表面相交于星下点，但在椭球模型下并非如此。

雷达轨迹　雷达轨迹指星下点在地球表面上的移动轨迹。

速度　这里考虑两种系统速度①：**平台速度**指平台沿飞行路径的速度，用 V_s 表示；**波束速度**指零多普勒线扫过地面的速度，也简称地速，用 V_g 表示。

在星载情况下，V_s 就是轨道速度，它可以定义在地心惯性（ECI）坐标系或地心转动（ECR）坐标系中。如第 12 章所述，ECI 坐标系的坐标轴不随地球转动，而 ECR 坐标系的坐标轴随

----

①　严格地讲，速度是个矢量，但本书中用"速度"表示速度矢量的模值，而用"速度矢量"表示实际上的速度矢量。

地球转动。考虑一个角速度为常数的圆形轨道，V_s 在 ECI 坐标系中是个常数，而在 ECR 坐标系中却是个变量，这是因为地球的切向速度随纬度[①]改变。从现在起，除非另有说明，都假定 V_s 定义在 ECR 坐标系中，因为这样可以简化某些公式。

波束速度 V_g 是零多普勒线沿地球表面的速度。假设卫星姿态受控，因此波束中心近似指向零多普勒位置(或其他合适的参考位置)，V_g 就可以看成波束扫过地球表面的速度。对于一个高度为 800 km 的卫星来说，由于轨道圆周大于轨迹圆周，所以 V_g 大约比 V_s 小 12%。另外，因为地球半径和切向速度是变化的，所以不同轨道处的 V_g 是不同的。

对于机载情况，V_s 是飞机相对于地球的设计时速。因为，在机载 SAR 几何中，地球弯曲很小，这时可以假设 $V_g = V_s$。实际上飞机的速度是变化的，但可以通过改变脉冲重复频率，使脉冲之间具有相等的地面间隔。

方位向 在 SAR 处理中，方位向与平台相对速度矢量(或者说 ECR 坐标系下传感器的速度矢量)一致。它可以看成与图 4.1 中单纯传感器运动相平行的一个矢量，或者看成图 4.2 所示的斜距平面内的一个矢量。

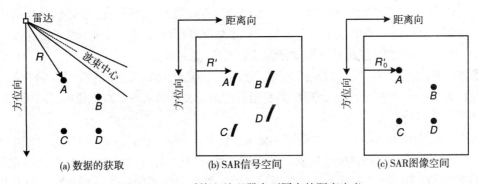

图 4.2　SAR 系统和处理器中不同点的距离定义

零多普勒面 这是一个垂直于平台速度矢量的包含传感器的平面(在 ECR 坐标系中)。它近似垂直于方位坐标轴，这里说"近似"是因为平台实际上可能存在起伏。这个平面与地面的交线称为零多普勒线。当此线经过目标时，传感器相对于目标的径向速度为零。

最短距离 随着平台的移动，雷达到目标的距离是随时间变化的。当距离达到最小值时(即零多普勒线经过目标时)，称为最短距离，在图 4.1 中用 R_0 表示。

最近位置 最近位置是指雷达最接近于目标的位置，如图 4.1 中的点 P_2。需要说明的是，由于波束的斜视，当传感器处于这个位置时，目标不一定能被照射到。

零多普勒时刻 零多普勒时刻是指传感器与目标最接近的时刻，它可以相对于任意起始时刻而定[②]。包括本书讨论的算法在内的大多数 SAR 处理算法，都将目标设定在其零多普勒时刻的位置，称为压缩至零多普勒。

波束宽度 雷达波束可以看成一个圆锥体，而波束覆盖区为圆锥体与地面相切形成的截面。雷达波束有两个重要量度：方位平面内的角宽和俯仰平面内的角宽。在每个平面内，半功率波束宽度，或简称波束宽度，由波束"边缘"角界定。波束边缘由辐射强度处于峰值以下

---

① 在 ECR 和 ECI 坐标系中的 V_s 只相差几个百分比。该速度在这两个坐标系中的转换将在第 12 章中讨论，在 ECI 和 ECR 坐标系中都可以用轨道模型精确地表达 V_s。

② 对于单个点目标，为了便于分析，起始时刻通常选在最近位置时刻。

3 dB 处的位置来定义①。

在方位向，天线激励是均匀的，则波束宽度近似等于波长除以方位向的天线长度。

在俯仰向，波束宽度决定了可成像的"距离带"宽度。它的公式相对复杂一些，因为俯仰向的辐射方向图通常由不均匀孔径形成。

雷达波束宽度不受地球弯曲和旋转的影响，但是以后将会看到，照射时间、方位带宽和方位向分辨率则受其影响（见 4.5.5 节）。

目标轨迹　在雷达波束照射时间内，雷达到目标的距离是不停地变化的。表现在由距离和方位构成的二维图上，则为接收到的目标能量沿曲线分布，称其为信号空间内的目标轨迹，如图 4.2(b)所示。

波束中心穿越时刻　波束中心穿越目标的时刻与零多普勒线穿越目标的时刻不同。当波束相对于零多普勒线的指向朝后时（即当波束中心穿越目标的时间晚于零多普勒线穿越目标的时间时），其值为正。它有时也称为波束中心偏移时间。

信号空间和图像空间　信号处理器中的 SAR 数据用到了两个二维空间。信号空间包含接收的 SAR 数据，而图像空间包含处理后的数据。雷达图像细节无法通过信号空间中的数据进行辨识，只有进一步处理输入数据以后，才会显现图像细节。处理后的数据定义在图像空间中，因为 SAR 数据已成为一幅含有信息的图像（见图 4.2）。

距离　首先，距离一般指斜距或地距，如图 4.1 所示，前者沿雷达视线方向测量，而后者沿地面测量。由于所有 SAR 处理中都使用斜距的定义，如果不加特殊说明，那么一般情况下距离默认为斜距。

其次，需要在两种情况下考虑距离的定义：信号空间和图像空间。在信号空间中，距离测量的是雷达天线与地面目标的间隔。除非斜视角为零（见图 4.1 中的定义），否则它并不与方位轴垂直，这个距离方向称为雷达的视线，它近似沿着波束中心线或瞄准线，但其指向随着目标在波束内的位置而变化。经过 SAR 处理后，像点被置于最近点处的方位位置和距离位置，在该点处，距离轴垂直于方位轴②。

图 4.2 示意了输入信号空间内的距离和经过零多普勒压缩后的图像距离之间的区别。图 4.2(a)显示的是具有四个地表点目标的自然坐标系。假设天线指向朝前，也就是前斜视，即与图 4.1 一样，唯一不同的是图 4.2 的天线为左视。雷达朝页面的下方移动，波束中心同时经过目标 A 和目标 B，然后经过目标 D，最后经过目标 C。如图 4.1 所示，距离 R 是沿着雷达波束测量的。

图 4.2(b)示意了存于 SAR 处理器输入信号空间中的目标轨迹。它们依据各自的距离（水平方向）和波束中心穿越时刻（垂直方向）被定位。在此存储空间中，距离 R' 是相对于由距离延迟门(RGD)决定的第一个采样点而言的，

$$R = R' + \text{RGD } c/2 \tag{4.1}$$

RGD 是从脉冲发射到第一个回波采样之间的时间延迟，光速 $c = 2.997\ 925 \times 10^{8}$ m/s。

在图 4.2(c)中，目标在图像空间中被聚焦于与其零多普勒时刻相对应的位置。此时距离位于零多普勒方向（见图 4.1 中的 R_0）。零多普勒时刻与天线斜视角无关，所以最终图像

---

① 对于单基站 SAR，接收和发射共用同一个天线。接收后的信号两次受到波束形状的影响，所以在波束边缘接收的信号强度比峰值强度低 6 dB。

② 在 SAR 处理的不同阶段，距离方向或者指视线方向，或者指方位垂向。

中的目标位置并不依赖于斜视角。与信号空间类似，距离变量 R'_0 是相对于处理后的第一个采样而言的，对于一个特定目标，其最短斜距为 $R_0 = R'_0 + \text{RGD } c/2$。

斜距平面 对于一个特定目标，这个平面包含了传感器相对速度矢量（在 ECR 坐标系中）和斜距矢量。对于不同距离 R_0 上的目标，该平面与本地垂线的夹角是不同的。

地距 地距是指斜距在地面上的投影，如果图像要表示成类似地图的形式，则需要将斜距转换成地距。假设数据经过零多普勒位置校准，地距则是指与方位轴垂直并与地面平行的方向，其原点就是星下点（见图 4.1）。

斜视角 斜视角 θ_{sq} 是斜距矢量与零多普勒平面之间的夹角[①]，是描述波束指向的一个重要参数。它是在斜距平面内测量的，如果向下俯视（即投影到地面），那么它与波束偏航角是一致的。对于一个特定的波束指向，斜视角依赖于目标距离 R_0。

需要注意的是，目标的零多普勒时刻与斜视角无关，但波束中心穿越时刻却依赖于斜视角。由于 ECR 坐标系中的零多普勒平面（即 θ_{sq} 测量的平面）考虑了地球的弯曲和旋转，因而 θ_{sq} 不是指惯性系中的斜视角。第 12 章将讨论利用波束指向和地球/平台几何关系计算 θ_{sq}。

距离横向 距离横向指的是与雷达视线正交的方向。除非斜视角为零，否则距离横向与方位轴并不平行。从理论上讲，应该用距离横向轴上的"方位"分辨率代替方位轴上的定义。但是，在条带 SAR 中，由于斜视角通常都很小，距离横向分辨率与方位向分辨率没有明显区别。既然本书侧重于对条带数据的处理，全书将使用"方位向分辨率"的一般定义，而距离横向和方位向的区别则在必要时指出。

4.2.2 卫星地距几何

如图 4.2(c) 所示，SAR 处理产生的是斜距-方位坐标系下的图像。通常需要将图像重采样至符合地图或光学传感器规范的坐标系，即距离轴和方位轴具有相同的比例尺度。在此后的处理中，引申出地距概念，地距沿地球表面测量，其方向近似垂直于方位向。从斜距到地距的转换产生了一幅几何上逼真、近似沿雷达航迹排列的图像[②]。

在斜视角为零、地球局部近似为球面的情况下，斜距与地距的坐标关系如图 4.3 所示。雷达与地心的连线交于地球表面的 E 点，地距是点 E 与目标点之间的地表弧长，在图中用 G 表示。β_e 是 G 所张成的地心角。R_e 是在场景中心处测得的本地地球半径。h 表示平台距 E 点的高度，θ_n 为星下点离线角，θ_i 为入射角。对于局部近似为球面的地球，图 4.3 中的几何量之间的关系可利用正弦和余弦定理

$$\frac{R_e}{\sin \theta_n} = \frac{R_e + h}{\sin \theta_i} = \frac{R_0}{\sin \beta_e} \tag{4.2}$$

$$\cos \beta_e = \frac{R_e^2 + (R_e + h)^2 - R_0^2}{2 R_e (R_e + h)} \tag{4.3}$$

和

$$G = R_e \beta_e \tag{4.4}$$

得到。入射角 θ_i 是 θ_n 与 β_e 的和，故大于 θ_n。它们之间的角度差在机载情况下可忽略不计，但在星载情况下则会相差数度。

图 4.3 右侧为目标区域的放大视图，长度 ΔR 表示两个斜距采样之间的间隔，点状线是

---

① 在有些著作中，斜视角的测量从传感器速度矢量方向开始度量，而不是从零多普勒平面开始度量的。

② 如果目标的高度已知，则可以用于地距转换，使转换后的图像具有更高的几何正确性。

"等距"圆周的一小部分。假设地面是局部平坦的，虚线表示本地法向，则 ΔG 是距离向采样所代表的地距。

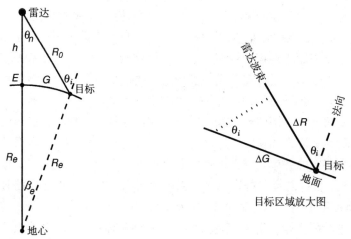

图 4.3　垂直于卫星航迹方向的几何关系，示意了斜距 R_0 和地距 G，以及各自的采样间隔 ΔR 和 ΔG

对于特定的雷达模式，斜距采样间隔 ΔR 是不变的，而地距采样间隔

$$\Delta G = \frac{\Delta R}{\sin \theta_i} \tag{4.5}$$

随本地入射角而变化。ΔR 和 ΔG 的大小可认为是一个距离向分辨单元，$\sin \theta_i$ 为地距分辨率与斜距分辨率之间的转换系数。式(4.5)表明地距分辨率如何随星下点离线角的减小而降低，极端情况出现在 $\theta_i = 0$ 处。这一点与光学传感器不同，后者在直接下视时能获得最好的分辨率。

当入射角很小时，地距分辨率随距离的变化会很明显。由于 RADARSAT-1 涵盖了具有不同入射角的一系列波束，对此进行考察将不无裨益。RADARSAT-1 有 7 个分别名为 S1，S2，…，S7 的常规波束，还有 3 个分别名为 W1，W2，W3 的宽波束[3]。波束 W1 在非 ScanSAR 模式下具有最宽的波束宽度和最小的波束入射角，所以此波束下的地距分辨率变化也最大。图 4.4 显示了 W1 波束的斜距、入射角及地距分辨率。RADARSAT-1 的这个波束的斜距分辨率为 13.6 m，而地距分辨率则从远距的 27 m 到近距的 40 m 不等。

4.2.3　卫星轨道几何

卫星几何关系通常如图 4.5 所示，卫星轨道近似为一个偏心率较低的椭圆，用半长轴、半短轴的长度和时角，以及轨道面相对于赤道面的倾角①来描述。

遥感 SAR 中的轨道参数选择包含许多复杂的权衡关系，在此提及其中的部分考虑。轨道离地面的高度通常在 800 km 左右，以便在功率需求和大气阻力之间进行折中。轨道偏心率近似为零，以使一圈内的轨道高度近似为常量。如果轨道为圆周，则轨道周期 P 的平方与轨道半径 R_s 的三次方之间有如下关系：

$$P^2 = \frac{4\pi^2 R_s^3}{\mu_e} \tag{4.6}$$

---

① 此处的倾角是轨道平面的法线与地心至北极点矢量之间的夹角。在图 4.5 中，根据右手法则，轨道平面的法线指向赤道面略偏西南的方向，所以轨道倾角大于 90°。

其中 $\mu_e = 3.9860 \times 10^{14}\ \mathrm{m^3/s^2}$ 为地球引力常数，轨道周期的单位为秒。相应的卫星角速度为

$$\omega_s = \frac{2\pi}{P} = \sqrt{\frac{\mu_e}{R_s^3}} \tag{4.7}$$

单位为 rad/s，卫星惯性速度为

$$V_s = R_s \omega_s = \sqrt{\frac{\mu_e}{R_s}} \tag{4.8}$$

以圆轨道为例，卫星标称高度为 800 km（即轨道半径为 7168 km），则轨道周期为 100.66 min，角速度为 1.0403 mrad/s，切线速度为 7457 m/s。

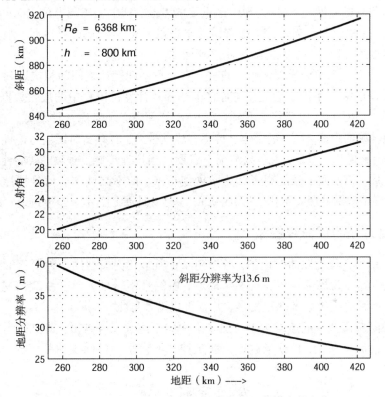

图 4.4　RADARSAT-1 的 W1 波束的地距分辨率的变化

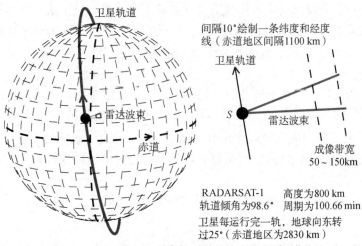

图 4.5　RADARSAT-1 参数下的地球/卫星几何关系

轨道倾角通常选择为98°左右，因此为太阳同步轨道。在此倾角下，地球的扁球形状使轨道平面每年进动一次，因此它与太阳之间有一个固定的夹角。这样就使太阳能帆板对能量的采集得以简化，这一点很重要，因为雷达覆盖范围和SNR都直接与获得的能量成正比。轨道倾角大于90°时表明卫星绕着地球向西飞行。由于地表上的点向东运动，目标的平均相对速度和波束的平均速度都比卫星向东飞行时更大，使卫星的地表覆盖率也有所提高。

4.3 距离方程

传感器至目标的斜距是SAR处理中最重要的参数，这个距离随方位向时间而变化，并用所谓的距离方程[①]来定义。当传感器随着雷达平台的移动不断接近目标时，距离随脉冲逐渐减小；当传感器经过目标后，距离随脉冲逐渐增加。

距离的变化会带来两个重要影响。首先，它导致不同脉冲之间的相位调制，这是SAR处理获得高分辨率的必要条件。但是，同时它也会导致计算机内存中的接收数据出现扭曲，即所谓的距离徙动(RCM)。以后将会看到，在SAR处理中必须考虑这种距离/方位的耦合。

为了得到精确的距离方程，需要建立传感器运动模型，有必要时还应考虑地面或目标的运动模型，这将会更复杂。但是，大多数情况下只要适当选择传感器速度，就能使用图4.1所示的简单几何关系。该模型下的距离方程为双曲线形式，使不同域中的信号特性得以方便地表达，并能简单导出数据处理关系式(见第5章)。基于以上原因，本节着重讨论双曲线模型。

4.3.1 距离方程的双曲线模型

为了导出距离方程的双曲线模型，考虑图4.1所示几何模型的一种简化形式。在这种情况下，假设飞行路径为局部直线，地球为局部平坦的且不转动。对于机载情况，这是一个较好的模型，因其距离比星载情况短得多，并且飞机随地球大气的转动而转动。

假设这种简单模型下的速度为V_r，图4.1中的距离X等于$V_r\eta$，其中η为相对于最近点位置的方位向时间。那么，根据毕达哥拉斯定律，传感器到目标点的距离$R(\eta)$由如下双曲模型方程给出：

$$R^2(\eta) = R_0^2 + V_r^2\eta^2 \tag{4.9}$$

其中R_0为雷达离目标最近时的斜距，即最短距离。

对于机载情况，假设波束指向相对于飞行方向不变，因而对于某一雷达场景，图4.1中的几何关系是固定的。V_r为飞机的设计时速，即波束覆盖区沿地面的前进速度。然而对于星载情况，由于轨道和地表都是弯曲的，并且地球独立于卫星轨道不停地自转[4,5]，其几何关系相对复杂。

可以证明，当使用一个精确的弯曲几何模型时，在目标照射时间内，距离方程仍可近似为双曲线。因而，在星载情况下，若从某种特殊视角来看，则仍可将V_r当成一种"速度"。尤其对于C波段及更高频段的典型遥感SAR来说，当$R^2(\eta)$表示成η的幂级数时，三次以上的各项都很小，则V_r^2是式(4.9)的二次系数，它可以由几何模型计算得到，等于$R^2(\eta)$的二次导数的1/2。

在此假设下，双曲距离方程式(4.9)同样适用于星载情况，只不过V_r不再是物理速度，

---

① 注意，不要混淆距离方程和雷达方程式(1.1)，后者体现的是发射功率和接收SNR的关系。

而是为了使实际距离方程符合双曲模型方程式(4.9)而选定的一个虚拟速度。V_r被一些作者称为雷达速度、等效雷达速度或速度参数[4]。等效雷达速度或许是更好的称谓，虽然有些作者根本不喜欢称其为速度[6]。

星载与机载的重要区别是星载中的V_r沿距离变化。由于卫星轨道及地球旋转分量的变化，该速度还沿方位向缓慢改变。V_r的数值介于卫星平台速度V_s和波束沿地面移动速度V_g之间。因为目标照射时间通常处在秒级，在此期间双曲模型的近似精度是完全足够的。

考察图4.6的两个几何模型，将有助于弄清等效雷达速度V_r与卫星及波束物理速度的关系。图4.6(a)给出了在弯曲轨道和弯曲地球假设下，斜距平面内的雷达/波束几何关系。卫星以切向速度V_s移动，波束覆盖区沿地面的移动速度为V_g。设波束中心线CB与零多普勒线CA的夹角(即斜视角)为θ_{sq}，并照射到地面上的B点。

现在，能将这个弯曲几何模型与图4.6(b)所示的直线模型联系起来吗？如果穿过C点和A点做出两条切线，在保持CB长度不变的前提下，将矢量CB向外拉伸，使θ_{sq}逐渐增大至与穿过A点的切线相交，就能从弯曲模型中抽取出一个直线模型。将前述符号用于图4.6(b)所示的直线几何，矢量$C'A'$和$C'B'$与图4.6(a)中对应矢量的长度相同，但是由于角ACB变大，所以间隔X_r大于X_g。新角$A'C'B'$将用在SAR处理中，称为θ_r。图4.6(b)中的间隔和角度都产生了形变，但时间是不变的，即卫星从C点移至D点的时间与它从C'点移至D'点的时间相等。类似地，波束中心从A点移至B点的时间也等于它从A'点移至B'点的时间。

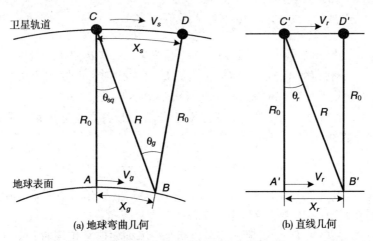

图 4.6　直线几何对地球弯曲几何的近似

通过比较图4.6中的两种几何，可以看出$A'B' > AB$，$C'D' < CD$，所以等效雷达速度$V_r > V_g$且$V_r < V_s$。注意，$V_g < V_s$是每圈轨道内卫星角度周期按2π变化所要求的，正如附录4A所示，V_r的一种近似为

$$V_r \approx \sqrt{V_s V_g} \tag{4.10}$$

需要注意，由于地球切向速度的模值随纬度而变化，并且其相对于卫星速度矢量的方向也在不断改变，所以V_s和V_g会随轨道位置和距离而改变，从而V_r也随时间和距离而改变，必须沿着轨道不断更新。式(4.10)的近似主要源于轨道并不是圆周。13.3节中的一个例子表明，在典型的RADARSAT-1参数下，这一近似的误差约为0.6%，而在300 km测绘带内，V_r变化了1%。

式(4.10)的近似对于SAR精确处理中方位滤波器系数的计算是不够精确的，但用于分析目的则完全足够，比如4.5.5节中对照射时间及多普勒带宽的确定等。如第12章所示，对于精确的 SAR 处理，速度 V_r 必须通过精确的几何模型来计算。

注意，V_r 和 V_g 会随距离而变化，它们是在目标零多普勒点计算的，所以是 R_0 的函数，并且在目标照射时间内保持不变。这意味着对于某个目标，V_r 是常量，这是点目标仿真时需要引起特别注意的。在第 5 章中推导点目标频谱时也用到了这一性质。

应该使用哪个速度取决于实际应用。以后将会看到，速度 V_r 可以用于 SAR 方位处理中距离徙动和方位向调频率的计算，而 V_s 可以用来计算多普勒带宽。最后，当涉及地面间隔和地距分辨率时，则需要使用 V_g。

4.3.2　速度与角度的关系

考察以下几组变量的关系将有助于理解图 4.6 中的各种速度、距离及角度的物理含义：

- 地球弯曲几何中沿轨道的变量 V_s，X_s 和 θ_{sq}；
- 地球弯曲几何中地面上的变量 V_g，X_g 和 θ_g；
- 直线几何中的变量 V_r，X_r 和 θ_r。

在图 4.6(a)所示的地球弯曲几何中，利用小角度近似，斜视角 θ_{sq} 可定义为

$$\sin \theta_{\mathrm{sq}} = \frac{X_g}{R(\eta)} = -\frac{V_g \eta}{R(\eta)} \tag{4.11}$$

定义一个新的角度 θ_g 为

$$\sin \theta_g = \frac{X_s}{R(\eta)} = -\frac{V_s \eta}{R(\eta)} \tag{4.12}$$

上式中的负号源于这样一个事实：当雷达工作在前视时，θ_{sq} 和 θ_g 为正，此时雷达尚未到达最近点位置（即 η 为零的位置）。换句话说，当斜视角为正时，η 是一个负数。注意，由于图 4.6 描述的是斜距平面内的几何关系，θ_g 并不是雷达入射角。

在图 4.6(b)所示的直线几何中，定义了对于分析和某些数据处理都很有帮助的一个新斜视角 θ_r。在等效直线几何中，新的斜视角定义如下：

$$\sin \theta_r = \frac{X_r}{R(\eta)} = -\frac{V_r \eta}{R(\eta)} \tag{4.13}$$

与 V_r 类似，θ_r 并不是一个物理上真实的角，但它在 SAR 信号分析中非常有用。由于这个角比真实斜视角更常用于 SAR 系统分析中，故简称其为斜视角。

综合式(4.11)和式(4.13)，并利用小角度近似，下列比值是相等的：

$$\theta_{\mathrm{sq}} : \theta_r : \theta_g = V_g : V_r : V_s = X_g : X_r : X_s \tag{4.14}$$

从式(4.10)和式(4.14)可以看出，θ_r 等于真实斜视角 θ_{sq} 乘以一个比例因子，即

$$\theta_r = \frac{V_r}{V_g} \theta_{\mathrm{sq}} = \frac{V_s}{V_r} \theta_{\mathrm{sq}} \tag{4.15}$$

对于典型星载情况，θ_r 约比 θ_{sq} 大 6%，即使在斜视角为 6° 时两者的余弦值之差也不会超过 0.08%。但是，当涉及两者的正弦值或正切值时，则必须对这些角加以区分。

以下公式也很有用，利用式(4.13)，$\cos \theta_r$ 可写成

$$\cos \theta_r = \sqrt{1 - \left[\frac{V_r \eta}{R(\eta)} \right]^2} \tag{4.16}$$

并且，从图 4.6 中可以看出

$$R_0 = R(\eta) \cos \theta_r \tag{4.17}$$

由于双曲方程的前提是假设在处理中使用直线几何，故相应角是 θ_r，而 θ_{sq} 和 θ_g 则很少使用。例如，航迹垂直方向与方位向之间有一个夹角 θ_r（5.5 节讲的就是这种情况），因而等效雷达速度和地速在距离横向上的分量分别为 $V_r \cos \theta_r$ 和 $V_g \cos \theta_r$，并且后一个分量可用来得到（距离横向）分辨率。

式（4.17）也可以通过将距离方程整理成如下形式得到：

$$R_0 = \sqrt{R^2(\eta) - V_r^2 \eta^2} = R(\eta) \sqrt{1 - \left(\frac{V_r \eta}{R(\eta)} \right)^2} \tag{4.18}$$

4.4　SAR 距离向信号

为方便起见，首先考虑距离向或波束指向方向的 SAR 信号，然后再考虑方位向，这样距离向和方位向的耦合就会变得很明显。

4.4.1　发射脉冲

在距离向，雷达发射的调频脉冲为

$$s_{pul}(\tau) = w_r(\tau) \cos \left(2\pi \sum_{n=0}^{N} P_n \tau^n \right) \tag{4.19}$$

其中 τ 为距离向时间，P_n 是当信号相位以幂级数表示时的相位系数。脉冲包络通常可以近似成矩形

$$w_r(\tau) = \text{rect} \left(\frac{\tau}{T_r} \right) \tag{4.20}$$

其中 T_r 为脉冲持续时间。即使脉冲包络并非严格的矩形，也无碍于将处理中使用的匹配滤波器包络假定为矩形。在早期的雷达系统中，脉冲由模拟的声表面波（SAW）设备产生[7]，而现在则由数字合成器产生。

最常用的脉冲是具有线性调频特性的脉冲

$$s_{pul}(\tau) = w_r(\tau) \cos \left\{ 2\pi f_0 \tau + \pi K_r \tau^2 \right\} \tag{4.21}$$

其中 K_r 为距离向脉冲的调频率。为简便起见，τ 以脉冲中心为参考原点①。在这种形式中，相位系数为 $P_0 = 0$，$P_1 = f_0$，$P_2 = K_r/2$，以及 $P_n = 0$，$n > 2$。为了简化分析，从现在起，除非特别说明，使用的都是这种简单的线性调频形式。

信号 $s_{pul}(\tau)$ 的瞬时频率随快时间 τ 变化，对于式（4.21）给出的线性调频脉冲，瞬时频率为 $f_i = f_0 + K_r \tau$。由于雷达波长为 c/f_i，因而脉冲内的波长也是变化的。然而，解调后的波长变化并不明显，并且这种变化在任何处理式中都予以忽略。因而除非特别说明，本书使用的波长 λ 就是指中心频率处的波长，$\lambda = c/f_0$。

调频率的符号取决于系统设计（符号已经包含在 K_r 中）。若符号为正，则由于脉冲频率随时间递增，所以脉冲为正扫频的。反之，若符号为负，则脉冲为负扫频的。无论对 SAR 处理结构还是对图像质量，信号扫频方向都不会产生影响。

信号带宽是一个非常重要的参数，因为它决定了距离向分辨率和采样率。信号或脉冲的

---

① 有时，距离参考时间选在脉冲起始边沿，对距离参考时间的定义必须谨慎，以避免方位聚焦和距离定位出现失配。

带宽为 $|K_r|T_r$。当接收信号被解调采样时，为避免混叠，复采样率 F_r 必须大于带宽。距离过采样率 $\alpha_{os,r}$ 等于采样率除以信号带宽。在实际情况下，它通常介于 1.1～1.2 之间。因此，距离复采样率为

$$F_r = \alpha_{os,r}|K_r|T_r \tag{4.22}$$

由式(3.46)，以长度量纲表示的距离向分辨率为

$$\rho_r = \frac{c}{2}\frac{0.886\,\gamma_{w,r}}{|K_r|T_r} \approx \frac{c}{2}\frac{1}{|K_r|T_r} \tag{4.23}$$

其中 $\gamma_{w,r}$ 为处理窗引入的 IRW 展宽系数，分母中的 2 是因为雷达信号经历的双倍路程。类似于式(3.29)，脉冲压缩比近似为时间带宽积，即

$$C_{r,r} \approx |K_r|T_r^2 \tag{4.24}$$

4.4.2　数据获取

图 4.7 表明了距离条带内的数据是如何获取的。雷达波束在俯仰面内具有一定的 3 dB 宽度，称为俯仰波束宽度。这个波束覆盖了图 4.7 中从近距到远距之间的地面区域。在某一特定时刻，脉冲范围由图中两条虚线圆弧限定。

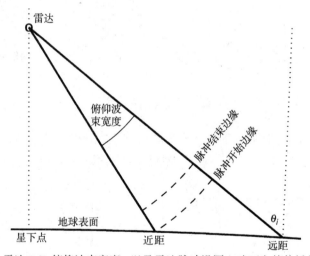

图 4.7　雷达 3 dB 俯仰波束宽度，以及雷达脉冲沿同心球面向外传播的示意图

脉冲以光速沿同心球面向外传播。图 4.7 中位于下方的虚线圆弧表示脉冲从天线发射后经时间 t_1 到达地面。在不到 1 ms 后的 t_2，脉冲结束边缘经过远距点。这样，在近距和远距之间的每个点都被波束持续照射了 T_r。注意，在任一时刻，只有部分波束覆盖区被脉冲照射，并且该区域以 $\sin\theta_i$ 分之一倍光速向外推进，其中 θ_i 为图 4.3 所示的本地波束入射角。任一照射时刻的反射能量是脉冲波形和照射区域内地面反射系数 g_r 的卷积，如下所示：

$$s_r(\tau) = g_r(\tau) \otimes s_{pul}(\tau) \tag{4.25}$$

反射能量在 $2t_1 \sim 2t_2$ 时间段内回到雷达接收天线。接收机在 $2t_1$ 之前几微秒时开始采样，并在 $2t_2$ 之后几微秒时结束采样，以此记录近距与远距之间的地面反射。与脉冲间隔相比，如果俯仰波束显得过宽，则会出现距离模糊，这是由于来自连续相邻脉冲的反射能量在接收机处的混叠引起的。

考察距雷达 R_a 处的一个点目标，其后向散射系数 σ_0 的幅度为 A'_0，则式(4.25)中的

$g_r(\tau) = A_0' \delta(\tau - 2R_a/c)$，其中 $2R_a/c$ 为该点的信号延时。由式（4.21）和式（4.25）可知，该目标点的接收信号为

$$
\begin{aligned}
s_r(\tau) &= A_0'\, s_{pul}(\tau - 2R_a/c) \\
&= A_0'\, w_r(\tau - 2R_a/c) \\
&\quad \times \cos\left\{ 2\pi f_0(\tau - 2R_a/c) + \pi K_r (\tau - 2R_a/c)^2 + \psi \right\}
\end{aligned}
\tag{4.26}
$$

上式中，ψ 表示地表散射过程可能引起的雷达信号相位改变。对于特定的反射体，只要在雷达照射时间内其相位变化为常数，前述分析就仍然适用。注意式（4.26）中的所有变量都是实数。

回波 $s_r(\tau)$ 包含了一个反映雷达载频的高频分量 $\cos(2\pi f_0 \tau)$ 和由式（4.26）中的剩余部分组成的低频分量。附录 4B 中说明了如何通过正交解调过程去除高频分量，以使信号的最大频率点处于发射脉冲带宽内。

某些因素会引起数据在距离向出现辐射变化。第一，回波能量与斜距的四次方成反比。第二，图 4.7 中俯仰面的波束形状并不具有一致的权重。为了补偿 $1/R^4$ 影响，有时会将高仰角处的天线增益设置得比低仰角处的大。第三，地面反射系数是波束入射角 θ_i 的函数。最后，当地面面积转换成垂直于雷达波束指向的等效面积时，还会引起一个 $1/\sin \theta_i$ 的几何因子。如果不对这些影响进行校正，就会导致处理后的图像在距离带内出现亮度变化。在上述因素已知的情况下，可以在成像处理器中进行校正。

4.5 SAR 方位向信号

前几节讨论了单个脉冲的接收信号，随着传感器沿航迹前进，雷达不断地发射和接收脉冲。脉冲按每隔 1/PRF 秒发射，这里的 PRF 指的是脉冲发射频率。在深入讨论方位向参数之前，需要对多普勒参数进行直观的阐释。

4.5.1 什么是 SAR 中的多普勒频率

考察一个雷达，该雷达发射的是由本地振荡器产生的单频波。经天线发射出去的信号以电磁波形式向地面传播，当遇到物体后被反射（散射）。反射的电磁波回传至天线，并转换成电压。接收信号与发射信号在波形上是一致的，但信号强度弱得多，并且还会有一个由传感器（天线）和散射体之间的相对速度引起的频移。如果天线与散射体不断接近，接收信号的频率就会增大。反之，如果两者不断远离，接收信号的频率就会减小。这种情况与救护车驶近（远）时听到的报警器频率变高（低）现象很类似。

与上述著名的物理现象相似，将这种由传感器与目标相对速度引起的频率称为 SAR 的多普勒频率。这种论述虽然略显粗糙，却是对相干雷达多普勒效应的直观描述。如果本振的同步稳定性能确保对回波信号的相位和频率变化进行精确的测量，则称雷达是"相干"的。

在上面的讨论中忽略了以下几点：

1. 雷达产生和发射的是一个有限时宽的脉冲，而不是一个单频波。
2. 雷达电子设备将脉冲上变频到非常高的频率（雷达载频），然后将接收信号下变频到初始频率（或更低的基带）。
3. 脉冲具有线性调频波形而不是单频的，并且经过接收和下变频后，信号被转换（压缩）为一个近似 sinc 函数的尖脉冲。

4. 多普勒频率是载频的函数，而不是脉冲初始基带频率的函数。

5. 脉冲的重复时间是被精确控制的，称为脉冲重复间隔（PRI），其倒数为脉冲重复频率（PRF）。

尽管在类比中用到以上简化，但是多普勒频率的概念在脉冲调制雷达中仍然有效。脉冲的影响在于以脉冲重复频率为采样率，对存在多普勒频移的接收信号进行采样。

当多普勒频率超出采样率（由于是复采样，所以包括折叠或奈奎斯特率在内的混叠规律都应遵循复信号下的法则）时，对连续信号的采样会造成混叠。采样会对多普勒频率的测量和估计产生严重影响。

4.5.2　相干脉冲

相干脉冲间具有均匀的间隔，如图 4.8 所示，每个脉冲用式（4.19）或式（4.21）表示。"相干"意味着每个脉冲的起始时间和相位都受到精确的控制。接收机和解调器同样要具有很高的时间精度。相干是一个很重要的性质，是 SAR 系统获得高方位向分辨率的必要条件。

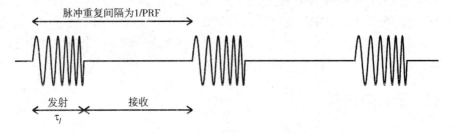

图 4.8　雷达发射脉冲串的时序（未按照比例绘制）

当雷达不处于发射状态时，它接收地物反射回波。发射脉冲和接收回波的时间序列如图 4.9 所示。在机载情况下，每个回波可以在脉冲发射间隔内直接接收到。但是在星载情况下，由于距离过大，某个脉冲的回波要经过 6~10 个脉冲间隔才能接收到。脉冲间隔数可以由传感器几何关系确定。

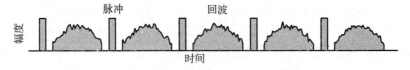

图 4.9　脉冲雷达的发射与接收周期

对于脉冲重复频率为 1700 Hz，脉冲持续时间为 34 μs 的星载 SAR，回波接收时间为 554 μs，虽然会有几微秒用于在接收窗前后沿进行信号通道切换。这一时间允许的斜距测绘带宽达 80 km，但其他一些限制常使测绘带达不到那么宽，如需要随卫星高度变化而调整接收窗。

在相邻脉冲之间，雷达平台沿方位向的前进距离很小，对应到波束覆盖区的间隔（也就是输入数据的方位向采样间隔）等于覆盖区处的速度除以脉冲重复频率。在机载情况下，波束覆盖区处的速度等于平台的速度，但是在星载情况下，如 4.2 节所讨论的，波束覆盖区处的速度约比卫星速度小 12% 左右。波束覆盖区间隔一般约为 SAR 天线长度的 40%，但在机载情况下也可以小于 40%（因为机载 SAR 不会接近距离和方位模糊的限制[8]）。该间隔在 ERS/ENVISAT 中约为 4 m，在 RADARSAT-1 中则为 5 m 左右。

4.5.3　PRF 的选择

选择方位向采样率(或 PRF)需要考虑下列参数和准则。

奈奎斯特采样率　由于是复采样,PRF 应大于方位信号带宽的主要部分。方位向过采样率 $\alpha_{os,a}$ 通常为 1.1~1.4。如果 PRF 太低,由混叠引起的方位模糊就会很严重。方位向过采样率通常大于距离向过采样率,因为方位频谱比距离频谱衰落得慢。

距离测绘带宽度　采样窗时间上限为 $1/\text{PRF}-T_r$ 秒,相应的斜距间隔为 $(1/\text{PRF}-T_r)c/2\,\text{m}$。PRF 必须足够低,以使图 4.9 所示的处于波束照射范围内的所有近距至远距(测绘带宽度)的回波信号都落在接收窗里。如果 PRF 相对于回波持续时间过大,由于不同脉冲的回波在接收窗内重叠在一起,就会产生距离模糊。如果距离模糊过大且无法降低 PRF,就需要通过增加天线宽度或调整天线权值的方法来减小天线在俯仰面内的波束宽度。

接收窗时序　大部分地面反射能量必须在脉冲间隔内被天线接收。不同于前面那些与接收窗长度有关的准则,这里考虑的是窗口的起始时间。在某发射脉冲的回波需要经过几个脉冲间隔才能被接收到的星载情况下,这一起始时间尤其受到 PRF 的影响。

星下点回波　有时来自星下点处的地面反射能量会比较大,导致图像上出现亮条纹。这是由于星下点的入射角小,每个距离单元覆盖了较大面积并且发生的是镜像反射,所以星下点回波比较亮。因为星下点回波也是距离模糊,因而这一能量是星载 SAR 应尽量避免的,通常会选择合适的 PRF,使星下点回波不落在接收窗之内(或者至少不落在主要成像带之内)。

以上每个准则都与其他某些准则或所有准则相矛盾,所以需要进行折中,在星载情况下更是如此。这种折中涉及许多 SAR 系统参数,主要有平台的高度和速度、作用距离、雷达波长、天线长度,以及测绘带宽度。折中主要在距离模糊度、方位模糊度和测绘带宽度之间进行,并且导致天线面积的下限更低[8,9]。然而,也有些系统在构建上进行了更多的权衡,并且使用的天线面积低于其下限[10]。

在机载情况下,上述约束通常并不构成限制。由于平台的速度比较低,波束的几何关系就会将测绘带宽度限制在模糊界限以下。这意味着 PRF 可以取得比方位带宽所要求的值更高。一个较高的 PRF 可以在不提高峰值功率或脉宽的条件下增加平均发射功率,从而改善 SNR。当采用上述方法时,为提高后续处理步骤的效率,可以对方位向信号进行滤波,以降低采样率。这种降低 PRF 以提高 SAR 处理效率的滤波和降采样过程称为预滤波。

4.5.4　方位向信号强度和多普勒历程

随着平台的前进,地面上的某个目标被数百个脉冲照射。主要由于方位向波束方向图的影响①,每个脉冲的回波信号强度存在变化。图 4.10 的上图以斜距平面内的 3 个传感器位置为例,示意了正侧视情况下的方位向波束方向图。当传感器处于 A 点时,目标刚刚进入波束主瓣,其接收信号的强度如中图所示。在目标被波束中心(图中的 B 点)照射之前,接收信号强度一直不断增加。

当波束中心穿过目标后,在目标被波束方向图的第一个零点(图中的 C 点)照射到之前,

---

① 复散射常数对于视角的任何微弱依赖在本书中都予以忽略。

信号强度又逐渐减弱。此后仍然可以接收到来自波束方向图副瓣的少许能量。波束方向图主瓣外沿及副瓣的接收能量会造成图像中出现如第 5 章所讨论的方位模糊,而多普勒中心频率的估计误差则会加重这些模糊(见第 12 章)。

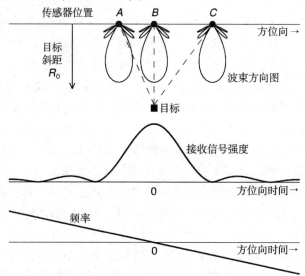

图 4.10　方位向波束方向图及其对信号强度和多普勒频率的影响

图 4.10 的下图示意了目标的多普勒历程。多普勒频率正比于目标相对于传感器的径向速度。当目标接近雷达时多普勒频率为正,当目标远离雷达时多普勒频率为负,因此频率随时间变化曲线的斜率为负。

回顾图 4.10 的中图,注意接收信号强度由方位向波束方向图决定。由于大多数 SAR 天线在方位面内都没有加权,其单程方向图可以近似为一个 sinc 函数[9]

$$p_a(\theta) \approx \mathrm{sinc}\left(\frac{0.886\,\theta}{\beta_{\mathrm{bw}}}\right) \tag{4.27}$$

其中 θ 为斜距平面内测得的与视线的夹角,β_{bw} 为方位向波束宽度 $0.886\lambda/L_a$,L_a 为方位向天线长度。由于雷达能量的双程传播过程,接收信号的强度由 $p_a(\theta)$ 的平方给出,并且通常可以表示成方位向时间 η 的函数

$$w_a(\eta) = p_a^2\{\theta(\eta)\} \tag{4.28}$$

式(4.11)表明了 θ_{sq} 与方位向时间 η 的关系①。

在图 4.10 中,波束中心斜视角为零,当雷达位于 B 点时波束中心经过目标,此时接收信号的强度最大。但实际情况往往并非如此,由于平台或天线姿态、波束对准、地球弯曲和自转,以及机载情况下的侧风等因素的影响,波束不可避免地存在一定程度的斜视。

在一般的非零斜视角情况下,波束中心在被称为"波束中心穿越时刻"的时间点经过目标,以零多普勒时间作为参考,该时刻记为 η_c。按照前文习惯,当波束前视时,η_c 为负,当波束后视时,η_c 为正。η_c 可表示为

---

①　在此需要回顾所用过的不同斜视角。θ 是与视线的夹角且随时间 η 而变化。图 4.6 中定义的角 θ_{sq} 和 θ_r 是与零多普勒面的夹角,它们也随 η 而变化。式(4.29)和式(4.30)中的 $\theta_{\mathrm{sq},c}$ 和 $\theta_{r,c}$ 在目标照射时间内不变,但它们是天线指向角的函数,而指向角可能随时间有缓慢的变化。

$$\eta_c = -\frac{R_0 \tan\theta_{\mathrm{sq,c}}}{V_g} = -\frac{R(\eta_c)\sin\theta_{\mathrm{sq,c}}}{V_g} \tag{4.29}$$

其中 $R(\eta_c)$ 为目标被波束中心照射时的雷达距目标的斜距，$\theta_{\mathrm{sq,c}}$ 为该时刻的 θ_{sq} 值。在 4.3 节讨论的直线几何中，η_c 可表示为

$$\eta_c = -\frac{R_0 \tan\theta_{r,c}}{V_r} = -\frac{R(\eta_c)\sin\theta_{r,c}}{V_r} \tag{4.30}$$

其中 $\theta_{r,c}$ 为波束中心穿越时刻的 θ_r 值。

在这种斜视情况下，式(4.27)中的与视线的夹角 θ 等于 $\theta_{\mathrm{sq}} - \theta_{\mathrm{sq,c}}$。利用小角度近似，双程波束方向图为

$$\mathrm{sinc}^2\left\{\frac{0.886\,(\theta_{\mathrm{sq}} - \theta_{\mathrm{sq,c}})}{\beta_{\mathrm{bw}}}\right\} \approx p_a^2\left\{\arctan\left(\frac{V_g\,(\eta - \eta_c)}{R_0}\right)\right\} \tag{4.31}$$

即等于式(4.28)中的 $w_a(\eta - \eta_c)$。

基于以上讨论，式(4.26)中的 R_a 是随慢时间 η 变化的，表示为 $R(\eta)$。点目标接收信号可以写成

$$\begin{aligned}
s_r(\tau,\eta) = {} & A_0\, w_r(\tau - 2R(\eta)/c)\, w_a(\eta - \eta_c) \\
& \times \cos\{2\pi f_0\,(\tau - 2R(\eta)/c) + \pi K_r\,(\tau - 2R(\eta)/c)^2 + \psi\}
\end{aligned} \tag{4.32}$$

这是点目标接收信号的实数表达式，R_0 为最短距离，距离 $R(\eta)$ 由式(4.9)给出。

通常 SAR 数据在方位频域进行处理，则波束中心穿越时刻等效转换成频域中的多普勒中心频率。

4.5.5 方位向参数

包括照射时间、调频率及多普勒带宽在内的其他一些方位向参数将在本节给出。这些参数依赖于天线斜视角，并且是在 $\eta = \eta_c$ 的波束中心计算的。因此，计算中使用的是波束中心的斜视角 $\theta_{r,c}$，而不是通常的 θ_r。

多普勒中心频率

$\eta = \eta_c$ 处的多普勒中心频率正比于式(4.9)中 $R(\eta)$ 的变化率，

$$f_{\eta_c} = -\frac{2}{\lambda}\frac{\mathrm{d}R(\eta)}{\mathrm{d}\eta}\bigg|_{\eta = \eta_c} = -\frac{2V_r^2\,\eta_c}{\lambda R(\eta_c)} = +\frac{2V_r \sin\theta_{r,c}}{\lambda} \tag{4.33}$$

单位为 Hz。上式的推导用到了式(4.13)。多普勒中心频率也可以用卫星实际速度 V_s 和实际斜视角 $\theta_{\mathrm{sq,c}}$ 来表示，利用式(4.15)可得

$$f_{\eta_c} = \frac{2V_s \sin\theta_{\mathrm{sq,c}}}{\lambda} \tag{4.34}$$

注意，$V_s \sin\theta_{\mathrm{sq,c}}$ 为雷达至目标视线方向上的径向速度，且 V_s 定义在 ECR 坐标系下，因此上式很容易理解。

多普勒带宽

根据式(4.33)，目标的方位向带宽为

$$\Delta f_{\mathrm{dop}} = \left|\frac{2V_r \cos\theta_{r,c}}{\lambda}\frac{V_s}{V_r}\theta_{\mathrm{bw}}\right| = \frac{2V_s \cos\theta_{r,c}}{\lambda}\theta_{\mathrm{bw}} \tag{4.35}$$

其中比例系数 V_s/V_r 源自直线几何假设。该式利用了这样一个事实：带宽是目标在雷达 3 dB 波束($\theta_{\mathrm{bw}} = 0.886\lambda/L_a$)照射期间产生的频率漂移。因此，多普勒带宽为

$$\Delta f_{\text{dop}} = 0.886 \frac{2 V_s \cos \theta_{r,c}}{L_a} \tag{4.36}$$

这一带宽决定了采样要求, 即确定了 PRF 的下限。然而, 在 θ_{bw} 处的波束边沿, 信号强度只下降了 6 dB, 并且方位谱衰减得比较慢, 因此过采样率一般应取为 $1.1 \sim 1.4$, 以减小方位模糊功率。也就是说, PRF 设为过采样率与 Δf_{dop} 的乘积(见 5.4 节)。

目标照射时间

另外两个重要参数是目标照射时间 T_a 和方位向调频率 K_a。照射时间是目标处于 3 dB 波束范围内的时间宽度, 可写为

$$T_a = 0.886 \frac{\lambda \ R(\eta_c)}{L_a V_g \cos \theta_{r,c}} \tag{4.37}$$

其中 $0.886 \lambda / L_a$ 为方位向波束宽度, 因此 $0.886 R(\eta_c) \lambda / L_a$ 为该波束宽度在地面上的投影。在斜视角不为零的情况下, 在方位向, 该投影长度需要乘以系数 $1/\cos \theta_{r,c}$。再次注意, 此处使用了速度 V_g, 即图 4.6 定义的三个速度中最小的一个, 这样就考虑了传感器沿轨道飞行时为使星下点连线始终指向本地垂线方向所带来的卫星姿态漂移。姿态漂移对照射时间的长度会造成一定的影响。

方位向调频率

方位向调频率是方位向频率或多普勒频率的变化率,

$$K_a = \frac{2}{\lambda} \frac{\mathrm{d}^2 R(\eta)}{\mathrm{d}\eta^2} \bigg|_{\eta = \eta_c} = \frac{2 V_r^2 \cos^2 \theta_{r,c}}{\lambda R(\eta_c)} = \frac{2 V_r^2 \cos^3 \theta_{r,c}}{\lambda R_0} \tag{4.38}$$

其中方位向频率为 $2/\lambda$ 乘以距离的一阶导数。假设速度利用了式(4.10)的近似, 式(4.36)的多普勒带宽可以通过式(4.37)与式(4.38)相乘得到。

4.6　二维信号

本节首先说明雷达接收信号如何在信号处理器中形成一个二维信号, 然后介绍 SAR 传感器冲激响应, 最后给出二维信号的典型参数值。

4.6.1　信号存储器中的数据排列

简单地讲, 雷达接收信号是一个关于时间的一维电压函数。与图 4.9 的发射接收周期相一致, 接收信号的波形可表示成图 4.11 所示的形式, 其中每一小段信号代表一个脉冲周期内接收到的地面回波。段与段之间的间隙代表接收机处于关闭状态的时间, 包含了信号发射时间和信号通道切换时间。图 4.11 中的信号形式为其在一维存储介质(如磁带)中的可能形式。

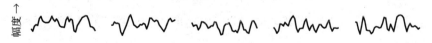

图 4.11　雷达接收信号的电压或幅度

为理解怎样将该信号看成一个二维信号, 再次考察图 4.12 所示的 SAR 数据采集过程将很有帮助。为简单起见, 假设雷达方位向波束宽度是有限的。当传感器处于 A 点时, 目标刚刚进入雷达波束。从该目标接收到的信号是某个发射脉冲回波的一部分, 它被写入 SAR 信号存储器的一行中。虽然数据可能即时存储在磁带或者下传存储器中, 但却无妨将其看成存

储在 SAR 信号处理器的数据输入中。

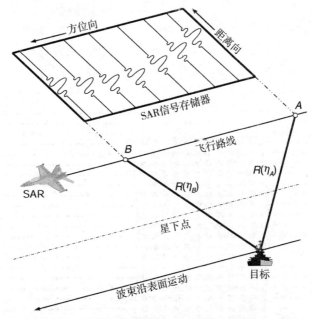

图 4.12　SAR 的接收数据如何存放于二维信号存储器

随着传感器的前进，越来越多的脉冲被发射，相应的回波按行被连续写入信号存储器。当传感器处于 B 点时，目标离开波束，其最后一个回波能量被写入 SAR 信号存储器。自然，信号存储器中包含了来自许多目标的接收数据，而并不只是图中所示的一个目标。实际上，方位向波束宽度也不是有限的，这意味着 A 点之前和 B 点之后被方位旁瓣接收到的每个点目标的回波能量也被记录在存储器中了。

回到图 4.11 所示的"一维"信号，若接收信号如图 4.13 那样被采样和写入计算机内存，那么也可以将其看成二维的。每一段或每一个脉冲的数据被写在存储器中新的一行上。每一行的起始时间相对于脉冲发射时间有一个固定的时间延迟，即式(4.1)中的距离门延迟。这样，图 4.13 中的水平轴代表传播时间 τ，或传感器至地面的"距离"。从另一个角度看，考察图 4.13 中的列，同一列中的每个采样点至传感器的距离都是相等的。一列通常称为一个距离门，而一行称为一条距离线。

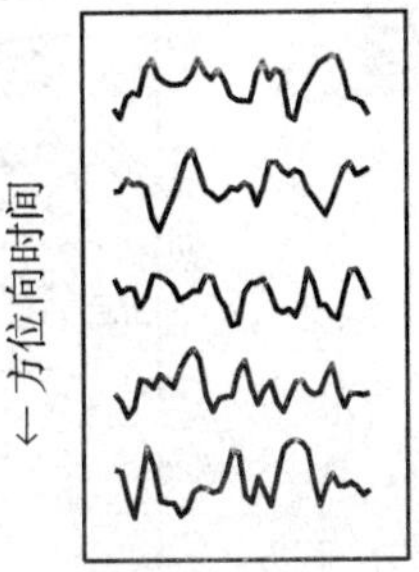

现在考察图 4.13 中二维存储器的垂直轴。由于某列上的每个采样点具有相等的距离，并且传感器在两个采样点之间移动了一小段，所以该垂直轴可标识为方位向时间 η。这样，来自地面上两个近似正交方向上的数据就被记录下来，通过这种方式就能得到地球表面的二维图像。

图 4.13　图 4.11 中的雷达接收信号电压如何写入信号处理器的二维存储器

由此可以看出，以距离向时间和方位向时间①为坐标的二维信号是怎样被雷达系统获取的。距离向时间又称为"快时间"，而方位向时间称为"慢时间"，因为距离间隔由距离向时间

---

① 地理学家习惯于考虑沿地球表面的距离，而雷达工程师习惯于考虑雷达系统或计算机内存中的"时间"。因此，本书中使用的时间和距离可相互替换。

和光速得到，而方位间隔由方位向时间和比光速慢得多的波束照射区推移速度得到。

二维存储器的另一种表示如图 4.14 所示，图中显示的是单个点目标的能量轨迹。着重标出的部分示意了距离向回波长度（发射脉冲持续时间）、方位向回波长度（照射时间或合成孔径长度）以及距离徙动。由于回波能量在距离向和方位向通常都覆盖数百个采样点，而距离徙动可能只跨越几个距离单元，所以该草图并没有按比例绘制。

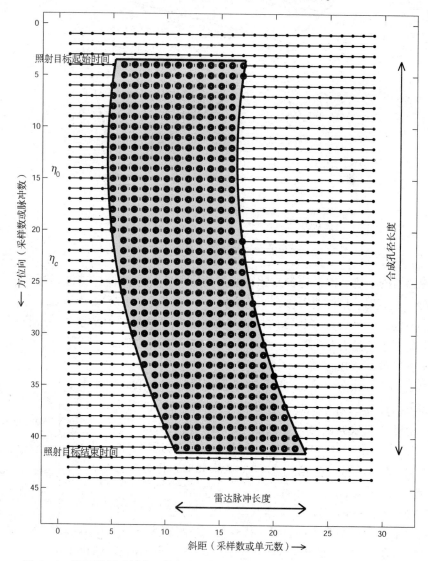

图 4.14 目标照射时间内，单个点目标回波能量在信号处理器的二维存储器
中的轨迹（目标能量实际上延伸至此范围之外，只是幅度较小）

概括地讲，雷达首先对连续时间模拟信号（也就是发射脉冲的回波信号）进行采样，采样值沿水平距离轴被记录。在方位向，由于发射脉冲的离散性质，信号从一开始就是时间离散的。二维信号存储器中的方位向采样值沿着垂直方位轴被记录。

4.6.2 解调后的基带信号

接收信号 s_r 包含了雷达载频 $\cos(2\pi f_0 \tau)$，在采样之前，载频必须通过正交解调过程予以

去除, 附录 4B 中对此进行了讨论。解调后单个点目标的基带信号可以表示成复数形式

$$s_0(\tau, \eta) = A_0\, w_r\big(\tau - 2R(\eta)/c\big)\, w_a(\eta - \eta_c) \tag{4.39}$$
$$\times \exp\{-\mathrm{j}\,4\pi f_0\, R(\eta)/c\}\, \exp\Big\{\mathrm{j}\pi K_r\big(\tau - 2R(\eta)/c\big)^2\Big\}$$

其中系数 A_0 为一个复常数

$$A_0 = A_0'\, \exp\{\mathrm{j}\,\psi\} \tag{4.40}$$

其中 A_0' 是式(4.26)中的实系数。

此时可以对信号进行距离向采样, 由于信号是复数且其距离向带宽为 $|K_r|\,T_r$, 为满足奈奎斯特采样准则, 复采样率应为

$$F_r > |K_r|\, T_r \tag{4.41}$$

式(4.39)表示的是从反射系数为 A_0 的点目标接收到的经解调后的 SAR 基带信号。这是 SAR 系统通常记录和下传的信号, 称为原始数据、SAR 信号数据或 SAR 相位历程。由于方位向信号常有一个非零的中心频率(见第 5 章), 该信号只在距离向上是基带信号。

4.6.3　SAR 冲激响应

如果忽略 A_0, 则式(4.39)为单位幅度点目标的冲激响应, 因而 SAR 传感器的冲激函数可表示成

$$h_{\mathrm{imp}}(\tau, \eta) = w_r\big(\tau - 2R(\eta)/c\big)\, w_a(\eta - \eta_c) \tag{4.42}$$
$$\times \exp\{-\mathrm{j}\,4\pi f_0\, R(\eta)/c\}\, \exp\Big\{\mathrm{j}\pi K_r\big(\tau - 2R(\eta)/c\big)^2\Big\}$$

为了建立地面接收信号的一般模型, 将地面反射率与该冲激响应进行二维卷积, 从而得出 SAR 基带信号数据为

$$s_{\mathrm{bb}}(\tau, \eta) = g(\tau, \eta) \otimes h_{\mathrm{imp}}(\tau, \eta) + n(\tau, \eta) \tag{4.43}$$

其中 $n(\tau, \eta)$ 为实际系统中都会存在的附加噪声。这一噪声主要来源于接收电子器件的前端, 可以用高斯白噪声来建模。式(4.43)给出的 SAR 系统模型如图 4.15 所示。在随后的匹配滤波器推导中, 噪声可被忽略。但是, 在仿真实验中, 为了观察所用的匹配滤波器功率相对于噪声基底的突出程度(见图 3.7), 最好将噪声包含在内。

SAR 处理被假定为开始于解调后的基带信号。SAR 处理算法试图通过解卷积反演出 $g(\tau, \eta)$。这一过程的困难与棘手之处在于冲激响应依赖于距离和方位, 并且还包含了一个随距离变化的距离徙动。

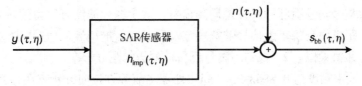

图 4.15　附加噪声的 SAR 系统模型

4.6.4　典型雷达参数值

表 4.1 给出了机载和星载情况下的一组典型参数值。在 C 波段, 10 m 天线的假设下, 该组参数是 SEASAT(L 波段), J-ERS, ERS, RADARSAT-1 和 ENVISAT 遥感卫星所用参数的广泛代表。

对于机载情况，考虑了一种天线长度为 1 m 的普通 X 波段系统。根据其对距离向处理和方位向处理的侧重影响，将表格中的参数分为两类。在没有偏航控制时，星载情况下的斜视角由地球自转引起。机载情况下的斜视角则由侧风和天线物理运动引起。

表 4.1 机载和星载 SAR 的典型参数

参数	符号	机载	星载	单位
距离向参数				
景中心斜距	$R(\eta_c)$	30	850	km
高度		10	800	km
发射脉冲时宽	T_r	10	40	μs
距离脉冲调频率	K_r	10	0.5	MHz/μs
信号带宽		100	20	MHz
距离向采样率	F_r	120	24	MHz
斜距条带宽度		10	50	km
方位向参数				
等效雷达速度[1]	V_r	250	7100	m/s
雷达工作频率	f_0	9.4	5.3	GHz
雷达工作波长	λ	0.032	0.057	m
方位向调频率	K_a	131	2095	Hz/s
合成孔径长度[2]	L_s	0.85	4.8	km
目标照射时间	T_a	3.4	0.64	s
天线长度	L_a	1	10	m
多普勒带宽	Δf_{dop}	443	1338	Hz
方位向采样率(PRF)	F_a	600	1700	Hz
斜视角[3]	$\theta_{r,c}$	<8	<4	度

注：
(1) 在星载情况下，V_s 比 V_r 大 6%，而 V_g 比 V_r 小 6%。
(2) 参见 4.7.2 节。
(3) $\theta_{r,c} \approx \theta_{\text{sq,c}}$。

4.7 SAR 分辨率与合成孔径

本节的目的是从方位向带宽的角度导出 SAR 系统的方位向分辨率。基于天线概念的方位向分辨率推导将在附录 4C 中给出[①]。

4.7.1 分辨率的带宽推导

距离向接收信号与发射脉冲一样是调频信号。通过匹配滤波可以得到较高的分辨率。如式(3.28)所示，距离向分辨率由信号带宽决定。在时间量纲(s)下，它是距离带宽(Hz)倒数的 0.886 倍。将此值乘以 $c/2$，得到距离量纲(m)下的斜距分辨率。

在方位向，波束宽度为 $0.886\lambda/L_a$。SAR 处理之前的方位向分辨率为波束宽度在地面上的投影，即

$$\rho'_a = R(\eta_c)\,\theta_{\text{bw}} = \frac{0.886\,R(\eta_c)\,\lambda}{L_a} \tag{4.44}$$

---

① 如 4.2 节所指出的，此处的方位向分辨率实际上是距离横向分辨率。由于所考虑的斜视角较小，方位向分辨率与距离横向分辨率差别不大。当需要区别方位向分辨率和距离横向分辨率时，将会特别说明。

该式称为真实孔径雷达分辨率。在机载情况下该分辨率为数百米, 在星载情况下则会达到数千米。

4.5 节中表明, 由于平台的运动, 方位向信号也受到频率调制。因此, 与距离向一样, 也希望利用匹配滤波得到高的分辨率。方位向分辨率可以写成 0.886 乘以带宽的倒数(以时间为量纲), 见式(4.36)。以距离为量纲的分辨率为

$$\rho_a = \frac{0.886\, V_g\, \cos\theta_{r,c}}{\Delta f_{\mathrm{dop}}}\, \gamma_{w,a} = \frac{L_a}{2}\, \frac{V_g}{V_s}\, \gamma_{w,a} \tag{4.45}$$

其中 $\gamma_{w,a}$ 为处理中加窗引入的 IRW 展宽因子。

通常, 星载情况下的 $\gamma_{w,a} V_g/V_s \approx 1$, 方位向分辨率可直接写成 $\rho_a = L_a/2$。这就意味着方位向分辨潜力近似为天线长度的一半, 并且与距离、速度或波长等因素无关。这是 SAR 系统最显著的特点, 也是在文章中被广泛提及的。式(4.45)代表了距离横向分辨率, $\cos\theta_{r,c}$ 用来将分辨率投影到该方向。如果斜视角较小, 则式(4.45)等效于方位向分辨率。

由于假设方位频域中的天线方向图在 6 dB(双程)带宽内为矩形, 所以上述结果只是一种近似。实际上波束方向图并不是平坦的, 通常为一个 sinc 平方函数, 如式(4.31)所示, 并且在 6 dB 带宽之外还有较强的能量[1]。实际分辨率与以下因素有关: 处理中所用带宽宽度、波束方向图及加权函数的综合形状。因此, 对全部频谱的处理会得到比仅处理 6 dB 带宽稍微好一点的分辨率。然而, 由于频谱的衰落, 对额外带宽的处理并不会带来分辨率的很大改善, 所以得到的有效方位向分辨率非常接近于式(4.45)。对于一个给定的脉冲重复频率、天线方向图、处理带宽及加权函数, 实际分辨率可以通过数值方法或经验方法得到。

分辨率还可以表示成合成角 θ_{syn} 的形式。这个角度等于目标被波束覆盖期间的目标视角变化量。图 4.16 对其进行了示意。对于机载情况, 合成角等于波束宽度[2]。对于星载情况, 由于天线存在缓慢的旋转以使星下点始终指向地心, 所以合成角比波束宽度略大。在星载情况下, 考察图 4.6(a)中的 θ_{sq} 和 V_g, 并利用式(4.14), 合成角为

$$\theta_{\mathrm{syn}} = \frac{V_s}{V_g}\, \theta_{\mathrm{bw}} \tag{4.46}$$

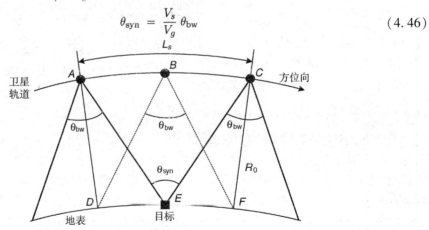

图 4.16　天线方位向波束宽度和合成角。图中所示的是零斜视角
情况, 为了便于看清楚, 波束宽度和合成角被放大了

---

[1] PRF 通常高于 6 dB 带宽, 因此一些 6 dB 带宽之外的频谱能量也可以在处理中加以应用。但是 6 dB 带宽之外的能量存在较为严重的方位模糊, 所以通常不予处理。

[2] 这一定义是在假设目标不转动的前提下得到的。如果目标存在转动, 在获取合成角时就必须加入由波束视角改变和目标旋转引起的转动角。

将该式代入式(4.35)，多普勒带宽 Δf_{dop} 可写成 θ_{syn} 的形式

$$\Delta f_{\mathrm{dop}} = \frac{2\,V_g \cos \theta_{r,c}}{\lambda}\,\theta_{\mathrm{syn}} \tag{4.47}$$

联立式(4.45)的前半部分和式(4.47)，可达到的分辨率为

$$\rho_a = \frac{0.886\,\lambda}{2\,\theta_{\mathrm{syn}}} \tag{4.48}$$

此时分辨率与斜视角无关。将式(4.46)代入式(4.48)，可得到除去展宽因子 $\gamma_{w,a}$ 的式(4.45)所示的方位向分辨率。式(4.48)中没有展宽因子是因为在推导中假设多普勒频谱是平坦的，这一展宽因子由数据处理中的锐化窗引入。这一分辨率表达式更多地用于聚束 SAR[11,12] 和逆 SAR[7,13]，而不是条带 SAR(见 1.3 节)中。

4.7.2　合成孔径

本节的目的在于从 SAR 的角度阐明"合成孔径"概念，这样就给出了方位向分辨率的另一种推导方法。

一般雷达的或处理之前的 SAR 的方位向分辨率由方位向波束宽度确定，波束宽度则由雷达波长 λ 和天线长度或天线孔径 L_a 决定。对于一个给定的雷达，这两个参数都是固定的。为了提高分辨率，我们希望减小有效波束宽度。

与距离向产生(合成)一个窄脉冲类似，在方位向合成一个窄的波束宽度的技巧也在于信号处理。既然波束宽度与天线孔径成反比，合成一个窄的波束就相当于合成一个长的孔径。实际上，尽管天线的真实孔径 L_a 仅在 $1 \sim 15\,\mathrm{m}$ 的量级，但孔径的合成长度在机载情况下可达数百米，在星载情况下则可达数千米。

合成孔径在图 4.16 中用 L_s 表示，它是目标在雷达波束照射期间传感器所经过的路径长度。该长度决定了处理某一特定目标所能获得的数据量。合成孔径 L_s 用下式表示：

$$L_s = \frac{R_0\,\theta_{\mathrm{bw}}}{\cos \theta_{r,c}}\,\frac{V_s}{V_g} = \frac{0.886\,R_0\,\lambda}{L_a \cos \theta_{r,c}}\,\frac{V_s}{V_g} = \frac{0.886\,R(\eta_c)\,\lambda}{L_a}\,\frac{V_s}{V_g} \tag{4.49}$$

其中 $\theta_{\mathrm{bw}} = 0.886\lambda/L_a$，比例系数 V_s/V_g 来自波束宽度 θ_{bw} 与合成角 θ_{syn} 之间的差异。

附录 4C 表明，在这种合成孔径的定义下，相邻波束零点之间的宽度为 λ/L_s。根据 2.3.4 节中的 sinc 函数，合成后的半功率波束宽度为

$$\phi_s = \frac{0.886\,\lambda}{2\,L_s} \tag{4.50}$$

式中的系数 2 来自雷达信号的双程传播过程，参见附录 4C。假设一个天线的波束宽度为 ϕ_s，则方位向分辨率为 $R(\eta_c)\phi_s$。于是，利用式(4.49)和式(4.50)，可以得到没有展宽因子 $\gamma_{w,a}$ 的式(4.45)所示的方位向分辨率。因为推导中假设孔径照射是均匀的，所以式(4.50)中没有展宽因子。

作为一个例子，设 $L_a = 10\,\mathrm{m}$，$\lambda = 0.057\,\mathrm{m}$，$R_0 = 850\,\mathrm{km}$，$V_g/V_s = 0.88$，并假定斜视角很小且没有加权，则根据式(4.45)计算得到的分辨率为 4.4 m，获得该分辨率的真实孔径长度可由式(4.44)得到，约为 9.8 km，根据式(4.49)计算的合成孔径则约为 4.9 km。这个例子表明，等价的真实孔径长度为 SAR 合成孔径长度的两倍，这一效应是由信号的双程传播造成的。

压缩比

与式(4.24)中的 $C_{r,r}$ 类似，可达到的方位压缩比为

$$C_{r,a} \approx K_a T_a^2 \tag{4.51}$$

总的压缩比为

$$C_{r,t} = C_{r,r}\,C_{r,a} \approx |K_r|\,T_r^2\,K_a\,T_a^2 \tag{4.52}$$

利用表 4.1 中的参数，机载和星载情况的压缩比可以汇总为表 4.2。每种情况下的总压缩比都在 10^6 量级。即使原始数据中的点目标能量弥散在 1000×1000 的采样区域内，也能以 10^6 的处理增益被压缩至某一点上。这就是二维匹配滤波的神奇之处！

表 4.2 压缩比汇总

参数	符号	机载	星载	单位
距离向调频率	K_r	10	0.5	MHz/μs
脉宽	T_r	10	40	μs
方位向调频率	K_a	131	2095	MHz/μs
目标照射时间	T_a	3.4	0.64	μs
距离压缩比	$C_{r,r}$	1000	800	
方位压缩比	$C_{r,a}$	1514	858	
总的压缩比	$C_{r,t}$	1 514 000	686 400	

4.8 小结

本章讨论了 SAR 数据获取的几何关系，着重论述了距离向和方位向频率调制的起源。距离向的调制源自发射脉冲的设计，方位向的调制则由平台运动引入。SAR 信号是地面反射系数与 SAR 系统冲激响应的卷积，该冲激响应是一个随距离甚至也随方位变化的函数。SAR 处理就是从该卷积方程中求解地面反射系数。

本章中得出的一个重要结论是，能够达到的方位向分辨率约为天线长度的一半。在此阐述了导出这一结论的两种方法。一种方法利用在照射时间内获得的信号带宽，另一种方法从合成孔径的定义出发，根据合成后的窄波束宽度导出方位向分辨率。

可以看出，SAR 与如下两个常识性的规则相违背。

分辨率随距离变化 一般来说，传感器与目标越近，获得的目标细节越多。但是 SAR 的方位向带宽，从而其分辨率都与距离无关。这一点可以解释如下：照射时间与距离成正比，但是方位向的调频率与距离成反比，因此照射时间和调频率相乘得到的信号带宽与距离无关。但是需要注意，SNR 按 R^3 衰减，在有限功率下，SNR 的损失使远距目标的细节变得模糊。

传感器尺寸 通常来说，一个大传感器比一个小传感器能够"看见"更多的细节(类似于望远镜和显微镜的对比)。这对真实孔径雷达是成立的，但 SAR 中的接收数据经过处理后却遵循相反的规律。天线尺寸越小，波束宽度越大，于是照射时间和信号带宽也越大，这就导致了更好的分辨率。但是，模糊和 SNR 却使得天线尺寸不能过低。

表 4.3 总结了本章中导出的重要表达式。在此表中，机载情况使用了 $V_s = V_r = V_g$ 的假设。方位向分辨率 ρ_a 是不同变量的函数，这些变量包括多普勒带宽 Δf_{dop}，天线孔径 L_a，以及合成角 θ_{syn}。当斜视角很小时，表中的 $\cos \theta_{r,c}$ 可以假设为 1。

表 4.3　主要合成孔径关系式概览

参数	符号	表达式	单位
距离带宽		$\lvert K_r \rvert T_r$	Hz
距离向分辨率	ρ_r	$0.886\gamma_{w,r}/(\lvert K_r \rvert T_r)$	m
斜距	$R(\eta)$	$\sqrt{R_0^2+V_r^2\eta^2}$	m
脉冲响应	$h_{\text{imp}}(\tau,\eta)$	$w_r(\tau-2R(\eta)/c)\,w_a(\eta-\eta_c)$ $\exp\{-\mathrm{j}4\pi f_0 R(\eta)/c\}$ $\exp\{\mathrm{j}\pi K_r(\tau-2R(\eta)/c)^2\}$	
方位向波束宽度	θ_{bw}	$0.886\lambda/L_a$	rad
方位向波束覆盖区	ρ_a'	$0.886 R(\eta_c)\lambda/L_a$	m
合成孔径	L_s	$[0.886 R(\eta_c)\lambda/(L_a)](V_s/V_g)$	m
合成角	θ_{syn}	$(V_s/V_g)\theta_{\text{bw}}$	rad
$\eta=\eta_c$ 时的多普勒频率	f_{η_c}	$2V_r\sin\theta_{r,c}/\lambda=2V_s\sin\theta_{\text{sq,c}}/\lambda$	Hz
波束中心穿越时刻	η_c	$-R_0\tan\theta_{r,c}/V_r=-R_0\tan\theta_{\text{sq,c}}/V_g$	s
多普勒带宽	Δf_{dop}	$0.886(2V_s\cos\theta_{r,c}/L_a)$	Hz
照射时间	T_a	$0.886 R(\eta_c)\lambda/(L_a V_g\cos\theta_{r,c})$	s
方位向调频率	K_a	$2V_r^2\cos^2\theta_{r,c}/[\lambda R(\eta_c)]$	Hz/s
方位向分辨率	ρ_a	$(0.886V_g\cos\theta_{r,c}/\Delta f_{\text{dop}})\gamma_{w,a}$	m
方位向分辨率	ρ_a	$(L_a/2)(V_g/V_s)\gamma_{w,a}\approx L_a/2$	m
方位向分辨率	ρ_a	$[0.886\lambda/(2\theta_{\text{syn}})]\gamma_{w,a}$	m
距离压缩比	$C_{r,r}$	$\lvert K_r \rvert T_r^2$	
方位压缩比	$C_{r,a}$	$K_a T_a^2$	
总的压缩比	$C_{r,t}$	$\lvert K_r \rvert T_r^2 K_a T_a^2$	

4.8.1　温哥华岛的窄幅 ScanSAR 图像

通过雷达波束在俯仰面(即距离向)的扫描,ScanSAR 模式能够获得比单一固定波束更宽的测绘带。对于一个固定波束,如 4.5 节所述,由于模糊的限制,测绘带宽的上限约为 110 km。图 4.17 所示的场景是 RADARSAT-1 在窄 ScanSAR 模式下获得的,这里使用的是 W1 和 W2 波束,获得的地距测绘带宽为 290 km。第 10 章将更详细地讨论 ScanSAR 数据及其信号处理。

图 4.17　RADARSAT-1 ScanSAR 模式获得的加拿大温哥华岛的宽幅图像(加拿大航天局版权所有)

该场景是 2004 年 7 月 6 日于轨道号为 45255 的升轨上得到的。场景处于温哥华岛上的 Qualicum Beach 镇附近,中心经纬度为 49.3°N, 124.4°W。这幅图像是沿着卫星轨道绘制的,沿图像上方顺时针旋转 11°为指北方向。

这幅图像是 Radarsat International 使用 SPECAN 算法处理得到的。距离向和方位向都经过了两视处理，处理后的初始分辨率为 50 m。但是，为了显示整个 300 km 范围的图像(原图有 13 500 个像素)，在每个方向上都对 6 个采样值求平均，所以响应的平滑视数为 100 左右，观测到的分辨率约为 300 m。

温哥华市位于场景右侧附近的陆地上，维多利亚城大致位于岛的南端。占据场景上部的是 2500 m 长的海岸山脉。华盛顿州的奥林匹克半岛处于场景的下部边缘处，而圣胡安群岛大致在场景右下方。

在宽测绘带卫星图像中，距离向入射角的变化范围比常规图像的大。入射角变化的影响可以从图像中的山脉上看出来。近距(左方)处的距离入射角约为 20°，巨大的叠掩使山脉出现更大的亮度对比度。远距处的入射角约为 49°，叠掩明显变小。虽然图像右侧的山脉更高，但由叠掩造成的亮度对比度却比左侧场景的小得多。

参考文献

[1]　D. Massonnet. Capabilities and Limitations of the Interferometric Cartwheel. *IEEE Trans. on Geoscience and Remote Sensing*, 39(3), pp. 506–520, March 2001.

[2]　T. Amiot, F. Douchin, E. Thouvenot, J.-C. Souyris, and B. Cugny. The Interferometric Cartwheel: A Multipurpose Formation of Passive Radar Microsatellites. In *Proc. Int. Geoscience and Remote Sensing Symp.*, *IGARSS'02*, Vol. 1, pp. 435–437, Toronto, June 2002.

[3]　R. K. Raney, A. P. Luscombe, E. J. Langham, and S. Ahmed. RADARSAT. *Proc. of the IEEE*, 79(6), pp. 839–849, 1991.

[4]　J. Curlander and R. McDonough. *Synthetic Aperture Radar: Systems and Signal Processing*. John Wiley & Sons, New York, 1991.

[5]　R. K. Raney. A Comment on Doppler FM Rate. *International Journal of Remote Sensing*, 8(7), pp. 1091-1092, January 1987.

[6]　R. K. Raney. Radar Fundamentals: Technical Perspective. In *Manual of Remote Sensing*, *Volume 2: Principles and Applications of Imaging Radar*, *F. M. Henderson and A. J. Lewis*(ed.), pp. 9-130. John Wiley & Sons, New York, 3rd edition, 1998.

[7]　D. R. Wehner. *High Resolution Radar*. Artech House, Norwood, MA, 2nd edition, 1995.

[8]　R. W. Bayma and P. A. McInnes. Aperture Size and Ambiguity Constraints for a Synthetic Aperture Radar. In *Synthetic Aperture Radar*, *J. J. Kovaly* (ed.). Artech House, Dedham, MA, 1978.

[9]　S. W. McCandless. SAR in Space — The Theory, Design, Engineering and Application of a Space-Based SAR System. In *Space-Based Radar Handbook*, *L. J. Cantafio* (ed.), chapter 4. Artech House, Norwood, MA, 1989.

[10]　A. Freeman, W. T. K. Johnson, B. Honeycutt, R. Jordan, S. Hensley, P. Siqueira, and J. Curlander. The "Myth" of the Minimum SAR Antenna Area Constraint. *IEEE Trans. Geoscience and Remote Sensing*, 38(1), pp. 320–324, January 2000.

[11]　W. G. Carrara, R. S. Goodman, and R. M. Majewski. *Spotlight Synthetic Aperture Radar: Signal Processing Algorithms*. Artech House, Norwood, MA, 1995.

[12]　C. V. Jakowatz, D. E. Wahl, P. H. Eichel, D. C. Ghiglia, and P. A. Thompson. *Spotlight-Mode Synthetic Aperture Radar: A Signal Processing Approach*. Kluwer Academic Publishers, Boston, MA, 1996.

[13]　R. J. Sullivan. *Microwave Radar Imaging and Advanced Concepts*. Artech House, Norwood, MA, 2000.

附录4A　近似雷达速度的推导

　　式(4.10)表明，等效雷达速度 V_r 近似等于卫星速度 V_s 和波束投影于地面的速度 V_g 的几何平均。在零多普勒指向和目标照射期间卫星在圆轨道的假设下，这一关系式是精确的。本附录的目的就是对此进行证明。需要强调的是，这种近似适于简单的几何分析，但对于 SAR 数据的精确聚焦则不够准确。

　　图 4A.1 可以用来揭示雷达系统的卫星/地球几何关系。设 C 为所考察的地表上的一个点目标，A 表示目标 C 处于零多普勒时的卫星位置。A 处的相对轨道时间设为零。设卫星在时间 η 内以角速度 ω_s 从 A 前进至 B，为剔除地球自转的影响，包括 V_s 在内的所有速度都定义在 ECR 坐标系下。

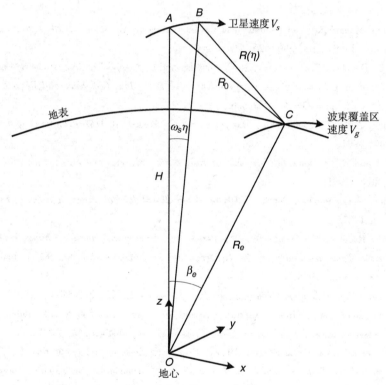

图 4A.1　SAR 的几何关系，示意卫星速度和波束覆盖区速度

　　考虑一个以地心为原点的右手坐标系，其中 z 轴由地心指向 A 点，y 轴指向 A 点处的卫星速度(ECR 坐标系)方向，x 轴的方向由 y 轴和 z 轴通过右手法则确定。在 $\eta=0$ 时刻，卫星位置为 $[0\ 0\ H]^{\mathrm{T}}$，于是 η 时刻的卫星位置 B 为

$$\mathbf{P_B} = \begin{bmatrix} 0 \\ H\sin\omega_s\eta \\ H\cos\omega_s\eta \end{bmatrix} \tag{4A.1}$$

目标 C 的位置为

$$\mathbf{P_C} = \begin{bmatrix} R_e \sin\beta_e \\ 0 \\ R_e \cos\beta_e \end{bmatrix} \tag{4A.2}$$

其中 H 为本地轨道半径，R_e 为目标处的本地地球半径，β_e 为 OC 与轨道面的夹角。

$\eta = 0$ 时刻卫星至目标的距离为 R_0，而 η 时刻的距离为

$$\begin{aligned} R(\eta) &= |\mathbf{P_C} - \mathbf{P_B}| \\ &= \sqrt{(R_e \sin\beta_e)^2 + (H\sin\omega_s\eta)^2 + (H\cos\omega_s\eta - R_e\cos\beta_e)^2} \end{aligned} \tag{4A.3}$$

利用小角度近似，$\sin\omega_s\eta \approx \omega_s\eta$，$\cos\omega_s\eta \approx 1 - \omega_s^2\eta^2/2$，距离可以表示成

$$\begin{aligned} R(\eta) &= \sqrt{H^2 + R_e^2 - 2HR_e\cos\beta_e + (H\omega_s)(R_e\omega_s\cos\beta_e)\eta^2} \\ &= \sqrt{R_0^2 + (H\omega_s)(R_e\omega_s\cos\beta_e)\eta^2} \end{aligned} \tag{4A.4}$$

最后一个等式使用了三角关系式 $R_0^2 = H^2 + R_e^2 - 2HR_e\cos\beta_e$。图 4A.1 中，根据局部圆轨道假设，$H\omega_s$ 为卫星速度 V_s，而 $R_e\omega_s\cos\beta_e$ 为波束覆盖区的速度 V_g。V_g 的值假设了地球在 C 点附近为局部球形，因此 V_g 与 V_s 平行。

最后的结果为

$$R^2(\eta) = R_0^2 + V_s V_g \eta^2 \tag{4A.5}$$

因此，在局部圆轨道和天线中心零多普勒指向的前提下，就证明了式(4.9)中的等效雷达速度 V_r 等于 $\sqrt{V_s V_g}$。

附录4B　正交解调

　　雷达系统发射和接收的脉冲是实信号。本附录解释了如何通过正交解调过程对接收信号进行频带搬移,从而获得一个复的基带信号。解调过程去除了较高的载频,但可能会造成一些信号误差,所以在此对这些误差的补偿也进行了讨论。

4B.1　正交解调理论

　　一般具有较高载频的低频调制实信号表示如下:

$$x(\tau) = \cos\{2\pi f_0 \tau + \phi(\tau)\} \tag{4B.1}$$

其中载频 f_0 比调制带宽 $\phi(\tau)$ 高几个数量级(如 GHz 相对于 MHz)。

　　图 4B.1 示意了正交解调产生双通道复数信号数据的过程[11]。首先考察上面的通道,该通道中数据与 $\cos(2\pi f_0 \tau)$ 相乘。利用三角恒等式

$$\cos\theta_1 \cos\theta_2 = \frac{1}{2}\cos(\theta_1 - \theta_2) + \frac{1}{2}\cos(\theta_1 + \theta_2) \tag{4B.2}$$

相乘后的结果为

$$x_{c1}(\tau) = \frac{1}{2}\cos\{\phi(\tau)\} + \frac{1}{2}\cos\{4\pi f_0 \tau + \phi(\tau)\} \tag{4B.3}$$

式(4B.3)中第一个余弦项的最高频率由带宽 $\phi(\tau)$ 决定,而第二个余弦项的频率则高得多,在 $2f_0$ 左右。因此第二项可以通过低通滤波器予以滤除,滤波后的结果为

$$x_{c2}(\tau) = \frac{1}{2}\cos\{\phi(\tau)\} \tag{4B.4}$$

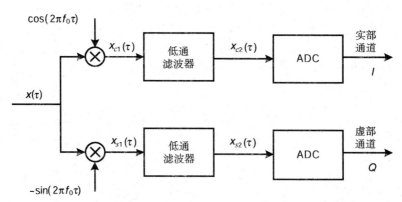

图 4B.1　正交解调去除信号载频

　　类似地,在图 4B.1 的下通道中,数据与 $-\sin(2\pi f_0 \tau)$ 相乘,继续使用三角恒等式

$$\sin\theta_1 \cos\theta_2 = \frac{1}{2}\sin(\theta_1 - \theta_2) + \frac{1}{2}\sin(\theta_1 + \theta_2) \tag{4B.5}$$

信号由高频和低频分量组成。相乘的结果为

$$x_{s1}(\tau) = \frac{1}{2}\sin\{\phi(\tau)\} + \frac{1}{2}\sin\{4\pi f_0 \tau + \phi(\tau)\} \tag{4B.6}$$

经过低通滤波后，信号 $x_{s2}(\tau)$ 为

$$x_{s2}(\tau) = \frac{1}{2}\sin\{\phi(\tau)\} \tag{4B.7}$$

随后信号 $x_{c2}(\tau)$ 和 $x_{s2}(\tau)$ 被模数转换器（ADC）按不低于 $\phi(\tau)$ 带宽的采样率采样。由于经过正弦和余弦相乘，两路信号在相位上是正交的，表示成复数形式为

$$x_3(\tau) - x_{c2}(\tau) + \mathrm{j}\,x_{s2}(\tau) = \frac{1}{2}\exp\{\mathrm{j}\,\phi(\tau)\} \tag{4B.8}$$

这两个独立信号称为复信号的正交分量，或者称为同相（I）和正交（Q）通道。信号 $x_3(\tau)$ 就是 SAR 信号处理中需要用到的基带信号。

当为获得复基带信号而对来自点目标的实际 SAR 回波数据[见式(4.32)]进行解调时，相位 $\phi(\tau)$ 应为

$$\phi(\tau) = -\frac{4\pi f_0 R(\eta)}{c} + \pi K_r \left[\tau - \frac{2R(\eta)}{c}\right]^2 + \psi \tag{4B.9}$$

解调后的基带信号如式(4.39)所示。

4B.2　误差及其校正

在解调过程中会出现以下误差。

频率混合：输入的模拟信号通过两个通道时，一个通道与 $\cos(2\pi f_0 \tau)$ 相乘，另一个通道与 $-\sin(2\pi f_0 \tau)$ 相乘。由于电子器件的原因，每个通道的乘法器都会引入固定的相位误差。对于 SAR 处理而言，两个通道之间的相位差比各自的绝对相位误差更重要。将此相位差记为 $\Delta\theta$，于是差频可以表示成如下形式，上面的通道与 $\cos(2\pi f_0 \tau)$ 相乘，下面的通道与 $-\sin(2\pi f_0 \tau + \Delta\theta)$ 相乘，附加相位 $\Delta\theta$ 就是误差。换句话说，两个通道的信号此时不再正交。

低通滤波器　理想情况下，两个通道中的低通滤波器的增益是相同的，但由于电子器件的不平衡，不能保证增益总是相同的。当这种不平衡出现时，滤波后的信号能量是不相等的。两个增益的比值比各自的绝对增益更重要。类似地，每个通道各有一个直流偏置，两个偏置也可能存在不同。

模数转换　在模数转换时，两个通道的增益可能不平衡，并且两个通道之间还可能存在同步误差。

增益、直流偏置及相位的校正可以通过以下步骤进行（去除两个通道的偏置，在两个通道之间进行功率平衡，对某一通道进行相位校正。其中前两步校正很容易）：

1. 基于数据确定每个通道的直流偏置；
2. 对每个通道进行直流偏置校正；
3. 去除偏置后，确定两个通道的相对增益；
4. 选择其中一个通道进行增益校正。

相位校正

相位校正就没有那么直接了。以下给出一种在去偏置和功率平衡完成之后的相位校正方法。设 $\hat{I}$ 和 $\hat{Q}$ 分别为 I 通道和 Q 通道的像素强度，$\hat{A}$ 表示幅度，$\hat{\theta}$ 表示相位，其中符号 $\hat{\theta}$ 表征

随机变量。于是，通道强度可以写成

$$\hat{I} = \hat{A} \cos \hat{\theta} \tag{4B.10}$$

$$\hat{Q} = \hat{A} \sin(\hat{\theta} + \Delta\theta) \tag{4B.11}$$

其中包含了相位误差 $\Delta\theta$。在以下的分析中，$\hat{A}$ 的概率分布并不重要，而 $\hat{\theta}$ 服从-π到π之间的均匀分布。随机变量 $\hat{A}$ 和 $\hat{\theta}$ 统计独立。正弦随机变量 $\hat{I}$ 和余弦随机变量 $\hat{Q}$ 的均值为零。

如果两个通道完全正交，则两个通道的协方差必定为零。因此，任何不正交因素都可以通过协方差矩阵中的非对角线元素检测出来，从而确定角 $\Delta\theta$。设协方差为 C，表示成

$$C = E\{\hat{I}\hat{Q}\} \tag{4B.12}$$

其中 E 表示接收数据集的期望。将式(4B.10)和式(4B.11)代入式(4B.12)，利用 $\hat{A}$ 和 $\hat{\theta}$ 的统计独立条件，即协方差 C 为

$$\begin{aligned} C &= E\{(\hat{A})^2 \cos \hat{\theta} \sin(\hat{\theta} + \Delta\theta)\} \\ &= E\{(\hat{A})^2\} E\{\cos \hat{\theta} \sin(\hat{\theta} + \Delta\theta)\} \\ &= \frac{1}{2} E\{(\hat{A})^2\} E\{\sin(2\hat{\theta} + \Delta\theta) + \sin \Delta\theta\} \end{aligned} \tag{4B.13}$$

考虑到 $E\{\sin(2\hat{\theta}+\Delta\theta)\} = 0$ 和 $E\{\sin \Delta\theta\} = \sin \Delta\theta$，协方差为

$$C = \frac{1}{2} E\{(\hat{A})^2\} \sin \Delta\theta \tag{4B.14}$$

由于 $E(\cos^2\theta) = E(\sin^2\theta) = 1/2$，而 $E\{(\hat{A})\}$ 可以通过式(4B.10)或式(4B.11)得到，

$$E\{(\hat{A})^2\} = 2E\{\hat{I}^2\} = 2E\{\hat{Q}^2\} \tag{4B.15}$$

因此，所求的校正相位 $\Delta\theta$ 可以通过联立式(4B.12)、式(4B.14)和式(4B.15)得到，

$$\sin \Delta\theta = \frac{E\{\hat{I}\hat{Q}\}}{E\{\hat{I}^2\}} = \frac{E\{\hat{I}\hat{Q}\}}{E\{\hat{Q}^2\}} \tag{4B.16}$$

相位校正只需要针对一个通道(如 Q 通道)进行。利用式(4B.11)中的 $\Delta\theta$，该通道的相位误差可表示成

$$Q = A \sin(\theta + \Delta\theta) \tag{4B.17}$$

由于该式是针对每个特殊像素点的，故式中符号^被去掉了。期望的结果是

$$Q' = A \sin \theta \tag{4B.18}$$

此时 $\Delta\theta$ 被补偿掉了。现在将 Q' 表示成变量 I，Q 及 $\Delta\theta$ 的函数。式(4B.11)可写成

$$Q = A \sin \theta \cos \Delta\theta + A \cos \theta \sin \Delta\theta \tag{4B.19}$$

联立式(4B.10)、式(4B.18)和式(4B.19)，经过相位校正后的通道为

$$Q' = \frac{Q - I \sin \Delta\theta}{\cos \Delta\theta} \tag{4B.20}$$

此时数据 I 和 Q' 组成了一组正交量。从式中可以看出，如果 $\Delta\theta = 0$，则 $Q' = Q$，也就无须校正。在本书后续章节中，都假设输入数据已经过完全的校正。

附录 4C　合成孔径的概念

在 4.7 节中，利用 3.3 节中由脉冲压缩得出的分辨率公式，从处理带宽角度导出了 SAR 方位向分辨率。本附录利用天线波束宽度概念，从另一个视角导出方位向分辨率。这样就给出了"合成孔径"的一种直观解释。为简单起见，推导在零斜视角下进行，但也可以很容易地推广到非零斜视角的情况。

4C.1　天线波束宽度

本节首先对天线理论进行简单介绍，并讨论"孔径"的含义及天线的分辨能力。接着通过考察 SAR 处理器产生或合成一个天线的工作过程，给出方位向分辨率的另一种推导方法。

考察一个由相同辐射单元构成的线性阵列天线(见图 4C.1)。天线长度 L_a 称为天线的真实孔径(或简称为孔径)。与透镜的孔径或直径类似，它是传感器用来观察成像地域的"窗口"。

考察天线对地面的照射为远场辐射的波束方向图。在任一时刻，方向图的主瓣都照射到地面上的一块区域。简单地看，该区域就是在那个时刻被"观测"到的区域，因而该区域的方位向范围确定了方位向天线分辨能力。更明确地说，辐射方向图的 3 dB 宽度经常被当成未经处理的接收信号的分辨率。

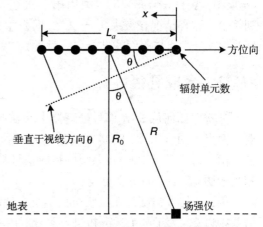

图 4C.1　平面天线阵列的远场辐射模型

如图 4C.1 所示，利用场强仪对地面某一点处的远场辐射能量进行测量。假设场强仪与天线中心的连线与过天线中心的地面法线之间的夹角为 θ，远场假设每个单元至场强仪的射线是平行的。在小角度 θ 假设下，每个单元至场强仪的距离为 $R_0 + x\theta$。假设每个单元在场强仪处的辐射幅度都相等，并忽略由距离 R_0 引起的相位常量，则电压净值等于所有辐射单元的辐射和

$$p_a(\theta) = \sum_n \exp\left\{-j\,2\pi\,\frac{x(n)\,\theta}{\lambda}\right\} \tag{4C.1}$$

其中 n 为辐射单元数。

该求和可看成矩形函数的离散傅里叶变换。随着辐射单元个数的增加，单元间距不断缩小，这一求和收敛成了熟知的傅里叶积分，这样就给出了波束的单程方向图

$$p_a(\theta) = \int_{-L_a/2}^{+L_a/2} \exp\left\{-j\,2\pi\,\frac{x\theta}{\lambda}\right\} dx = L_a \operatorname{sinc}\left(\frac{L_a\,\theta}{\lambda}\right) \tag{4C.2}$$

如图 2.3 所示，波束方向图是一个 sinc 函数。

地面场强值在 $\theta=0$ 的瞄准线方向达到最大，主瓣的范围由与峰值相邻的两个零点之间的宽度来定义。由图 2.3 可以推出，两个零点之间的角度宽为 $2\lambda/L_a$。比较式（4.27）和式（4C.2）可知，半功率宽度为 $0.886\lambda/L_a$。

相邻零点之间的宽度可以看成雷达波束的分辨能力，虽然在雷达术语中常将约为零点宽度一半的 3 dB 宽度作为雷达的"分辨率"。在距离 R_0 处，3 dB 分辨率为 $0.886\lambda R_0/L_a$。

找出相邻零点宽度的一种直观方法是找出使式（4C.1）中的和等于零的 θ 最小值。注意，每个辐射单元对场强的贡献是一个幅度为常量，相位与 θ 成正比的相位复矢量 $\exp\{-j2\pi x\theta/\lambda\}$。当 n 个相位复矢量如图 4C.2 那样连成一个圆周时，式（4C.1）中的和等于零。

从图 4C.2 中可以看出，如果来自第一个和最后一个辐射单元的相位复矢量沿几乎相同的方向排列，则矢量和为零（即圆周是闭合的）。从天线的瞄准线开始向外推移，当天线孔径两端至场强仪的路径差 $L_a\theta$（θ 很小）等于一个波长时，圆周第一次达到闭合。这种情况在波束角 $\theta=\lambda/L_a$ 时发生，所以根据对称性，主瓣相邻两个零点之间的宽度为 $2\lambda/L_a$。这与前面的结果是一致的。

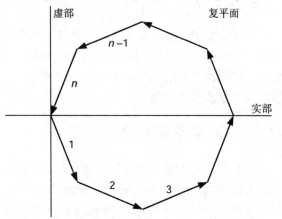

图 4C.2　波束方向图第一个零点处每个辐射单元的电矢量之和

4C.2　合成孔径

分辨率如何从 SAR 信号处理器中获益呢？与前一节描述的天线模型相比，SAR 系统主要有两点不同。第一，SAR 中的辐射单元位置是由发射和接收脉冲时刻的传感器位置确定的。由于每个脉冲对 SAR 系统的接收信号都有所贡献[①]，所以每个脉冲期间的天线相位中心相当于图 4C.1 中的每个单元。

第二，信号强度是在接收机而不是在地面上被观测到的。这就意味着前述分析中的距离需要乘以 2。为了与前述分析进行类比，用一个理想的反射器（角反射器）代替图 4C.1 中的场强仪，并将场强仪替换成 SAR 接收机处的电压仪。

图 4C.3 示意了两者的类比关系，其中合成阵列长度为角反射器被雷达波束照射期间的传感器移动距离，其值为 $0.886\lambda R_0/L_a$，即最大接收信号强度 6 dB 范围内的雷达移动距离。

角反射器位于距合成阵列中轴线 X 处，其至天线阵列的垂直距离为 R_0，至合成阵列两端的距离分别为 R_1 和 R_2。在远距条件下，全部路程差为

$$2(R_2 - R_1) \approx \frac{2L_s X}{R_0} \tag{4C.3}$$

利用与图 4C.2 相同的观点，当角反射器位于

---

① 实际上，在某个脉冲的发射和接收期间，SAR 天线会移动数米，但是这个距离与相应的天线与目标的距离相比是很小的，所以可假设天线在发射与接收期间是静止的。在 SAR 信号分析中有时将其称为"开始-停止"假设。

$$X_{\text{null}} = \frac{R_0 \lambda}{2 L_s} \tag{4C.4}$$

时，第一个零点出现，由对称分布在中轴两侧的两个角反射器产生的相邻零点的距离为 $2X_{\text{null}}$。因此，结合分辨率为 0.886 乘以二分之一倍的相邻零点距离，可得处理后的 SAR 方位向分辨率为

$$\rho_a = 0.886 X_{\text{null}} = 0.886 \frac{R_0 \lambda}{2 L_s} = 0.886 \frac{R_0 \lambda}{2} \frac{L_a}{0.886 R_0 \lambda} = \frac{L_a}{2} \tag{4C.5}$$

4.7 节表明，考虑到波束照射区速度与雷达速度的比值，能够达到的分辨率要略优于上述分辨率。

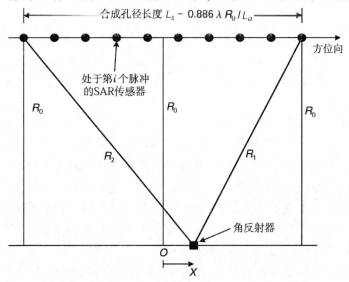

图 4C.3　数据采集时的传感器位置，用以示意合成孔径的概念

　　获得分辨率公式的另一种方法是依据式（4C.2）的推导，只是将其中的 L_a 换成 L_s，并将 $\exp\{\cdot\}$ 中的相位乘以 2 倍（因为是双程传播）。于是，合成的辐射方向图为

$$p_s(\theta) = p_a^2(\theta) \int_{-L_s/2}^{L_s/2} \exp\left\{-\text{j}4\pi \frac{x\theta}{\lambda}\right\} \text{d}x \approx L_s \text{sinc}\left(\frac{2 L_s}{\lambda} \theta\right) \tag{4C.6}$$

积分外面的式 $p_a^2(\theta)$ 为每个位置单元的天线波束方向图，积分项是矩形函数的傅里叶变换，即一个 sinc 函数。$p_a^2(\theta)$ 的宽度比 sinc 函数的宽度宽得多，因为前者是原始真实孔径的波束宽度，而后者是合成后的波束宽度，所以可以将 $p_a^2(\theta)$ 忽略，为此在最后一步予以近似。

　　将合成孔径 L_s 和真实天线孔径 L_a 做进一步的类比可以发现，如果不进行 SAR 处理，则需要 $2L_s$ 长的普通天线才能得到 $L_a/2$ 的分辨率，而得益于雷达的双程传播，SAR 系统的合成阵列只需要该长度的一半就能获得相同的分辨率。

第5章　SAR信号的性质

5.1　简介

SAR数据是在二维时域获取的，但由于处理效率的原因，常将数据变换到其他域中。在此考虑的两个域为距离多普勒域和二维频域。为了推导用于聚焦SAR数据的信号处理算法，理解SAR接收信号的性质及在这些域中的重要处理参数的形式，是至关重要的。以上就是本章所要讨论的主题。

本节推导了单个点目标在距离向时间、方位向频域中的信号解析表达式，由于方位向频率等同于多普勒频率，所以将该域称为"距离多普勒"域。本节还推导了二维频域中的信号特性表达式，在第6章中将会说明，这些推导有利于匹配滤波器的正确设计。在5.2节中，推导先从低斜视角情况开始，进而过渡到信号频谱形式更复杂的较大斜视角情况。

SAR处理中的另一个重要参数是多普勒中心频率，即点目标处于波束中心时的方位向频率或多普勒频率。5.4节讨论了多普勒中心频率在SAR数据中的重要性，同时说明了源自雷达脉冲数据的方位向采样所造成的多普勒频率混叠。

SAR处理中最重要的关系是点目标至传感器的瞬时距离，该距离决定了信号的相位特性。目标接收能量的距离随时间的变化曲线会跨越数个距离单元，因而也将这种距离变化称为距离单元徙动(RCM，通常简称为距离徙动)。由于不同信号域中的距离徙动对信号处理有着重要影响，因此在5.5节中将对此加以讨论。

5.6节示意了仿真点目标及其在两个域中的信号谱。5.7节讨论了两种简单算法，其中一种聚焦精确但效率很差，而另一种效率较高但聚焦性能一般。这样就导致了对既精确又高效的其他算法的探寻，为此本节简单介绍了SAR的处理算法。最后，5.8节对本章内容进行了总结，并将信号的关键特性以表格形式列出。

5.2　低斜视角情况下的信号频谱

基于处理效率考虑，大多数SAR处理算法都工作在频域，其中匹配滤波卷积和距离徙动校正(RCMC)是首要考虑的效率因素。在方位频域，最短斜距相同的目标具有一致的距离徙动轨迹，这样使得在该域中应用距离徙动校正较为方便。因此，对距离多普勒域和二维频域中SAR信号频谱的推导是十分有用的。本节首先给出较简单的低斜视角下的信号频谱，在随后的5.3节中将讨论更复杂的一般情况。

20世纪70年代后期的首次星载SAR数据数字处理就是基于小斜视角假设的。在这种假设下，信号特性及相应的匹配滤波器形式都相对简单，并且比较容易得到[1~3]。本节首先给出这些简单结果的推导过程，以使读者对此有深入了解。本节导出的频谱对于SAR处理器的初步分析将会非常有用。

对双曲距离方程式(4.9)进行抛物线近似

$$R(\eta) = \sqrt{R_0^2 + V_r^2 \eta^2} \approx R_0 + \frac{V_r^2 \eta^2}{2 R_0} \tag{5.1}$$

该近似对于诸如 ERS 或 RADARSAT-1 这样具有小斜视角和中等孔径长度的传感器是有效的，因为在此情况下式（5.1）中高于二次的各项都非常小。于是，基带接收信号式（4.39）可近似为

$$s_0(\tau, \eta) \approx A_0 \, w_r\left(\tau - \frac{2 R(\eta)}{c}\right) w_a(\eta - \eta_c) \exp\left\{-j\frac{4\pi R_0}{\lambda}\right\}$$

$$\times \exp\left\{-j\pi K_a \eta^2\right\} \exp\left\{j\pi K_r \left[\tau - \frac{2 R(\eta)}{c}\right]^2\right\} \tag{5.2}$$

其中方位向调频率 K_a 为[①]

$$K_a \approx \frac{2 V_r^2}{\lambda R_0} = \frac{2 V_r^2 f_0}{c R_0} \tag{5.3}$$

该式就是式（4.38）中 $\theta_{r,c}=0$ 的情况。方位向频率调制与距离调制一样是线性的，虽然两者在时间尺度上有很大差异。

以下将首先在距离多普勒域中，继而在二维频域中推导信号 $s_0(\tau, \eta)$ 的频谱。

5.2.1　距离多普勒频谱

正如第 3 章所讨论的，将驻定相位原理（POSP）直接应用于式（5.2），就能得到距离多普勒域的频谱。这样就导出了熟知的频率-时间关系曲线（见图 4.10 的下图）

$$f_\eta \approx -K_a \eta \tag{5.4}$$

$$\eta \approx -\frac{f_\eta}{K_a} \tag{5.5}$$

这表明多普勒中心频率和多普勒中心时间有以下关系：

$$f_{\eta_c} \approx -K_a \eta_c \tag{5.6}$$

$$\eta_c \approx -\frac{f_{\eta_c}}{K_a} \tag{5.7}$$

因此距离多普勒域的方位向相位具有非常简单的形式

$$\theta_{\rm rd} \approx \frac{\pi f_\eta^2}{K_a} + \pi K_r \left[\tau - \frac{2 R_{\rm rd}(f_\eta)}{c}\right]^2 - \frac{4\pi R_0}{\lambda} \tag{5.8}$$

忽略常数项乘积，距离多普勒域中的信号可表示为

$$S_{\rm rd}(\tau, f_\eta) \approx w_r\left(\tau - \frac{2 R_{\rm rd}(f_\eta)}{c}\right) W_a(f_\eta - f_{\eta_c}) \exp\{j \theta_{\rm rd}\} \tag{5.9}$$

其中 $R_{\rm rd}$ 为该域中的距离徙动。联立式（5.1）、式（5.3）和式（5.5），可得距离徙动的表达式

$$R_{\rm rd}(f_\eta) \approx R_0 + \frac{\lambda^2 R_0}{8 V_r^2} f_\eta^2 \tag{5.10}$$

这是一条关于 f_η 的抛物线。以 η 为自变量的抛物线距离方程式（5.1）转化成了以 f_η 为自变量的抛物线距离方程。

---

① 由于发射脉冲为一个线性调频脉冲，脉冲频率随快时间变化，所以必须注意波长 λ 的定义。这里再次强调一下，如 4.4 节所指出的，本书中的波长是指中心载频 f_0 所对应的波长，即 $\lambda = c/f_0$。

5.2.2 二维频谱

对距离多普勒域的信号进行距离向傅里叶变换，将驻定相位原理用于式(5.9)，可得到最终的信号二维频谱。其相位函数如下：

$$\theta_{2df} \approx \frac{\pi f_\eta^2}{K_a'} - \frac{\pi f_\tau^2}{K_r} - \frac{4\pi (f_0 + f_\tau) R_0}{c} \qquad (5.11)$$

其中 K_a' 为该域内的方位向调频率。假设 $f_0 \gg |f_\tau|$，则有

$$K_a' = \frac{2V_r^2 (f_0 + f_\tau)}{c R_0} \qquad (5.12)$$

其中 $-F_r/2 \leqslant f_\tau < F_r/2$，$F_r$ 为距离向采样率。注意，式(5.3)所示 K_a 中的距离向频率 f_0 被 $f_0 + f_\tau$ 所代替。这是因为在二维频域中每个距离向频率采样应由其初始绝对频率 f_0 和偏移频率 f_τ 表征。

忽略常数项乘积，二维频域中的信号形式为

$$S_{2df}(f_\tau, f_\eta) = W_r(f_\tau) W_a(f_\eta - f_{\eta c}) \exp\{j\theta_{2df}\} \qquad (5.13)$$

注意，距离向频率包络 W_r 只是 f_τ 的函数而不是 f_η 的函数，故目标徙动轨迹并不体现在 W_r 上，而是隐藏在式(5.11)中的相位 θ_{2df} 里。

5.3 一般情况下的信号频谱

当波束斜视角比较大或孔径比较宽时，必须认识到距离与方位之间的交叉耦合将带来更复杂的形式。为了导出距离多普勒域中信号频谱的解析形式，应直接进行方位向傅里叶变换。这一步骤的困难在于原始数据中距离和方位的交叉耦合。

如图 5.1 所示，利用单个目标的原始信号可以很好地揭示交叉耦合。考察位于图中垂直虚线处的某一特定距离门，可以观察到方位向采样之间的相位变化。这种相位变化来自距离徙动并随其增加而变大。该相位变化会附加到由解调过程(见图 5.1 右侧)产生的常规方位调制相位中。换句话说，由距离徙动引起的交叉耦合产生了一个附加的方位向相位项，这将影响到方位向调频率。

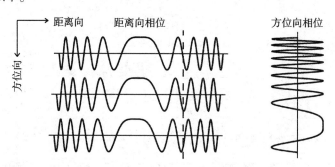

图 5.1   距离向与方位向的相位耦合

美国喷气推进实验室的 Jin 和 Wu 首先认识到斜视数据中距离和方位之间的相位耦合。尽管存在上述困难，他们仍然利用抛物线近似下的距离方程，通过直接方位向傅里叶变换推导出了距离多普勒域的信号形式，其结果反映在很有影响的参考文献[4]中。参考文献[5]对其简明推导进行了拓展。

本节将使用一种能够保持双曲距离方程优势的直观推导。为了获得方位向傅里叶变换后精确的信号解析形式，可进行以下操作：

1. 距离向傅里叶变换；
2. 方位向傅里叶变换；
3. 距离向傅里叶逆变换[6,7]。

通过前两步可以得到二维频谱，最后一步则给出了距离多普勒的信号表达式①。

在以上推导中，初始的距离向傅里叶变换目的是通过"扩展"距离信号，使距离向的能量分布与方位向无关。图 5.2 表明，无论数据是否经过距离向压缩，信号数据的"扭曲"都可以通过距离向傅里叶变化予以去除，从而使每个距离向频率单元包含完整的方位照射时间，这样就能将驻定相位原理应用于后续的方位向傅里叶变换中。本节余下的内容就是通过以上二个步骤推导精确的表达式。

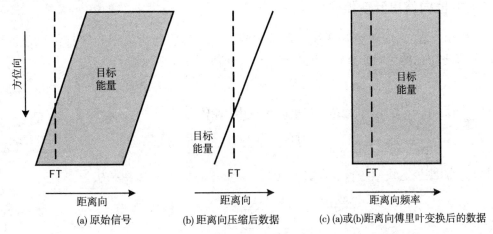

图 5.2　距离向傅里叶变换如何"观测"信号能量。每个距离
单元的傅里叶变换在图中用标有 FT 的竖直虚线示意

5.3.1　距离向傅里叶变换

本节利用驻定相位原理推导了基带接收信号 $s_0(\tau, \eta)$ 经距离向傅里叶变换后的闭合表达式。距离向傅里叶变换可以写成

$$S_0(f_\tau, \eta) = \int_{-\infty}^{\infty} s_0(\tau, \eta) \exp\{-\mathrm{j}\, 2\pi f_\tau \tau\}\, \mathrm{d}\tau \tag{5.14}$$

利用式 (4.39) 中 $s_0(\tau, \eta)$ 的表达式，积分号中的相位为

$$\theta(\tau) = -\frac{4\pi f_0 R(\eta)}{c} + \pi K_r \left[\tau - \frac{2R(\eta)}{c}\right]^2 - 2\pi f_\tau \tau \tag{5.15}$$

$\theta(\tau)$ 对于 τ 的导数为

$$\frac{\mathrm{d}\theta(\tau)}{\mathrm{d}\tau} = 2\pi K_r \left[\tau - \frac{2R(\eta)}{c}\right] - 2\pi f_\tau \tag{5.16}$$

如 4.3.1 节所讨论的，$R(\eta)$ 为等效雷达速度 V_r 的函数，V_r 随距离变化，但在脉冲持续时间内保持不变。因此，式 (5.16) 中的 $R(\eta)$ 并不是 τ 的函数。为了应用驻定相位原理，必须

---

① 这三个独立的步骤仅用于推导精确的解析表达式。由于距离向和方位向的傅里叶变换是可交换的，两个距离向变换可相互抵消，在数字处理器中，距离多普勒频谱可以简单地通过方位向快速傅里叶变换得到。

找出导数为零时的距离向时间,

$$\tau = \frac{f_\tau}{K_r} + \frac{2R(\eta)}{c} \tag{5.17}$$

利用 τ 的这一表达式,式(5.14)的积分结果可以写成

$$S_0(f_\tau, \eta) = A_0 A_1 W_r(f_\tau) w_a(\eta - \eta_c)$$

$$\times \exp\left\{-j\frac{4\pi(f_0 + f_\tau)R(\eta)}{c}\right\} \exp\left\{-j\frac{\pi f_\tau^2}{K_r}\right\} \tag{5.18}$$

其中 A_1 为常数, $W_r(f_\tau) = w_r(f_\tau/K_r)$ 是距离频谱的包络。常数 A_1 含有一个 $\pm\pi/4$ 的相位,但它对以下分析并不重要。

5.3.2　方位向傅里叶变换

式(5.18)为距离向傅里叶变换后的信号形式。本节将再次应用驻定相位原理推导出 $S_0(f_\tau, \eta)$ 经方位向傅里叶变换后的闭合解。方位向傅里叶变换为

$$S_{2df}(f_\tau, f_\eta) = \int_{-\infty}^{\infty} S_0(f_\tau, \eta) \exp\{-j2\pi f_\eta \eta\} \, d\eta \tag{5.19}$$

利用式(5.18)中 $S_0(f_\tau, \eta)$ 的相位,傅里叶积分中的相位为

$$\theta(\eta) = -\frac{4\pi(f_0 + f_\tau)R(\eta)}{c} - \frac{\pi f_\tau^2}{K_r} - 2\pi f_\eta \eta \tag{5.20}$$

将瞬时斜距表达式(4.9)代入式(5.20),得到 $\theta(\eta)$ 对于 η 的导数为

$$\frac{d\theta(\eta)}{d\eta} = -\frac{4\pi(f_0 + f_\tau)V_r^2 \eta}{c\sqrt{R_0^2 + V_r^2 \eta^2}} - 2\pi f_\eta \tag{5.21}$$

该导数当

$$f_\eta = -\frac{2V_r^2(f_0 + f_\tau)\eta}{c\sqrt{R_0^2 + V_r^2 \eta^2}} \tag{5.22}$$

或

$$\eta = -\frac{cR_0 f_\eta}{2(f_0 + f_\tau)V_r^2 \sqrt{1 - \frac{c^2 f_\eta^2}{4V_r^2(f_0 + f_\tau)^2}}} \tag{5.23}$$

时为零。

以上两式给出了二维频域中时间和方位向频率的一一对应关系,同时表明这种对应关系与距离向频率 f_τ 有关。

最后,式(5.19)的结果可以表示成如下形式:

$$S_{2df}(f_\tau, f_\eta) = A_0 A_1 A_2 W_r(f_\tau) W_a(f_\eta - f_{\eta_c}) \exp\{j\theta_a(f_\tau, f_\eta)\} \tag{5.24}$$

其中 A_2 是常数, $W_a(f_\eta - f_{\eta_c})$ 是以多普勒中心频率 f_{η_c} 为中心的方位频谱包络, $\theta_a(f_\tau, f_\eta)$ 是傅里叶变换后的相位角。常数 A_2 也有一个无关紧要的 $\pm\pi/4$ 相位。将式(5.23)中的 η 代入 $w(\eta)$ 就得到了包络 $W_a(f_\eta)$ 的表达式

$$W_a(f_\eta) = w_a\left(\frac{-cR_0 f_\eta}{2(f_0 + f_\tau)V_r^2 \sqrt{1 - \frac{c^2 f_\eta^2}{4V_r^2(f_0 + f_\tau)^2}}}\right) \tag{5.25}$$

同理,方位向傅里叶变换后的相位角 $\theta_a(f_\tau, f_\eta)$ 可以通过联立式(5.23)、式(4.9)和式(5.20)

得到：

$$\theta_a(f_\tau, f_\eta) = -\frac{4\pi R_0(f_0 + f_\tau)}{c\sqrt{1 - \frac{c^2 f_\eta^2}{4 V_r^2(f_0 + f_\tau)^2}}} + \frac{\pi c R_0 f_\eta^2}{(f_0 + f_\tau) V_r^2 \sqrt{1 - \frac{c^2 f_\eta^2}{4 V_r^2(f_0 + f_\tau)^2}}} - \frac{\pi f_\tau^2}{K_r} \tag{5.26}$$

$$= -\frac{4\pi R_0(f_0 + f_\tau)}{c}\sqrt{1 - \frac{c^2 f_\eta^2}{4 V_r^2(f_0 + f_\tau)^2}} - \frac{\pi f_\tau^2}{K_r}$$

用符号 $D_{2df}(f_\tau, f_\eta, V_r)$ 表示式中的根号项

$$D_{2df}(f_\tau, f_\eta, V_r) = \sqrt{1 - \frac{c^2 f_\eta^2}{4 V_r^2(f_0 + f_\tau)^2}} \tag{5.27}$$

考察该因子的几何含义将会加深对其的理解。将式(5.22)代入式(5.27)并化简，D_{2df} 变为

$$D_{2df}(f_\tau, f_\eta, V_r) = \sqrt{1 - \frac{V_r^2 \eta^2}{R^2(\eta)}} \tag{5.28}$$

根据式(4.16)，$D_{2df}(f_\tau, f_\eta, V_r)$ 就是直线几何中方位时刻为 η 时的斜视角 θ_r 的余弦值。由于距离徙动可以表示成 $R_0/\cos\theta_r$ 的形式，所以 $D_{2df}(f_\tau, f_\eta, V_r)$ 称为二维频域中的徙动因子。

式(5.26)表明，二维频域内的相位正比于 $R_0 D_{2df}(f_\tau, f_\eta, V_r)$。与距离方程式(5.47)不同，此处因子 D_{2df}(斜视角余弦值)出现在分子上。这一性质的几何含义将在第 8 章的附录中给出。从式(5.26)中的相位式可以导出耦合相位，Raney 给出了它的一种几何解释[8]。当数据在非零斜视角下获得时，二维频域或距离多普勒域中的等效波长将偏离初始波长。8.4.4 节将从几何角度对此进行解释。

式(5.24)中的距离向频率包络 $W_r(f_\tau)$ 没有出现由距离徙动引起的移动，式(5.26)中的相位 $\theta_a(f_\tau, f_\eta)$ 则包含了方位向调制、距离徙动，以及距离向和方位向的耦合(下一节将这种耦合称为二次距离压缩)。为了给出不同相位项的明确表达，式(5.26)的相位 $\theta_a(f_\tau, f_\eta)$ 可重写为

$$\theta_a(f_\tau, f_\eta) = -\frac{4\pi R_0 f_0}{c}\sqrt{D^2(f_\eta, V_r) + \frac{2 f_\tau}{f_0} + \frac{f_\tau^2}{f_0^2}} - \frac{\pi f_\tau^2}{K_r} \tag{5.29}$$

其中，

$$D(f_\eta, V_r) = \sqrt{1 - \frac{c^2 f_\eta^2}{4 V_r^2 f_0^2}} \tag{5.30}$$

式(5.24)加上式(5.26)或式(5.29)，代表了信号二维频谱。该表达式对于诸如 ωK(将在第 8 章描述)这样的二维频域处理算法是十分重要的。在以上推导中，没有用到任何关于斜视角的近似，因此只要距离轨迹可以表示成双曲线形式，该式就是任何斜视角下信号频谱的精确表达。通过该式可直接导出二维频域内的匹配滤波器，也使二维频域处理变得十分诱人。

在数字处理器实现中，先进行距离向傅里叶变换还是方位向傅里叶变换并不重要。在任何情况下，二维信号频谱都可以用以上各式精确表达。

5.3.3　距离向傅里叶逆变换

前节中的表达式给出了二维频域中的信号形式。为了得到距离多普勒域中的信号形式，对 $S_{2df}(f_\tau, f_\eta)$ 进行距离向傅里叶逆变换，得到

$$S_{\mathrm{rd}}(\tau, f_\eta) = \int_{-\infty}^{\infty} S_{2\mathrm{df}}(f_\tau, f_\eta) \exp\{\,\mathrm{j}\, 2\pi\, f_\tau\, \tau\} \, \mathrm{d}f_\tau \tag{5.31}$$

上式的解析解可通过驻定相位原理得到。然而,直接应用驻定相位原理会导致出现 f_τ 的四次方程。虽然四次方程的闭合解是存在的[9],但代数求解过程很冗长。为了避免烦琐的代数处理,对积分中的相位项 $\theta_a(f_\tau, f_\eta)$ 进行以下近似。

将式(5.29)的根式展开成 f_τ 的幂级数,并保留至 f_τ^2 项,$\theta_a(f_\tau, f_\eta)$ 变为

$$\theta_a(f_\tau, f_\eta) = -\frac{4\pi R_0 f_0}{c}\left[D(f_\eta, V_r) + \frac{f_\tau}{f_0 D(f_\eta, V_r)} \right.$$
$$\left. -\frac{f_\tau^2}{2 f_0^2 D^3(f_\eta, V_r)} \frac{c^2 f_\eta^2}{4 V_r^2 f_0^2} \right] - \frac{\pi f_\tau^2}{K_r} \tag{5.32}$$

参考文献[10]中也给出了相位方程(5.29)的泰勒级数展开式。当

$$D^2(f_\eta, V_r) = 1 - \frac{c^2 f_\eta^2}{4 V_r^2 f_0^2} \gg \left| \frac{2 f_\tau}{f_0} + \frac{f_\tau^2}{f_0^2} \right| \tag{5.33}$$

时,式(5.32)中的高次项可忽略。

由于 f_η 随斜视角增加,前面推导过程中唯一使用的这一假设在大斜视角下不成立。参考文献[11]中给出了一种保留式(5.32)中更高次项的推导方法。

式(5.32)中括号中的第一项源自方位调制,第二项源自距离徙动,最后一项则源自距离和方位的交叉耦合。交叉耦合对于大斜视角下的目标聚焦尤其重要,

$$\theta_{\mathrm{cc}} = \frac{\pi}{2} \frac{c R_0 f_\eta^2 f_\tau^2}{V_r^2 f_0^3 D^3(f_\eta, V_r)} \tag{5.34}$$

该相位是在方位向傅里叶变换后出现的,它代表由斜视角引起的附加距离调制。如附录5A所描述的,这种相位耦合的起因也可以从信号处理的角度予以看待。

利用式(5.32),式(5.31)积分中的相位可以写为

$$\theta(f_\tau) = -\frac{4\pi R_0 f_0}{c}\left[D(f_\eta, V_r) + \frac{f_\tau}{f_0 D(f_\eta, V_r)} - \frac{f_\tau^2}{2 f_0^2 D^3(f_\eta, V_r)} \frac{c^2 f_\eta^2}{4 V_r^2 f_0^2} \right]$$
$$-\frac{\pi f_\tau^2}{K_r} + 2\pi f_\tau \tau \tag{5.35}$$

现在可以很方便地应用驻定相位原理。$\theta(f_\tau)$ 对于 f_τ 的导数为

$$\frac{\mathrm{d}\theta(f_\tau)}{\mathrm{d}f_\tau} = -\frac{4\pi R_0}{c D(f_\eta, V_r)} + 2\pi Z f_\tau - \frac{2\pi f_\tau}{K_r} + 2\pi \tau \tag{5.36}$$

其中

$$Z(R_0, f_\eta) = \frac{c R_0 f_\eta^2}{2 V_r^2 f_0^3 D^3(f_\eta, V_r)} \tag{5.37}$$

当

$$f_\tau = \frac{K_r}{1 - K_r Z}\left[\tau - \frac{2 R_0}{c D(f_\eta, V_r)} \right] \tag{5.38}$$

时,式(5.36)的导数等于零。

将式(5.38)代入式(5.32)并化简,则距离向傅里叶逆变换式(5.31)的解为

$$S_{\mathrm{rd}}(\tau, f_\eta) = A_0 A_1 A_2 A_3 \ w_r\left\{\frac{1}{1-K_r Z}\left[\tau - \frac{2R_0}{cD(f_\eta, V_r)}\right]\right\} W_a(f_\eta - f_{\eta_c})$$

$$\exp\left\{-\mathrm{j}\frac{4\pi R_0 D(f_\eta, V_r) f_0}{c}\right\} \exp\left\{\mathrm{j}\pi\, K_m\left[\tau - \frac{2R_0}{cD(f_\eta, V_r)}\right]^2\right\} \tag{5.39}$$

其中 A_3 为含有一个无关紧要的 $\pm\pi/4$ 相位的常量。于是，新的距离向调频率为

$$K_m = \frac{K_r}{1 - K_r Z} \tag{5.40}$$

式(5.39)为距离多普勒域中的目标频谱。直接对原始数据 $s_0(\tau, \eta)$ 进行方位向傅里叶变换，也能得到同样的结果，但是数学推导很困难。

距离包络 w_r 中括号里的式子表示距离徙动。其后，第一个指数项 $(-4\pi R_0 D(f_\eta, V_r) f_0/c)$ 为由距离徙动引起的方位向调制，第二个指数项为距离向调制。可以看到，沿目标轨迹 $(\tau = 2R_0/[cD(f_\eta, V_r)])$ 处的距离向相位为零。

距离多普勒频谱的性质

有关距离多普勒频谱的以下几点应当加以注意。

- 一般而言，$1/Z \ll |K_r|$，所以 $|K_r Z| \ll 1$。从式(5.40)可以看出，K_m 与 K_r 仅有微小差异，但这种差异已足够引起散焦。
- 脉冲包络长度按 $1/(1-K_r Z)$ 被改变，由于 $|K_r Z| \ll 1$，这种长度变化并不显著。
- 雷达脉冲调频率同样被 $1/(1-K_r Z)$ 更新。调频率的这种改变来自距离向和方位向的耦合。通过 Z 中的 R_0 可以看出这种变化与距离相关。在 SAR 领域，因子 $1/Z$ 称为二次距离压缩(SRC)滤波器。这个滤波器是由 Jin 和 Wu 首先发现的[4]，在第 6 章将对此进行详细研究。新调频率 K_m 可被视为雷达脉冲和 SRC 滤波器的综合调频率。
- 必须强调的是，由于使用了式(5.33)的近似，式(5.39)给出的距离多普勒频谱 $S_{\mathrm{rd}}(\tau, f_\eta)$ 并不精确。该式是某些处理算法(如后续章节介绍的距离多普勒算法和 Chirp Scaling 算法)的起点。对于斜视角非常大的情况，这种近似可能不成立，应根据每种情况对其进行有效性分析。

时间与频率的关系

距离多普勒域中的方位向频率和时间的关系可以通过将式(5.38)代入式(5.22)和式(5.23)得到，但是代数处理十分烦琐，下面给出一种简捷的方法。式(5.39)中的 $\tau - 2R_0/[cD(f_\eta, V_r)]$ 代表距离徙动，距离向压缩后，能量集中在 $\tau - 2R_0/[cD(f_\eta, V_r)]$ 的距离位置，即 $f_\tau = 0$ 的距离位置[根据式(5.38)]。这种效应可以等效为雷达发射的是一个中心频率为 f_0 的没有二次相位调制的窄脉冲。

令式(5.22)和式(5.23)中的 $f_\tau = 0$，方位向频率和时间就有如下关系：

$$f_\eta = -\frac{2V_r^2 f_0 \eta}{c\sqrt{R_0^2 + V_r^2 \eta^2}} \tag{5.41}$$

$$\eta = -\frac{cR_0 f_\eta}{2 f_0 V_r^2 \sqrt{1 - \frac{c^2 f_\eta^2}{4V_r^2 f_0^2}}} \tag{5.42}$$

式(5.41)也可以通过距离方程求导得到

$$f_\eta = -\frac{2}{\lambda}\frac{dR(\eta)}{d\eta} \tag{5.43}$$

其中 $R(\eta)$ 为式(4.9)中的双曲线形式。

式(5.41)和式(5.42)表示在最短路径处测得的方位向频率和方位向时间的一一对应关系。如果距离方程是抛物线，则这种关系是线性的，所以频率/时间曲线的斜率在照射时间内是一个常量。但是，当使用双曲距离方程时，照射时间内的斜率是变化的。

式(5.43)给出了在波束中心穿越时刻 η_c 处测得的多普勒中心频率，其表达式如下：

$$f_{\eta_c} = -K_{a,\mathrm{dop}}\,\eta_c \tag{5.44}$$

其中 $K_{a,\mathrm{dop}}$ 为仅在表示这一方位向时间与频率的关系时使用的专用调频率，它的表达式如下：

$$K_{a,\mathrm{dop}} = \frac{2V_r^2 f_0}{c\,R(\eta_c)} \tag{5.45}$$

这是一个随 η_c 的缓变函数。实际上，如果距离方程是抛物线，那么分母上的 $R(\eta_c)$ 可用 R_0 代替，此时 $K_{a,\mathrm{dop}}$ 等于式(5.3)中的 K_a，而与 η_c 无关。

可以发现，这个调频率与式(4.38)的信号调频率 K_a 的关系为

$$K_a = K_{a,\mathrm{dop}}\cos^2\theta_{r,c} \tag{5.46}$$

附录5B将给出这种关系式的更多细节，包括 K_a 与 $K_{a,\mathrm{dop}}$ 差异的一种几何解释。

距离徙动

现在可以找出距离多普勒域中的距离徙动。由式(5.39)的方括号里的项可知，距离多普勒域中的距离徙动为

$$R_{\mathrm{rd}}(f_\eta) = \frac{R_0}{\sqrt{1-\dfrac{c^2 f_\eta^2}{4V_r^2 f_0^2}}} = \frac{R_0}{D(f_\eta, V_r)} \tag{5.47}$$

式(5.47)中的最后一个等式利用了式(5.30)中关于 $D(f_\eta, V_r)$ 的定义。从上式可以发现，$D(f_\eta, V_r)$ 应是瞬时斜视角的余弦。如同二维情况下对 $D_{2\mathrm{df}}(f_\tau, f_\eta, V_r)$ 的处理，将式(5.41)代入式(5.30)，就会看出这一结论是毋庸置疑的。基于以上原因，$D(f_\eta, V_r)$ 称为距离多普勒域中的徙动因子。

5.4　方位混叠与多普勒中心

由于传感器与目标的相对运动，接收信号经历了多普勒频移。这一多普勒频移存在于解调后的接收信号中，与脉冲带宽相比，频移很小，难以察觉。但是，当沿方位向观测时，多普勒频移就很明显了，这是方位向相位调制与方位处理的基础。多普勒频移的一个重要参数是平均多普勒频移，称为多普勒中心。

由于雷达数据的 PRF 采样，多普勒中心频率可能会混叠，因此其观测值可能不同于其绝对值。本节将讨论方位混叠的含义及其对多普勒观测中心的影响。天线指向角对多普勒中心的影响，以及多普勒中心随距离的变化，都将在本节讨论。

5.4.1　方位混叠和模糊的起因

表 5.1 总结了距离向和方位向信号采样的主要不同。距离向起初接收的是连续时间信号，而方位信号从一开始就是离散时间信号。距离信号经过正交解调变成基带信号，然后被模数转换器采样。脉冲产生过程决定了距离信号是带限的，因此可以通过选择采样率使得混叠量可以被忽略。

表 5.1　距离信号和方位信号采样的差别

参数	距离向	方位向
中心频率	f_0	f_{η_c}
带宽	带限	非带限
采样率	可控制	受距离测绘带的限制

　　由于方位向波束方向图延伸至主瓣之外，因此与距离信号相比，方位信号不是带限信号。如 4.5.3 节所述，方位向采样率 PRF 的提高常常会受到诸如距离测绘带等因素的限制。这意味着方位信号分量将以模糊的形式相互混叠，这一问题将在随后的两节中讨论。

　　对信号处理器来说，方位混叠会带来一些有趣的性质和结论。5.3.2 节用在方位频谱推导中的频率是绝对的方位向频率，即没有混叠的频率。然而，雷达系统与信号处理器只能观测到 $(-F_a/2, +F_a/2]$ 范围内的频率，或 $(0, +F_a]$ 范围内的频率，这取决于对数字频域的解释。

　　图 5.3 示意了方位向频率的模糊混叠。为了强调混叠现象，这里没有显示天线方向图。图 5.3(a) 和图 5.3(b) 表示按两个不同采样率采样后的方位信号。为清晰起见，以连续线条代替分离的采样来示意信号。图 5.3(a) 使用了一个等于奈奎斯特采样率的较高采样率，此时没有混叠现象发生。在图 5.3(b) 中，当信号以四倍降采样率被采样时，就产生了混叠现象。这可以从图 5.3(b) 中信号波形重复了四次的现象中看出。混叠使第一幅子图中的单一波形变成了中间子图中的模糊波形。

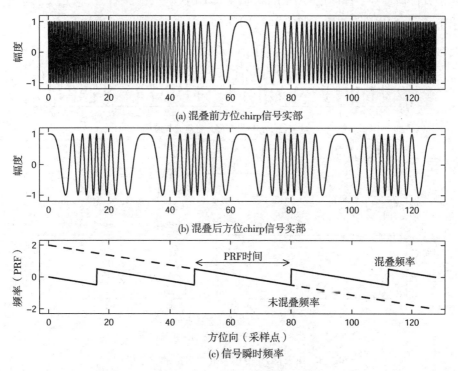

(a) 混叠前方位chirp信号实部

(b) 混叠后方位chirp信号实部

(c) 信号瞬时频率

图 5.3　离散脉冲对方位信号的采样造成的方位混叠

　　当对信号频率进行观测时，混叠现象也会变得很明显。在图 5.3(c) 中，虚线表示图 5.3(a) 中没有混叠的信号频率，实线表示图 5.3(b) 中降采样信号或混叠信号的频率。可以看到，在

$(-F_a/2, +F_a/2]$ 内，混叠信号的频率是正确的，此范围之外的频率则被折叠或混叠进 $(-F_a/2,$ $+F_a/2]$ 内。线性调频信号的混叠使信号在频域内同样也被"自我重复"了四次。

PRF 时间定义为覆盖一个 PRF 频带的方位 chirp 信号时间，在图 5.3 中，就是 32 个采样时间。PRF 时间的引入是为了强调由雷达系统 PRF 采样造成的混叠现象。这一时间用符号 $\Delta\eta_{\mathrm{PRF}}$ 表示，可通过式(5.42)得到

$$\Delta\eta_{\mathrm{PRF}} \approx F_a \left| \frac{\mathrm{d}\eta}{\mathrm{d}f_\eta} \right|_{\eta=\eta_c} = \frac{c\,R(\eta_c)}{2\,f_0\,V_r^2\,\cos^2\theta_{r,c}}\,F_a \tag{5.48}$$

利用式(4.38)的 K_a，PRF 时间可改写为

$$\Delta\eta_{\mathrm{PRF}} = \frac{F_a}{K_a} \tag{5.49}$$

如果表示成方位向采样数，那么 PRF 时间为 F_a^2/K_a。

由于天线方向图除主要波束以外还存在旁瓣延伸，实际情况下总有因 PRF 限制而导致的一定程度的混叠。由于匹配滤波器按相同的相位形式对信号的每一混叠部分进行处理，因此混叠会使压缩后的数据中出现"鬼影目标"。图 5.4 进一步揭示了混叠现象，并示意了方位向波束方向图和压缩后的数据。图中假设天线方向图为 sinc 平方函数，并指向零多普勒。

图中的数据被压缩至零多普勒，即目标能量出现在图 5.4(a)中相位波形的平稳处。目标的主要能量被压缩在图 5.4(c)中第 64 个采样点处，但是第 0 个、第 32 个、第 96 个及第 128 个采样点处也具有部分目标能量。这组弱目标是主目标的虚像，有时也称为鬼影目标。鬼影目标是方位向模糊，各自相距 PRF 时间(在本例中为 32 个采样点)。由于接收信号的主要能量集中在一个 PRF 时间内，如图 5.4(b)所示，模糊能量将会比较小。

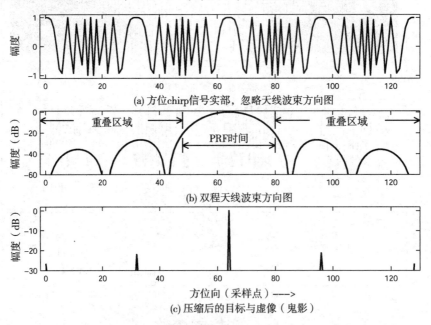

图 5.4　由方位 chirp 信号混叠造成的方位模糊

5.4.2　多普勒中心

实际上，如图 5.4 所示，点目标接收信号能量只集中在一个 PRF 时间内。信号幅度受到

方位向波束形状的调制，这种调制使峰值出现在某一频率点上，而 $-6\,\mathrm{dB}$（双程）基准则出现在距峰值频率点两侧略小于 $\mathrm{PRF}/2$ 时间处。

由于沿波束中心或瞄准线方向上的波束增益最大，峰值调制出现在波束中心穿越目标的时刻。此时的多普勒频率为数据方位中心频率，称为"多普勒中心"。假设方位向波束方向图关于中心轴对称，则峰值处的频率也就是平均频率，或称为频谱能量的"重心"。

图 5.5 对不同多普勒中心进行了示意。图中的数据长度为 64。在第一种情况下（第一行），波束斜视角为零，驻定相位点在照射时间的中心。此时多普勒中心频率为零，频谱最大值出现在零频处，如图 5.5(b) 所示。

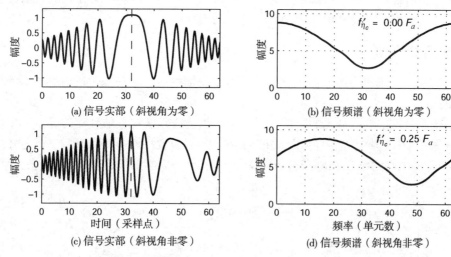

图 5.5　斜视角为零和非零时的多普勒中心。垂直虚线表示波束中心穿越目标的时刻

图 5.5 的第二行图像显示了具有非零多普勒中心的信号。由于天线波束前视，所以最短距离处的点出现在晚于目标波束中心穿越时刻的第 48 个采样点处。最短距离出现在照射时间的四分之三处，所以多普勒中心出现在 0.25 倍归一化频率周期/采样点数处（或 PRF/4 处）。从图 5.5(d) 中可以看到，峰值频率出现在第 16 个单元，即频率轴的 1/4 处。注意，当波束前视时，多普勒中心频率为正，这与式(4.34) 是吻合的。

有关多普勒中心的以下几点值得引起关注。

多普勒模糊　由于可能存在方位混叠，从方位频谱中观测到的多普勒中心并不唯一。当实际中心频率并不处于观测频谱的基带 $(-F_a/2,+F_a/2]$ 之内时，就会发生模糊。

PRF 的整数部分和小数部分　由于存在模糊，为方便起见，一般将未折叠的中心频率表示成 PRF 的整数部分和小数部分[①]。

处理要求　信号处理过程中的某些环节（如基本的方位压缩）只需要知道中心频率的小数部分，而其他一些环节（如距离徙动校正和二次距离压缩）则需要知道中心频率的两个部分。

频谱不连续性　如图 5.5 所示，在某一频率点处会出现方位频谱的最低值。由于对称性，该最低值出现在距最高能量频率点（或多普勒中心）±PRF/2 处。为了在连续频带上对主要方位能量进行处理，应以最低频谱点，即图 5.5(b) 中的第 32 个单元，图 5.5(d) 中的第 48

---

① 例如，假设未折叠中心频率为 4200 Hz，PRF 为 1000 Hz，则中心频率的小数部分为 200 Hz 或 0.2 PRF，而整数部分为 4 PRF。因此模糊数为 $M_{\mathrm{amb}}=\mathrm{round}(4200/1000)=4$。

个单元为中心将频谱分为两部分, 再将两部分左右交换, 以使信号处理器中所用频谱的频率轴是连续的。

估计 通过卫星轨道和姿态数据, 根据几何模型可计算得到多普勒中心。但是这种估计通常不够精确, 这意味着必须根据雷达接收数据估计中心频率, 而且需要采用不同的算法估计中心频率的整数部分和小数部分, 这一问题将在第 12 章中讨论。

多普勒模糊现象可以从图 5.3 的最后两幅图中看到。在这个例子中, 数据长度为 4 倍 PRF 时间, 未折叠的驻定相位点可以出现在五个位置(有五个位置是因为两个端点也包含在照射时间内)中的任何一处。当观测折叠后的频谱时, 无法辨识哪一个才是真正的驻定相位点。找到正确的模糊是多普勒解模糊所要完成的工作。

5.4.3 多普勒模糊

前一节通过一个简单例子介绍了多普勒模糊, 下面给出一个更规范的解释。图 5.6 对一般情况下的绝对多普勒中心频率进行了示意。由于信号的 PRF 采样, 频谱是混叠的。"基带"频谱是接收数据中唯一可见的频谱。通过观测频谱的峰值位置估计出的多普勒中心频率处于 $\pm 0.5 F_a$ 范围内, 其中 F_a 为 PRF。由于观测到的多普勒中心频率局限于一个 PRF 之内, 将其称为多普勒中心的小数 PRF 部分, 用符号 f'_{η_c} 表示, 以与绝对多普勒中心频率区别开。

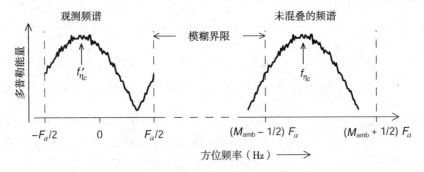

图 5.6 绝对多普勒频谱及观测到的折叠频谱

由于混叠, 当绝对多普勒中心频率或未折叠多普勒中心频率 f_η 改变整倍数 PRF 时, 图 5.6 中观测到的频谱是不变的。f'_{η_c} 与 f_{η_c} 的频率差是 PRF 的整数倍。该倍数用符号 M_{amb} 表示, 称为多普勒模糊。换成式(2.52)的形式, 未折叠多普勒中心可写为

$$f_{\eta_c} = f'_{\eta_c} + M_{amb} F_a \tag{5.50}$$

其中 M_{amb} 是一个小的整数, 定义为

$$M_{amb} = \text{round}\left(\frac{f_{\eta_c}}{F_a}\right) \tag{5.51}$$

注意, 模糊数给出了绝对多普勒中心在频率轴上的位置。如图 5.6 所示, 接收数据的频谱能量通常会跨越不止一个模糊数。

模糊数是平台/地球几何关系及波束姿态角的函数。在某些传感器中, 比如欧洲地球遥感卫星 ERS 和 ENVISAT, 波束随着纬度变化调整偏航指向, 以补偿地球自转的影响。偏航调整的作用是使大多数时间的模糊数等于零。在 ERS 中, 偏航调整用以对准其他传感器的波束, 它的另一个益处是使绝对多普勒中心接近于零, 这样就减小了信号频谱中距离向与方位向的耦合, 从而简化了 SAR 的处理。

在某些传感器中,如 RADARSAT-1(或"滚动/倾斜"模式下的 ERS),波束并不指向零多普勒,但被控制成指向与卫星航向相垂直的方向。在这种情况下,地球自转产生了一个 4° 的等效偏航角,并且多普勒模糊数沿着轨道按一定方式改变。模糊数在极高纬度处接近为零,在赤道达到最大。一般而言,RADARSAT-1 的模糊数在 ±9 之间变化。

在 SAR 处理中,某些操作中需要用到绝对的或未折叠的多普勒中心频率。第 12 章说明了如何解决这种模糊问题。总之,如图 5.6 中的右侧图所示,多普勒中心频率估计器的作用是将无模糊或绝对的频率值赋给每个频率单元。

5.4.4　距离向的多普勒中心变化

在距离频域的处理算法中,一个距离处理带宽内的多普勒中心变化不能太大。如果变化过大,而 PRF 又不够高,那么位于方位谱起始和结束位置处的能量会互相混合,方位模糊就会加重(见 5.5 节)。然而,中心频率随距离的变化量与处理算法无关,而仅是 SAR 数据采集几何的一个性质。本节将阐明多普勒中心随距离变化的起因,以及它如何受到天线偏航角和俯仰角的影响。

目标频谱的折叠

考察位于近距和远距的两个点目标的二维频谱。如图 5.7 所示,假设远距目标与近距目标的中心频率不同,每个子图表征当前斜视角下的典型频谱。由于该域中如式(4.33)所示的多普勒中心频率是波长 $(f_0+f_\tau)/c$ 的函数,所以方位向的频谱间隙是倾斜的。由于频谱间隙可以用来抑制结束照射能量卷绕进起始照射能量中,因此其对处理算法来说非常重要,因为如果出现卷绕,信号相位历程就会变得混乱,方位模糊也就随之产生了。

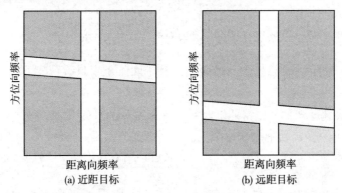

图 5.7　不同距离处具有不同多普勒中心频率的目标频谱能量分布

从图 5.7 中可以看到,两个目标的方位频谱间隙是不同的。当在同一个数据块中对两个目标进行处理时,根据叠加原理,总的二维频谱等于两个频谱之和。当这两个频谱相加时,由于两个中心频率相隔较远,方位频谱间隙将会消失。因此,当对大距离测绘带进行处理时,并不总能辨识出方位频谱的共有间隙。这个问题将在随后几章对各种算法的介绍中加以讨论。

天线偏航

为了解天线姿态角对距离向多普勒中心频率变化的影响,首先对单纯天线偏航[①]情况加以考察。在星载情况下,地球自转等效于一个单纯天线偏航角。图 5.8 示意了单纯偏航情

---

① 单纯偏航是指天线绕通过星下点的垂直轴进行的转动。

况，与图4.1类似，在此假设等效地球几何是平坦的。地面上的波束中心线近似为直线①。在单纯偏航情况下，波束中心线经过星下点，波束偏移 X_g 正比于地距 G。图5.8中的角 θ_yaw 可以视为表征天线偏航和地球自转效应合成的等效偏航角。

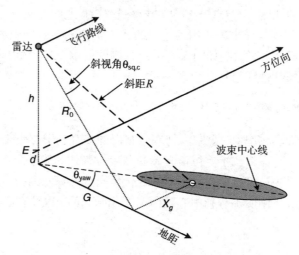

图 5.8　天线偏航对多普勒中心频率变化的影响

利用近似关系

$$\tan\theta_\text{yaw} = \frac{X_g}{G}, \quad \tan\theta_\text{sq} = \frac{X_g}{R_0} \quad \text{和} \quad G^2 = R_0^2 - (h+d)^2 \tag{5.52}$$

斜视角为

$$\theta_\text{sq} = \arctan\left\{(\tan\theta_\text{yaw})\frac{\sqrt{R_0^2-(h+d)^2}}{R_0}\right\} \tag{5.53}$$

d 表示"沉降"，即目标"低于"星下点的距离。对于图4.3，目标沉降为

$$d = R_e(1-\cos\beta_e) \tag{5.54}$$

目标沉降用以解决地球弯曲，使得能够利用图5.8所示的直线几何。

式(4.34)给出的多普勒中心频率如下：

$$f_{\eta_c} = \frac{2V_s\sin\theta_\text{sq,c}}{\lambda} \tag{5.55}$$

由图5.8的几何关系可知 $\theta_\text{sq,c}$ 随斜距的增加而增大，因而中心频率也随斜距的增加而缓慢递增。

天线俯仰

相反，如果斜视角是由天线俯仰造成的，则波束中心偏移时间（即图5.9中穿越 X_g 所需的时间）表示为

$$\eta_c = -\frac{X_g}{V_g} = -\frac{(h+d)\tan\theta_\text{pit}}{V_g} \tag{5.56}$$

其中 h 为平台高度，θ_pit 为俯仰角，V_g 为地面上的波束覆盖区速度。

---

① 波束中心线被假设成位于与天线面和天线方位轴都垂直的平面中。

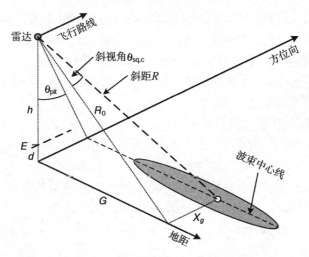

图 5.9　天线俯仰角对多普勒中心频率变化的影响

由于波束中心线几乎平行于零多普勒线，所以式(5.56)中的波束中心偏移时间近似为一个与距离无关的常数。将式(4.30)代入式(5.56)并利用式(4.10)，就得到了多普勒中心频率

$$f_{\eta c} = -\frac{2V_r^2}{\lambda R(\eta_c)}\left[-\frac{(h+d)\tan\theta_{pit}}{V_g}\right] = \frac{2V_s(h+d)\tan\theta_{pit}}{\lambda R(\eta_c)} \tag{5.57}$$

此时中心频率随距离的增加而缓慢减小。

姿态补偿

上述分析的目的是为了揭示天线偏航和俯仰对多普勒中心频率，特别是中心频率随距离变化的不同影响。图 5.10 以 RADARSAT-1 的 W3 波束为例对其进行了示意，在此选择的是轨道极北点，以使地球自转影响减至最小(当天线偏航和俯仰为零时，地球自转影响也为零)。由图 5.10 可知，0.5°的偏航角(逆时针俯视方向)会产生约为 1300 Hz 的多普勒中心频率。多普勒以微小的正斜率(见图中虚线)随距离几乎呈线性变化。相反，0.36°的俯仰角(卫星向上倾斜)会引起几乎相同的多普勒偏移，但其斜率却是负的(见图中实线)。

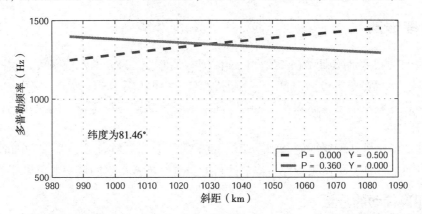

图 5.10　某一特定偏航和俯仰情况下的多普勒中心频率随距离的变化(以 RADARSAT-1 的 W3 波束为例)

在推导中使用弯曲地球模型下的几何近似，可以有效地达到上述目的。参考文献[5,12]给出了弯曲自转地球模型下多普勒频率的严格推导。图 5.10 中的数据除假设轨道为圆形以外没有使用任何近似。

　　由于偏航和俯仰的影响是不同的,因此可以通过控制卫星姿态以达到一定的目的(诸如使多普勒中心不随距离变化,或将其人为设定为一个值[13])。在 ERS 中,为使多普勒中心近似为零,姿态是"偏航控制"的,这样可以将散射仪的前后波束排成一行。在偏航控制下,由于距离徙动很小,使距离向和方位向在很大程度上得以解耦,故这种做法还可以简化 SAR 处理。RADARSAT-2 也将具备这一功能。

　　图 5.11 示意了偏航和俯仰控制对于中心频率的影响。在此仍用 RADARSAT-1 的 W3 波束为例,只是纬度设为 77°(升轨),以得到由地球自转引起的中等程度的多普勒中心分量。当卫星姿态为零时,多普勒中心频率约为−2000 Hz(见图中虚线)。改变偏航角可以有效地将多普勒中心频率移至零频附近,但是其随距离的变化率并不正好为零。

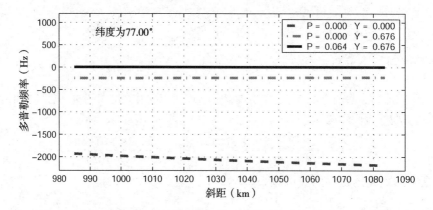

图 5.11　通过偏航控制将多普勒中心调整为零

　　然而,通过适当调整偏航和俯仰,可以将多普勒中心频率及多普勒斜率都置为零,从而使波束中心线与零多普勒线相重合。这种调整如图中点划线和实线所示,首先将偏航角调至 0.676°,然后再将俯仰角调为 0.064°,使多普勒中心频率及多普勒斜率都被拉至零。注意,横滚角对多普勒中心的影响很小,但是横滚角对于获得期望的距离照射带是很重要的。12.3.2 节将进一步讨论有关偏航和俯仰的控制。

5.5　距离徙动

　　根据式(4.9),瞬时斜距 $R(\eta)$ 随方位向时间 η 而改变,为 η 的双曲函数。该式表明目标轨迹(以距离为量纲)是方位向时间的函数。距离向采样间隔为 $c/(2F_r)$,其中 F_r 为距离向采样率。这意味着在信号存储器中,照射时间内的目标轨迹经过不同的距离单元,因此称为距离徙动(RCM)。

　　这种徙动使信号处理变得复杂,但却是 SAR 的一个固有特征。正是这种随时间的斜距变化使方位向信号具有了调频特性。本节的目的是进一步考察不同域中的距离徙动形式。

5.5.1　距离徙动的分量

　　双曲线斜距方程可以展开成幂级数形式,这样就出现了距离徙动的线性分量、二次分量和更高次分量,本节将考察这些分量。第一代卫星 SAR 处理器采用的是距离方程在距离多普勒域内的幂级数展开式。后来发现距离徙动在所有域中都能保持双曲线形式,处理精度因此得以提高,甚至在宽孔径系统中也是如此。但是,幂级数展开形式有时对于分析很有帮助。

与 $\eta=0$ 处的展开式(5.1)相比,在波束中心时刻 η_c 处展开方程将能保持更高的精度。将式(4.9)在 η_c 处展开并利用式(4.30), $R(\eta)$ 可写成

$$R(\eta) = R(\eta_c) + \frac{V_r^2 \eta_c}{R(\eta_c)}(\eta - \eta_c) + \frac{1}{2}\frac{V_r^2 \cos^2 \theta_{r,c}}{R(\eta_c)}(\eta - \eta_c)^2 + \cdots$$
$$= R(\eta_c) - V_r \sin \theta_{r,c}(\eta - \eta_c) + \frac{1}{2}\frac{V_r^2 \cos^2 \theta_{r,c}}{R(\eta_c)}(\eta - \eta_c)^2 + \cdots \tag{5.58}$$

通常,在中等照射时间下,式中的高次项可忽略。应注意的是,虽然高次项与距离单元尺寸相比非常小,因而在距离徙动关系式中可忽略,但是在方位向相位关系式中通常不能将其忽略(如依赖于距离的方位向调频率 K_a)。

图 5.12 示意了表 4.1[①] 给出的星载 SAR C 波段参数条件下的距离徙动线性分量和二次分量。此处斜视角设为 0.3°,以使相对于线性分量来说,能在图中观测到二次分量。线性分量等于距离徙动轨迹在波束中心时刻 η_c 处的正切值,在式(5.58)中表示成 $(\eta - \eta_c)$ 项。二次分量约等于目标轨迹减去线性分量后的差值,即式(5.58)中的 $(\eta - \eta_c)^2$ 项。

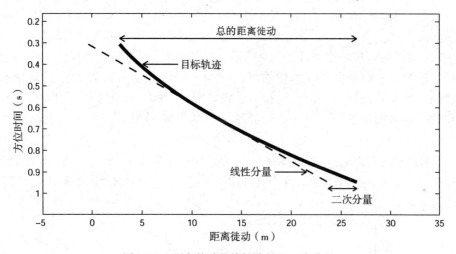

图 5.12　距离徙动的线性分量和二次分量

为了对校正有一个定量的理解,需要给出目标照射时间 T_a 内的总的距离徙动。在小斜视角的情况下, $\cos \theta_{r,c} \approx 1$,零多普勒点处于照射时间之内(即 $|\eta_c| < T_a/2$),故总的距离徙动为

$$\Delta R_{\text{tot}} = R(|\eta_c| + T_a/2) - R(0)$$
$$= \frac{V_r^2}{2R_0}\left[(|\eta_c| + T_a/2)^2\right] \tag{5.59}$$

在这种情况下,总的距离徙动主要由二次分量构成。在大斜视角的情况下,总的距离徙动为

$$\Delta R_{\text{tot}} = R(|\eta_c| + T_a/2) - R(|\eta_c| - T_a/2)$$
$$= \frac{V_r^2}{R_0} T_a |\eta_c| \tag{5.60}$$

此时距离徙动主要由线性分量构成。

---

① 为了便于画图,图 5.12 至图 5.14 中的目标是经过距离压缩的,对距离压缩前的数据的解释也是相同的。这里只示意了每个目标在波束宽度(照射时间)内的能量。

在图 5.12 所示的例子中，线性分量(24 m)比二次分量(3 m)大。在处理雷达数据时，有时可以将较小的二次分量忽略掉。为了考察这样做是否合理，将最大二次分量表示为(单位为 m)

$$\Delta R_{\text{quad}} = \frac{1}{2}\frac{V_r^2 \cos^2\theta_{r,c}}{R(\eta_c)}\left(\frac{T_a}{2}\right)^2 \tag{5.61}$$

将式(4.37)中的 T_a 代入上式并化简，距离徙动的二次分量可写成

$$\Delta R_{\text{quad}} = \frac{0.886\,\lambda^2 R(\eta_c)}{8L_a^2}\frac{V_r^2}{V_g^2} \approx \frac{\lambda^2 R(\eta_c)}{8L_a^2} \tag{5.62}$$

其中 L_a 为方位向天线长度。与线性分量不同，对于某一给定的斜距 $R(\eta_c)$，二次分量不仅与斜视角无关，也与平台速度无关。

在波长较短(如 X 波段)的情况下，或许可以忽略二次分量而只考虑线性分量，此时数据处理就会比较简单。但是，在舍弃二次项之前，必须仔细进行分析。例如，以表 4.1 中给出的 X 波段机载系统为例，其参数为 $\lambda = 0.032$ m，$R(\eta_c) = 30\,000$ m，$L_a = 1$ m。根据式(5.62)，ΔR_{quad} 为 3 m。该距离徙动二次分量值能否被忽略取决于雷达的距离向分辨率。

再以一个 C 波段星载系统为例，其参数为 $\lambda = 0.056$ m，$R(\eta_c) = 850$ km，$L_a = 10$ m，则全部照射时间内的 R_{quad} 为 3 m。该距离徙动二次分量值小于 8 m 的典型斜距分辨率，因而无须校正。然而，这只是一种简单处理，一个精确的处理器通常对此进行校正。

式(5.47)给出了距离多普勒域中的斜距方程，其中 $R_{\text{rd}}(f_\eta)$ 近似为 f_η 的双曲函数。如图 5.13 所示，距离双曲线在方位时域和方位频域中的不同之处在于，方位时域中双曲线的弯曲程度随距离增加而变小，而在方位频域中则随距离增加而变大。以上结论可以通过式(5.1)和式(5.10)中 $R(f_\eta)$ 和 $R_{\text{rd}}(f_\eta)$ 各自的幂级数展开式看出。在时域中，距离变量 R_0 在分母上，因此双曲线随 R_0 增加逐渐张开。在距离多普勒域中，由于变量 R_0 在分子上，情况则刚好相反。此外还应注意到，方位时域中的照射时间随距离的增加而变长，而方位频域中的方位带宽却是一个常数。

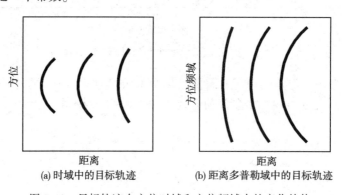

(a) 时域中的目标轨迹　　　　　　　(b) 距离多普勒域中的目标轨迹

图 5.13　目标轨迹在方位时域和方位频域中的变化趋势

5.5.2　同一距离处的多个目标

本节讨论多个目标的距离徙动特性，并对其在时域和距离多普勒域中的能量轨迹进行比较。在距离多普勒域中，这些目标的距离徙动表现方式显得特别简单，因此可以在该域中进行高效的处理。这就是第 6 章所要介绍的 RDA 的主要优势。

图 5.14(a)示意了最短距离 R_0 相同而方位时刻不同的几个目标。由于 R_0 相同，这些目

标的多普勒历程都一样,只是各自的方位经历时间不同。如图 5.14(b)所示,多普勒历程的这一性质可以很方便地从"频率/时间"曲线中看出来。

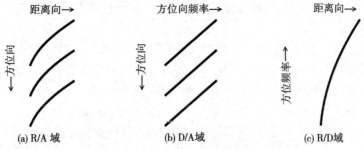

图 5.14　在距离多普勒域中,多个目标轨迹重合为一个轨迹的示意图

为了将数据变换到距离多普勒域,应进行方位向傅里叶变换。利用傅里叶变换的时移性质,所有目标的能量轨迹将恰好位于同一频率采样集,如图 5.14(c)所示,唯一不同的是每个目标含有不同的线性相位分量 $\exp\{-j2\pi f_\eta \eta_k\}$,其中 η_k 为第 k 个点目标的时移。

每个点目标的方位时延意味着其方位谱表达式(5.24)和式(5.39)中会含有一个附加的线性相位。于是,根据叠加原理,总的信号频谱等于各个频谱的简单相加,每个频谱在距离多普勒域或二维频域中都具有相同的支持域(主要能量区域)。

概括地讲,在方位频域(如距离多普勒域)中,最短距离相同的所有目标的轨迹都相同。一些 SAR 处理算法正是利用这一重要性质来提高计算效率的。

5.5.3　目标轨迹卷绕

由于 PRF 采样造成的数据混叠,距离多普勒域中的目标轨迹会沿着方位向频率轴卷绕,如图 5.15 所示。

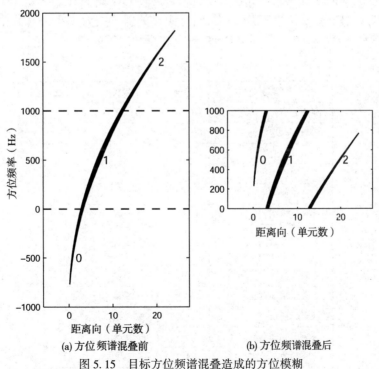

(a) 方位频谱混叠前　　　　　　　　　(b) 方位频谱混叠后

图 5.15　目标方位频谱混叠造成的方位模糊

图 5.15(a)为在无 PRF 采样时,距离压缩后距离多普勒域中的目标轨迹。由式(5.47)可知,目标轨迹是方位向频率的连续函数。图中多普勒中心频率为 500 Hz,曲线宽度表明了信号强度随目标远离波束中心的衰落规律。在本例中,多普勒带宽设为 2500 Hz,为便于图示,该值选得比一般情况下的大。

图 5.15(b)示意了 PRF 为 1000 Hz 时方位向采样的结果。距多普勒中心 ±PRF/2 内的能量段为多普勒能量的主要部分,标记为段 1。该段覆盖的频率范围为 0~1000 Hz,在本例中将其取为基频,因而初始轨迹的段 0 和段 2 折叠进了这一基频内。

图 5.15(b)中值得注意的一点是,目标能量模糊区(段 0 和段 2)关于 f_η 观测值的距离徙动函数与主区是不同的。由于距离徙动校正过程不能区分不同的段(或模糊),所以距离徙动校正曲线必须选为能够对主区而不是其他两个模糊区(回顾 5.4.1 节)进行校正或聚焦。

如图 5.4 所示,接收数据中与模糊相应的段 0 和段 2 会以鬼影的方式出现在生成的图像中。鬼影在距离向和方位向上可能是散焦的,在距离向上会有些许的错位,而在方位向上的错位则为一个"PRF 时间"(回顾 5.4.1 节)。随着 PRF 的增大,模糊功率逐渐减小,在实际情况下的模糊功率应控制在 −20 dB 以下。

5.6 点目标示例

本节以点目标为例示意了前半部分通过数学分析得到的两个域中的目标频谱。在此考虑小斜视角和大斜视角这两种情况。

5.6.1 仿真参数

在此通过几组机载 C 波段的仿真参数来说明不同域中的 SAR 信号性质。仿真参数列于表 5.2 中,所选距离向采样率的过采样系数为 1.2,而 PRF 的方位过采样率为 1.3。在此仿真两组参数,第一组的斜视角为零,另一组则有明显的斜视。为减小仿真数据规模,所选的参数(尤其是距离向调频率和距离向采样率)都比正常情况下的低。

表 5.2 机载雷达仿真参数

参数	符号	数值	单位
景中心斜距	$R(\eta_c)$	20	km
等效雷达速度	V_r	150	m/s
发射脉冲时宽	T_r	25	μs
距离向调频率	K_r	0.25e+12	Hz/s
雷达工作频率	f_0	5.3	GHz
多普勒带宽	Δf_{dop}	80	Hz
距离向采样率	F_r	7.5	MHz
方位向采样率	F_a	104	Hz
距离线数	N_{az}	256	
距离线采样点数	N_{rg}	256	
波束斜视角	$\theta_{sq,c}$	0 和 22.8	(°)
波束中心偏移时间	η_c	0 和 −51.7	s
多普勒中心频率	f_{η_c}	0 和 2055	Hz

零斜视角情况

图 5.16 为单点目标的接收信号特性。该数据在距离向已被解调至基带，零多普勒时间位于方位照射时间的中间，所以数据在方位向也被置于基带。由于距离徙动过小以至于难以察觉，图 5.16(a) 所示的能量区域为矩形。距离向包络取决于脉冲特性，在此假设包络是均匀的。在方位向，信号宽度由方位向波束方向图给出，信号能量随着远离波束中心而逐渐衰减。

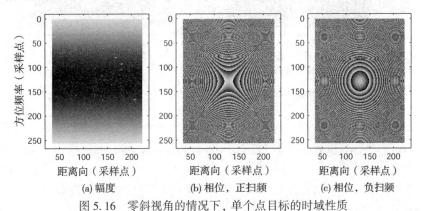

(a) 幅度　　　　　　(b) 相位，正扫频　　　　　　(c) 相位，负扫频

图 5.16　零斜视角的情况下，单个点目标的时域性质

接着考察信号相位，相位等值线可写为

$$-\pi K_a \eta^2 + \pi K_r \tau^2 = \alpha_{\text{const}} \tag{5.63}$$

如前所述，K_a 总为正而 K_r 则有正有负，根据 K_r 的符号，相位等值线或为双曲线，或为椭圆。

假设信号为正扫频的 (K_r 为正)，相位等值线为图 5.16(b) 所示的双曲线。如式(5.2)所示，式(5.63) 中第一个方位向相位是在零斜视角情况下的一种很好的近似。类似地，如果信号为负扫频的 (K_r 为负)，则相位等值线为图 5.16(c) 所示的椭圆。

图 5.16(b) 和图 5.16(c) 中多出来的"鞍点"和"靶点"表明相位等值线存在虚像，这是因为缠绕状态的相位只代表复数信号的部分信息，故仅给出相位图就等价于将复数信号表示成实数信号，因而出现了虚像。同时，打印输出过程也会导致类似的情况。

距离多普勒域的频谱可以通过直接对原始数据进行方位向傅里叶变换得到。正扫频信号的结果如图 5.17(a) 和图 5.17(b) 所示。方位向过采样体现在每个距离门的"间隙"上。前文说过，必须假设在数据处理中存在频率不连续性，间隙就是处理中方位不连续频率所处的位置。在零斜视角情况下，间隙及其引起的不连续频率位于傅里叶变换后数据列的中间位置，这与图 5.5(a) 是相符的。如式(5.2) 和式(5.8) 所示，经过傅里叶变换后，方位向频率的二次相位改变了符号，故图 5.17(b) 中的相位等值线变成了椭圆(不再是时域中的双曲线)。

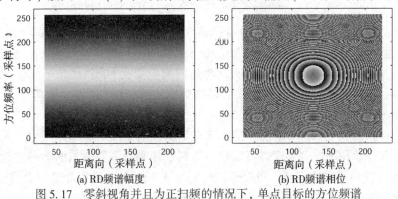

(a) RD 频谱幅度　　　　　　　　(b) RD 频谱相位

图 5.17　零斜视角并且为正扫频的情况下，单点目标的方位频谱

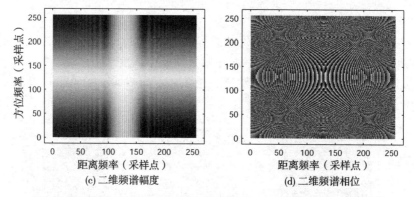

图 5.17(续)　零斜视角并且为正扫频的情况下,单点目标的方位频谱

最后,通过对距离多普勒信号进行距离向傅里叶变换或对原始数据进行二维傅里叶变换,就得到了信号的二维频谱。图 5.17(c)和图 5.17(d)给出了正扫频信号的二维频谱,距离和方位过采样可以从图 5.17(c)中看出。比较式(5.8)和式(5.11)可以看出,由于距离傅里叶变换同样会引起符号的变换,故图 5.17(d)中的相位等值线又变为双曲线。

非零斜视角情况

图 5.18 示意了斜视角不容忽视时的单点目标时域信号特性。驻定相位点或零多普勒点(在本例中存在混叠)出现在方位照射时间的四分之一处。与前例相比,此处的距离徙动就比较明显。如图 5.18(b)所示,正扫频信号的相位等值线是双曲线,而图 5.18(c)所示的负扫频信号的相位等值线则是椭圆。在斜视情况下,式(5.63)只是一种近似,但用于图示说明的目的则是足够的。

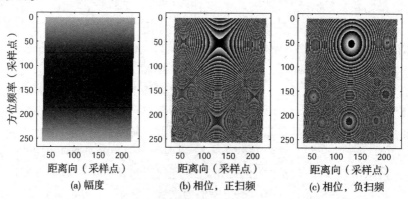

图 5.18　非零斜视角的情况下,单点目标的时域特性

图 5.19(a)和图 5.19(b)给出了正扫频信号的距离多普勒频谱。它与零斜视角下的频谱有如下不同:由于多普勒中心的改变,方位向频率的间隙位置产生了移动;根据式(4.36),多普勒带宽按斜视角的余弦值被缩小,所以此处的间隙变大(低斜视角下仍然采用与前例相同的 PRF);由于式(4.34)所示多普勒中心频率是波长的函数,所以间隙具有微小的倾斜(在本仿真中很小)。

图 5.19(c)和图 5.19(d)所示的二维频谱与零斜视角情况下的结果类似。与能量的几何移位相比,距离徙动在相位上表现得更明显。零斜视角和非零斜视角的不同之处仍然在于方位向频率间隙位置和斜率的不同。间隙倾斜的原因还在于多普勒中心频率是波长(波长随距离向频率变化)的函数。多点目标的频谱将在第 6 章中揭示。

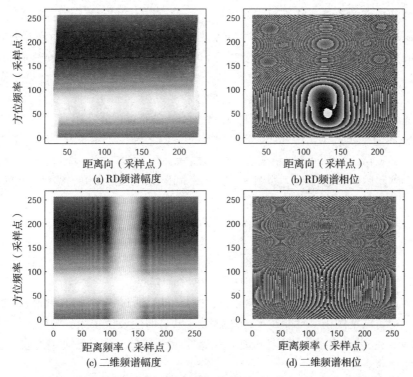

图 5.19　非零斜视角并且为正扫频的情况下，单点目标的方位频谱

5.7　SAR 处理算法初窥

SAR 处理的目的是求解式(4.43)给出的卷积方程，在此舍弃噪声，将其重写为

$$S_{bb}(\tau, \eta) = g(\tau, \eta) * h_{imp}(\tau, \eta) \tag{5.64}$$

其中 $S_{bb}(\tau, \eta)$ 为记录的基带信号，$h_{imp}(\tau, \eta)$ 为式(4.42)给出的特定坐标系 (τ, η) 下的单位幅度点目标冲激响应，$g(\tau, \eta)$ 就是需要确定的地面反射率。一般而言，求解的精度和效率对于任何 SAR 处理器来说都是极其重要的性质。

在介绍 SAR 主流处理算法之前，先简要了解一些曾经出现过的简单算法，对理解 SAR 数据处理的复杂性，以及如何进一步得到更好的算法，将会很有帮助。

本节首先给出一个与单点目标冲激响应精确匹配的二维滤波器，这种滤波器能够精确聚焦数据，但是计算量大得惊人。接着，讨论另一种完全不顾及精度的简单算法。这种算法只需要一个运动平均滤波器或一个矩形串滤波器(一个权重或系数都相同的滤波器)。它的计算量极小，但是能够达到的分辨率很差。最后，本节对其他域中的处理进行概述，以引导读者进入后续几章所介绍的主流处理算法。

5.7.1　时域匹配滤波

SAR 数据的一种直接处理方法是在时域中进行二维匹配滤波。该滤波器是式(4.42)给出的 SAR 系统冲激响应函数 $h_{imp}(\tau, \eta)$ 的时域共轭反转。这种方法的优势在于可以随每个像素的输出而改变滤波器，这样图像中的每个目标都得到尽可能精确的压缩，以及准确的距离向/方位向耦合补偿。然而，该方法不能利用快速卷积，所以效率非常低。原因在于 $h_{imp}(\tau, \eta)$ 是一个随距离并且可能也随方位变化的函数，所以对每个输出都需要产生一个新的滤波器。

　　这里有两种可能的改进方法可以提高效率。一种改进方法是采用恒定距离区，即在一定距离单元内使用同一个滤波器。第二种改进方法是利用快速卷积首先进行距离压缩，但是由于距离徙动的存在，方位向匹配滤波器仍然是一个二维函数，尽管它在距离向的长度已经大为缩小了。这意味着二维匹配滤波器不能直接分解成两个一维匹配滤波器，以提高效率。

　　举个例子，设脉冲持续时间为 $40\,\mu s$，距离向采样率为 $24\,MHz$，照射时间为 $0.64\,s$，PRF 为 $1700\,Hz$（如表 4.1 所示），那么距离向匹配滤波器包含了 960 个采样值，方位向匹配滤波器的长度为 1088 个采样点。使用二维匹配滤波器的复杂之处在于距离徙动（通常是其线性分量）。点目标轨迹徙动穿过不同的距离门，即其能量并不局限于单一距离门内，因而方位向匹配滤波器必须跟踪该轨迹曲线，如图 5.12 所示。由式（5.58）可知，线性距离徙动的斜率为 $|V_r \sin\theta_{r,c}|$，其在照射时间内的范围为

$$\Delta R_{\mathrm{lin}} = |V_r \sin\theta_{r,c}| T_a \tag{5.65}$$

若 $V_r = 7100\,m/s$，$\theta_{r,c} = 4°$，$T_a = 0.64\,s$，则 $\Delta R_{\mathrm{lin}} = 317\,m$。当距离向采样率为 $24\,MHz$ 时，距离向采样间隔为 $6.25\,m$，因此上述线性距离徙动量相当于 51 个距离向采样点。这意味着即使在距离压缩之后，方位向匹配滤波器仍为 51×1088 个采样点。

　　当将恒定距离区用于方位匹配滤波器的设计时，可以通过将信号与匹配滤波器之间的相位差限制在一定值域范围内来计算恒定距离区域尺寸，即使该值很大，仍然需要解决二维匹配滤波的问题。在实际情况下，时域处理器的计算效率完全不能满足应用需要，因而商业化处理器并不使用这类方法。

　　另一种称为矩形算法的方法则完全忽略距离徙动，而依次使用距离向匹配滤波器和方位向匹配滤波器（滤波顺序可调整）。由于目标轨迹并不与方位轴平行，而且方位匹配滤波器的处理带宽被压缩，因而这种算法无论在方位向还是在距离向都不能得到完全的分辨率。

　　对上述讨论的一个直接疑问是，能否将数据进行倾斜排列，以使目标轨迹沿垂直轴排成一行。遗憾的是，距离徙动并不是线性的，它还有二次甚至更高次分量，这些分量也可能比较大。既然无法在不过度增加计算量的前提下完全同时消除所有目标的距离徙动，所能采取的最好方法就是在时域中去除其线性分量。

　　这种方法的缺点如下：

- 每个点目标都会存在一个不容忽视的残余距离徙动二次分量；
- 由于扭曲，当方位向的一列数据被取出时，每个采样点的距离都不相同，由于方位向匹配滤波器的系数与距离相关，因而该滤波器最终变得失配了，在扭曲空间中，匹配滤波器应是与距离和方位都相关的；
- 线性距离徙动分量同样依赖于距离，使算法实现变得复杂。

　　对线性距离徙动分量的校正方法可能并不适合高分辨率数据处理，但在只需要获得低等和中等分辨率图像的场合，这种方法将被再次提及（见第 9 章）。

　　前面的分析表明，匹配滤波器不能直接分解为一个距离向滤波器和一个方位向滤波器。在第 6 章对距离多普勒算法的介绍中将会看到，这种分解是如何通过一个距离徙动校正的中间步骤得以实现的。

5.7.2　机载实时处理图像

　　图 5.20 示例了一块利用简单时域算法生成的图像。加拿大遥感中心 Convair-580 飞机上的操作员需要一个机上实时处理器，用来检验飞行中获得的数据。由于包括辐射校正在内的

精处理都将在地面上进行，所以此时图像的质量并不是很重要。

图 5.20　Convair-580 实时处理的哥伦比亚三角洲市 Serpentine 河地区的图像(由 CCRS 的 Bob Hawkins 提供)

该实时处理器于 1986 年由 MacDonald Dettwiler 搭建，能够处理 4096 个距离单元。4096 个单元可以被一次处理，也可以通过对各含有 2048 个单元的两个通道的处理予以实现(如同本例)。此处采样率为 37.5 MHz，相当于 4 m 的采样间隔。SAR 处理执行的是不包含距离徙动校正的二维卷积。天线指向零多普勒，所以距离徙动的线性分量非常小。15 km 距离处的距离徙动二次分量近似为 6 m，见式(5.62)。由于没有距离徙动校正，图像质量出现些许恶化。为了能进行地距显示(如本例所示)，处理器提供了邻近点插值选项。在本例中，方位向进行了七视处理。

该 C 波段雷达是全极化的，两个实时处理器工作在所有四个通道上。此处显示的图像是一幅四通道彩色合成图像，只是印刷成黑白图像，通道合成引入了附加的多视效果。

这幅图像覆盖的是处于加拿大和美国边界以北地区的 Boundary Bay 东端，数据于 2004 年 9 月 30 日获得，图像场景中心位于 49°N，122.8°W，测绘带宽度约为 10 km，图像的顶部近似指向东。雷达照射方向来自场景左侧。从图像中可以发现两条出现于农田中的小河，以及左右两侧的邻河郊区。

5.7.3　非聚焦 SAR

本节描述了使用平均滤波器将 SAR 数据部分聚焦到低分辨率的一种简单算法。虽然该方法也具有一定的聚焦能力，但仍将其称为"非聚焦 SAR"[5,14~16]。其原理极为简单，仅仅使用了一个矩形波串滤波器。这种处理方法常用于距离压缩后的数据，因而矩形波串滤波器只在方位向上使用。

为了揭示其原理，可以考察图 5.21 的方位线性调频信号，这里显示的是下变频到基带的信号。矩形波串滤波器对信号进行积分，在信号的驻定相位(零多普勒)点处得到积分的峰值。图 5.22 示意了该滤波器输出的分辨率和旁瓣比，分辨率随滤波器长度的增加而提高，直到信号的大多数振形都得到积分为止。

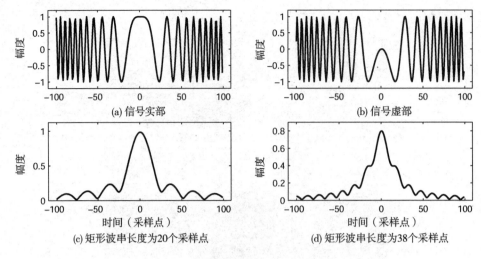

图 5.21　矩形波串滤波应用于线性调频信号

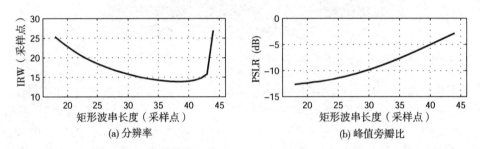

图 5.22　非聚焦 SAR 处理中的分辨率和旁瓣比

该方法能够达到的方位向分辨率为[14]

$$\rho_a \approx \frac{\sqrt{\lambda R}}{2} \qquad (5.66)$$

其中 R 为至目标的斜距。因此，该分辨率随距离增加而恶化，并且比完全的 SAR 处理算法差得多。但该方法的计算量相对较小，每个输出点只需要 4 次求和。

5.7.4　更好的处理算法

前面讨论了一种二维时域的匹配滤波方法，该方法能得到较高的分辨率，但是缺乏效率。另一方面，非聚焦 SAR 和矩形算法效率较高，但是分辨率很差，因此必须寻求其他既精确又高效的算法。在这些算法中，数据是在二维时域以外的其他域中处理的。

一个合适的域是距离多普勒域(距离向时间-方位向频率)。在该域中，同一最短斜距上所有目标的轨迹重合(见图 5.14)，因此对一条徙动轨迹的校正等于对一组徙动轨迹的校正。此外，由于数据是在距离时域中处理的，所以校正能够解决距离徙动沿距离向的变化。

该域中的算法称为距离多普勒算法(RDA)。其主要优点是，只要孔径不过宽或者斜视角不过大，它就能既精确又高效地产生高分辨率图像。因为这种算法能够根据距离的变化调整参数(如多普勒中心、方位向调频率及距离徙动)，故其是精确的。同时，由于允许在两个方向上分别处理，故其又是高效的。RDA 可能是在遥感卫星 SAR 数据高精度处理中应用最普遍的算法。当存在中等程度的斜视角时，RDA 需要一个在 5.3 节中介绍过的 SRC 步骤。第 6 章给出了这一算法的详细描述。

还有些算法在处理数据时用到了不止一个域，如 Chirp Scaling 算法（CSA）。RDA 在距离徙动校正中需要用到插值，而 CSA 则避免使用插值，并且分别在距离多普勒域和二维频域中进行数据处理。在二维频域中，算法执行的是一个假设与距离无关的"一致"操作，与距离相关的残余量则在距离多普勒域中校正。第 7 章将对 CSA 进行详细介绍。

另一个能够进行既精确又高效的处理的域是二维频域。ωK 算法（ωKA）就是在该域中处理数据的。该算法的优点在于其对大斜视角和宽孔径的处理能力，其不足之处在于，不同距离上的目标在二维频域中混杂在一起，因此即使某些参数实际上是随距离变化的，在算法中也将其视为不变。第 8 章将对 ωKA 进行详细描述。

RDA，CSA 和 ωKA 都是为高分辨率处理设计的，对于中低分辨率处理来说，一种称为"SPECAN"的算法将更有效。它包含一个时域的线性距离徙动校正，一个"方位向解斜"，以及对解斜后的较短信号子段进行的分段快速傅里叶变换。方位向解斜操作是指用一个具有相反扫频方向的信号与数据进行简单的相位相乘。由于只需要进行一组较短的快速傅里叶变换，所以该算法能得到较高的效率。解斜等效于将数据变换到频域，因此对每一段只需要进行一次快速傅里叶变换，而无须将快速傅里叶变换及其逆变换结合使用。第 9 章给出了 SPECAN 算法的详细描述。

5.8 小结

本章推导了点目标接收信号在距离多普勒域和二维频域中的频谱。在这些域中，距离和方位向频率坐标之间存在耦合，该耦合达到一定程度就能使二维频域中的信号的距离向调频率发生改变。表 5.3 至表 5.5 将不同域中的重要关系式进行了汇总。

表 5.3　时域信号特性汇总

参数	忽略斜视的影响	不忽略斜视的影响
斜距	$R(\eta)=R_0+\dfrac{V_r^2\eta^2}{2R_0}$	$R(\eta)=\sqrt{R_0^2+V_r^2\eta^2}$
线性距离徙动	$-V_r\sin\theta_{r,c}(\eta-\eta_c)$	$-V_r\sin\theta_{r,c}(\eta-\eta_c)$
二次距离徙动	$\dfrac{V_r^2}{2R_0}(\eta-\eta_c)^2$	$\dfrac{V_r^2\cos^2\theta_{r,c}}{2R(\eta_c)}(\eta-\eta_c)^2$
距离向调频率	K_r	$K_m=\dfrac{K_r}{1-K_rZ}$
方位向调频率	$K_a\approx\dfrac{2V_r^2}{\lambda R_0}$	$K_a=\dfrac{2V_r^2\cos^2\theta_{r,c}}{\lambda R(\eta_c)}$
方位向相位	$-\dfrac{4\pi R_0}{\lambda}-\dfrac{2\pi V_r^2}{\lambda R_0}\eta^2$	$-\dfrac{4\pi R(\eta)}{\lambda}$

表 5.4　距离多普勒域信号特性汇总

参数	忽略斜视的影响	不忽略斜视的影响
徙动因子	$D \approx 1 - \dfrac{c^2 f_\eta^2}{8 V_r^2 f_0^2}$	$D = \sqrt{1 - \dfrac{c^2 f_\eta^2}{4 V_r^2 f_0^2}}$
斜距	$R_{rd} \approx \dfrac{\lambda^2 R_0 f_\eta^2}{8 V_r^2}$	$R_{rd} = \dfrac{R_0}{D(f_\eta, V_r)}$
距离向调频率	K_r	$K_m = \dfrac{K_r}{1 - K_r Z}$
方位向调频率	$K_a \approx \dfrac{2 V_r^2}{\lambda R_0}$	$K_a = \dfrac{2 V_r^2 \cos^2 \theta_{r,c}}{\lambda R(\eta_c)}$
方位向相位	$-\dfrac{4\pi R_0}{\lambda} + \dfrac{\pi \lambda R_0}{2 V_r^2} f_\eta^2$	$-\dfrac{4\pi R_0}{\lambda} D(f_\eta, V_r)$
方位向时频关系	$f_\eta = -K_a \eta$ $\eta = -\dfrac{f_\eta}{K_a}$	$f_\eta = -\dfrac{2 V_r^2 \eta f_0}{c \sqrt{R_0^2 + V_r^2 \eta^2}}$ $\eta = \dfrac{-c R_0 f_\eta}{2 f_0 V_r^2 D(f_\eta, V_r)}$

距离徙动是 SAR 信号的一个重要特性,它可以表示成线性分量和二次分量的幂级数形式。幂级数展开主要用于分析目的,在处理中需要使用更精确的双曲线形式。距离多普勒域和二维频域能提高效率的关键在于,在诸如多普勒中心和雷达速度等参数不随方位向时间改变的假设下,最短斜距相同的所有目标都具有相同的轨迹。

多普勒中心频率是 SAR 信号的一个重要参数,它包含两部分:(1)小数 PRF 部分,表征了卷绕到基带内的频谱峰值位置;(2)来自数据 PRF 采样的多普勒模糊。遗憾的是,只有一个 PRF 周期内的多普勒频谱能被观测到,因而必须求解多普勒模糊。

表 5.5　二维频域信号特性汇总

参数	忽略斜视的影响	不忽略斜视的影响
徙动因子	$D_{2df} \approx 1 - \dfrac{c^2 f_\eta^2}{8 V_r^2 (f_0 + f_\tau)^2}$	$D_{2df} = \sqrt{1 - \dfrac{c^2 f_\eta^2}{4 V_r^2 (f_0 + f_\tau)^2}}$
距离向调频率	K_r	$K_m = \dfrac{K_r}{1 - K_r Z}$
方位向调频率	$K_a' \approx \dfrac{2 V_r^2 (f_0 + f_\tau)}{c R_0}$	$K_a' = \dfrac{2 V_r^2 (f_0 + f_\tau) \cos^2 \theta_{r,c}}{c R(\eta_c)}$
正扫频信号的方位向相位	$\pi \dfrac{c R_0}{2 V_r^2 (f_0 + f_\tau)} f_\eta^2 - \pi \dfrac{f_\tau^2}{K_r}$	$-4\pi \dfrac{R_0 (f_0 + f_\tau)}{c} D_{2df} - \pi \dfrac{f_\tau^2}{K_r}$
方位向时频关系	$f_\eta = -K_a' \eta$ $\eta = -\dfrac{f_\eta}{K_a'}$	$f_\eta = -\dfrac{2 V_r^2 \eta (f_0 + f_\tau)}{c \sqrt{R_0^2 + V_r^2 \eta^2}}$ $\eta = \dfrac{-c R_0 f_\eta}{2 (f_0 + f_\tau) V_r^2 D_{2df}}$

在本书后续章节对各种不同处理算法进行介绍时会再次遇到以上性质。在聚焦 SAR 数据时将揭示频率随时间的变化特性。

在选择 SAR 处理器时,精确性和高效性是需要考虑的两个主要因素。本章介绍了两种简单的算法,它们或者具有精确性,或者具有高效性,但都不能两者兼顾。典型的精确高效算法是 RDA，ωKA 和 CSA，每种算法都是在某种条件下的高分辨率处理。由于这些算法中不可避免地进行了近似，所以每种算法都有其优势和不足。它们在不同域中进行数据处理，并且利用这些域中的信号特殊性质来得到高效率。

如果高效性是首要的需求，并且可通过某些手段降低方位向分辨率的要求，则 SPECAN 算法是比较合适的。其细节将在第 9 章中讨论。

参考文献

［1］ J. R. Bennett and I. G. Cumming. Digital Techniques for the Multilook Processing of SAR Data with Application to SEASAT-A. In *Fifth Canadian Symp. on Remote Sensing*, Victoria, BC, August 1978.

［2］ I. G. Cumming and J. R. Bennett. Digital Processing of SEASAT SAR Data. In *IEEE 1979 International Conference on Acoustics, Speech and Signal Processing*, Washington, D. C., April 2-4, 1979.

［3］ C. Wu, K. Y. Liu, and M. J. Jin. A Modeling and Correlation Algorithm for Spaceborne SAR Signals. *IEEE Trans. on Aerospace and Electronic Systems*, AES-18(5), pp. 563-574, September 1982.

［4］ M. J. Jin and C. Wu. A SAR Correlation Algorithm Which Accommodates Large Range Migration. *IEEE Trans. Geoscience and Remote Sensing*, 22(6), pp. 592-597, November 1984.

［5］ J. Curlander and R. McDonough. *Synthetic Aperture Radar: Systems and Signal Processing*. John Wiley & Sons, New York, 1991.

［6］ R. K. Raney. A New and Fundamental Fourier Transform Pair. In *Proc. Int. Geoscience and Remote Sensing Symp.*, IGARSS'92, pp. 106-107, Clear Lake, TX, May 1992.

［7］ R. K. Raney, H. Runge, R. Bamler, I. G. Cumming, and F. H. Wong. Precision SAR Processing Using Chirp Scaling. *IEEE Trans. Geoscience and Remote Sensing*, 32(4), pp. 786-799, July 1994.

［8］ R. K. Raney. Radar Fundamentals: Technical Perspective. In *Manual of Remote Sensing, Volume 2: Principles and Applications of Imaging Radar*, F. M. Henderson and A. J. Lewis(ed.), pp. 9-130. John Wiley & Sons, New York, 3rd edition, 1998.

［9］ S. M. Selby. *Standard Mathematical Tables*. CRC Press, Boca Raton, FL, 1967.

［10］ A. M. Smith. A New Approach to Range Doppler SAR Processing. *International Journal of Remote Sensing*, 12(2), pp. 235-251, 1991.

［11］ G. W. Davidson, I. G. Cumming, and M. R. Ito. A Chirp Scaling Approach for Processing Squint Mode SAR Data. *IEEE Trans. on Aerospace and Electronic Systems*, 32(1), pp. 121-133, January 1996.

［12］ R. K. Raney. Doppler Properties of Radars in Circular Orbits. *Int. J. of Remote Sensing*, 7(9), pp. 1153-1162, 1986.

［13］ G. W. Davidson and I. G. Cumming. Signal Properties of Squint Mode SAR. *IEEE Trans. on Geoscience and Remote Sensing*, 35(3), pp. 611-617, May 1997.

［14］ M. I. Skolnik. *Radar Handbook*. McGraw-Hill, New York, 2nd edition, 1990.

［15］ D. R. Wehner. *High Resolution Radar*. Artech House, Norwood, MA, 2nd edition, 1995.

［16］ C. Elachi. *Spaceborne Radar Remote Sensing: Applications and Techniques*. IEEE Press, New York, 1987.

附录 5A　距离向/方位向的耦合

本附录从信号处理的角度推导了二维频域中的点目标 SAR 信号相位形式，即式(5.34)。推导过程中用到了 2.3.3 节中的二维傅里叶变换的扭曲性质，以便能明显看出信号的距离向/方位向耦合。

推导过程分为两步。首先，假设目标没有距离徙动，因而其能量局限于一个距离单元内，但是距离向的调制仍然服从双曲距离方程。双曲信号的二维频谱利用驻定相位原理很容易得到。然后，恢复距离徙动的线性分量，从而可以利用上述傅里叶变换性质求得扭曲的频谱。

为简单起见，推导使用的是距离压缩后的数据。从式(5.15)和式(5.26)中可以看出，距离压缩之前的信号在时域中有一个二次距离向相位。这一相位变换为频谱中的二次距离向频率，并且不与其他相位项耦合，因而这些二次相位在以下推导中并不重要，所以在推导中使用距离压缩后的数据是合理的。

根据式(4.39)并假设无距离徙动，将时域中的距离压缩后数据写为

$$s_0(\tau, \eta) = p_r(\tau) w_a(\eta - \eta_c) \exp\{-\mathrm{j}4\pi f_0 R(\eta)/c\} \tag{5A.1}$$

其中包络 $p_r(\tau)$ 是中心在 $\tau = 0$ 处的 sinc 型函数，$R(\eta)$ 是式(4.9)的双曲距离方程。为简单起见，再次忽略后向散射系数，并假设目标中心位于 $\tau = 0$ 处，以避免频谱中存在不必要的线性相位。尤其重要的是，由于包络 $p_r(\tau)$ 与 η 无关，该信号没有距离徙动。

按任意顺序对 $s_0(\tau, \eta)$ 进行一次距离向傅里叶变换和一次方位向傅里叶变换，就可以得到其二维傅里叶变换形式。运用驻定相位原理，信号频谱为

$$S_0(f_\tau, f_\eta) = W_r(f_\tau) W_a(f_\eta - f_{\eta c}) \exp\{\mathrm{j}\, \theta_0(f_\tau, f_\eta)\} \tag{5A.2}$$

上式中，$W_r(f_\tau)$ 为 $p_r(\tau)$ 的傅里叶变换，它近似为距离频域内的一个矩形窗，中心约在 $f_\tau = 0$ 处。$W_a(f_\eta - f_{\eta_c})$ 是以多普勒中心频率 f_{η_c} 为中心的方位窗。相位 $\theta_0(f_\tau, f_\eta)$ 为

$$\theta_0(f_\tau, f_\eta) = -\frac{4\pi R_0 f_0}{c} \sqrt{1 - \frac{c^2 f_\eta^2}{4 V_r^2 f_0^2}} \tag{5A.3}$$

图 5A.1(a) 和图 5A.1(b) 示意了距离徙动对于频谱的影响，该图显示的是以下傅里叶变换对

$$s_0(\tau, \eta) \longleftrightarrow S_0(f_\tau, f_\eta) \tag{5A.4}$$

式(5A.3)和图 5A.1(b)表明，由于不存在距离徙动，故 $\theta_0(f_\tau, f_\eta)$ 与 f_τ 无关。

沿图 5A.1(b)的任一水平线(方位向频率为常量)的相位是一个常数，并且沿任意垂直线(距离向频率为常量)的相位具有相同的调制。当假设的是未经距离压缩的信号时，在时域和频域都将出现一个附加的距离调制，该调制对推导毫无用处，而只会使图示变得杂乱。

至此完成了第一步推导，下面恢复距离徙动的线性轨迹(方位向相位调制保持不变)。此时初始信号 $s_0(\tau, \eta)$ 在原点 $(\tau, \eta) = (0, 0)$ 附近是沿距离向扭曲的，扭曲后的信号变为

$$s_1(\tau, \eta) = s_0(\tau - \alpha\eta, \eta) \tag{5A.5}$$

其中 α 是由扭曲程度决定的常数。此时距离包络变成了 $p_r(\tau - \alpha\eta)$，它是 η 的线性函数，即给

出了所需的线性距离徙动。由式(5.58)可知线性距离徙动的斜率为$-V_r \sin \theta_r$，因而 α 为

$$\alpha = -\frac{2 V_r \sin \theta_{r,c}}{c} = -\frac{f_{\eta c}}{f_0} \tag{5A.6}$$

最后一步用到了式(4.33)，而系数 $2/c$ 将距离长度转换成了距离向时间。

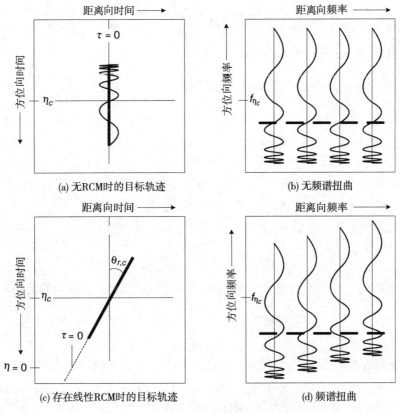

(a) 无RCM时的目标轨迹　　(b) 无频谱扭曲

(c) 存在线性RCM时的目标轨迹　　(d) 频谱扭曲

图 5A.1　有无 RCM 时的傅里叶变换对

由式(2.40)可知，$s_1(\tau, \eta)$ 的二维傅里叶变换是方位扭曲后的 $S_0(f_\tau, f_\eta)$，

$$s_1(\tau, \eta) \longleftrightarrow S_1(f_\tau, f_\eta) = S_0(f_\tau, f_\eta + \alpha f_\tau) \tag{5A.7}$$

图 5A.1(c)和图 5A.1(d)对此进行了示意。在详细分析之前，可以看到图 5A.1(d)中粗虚线所示的距离向频率切片中包含了一个由方位向频率扭曲造成的相位调制。这个附加的相位调制就是隐含的相位耦合项，可通过"二次距离压缩"去除。正如图中看到的，相位耦合依赖于方位向调频率，而方位向调频率又与距离有关，从而相位耦合也与距离有关。这样即使不进行下面的数学推导，也可以通过图示很容易地看出相位耦合的起因。

继续进行推导，联立式(5A.2)、式(5A.3)和式(5A.7)，可得出

$$S_1(f_\tau, f_\eta) = W_r(f_\tau) W_a(f_\eta - f_{\eta c} + \alpha f_\tau) \exp\{j\pi \, \theta_1(f_\tau, f_\eta)\} \tag{5A.8}$$

其中相位 θ_1 为

$$\theta_1(f_\tau, f_\eta) = \theta_0(f_\tau, f_\eta + \alpha f_\tau) = -\frac{4\pi R_0 f_0}{c} \sqrt{1 - \frac{c^2 (f_\eta + \alpha f_\tau)^2}{4 V_r^2 f_0^2}} \tag{5A.9}$$

记

$$D = \sqrt{1 - \frac{c^2 f_\eta^2}{4 V_r^2 f_0^2}} \tag{5A.10}$$

式(5A.9)中的相位可写为

$$\theta_1(f_\tau, f_\eta) = -\frac{4\pi R_0 f_0}{c} \sqrt{D^2 - \frac{c^2}{4V_r^2 f_0^2}(2f_\tau f_\eta \alpha + f_\tau^2 \alpha^2)} \tag{5A.11}$$

将根式展开成f_τ的幂级数并保留至二次项，则相位变为

$$\theta_1(f_\tau, f_\eta) = -\frac{4\pi R_0 f_0}{c}\left(D - \frac{c^2 f_\eta \alpha}{4V_r^2 f_0^2 D}f_\tau - \frac{c^2 \alpha^2}{8V_r^2 f_0^2 D^3}f_\tau^2\right) \tag{5A.12}$$

将式(5A.6)代入式(5A.12)并简化，以上相位可写为

$$\theta_1(f_\tau, f_\eta) = -\frac{4\pi R_0 f_0 D}{c} - 2\pi\left(\frac{c R_0 f_\eta f_{\eta_c}}{2V_r^2 f_0^2 D}\right)f_\tau + \pi\left(\frac{c R_0 f_{\eta_c}^2}{2V_r^2 f_0^3 D^3}\right)f_\tau^2 \tag{5A.13}$$

与式(5.34)相比，式(5A.13)中的第三项就是距离向/方位向的耦合项。两者的唯一区别在于式(5A.13)中的变量f_η被式(5.34)中的多普勒中心频率f_{η_c}这一常量代替。因子D实际上是文中所给出的斜视角θ_r的余弦值，当考虑斜视时，该因子微弱地依赖于f_η。如果在式(5A.10)中令$f_\eta = f_{\eta_c}$，则相位耦合与方位向频率无关，这就是第6章讨论处理器时使用的一种二次距离压缩形式，也是参考文献[4,5]中给出的形式。

现在考察式(5A.13)中f_τ的线性项。括号内的系数就是距离徙动，即

$$\mathrm{RCM} = -\frac{c R_0 f_\eta f_{\eta_c}}{2V_r^2 f_0^2 D} \tag{5A.14}$$

联立式(5A.6)、式(5A.10)和式(5A.14)，并利用式(5.41)，得到的结果为

$$\mathrm{RCM} = -\frac{2V_r \sin\theta_{r,c}}{c}\eta = \alpha\eta \tag{5A.15}$$

可见距离徙动是线性的，其斜率为α，这与前述假设相一致。

以上推导没有表明距离徙动的非线性本质，相位耦合是在距离徙动线性假设下得到的近似结果。为得到精确结果，应使用5.3节中的推导(在第6章中将对此深入讨论)。尽管如此，本附录中的推导利用傅里叶变换的有效性质，从信号处理的角度揭示了耦合的起因。

附录 5B　方位向调频率注释

5.3.3 节使用了方位向调频率的两种定义。一个点目标信号的方位向调频率由其在波束中心穿越目标时的频率斜率给出。它可以由式(4.38)所示的距离的二次导数得到

$$K_a = \frac{2}{\lambda} \frac{\mathrm{d}^2 R(\eta)}{\mathrm{d}\eta^2}\bigg|_{\eta = \eta_c} = \frac{2 V_r^2 \cos^2 \theta_{r,c}}{\lambda R(\eta_c)} \tag{5B.1}$$

其中 $R(\eta_c)$ 为目标在波束中心穿越时刻 η_c 处的距离。

调频率的另一种定义使波束中心处的多普勒频率 f_{η_c} 与波束中心穿越时刻 η_c 得以相互联系[①]

$$f_{\eta_c} = -K_{a,\mathrm{dop}} \eta_c \tag{5B.2}$$

其中

$$K_{a,\mathrm{dop}} = \frac{2 V_r^2}{\lambda R(\eta_c)} \tag{5B.3}$$

可由式(5.45)变化得到。

如果信号可以由抛物线距离方程精确地表达，则两个调频率是相等的。随着斜视角的增加，距离方程会偏离式(5.1)中的简单抛物线形式，此时两个调频率就存在差异了。本附录从几何角度对这种差异进行了解释。

5B.1　基于斜率的几何解释

距离方程的双曲线形式由式(4.9)给出

$$R^2(\eta) = R_0^2 + V_r^2 \eta^2 \tag{5B.4}$$

信号的多普勒频率可由 $R(\eta)$ 的一阶导数得到

$$f_\eta = -\frac{2}{\lambda} \frac{\mathrm{d}R(\eta)}{\mathrm{d}\eta} = -\frac{2}{\lambda} \frac{V_r^2}{R(\eta)} \eta = -\frac{2}{\lambda} \frac{V_r^2}{\sqrt{R_0^2 + V_r^2 \eta^2}} \eta \tag{5B.5}$$

该频率用图 5B.1 中的实线表示，它表征了最短距离时刻之后的点目标时频关系。

图 5B.1 示意了两个斜率，第一个是波束中心穿越时刻频率/时间曲线的局部斜率，对其取负就是式(5B.1)定义的调频率 K_a。

第二个斜率是从零多普勒时间开始的平均斜率，对其取负就是 $K_{a,\mathrm{dop}}$ 所代表的调频率。当在点 A(即 $\eta = \eta_c$ 处)计算平均斜率时，就得到了式(5B.3)中的 $K_{a,\mathrm{dop}}$。

讨论

斜率-K_a 是最重要的一个参数，在生成或分析匹配滤波器相位时必须始终使用这个参数。斜率-$K_{a,\mathrm{dop}}$ 并不常用，仅在多普勒中心频率已知时，用以寻找波束中心偏移时间 η_c。

[①]　波束中心穿越时刻是相对于零多普勒时刻计算的。

第 12 章中将会讨论, 实际上可以得到 f_{η_c} 的精确估计, 但是除通过 $-K_{a,\mathrm{dop}}$ 以外还找不到一种精确估计 η_c 的实用方法。

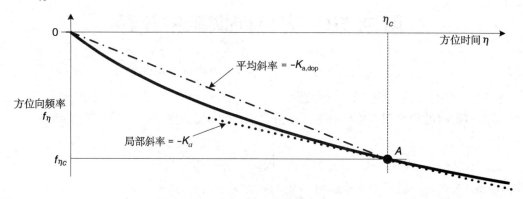

图 5B.1　两种调频率定义之间的差异

两个调频率的差等于斜视角余弦值的平方, 其值通常很小。例如, 当斜视角为 5° 时, 其余弦平方为 0.9924, 因此两个调频率仅相差 0.76%。但是, 当考虑匹配滤波器相位时, 这个差异就会变得非常重要。

5B.2　信号的近似表示

虽然图 5B.1 中的信号频率/时间历程曲线应表示为双曲距离方程, 但是其子段通常可以用抛物线精确地表达。当被处理的孔径仅相当于部分波束时, 匹配滤波器仅需要曲线的一小段。对于整条曲线需要用双曲方程来表示, 但是对于处理孔径内的信号相位, 局部抛物线近似已经完全足够。

当用局部抛物线对信号进行近似时, 信号频率可近似成由点线表示的局部斜线, 斜线的斜率为 $-K_a$。对于分析(如二次相位误差分析)、仿真甚至生成方位向匹配滤波器, 可以仅用二次相位分量对信号进行如下建模:

$$s(\eta) = \exp\left\{-\mathrm{j}\pi K_a(\eta - \eta_c)^2\right\} \tag{5B.6}$$

除了高次项, 该式还省略了式(5.58)中 $R(\eta)$ 的常数相位和线性相位。这两个相位对于获取一幅以冲激响应宽度为标准的聚焦良好的图像并不重要, 但在一些涉及图像位置和绝对相位的应用中则可能比较重要。

第二部分　SAR 处理算法

第6章 距离多普勒算法

6.1 简介

距离多普勒算法(RDA)是在 1976 年至 1978 年为处理 SEASAT SAR[1~8] 数据而提出的,该算法于 1978 年处理出第一幅机载 SAR 数字图像[9]。RDA 至今仍在广泛使用,它通过距离和方位上的频域操作,达到了高效的模块化处理要求,同时又具有了一维操作的简便性。该算法根据距离和方位上的大尺度时间差异,在两个一维操作之间使用距离徙动校正(RCMC),对距离和方位进行了近似的分离处理。

由于距离徙动校正是在距离时域-方位频域中实现的,所以也可以进行高效的模块化处理。因为方位向频率等同于多普勒频率,所以该处理域又称为"距离多普勒"域。距离徙动校正的"距离多普勒"域实现是 RDA 与其他算法的主要区别,因而称其为距离多普勒算法。

距离相同而方位不同的点目标能量变换到方位频域后,其位置重合,因此频域中的单一目标轨迹校正等效于同一最近斜距处的一组目标轨迹的校正。这是算法的关键,使距离徙动校正能在距离多普勒域高效地实现。

为了提高处理效率,所有的匹配滤波器卷积都通过频域相乘实现,匹配滤波及距离徙动校正都与距离可变参数有关。RDA 区别于其他频域算法的另一主要特点是较易适应距离向参数的变化。所有运算都针对一维数据进行,从而达到了处理的简便和高效。

1984 年,美国喷气推进实验室对其进行了二次距离压缩(SRC)改进,以处理中等斜视下的数据[10]。正如 5.3 节指出的,二次距离压缩可以补偿距离-方位目标相位历程的耦合,从而有助于消除斜视或大孔径下的相位耦合畸变。

本章将给出 RDA 的处理细节,并通过点目标仿真来说明处理步骤。6.2 节概述了 RDA 的处理流程;6.3 节给出了低斜视角下 RDA 的详细描述,并对处理步骤进行了推导;6.4 节则推广至更一般的斜视数据处理,包括二次距离压缩的各种实现手段。

6.5 节将介绍多视处理概念。通过对各数据频谱子段进行单独处理并进行非相干叠加来抑制所谓的"相干斑噪声"。它牺牲了 SAR 图像的分辨率,但得到了更好的图像解译。

6.2 算法概述

图 6.1 示意了 RDA 的处理流程。图 6.1(a)给出的是适合小斜视角及短孔径下的基本 RDA 处理框图。图 6.1(b)是斜视处理所需的二次距离压缩改进算法,其中二次距离压缩为二维频域中的精确实现。图 6.1(c)是二次距离压缩的近似距离频域实现,与图 6.1(b)相比,其效率较高。

除了二次距离压缩实现,图 6.1 中的 3 种方法基本相同。

1. 当数据处在方位时域时,可通过快速卷积进行距离压缩。也就是说,进行距离快速傅里叶变换后随即进行距离向匹配滤波,再利用距离快速傅里叶逆变换完成距离压缩。

图 6.1(a)和图 6.1(c)就是这种情况,图 6.1(b)则不同。

2. 通过方位向快速傅里叶变换将数据变换至距离多普勒域,多普勒中心频率估计及大部分后续操作都将在该域进行(见第 12 章)。

3. 在距离多普勒域进行随距离向时间及方位向频率变化的距离徙动校正,该域中同一距离上的一组目标轨迹相互重合(见 5.5.2 节)。通过距离徙动校正,将距离徙动曲线拉直到与方位向频率轴平行的方向。

4. 通过每一距离门上的频域匹配滤波实现方位压缩。

5. 最后通过方位向快速傅里叶逆变换将数据变换回时域,得到压缩后的复图像。如果需要,还可以进行幅度检测及多视叠加。

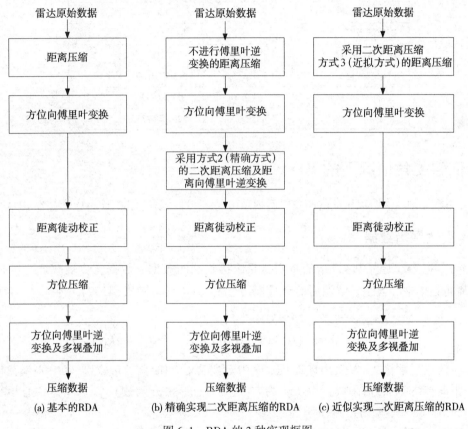

图 6.1 RDA 的 3 种实现框图

以下各节将依次讨论包括两种不同的二次距离压缩实现在内的所有步骤。讨论基于机载 C 波段仿真数据,参数如表 6.1 所示。为了将仿真及图示降至合适的规模,距离 chirp 信号及方位合成孔径在长度上都被压缩了,所以某些参数并不符合实际,主要是为了说明图 6.1 中的 3 种方法。

所选距离向采样率的过采样系数为 1.2,方位则为 1.25。在无孔径加权的情况下,距离向分辨率为 2.7 m,方位向分辨率为 1.7 m。为了对二次距离压缩进行需求分析,分别仿真了高、低斜视角情况下的两组数据,两种情况下的波束中心穿越时刻及中心频率见表 6.1。在此假定多普勒中心频率与距离无关,为 $2V_r \sin\theta_{r,c}/\lambda$。

表 6.1　距离信号和方位信号采样的差别

参数	符号	数值	单位
景中心斜距	$R(\eta_c)$	20	km
等效雷达速度	V_r	150	m/s
发射脉冲时宽	T_r	2.5	μs
距离向调频率	K_r	20×10^{12}	Hz/s
雷达工作频率	f_0	5.3	GHz
多普勒带宽	Δf_{dop}	80	Hz
距离向采样率	F_r	60	MHz
方位向采样率	F_a	100	Hz
距离线数	N_{az}	256	
距离线采样数	N_{rg}	320	
波束斜视角	$\theta_{r,c}$	3.5 和 21.9	(°)
波束中心偏移时间	η_c	−8.1 和 −49.7	s
多普勒中心频率	f_{η_c}	320 和 1975	Hz

6.3　低斜视角情况下的 RDA

首先考察无须二次距离压缩的简单低斜视角情况,处理步骤与图 6.1(a)中的基本 RDA 相同。

6.3.1　雷达原始数据

"信号数据"或"原始数据"指的是雷达系统接收到的数据。数据首先被解调至基带,以便将距离向频率中心置零。解调后的点目标信号模型 $s_0(\tau, \eta)$ 同式(4.39),为

$$
\begin{aligned}
s_0(\tau, \eta) =\ & A_0\, w_r[\tau - 2R(\eta)/c]\, w_a(\eta - \eta_c) \\
& \times \exp\{-j\,4\pi\,f_0\,R(\eta)/c\}\, \exp\{j\pi\,K_r\,(\tau - 2R(\eta)/c)^2\}
\end{aligned}
\tag{6.1}
$$

其中 A_0 为任意复常量,τ 为距离向时间,η 为近距方位向时间,η_c 为波束中心偏离时间,$w_r(\tau)$ 为距离包络(矩形窗函数),$w_a(\eta)$ 为方位包络(sinc 平方函数),f_0 为雷达中心频率,K_r 为距离 chirp 调频率,$R(\eta)$ 为瞬时斜距。

假定雷达发射的是调频率为 K_r 的线性调频脉冲。在信号分析中,通常忽略距离及方位上的信号包络 w。瞬时斜距 $R(\eta)$ 由式(4.9)给出,

$$
R(\eta) = \sqrt{R_0^2 + V_r^2\,\eta^2}
\tag{6.2}
$$

其中 R_0 为最近斜距。

目标方位向时间 η 以式(6.1)中的零多普勒为参考原点。对于多目标情况,应给定一个共同的绝对时刻 η,如数据截获起始时刻 $\eta = 0$[①]。根据傅里叶变换的平移性质,在随后的方位向快速傅里叶变换中将要携带相位项 $\exp(-j2\pi f_\eta \eta_{ca})$。

---

① 考虑多点目标时,应当用 $(\eta - \eta_{ca})$ 代替式(6.1)及后续方程中的 η,η_{ca} 是每一目标最近斜距处的绝对时刻。本书的后续部分则用 η' 代表方位绝对时刻。

为了分析信号及算法的某些性质，在此进行三点目标仿真。目标被置于会产生距离及方位回波重叠的地方。如图 6.2 所示，目标 A 和 B 的最近斜距相同，目标 B 和 C 则在同一方位时刻穿越波束中心。距离压缩及方位向快速傅里叶变换后，目标 A 和 B 在距离多普勒域中相互重叠，但目标 C 被分离。这样设置的目的是为了揭示不同处理阶段中的目标能量重叠影响，以及进行必要的目标隔离分析。

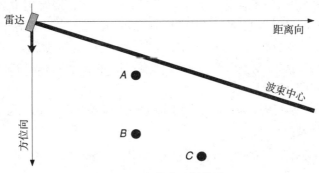

图 6.2　三点仿真目标位置

图 6.3 描述了接收原始数据的幅相信息。与 5.6 节的单点目标相比，距离压缩前的目标相互重叠。由于数据的斜视角为 3.5°[①]，所以能从图中看到一定的距离徙动。尽管三个目标是相互混杂的，但信号的实、虚部仍表现出某些调频特性。由于仅进行了三点仿真，因此距离徙动及相位图比较明显。若目标点数增加，则相位图将会消失，原始数据也不再包含可识别的模型或信息。

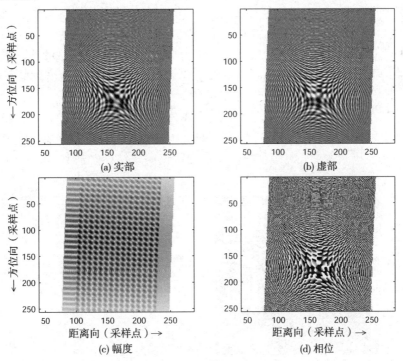

(a) 实部　　　　(b) 虚部

(c) 幅度　　　　(d) 相位

图 6.3　低斜视角情况下的三点雷达原始仿真信号

---

① 由于距离向、方位向采样间隔的差异，以及图示尺度的随意性，图中的角度可能并不符合比例。

图 6.3(c)表明，不同目标之间的相互干扰会产生扇贝状的信号幅度。数据右边缘约 20 个距离向采样点的狭窄区域为目标 C 的非重叠区。以下各节将讨论 SAR 处理如何将目标聚焦至相应的图像位置。

6.3.2　距离压缩

3.4 节讨论了匹配滤波器生成与实现的不同方式。本节将使用方式 2 进行距离压缩，因而弃置区(等于复制脉冲长度减 1)位于压缩数据的尾部。这种方式中的滤波器为补零复制脉冲[见式(6.1)]经快速傅里叶变换后的复共轭，其中补零在脉冲尾部进行，并且可以在时域或频域使用锐化窗。6.4 节将说明如何通过简单调整 chirp 信号的调频率 K_r，将二次距离压缩合并到距离压缩中。

令 $S_0(f_\tau, \eta)$ 为式(6.1)中 $s_0(\tau, \eta)$ 的距离向傅里叶变换，$H(f_\tau)$ 为式(3.35)中的匹配滤波器，那么距离压缩输出为

$$
\begin{aligned}
s_{\rm rc}(\tau, \eta) &= {\rm IFFT}_\tau \left\{ S_0(f_\tau, \eta)\, H(f_\tau) \right\} \\
&= A_0\, p_r[\tau - 2R(\eta)/c]\; w_a(\eta - \eta_c)\; \exp\{-{\rm j}4\pi f_0 R(\eta)/c\}
\end{aligned}
\tag{6.3}
$$

其中压缩脉冲包络 $p_r(\tau)$ 为窗函数 $W_t(f_\tau)$ 的傅里叶逆变换。对于矩形窗，$p_r(\tau)$ 为 sinc 函数；对于锐化窗，$p_r(\tau)$ 为旁瓣较低的 sinc 函数。4.4 节推导出的斜距分辨率为

$$
\rho_r = \frac{c}{2}\, \frac{0.886\, \gamma_{w,r}}{|K_r|\, T_r}
\tag{6.4}
$$

$\gamma_{w,r}$ 为锐化窗引入的 IRW 展宽因子，$|K_r|\, T_r$ 为 chirp 带宽，引入 $c/2$ 表示分辨率量纲为长度而非时间。矩形窗下的 $\gamma_{w,r} = 1$，峰值旁瓣比为 $-13\,{\rm dB}$。仿真中使用衰落系数 $\beta = 2.5$ 的 Kaiser 窗，此时 $\gamma_{w,r} = 1.18$，相当于 18% 的 IRW 展宽，峰值旁瓣比为 $-21\,{\rm dB}$(回顾图 2.12)。

式(6.3)中各项因子的物理含义如下。A_0 为包括散射系数在内的总增益。在后续讨论中将其假定为 1。$p_r[\tau - 2R(\eta)/c]$ 为 sinc 型距离包络，其中包含了随方位变化的目标距离徙动 $2R(\eta)/c$。后两项给出的是与距离压缩无关的方位向上的增益和相位。

图 6.4 给出了图 6.2 中三个仿真点目标的距离压缩结果。目标 A 和 B 具有相同的最近斜距，目标 C 则处在不同斜距上。每条轨迹都反映了时域中的距离徙动现象。幅度图像表明目标 A 和 B 之间的互扰基本符合时域情况。从压缩数据的实部(尤其对于孤立目标点 C)中可以看到明显的方位调制。

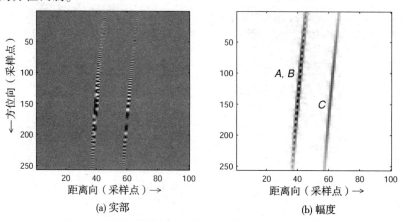

(a) 实部　　　　　　　　　　　　(b) 幅度

图 6.4　距离压缩数据(与图 6.3 相比，x 轴经过了放大)

6.3.3 方位向傅里叶变换

1978 年设计出的基本 RDA 主要用于处理低斜视角的 SEASAT 数据。低斜视角假设使处理便于理解，6.4 节将把分析推广至一般的大斜视角情况。在某些低斜视角下，可以忽略 SRC，但大斜视角或长孔径则不然。6.4 节同样对 SRC 的忽略条件进行了分析。

低斜视角情况下，波束指向接近零多普勒方向。如果孔径不是很大，那么可将距离方程近似为抛物线：

$$R(\eta) = \sqrt{R_0^2 + V_r^2 \eta^2} \approx R_0 + \frac{V_r^2 \eta^2}{2 R_0} \tag{6.5}$$

式(6.5)的近似条件为 $R_0 \gg V_r \eta$，但在使用时应十分谨慎。当高次项远小于距离向分辨率时，可从距离徙动校正中忽略。而对于方位滤波来说，由于 $2R(\eta)/\lambda$ 是其中的重要相位，只有当高次项与波长处于同一量级时才能被忽略。在本例的低斜视角机载 C 波段雷达中，由处理孔径两侧的残余距离误差引入的相位误差相当小，对图像质量基本无影响，因而可以使用抛物线近似。

联立式(6.3)和式(6.5)，距离压缩信号为

$$s_{rc}(\tau, \eta) \approx A_0 \, p_r \left[\tau - 2 \frac{R(\eta)}{c} \right] w_a(\eta - \eta_c) \times \exp\left\{ -j \frac{4\pi f_0 R_0}{c} \right\} \exp\left\{ -j\pi \frac{2 V_r^2}{\lambda R_0} \eta^2 \right\} \tag{6.6}$$

从第二个指数项中可以明显地看到方位向相位调制，由于相位是 η^2 的函数，故信号具有线性调频特性，调频率为

$$K_a \approx \frac{2 V_r^2}{\lambda R_0} \tag{6.7}$$

式(6.7)是式(4.38)(见 4.5.5 节)在低斜视角情况下的近似($\cos^3 \theta_{r,c}$ 约为 1)。

随后，通过方位向快速傅里叶变换，将每一距离上的数据变换到距离多普勒域。对于给定目标，式(6.6)中的第一个指数项为常量，故在距离多普勒域的信号推导中仅需考虑第二个指数项。与 5.2 节类似，利用驻定相位原理(POSP)，得到方位向上的时频关系为

$$f_\eta = -K_a \eta \tag{6.8}$$

将 $\eta = -f_\eta/K_a$ 代入式(6.6)，方位向快速傅里叶变换后的信号为

$$S_1(\tau, f_\eta) = \mathrm{FFT}_\eta \left\{ s_{rc}(\tau, \eta) \right\}$$

$$= A_0 \, p_r \left[\tau - \frac{2 R_{rd}(f_\eta)}{c} \right] W_a(f_\eta - f_{\eta c}) \times \exp\left\{ -j \frac{4\pi f_0 R_0}{c} \right\} \exp\left\{ j\pi \frac{f_\eta^2}{K_a} \right\} \tag{6.9}$$

$W_a(f_\eta - f_{\eta_c})$ 为方位天线方向图 $w_a(\eta - \eta_c)$ 的频域形式，两者在形状上一致。上式中含有两个指数项，第一项为目标固有相位信息，相对于诸如干涉、极化这类应用而言是很重要的，但却与图像强度无关。第二项为具有线性调频特性的频域方位调制。

联立式(6.5)和式(6.8)可以得到距离多普勒域中的距离徙动，即距离包络中的 $R_{rd}(f_\eta)$：

$$R_{rd}(f_\eta) \approx R_0 + \frac{V_r^2}{2 R_0} \left(\frac{f_\eta}{K_a} \right)^2 = R_0 + \frac{\lambda^2 R_0 f_\eta^2}{8 V_r^2} \tag{6.10}$$

图 6.5 示意了方位向快速傅里叶变换后的数据结构。同样可以从压缩数据的实部中看到明显的方位调制。要特别注意的是，在距离多普勒域中，同一最近斜距处的目标 A 和 B 拥有相同的轨迹。图 6.5(b)中左侧的轨迹波动源于 A 和 B 之间的互扰。可见，对一条轨迹的距离徙动校正等效于对同一最近斜距处所有目标的轨迹校正。

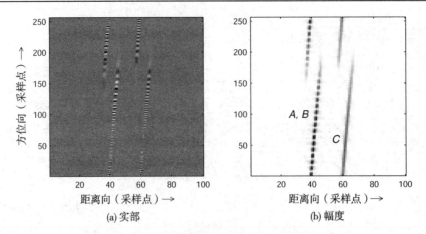

(a) 实部　　　　　　　　　　　(b) 幅度

图 6.5　低斜视角情况下的方位向快速傅里叶变换

6.3.4　距离徙动校正

距离徙动校正（RCMC）的实现方法有两种。第一种方法是在距离多普勒域中进行距离插值运算，如 2.7 节所讨论的，这可以通过基于 sinc 函数的插值处理很方便地实现。sinc 核被锐化窗（如 Kaiser 窗）截断并加权。

需要校正的距离徙动由式（6.10）中的第二项给出：

$$\Delta R(f_\eta) = \frac{\lambda^2 R_0 f_\eta^2}{8 V_r^2} \tag{6.11}$$

该式表明目标偏移是方位向频率 f_η 的函数。注意，$\Delta R(f_\eta)$ 同样是 R_0 的函数，也就是说，它是随距离变化的。由于数据的其中一维是距离向时间，所以 RDA 可以准确地校正距离多普勒域中随距离变化的距离徙动。

另一种距离徙动校正方法则假设距离徙动至少在有限区域内不随距离而变。此时，可以通过快速傅里叶变换、线性相位相乘及快速傅里叶逆变换实现距离徙动校正。给定 f_η 下的相位乘法器为

$$G_{\mathrm{rcmc}}(f_\tau) = \exp\left\{ \mathrm{j}\, \frac{4\pi f_\tau\, \Delta R(f_\eta)}{c} \right\} \tag{6.12}$$

使用这种距离徙动校正方法，首先要进行数据分块，每块中的校正量应设为定值，其缺陷在于数据块必须在距离上重叠，就处理效率而言，这种复杂度的增加可能得不偿失，所以以下讨论都基于 sinc 函数插值方法。

假设距离徙动校正插值是精确的，信号变为

$$S_2(\tau, f_\eta) = A_0\, p_r\!\left(\tau - \frac{2 R_0}{c}\right) W_a(f_\eta - f_{\eta c}) \times \exp\left\{-\mathrm{j}\, \frac{4\pi f_0 R_0}{c}\right\} \exp\left\{\mathrm{j}\,\pi\, \frac{f_\eta^2}{K_a}\right\} \tag{6.13}$$

注意，距离包络 p_r 与方位向频率无关，表明距离徙动已得到精确校正，并且能量也集中在最近斜距 $\tau = 2R_0/c$ 处。

多普勒模糊影响

由式（6.11）可知，多普勒中心是距离徙动校正中的重要参数，给出了随方位向频率变化的距离徙动量级。但由于涉及的是方位绝对频率 f_η，为了准确地进行距离徙动校正，必须知道实际的多普勒模糊。

图 6.6 示意了距离多普勒域中距离徙动校正的方位模糊影响。PRF 采样会将模糊能量混进单一 PRF 周期内。通常，PRF 应足够高，以使大部分信号能量都处于一个 PRF 周期内。但图 6.6 给出的则是主要信号能量超出两个 PRF 的极端情况，以揭示多普勒模糊的影响。

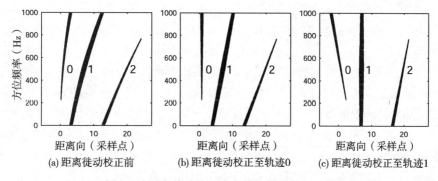

图 6.6　距离徙动校正中多普勒模糊的重要性

图 6.6 中的 PRF 为 1000 Hz，绝对多普勒中心频率为 1500 Hz。与图 5.15 类似，图 6.6(a) 给出的是方位向快速傅里叶变换之后，距离徙动校正前的目标轨迹，其三部分分别以 0，1 和 2 为标志。轨迹宽表示不同方位频点处的信号强度。轨迹 1 代表集中在多普勒中心频率附近一个 PRF 内的目标主要能量，轨迹 0 和轨迹 2 代表来自波束边缘处的模糊能量。

以上三部分目标能量轨迹的绝对方位向频率不同，所以其距离徙动斜率也不同。由于是对目标主模糊区的能量进行聚焦或压缩，故应根据轨迹 1 进行距离徙动校正。如果多普勒模糊估计出错，则距离徙动校正会因使用了错误的斜率而产生误差。

图 6.6(b) 示意了多普勒模糊估计误差为 1 时的结果，其中 0 段得到了恰当的校正，但 1 段的主要能量却不然。这会导致每一模糊误差下 $V_g F_a / K_a$ 的图像方位错位（V_g 为雷达波束速度的地面投影），以及较小的距离错位。

而且，由于 1 段能量超出一个距离单元，将会导致方位和距离的聚焦损失。在距离上，会直接引起目标拖尾。在方位上，每一距离单元内的方位带宽降低会造成方位向分辨率的下降。对于星载 C 波段 SAR，模糊误差为 1 时的展宽误差非常小，但当模糊误差超出 1 或合成孔径较长时，则展宽会变得很明显。

最后，图 6.6(c) 给出了使用准确模糊的距离徙动校正处理结果。来自 0 段和 2 段的较弱模糊能量也出现在图中，与图 5.3 和图 5.4 类似，来自未校正的距离徙动的距离错位较小，来自"PRF 时间"的方位错位较大。与主区能量相比，模糊区是散焦的。SAR 的设计目标就是通过天线方向图设计和 PRF 选择而使模糊尽量低（如小于−20 dB）。

根据以上讨论可知，距离徙动校正曲线应该在绝对多普勒中心频率两侧 $\pm F_a / 2$ 内的频率区间选取，以使校正曲线是准确的，并使校正间断点尽量远离目标主区能量中心。同样的考虑也用在方位压缩中的匹配滤波器间断点的选择上。这个例子中的间断点位于 0 Hz 或 1000 Hz 处。在第 12 章中将讨论有关的多普勒中心频率估计技术。

距离徙动校正插值函数设计

距离徙动校正插值函数的生成和使用要考虑 3 个因素：插值核长度、偏移量和系数值（sinc 窗）。

为了快速实现插值，可以按预先定义的升采样间隔将插值函数制成表格。此时不必在每个插值点都生成 sinc 函数，仅需从表格中提取最近邻域的序号。这样会引入最大为 $0.5 N_{sub}$

的几何畸变(N_{sub}为升采样数，典型值为 16），插值核系数的生成见 2.7 节。

基于效率考虑，插值核的长度应尽可能短，但短核会带来辐射及相位精度的损失，引入人为的成对回波。

图 6.7 和图 6.8 示意了成对回波的影响。图 6.7 为单点目标的部分距离压缩脉冲，它跨越了两个距离门。理想的距离徙动校正应在每一方位向采样点上按峰值至距离单元边缘处的间隔进行平移。

图 6.8 给出了距离徙动校正的结果，第一行为一个距离单元上的信号方位幅度，第二行为相应的方位压缩结果。图 6.8(a)列代表理想的距离徙动校正结果，上面的曲线表明每一方位向采样点上的压缩脉冲峰值能量都已得到平滑提取。实际上，曲线在轮廓上为缓变的方位波束。

如果距离徙动校正被量化平移至最近的整数采样点上（例如最近邻域插值），那么平移量如图 6.7 的空心圆所示。此时，由于目标在距离单元的中心和边缘之间移动，会出现目标幅度调制。当距离压缩脉冲峰值落在距离单元中心时（垂直点画线），目标能量最大；当距离压缩脉冲峰值落在距离单元边缘时，由其形状可知能量会下降若干 dB。图 6.8(b)列对调制现象进行了示意，在全部照射期间内目标跨越了 7 个距离门。如图 6.8(b)列底端所示，这种调制会引入成对回波。

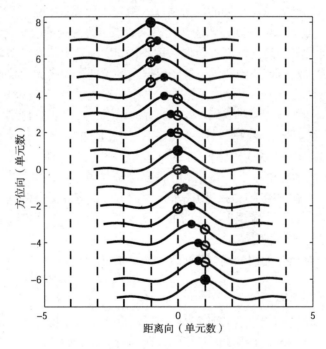

图 6.7 跨越多个距离门的距离压缩脉冲

实际上，应在无插值（最近邻域插值）和理想插值（无限长）之间进行折中。通常选择 4 点或 8 点插值函数即可满足精度要求。图 6.7 中的实心点示意了距离徙动校正量化平移至 1/4 距离单元的情况，实际量化为 1/16 或 1/32 距离单元。图 6.8(c)列为 4 点插值后的结果，可见其调制比图 6.8(b)列更低，成对回波也降至目标峰值以下 28 dB 处。

通常，除了暗背景中的孤立强目标，成对回波一般会被邻近雷达杂波所淹没，故其能量在 SAR 图像中很微弱。许多情况下，插值函数长度应由辐射和相位精度要求确定，而非成对回波能量。

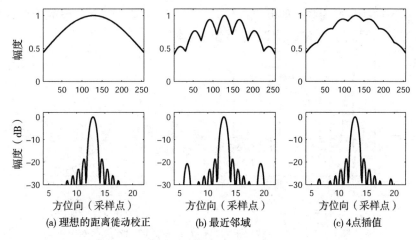

(a) 理想的距离徙动校正　　　(b) 最近邻域　　　(c) 4点插值

图 6.8　距离徙动校正不精确时，由调制引入的成对回波

距离徙动校正仿真结果

在距离多普勒域中对图 6.5 的数据进行距离徙动校正。经校正以后，数据被拉直(见图 6.9)。虽然存在 3 个点目标，但由于此步骤中的目标 A 和 B 仍然重合，故只能分辨出两条直线。

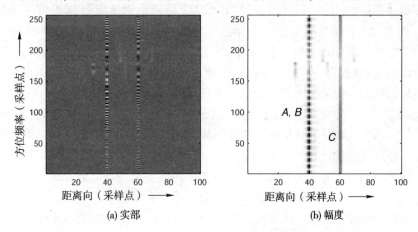

(a) 实部　　　　　　　　(b) 幅度

图 6.9　距离徙动校正后的仿真数据

注意，从幅度图像中可以看到少量的模糊能量。由于这部分目标轨迹的距离徙动校正是不正确的(回顾图 6.6)，故其被向左或向右平移了 9 个距离单元。

图像配准[斜地变换(SRGR)及到地图网格的尺度变换]可以合并到距离徙动校正插值中。第 4 章已对斜地变换进行了讨论。斜距输出的采样间隔为 $c/(2F_r)$，相应的地距间隔为 $c/(2F_r \sin \theta_i)$，其中 θ_i 与距离向入射角有关(见图 4.3)。以上因子都需要通过距离插值实现，所以可结合进距离徙动校正中。仿真试验对此没有考虑。

图 6.10 示意了目标 C 的距离向和方位向相位信息。图 6.10(a)为截取自多普勒中心频率附近高能量区域的距离脉冲压缩后的距离剖面。从图中可以看出，主瓣附近的相位是近似平坦的，所以数据位于基带。但由于距离徙动校正稍有误差，因而可以看到略微的相位畸变。而在图 3.6(d)所示的理想情况下，距离压缩后的相位是无畸变的。

图 6.10(b)示意了方位向相位。从照射中心处(第 128 个采样点)的非零相位斜率可知斜视角非零，故方位向相位不在基带上。由于尚未进行方位压缩，因而可以看到很明显的二次

相位调制。相位曲线尖峰为频率间断点的位置。以后将说明，对于一般的非零斜视角，距离向相位会被方位匹配滤波器改变，因而也不处于基带。

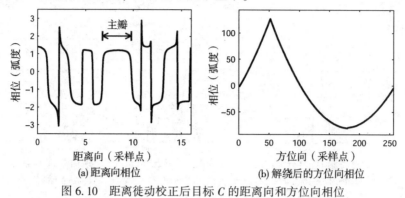

(a) 距离向相位   (b) 解绕后的方位向相位

图 6.10   距离徙动校正后目标 C 的距离向和方位向相位

6.3.5   残余距离徙动导致的展宽

如果距离徙动校正误差较大，未被校正的徙动量就会造成方位和距离的 IRW 展宽。本节将对展宽的起因及量级进行讨论。

由于方位压缩等效于对方位向上的数据求和，因而距离压缩数据的错位会引起距离的 IRW 展宽。如果距离徙动校正如图 6.9 那样被准确校正，方位求和就不会引起距离 IRW 的展宽。与单条距离压缩冲激响应一样，方位求和为 sinc 函数。而当距离徙动校正不准确时，目标轨迹会出现扭曲(见图 6.5)，导致出现方位求和后的距离展宽。以下假设未被校正的距离徙动分量是线性的，主要是因为其比二次项的影响更大。

方位展宽源于每一距离单元上的方位带宽的降低。当进行准确的距离徙动校正时，如图 6.9 所示，目标的全部能量集中在一个距离单元内，因而方位压缩可以利用完整的方位带宽。否则，孔径内的方位信号会弥散在若干距离单元上，导致每一距离单元内目标方位能量带的降低。如式(4.45)所示，分辨率反比于带宽，因此会出现方位展宽现象。

图 6.11 给出了三种不同加权程度(Kaiser 窗衰落系数分别为 $\beta = 0, 2.5$ 和 5)下的距离及方位展宽。Kaiser 窗函数是对方位天线方向图及方位压缩加权的综合。水平轴为方位处理时间内的未被校正的距离徙动，即残余距离徙动。其误差界限一般可表示为：对于小于 2% 的由距离徙动校正误差引起的距离及方位展宽，残余距离徙动应低于 0.5 个距离单元。

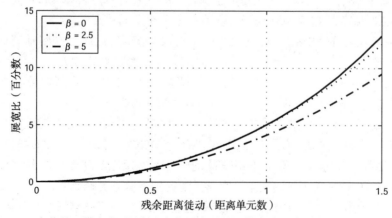

图 6.11   方位处理带宽内，距离和方位展宽随处理带宽内残余距离徙动的变化曲线

IRW 展宽也略微与方位压缩中的加权函数有关。若权重较大，则方位照射边界的影响相应下降，从而使给定距离徙动校正误差下的展宽变低。但对于通常的加权（$\beta<3$），其效果并不明显。

二维频域中，压缩目标的信号频谱具有对称性，故每一方向上的展宽是相同的。说明如下：为简单起见，假设斜视角为零，方位匹配滤波后的频谱为 $W_r(f_\tau)\,W_a(f_\eta)$，理想情况下，每一方向上的相位为零。通过二维快速傅里叶逆变换即可完成压缩。而当引入残余距离徙动后，其频谱变为

$$S_{\text{rcm}}(f_\tau, f_\eta) = W_r(f_\tau) W_a(f_\eta) \exp\{-\text{j}2\pi f_\tau \Delta\tau(f_\eta)\} \tag{6.14}$$

$\Delta\tau(f_\eta)$ 为随方位变化的残余距离徙动。假定方位上的残余距离徙动是线性的，则 $\Delta\tau(f_\eta)$ 为 αf_η，其中 α 正比于线性距离徙动的斜率。代入式（6.14），有

$$S_{\text{rcm}}(f_\tau, f_\eta) = W_r(f_\tau) W_a(f_\eta) \exp\{-\text{j}2\pi\alpha f_\tau f_\eta\} \tag{6.15}$$

如果距离和方位带宽上的窗函数形状相同，则 f_τ 和 f_η 上的频谱具有对称的相位斜坡。相位斜坡会造成时域上的冲激响应展宽，相对于各自的分辨率，每一方向上的"拉伸"是相同的。也就是说，二维频域中的对称相位斜坡导致时域中的同等展宽。

在多视处理中（见 6.5 节），一次仅处理部分方位带宽。多视求和等效于方位上的能量相加，故距离徙动校正误差导致的距离展宽与全孔径情况类似（见图 6.11）。但是，由于处理的分辨率较大，且较短滤波时间内的距离徙动校正误差相应减小，方位展宽比会被极大地压低。因此，在多视情况下，距离展宽是残余距离徙动的主要限制因素。

6.3.6　方位压缩

通常，进行方位向处理时，分辨率的可选空间较大，这是因为要达到与距离向相同的分辨率，所使用的处理带宽一般比方位实际带宽小。利用整个带宽进行的"全分辨率"（"单视"）处理能使方位向分辨率达到二分之一倍天线长度的理论极限。另一方面，还可以通过低于分辨率极限的"多视"处理获得较低的图像噪声。本节将讨论单视处理，多视处理将在 6.5 节讨论。

进行距离徙动校正之后，即可通过匹配滤波器进行数据的方位聚焦。由于距离徙动校正后的数据处于距离多普勒域，见式（6.13），因而在该域中进行方位匹配滤波要方便高效得多，作为斜距 R_0 和方位向频率 f_η 的函数，匹配滤波器为式（6.13）中的第二个指数项的复共轭，

$$H_{\text{az}}(f_\eta) = \exp\left\{-\text{j}\pi\frac{f_\eta^2}{K_a}\right\} \tag{6.16}$$

其中 K_a 为 R_0 的函数，如式（6.7）所示。这种滤波器在实现上与 3.4 节中的第三种方式一致。

多普勒中心频率在匹配滤波器中的地位与其在距离徙动校正中的地位同等重要。由于频域中的卷绕，f_η 上的间断点应选在距多普勒中心频率 PRF/2 处。

如 3.3.3 节所讨论的，该滤波器将数据压缩至零多普勒位置。对每一目标来说，除了确定其位置的线性相位，其他相位都已被匹配滤波器补偿掉，故以上校准是无误的。

方位压缩可以使用加权。对于单视处理，由于方位天线方向图已经引入了相当大的权重，故匹配滤波器的加权一般不大。被处理波束边缘处的双程方向图的幅值近似为峰值的一半，因而波束有效加权等价于衰落系数 $\beta=1.8$ 的 Kaiser 窗。因此，对于 $\beta=2.5$ 的期望加权而言，仅需赋予匹配滤波器轻微的权值即可。

由于存在天线加权，故仅需一个适度的锐化窗或根本无须加窗。

为了进行方位压缩，将距离徙动校正后的 $S_2(\tau, f_\eta)$ [见式(6.13)]乘以频域匹配滤波器 $H_{az}(f_\eta)$，有

$$
\begin{aligned}
S_3(\tau, f_\eta) &= S_2(\tau, f_\eta)\, H_{az}(f_\eta) \\
&= A_0\, p_r(\tau - 2R_0/c)\, W_a(f_\eta - f_{\eta c})\, \exp\left\{-j\frac{4\pi f_0 R_0}{c}\right\}
\end{aligned}
\tag{6.17}
$$

再经快速傅里叶逆变换即可完成压缩，

$$
\begin{aligned}
s_{ac}(\tau, \eta) &= \text{IFFT}_\eta\left\{S_3(\tau, f_\eta)\right\} \\
&= A_0\, p_r(\tau - 2R_0/c)\, p_a(\eta) \times \exp\left\{-j\frac{4\pi f_0 R_0}{c}\right\}\exp\left\{j\, 2\pi f_{\eta c}\,\eta\right\}
\end{aligned}
\tag{6.18}
$$

其中 p_a 为方位冲激响应的幅度，与 p_r 一样，其为 sinc 函数。上式中的包络表明，目标位于 $\tau = 2R_0/c$，$\eta = 0$ 处。如前所述，对于特定目标，η 以最近零多普勒时刻为参考，可见目标已被校正至零多普勒位置。式(6.18)包括两个指数项，第一项为目标距离位置 R_0 引入的相位，第二项为非零多普勒中心频率 $f_{\eta c}$ 引入的线性相位，其在峰值点 $\eta = 0$ 上为零[1]。

需要强调的是，如果使用式(6.5)或式(6.10)的抛物线距离方程，则以上相位是近似的。对于非零斜视角，该近似下的处理器可能不是保相的。为保持低斜视角中的相位精度，通常的做法是使用双曲相位形式的匹配滤波器。

仿真结果

图 6.12 给出了无窗条件下的全孔径(或单视)方位压缩结果。图像数据一般存为复数，称其为单视复图像(SLC)产品。方位向采样间隔为 V_g/F_a，其中 V_g 为波束速度的地表投影。800 km 轨道高度下的 V_g 约为卫星速度的 88%。如果需要，可通过方位插值调整最终的方位向采样间隔。

图 6.12(a)示意了三个压缩后的目标，其位置与图 6.2 相符。同前，目标 B 和 C 的连线与波束中心线平行，本例中的斜视角较小(3.5°)。由于目标被准确地压缩至零多普勒，虽然波束中心线在同一时刻穿越 B 和 C，但其在方位上仍存在微小的偏移。

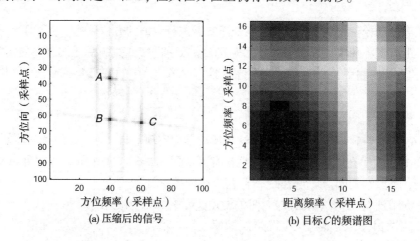

(a) 压缩后的信号　　　　　　　　(b) 目标 C 的频谱图

图 6.12　点目标方位压缩特性。(c)和(d)的动态范围经过调整以使旁瓣更清晰

---

[1]　采用这种滤波器后，会出现一个常数相位 $\pi/4$。如式(3.9)所示，它可通过驻定相位原理得到。

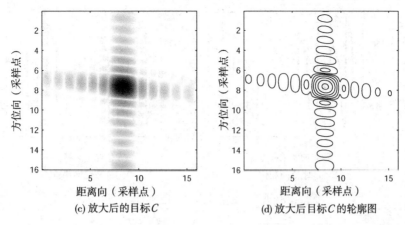

(c) 放大后的目标 C　　　　　　　(d) 放大后目标 C 的轮廓图

图 6.12(续)　点目标方位压缩特性。(c)和(d)的动态范围经过调整以使旁瓣更清晰

选择以 C 点峰值为中心的 16×16 切片进行 16 倍升采样分析(若使用 32×32 切片,则精度会略微提高),结果如图 6.12(c)和图 6.12(d)所示。在图 6.12(c)和图 6.12(d)中,距离旁瓣被扭曲至正比于波束斜视角的方向。扭曲源于匹配滤波器中随距离变化的方位向调频率,它与非零多普勒中心频率的相互作用,使目标方位的位置产生了变化。从原则上讲,某一目标的方位向调频率应当不变。随距离变化的调频率会引入目标旁瓣的失配。根据式(6.7),距目标中心 ΔR_0 处的调频率失配量为

$$\Delta K_a \approx -\frac{2 V_r^2 \Delta R_0}{\lambda R_0^2} \tag{6.19}$$

3.5 节已经讨论了源于非基带信号滤波器失配的几何错位,式(3.58)表明这种错位是 ΔK_a 的线性函数。由于 V_r 近似为常量,滤波器失配随 ΔR_0 远离目标而线性递增,从而导致旁瓣的线性倾斜。错位同时也是多普勒偏移[见式(3.58)中的参数 t_c]的函数,故距离旁瓣的倾角与斜视角成正比。

如图 6.12(b)所示(回顾图 2.2),扭曲也会造成目标距离频谱的偏移。在大斜视角的情况下,扭曲更为严重,因而必须谨慎地选择频谱的补零位置。

为了对目标响应进行更细致的考察,在此提取压缩目标峰值处的距离和方位包络(见图 6.13)。其中,微小的旁瓣失衡源于不精确的距离徙动校正,以及信号匹配中的交叉耦合相位。由于距离包络没有沿旁瓣分布轴截取,故显得比实际的小。

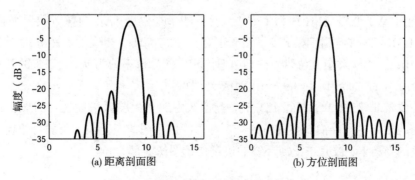

(a) 距离剖面图　　　　　　　　　　(b) 方位剖面图

图 6.13　压缩目标 C 的距离和方位包络

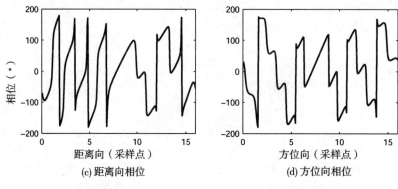

(c) 距离向相位　　　　　　　　　　(d) 方位向相位

图 6.13(续)　压缩目标 C 的距离和方位包络

理论上的距离向分辨率为 0.886×1.2×1.18＝1.25 个距离向采样点，其中 0.886 为未经加权的分辨率，1.2 为距离过采样因子，1.18 为 $\beta=2.5$ 的 Kaiser 窗引入的 IRW 展宽因子。测量出的距离向分辨率为 1.24 个采样点，与理论值吻合得很好。峰值旁瓣比低于−20 dB，与 Kaiser 窗下的值一致。

测量出的方位向分辨率为 0.886×1.185＝1.05 个采样，其中 0.886 为矩形窗的冲激响应展宽，1.185 为天线方向图引入的展宽因子（方位向未使用其他加权）。以上可参考 3.5 节中关于调频率误差引起的展宽的讨论。方位峰值旁瓣比满足天线方向图加权后的 −20 dB。

与图 6.10(a) 中距离徙动校正后的距离平坦相位相比，图 6.13(c) 中方位压缩后的距离向相位是倾斜的，导致距离频谱偏离基带。这种相位斜坡源于方位匹配滤波器中随距离变化的调频率，而包括旁瓣在内的所有目标部分应具有同样的方位向调频率。根据式 (3.59)，方位向调频率失配量 ΔK_a 会引入一个相位误差，式(6.19)表明 ΔK_a 随着远离峰值而线性递增。因此，会在压缩目标的距离向上产生一个线性相位。这一性质也适用于本书讨论的其他处理算法。

从图 6.13(d) 中的方位向相位可知，图 6.10(b) 中的二次相位已被方位匹配滤波器去除。由非零多普勒中心频率导致的残余相位是线性的，见式(6.18)最后一个指数项。

6.3.7　低斜视角情况下的 RADARSAT-1 图像

图 6.14 示意了低斜视角（约为 1.6°）情况下的单视幅度 SAR 图像。数据采自 2002 年 6 月 16 日的 RADARSAT-1 精细模式 2。距离带宽为 30.3 MHz，相应的斜距和地面分辨率分别约为 6 m 和 10 m。单视对全方位带宽进行处理，相应的分辨率约为 9 m。该景的其他参数见附录 A。图像由 MacDonald Dettwiler 采用 RDA 处理得到。

景中心位于北纬 49.3°，西经 123.3°，覆盖区为加拿大温哥华地区。图像已被重采样至 6.25 m 的南北网格中。停泊 6 艘货轮的英吉利海湾位于图像左上角。英属哥伦比亚大学坐落在图像左侧的半岛上，被弗雷泽河环绕的机场位于图像底部。

图 6.14　加拿大温哥华的 RADARSAT-1 精细模式 2(加拿大航天局版权所有)

6.4　大斜视角情况

在 6.3 节的低斜视角情况的讨论中，距离方程被近似为时间的抛物线方程，见式(6.5)。抛物线模型相当于时域中的线性调频信号，变换到频域后的信号也具有线性调频形式(见 5.2 节的推导)。时频间一一对应的线性关系意味着瞬时频率随时间呈直线变化。

随着斜视角的增大，距离方程应采用更精确的双曲线模型，见式(4.9)。此时时频间一一对应的关系是非线性的，见式(5.41)和式(5.42)。这给 SAR 处理器带来两点影响。首先，用于距离徙动校正和方位匹配滤波的距离应当根据新的距离方程进行略微调整。其次，会引入较强的距离和方位耦合(见 5.3 节和附录 5A 的推导)，需要通过滤波来校正耦合造成的散焦。该滤波方法即为本节所要讨论的二次距离压缩(SRC)。

6.4.1　斜视的处理改进

为了解决大斜视角下的处理，应该对处理方程进行调整。首先回顾含有交叉耦合的信号表达式。

信号表达式

在此考察式(5.39)所示距离压缩前单点目标的距离多普勒域表达：

$$
\begin{aligned}
S_{\mathrm{rd}}(\tau, f_\eta) \;=\;& A_0'\, w_r\!\left(\tau - \frac{2\,R_{\mathrm{rd}}(f_\eta)}{c}\right) W_a(f_\eta - f_{\eta c}) \\
& \exp\!\left\{-\mathrm{j}\frac{4\pi\, R_0\, D(f_\eta, V_r)\, f_0}{c}\right\} \exp\!\left\{\mathrm{j}\pi\, K_m\left[\tau - \frac{2\,R_{\mathrm{rd}}(f_\eta)}{c}\right]^2\right\}
\end{aligned}
\tag{6.20}
$$

其中，式(5.39)中的常量 $A_0 \sim A_3$ 被归并为 A_0'，$w_r(\,\cdot\,)$ 中的 $1/(1-K_r Z)$ 近似为 1。

式(6.20)中的最后一个指数项表明，在距离多普勒域，初始距离向调频率 K_r 已变为 K_m，即

$$
K_m = \frac{K_r}{1 - K_r/K_{\mathrm{src}}}
\tag{6.21}
$$

其中 K_{src} 为

$$
K_{\mathrm{src}}(R_0, f_\eta) = \frac{2\, V_r^2\, f_0^3\, D^3(f_\eta, V_r)}{c\, R_0\, f_\eta^2}
\tag{6.22}
$$

在式(6.21)中，把式(5.40)中的 $1/Z$ 替换成 K_{src}，以调频率为所用变量的单位。事实上，K_{src} 就是二次距离压缩滤波器中的调频率。

当斜视角不可忽视时，距离多普勒域中的 K_m 与 K_r 存在相当的差异。这意味着使用初始调频率的距离压缩主要将在距离向上造成散焦。对散焦的一种解释为，距离压缩后，斜视角会降低每一距离单元上的方位 TBP，由于低 TBP 下的驻定相位原理是不精确的，所以距离向相位会被方位向快速傅里叶变换改变。

距离徙动校正的改进

RDA 中的距离徙动校正在距离多普勒域进行，该域中的双曲距离方程与式(5.47)相同，

$$
R_{\mathrm{rd}}(f_\eta) = \frac{R_0}{D(f_\eta, V_r)}
\tag{6.23}
$$

徙动因子 $D(f_\eta, V_r)$ 为

$$
D(f_\eta, V_r) = \sqrt{1 - \frac{\lambda^2\, f_\eta^2}{4\, V_r^2}}
\tag{6.24}
$$

该因子略低于 1，为与方位向频率 f_η 相对应的瞬时斜视角的余弦函数，该域中的距离徙动量为

$$
R_{\mathrm{rd}}(f_\eta) - R_0 = R_0\left[\frac{1 - D(f_\eta, V_r)}{D(f_\eta, V_r)}\right]
\tag{6.25}
$$

大斜视角情况下的距离徙动校正应使用这一改进的表达式。

将式(6.24)代入式(6.23)，将根式 $D(f_\eta, V_r)$ 展开并忽略 f_η 的二次以上项。式(6.25)就会退化为低斜视角情况下的式(6.11)。

方位匹配滤波器的改进

对式(6.16)的方位匹配滤波器相位进行更精确的改进，则改进后的滤波器为

$$
H_{\mathrm{az}}(f_\eta) = \exp\!\left\{\mathrm{j}\frac{4\pi\, R_0\, D(f_\eta, V_r)\, f_0}{c}\right\}
\tag{6.26}
$$

此处也可以使用以多普勒中心频率为中心的窗函数。类似地，展开 $D(f_\eta, V_r)$ 并忽略 f_η 的二次以上项，则方位匹配滤波器退化为低斜视角情况下的式(6.16)。

交叉耦合的二次距离压缩补偿

方程(6.20)表明,在距离多普勒域中,应使用 K_m 代替距离匹配滤波器中的初始调频率 K_r。如果距离压缩中的调频率为 K_r,则需要使用一个滤波器进行差值补偿。其线性调频率 K_{src} 由式(6.22)给出。也就是说,首先使用调频率为 K_r 的滤波器进行初级压缩(即标准距离压缩),随后使用调频率为 K_{src} 的次级滤波器进行压缩。

5.3.3 节对交叉耦合进行了推导,其相位为距离向频率的函数,见式(5.34),它可由下述滤波器予以补偿

$$H_{src}(f_\tau) = \exp\left\{-j\pi \frac{f_\tau^2}{K_{src}(R_0, f_\eta)}\right\} \tag{6.27}$$

同理,其为距离向频率的函数。注意,该滤波器与距离 R_0 和方位向频率 f_η 有关,见 $K_{src}(R_0, f_\eta)$ 项。

在距离频域中,二次距离压缩滤波器可并入距离压缩滤波器中,合并后的滤波器为

$$
\begin{aligned}
H_m(f_\tau) &= \exp\left\{j\pi \frac{f_\tau^2}{K_r}\right\} \exp\left\{-j\pi \frac{f_\tau^2}{K_{src}(R_0, f_\eta)}\right\} \\
&= \exp\left\{j\pi f_\tau^2 \left(\frac{1}{K_r} - \frac{1}{K_{src}(R_0, f_\eta)}\right)\right\}
\end{aligned}
\tag{6.28}
$$

$$= \exp\left\{j\pi \frac{f_\tau^2}{K_m(R_0, f_\eta)}\right\} \tag{6.29}$$

通过式(6.21)可将 K_r 和 K_{src} 合并,注意,合并后的滤波器仍为 R_0 和 f_η 的函数。

无二次距离压缩时的二次相位误差

无二次距离压缩时,信号与回波之间的距离向调频率失配为 $K_r - K_m$,那么二次相位误差(QPE)为

$$
\begin{aligned}
\Delta\phi_{src} &= \pi(K_r - K_m)\left(\frac{T_r}{2}\right)^2 \\
&= \frac{\pi K_r^2}{K_{src}(1 - K_r/K_{src})}\left(\frac{T_r}{2}\right)^2 \approx \frac{\pi K_r^2}{K_{src}}\left(\frac{T_r}{2}\right)^2
\end{aligned}
\tag{6.30}
$$

其中"约等于"的近似条件为 $K_{src} \gg |K_r|$。该误差测量值可用于下述近似条件下的二次距离压缩需求分析。

6.4.2　二次距离压缩的实现

由式(6.22)和式(6.27)给出的二次距离压缩滤波器均为 R_0 和 f_η 的函数,理论上应在距离多普勒域中使用,以适应二次距离压缩滤波器的可变性。由于其对 R_0 为弱相关,某些情况下对 f_η 的依赖也很小,因而二次距离压缩有基于不同效率和精度考虑的多种实现方式,如下所示。

方式 1　在距离多普勒域中,随距离徙动校正插值一同进行二次距离压缩。

方式 2　通过二维频域中的相位相乘予以实现。注意,该域不能同时对距离向时间和距离向频率进行调整,故需假定 R_0 不变。如果需要,可以使用距离恒定区对 R_0 进行更新。

方式 3　在距离向频率–方位时域进行二次距离压缩,并假定与方位向频率基本无关。由于此时二次距离压缩滤波器可以合并入距离匹配滤波器中,因而是最简单的实现方式。其在参考频率上是精确的,但在其他频率上会存在误差。

　　表 6.2 中对每种二次距离压缩实现方式进行了总结。第二列和第三列说明了不同实现方式对 R_0 和 f_η 的相关适应性。第四列为二次距离压缩的实现域（T 代表时域或空域，F 代表频域）。第五列则表明二次距离压缩是与其他运算合并（例如，与距离徙动校正插值函数或距离匹配滤波器合并）还是单独实现（例如，相位相乘）。第六列给出了相对精度，第七列给出了所需的附加计算量。更多的细节可参阅以下章节。

表 6.2　二次距离压缩的实现方式

方式	R_0	f_η	实现域	与其他运算合并实现	相对精度	附加计算量
1	是	是	RT/AF	RCMC	高	高
2	否	是	RF/AF	单独	高	中等
3	否	否	RF/AT	距离压缩	中等	无变化

二次距离压缩方式 1

　　由于二次距离压缩与 R_0 和 f_η 有关，因而在距离多普勒域中的实现是最精确的。在该域中，可以将其合并入距离徙动校正插值函数中[11]，这是因为二次距离压缩滤波器和距离徙动校正插值函数都是在距离向时间上的卷积运算。由于合并后的滤波器在长度上比距离徙动校正插值函数长，且其系数需要在距离和方位上不断更新，故其效率比其他方式低。

二次距离压缩方式 2

　　方式 2 如图 6.1 的中间一列所示。此时二次距离压缩在二维频域实现，该域中需要使用固定的 R_0，通常取在测绘带中心。问题在于如何确定二次距离压缩不可容忍时的距离宽度。令 ΔR_0 为到参考距离 R_0 处的距离，则其二次相位误差为

$$\Delta\phi_{\text{src,R}} \;=\; \pi\left|K_m(R_0, V_r, f_\eta) \,-\, K_m(R_0+\Delta R_0, V_r, f_\eta)\right|\left(\frac{T_r}{2}\right)^2 \tag{6.31}$$

其中 K_m 为 R_0 和 f_η 的函数，最大 ΔR_0 为测绘带宽度的一半。

　　对于过宽的距离测绘带，可将其划分为若干相邻的距离恒定处理区。这要视 $\Delta\phi_{\text{src,R}}$ 是否满足应用要求（见图 3.14）而定。通常，由于二次距离压缩对 R_0 的依赖较弱，故可在全部测绘带内将其设为定值。

　　另一个较小的影响是随距离变化的等效雷达速度。由 ΔV_r 导致的二次相位误差为

$$\Delta\phi_{\text{src,V}} \;=\; \pi\left|K_m(R_0, V_r, f_\eta) \,-\, K_m(R_0, V_r+\Delta V_r, f_\eta)\right|\left(\frac{T_r}{2}\right)^2 \tag{6.32}$$

　　在方式 2 中，首先使用调频率为 K_r 的标准低斜视角距离匹配滤波器，见图 6.1（b）的起始部分。此时接收脉冲中的二次相位被完全补偿，但当信号在第二步变换到方位频域后，距离信号中出现一个较小的二次相位，若直接进行快速傅里叶逆变换则会造成散焦。因此，需要在第三步通过二次距离压缩滤波器将其补偿掉（见图 6.1）。

　　对方式 2 稍微进行修改，方位向快速傅里叶变换之后再进行距离压缩，这时可以合并距离压缩和二次距离压缩，采用调频率为 K_m 的滤波器。

　　有时，也可以通过在第一步的距离压缩中执行快速傅里叶逆变换对方式 2 进行修改。这主要用于需要在方位时域对距离压缩数据进行自聚焦的机载雷达中。由于需要在距离压缩后附加一组快速傅里叶变换或逆变换，所以该方法是很低效的，但是其优势在于能够对回波初始距离压缩、方位向快速傅里叶变换散焦及二次距离压缩重聚焦过程进行揭示。

注意，对于长孔径，即使雷达波束指向零多普勒，有时也需要进行二次距离压缩。这是由于目标仅在某一瞬时穿越零多普勒，而在其他时刻则并不处于零多普勒上。因此，接收信号在方位向频率上可能涵盖二次距离压缩影响较大的部分。

二次距离压缩方式 3

早期的 RDA 中使用了另一种近似，并且仍用于星载 SAR 数据处理。如图 6.1(c)所示的方式 3，通过与距离匹配滤波器结合[见式(6.29)]以实现二次距离压缩。除了固定 R_0，主要的近似在于将式(6.22)中的 f_η 替换为固定的多普勒中心频率 f_{η_c}，因而所有方位向频率[①]上的 K_m 和 K_{src} 均为常数。由于 K_m 与 K_r 之间的差异，合并后的距离压缩滤波器[见式(6.29)]会造成距离压缩数据在时域上出现 IRW 展宽，但通过方位向快速傅里叶变换可将其基本消除。

由于在该近似下合并后的距离/二次距离压缩匹配滤波器仅需计算一次，且无须更多特殊的二次距离压缩操作，所以以与低斜视角算法相比，二次距离压缩并没有增加计算量。但是，使用该近似应当满足以下的相位误差准则：

$$\Delta\phi_{\text{src,f}} = \pi \left| K_m(R_0, V_r, f_\eta) - K_m(R_0, V_r, f_{\eta_c}) \right| \left(\frac{T_r}{2} \right)^2 < \pi/2 \qquad (6.33)$$

它所允许的处理孔径两端处（$|f_\eta - f_{\eta_c}|$ 最大）的距离 IRW 展宽不超过 8%。$f_\eta = f_{\eta_c}$ 处的展宽减至 0。若考虑孔径加权，则方位压缩后的全部展宽小于 4%。

除了出现距离展宽，还会出现相位误差，从而导致微弱的方位展宽。根据式(6.21)和式(6.22)，$K_m(R_0, f_\eta)$ 近似为 f_η 的二次函数。因此，二次相位误差随方位照射时间的变化规律也是二次的[见式(6.33)]。如附录 3B 所指出的，二次相位误差会引入 $\Delta\phi_{\text{src,f}}/3$ 的相位误差，即导致方位展宽。例如，令照射时间两端处的二次相位误差 $\Delta\phi_{\text{src,f}} = \pi/2$，则其上的相位误差为 $\pi/6$。由此带来的方位展宽低于 1%（见图 3.14），方位压缩脉冲中的相位误差为 $\pi/18$。

6.4.3　星载和机载中的二次距离压缩方式

图 6.1 及 6.4.2 节给出了二次距离压缩的不同实现方式。本节将对二次距离压缩的具体应用进行讨论。虽然方式 1 的精度最高，但与实现的复杂度相比，这种精度的提高微乎其微，因此这里仅考察方式 2 和方式 3。

图 6.15 给出了不同波段下典型星载和机载系统中距离 IRW 展宽百分比随斜视角的变化曲线。这里使用表 4.1 中的典型雷达参数和几何参数，而不使用表 6.1 中的仿真参数。另外，在表 4.1(具有相同的物理参数)的基础上考虑了更多的雷达频率，并且斜视角范围也取得更宽。

机载

图 6.15(a)和图 6.15(b)为两种方位向分辨率可达 0.5 m 的高精度机载雷达。斜视角可变至 25°。对于 X 波段，图 6.15(a)表明，在 5%距离 IRW 展宽条件下，可以忽略 4°斜视角以内的二次距离压缩。若斜视角高于 4°，则应采用二次距离压缩方式 3(近似方式)。若斜视角高于 16°，则应采用二次距离压缩方式 2(精确方式)。

对于机载 C 波段，图 6.15(b)分别示意了 2°和 6°斜视角限制条件下的情况。由于孔径较长，该限制比 X 波段更严格。对于具有表 4.1 中参数的机载 L 波段雷达，由于其照射时间极长(图中未标出 L 波段情况)，对于包括零斜视角在内的所有情况，都要进行精确的二次距离压缩。

[①]　若需要在距离频域上使用滤波器，则有必要对距离位置 R_0 进行近似，假定其为一个常数。

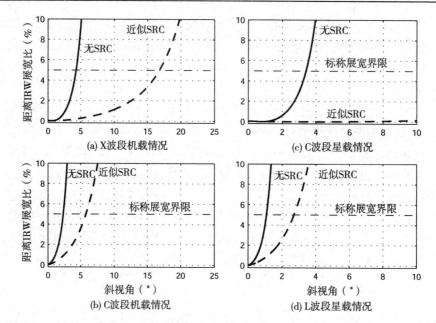

图 6.15　无 SRC 及方式 3 中的近似 SRC 情况下，距离 IRW 展宽随斜视角变化的曲线

星载

图 6.15(c) 和图 6.15(d) 为两种 5 m 分辨率的典型星载雷达。斜视角可变至 10°。对于 C 波段，图 6.15(c) 表明，在 5% 距离 IRW 展宽条件下，可以忽略 3.5° 斜视角以内的二次距离压缩；若斜视角超过 3.5°，则应进行二次距离压缩。由于在 C 波段星载 SAR 参数中，二次距离压缩对 f_η 的关联较弱，因此对于一般的实际斜视角，近似方式 3 已经足够了。

对于 L 波段，图 6.15(d) 表明可以忽略 1° 斜视角以内的二次距离压缩。若斜视角在 1°~ 3° 之间，则可以采用近似方式 3。当超过 3° 时，则应采用近似方式 2。对于具有表 4.1 中参数的 X 波段卫星，5° 以上斜视角时才需要进行二次距离压缩(图中未标出 X 波段情况)。

注意，若采用精确方式 2，则图中所有机载及星载情况下的 IRW 展宽都可被忽略，因而除了极个别的例外，一般不必使用方式 1。

6.4.4　二次距离压缩仿真试验

图 6.1 给出了两种不同二次距离压缩实现的 RDA 框图。图 6.1(b) 为更精确的方位频域实现方式 2，图 6.1(c) 为忽略 f_η 相关性后更为高效的方式 3。两种情况下均忽略对 R_0 的相关。

同理，此处利用图 6.2 中的三个点目标对两种实现方式的效果进行说明，仿真使用表 6.1 中的机载 C 波段雷达和几何参数。斜视角取为较高的 21.9°，则目标 C 应下移，以便与目标 B 的波束中心穿越时刻保持一致。

图 6.16 为原始数据。虽然距离门在时间上是固定的，但由于能量仅来自三个目标，故图中的数据仍然呈现出倾斜。与图 6.3 的低斜视角相比，原始数据的扭曲十分明显。

在 6.3 节的低斜视角仿真中，忽略二次距离压缩的二次相位误差仅为 0.06π，但现在为 2.3π，若不进行二次距离压缩，则会引入较大的 IRW 展宽。以下对方式 2 和方式 3 的应用进行介绍。

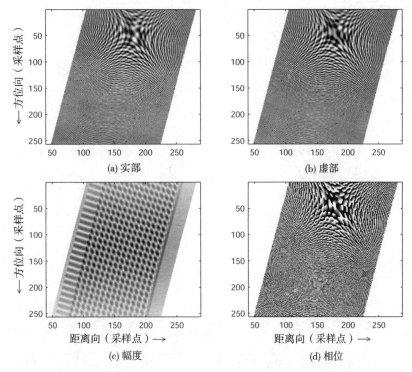

图 6.16　大斜视角(21.9°)时，三点目标的仿真原始数据

方式 2 的二次距离压缩

图 6.17 示意了更精确的方式 2 的处理结果，其中 R_0 为定值，设其为目标 A 和 B 的距离。图 6.17(a)所示为使用调频率为 K_r 的距离匹配滤波器进行准确距离压缩的结果[①]。

随后进行方位向快速傅里叶变换。与图 6.5 的低斜视角情况不同[②]，从图 6.17(b)中可以看到明显的展宽。它源自每一距离单元上的目标有限照射时间，但由于展宽在距离上具有线性调频形式，故可将其视为距离压缩的误差。其线性调频形式已在 5.3 节进行了解释。

此后即可在二维频域进行二次距离压缩。从图 6.17(c)可知，由方位向快速傅里叶变换引入的展宽已被二次距离压缩校正，因此可将其视为数据的重压缩。最后，图 6.17(d)给出了经距离徙动及准确的方位零多普勒压缩后的目标位置(见图 6.2)。

为了更清楚地观察压缩目标特性，对目标 C 进行单独仿真。图 6.18(a)给出的是以目标为中心的 96×96 的频谱切片。频谱按斜视角负向旋转。图 6.18(b)示意了压缩后的目标。为了更清晰地观察旁瓣，对亮度进行了增强。从中可以看到两组方位旁瓣。一组沿平行于方位轴方向垂直分布，另一组则被斜视角所扭曲。

继续对目标进行放大分析。图 6.18(c)示意了以目标为中心的 16×16 的幅度谱切片。图 6.18(d)给出的则是经能量谱间隙补零及逆变换后的目标能量分布。若对积分旁瓣比进行

[①]　与图 6.1(b)的处理框图不同，通过一次快速傅里叶逆变换完成距离压缩，其压缩结果如图 6.17(a)所示。接下来的二次距离压缩中会包含一次距离向快速傅里叶变换和一次快速傅里叶逆变换，通过图 6.17(b)和图 6.17(c)可以看到更清晰的二次距离压缩过程。

[②]　进行方位向快速傅里叶变换之后，目标 A 和 B 处在相同的距离单元内，在图 6.17(b)和图 6.17(c)中可以看到目标相互干扰的现象。

一维测量，则应将目标进行旋转和扭曲，以使大部分旁瓣对齐至水平轴和垂直轴。旋转后测得的冲激响应宽度和峰值旁瓣比与理论值一致，表明压缩质量很高。

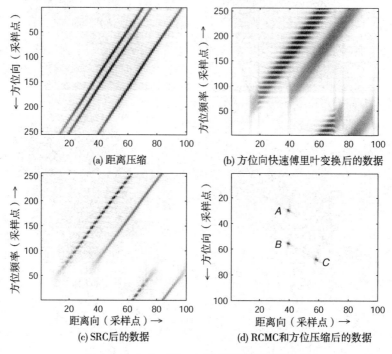

图 6.17　方式 2 下二次距离压缩的精确实现

　　图 6.18(b)中的两组方位旁瓣解释如下。倾斜于垂直轴的主要旁瓣源于图 6.18(a)的频谱垂直扭曲，读者可回顾 2.2(c)和图 2.2(d)。垂直旁瓣则源于在距离徙动校正和方位压缩中假定的方位向频率间断。由于以上处理在距离多普勒域中进行，故方位向频率间断应选在二维频域中的某一固定方位频点上，如图 6.18(a)中第 26 个方位频点。因为该域中的多普勒中心 f_{η_c} 为 $2(f_0+f_\tau)V_r\sin\theta_{r,c}/c$，故间断点在理论上是随距离向频率 f_τ 变化的。也就是说，多普勒中心频率的变化会导致方位频谱出现倾斜。

　　简单地讲，如图 6.19 所示，可将频谱视为两部分的叠加：来自频谱扭曲的倾斜部分，如图 6.19(a)所示，以及来自固定方位向频率间断的垂直部分，如图 6.19(b)所示。这样就导致了两个方位旁瓣轴。对于诸如第 8 章讨论的 ωKA 这类二维频域算法，方位向频率间断点可以随距离向频率变化，因此在这类方法中仅有倾斜旁瓣，所以可将较小的垂直旁瓣视为 RDA 及 CSA 中的人为产物。

方式 3 的二次距离压缩

　　图 6.20 给出了忽略二次距离压缩方位向频率相关性的近似实现结果。此时，通过将调频率 K_r 替代为式(6.21)中的 K_m，在距离压缩中进行二次距离压缩。

　　图 6.20(a)所示的是使用改进后的调频率时，方位时域中的不完全压缩目标。但从图 6.20(b)中可知，方位向快速傅里叶变换后，目标在距离上是完全压缩的。对其解释为，调频率由 K_r 至 K_m 的修改给予了距离脉冲一个"预失真"，故方位向快速傅里叶变换后的压缩是完全的。

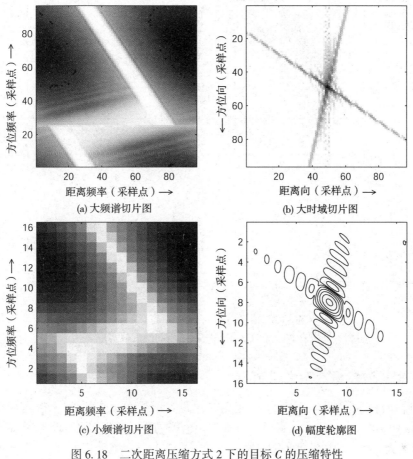

图 6.18　二次距离压缩方式 2 下的目标 C 的压缩特性

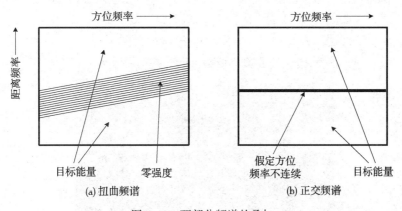

图 6.19　两部分频谱的叠加

图 6.20(c)和图 6.20(d)分别示意了距离徙动校正及方位压缩后的数据。在本仿真参数下,最终结果与精确二次距离压缩差别不大。由于最大方位频点 f_η 处的二次相位误差 $\Delta\phi_{\mathrm{src,f}}=0.11\pi$,故该处的距离展宽可被忽略,其他频点上的展宽更小,因而此处可以使用近似实现,而方位压缩后的距离展宽也可忽略。

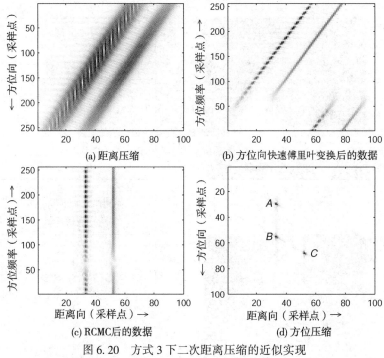

图 6.20 方式 3 下二次距离压缩的近似实现

6.4.5 机载 L 波段雷达图像示例

这里，选择机载 L 波段雷达数据对使用二次距离压缩方式 2 的 RDA 进行说明。该数据于 2001 年由 MacDonald Dettwiler 通过用于遥感/监测应用的多模式双波段 SAR 系统获取。其方位波束宽度为 13°，工作在全极化方式下。

图 6.21 的图像由实时处理器产生（1000 像素，10 km，L 波段，VV 极化）。最初图像为使用二次距离压缩方式 2 的 RDA 四视 3 m 分辨率图像，为便于显示，像素经过了 4×4 平均处理。该处理器还可以处理八视 6 m 分辨率和十六视 18 m 分辨率图像。

图 6.21 使用二次距离压缩方式 2 的 RDA 处理得到的机载 L 波段图像（由 MacDonald Dettwiler 提供）

6.5 多视处理

本节将讨论用于降低雷达图像固有相干斑噪声的处理方法。该方法的处理视数大于 1，故称为多视处理。这种多视处理不像单视处理那样对聚焦有较高的要求，故其受斜视角的影响不大。

注意，虽然本章仅通过 RDA 来说明多视处理，但也可将其用于其他算法。

相干斑噪声的起因

在 SAR 中，由于每一分辨单元内的各散射点之间的相对相位与雷达视角紧密相关，故相干斑为乘性噪声。散射点之间的相干叠加是随机的，导致每一像素在幅度上服从瑞利分布[12]。参考文献[13,14]中给出了相干斑噪声的统计模型。有关相干斑噪声的起因及其更细致的描述见参考文献[15]。

降低相干斑噪声的传统方法是对信号频谱的不同部分进行成像处理，并对幅度检测结果进行平均[16]，此即随后将要讨论的多视处理。还有许多更先进的相干斑降噪算法，例如 Lee 滤波器、Frost 滤波器[17,18]、基于小波的滤波器[19,20]和模拟退火[13]等方法。参考文献[21]对其进行了综述，这些方法一般归到后处理中，即对良好聚焦图像进行的处理，故本书不予讨论。

6.5.1 子视时频关系

大多数雷达系统中的固有方位向分辨率高于距离向分辨率，因而尽管可以在两个方向进行多视处理，但一般都选在方位向。为了便于说明，在此假定进行的是方位多视。此时，方位向频谱被带通滤波器分成若干独立的部分。由于时频间的线性调频关系，这相当于在方位向进行子波束分隔。由于每一子波束的波束视向不同，故相应的数据被称为"子视"，这就是"多视处理"的由来。

子视由固定带宽的带通滤波器从方位谱中提取得到，其中滤波器带宽为 F_L，可根据期望的方位向分辨率进行选择。根据式（4.45），方位向分辨率 ρ_a 与 F_L 的关系为

$$\rho_a = \frac{0.886\,\alpha_{\mathrm{az}}\,V_g\,\cos\theta_{r,c}}{F_L}\,\gamma_{w,a} \tag{6.34}$$

其中 $\gamma_{w,a}$ 为由锐化窗及天线方向图共同引起的 IRW 展宽因子。带通滤波器又称为"子视抽取滤波器"。

如图 6.22 所示，带通滤波器以微小的重叠对称地分布在多普勒中心频率两侧。为清晰起见，图中给出的是旋转后的频谱，以使多普勒中心频率也处在阵列中间。实际上，如果子视超出了 PRF，则会在两端处出现卷绕。这里令子视 k 的中心频率为 $F_{k,\mathrm{cen}}$。

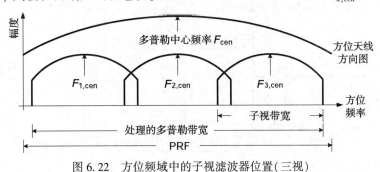

图 6.22 方位频域中的子视滤波器位置（三视）

根据式(5.48)，时域中的子视宽度为

$$T_L = \frac{F_L}{K_a} = \frac{\lambda R(\eta_c) F_L}{2 V_r^2 \cos \theta_{r,c}} \tag{6.35}$$

由式(5.44)可知，与子视中心频率 $F_{k,\text{cen}}$ 对应的子视中心时刻 $T_{k,\text{cen}}$ 为

$$T_{k,\text{cen}} = -\frac{F_{k,\text{cen}}}{K_{a,\text{dop}}} \tag{6.36}$$

图6.23示意了时域及频域中的典型子视关系。在这个例子中使用三视，图中每一子视在两个域中的视边界表明子视间不存在重叠。从图6.23(a)中的时域可见，子视中心时刻和时域子视宽度按照式(6.35)和式(6.36)随斜距而变化。在图6.23(b)的频域中，子视带宽恒定，且子视中心频率与波束中心频率平行，近似为距离的线性函数。由于 f_η 与斜视角直接相关，故每视的数据可视为来自不同的斜视角。

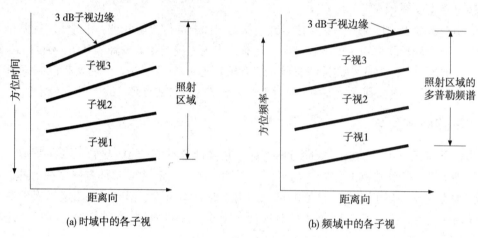

(a) 时域中的各子视　　　　　(b) 频域中的各子视

图6.23　方位三视的时频范围

6.5.2　子视抽取、检测及求和

如图6.24所示，方位多视压缩与单视处理的区别在于子视抽取、检测及求和。首先对全部频谱进行匹配滤波。这仅为一个"相位滤波器"，目的是从全部频谱中去除二次相位。然后对各子视进行"幅度滤波"(见图6.22)，以提取所需的频谱部分。幅度函数包含了用于控制旁瓣的加权，子视间的重叠一般在 10%~20%。

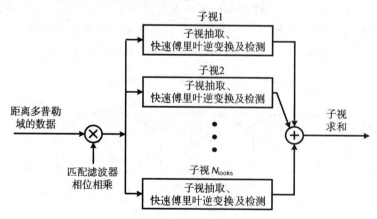

图6.24　方位多视压缩处理步骤

此后对每视进行快速傅里叶变换，以完成压缩。仅对得到完全压缩的快速傅里叶逆变换输出点进行子视求和。由于全部频谱中的匹配滤波相位使用的是共同的相位函数，只要匹配滤波器的调频率正确，每块子视数据就会自动对齐。快速傅里叶逆变换后，相关不完全的点从输出阵列中去除，其位置在每块子视中是不同的(见 6.5.4 节)。

复数据检测

此时，每视数据仍然为复数。通过数据检测可以去除相位信息，这是相干斑去除中必要的一步。

检测方法一般有两种，它们会影响到子视求和后数据的统计特性。令 $s(k,n)$ 为第 k 视中第 n 个采样点上的复数据，全部视数为 N_{looks}，$s_{\text{ls}}(n)$ 为子视求和后的数据。一种方法是对每视中的像素幅度进行求和，

$$s_{\text{ls}}(n) = \sum_{k=1}^{N_{\text{looks}}} \left| s(k,n) \right| \tag{6.37}$$

另一种方法是对子视幅度平方求和再开方，

$$s_{\text{ls}}(n) = \sqrt{\sum_{k=1}^{N_{\text{looks}}} \left| s(k,n) \right|^2} \tag{6.38}$$

两种方法中的数据都处于幅度(电平)域。与能量域相比，像素的灰度分布更利于图像的视觉判读。

第二种方法具有某些优势，从现在开始都假定使用这种方法。第一，平方根在值域上被压缩；第二，仅需在能量域对求和后的随机变量进行统计特性估计，即可得到用于估计独立视数的参量；第三，具有较强方位天线方向图及 SNR 的中间子视在重要性上得到加强；第四，目标雷达截面积在能量域能得到最好的估计[13]。

子视求和

随后，对子视进行非相干叠加，以降低相干斑噪声①。求和之前必须对齐子视，如图 6.25(a)所示。根据式(6.36)中的不同中心频率，子视之间的对齐是交错的。

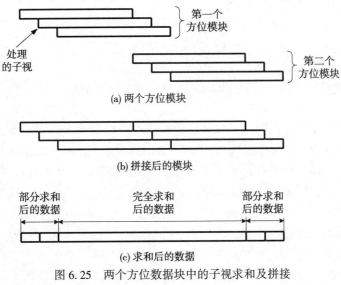

(a) 两个方位模块

(b) 拼接后的模块

(c) 求和后的数据

图 6.25　两个方位数据块中的子视求和及拼接

---

① "非相干"是指在复数据检测过程中除去每个像素的相位信息。

方位向采样间隔

子视求和后的方位向采样间隔为

$$\Delta y = \frac{V_g}{F_a} \frac{N_{\text{fft}}}{N_{\text{ifft}}} \tag{6.39}$$

其中 N_{fft} 和 N_{ifft} 为快速傅里叶变换及逆变换的长度。注意，由于快速傅里叶逆变换可能会被补零至合适的运算长度，故 N_{ifft} 并不与子视带宽相对应。

6.5.3 等效视数

子视求和对相干斑噪声的压缩效果与子视之间的独立程度有关。对视数的量度为等效视数（ENL）。如果能量域中的子视求和不采用式（6.38）所示的平方根形式，则等效视数定义为

$$\text{ENL} = \left(\frac{\mu_{N_{\text{looks}}}}{\sigma_{N_{\text{looks}}}} \right)^2 \tag{6.40}$$

其中 $\mu_{N_{\text{looks}}}$ 和 $\sigma_{N_{\text{looks}}}$ 为子视求和数据的均值和标准差。由此，等效视数由子视求和数据的概率密度函数确定。下面从平方律检测角度对其进行推导。

令 $x_{\text{real}}(k,n)$ 和 $x_{\text{imag}}(k,n)$ 为子视 k 中第 n 个采样点的实部和虚部，则子视求和后的数据为

$$z(n) = \sum_{k=1}^{N_{\text{looks}}} \left\{ x_{\text{real}}^2(k,n) + x_{\text{imag}}^2(k,n) \right\} \tag{6.41}$$

假定 $x_{\text{real}}(k,n)$ 和 $x_{\text{imag}}(k,n)$ 都服从均值为 0、标准差为 1 的高斯分布，且子视间相互独立（即不存在视重叠），则 $z(n)$ 是自由度为 $2N_{\text{looks}}$ 的 χ^2 分布，因子 2 源于式（6.41）的实部和虚部，其均值及标准差的推导见参考文献[22]，

$$\mu_{N_{\text{looks}}} = 2N_{\text{looks}}$$
$$\sigma_{N_{\text{looks}}} = \sqrt{2(2N_{\text{looks}})} = 2\sqrt{N_{\text{looks}}} \tag{6.42}$$

对于相互独立的子视，等效视数为 N_{looks}。这是由于独立同分布的 N 个高斯变量（均值和方差相同）经求和后在方差上要下降 $1/N$。

多视处理的目的在于去除相干斑噪声。与单视处理相比，降噪比为

$$\frac{\sigma_{N_{\text{looks}}}/\mu_{N_{\text{looks}}}}{\sigma_1/\mu_1} = \frac{\sigma_{N_{\text{looks}}}}{\mu_{N_{\text{looks}}}} \tag{6.43}$$

其为等效视数平方根的倒数。分母中的 $\mu_{N_{\text{looks}}}$ 和 μ_1 为归一化因子，以使两个变量可以在同一量级上进行比较。

当子视重叠时，虽然可以通过子视抽取滤波器的加权以减小有效重叠，但等效视数仍会降低，其影响见图 6.26（四视处理）。无子视重叠的等效视数为 4，此时噪声下降最大。但对于重叠子视，由于子视之间不再相互独立，故等效视数会降低。在 100% 的极端重叠中，由于二视、三视和四视不会增加任何信息，故 ENL = 1。图中曲线没有考虑天线加权的影响，如果不对视加权进行调整，天线加权就会降低等效视数。

若对子视抽取滤波器进行加权，则由于重叠（相关）区的影响相对不大，重叠区给定情况下的等效视数将变大。例如，20% 重叠区下 $\beta = 2$ 的加权几乎可以做到无重叠时的完全噪声压制，在使用上是一个不错的选择。从某种意义上讲，视重叠可以恢复源于加权的子视边缘处的信息损失。

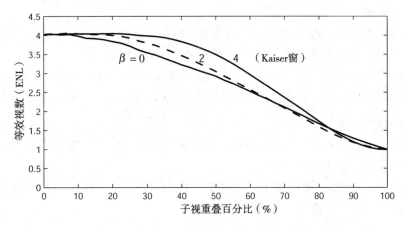

图 6.26　随加权和子视重叠变化的等效视数

6.5.4　多视处理示例

这里，通过同一距离单元上的三点目标仿真，对多视处理中的数据压缩及配准进行说明。首先，根据压缩、配准及单视弃置区等因素设置景数据。

单视处理示例

图 6.27 给出了三点目标的单视处理结果。解调后的数据存储在 512 点的处理阵列中，如图 6.27(a)所示。为简单起见，仿真数据的多普勒中心频率为 0，包络为矩形。

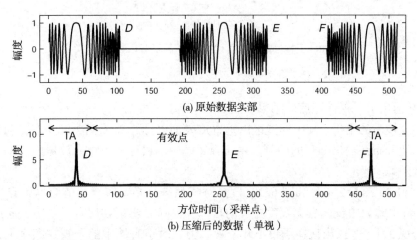

图 6.27　用于说明目标配准及循环卷积弃置区的完全照射和部分照射目标压缩

位于输入阵列中心的目标 E 在照射上是完整的，但分别位于起始和结束位置的目标 D 和 F 却是不完整的，其截获带宽为目标 E 的 80%。

匹配滤波器通过 3.4 节中的方式 3 产生。经频域相位相乘和快速傅里叶逆变换后的压缩输出阵列如图 6.27(b)所示。在数据舍弃前，输出阵列中的目标被对齐至零多普勒输入位置。

目标 E 被完全压缩至输出阵列中点，对于边缘处的目标 D 和 F，由于相应的输入数据不完整，故压缩效果不如目标 E。可以看到其幅度仅为 E 的 80%，由于信号带宽的降低，其冲激响应宽度被展宽。

本例中的多普勒中心频率为零，故弃置区(TA)对称地分布在输出阵列的两侧。正如3.4节①所指出的，非零多普勒中心频率仅对弃置区位置有所影响。

位于弃置区中的两个不完整照射目标 D 和 F 将被舍弃。由于处理阵列的长度为匹配滤波器的 4 倍，故循环卷积有效输出涵盖输出阵列的 3/4，如图 6.27(b) 中的箭头所示。

同一示例的多视处理

图 6.28(a)示意了同样三个点目标在多视处理中的信号频谱，其多普勒中心为零。幅度谱的抖动源于三个目标之间的互扰。

如图 6.28(b)所示，三视抽取滤波器关于多普勒中心对称分布。为清晰起见，图中没有给出子视重叠区。每视均被 $\beta = 2$ 的 Kaiser 窗所加权。

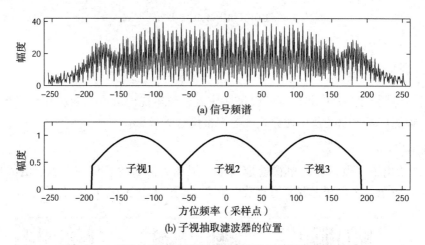

图 6.28　子视抽取滤波器位置与方位信号频谱之间的关系

多视压缩结果

图 6.29 给出了三视处理后的结果。图 6.29(a)、图 6.29(c)和图 6.29(e)分别为三视快速傅里叶逆变换后的结果，其中弃置区由垂直点线加以标志。子视 2 以零多普勒为中心，故弃置区对称地分布在输出阵列的两侧。由于弃置区中的目标在子视滤波器内为部分照射，故其幅度较低。

图 6.29(b)、图 6.29(d)和图 6.29(f)是对阵列进行必要解绕后的数据舍弃结果。经准确舍弃后，输出阵列中仅含有无幅度损失的目标。目标 E 出现在所有子视中，而 D 仅出现在子视 2 和子视 3 中，F 仅出现在子视 1 和子视 2 中。由于时域中的子视在顺序上是反的，故起始目标 D 出现在子视 3，而非子视 1 中。

图 6.29(g)给出了图 6.29(b)、图 6.29(d)和图 6.29(f)非相干叠加后的结果，目标 E 的子视求和是完整的，但目标 D 和目标 F 则不然。只有通过相邻方位块(回顾图 6.25)的处理才能得到两侧目标的完整子视求和。当对下一个方位块进行处理时，会产生另一个包含目标 F 的子视，这样即可得到 F 的完整求和数据。

---

① 　每个目标的零多普勒位置及目标压缩结果向右移动 $f_{\eta_c}/K_{a,\mathrm{dop}}$。此外，弃置区位置也按同样的量级向右偏移。

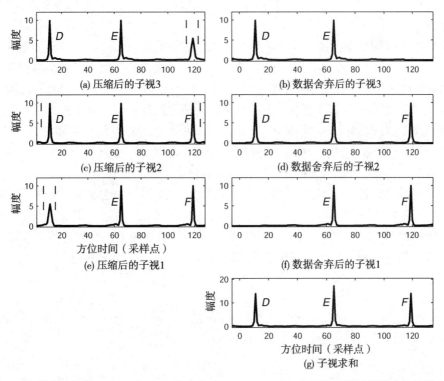

图 6.29　数据舍弃前(a)，(c)，(e)和舍弃后(b)，(d)，(f)的多视压缩及子视求和结果(g)

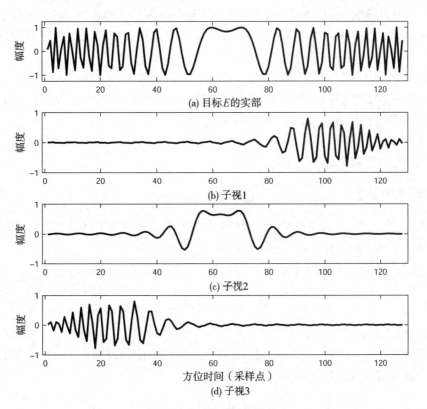

图 6.30　时域子视滤波器

多视弃置区

　　为了给出子视的配准原则，可以考察相应的时域等效匹配滤波器。结果如图 6.30 所示，与单视处理一样，假定复制是针对目标 E 的。每一时域滤波器可以通过被相应视窗限制的频域滤波器，经快速傅里叶逆变换得到。由于子视 1 的频率最低，故其匹配滤波器来自信号阵列的尾部。在时域滤波器中可以看到这种从中心向两侧逐渐衰落的窗效应。

　　比较子视 1 滤波器和目标 E［见图 6.30(a)］，可知滤波器与信号右侧的三分之一匹配，即目标 D（见图 6.27）的右侧可聚焦。类似地，子视 2 滤波器与中间部分匹配，子视 3 滤波器与左侧三分之一匹配。目标 F 的相应部分也得到匹配。

　　多视处理中的弃置区与单视不同。首先，由于使用的滤波器较短，故弃置区变窄。其次，每视中的弃置区位置不同。假设视数为对称分布的奇数，中心子视的弃置区在位置上仍与 3.4 节中的单视情况一致。也就是说，压缩至零多普勒中心后，弃置区位于快速傅里叶逆变换输出阵列的任一侧，长度为时域子视匹配滤波器的一半。对于其他子视，弃置区位置偏离中心，为

$$\Delta\eta = -\frac{(F_{k,\mathrm{cen}} - F_{\mathrm{cen}})}{K_a} \tag{6.44}$$

该时间增量代表相应子视中的数据压缩"延迟"。

讨论

　　为了避免过长的快速傅里叶变换，通常在方位向进行分块处理。数据块间的处理参数（诸如多普勒中心频率、方位向调频率等）可能不同，但多视处理能够适应这种变化。不同块之间应互相重叠，重叠区即为相应子视中的舍弃长度。若在拼接前对每块数据进行方位插值，则还应加上方位插值函数的长度。

　　再次以三视为例，图 6.25 示意了某一距离门上两个方位块之间的拼接过程。对于每一视求和后的数据块，"完整数据"区相应于该数据块中被三视同时覆盖的地面，如图 6.25(a) 所示。部分求和数据出现在子视求和阵列的两侧。当将第二块拼接到第一块时，第一块中的部分求和数据即变为完整的，如图 6.25(b) 所示。当 N 块处理后，部分求和数据仅出现在拼接数据的两侧，通常将其舍弃。

6.5.5　调频率误差

　　在多视处理中，方位向调频率误差 ΔK_a 会从两个方面引起方位 IRW 展宽。首先，每视的 IRW 被展宽；其次，由于视错位，IRW 会被子视求和进一步展宽。

　　与式(3.50)类似，子视的展宽为子视滤波器二次相位误差的函数：

$$\mathrm{QPE} = \pi\Delta K_a \left(\frac{T_L}{2}\right)^2 \tag{6.45}$$

其中 T_L 为式(6.35)中的时域子视宽度。图 3.14 给出了展宽随二次相位误差变化的曲线。

　　子视求和时，应对子视进行完全对齐。但是，方位匹配滤波器中的 ΔK_a 会导致子视之间出现错位。两相邻子视之间的时间错位为

$$\Delta\eta_{\mathrm{lk}} = -\frac{\Delta K_a\,\Delta f_a}{K_a^2} \tag{6.46}$$

其中 Δf_a 为相邻子视中心之间的频率间隔。较为适用的参数为两个最外侧子视中心之间的错

位值

$$\Delta y_{\mathrm{oml}} = \frac{V_g (N_{\mathrm{looks}} - 1)}{\rho_a} |\Delta \eta_{\mathrm{lk}}|$$ (6.47)

Δy_{oml} 对展宽的影响可由实验得到，图 6.31 对此进行了示意。大致地讲，对于低于 5% 的方位展宽，Δy_{oml} 不应超出方位向分辨率的一半。

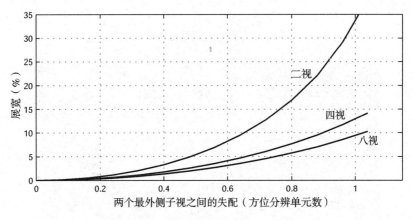

图 6.31　子视之间失配导致的方位展宽

利用表 4.1 中的典型机载和星载参数，表 6.3 对源于二次相位误差和视错位的方位展宽进行了汇总。由于在处理中进行了加窗，方位向分辨率含有 18% 的 IRW 展宽。由于数据的多普勒频谱间隔比较宽，与二次相位误差相比，源于视错位的展宽占主导地位。这对自聚焦算法是很有用的（见 13.4.2 节）。

表 6.3　多视中由方位向调频率误差导致的展宽

参数	符号	机载	星载	单位
斜距	R	30	850	km
等效雷达速度	V_r	250	7100	m/s
雷达工作波长	λ	0.032	0.057	m
视数	N_{looks}	4	4	
总带宽	Δf_{dop}	443	1338	Hz
子视带宽	F_L	125	350	Hz
子视重叠		16	6	%
方位向分辨率	ρ_a	2	20	m
方位向调频率	K_a	131	2095	Hz/s
调频率误差	ΔK_a	0.2	0.4	K_a 的百分数
二次相位误差		0.06	0.06	π rad
失配	Δy_{oml}	0.63	0.65	分辨单元
二次相位误差展宽		<0.1	<0.1	%
失配展宽		5	5	%

6.5.6 多视处理图像

在此，选择加拿大温哥华地区的 RADARSAT-1 高分辨率(精细模式 2)图像对 RDA 多视处理结果(见图 6.32)进行说明。数据获取时间为 2002 年 6 月 16 日，由 MacDonald Dettwiler 通过使用二次距离压缩方式 3 的 RDA 进行了四视处理。图像被重采样至 12.5 m 的南北网格，分辨率约为 20 m。

图 6.32 采用二次距离压缩方式 3 的 RDA 处理得到的温哥华
地区四视图像(加拿大航天局版权所有,2002 年)

图 6.14 为同一地区的图像，宽约 24 km，约为全部测绘带的一半。图像在垂直方向上覆盖了从北面的温哥华到南面的 Ladner 城区 29.5 km 的范围。有关该景的更多细节可参见第 12 章及附录 A。

6.6 小结

本章对包括距离压缩、距离徙动校正、方位压缩和多视处理在内的主要 RDA 处理步骤进行了介绍，给出了处理步骤及关键部分的信号表达式。通过仿真对其进行了验证，并揭示了包括中等斜视在内的信号结构。

　　本章阐释了二次距离压缩在斜视及长孔径数据处理中的作用,并对其不同实现方式进行了讨论,同时还说明了距离徙动校正插值函数设计及处理中正确的多普勒模糊的重要性。第 7 章将讨论无须距离徙动校正插值的算法。第 12 章和第 13 章将介绍各种多普勒参数的估计方法。

　　本章还给出了用于降低相干斑的多视处理,其处理步骤在方位向快速傅里叶逆变换之前与单视处理是一样的,区别在于使用较短的方位向快速傅里叶逆变换并对子视进行非相干叠加。子视可以视为在不同斜视下对数据进行的获取。

　　虽然 RDA 是目前民用星载 SAR 数据处理中最常用的算法,但自其出现以来,相继开发了其他一些处理算法,其中一部分针对高数据率,另一部分则用于诸如大斜视角的特定场合。后续各章将对此进行讨论。

　　表 6.4 中对本章推导出的重要处理方程进行了汇总。其中,距离扫频设为正,距离徙动参数 D 为 f_η, R_0 及 V_r 的函数。

表 6.4　RDA 处理方程汇总

操作	低斜视角	精确的二次距离压缩	近似的二次距离压缩
距离向匹配滤波器相位	$\exp\{-\mathrm{j}\pi K_r \tau^2\}$	$\exp\{-\mathrm{j}\pi K_r \tau^2\}$	$\exp\{-\mathrm{j}\pi K_m \tau^2\}$
二次距离压缩滤波器	无	$\exp\{-\mathrm{j}\pi f_\tau^2/K_{\mathrm{src}}\}$	无
距离徙动校正偏移量	$\dfrac{\lambda^2 R_0 f_\eta^2}{8V_r^2}$	$R_0\left(\dfrac{1}{D}-1\right)$	$R_0\left(\dfrac{1}{D}-1\right)$
方位匹配滤波器相位	$\exp\left\{-\mathrm{j}\,\dfrac{\pi\lambda R_0 f_\eta^2}{2V_r^2}\right\}$	$\exp\left\{\mathrm{j}\,\dfrac{4\pi f_0 R_0 D}{c}\right\}$	$\exp\left\{\mathrm{j}\,\dfrac{4\pi f_0 R_0 D}{c}\right\}$

参考文献

［1］　C. Wu. A Digital System to Produce Imagery from SAR Data. In *AIAA Conference: System Design Driven by Sensors*, October 1976.

［2］　C. Wu. Processing of SEASAT SAR Data. In *SAR Technology Symp.*, Las Cruces, NM, September 1977.

［3］　I. G. Cumming and J. R. Bennett. Digital Processing of SEASAT SAR Data. In IEEE *1979 International Conference on Acoustics, Speech and Signal Processing*, Washington, D. C., April 2-4, 1979.

［4］　J. R. Bennett and I. G. Cumming. A Digital Processor for the Production of SEASAT Synthetic Aperture Radar Imagery. In *Proc. SURGE Workshop, ESA Publication No. SP-154*, Frascati, Italy, July 16-18, 1979.

［5］　C. Wu, K. Y. Liu, and M. J. Jin. A Modeling and Correlation Algorithm for Spaceborne SAR Signals. *IEEE Trans. on Aerospace and Electronic Systems*, AES-18(5), pp. 563-574, September 1982.

［6］　B. C. Barber. Theory of Digital Imaging from Orbital Synthetic Aperture Radar. *International Journal of Remote Sensing*, 6, pp. 1009-1057, 1985.

［7］　A. M. Smith. A New Approach to Range Doppler SAR Processing. *International Journal of Remote Sensing*, 12(2), pp. 235-2151, 1991.

［8］　R. Bamler, H. Breit, U. Steinbrecher, and D. Just. Algorithms for X-SAR Processing. In *Proc. Int. Geoscience and Remote Sensing Symp., IGARSS'93*, Vol. 4, pp. 1589-1592, Tokyo, August 1993.

［9］　J. R. Bennett, I. G. Cumming, R. A. Deane, P. Widmer, R. Fielding, and P. McConnell. SEASAT Imagery Shows St. Lawrence. *Aviation Week and Space Technology*, page 19 and front cover, February 26, 1979.

[10]　M. J. Jin and C. Wu. A SAR Correlation Algorithm Which Accommodates Large Range Migration. *IEEE Trans. Geoscience and Remote Sensing*, 22(6), pp. 592-597, November 1984.

[11]　A. R. Schmidt. Secondary Range Compression for Improved Range Doppler Processing of SAR Data with High Squint. Master's thesis, The University of British Columbia, September 1986.

[12]　N. L. Johnson, S. Kotz, and N. Balakrishnan. *Continuous Univariate Distributions*. John Wiley & Sons, New York, 2nd edition, 1994.

[13]　C. Oliver and S. Quegan. *Understanding Synthetic Aperture Radar Images*. Artech House, Norwood, MA, 1998.

[14]　R. K. Raney. Radar Fundamentals: Technical Perspective. In *Manual of Remote Sensing*, *Volume 2: Principles and Applications of Imaging Radar*, *F. M. Henderson and A. J. Lewis(ed.)*, pp. 9-130. John Wiley & Sons, New York, 3rd edition, 1998.

[15]　J. W. Goodman. Statistical Properties of Laser Speckle Patterns. In *Laser and Speckle Related Phenomena*, *J. C. Dainty(ed.)*. Springer-Verlag, London, 1984.

[16]　R. K. Moore. Trade-Off Between Picture Element Dimensions and Noncoherent Averaging in Side-Looking Airborne Radar. *IEEE Trans. on Aerospace and Electronic Systems*, 15, pp. 697-708, September 1979.

[17]　V. S. Frost, J. A. Stiles, K. S. Shanmugan, and J. C. Holtzman. A Model for Radar Images and Its Application to Adaptive Filtering of Multiplicative Noise. *IEEE Trans. Pattern Anal. Mach. Intell.*, 4, pp. 157-166, 1982.

[18]　J.-S. Lee. A Simple Speckle Smoothing Algorithm for Synthetic Aperture Radar Images. *IEEE Trans. Systems, Man and Cybernetics*, 13, pp. 85-89, 1983.

[19]　M. Simard. Extraction of Information and Speckle Noise Reduction in SAR Images Using the Wavelet Transform. In *Proc. Int. Geoscience and Remote Sensing Symp.*, *IGARSS'98*, Vol. 1, pp. 4-6, Seattle, WA, July 1998.

[20]　Z. Zeng and I. G. Cumming. Modified SPIHT Encoding for SAR Image Data. *IEEE Trans. on Geoscience and Remote Sensing*, 39(3), pp. 546-552, March 2001.

[21]　Y. Dong, A. K. Milne, and B. C. Forster. A Review of SAR Speckle Filters: Texture Restoration and Preservation. In *Proc. Int. Geoscience and Remote Sensing Symp.*, *IGARSS'00*, Vol. 2, pp. 633-635, Honolulu, HI, July 2000.

[22]　S. M. Selby. *Standard Mathematical Tables*. CRC Press, Boca Raton, FL, 1967.

第 7 章 Chirp Scaling 算法

7.1 介绍

第 6 章介绍的距离多普勒算法是为民用星载 SAR 开发的第一个成像处理算法。由于它兼具成熟、简单、高效和精确等优点，至今仍是使用最广泛的成像算法。但是，在一定条件下，该算法存在两点不足。首先，当用较长的核函数提高距离徙动校正(RCMC)精度时，运算量较大；其次，二次距离压缩(SRC)对方位向频率的依赖性问题较难解决，从而限制了其对某些大斜视角和长孔径 SAR 的处理精度。

Chirp Scaling 算法(简称 CS 算法，即 CSA)避免了距离徙动校正中的插值操作[1]。该算法基于 Papoulis[2] 提出的 Scaling 原理，通过对 chirp 信号进行频率调制，实现了对该信号的尺度变换(变标)或平移。基于这种原理，可以通过相位相乘替代时域插值来完成随距离变化的距离徙动校正。此外，由于需要在二维频域进行数据处理，CSA 还能解决二次距离压缩对方位向频率的依赖问题。

由频率调制实现的变标或平移不能过大，否则将引起不利的信号中心频率和带宽改变。这种限制可以通过对距离徙动校正进行两步操作予以避免。首先通过 Chirp Scaling 操作，校正不同距离门上的信号距离徙动差量(difference)；使所有信号具有一致的距离徙动，然后在二维频域通过相位相乘很方便地对其进行校正。以上两步分别称为"补余距离徙动校正"(differential RCMC)和"一致距离徙动校正"(Bulk RCMC)。

7.1.1 Chirp Scaling 算法概览

CSA 基本流程如图 7.1 所示。主要步骤包括 4 次快速傅里叶变换和 3 次相位相乘。各步骤说明如下。

1. 通过方位向快速傅里叶变换将数据变换到距离多普勒域。
2. 通过相位相乘实现 Chirp Scaling 操作，使所有目标的距离徙动轨迹一致化。这是第一次相位相乘。
3. 通过距离向快速傅里叶变换将数据变到二维频域。
4. 通过与参考函数进行相位相乘，同时完成距离压缩、二次距离压缩和一致距离徙动校正。这是第二次相位相乘。
5. 通过距离向快速傅里叶逆变换将数据变回到距离多普勒域。
6. 通过与随距离变化的匹配滤波器进行相位相乘，实现方位压缩。此外，由于第 2 步中的 Chirp Scaling 操作，相位相乘中还需要附加一项相位校正。这是第三次(最后一次)相位相乘。
7. 最后通过方位向快速傅里叶逆变换将数据变回到二维时域，即 SAR 图像域。

需要注意的是，由于需要在数据中保留距离向 chirp 信息，以实现第 2 步中的 Scaling 操作，所以 CSA 不能像 RDA 那样首先进行距离压缩。如果数据已经过距离压缩(在某些情况下)，则需要通过距离延拓重建数据的距离向 Chirp 信息。同时，还可以在第 4 步的相位相乘中附加一致方位压缩，虽然这并不能带来任何好处。

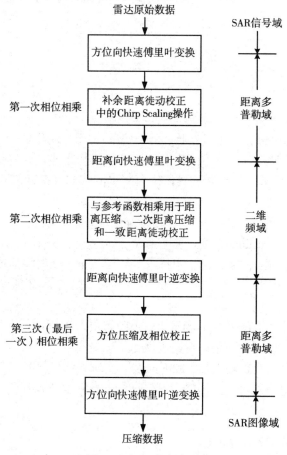

图 7.1   CSA 基本流程

由上可知，主要处理是在不同数据域进行的。一般而言，第一次相位相乘在距离时域和方位频域(距离多普勒域)进行，第二次相位相乘在二维频域进行，第三次相位相乘又在距离多普勒域进行。由此可见，CSA 是一种同时具有距离多普勒域处理和二维频域处理特征的混合算法。

CSA 利用原始 SAR 数据的特殊性避免了 SAR 图像聚焦中的插值操作。然而，一般需要将压缩后的 SAR 图像重采样至地距坐标系或特定的地图网格中，这个处理步骤需要进行插值，这种后处理插值可以用于所有的成像算法中。

在本章中，7.2 节介绍作为 CSA 基础的 Chirp Scaling 原理；7.3 节介绍如何将 Chirp Scaling 用于 SAR 处理中的关键步骤：距离徙动校正；7.4 节推导了变标(Scaling)方程；7.5 节将讨论距离处理(包括第一次和第二次相位相乘)和方位处理步骤(包括第三次相位相乘)；7.6 节通过简单的处理示例对算法操作予以揭示。

背景资料

就目前所知，CSA 是由两个研究小组同时独立提出的。加拿大的 Keith Raney 提出了将

Chirp Scaling 用于距离徙动校正的构想。而实用化的 CSA 则由 MacDonald Dettwiler 实验室的 Ian Cumming 和 Frank Wong 实现。同样的构想也被德国的 Hartmut Runge 提出,德国航天中心 (German Aerospace Center,DLR)(位于 Oberpfaffenhofen)的 Richard Bamler 团队将其发展为 CSA。1992 年,这两个研究小组在休斯顿的 IGARSS 会议上相遇,并获悉了对方的工作情况[3,4]。他们同意进行合作,并于一年后发表了一篇联合论文[1]。1993 年两个研究小组申请了 CSA 专利[5,6]。

相关工作

自从 CSA 用于星载 SAR 处理以来,出现了很多有关算法应用及扩展的论文。在本章中只对 CSA 的基本原理进行讨论。有兴趣对 CSA 做更深入研究的读者可以参考以下几方面的文献:

- CSA 的进一步发展[7~13];
- 大斜视角下的扩展 CSA[14,15];
- 长孔径中的 CSA(延伸至三维处理)[16];
- 扩展 CSA(ECS)在 ScanSAR 及条带模式和聚束模式中的应用[17~19];
- 基于 ECS 算法的图像配准[20];
- 误差分析[21,22];
- 运动补偿[23,24];
- 多普勒估计[25];
- 聚束 SAR 处理应用[26~28];
- CSA 在 DLR 的 SAR 处理器中的使用[29];
- CSA 的实现[30,31]。

7.2　Chirp Scaling 原理

为阐明 Chirp Scaling 原理,回顾单点目标的距离压缩将会很有帮助。假设有一个线性调频发射脉冲,解调后的理想点目标接收信号为

$$s_0(\tau) = \text{rect}\left(\frac{\tau - \tau_a}{T_r}\right) \exp\{j\pi K_r (\tau - \tau_a)^2\} \tag{7.1}$$

其中 τ_a 是距离向上的点目标出现时刻(rect 函数以 $\tau = \tau_a$ 为中心,持续时间为 T_r),K_r 是距离向调频率。信号频谱居中于基带,在 $\tau = \tau_a$ 时距离向频率为零。习惯上一般将目标压缩至零频位置,为此可通过以下频域匹配滤波器予以实现:

$$H(f_\tau) = \text{rect}\left(\frac{f_\tau}{F_r}\right) \exp\left\{j\pi \frac{f_\tau^2}{K_r}\right\} \tag{7.2}$$

其中 f_τ 是距离向频率,F_r 是距离向采样率。若过采样率较大,则匹配滤波器频宽 F_r 可以替换成 chirp 信号带宽 $|K_r| T_r$。

若点目标被人为压缩至稍微偏离零频位置的点,则需考察以下情况:(1)简单的常量偏移;(2)较为复杂的随距离线性变化的线性偏移。每种情况下的偏移都可以通过插值实现,但本节的目的则是研究如何通过 Chirp Scaling 实现偏移。

第一种情况:常量偏移

常量偏移可以通过 2.3.3 节讨论的傅里叶变换平移性质予以实现,即将一个线性相位与

式(7.2)的频域匹配滤波器相乘。由于信号频率的线性编码特性,这相当于在时域乘以一个线性相位。由于该时域相位是对雷达信号频率(最终为点目标位置)的调整或变标[①],故将其称为变标方程。

为对此进行说明,设与 K_r 相关的变标方程为

$$s_p(\tau) = \exp\{j2\pi K_r(\tau - \tau_a)\Delta\tau\} \tag{7.3}$$

其中 $\Delta\tau$ 为偏移参数。将雷达信号 $s_0(\tau)$ 与 $s_p(\tau)$ 相乘,变标后的信号为

$$
\begin{aligned}
s_1(\tau) &= \operatorname{rect}\left(\frac{\tau - \tau_a}{T_r}\right) \exp\{j\pi K_r[(\tau - \tau_a)^2 + 2(\tau - \tau_a)\Delta\tau]\} \\
&= \operatorname{rect}\left(\frac{\tau - \tau_a}{T_r}\right) \exp\{j\pi K_r(\tau - \tau_a + \Delta\tau)^2\} \exp\{-j\pi K_r \Delta\tau^2\}
\end{aligned}
\tag{7.4}
$$

比较式(7.1)的相位 $(\tau - \tau_a)^2$ 和式(7.4)的相位 $(\tau - \tau_a + \Delta\tau)^2$,可见零频位置左移了 $\Delta\tau$ 个时间单元[②]。这相当于通过式(7.3)在信号中引入了一个频率偏移

$$f_{sc} = K_r \Delta\tau \tag{7.5}$$

该频率偏移称为变标方程频率(Scaling Function Frequency)。此外,还有一个将在后续相位补偿中被去除的残余相位,即式(7.4)中的最后一项。

几何解释

图 7.2 以正扫频信号(即 $K_r > 0$)时频图为例对该方法进行了几何解释。当 $\Delta\tau$ 为正时,变标方程使信号频率上移,从而将信号零频位置由 τ_a 左移至 τ_b。这样,变标后的信号将被式(7.2)的匹配滤波器向左压缩至与 τ_a 时刻相隔 $\Delta\tau$ 的 τ_b 时刻。

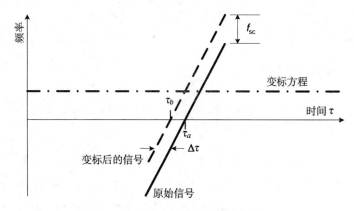

图 7.2　单频变标方程的偏移影响

图 7.3 给出了一个简单的 Chirp 信号压缩仿真结果,其中压缩后的目标被 Chirp Scaling 左移了 50 个采样点。线性调频率 K_r 为 100 Hz/s,采样率 F_r 为 800 Hz,信号持续 700 个采样点,带宽为 87.5 Hz(这里为了便于示例,过采样率设为较高的 9.15)。偏移参数 $\Delta\tau = 50/F_r = 62.5$ ms,变标方程频率 $f_{sc} = K_r \Delta\tau = 6.25$ Hz(或 0.8%的采样率)。图 7.3(b)示意了变标方程,在 800 个采样点(或 1 s)中共有 6.25 个周期。

---

① 第一种情况下没有进行变标,因为常量偏移时无须对距离坐标进行尺度变换。在本节后面考虑可变偏移时,则需对距离坐标进行变标处理。

② 以后,Chirp Scaling 方法将用于距离徙动校正。习惯上距离徙动被置于最近斜距的右侧,因此距离徙动校正应将数据向左移。

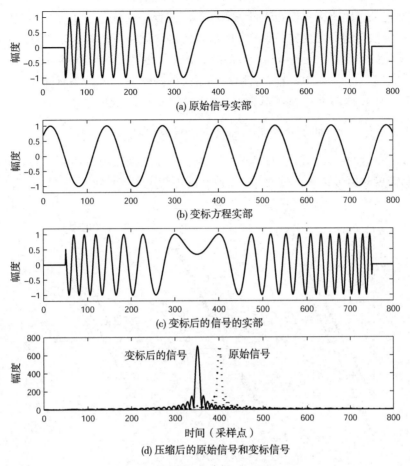

(a) 原始信号实部

(b) 变标方程实部

(c) 变标后的信号的实部

时间（采样点）

(d) 压缩后的原始信号和变标信号

图 7.3　变标及压缩之后的点目标平移

图 7.3(a)和图 7.3(c)显示了变标前后的 Chirp 信号，其零频分别位于第 400 个和第 350 个采样点上。初始信号和变标后的信号压缩结果如图 7.3(d)所示。可见，点目标分别被压缩至各自应在的零频位置。

偏移也可以通过插值实现。但是，当插值核较长时运算量较大，当插值核较短时则会损失信号带宽(回顾图 2.16)。插值和变标的时频关系也不一样。对插值来说，全部脉冲包络在时间上被平移，但频宽保持不变；反之，对比图 7.3(a)和图 7.3(c)，由于在变标中使用了时域相位相乘，信号包络在时间上不变，而信号频带则产生移动，这将导致信号稍微移出匹配滤波器频带。

从图 7.2 中可以看到明显的频率偏移。图 7.3(c)表明信号以微小的量级离开基带。由于偏移量很小，信号频带仍然处于 $\pm 0.5 F_r$ 之内，基带上的匹配滤波器带宽完全能够容忍这种频率偏移，经 Chirp Scaling 后就可以产生一个具有精确时间移动的良好点目标压缩波形。如果频偏过大，以至于一些信号频率点移出匹配滤波器频带，就需要对其进行频域搬移，以适应数据的频率偏移。但是稍后将会看到，当频率偏移随距离变化时，这可能是无法实现的。

第二种情况：随距离线性变化的偏移

距离徙动校正中的偏移量并非常量，而是在随着距离近似线性变化。如下所述，此时的变标方程应为线性调频信号。

　　为便于确定补余距离徙动校正中的偏移量，应选择一个偏移量为零的参考距离时刻 τ_{ref}，通常将其设在测绘带中心。这样，非参考距离处的偏移量与其相对于参考时刻的时间偏移成正比。为了简化数学符号，令 $\tau' = \tau - \tau_{\mathrm{ref}}$ 为相对于零偏移距离处的时间偏差。

　　图 7.4 示意了三个等间距目标，它们具有相同的调频率 K_r 和持续时间 T_r，且位于不同距离上（本例中 α 和 K_r 都为正），零频位置位于 $\tau' = \tau_a'$ 的 C 点目标为

$$s_0(\tau) = \mathrm{rect}\left(\frac{\tau' - \tau_a'}{T_r}\right) \exp\left\{ \mathrm{j}\pi\, K_r\, (\tau' - \tau_a')^2 \right\} \tag{7.6}$$

如果直接用式（7.2）的匹配滤波器对其进行压缩，则峰值将出现在零频位置 τ_a' 处，若要将其压缩至 τ_b'，则需要对信号频率进行变标，以使新的零频出现在 τ_b' 处。

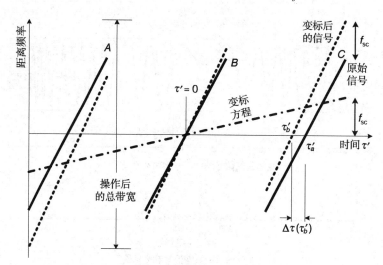

图 7.4　线性调频变标效应

　　变标之前，目标在 τ_b' 时刻的频率为

$$\Delta f(\tau_b') = K_r\,(\tau_b' - \tau_a') = -K_r\,\Delta\tau(\tau_b') \tag{7.7}$$

其中 $\Delta\tau(\tau_b')$ 是所需的时间偏移，也可以通过频率变标 $\Delta f(\tau_b')$ 实现。注意，$\Delta\tau(\tau_b') = \tau_a' - \tau_b' > 0$ 和图 7.2 所示的一致。

　　假设以相同的量级将目标 A 向右移动，而目标 B 位置保持不变，则每个目标所需的偏移量可以表示为 $\alpha\tau'$。目标偏移量与其新的零频时刻 τ' 成正比。也就是说，偏移量正比于距离。在这个例子中，$\alpha = \Delta\tau(\tau_b')/\tau_b'$ 或 $\tau_b' = \tau_a'/(1 + \alpha)$。

　　为了完成这种偏移，需要在信号中附加以下频率：

$$f_{\mathrm{sc}} = \alpha\, K_r\, \tau' \tag{7.8}$$

这就是变标所需的频率。变标方程的相位为

$$\phi_{\mathrm{sc}}(\tau') = \int 2\pi\, \alpha\, K_r\, \tau'\, d\tau' = \pi\, \alpha\, K_r\, (\tau')^2 \tag{7.9}$$

它是时间的二次函数，因此变标方程是调频率为 αK_r 的线性调频信号

$$s_{\mathrm{sc}}(\tau') = \exp\left\{ \mathrm{j}\, \phi_p(\tau') \right\} = \exp\left\{ \mathrm{j}\pi\, \alpha\, K_r\, (\tau')^2 \right\} \tag{7.10}$$

图 7.4 中用虚线对其进行了示意。注意，本例中的 α 和 K_r 都为正。

　　目标 A 的零频位置向右移动，目标 C 的零频位置向左移动，而目标 B 由于处于参考时

刻，其零频位置保持不变。可见，经过线性调频变标，目标位置发生了改变。这种位置变化量与目标相对于参考距离的间隔成正比。

变标后的 C 点目标为

$$
\begin{aligned}
s_1(\tau') &= \mathrm{rect}\!\left(\frac{\tau'-\tau'_a}{T_r}\right) \exp\!\Big\{ \mathrm{j}\pi \left[K_r\,(\tau'-\tau'_a)^2 + \alpha\,K_r\,(\tau')^2 \right] \Big\} \\
&= \mathrm{rect}\!\left(\frac{\tau'-\tau'_a}{T_r}\right) \exp\!\Big\{ \mathrm{j}\pi\,(1+\alpha)\,K_r\!\left(\tau' - \frac{\tau'_a}{1+\alpha}\right)^2 \Big\} \times \exp\!\Big\{ \mathrm{j}\pi\,K_r\,(\tau'_a)^2\,\frac{\alpha}{1+\alpha} \Big\}
\end{aligned}
\tag{7.11}
$$

从式 (7.11) 和图 7.4 可以得出以下结论。

- 变标将每一目标的调频率由 K_r 变为 $(1+\alpha)\,K_r$。由于目标照射时间并没有改变，因而目标频宽同样变化了 $(1+\alpha)$ 倍。在这个例子中，目标的调频率和带宽都升高了。
- 式 (7.11) 的第一项表明目标被压缩至 $\tau' = \tau'_a/(1+\alpha)$，即图 7.4 中的 τ'_b，因此变标使目标产生了一个与其距离位置成正比的位置偏移。
  也就是说，距离轴产生了 $1/(1+\alpha)$ 的尺度变化。在这个例子中，由于 α 为正，因此距离坐标被压缩。变标效果实际上在距离压缩后才出现。
- 每个目标频带发生了偏移。目标 A 的频带下偏，而目标 C 的频带则上偏。这意味着能够覆盖所有目标的总频带扩大了 $2\,|K_r|\,\max(|\Delta\tau|)$ 倍，或 $2\max(|\Delta\tau|)/T_r$ 倍（距离频带归一化表示）。$\max(|\Delta\tau|)$ 是 $|\alpha|$ 与 $1/2$ 测绘带宽的乘积（时间量纲）。因此，α 必须足够小，使扩展后的频带仍处于匹配滤波器带宽之内，以免出现混叠。
- 式 (7.11) 的第二项是与时间无关的残余相位，可以通过将压缩后的数据与一个相位补偿项相乘予以去除。

图 7.5 给出了图 7.4 中的三个等距目标的 Chirp Scaling 仿真结果。中心目标为参考点，对应于零偏移。线性调频变标后，左侧目标右移 10 个采样点，右侧目标左移 10 个采样点。由于每个目标之间的初始间隔为 200 个采样点，这相当于将距离坐标轴压缩了 5%。

第三种情况：随距离非线性变化的偏移

本节已经讨论了随距离（或时间）线性变化的偏移情况下的 Chirp Scaling 原理，这相当于对时间轴长度进行一致的压缩或拉伸，因此属于"常量变标"。实际上可能会遇到具有较小的二次项或更高次项偏移的情况，此时坐标轴上的尺度变化不再是严格线性的，7.5.1 节最后讨论了有关内容。由于实际情况下这些非线性项通常很小，所以本节讨论的原理仍然适用。

至此，已经讨论了三种不同形式的变标方程，其相位次数各不相同：

变标方程相位	对距离线的影响
线性	常量偏移
二次	常量变标
三次或更高次	距离可变变标

距离线的"常量变标"是指按一致的因子对整条线进行的拉伸或压缩，因此距离偏移随距离线性变化。"距离可变变标"是指拉伸或压缩因子存在沿距离线的变化，因而距离偏移包含了二次或更高次项。在实际情况下，距离变化分量非常小，因此偏移可近似为距离的线性函数（即变标近似为常量）。

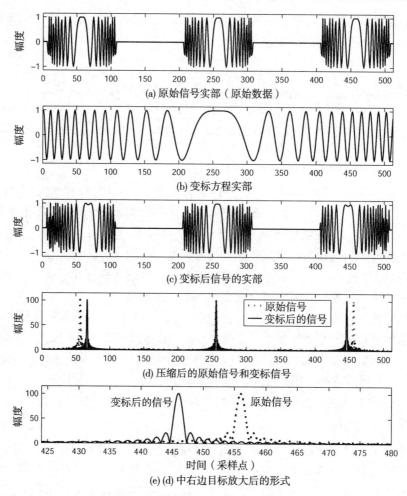

图 7.5　线性调频变标引起的点目标移动

7.3　距离徙动校正中的 Chirp Scaling

5.5 节表明，利用同一距离上所有点目标能量的重叠，可以很方便地在距离多普勒域完成距离徙动校正。6.3.4 节指出，距离徙动校正可以通过在一条方位向频率线上使用随距离变化的平移插值来实现，该平移可近似为距离的线性函数。本节将讨论如何通过 Chirp Scaling 实现距离徙动校正。

以下讨论将表明，与一般插值方法相比，变标操作可以更高效、更精确地实现距离向插值[1]，因此非常适于距离徙动校正。但是，在使用 Chirp Scaling 之前必须满足两个条件。首先，距离向数据必须具有 Chirp 编码特性；其次，Chirp Scaling 平移必须足够小，以避免出现超出距离向采样率的混叠扩展频谱。

为了满足第二个条件，可以将距离徙动校正分为两步。首先对参考轨迹（测绘带中心）进行距离徙动校正，然后在 Chirp Scaling 操作时，仅校正每条轨迹与参考轨迹之间的差。这样，Chirp Scaling 所需的偏移量将会很小，从而大大降低了带宽增幅。

7.3.1 节将讨论把距离徙动校正分解为一致距离徙动校正和补余距离徙动校正的原理。之后，通过 7.3.2 节对距离多普勒域 SAR 信号形式的重新考察，在 7.4 节中给出了 Chirp

Scaling 方程的推导。首先针对低斜视角、窄孔径的简单情况，此时距离徙动为方位向频率的二次函数，且等效雷达速度可设为定值，因此可以通过线性调频变标方程实现距离徙动校正。随后考察距离方程为精确的双曲形式，V_r 随距离变化的更普遍的情况。在这种情况下，Chirp Scaling 原理仍适用，但需要采用更复杂的变标方程。最后，7.4.1 节给出了典型的机载和星载情况下补余距离徙动的大小。

7.3.1　一致距离徙动校正和补余距离徙动校正

对于最短距离为 R_0 的目标，正如式(5.10)所给出的，距离多普勒域的距离方程近似为

$$R_{\text{rd}}(R_0, f_\eta) \approx R_0 + \frac{\lambda^2}{8} \frac{R_0}{V_r^2} f_\eta^2 \qquad (7.12)$$

这种近似适用于低斜视角和窄孔径情况。距离徙动由式(7.12)的第二项给出，它是最短斜距 R_0 的线性函数，也是方位向频率 f_η 的二次函数。

如前所述，距离多普勒域中的每一水平线具有相同的 f_η，因而通常在该方向上逐行进行距离徙动校正。由于式(7.12)中的距离徙动是距离的线性函数，因此对其进行的校正可以如图 7.4 所示的三个点目标示例那样，通过线性变标方程实现。

可以将式(7.12)的距离徙动看成整体距离徙动。使用 Chirp Scaling 校正整体距离徙动可能会造成信号移出距离基带上的匹配滤波器频带(见图 7.4 和图 7.5)。一种解决方案是将距离徙动分成两部分：表示参考或中心目标距离徙动的"一致距离徙动"和"补余距离徙动"。对所有目标来说，一致距离徙动都是相同的，补余距离徙动表示距离徙动的残余部分。补余距离徙动与距离相关，比一致距离徙动小得多，这样每一距离徙动分量可以通过不同的操作分别校正。

图 7.6 对一致/补余距离徙动进行了示意。图 7.6(a)给出了不同距离上的三个目标的能量轨迹(为简便计，数据已经过距离压缩)。垂直坐标为多普勒频率，每个目标具有相同的多普勒带宽(为简便计，多普勒中心频率假设为零)。由于式(7.12)中的二次系数 R_0/V_r^2 随距离增大，因而每个目标的曲率各不相同。如果参考目标选在中心，则将该点处的距离徙动定义为一致距离徙动。一致距离徙动不随距离改变，也就是说，其对所有目标来说都是相同的，如图 7.6(b)所示。从每个目标中去除一致距离徙动后，就得到了残余或补余距离徙动，如图 7.6(c)所示。图中的补余距离徙动被夸大了，实际上它与一致距离徙动相比非常小。

在进行距离徙动校正时，可以相对任何初始位置进行平移，为此可将参考位置选在距离徙动校正为零的距离和方位点上。由于主要目的之一是减少 Chirp Scaling 操作引入的频谱偏移，所以参考点在选择上应尽量减小补余距离徙动校正。合适的选择策略如下所示。

参考目标　参考目标宜选在测绘带中心，此时补余距离徙动校正沿距离向是对称的。该目标就是用于定义一致距离徙动校正的目标。

参考距离　参考距离是参考目标的最近距离 R_{ref}。

参考方位向频率　为减小补余距离徙动，参考方位向频率 $f_{\eta_{\text{ref}}}$ 应选为测绘带中心处的多普勒中心频率 f_{η_c}(即参考目标的中心频率)。

基于以上选择，距离徙动的各分量可定义如下。

整体距离徙动　为减小距离徙动校正的平移量，每个目标的整体距离徙动定义为目标距离与其在参考方位向频率处距离的差：

$$\text{RCM}_{\text{total}}(R_0, f_\eta) = R_{\text{rd}}(R_0, f_\eta) - R_{\text{rd}}(R_0, f_{\eta_{\text{ref}}}) = \frac{c^2}{8 f_0^2} \frac{R_0}{V_r^2} (f_\eta^2 - f_{\eta_{\text{ref}}}^2) \qquad (7.13)$$

一致距离徙动　为了将整体距离徙动分解为一致和补余两部分，将一致距离徙动定义为参考距离 R_{ref} 处目标的整体距离徙动：

$$\text{RCM}_{\text{bulk}}(f_\eta) = \text{RCM}_{\text{total}}(R_{\text{ref}}, f_\eta) = \frac{c^2}{8 f_0^2} \frac{R_{\text{ref}}}{V_{r_{\text{ref}}}^2} (f_\eta^2 - f_{\eta_{\text{ref}}}^2) \tag{7.14}$$

补余距离徙动　从式(7.13)的整体距离徙动中减去一致距离徙动，即可得到补余距离徙动：

$$\text{RCM}_{\text{diff}}(R_0, f_\eta) = \frac{c^2}{8 f_0^2} \left(\frac{R_0}{V_r^2} - \frac{R_{\text{ref}}}{V_{r_{\text{ref}}}^2} \right) \left(f_\eta^2 - f_{\eta_{\text{ref}}}^2 \right) \tag{7.15}$$

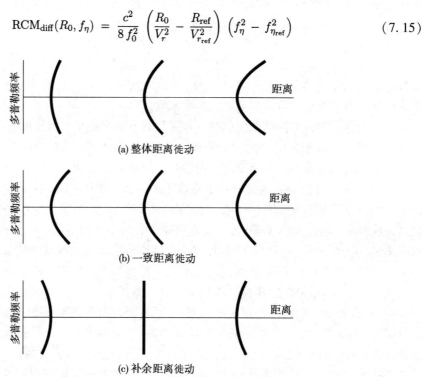

图 7.6　整体距离徙动可以表述为不随距离变化的一致距离徙动与随距离变化的补余距离徙动之和

讨论

从上述定义中可以得出以下几个结论。

1. 参考方位向频率 $f_\eta = f_{\eta_{\text{ref}}}$ 处所有目标的整体距离徙动及补余距离徙动都为零。这意味着该频率点上的每个目标都将被压缩至其应在的距离上。如果目标对齐至 $f_\eta = 0$ 的距离 R_0 处，就会带来非常大的带宽偏移。

2. 对整体距离徙动进行的校正可以分为两步：一致距离徙动和补余距离徙动。这两步的实现次序是任意的。

3. 每个目标的一致距离徙动都相同，因此可以通过距离频域的线性相位相乘实现。

4. 补余距离徙动随距离变化，在 $R_0 = R_{\text{ref}}$ 处为 0，它可以通过距离时域的 Chirp Scaling 操作实现。

5. 若 V_r 不变，则某一方位向频率 f_η 处的补余距离徙动是每个目标最近距离 R_0 的线性函数，如式(7.15)所示。

下一节将讨论一致距离徙动和补余距离徙动的更复杂的一般情况。

7.3.2　距离徙动的精确表达

当小斜视角近似不成立时，需要对式(7.12)的距离方程进行更精确的表达。5.3 节给出了距离多普勒域中基带未压缩信号的推导，结果见式(5.39)。忽略较小的距离包络调制，距离多普勒域中的信号频谱可写为

$$
S_{\mathrm{rd}}(\tau, f_\eta) = A\, w_r \left\{ \tau - \frac{2\,R_0}{c\,D(f_\eta, V_r)} \right\} W_a(f_\eta - f_{\eta c}) \times \exp\left\{ -\mathrm{j}\,\frac{4\pi f_0 R_0 D(f_\eta, V_r)}{c} \right\}
$$

$$
\times \exp\left\{ \mathrm{j}\pi K_m \left[\tau - \frac{2\,R_0}{c\,D(f_\eta, V_r)} \right]^2 \right\} \tag{7.16}
$$

其中 A 为复常数，徙动参数 D 为

$$
D(f_\eta, V_r) = \sqrt{1 - \frac{c^2 f_\eta^2}{4 V_r^2 f_0^2}} \tag{7.17}
$$

代表双曲距离方程。

距离向调频率 K_r 被接收信号中的距离/方位耦合所改变。如式(5.40)所示，改变后的距离向调频率 K_m 在距离多普勒域中是随距离变化的：

$$
K_m = \frac{K_r}{1 - K_r \dfrac{c R_0 f_\eta^2}{2 V_r^2 f_0^3 D^3(f_\eta, V_r)}} \tag{7.18}
$$

至此，式(7.16)的主要因子为出现在距离包络、方位向相位和距离向相位中的距离徙动参数 D。一般而言，它给出了距离多普勒域中更精确的双曲距离方程：

$$
R_{\mathrm{rd}}(R_0, f_\eta) = \frac{R_0}{D(f_\eta, V_r)} = \frac{R_0}{\sqrt{1 - \dfrac{c^2 f_\eta^2}{4 V_r^2 f_0^2}}} \tag{7.19}
$$

注意，将式(7.19)中的根式展开到一次项时即为式(7.12)的简单二次距离方程：

$$
\left(1 - \frac{c^2 f_\eta^2}{4 V_r^2 f_0^2} \right)^{-1/2} \approx 1 + \frac{c^2 f_\eta^2}{8 V_r^2 f_0^2} \tag{7.20}
$$

根据新的距离方程式(7.19)，小斜视角下的距离徙动方程式(7.12)至式(7.15)应替换为更精确的形式，如下所示。

整体 RCM　根据式(7.13)，相对于参考方位向频率的整体距离徙动为

$$
\mathrm{RCM}_{\mathrm{total}}(R_0, f_\eta) = \frac{R_0}{D(f_\eta, V_r)} - \frac{R_0}{D(f_{\eta_{\mathrm{ref}}}, V_r)} \tag{7.21}
$$

一致距离徙动　参考斜距 R_{ref} 上的式(7.21)（其中 $V_r = V_{r_{\mathrm{ref}}}$），即为一致距离徙动

$$
\mathrm{RCM}_{\mathrm{bulk}}(f_\eta) = \frac{R_{\mathrm{ref}}}{D(f_\eta, V_{r_{\mathrm{ref}}})} - \frac{R_{\mathrm{ref}}}{D(f_{\eta_{\mathrm{ref}}}, V_{r_{\mathrm{ref}}})} \tag{7.22}
$$

补余距离徙动　距离 R_0 处的补余距离徙动由式(7.21)所示的整体距离徙动减去式(7.22)所示的一致距离徙动得到，

$$
\mathrm{RCM}_{\mathrm{diff}}(R_0, f_\eta) = \frac{R_0}{D(f_\eta, V_r)} - \frac{R_0}{D(f_{\eta_{\mathrm{ref}}}, V_r)} - \frac{R_{\mathrm{ref}}}{D(f_\eta, V_{r_{\mathrm{ref}}})} + \frac{R_{\mathrm{ref}}}{D(f_{\eta_{\mathrm{ref}}}, V_{r_{\mathrm{ref}}})} \tag{7.23}
$$

记住，V_r 是随距离变化的，在上述每个方程中，其取值应与分子中的距离相对应。

7.4　变标方程推导

如图 7.1 所示，由于 CSA 流程中的傅里叶变换次序，补余距离徙动校正在一致距离徙动校正之前进行。基于图 7.6 所讨论的概念，图 7.7 示意了三个目标的距离徙动（为清晰考虑，图中显示的是没有明显距离向能量扩散的距离压缩后数据）。这个例子使用的是实际雷达参数，其中 PRF 为 1500 Hz，多普勒带宽为 1200 Hz，中心距离处的多普勒中心频率为 750 Hz。多普勒中心频率沿距离向有一个微小的增量。注意，图中横坐标的单位可根据对距离徙动各分量的不同解释而任意确定。

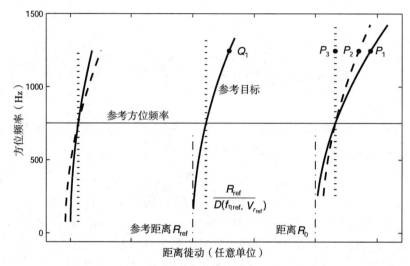

图 7.7　距离多普勒域中的距离徙动及其校正示意

在图 7.7 中，实线表示近距、中距、远距处的目标轨迹，参考目标选为中间目标，参考距离 R_{ref} 是该目标的最近距离。虚线表示经过补余距离徙动校正后的目标残余徙动，所有距离向上的残余徙动都相同。由于参考目标处的补余距离徙动校正为零，因此该距离处的实线与虚线重合。垂直向上的点状线表示经过一致距离徙动校正之后，所有徙动都得到校正的目标轨迹（一致距离徙动校正在二维频域完成）。

现在讨论补余距离徙动校正中所用的变标方程。不失一般性，考察图 7.7 右侧的目标。该目标在某一方位向频率 f_η 处位于 P_1 点。设其最近斜距为 R_0，则 P_1 的距离坐标为 $R_0/D(f_\eta, V_r)$（要记住，对于某一目标轨迹而言，V_r 是不变的）。补余距离徙动校正的目的是将 P_1 点移至 P_2，一致距离徙动校正则将 P_2 点移至 P_3。

P_1 点处的补余距离徙动由式（7.23）所示的 $\mathrm{RCM}_{\mathrm{diff}}(R_0, f_\eta)$ 给出。为完成补余距离徙动校正，目标在距离向上必须左移 $\mathrm{RCM}_{\mathrm{diff}}(R_0, f_\eta)$。由于距离压缩将目标对齐在零频，所以 Scaling 方程必须把未压缩目标的零频位置按同样规律左移。为了实现补余平移，在距离 $R_0/D(f_\eta, V_r)$，方位向频率 f_η 处的 Scaling 方程频率应为

$$f_{\mathrm{sc}}(R_0, f_\eta) = \mathrm{RCM}_{\mathrm{diff}}(R_0, f_\eta)\frac{2K_m}{c} = K_m\,\Delta\tau \qquad (7.24)$$

此处，因子 $2/c$ 将距离平移变换为时间平移，距离向调频率 K_m［见式（7.18）］则将时间平移变换为频率平移。时间平移 $\Delta\tau$ 为

$$\Delta\tau = \frac{2}{c}\mathrm{RCM}_{\mathrm{diff}}(R_0, f_\eta) \qquad (7.25)$$

方位向频率 f_η 处的时间平移是距离向时间(替代 R_0)的函数,其表达式推导如下。P_2 点的距离向时间为 P_3 点的时间与一致距离徙动时间平移的和:

$$\tau = \frac{2}{c}\left\{ \frac{R_0}{D(f_{\eta_{\mathrm{ref}}}, V_r)} + \left[\frac{R_{\mathrm{ref}}}{D(f_\eta, V_{r_{\mathrm{ref}}})} - \frac{R_{\mathrm{ref}}}{D(f_{\eta_{\mathrm{ref}}}, V_{r_{\mathrm{ref}}})} \right] \right\} \tag{7.26}$$

将距离向时间坐标的参考点变为 Q_1(与图 7.4 中 τ' 的定义类似),新的距离向时间 τ' 为

$$\tau' = \tau - \frac{2 R_{\mathrm{ref}}}{c\, D(f_\eta, V_{r_{\mathrm{ref}}})} \tag{7.27}$$

结合式(7.23)、式(7.25)、式(7.26)和式(7.27)并化简,得到以时间为量纲的补余平移

$$\Delta\tau(\tau', f_\eta) = \left[\frac{D(f_{\eta_{\mathrm{ref}}}, V_r)}{D(f_\eta, V_r)} - 1 \right] \tau' + \frac{2 R_{\mathrm{ref}}}{c}\left[\frac{D(f_{\eta_{\mathrm{ref}}}, V_r)}{D(f_{\eta_{\mathrm{ref}}}, V_{r_{\mathrm{ref}}}) D(f_\eta, V_r)} - \frac{1}{D(f_\eta, V_{r_{\mathrm{ref}}})} \right] \tag{7.28}$$

其中第一项可以写为 $\alpha\tau'$,表示参考方位向频率处的变标。

为了得到变标方程的表达式,参考式(7.9),对式(7.24)的频率从 Q_1 点(此处补余距离徙动校正为零)开始积分:

$$s_{\mathrm{sc}}(\tau', f_\eta) = \exp\left\{ \mathrm{j} 2\pi \int_0^{\tau'} K_m \Delta\tau(u, f_\eta)\,\mathrm{d}u \right\} \tag{7.29}$$

其中 $\Delta\tau$ 由式(7.28)给出。在 $\tau'=0$ 处,变标方程的相位为零。

距离向 Chirp 发射信号不一定是适用于 Chirp Scaling 方法的理想线性调频信号。Davidson 根据 RADARSAT-1 参数进行的误差分析表明,Chirp 信号中的非线性部分占线性部分的 1%。对非线性 Chirp 信号的校正可以通过在变标方程中附加一个非线性项而实现[21]。如果 Chirp 信号的非线性部分与线性部分的比值超出 1%,则可以先进行数据压缩,然后重新对信号进行线性调频延拓而解决(对于这种情况,其他算法可能会更有效)。

7.4.1　补余距离徙动量级示例

对于某一特定的 SAR 系统,补余距离徙动的主要参数为:最大校正量、最大尺度变化(Scaling)和带宽增量。表 7.1[①] 是表 4.1 所示典型机载和星载 SAR 参数下的计算结果。

表 7.1　Chirp Scaling 参数总结

参数	机载	星载	单位
条带宽度	10	50	km
斜视角 $\theta_{r,c}$	8	4	(°)
距离向分辨率 ρ_r	1.8	8	m
最大补余距离徙动(1) $c\max(\lvert \Delta\tau(\tau, f_\eta)\rvert)/2$ $c\max(\lvert \Delta\tau(\tau, f_\eta)\rvert)/(2\rho_r)$	11 6.1	6 0.75	m ρ_r
最大尺度变化 $\alpha^{(2)}$	0.0022	0.0002	
带宽增量 $\dfrac{2\max(\lvert \Delta\tau(\tau, f_\eta)\rvert)}{T_r}$	1.5%	0.2%	

注:(1) 来自式(7.23)。

　　　(2) 等于最大补余距离徙动除以测绘带宽的一半,也即式(7.28)中 τ' 的系数。

---

① 表 7.1 最后一行中的因子"2"对应于近距和远距补余距离徙动之差(假设其幅度相同)。

　　在以上情况中，由于补余距离徙动校正达到一个或更多个距离向分辨单元，所以不能将其忽略(尤其在机载情况下)。相对而言，长波段和高分辨率下的补余距离徙动比较大，而在低斜视角和短波段中的补余距离徙动可能会小到被忽略。

　　在上述所有情况中，距离带宽增量都很小，可以很容易地被距离过采样率所吸纳。下面对每种情况分别进行讨论，尤其是对于 L 波段机载 SAR，因为补余距离徙动近似与波长的平方成正比，见式(7.15)，其中波长为 c/f_0。

　　图 7.8 对表 4.1 所示机载和星载中的补余距离徙动进行了示意，它是距离(时间)和方位向频率的函数。横坐标上的距离为相对于参考距离的间隔，方位向频率偏移(每条线右侧的注解)表示相对于参考方位向频率的频率偏移。可见，补余距离徙动近似为距离的线性函数，其斜率与方位向频率偏移成正比。

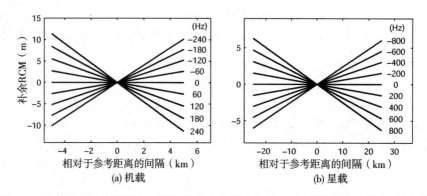

图 7.8　补余距离徙动随距离(时间)及方位向频率偏移(相对多普勒中心频率)的变化

7.5　CSA 处理细节

　　本节对 CSA 中的距离和方位处理步骤进行讨论。为此，将图 7.1 所示流程中的第 2 步至第 5 步包含在距离处理中，而将第 6 步和第 7 步(在首次方位向快速傅里叶变换之后)归为方位处理。本节还将对第 2 步、第 4 步和第 6 步的相位方程予以特别讨论。

7.5.1　距离处理

　　在距离处理中，考察线性和非线性调频变标方程这两种情况[①]。

第一种情况：线性调频变标方程

　　在满足以下条件时，变标方程是线性调频的：

- 发射脉冲为线性调频信号；
- 等效雷达速度 V_r 不随距离改变；
- 距离多普勒域中改变后的线性调频率 K_m 不随距离改变。

　　基于以上假设，式(7.28)右边第二项消失，变标方程式(7.29)简化为

---

① 　这两种情况对应 7.2 节的第二种和第三种情况。

$$s_{\text{sc}}(\tau', f_\eta) = \exp\left\{ \mathrm{j}\pi\, K_m \left[\frac{D(f_{\eta_{\text{ref}}}, V_{r_{\text{ref}}})}{D(f_\eta, V_{r_{\text{ref}}})} - 1 \right] (\tau')^2 \right\} \tag{7.30}$$

基于此，距离处理步骤如下所示。

1. 将距离多普勒域中的信号与变标方程［见式(7.30)］相乘。

2. 通过距离向快速傅里叶变换将数据变换到二维频域。

3. 进行距离匹配滤波、二次距离压缩和一致距离徙动校正。这些操作可以合并为一个二维频域中的相位相乘。在这个步骤中可以加入距离平滑窗以抑制旁瓣。

4. 通过距离向快速傅里叶逆变换将数据变换回距离多普勒域。

以下给出距离处理各步骤的细节。第 1 步的变标方程相乘之后，距离多普勒域中变标后的信号为

$$S_1(\tau, f_\eta) = s_{\text{sc}}(\tau', f_\eta)\, S_{\text{rd}}(\tau, f_\eta) \tag{7.31}$$

其中 S_{rd} 由式(7.16)给出，τ 和 τ' 的关系由式(7.27)给出。

接着，在第 2 步中对变标后的信号 $S_1(\tau, f_\eta)$ 进行距离向傅里叶变换。根据驻定相位原理计算傅里叶积分，得到 $S_1(\tau, f_\eta)$ 在二维频域中的表达式，即

$$
\begin{aligned}
S_2(f_\tau, f_\eta) =\ & A_1 W_r(f_\tau) W_a(f_\eta - f_{\eta_c}) \times \exp\left\{ -\mathrm{j}\,\frac{4\pi R_0 f_0 D(f_\eta, V_r)}{c} \right\} \\
& \times \exp\left\{ -\mathrm{j}\,\frac{\pi D(f_\eta, V_r)}{K_m D(f_{\eta_{\text{ref}}}, V_r)} f_\tau^2 \right\} \times \exp\left\{ -\mathrm{j}\,\frac{4\pi R_0}{c\, D(f_{\eta_{\text{ref}}}, V_{r_{\text{ref}}})} f_\tau \right\} \\
& \times \exp\left\{ -\mathrm{j}\,\frac{4\pi}{c} \left[\frac{1}{D(f_\eta, V_{r_{\text{ref}}})} - \frac{1}{D(f_{\eta_{\text{ref}}}, V_{r_{\text{ref}}})} \right] R_{\text{ref}}\, f_\tau \right\} \\
& \times \exp\left\{ \mathrm{j}\,\frac{4\pi K_m}{c^2} \left[1 - \frac{D(f_\eta, V_{r_{\text{ref}}})}{D(f_{\eta_{\text{ref}}}, V_{r_{\text{ref}}})} \right] \times \left[\frac{R_0}{D(f_\eta, V_r)} - \frac{R_{\text{ref}}}{D(f_\eta, V_r)} \right]^2 \right\}
\end{aligned}
\tag{7.32}
$$

其中 A_1 是一个无关紧要的复常数。注意，Chirp Scaling 方程中的 V_r 为 $V_{r_{\text{ref}}}$，但信号中的 V_r 仍然是可变的。

式(7.32)中的五个指数项解释如下。

- 第一个指数项包含方位调制，可近似为一个随距离变化的关于方位向频率的二次函数。该项将在方位向处理时补偿掉。

- 第二个指数项表示变标后的距离调制，其为 f_τ 的二次函数。由于因子 K_m 和 D，它微弱地依赖于距离和方位。当将其变换回距离时域后，会发现其中的 $D(f_{\eta_{\text{ref}}}, V_r)/D(f_\eta, V_r)$ 表征的是式(7.11)中的变标因子 $1+\alpha$，并且包含距离/方位耦合（即 RDA 中被二次距离压缩校正的信息）。

- 第三个指数项为表征点目标位置 $R_0/D(f_{\eta_{\text{ref}}}, V_{r_{\text{ref}}})$ 的线性相位，距离压缩后的目标峰值将出现在该处。

- 第四个指数项是式(7.22)所示的一致距离徙动，可近似为 f_η 的二次函数。变标去除了随距离变化的补余距离徙动，遗留了由一致距离徙动表征的不随距离变化的距离徙动。

- 第五个指数项包含一个附加相位，它是距离和方位的函数，是最终图像中不希望出现的，将在方位处理时予以补偿。

在第 3 步(即图 7.1 中的第 4 步)中，通过一个相位相乘同时完成距离压缩、二次距离压缩及一致距离徙动，补偿掉式(7.32)中的第 2 个和第 4 个指数项，得到距离多普勒域中的距离压缩后信号：

$$
\begin{aligned}
S_3(f_\tau, f_\eta) = {} & A_1 \, W_r(f_\tau) \, W_a(f_\eta - f_{\eta c}) \times \exp\left\{-\mathrm{j}\,\frac{4\pi R_0 f_0 D(f_\eta, V_r)}{c}\right\} \\
& \times \exp\left\{-\mathrm{j}\,\frac{4\pi R_0}{c\, D(f_{\eta_{\text{ref}}}, V_{r_{\text{ref}}})} f_\tau\right\} \times \exp\left\{\mathrm{j}\,\frac{4\pi K_m}{c^2}\left[1 - \frac{D(f_\eta, V_{r_{\text{ref}}})}{D(f_{\eta_{\text{ref}}}, V_{r_{\text{ref}}})}\right]\right. \\
& \times \left.\left[\frac{R_0}{D(f_\eta, V_r)} - \frac{R_{\text{ref}}}{D(f_\eta, V_r)}\right]^2\right\}
\end{aligned}
\tag{7.33}
$$

前面假设 K_m 是不随距离变化的，但实际中并非如此，因此通常使用测绘带中心处的 K_m 值，以使误差最小化。参考文献[14]通过在原始数据中引入非线性调频项，给出对此问题的另一种解决方法。将其与 Chirp Scaling 相结合就可以去除这种距离相关性。

第 4 步中通过距离向傅里叶逆变换完成所有距离处理，得到距离多普勒域信号

$$
\begin{aligned}
S_4(\tau, f_\eta) = {} & A_2 \, p_r\!\left(\tau - \frac{2 R_0}{c\, D(f_{\eta_{\text{ref}}}, V_{r_{\text{ref}}})}\right) W_a(f_\eta - f_{\eta c}) \\
& \times \exp\left\{-\mathrm{j}\,\frac{4\pi R_0 f_0 D(f_\eta, V_r)}{c}\right\} \times \exp\left\{\mathrm{j}\,\frac{4\pi K_m}{c^2}\left[1 - \frac{D(f_\eta, V_{r_{\text{ref}}})}{D(f_{\eta_{\text{ref}}}, V_{r_{\text{ref}}})}\right]\right. \\
& \times \left.\left[\frac{R_0}{D(f_\eta, V_r)} - \frac{R_{\text{ref}}}{D(f_\eta, V_r)}\right]^2\right\}
\end{aligned}
\tag{7.34}
$$

其中 A_2 是由 A_1 和距离向傅里叶逆变换共同引入的复常数。距离向包络 $p_r(\tau)$ 是式(7.33)中 $W_r(f_\tau)$ 的傅里叶逆变换。由于数据已被距离压缩，故包络 p_r 为 sinc 型函数。至此，只剩下与距离相关的方位调制和附加相位未被补偿。

第二种情况：非线性调频变标方程

通常情况下，等效雷达速度 V_r 和距离向线性调频率 K_m 都随距离变化。此时，变标方程会包含更高次的频率项。通过对式(7.28)中的 K_m 和 $\Delta\tau(\tau', f_\eta)$ 进行关于 τ' 的多项式展开，可以计算式(7.29)中的积分。注意，变标操作无须将这些项展开，但其对分析是很有用的。对该被积项进行的多项式拟合可以借助电脑程序实现(例如 MATLAB 中的 `polyfit` 函数)。

除了第 5 个附加指数项，距离徙动校正后的距离多普勒域信号表达式与式(7.32)相同。该附加指数项可以在变标方程频率为局部线性的假设下进行推导：

$$
f_{\text{sc}}(\tau', f_\eta) = \frac{1}{2\pi}\left(g_0 + 2 g_1 \tau'\right)
\tag{7.35}
$$

由于线性拟合的局部性，系数 g_0 和 g_1 随 τ' 及 f_η 变化，变标方程为

$$
s_{\text{sc}}(\tau', f_\eta) = \exp\left\{\mathrm{j}\left[g_0 \tau' + g_1 (\tau')^2\right]\right\}
\tag{7.36}
$$

在此近似下，继续式(7.32)中第 5 项的推导，附加相位为

$$
\phi_{\text{res}} = \frac{4}{c^2}\,\frac{\pi K_m g_1}{\pi K_m + g_1}\left[\frac{R_0}{D(f_\eta, V_r)} - \frac{R_{\text{ref}}}{D(f_\eta, V_{r_{\text{ref}}})} + \frac{c\, g_0}{4 g_1}\right]^2 - \frac{g_0^2}{4 g_1}
\tag{7.37}
$$

可以对上式平方项中的 $cg_0/(4g_1)$ 项进行以下几何解释：从式(7.35)可知，在 $\tau'=-g_0/(2g_1)$ 处，变标方程频率为零。这意味着参考距离在时间上被左移 τ'。将其与 $c/2$ 相乘，平移则转化为间隔(方括号中的每一项均以距离为量纲)。

注意，实际情况下的补余距离徙动校正的距离变化分量非常小，因此距离徙动校正近似为距离的线性函数。

在此需要对距离变标中的目标配准进行说明。Chirp Scaling 操作将每个目标压缩至图 7.7 中的垂直点状线位置。这相当于将距离配准在最近距离除以 $D(f_{\eta_{\text{ref}}},V_r)$（即波束斜视角 θ_r 的余弦值）处。因此，在最终图像中存在 $D(f_{\eta_{\text{ref}}},V_r)$ 的距离尺度变化。由于星载情况下 V_r 随距离微弱地改变，故变换尺度 $D(f_{\eta_{\text{ref}}},V_{r_{\text{ref}}})$ 也随距离微弱地改变[①]。

7.5.2 方位处理

方位处理包括图 7.1 的最后两步，主要由以下三部分组成。

方位向匹配滤波 滤波器是式(7.34)第一个指数项的复共轭，由相位相乘实现，也可以添加加权处理。

附加相位校正 对线性调频变标方程而言，乘法器为式(7.34)中第二个指数项的复共轭；对非线性调频变标方程而言，校正项为 $\exp\{-\mathrm{j}\phi_{\text{res}}\}$，其中 ϕ_{res} 由式(7.37)给出。该相位相乘可以与方位向匹配滤波同时进行。

方位向快速傅里叶逆变换 数据被变换回方位时域，即最终图像域。与 RDA 类似，可以通过在该步骤使用较短的快速傅里叶逆变换实现多视处理。

方位处理后，经过压缩的目标信号为

$$S_5(\tau,\eta)=A_4\,p_r\left(\tau-\frac{2R_0}{cD(f_{\eta_{\text{ref}}},\ V_{r_{\text{ref}}})}\right)\,p_a(\eta)\exp\{\mathrm{j}2\pi f_{\eta_c}\eta\}\exp\{\mathrm{j}\theta(\tau,\eta)\}\qquad(7.38)^{②}$$

其中 $p_a(\eta)$ 是式(7.34)中 $W_a(f_\eta)$ 窗的快速傅里叶逆变换，是一个 sinc 型函数，A_4 是来自 A_3 和方位向傅里叶逆变换的复常数，$\theta(\tau,\eta)$ 为目标相位。与 RDA 处理中相同，(1)在方位向由于存在中心频率 $f_{\eta_c}\eta$，信号不处于基带；(2)由于方位向匹配滤波器随距离改变，信号在距离向也不处于基带(见图6.13)。正如图 6.13 的说明，角度 $\theta(\tau,\eta)$ 是对这些非基带性质的反映。

注意，包括目标相位 $4\pi R_0/\lambda$ 在内的所有相位都已被补偿，因此最终得到的是以最近距离 R_0 为基准的目标相对相位。对于需要目标实际相位的干涉和极化应用来说，必须通过将式(7.38)与 $\exp\{\mathrm{j}4\pi R_0/\lambda\}$ 相乘，恢复目标的全部相位。

由于处理中有个步骤在二维频域进行，CSA 不能像 RDA 那样适应多普勒中心频率随距离向的变化。多普勒中心频率在测绘带内的过大变化会导致不同距离上的能量在二维频域出现重叠，这种影响可在图 5.7 中看到。如果方位向中心频率的变化大于方位向过采样率(图 5.7 中的垂直间隙)，当进行距离向快速傅里叶变换时就会出现方位模糊。从图 5.7 中可见，近距目标的起始照射能量与远距目标的终止照射能量是混在一起的。

---

① 13.3节表明，300 km 斜距范围内 V_r 变化 0.9%，因此 50 km 标称测绘带宽内 V_r 改变 0.15%。在这种 V_r 变化和低于 4° 斜视角下，$D(f_{\eta_{\text{ref}}},V_r)$ 与 $D(f_{\eta_{\text{ref}}},V_{r_{\text{ref}}})$ 的差异在 0.001% 以内，因此可将变标方程假设为等于 $D(f_{\eta_{\text{ref}}},V_{r_{\text{ref}}})$ 的常数。

② 勘误时将 $p_a(\eta-\eta_c)$ 改为 $p_a(\eta)\exp\{\mathrm{j}2\pi f_{\eta c}\eta\}$，以符合第4章中SAR系统和处理器中不同点的距离定义。如图4.2所示，在SAR信号空间，方位向上的目标处在波束中心穿越时刻对应的位置，而在图像空间，经过SAR系统的处理，目标被成像到零多普勒时刻。改为 $p_a(\eta)\exp\{\mathrm{j}2\pi f_{\eta c}\eta\}$ 表明目标压缩到零多普勒时刻对应的位置。这样修改从数学角度讲更合理，也与RDA算法的相关描述保持一致。——译者注

对此可以有两种解决方法，其中每种都会附加少量处理开销。一种方法是复制谱线，以便对航迹的不同端点使用不同的相位方程，因为相位方程是绝对多普勒频率的函数[6]。另一种方法是将数据在距离向进行分块处理，由于种种原因，这种方法通常用在其他成像算法中。

7.6　处理示例

本节给出了实际数据和点目标处理示例。

7.6.1　点目标仿真处理

点目标仿真实验是基于表 4.1 所示 C 波段星载参数进行的。为了突出补余距离徙动，斜视角扩大至 8°。以下各图给出了距参考距离（1000 km）20 km 处的点目标实验结果。

图 7.9 示意了方位向快速傅里叶变换之后的原始数据（即距离多普勒域数据）的实部。目标照射中心（即多普勒中心）位于第 397 个方位向频率采样上。频谱间断出现在第 140 个采样上。图中还给出了三个不同方位频点上的距离波形。这些波形表明距离信号编码具有线性调频特性，这对于 Chirp Scaling 的应用是很重要的。

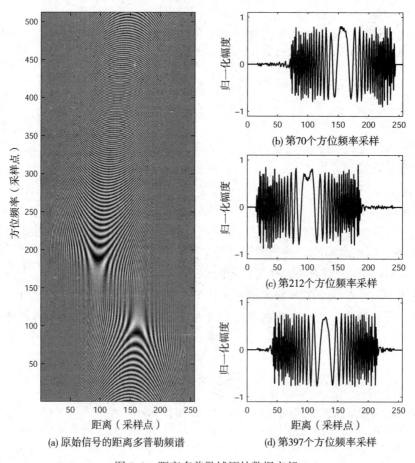

(a) 原始信号的距离多普勒频谱　　(b) 第70个方位频率采样

(c) 第212个方位频率采样

(d) 第397个方位频率采样

图 7.9　距离多普勒域原始数据实部

　　为观察一致距离徙动校正和补余距离徙动校正的影响，在图 7.10 中对距离徙动的两个分量进行了示意。在以上仿真参数下，一致距离徙动跨越 ±38 个距离向采样点，补余距离徙动覆盖 ±0.8 个距离向采样点。随后的两幅图给出了有/无补余距离徙动校正的 CSA 处理结果。

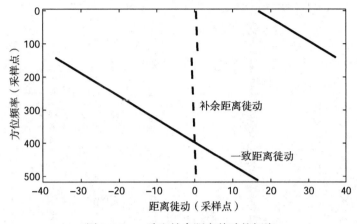

图 7.10　一致和补余距离徙动的幅度

　　图 7.11 是没有 Chirp Scaling 操作的 CSA 距离压缩结果，即只进行了一致距离徙动校正操作，而未进行补余距离徙动校正操作。补余距离徙动约为 ±0.8 个距离向采样点，足以造成明显的距离和方位展宽。由于第 70 个和第 212 个方位向采样点不在能量中心，故从其截取出的切片出现旁瓣变形。

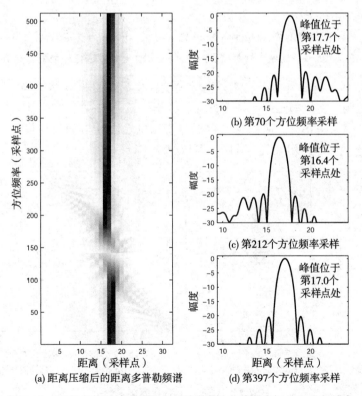

图 7.11　距离多普勒域中的距离压缩数据(未采用变标处理进行补余
距离徙动校正)，残余距离徙动约为 1.5 个距离向采样点

　　若对同一数据进行 Chirp Scaling 处理，则其结果如图 7.12 所示，其中使用的是将距离向时间保留至三阶的非线性 Scaling 相位方程。可见距离徙动校正操作已将距离多普勒域的目标轨迹拉直，能够进行正确的方位压缩。

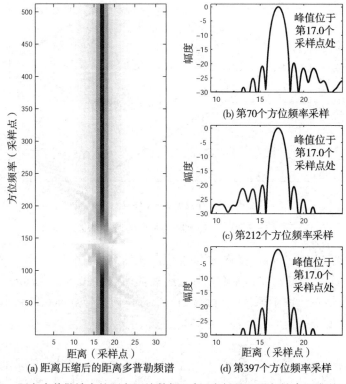

图 7.12　距离多普勒域中的距离压缩数据(采用变标处理进行补余距离徙动校正)

　　最后，图 7.13 给出了方位向快速傅里叶逆变换之后的目标压缩结果。极为对称的旁瓣表明目标已经得到了良好的压缩。两个方向的旁瓣沿雷达斜视方向呈倾斜垂直[①]。距离向和方位向分辨率与理论值相符。压缩后的目标峰值相位表明其与理论相位值(零相位)的误差在 3° 以内。对于大多数应用来说，其影响可以忽略不计。

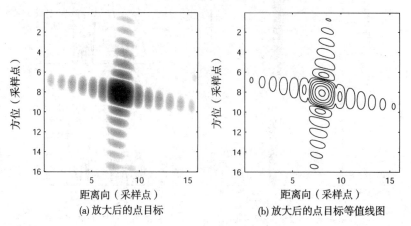

图 7.13　CSA 点目标压缩结果分析

①　由于距离向和方位向上的每个像素点具有不同的 Scaling 量级，所以图 7.13(b)中两个方向的旁瓣并非绝对垂直。

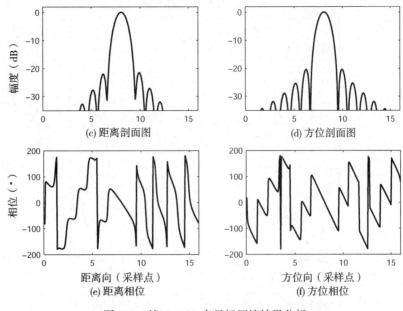

图 7.13(续)　CSA 点目标压缩结果分析

7.6.2　SRTM/X-SAR 数据处理

图 7.14 的数据是由航天飞机雷达地形任务(Shuttle Radar Topography Mission, SRTM)中的 X-SAR 系统于 2000 年 2 月 18 日采集的。利用 CSA 进行四视处理得到图像，由 DLR 遥感技术研究所(Remote Sensing Technology Institute)的 Helko Breit 和 Michael Eineder 提供。

图 7.14　DLR 采用 CSA 处理得到的圣彼得堡地区 X-SAR 图像(德国宇航中心提供)

图 7.14 中的场景位于俄罗斯的圣彼得堡，场景中心接近北纬 59.95°，东经 30.10°。场景右侧为市中心，左侧为芬兰的冰冻海沟(波罗的海)。图幅约为 26 km(距离向)×40 km(方位向)，正好为 X-SAR 测绘带宽的一半。指北方近于图中向上方向。雷达从南边照射。相关 X-SAR 参数如表 7.2 所示。

表 7.2　X-SAR 工作参数

参数	数值	单位
条带宽度	50	km
发射脉冲时宽 T_r	40	μs
脉冲带宽	9.5	MHz
工作波长 λ	0.031	m
雷达工作频率 f_0	9.7	GHz
极化方式	VV	
PRF	1674	Hz
方位带宽	1180	Hz
卫星高度	233	km
入射角	54	(°)
斜视角 $\theta_{r,c}$	0	(°)
距离向分辨率 ρ_r	16	m
最大补余距离徙动	7	m

7.7　小结

本章介绍了通过 Chirp Scaling 实现数据距离徙动校正偏移的原理。该原理基于线性调频发射脉冲的零频位置移动。偏移是通过在距离多普勒域将接收数据与 Scaling 方程相乘实现的。相乘在脉冲压缩之前进行，但偏移效果在压缩之后才能体现。

Chirp Scaling 代替了 RDA 中的距离徙动校正插值。在 CSA 中，Chirp Scaling 操作完成了补余距离徙动校正，使所有目标具有相同的距离徙动。二维频域的相位相乘则补偿掉残余距离徙动，从而完成了距离徙动校正操作。

距离徙动校正操作要求 SAR 数据以方位频率函数的形式在距离向上移动，移动量随距离变化，Chirp Scaling 操作可以准确有效地完成余量偏移。方位向频率相关操作可以在距离多普勒域基于每条距离线单独处理。距离相关性则通过随方位向频率变化的距离变标解决。

简单情况下的变标方程是线性调频（二次相位）信号，此时变标量是与距离向无关的常量。这意味着补余距离徙动校正是相对于参考距离的偏移量的线性函数。

然而，实际上所需的变标量是随距离变化的，这种变化可以通过在 Scaling 方程中附加一个微小的非线性调频项（三次或更高次相位）实现。这意味着补余距离徙动校正有一个相对于距离的微小非线性分量。这种非线性特征包括：（1）距离多普勒域中随距离变化的线性调频率 K_m；（2）星载情况下随距离变化的等效雷达速度 V_r；（3）Chirp 发射信号的任何非线性特征。

Chirp Scaling 操作会导致最终的图像出现相位变化，这可以通过在方位压缩中附加一个相位项进行补偿。当 Chirp Scaling 方程非线性时，相位校正过程应使用局部线性假设下的调频变标方程。

Chirp Scaling 操作将每个目标对齐至与参考方位向频率相交的距离单元上。为了将最终图像对齐在零多普勒位置，需要按 $D(f_{\eta_{\text{ref}}}, V_{r_{\text{ref}}})$ 对距离向采样率进行改变，以实现图像距离轴的尺度变换，而 RDA 中的距离徙动校正将每条轨迹直接校正至零多普勒所在的距离单元。

　　Scaling 操作在改变距离向调频率的同时，会使信号带宽变大。幸运的是，距离向匹配滤波器能够适应调频率的变化，并且实际情况下的带宽增幅非常小，不会超过距离向过采样率。

　　由于仅需要快速傅里叶变换和相位相乘，所以 CSA 在实现上很方便。快速傅里叶变换次数与 RDA 几乎相等，但处理块之间的重叠比率会导致轻微不同。方位压缩仍然在距离多普勒域进行，以适应参数(主要是方位向线性调频率)随距离的变化。通过增加二维频域存储空间或调整处理块规模，可以解决多普勒中心随距离的变化。表 7.3 对本章推导的重要方程进行了汇总。

表 7.3　CSA 处理方程汇总

参数	符号	表达式
补余距离徙动	$\mathrm{RCM}_{\mathrm{diff}}$	$R_0\left[\dfrac{1}{D(f_\eta,V_r)}-\dfrac{1}{D(f_{\eta_{\mathrm{ref}}},V_r)}\right]-\mathrm{RCM}_{\mathrm{bulk}}(f_\eta)$
一致距离徙动	$\mathrm{RCM}_{\mathrm{bulk}}$	$R_{\mathrm{ref}}\left[\dfrac{1}{D(f_\eta,V_{r_{\mathrm{ref}}})}-\dfrac{1}{D(f_{\eta_{\mathrm{ref}}},V_{r_{\mathrm{ref}}})}\right]$
变标后的调频率		$\dfrac{K_m D(f_{\eta_{\mathrm{ref}}},V_r)}{D(f_\eta,V_r)}$
方位调制		$\exp\left\{-\mathrm{j}\dfrac{4\pi R_0 f_0 D(f_\eta,V_r)}{c}\right\}$
线性调频变标方程		
变标方程	$s_{\mathrm{sc}}(\tau,f_\eta)$	$\exp\left\{-\mathrm{j}\pi K_m\left[\dfrac{D(f_{\eta_{\mathrm{ref}}},V_{r_{\mathrm{ref}}})}{D(f_\eta,V_{r_{\mathrm{ref}}})}-1\right](\tau')^2\right\}$
残余相位	ϕ_{res}	$\dfrac{4\pi K_m}{c^2}\left[1-\dfrac{D(f_\eta,V_{r_{\mathrm{ref}}})}{D(f_{\eta_{\mathrm{ref}}},V_{r_{\mathrm{ref}}})}\right]\left[\dfrac{R_0}{D(f_\eta,V_r)}-\dfrac{R_{\mathrm{ref}}}{D(f_\eta,V_r)}\right]^2$
非线性调频变标方程		
变标方程	$s_{\mathrm{sc}}(\tau,f_\eta)$	$\exp\left\{\mathrm{j}2\pi\displaystyle\int_0^{\tau'}K_m\Delta\tau(\tau',f_\eta)\,\mathrm{d}\tau'\right\}$
变标方程[1]	$s_{\mathrm{sc}}(\tau,f_\eta)$	$\exp\left\{\mathrm{j}\pi[g_0\tau'+g_1(\tau')^2]\right\}$
残余相位	ϕ_{res}	$\dfrac{4}{c^2}\dfrac{\pi K_m g_1}{\pi K_m+g_1}\left[\dfrac{R_0}{D(f_\eta,V_r)}-\dfrac{R_{\mathrm{ref}}}{D(f_\eta,V_{r_{\mathrm{ref}}})}+\dfrac{cg_0}{4g_1}\right]^2-\dfrac{g_0^2}{4g_1}$

注：(1) 用于残余相位校正，该变标方程进行了线性假设。

参考文献

［1］　R. K. Raney, H. Runge, R. Bamler, I. G. Cumming, and F. H. Wong. Precision SAR Processing Using Chirp Scaling. *IEEE Trans. Geoscience and Remote Sensing*, 32(4), pp. 786-799, July 1994.

［2］　A. Papoulis. *Systems and Transforms with Applications in Optics*. McGraw-Hill, New York, 1968.

［3］　H. Runge and R. Bamler. A Novel High Precision SAR Focusing Algorithm Based On Chirp Scaling. In *Proc. Int. Geoscience and Remote Sensing Symp.*, IGARSS'92, pp. 372-375, Clear Lake, TX, May 1992.

［4］　I. G. Cumming, F. H. Wong, and R. K. Raney. A SAR Processing Algorithm with No Interpolation. In

Proc. Int. Geoscience and Remote Sensing Symp., *IGARSS'92*, pp. 376-379, Clear Lake, TX, May 1992.

[5] R. Bamler and H. Runge. Method of Correcting Range Migration in Image Generation in Synthetic Aperture Radar. U. S. Patent No. 5,237,329. Patent Appl. No. 909,843, filed July 7,1992, granted August 17, 1993. The patent is assigned to DLR. An earlier successful patent application was filed in Germany on July 8, 1991.

[6] R. K. Raney, I. G. Cumming, and F. H. Wong. Synthetic Aperture Radar Processor to Handle Large Squint with High Phase and Geometric Accuracy. U. S. Patent No. 5,179,383. Patent Appl. No. 729,641, filed July 15,1991, granted January 12,1993. The patent is assigned to the Canadian Space Agency.

[7] M. Y. Jin, F. Cheng, and M. Chen. Chirp Scaling Algorithms for SAR Processing. In *Proc. Int. Geoscience and Remote Sensing Symp.*, *IGARSS'98*, Vol. 3, pp. 1169-1172, Tokyo, Japan, August 1993.

[8] Y. Huang and A. Moreira. Airborne SAR Processing Using the Chirp Scaling and a Time Domain Subaperture Algorithm. In *Proc. Int. Ceoscience and Remote Sensing Symp.*, *IGARSS'93*, Vol. 3, pp. 1182-1184, Tokyo, August 1993.

[9] F. Impagnatiello. A Precision Chirp Scaling SAR Processor Extension to Sub-Aperture Implementation on Massively Parallel Supercomputers. In *Proc. Int. Geoscience and Remote Sensing Symp.*, *ICARSS'95*, Vol. 3, pp. 1819-1821, Florence, Italy, July 1995.

[10] O. Loffeld, A. Hein, and F. Schneider. SAR Focusing: Scaled Inverse Fourier Transformation and Chirp Scaling. In *Proc. Int. Geoscience and Remote Sensing Symp.*, *IGARSS'98*, Vol. 2, pp. 630-632, Seattle, WA, July 1998.

[11] C. Ding, H. Peng, Y. Wu, and H. Jia. Large Beamwidth Spaceborne SAR Processing Using Chirp Scaling. In *Proc. Int. Geoscience and Remote Sensing Symp.*, *IGARSS'99*, Vol. 1, pp. 527-529, Hamburg, June 1999.

[12] F. H. Wong and T. S. Yeo. New Applications of Non-Linear Chirp Scaling in SAR Data Processing. *IEEE Trans. on Geoscience and Remote Sensing*, 39(5), pp. 946-953, May 2001.

[13] D. W. Hawkins and P. T. Gough. An Accelerated Chirp Scaling Algorithm for Synthetic Aperture Imaging. In *Proc. Int. Geoscience and Remote Sensing Symp.*, *IGARSS'97*, Vol. 1, pp. 471-473, Singapore, August 1997.

[14] G. W. Davidson, I. G. Cumming, and M. R. Ito. A Chirp Scaling Approach for Processing Squint Mode SAR Data. *IEEE Trans. on Aerospace and Electronic Systems*, 32(1), pp. 121-133, January 1996.

[15] W. Hong, J. Mittermayer, and A. Moreira. High Squint Angle Processing of E-SAR Stripmap Data. In *Proc. European Conference on Synthetic Aperture Radar*, *EUSAR'00*, pp. 449-552, Munich, Germany, May 2000.

[16] E. Gimeno and J. M. Lopez-Sanchez. Near-Field 2-D and 3-D Radar Imaging Using a Chirp Scaling Algorithm. In *Proc. Int. Geoscience and Remote Sensing Symp.*, *IGARSS'01*, Vol. 1, pp. 354-356, Sydney, Australia, July 2001.

[17] A. Moreira, J. Mittermayer, and R. Scheiber. Extended Chirp Scaling Algorithm for Air and Spaceborne SAR Data Processing in Stripmap and ScanSAR Imaging Modes. *IEEE Trans. on Geoscience and Remote Sensing*, 34(5), pp. 1123-1136, September 1996.

[18] J. Mittermayer, R. Scheiber, and A. Moreira. The Extended Chirp Scaling Algorithm for ScanSAR Data Processing. In *Proc. European Conference on Synthetic Aperture Radar*, *EUSAR'96*, pp. 517-520, Konigswinter, Germany, March 1996.

[19] J. Mittermayer and A. Moreira. A Generic Formulation of the Extended Chirp Scaling Algorithm (ECS) for Phase Preserving ScanSAR and Spot-SAR Processing. In *Proc. Int. Geoscience and Remote Sensing Symp.*, *IGARSS'00*, Vol. 1, pp. 108-110, Honolulu, HI, July 2000.

[20] D. Fernandes, G. Waller, and J. R. Moreira. Registration of SAR Images Using the Chirp Scaling Algorithm. In *Proc. Int. Geoscience and Remote Sensing Symp.*, *IGARSS'96*, Vol. 1, pp. 799-801, Lincoln, NE, July 1996.

[21] G. W. Davidson, F. H. Wong, and I. G. Cumming. The Effect of Pulse Phase Errors on the Chirp Scaling SAR Processing Algorithm. *IEEE Trans. on Geoscience and Remote Sensing*, 34(2), pp. 471-478, March 1996.

[22] J. Mittermayer, A. Moreira, and R. Scheiber. Reduction of Phase Errors Arising from the Approximations in the Chirp Scaling Algorithm. In *Proc. Int. Geoscience and Remote Sensing Symp.*, *IGARSS'98*, Vol. 2, pp. 1180-1182, Seattle, WA, July 1998.

[23] A. Moreira and Y. Huang. Airborne SAR Processing of Highly Squinted Data Using a Chirp Scaling Approach with Integrated Motion Compensation. *IEEE Trans. Geoscience and Remote Sensing*, 32(5), pp. 1029-1040, September 1994.

[24] A. Gallon and F. Impagnatiello. Motion Compensation in Chirp Scaling SAR Processing Using Phase Gradient Autofocusing. In *Proc. Int. Geoscience and Remote Sensing Symp.*, *IGARSS'98*, Vol. 2, pp. 633-635, Seattle, WA, July 1998.

[25] A. Moreira and R. Scheiber. Doppler Parameter Estimation Algorithms for SAR Processing with the Chirp Scaling Approach. In Proc. *Int. Geoscience and Remote Sensing Symp.*, *IGARSS'94*, Vol. 4, pp. 1977-1979, Pasadena, CA, August 1994.

[26] W. G. Carrara, R. S. Goodman, and R. M. Majewski. *Spotlight Synthetic Aperture Radar: Signal Processing Algorithms*. Artech House, Norwood, MA, 1995.

[27] J. Mittermayer and A. Moreira. Spotlight SAR Processing Using the Extended Chirp Scaling Algorithm. In *Proc. Int. Geoscience and Remote Sensing Symp.*, *IGARSS'97*, Vol. 4, pp. 2021-2023, Singapore, August 1997.

[28] J. Mittermayer, A. Moreira, and O. Loffeld. Spotlight SAR Data Processing Using the Frequency Scaling Algorithm. *IEEE Trans. Geoscience and Remote Sensing*, 37(5), pp. 2198-2214, September 1999.

[29] H. Breit, B. Schätler, and U. Steinbrecher. A High Precision Workstation-Based Chirp Scaling SAR Processor. In *Proc. Int. Geoscience and Remote Sensing Symp.*, *IGARSS'97*, Vol. 1, pp. 465-467, Singapore, August 1997.

[30] A. Moreira, R. Scheiber, J. Mittermayer, and R. Spielbauer. Real-Time Implementation of the Extended Chirp Scaling Algorithm for Air and Spaceborne SAR Processing. In *Proc. Int. Geoscience and Remote Sensing Symp.*, *IGARSS'95*, Vol. 3, pp. 2286-2288, Florence, Italy, July 1995.

[31] W. Hughes, K. Gault, and C. J. Princz. A Comparison of the Range-Doppler and Chirp Scaling Algorithms with Reference to RADARSAT. In *Proc. Int. Geoscience and Remote Sensing Symp.*, *IGARSS'96*, Vol. 2, pp. 1221-1223, Lincoln, NE, July 1996.

第 8 章 ωK 算法

8.1 简介

到目前为止，本书已经介绍了两种高精度 SAR 处理算法，即 RD 算法（简称 RDA）和 CS 算法（简称 CSA）。本章讨论另一种可以与上述两种算法相媲美的算法：ωK 算法（简称 ωKA）。下面给出 RDA 和 CSA 的一些相关特性，以此作为讨论 ωKA 的基础。

RDA 第 6 章讨论的 RDA 是第一个星载 SAR 数据数字处理算法。由于 RDA 能够同时兼具高效性、精确性、成熟性和易于实现等优点，它仍然是应用最广泛的算法。由于距离徙动和多普勒中心频率都随距离变化，所以 RDA 的主要特点就是如何在距离多普勒域通过插值来精确、高效地实现距离徙动校正（RCMC）。

接收信号的距离方位耦合是方位向频率和距离向时间的函数，它与方位向频率的依赖关系较强，与距离向时间的依赖关系较弱。通常二次距离压缩在距离频域和方位时域中实现，如图 6.1(c) 所示，因此以上两种依赖关系被忽略了。即使在二维频域实现二次距离压缩的更精确的 RDA，距离方位耦合与距离向时间的依赖关系也没有被补偿，如图 6.1(b) 所示。这意味着当方位波束较宽时，距离方位耦合没有得到精确校正。

CSA 第 7 章讨论的 CSA 用更精确的相位相乘取代 RDA 中的插值来实现距离徙动校正。CSA 在二维频域通过相位相乘实现二次距离压缩，它补偿了二次距离压缩与方位向频率的依赖关系，但仍忽略了与距离向的依赖关系。

CSA 假定 SAR 信号在距离多普勒域具有一种如式(7.16)所示的特殊形式。重新考察 5.3 节就会发现，在通过距离向快速傅里叶逆变换将信号从二维频域变换到距离多普勒域时，使用了式(5.33)所示的近似，但在宽波束或大斜视角的情况下这种近似可能并不成立。

为避免以上缺陷，ωKA 在二维频域通过一种特殊操作来校正距离方位耦合与距离向时间和方位向频率的依赖关系。另外，ωKA 使用的是 5.3 节推导的精确信号形式，即不使用式(5.33)的近似。这样就使 ωKA 具有了对宽孔径或大斜视角数据的处理能力。然而，ωKA 假定等效雷达速度 V_r 不随距离变化，这种假定对 ωKA 处理大孔径数据的能力限制不大，但却限制了其对宽测绘带 SAR 数据的处理能力。

ωKA 与其他处理算法的一些比较可参阅文献[1~3]。更详细的比较见第 11 章。

8.1.1 ωKA 概述

图 8.1 给出了 ωKA 的两种实现流程。图 8.1(a) 给出的是 ωKA 的精确实现。图 8.1(b) 给出的则是在一定条件下能够满足精度要求的近似实现。

ωKA 的精确实现主要包括以下步骤。

1. 通过二维快速傅里叶变换将 SAR 信号变换到二维频域。

2. 参考函数相乘，这是 ωKA 的第一个关键步骤。参考函数根据选定的距离（通常为测绘带中心)来计算,它补偿了该距离处包括距离向频率调制、距离徙动、距离方位耦合和方位向频率调制在内的各种相位。经过参考函数相乘,参考距离处的目标得到了完全聚焦,但非参考距离处的目标仅得到了部分聚焦。

3. Stolt 插值,这是 ωKA 的第二个关键步骤。它在距离频域用插值操作完成其他目标的聚焦。可以认为第 2 步的参考函数相乘完成的是"一致聚焦"(bulk focusing),而 Stolt 插值完成的是"补余聚焦"(differential focusing)。

4. 通过二维快速傅里叶逆变换将信号变回到时域(即图像域)。

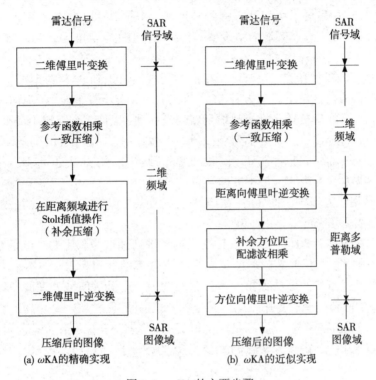

图 8.1 ωKA 的主要步骤

ωKA 的近似实现用简单的相位相乘代替 Stolt 插值,主要包括以下步骤。

1. 与精确实现一样,首先进行二维快速傅里叶变换和参考函数相乘。
2. 通过距离向快速傅里叶逆变换将信号变换到距离多普勒域。
3. 与 CSA 类似,用一个沿距离向变化的方位匹配滤波器消除参考函数相乘后的残余相位调制。
4. 最后通过方位向快速傅里叶逆变换将压缩后的数据变回到时域。

从以上步骤可以看出,两种实现的主要操作都是在二维频域中完成的,因此 ωKA 不能像 RDA 那样随距离向变化而调整中心频率。这一问题在 CSA 中同样存在,7.5.2 节讨论了这一问题的解决方法。

与 CSA 不同,ωKA 也适用于距离压缩后的数据。与其他算法一样,通常需要将压缩后的图像重采样到地距或某一特定的地图网格中。这一操作一般通过插值完成。由于它与 SAR 聚焦无关,所以没有包含在图 8.1 中。

ωKA 的历史

ωKA 源自地震信号处理。为了收集地震信号，一组地音探听器被放置于地表的一条直线上。当在直线上的某点人为模拟地震波时，地音探听器会接收到来自地下某种地质结构的回波信号(可能会使用线性调频振波和脉冲压缩)。地震信号处理与 SAR 系统的相似之处在于，可以将每个地音探听器位置视为雷达脉冲的接收位置。两者的不同之处在于，SAR 平台需要一定时间从某个位置移动到下一位置。然而，由于在 SAR 处理中每次接收到的回波都来自同一个发射信号，所以平台的移动并不构成问题。

参考文献[4,5]中发展了用声波方程处理地震信号的技术。Stolt 利用现在称为"Stolt 映射"[6]的方法得出了波方程在频域的精确解。1987 年，Hellsten 和 Anderson 首先在 SAR 领域中使用了 Stolt 映射，尽管他们好像并不了解地震方面的工作[7]。他们用 ωKA 来处理 Carabas[8]的宽孔径数据。1987 年，Rocca 和他的同事们认识到 SAR 与地震信号处理的相似性，并利用 Stolt 的方法求解电磁波方程[9~11]。ωKA 的关键步骤是对"距离向频率"进行 Stolt 插值。距离向频率坐标轴被重采样或映射到新的坐标轴，以使二维频域中任一方向上的相位都是线性的。同时也提出了一个能够避免插值的近似算法，如图 8.1(b)所示[2,9,12]。Munson 用断层扫描(tomographic)或后向传播(back propagation)的方法也得到了同样的解[13]。Soumekh[14]也是波方程方法的一个积极倡导者。

ωKA 最初是用波方程方法推导的。波方程方法使 ωKA 能够进行宽孔径成像。在地震信号处理中，孔径宽度几乎可以达到 180°。

这种算法之所以称为 ωKA，是由于其在二维频域处理信号，其中一维是距离角频率 ω，另一维是方位波数 K。方位波数的单位是周/米，是频率的空间表达。在本书中，为了使推导在形式上能够与其他章节的算法保持一致并进行比较，这里从信号处理的角度对 ωKA 进行推导。为此，书中的公式变量采用距离向频率和方位向频率。

ωKA 的一个明显优势是，只要满足速度恒定这一条件，就能够在大孔径范围内校正沿距离向的距离徙动变化，因此参考文献[12]又称其为距离徙动算法。但是，为了尊重原始文献，本书仍沿用"ωKA"这一术语。

自从 ωKA 出现以来，已经用在了条带模式[9]、聚束模式[12,15~17]和干涉数据处理[18]上。同时，它也被用于一种介于条带和聚束之间的混合模式中[19]。

本章概要

在简介之后，8.2 节将讨论参考函数相乘，8.3 节对 Stolt 插值的概念进行解释。随后在 8.4 节和附录 8A 中将会给出对 Stolt 插值的不同解释，以加深对它的理解。由恒速假设引起的误差将在 8.5 节中进行分析。

8.6 节给出了 ωKA 的一种近似实现。其中，为了提高算法效率，Stolt 变换被相位相乘所替代。最后，在 8.7 节中通过简单的处理示例对算法操作进行了演示。

8.2　参考函数相乘

ωKA 的第一个主要聚焦步骤是在二维频域实现的参考函数相乘(RFM)，如图 8.1 所示。正如 5.3 节中式(5.24)和式(5.26)所推导的，二维频域中的未压缩基带信号为

$$S_{2df}(f_\tau, f_\eta) = A\, W_r(f_\tau)\, W_a(f_\eta - f_{\eta c})\, \exp\{j\theta_{2df}(f_\tau, f_\eta)\} \tag{8.1}$$

因子 A 是式(5.24)中的常数项 A_0，A_1 和 A_2 的乘积。假定距离向的发射脉冲是正扫频信号，并

且距离方程是式(4.9)的双曲形式,则对距离 R_0 处的目标而言,式(8.1)中的相位为

$$\theta_{2\mathrm{df}}(f_\tau, f_\eta) = -\frac{4\pi R_0}{c}\sqrt{(f_0 + f_\tau)^2 - \frac{c^2 f_\eta^2}{4 V_r^2}} - \frac{\pi f_\tau^2}{K_r} \tag{8.2}$$

注意,由于多普勒中心频率 f_{η_c} 依赖于雷达波长,因此会随着距离向频率 f_τ 而变化。这意味着信号二维频谱在方位向是扭曲的,如图 5A.1(d)所示,这一点在本章后面还会被提及。

还应注意,由于要在二维频域进行参考函数相乘,式(8.2)中的大部分变量都定义在二维频域中。然而,距离 R_0 和等效雷达速度 V_r 却是在距离时域定义的,因此无法在距离频域处理其沿距离向的变化。在二维频域所能使用的最好相位补偿是将距离和等效雷达速度设在测绘带中心或参考距离处,此时参考函数相乘滤波器的相位为

$$\theta_{\mathrm{ref}}(f_\tau, f_\eta) = +\frac{4\pi R_{\mathrm{ref}}}{c}\sqrt{(f_0 + f_\tau)^2 - \frac{c^2 f_\eta^2}{4 V_{r_{\mathrm{ref}}}^2}} + \frac{\pi f_\tau^2}{K_r} \tag{8.3}$$

该滤波器能够补偿参考距离处的相位,从而使此处的数据能够得到完全的聚焦。经过参考函数相乘滤波后,二维频域中的残余相位近似为

$$\theta_{\mathrm{RFM}}(f_\tau, f_\eta) \approx -\frac{4\pi (R_0 - R_{\mathrm{ref}})}{c}\sqrt{(f_0 + f_\tau)^2 - \frac{c^2 f_\eta^2}{4 V_r^2}} \tag{8.4}$$

上式中的近似是由于假定 V_r 不随距离变化,由此带来的影响将在 8.5 节予以讨论。

由于用参考距离处的相位对整个数据块相位进行校正,式(8.3)的滤波处理称为"一致压缩"。根据式(8.4)中的 $(R_0 - R_{\mathrm{ref}})$ 项,参考距离处的残余相位为零,但其他距离处的目标则存在残余相位。为了对全部场景进行精确聚焦,必须在后续操作中对此予以校正。

讨论

需要强调的是,只有当式(8.2)中的根式是对信号相位的精确表达时,参考距离处的聚焦才是准确的。式(8.2)的相位形式源自距离方程的双曲线假设。这种假设在宽孔径内通常是合理的,ωKA 的这种性质意味着它能比 RDA 和 CSA 更精确地进行宽孔径、大视角下的聚焦处理。如果双曲距离方程不够精确,则可在距离方程中引入高次项,尽管这样会使式(8.2)中信号谱的解析推导变得更困难。如果得不到解析解,只要式(8.4)的残余相位是 $(R_0 - R_{\mathrm{ref}})$ 的线性函数,就可以通过数值方法导出 Stolt 插值所需的变换。

由于 $(R_0 - R_{\mathrm{ref}})$ 的均值为零,见式(8.4),所以除了完成"一致压缩"(bulk compression),参考距离处的参考函数相乘还有一个重要作用:将式(8.2)中的高频距离调制变换到基带。这意味着下一步的插值操作只需进行简单的基带插值,不必考虑雷达中心频率 f_0 处的高频调制。

注意,为简单起见,在推导信号频谱时,目标方位位置被假定在最短距离处(即 $\eta = 0$ 处)。如果不满足此假定,则会出现 个关于 f_η 的残余线性相位。在后续方程中,除了为使相位更符合实际情况,对其将不予考虑。

与地震信号处理的类比

在地震数据的采集中,来自地下一个反射点的信号波前沿着一个很大的弧形传播到地面。布置在地面上的地震检波器阵列所记录的相位与声波传播路径成正比。与 SAR 的距离方程类似,相位是沿阵列方向的长度的双曲函数。

在对接收信号进行处理时,波方程可以看成到反射点的逆向传播("逆向"是相对于波的传播方程而言的)。按照参考文献[4]的解释,波在向反射点的逆向传播过程中,弧形长度随

着传播面远离地表而持续减小。当到达反射点时，弧形缩为一个点。在地震学术语中，波方程的这种逆向传播称为"逆向延续"。由于声波在传播介质中存在传播速度的变化，所以该步骤在地震处理中比在 SAR 中更复杂。

8.3 Stolt 插值

参考函数相乘后，参考距离处的目标得到了良好的聚焦。现在需要对其他距离处的目标进行聚焦。这是用 Stolt[6] 提出的插值因子通过距离向频率轴的映射或弯曲来完成的。这一映射改变了二维频域中的数据相位。由于它同时调整了方位向相位和距离向相位，所以这一映射消除了式(8.4)中二次以上的残余相位调制。

Stolt 插值完成了残余距离徙动校正、残余二次距离压缩和残余方位压缩。这一插值实现的映射可以视为距离频域上的变量替换。本节用数学和图形的方式对此进行了描述，而其物理含义将在 8.4 节中给出。

Stolt 插值曾经有过许多不同的名字，诸如 Stolt 迁移、Stolt 映射、Stolt 变换或 Stolt 变量代换。本书中将交替使用"Stolt 映射"和"Stolt 插值"，前者暗示其为几何变换，而后者表明这是一个数值操作。

8.3.1 变量代换

参考函数相乘后的相位式(8.4)代表了残余距离徙动、残余距离方位耦合和残余方位调制。由于式(8.4)中的根式，该相位是 f_τ 的非线性函数。如果此时对信号进行距离向傅里叶逆变换，当 $(R_0-R_{ref}) \neq 0$ 时，目标就会散焦。避免出现此类情况的一种有效方法是改变距离向频率轴，这可以通过用平移和变换后的距离向频率 $f_0+f'_\tau$ 替换式(8.4)中的根式来实现，即

$$\sqrt{(f_0+f_\tau)^2 - \frac{c^2 f_\eta^2}{4 V_r^2}} = f_0 + f'_\tau \tag{8.5}$$

这种替代实际上是将原来的距离向频率 f_τ 映射为新的距离向频率 f'_τ。图 8.2 示意了表 4.1 中的典型 C 波段参数($V_r = 7100 \, \text{m/s}$，$f_0 = 5.3 \, \text{GHz}$，距离带宽为 20 MHz)下的 Stolt 变换。这里考虑的最大斜视角为 9°，相当于 $f_\eta = 40 \, \text{kHz}$，约为实际情况的两倍。

图 8.2(a)示意了从 f_τ 到 f'_τ 的映射，主要包含两项内容。一项是不同 f_η 的情况下在 $f_\tau = 0$ 处的曲线垂直位移。垂直位移代表从 f_τ 到 f'_τ 的常数位移。另一项是曲线斜率随 f_η 的变化，图 8.2(b)强调了这一点。斜率的变化代表了 f_τ 轴的尺度改变。尽管变量替换也完成了二次距离压缩，但这两种效应主要实现的还是残余方位压缩和残余距离徙动校正。下面给出对于这些曲线的进一步理解。

- 对于 $f_\eta = 0$，图 8.2(a)中的映射曲线为斜率为 1 的直线。这意味着 $f'_\tau = f_\tau$；也就是说，对 $f_\eta = 0$ 没有映射或残余校正。
- 图 8.2(a)中其他曲线的斜率非常接近 1，表明 f'_τ 与 f_τ 之间的尺度变化非常小。更明显的效应是随 f_η 变化的曲线偏移。
- 图 8.2(b)示意了曲线斜率与单位 1 的微小差异。图中已去除了曲线偏移，f'_τ 与其在 $f_\eta = 0$ 处的差值用放大的垂直标尺来体现。图 8.12(b)中的非零斜率，即图 8.2(a)中的非单位斜率，代表了距离向频率的尺度变化，它改变了频谱相位函数的形状，即导致了距离向上的时间尺度的变化。这样，距离向时间轴沿方位向频率产生缩放变化，

从而完成了残余距离徙动校正。由于在 $f_\eta = 0$ 处没有残余距离徙动校正,目标会对齐到零多普勒位置。这一点将在 8.4 节中进行更深入的讨论。

- 重新考察图 8.2(a),曲线偏移(f'_τ 的移动)近似为 f_η 的二次函数。曲线偏移完成了残余方位压缩。这一点也将在 8.4 节中进行更深入的讨论。

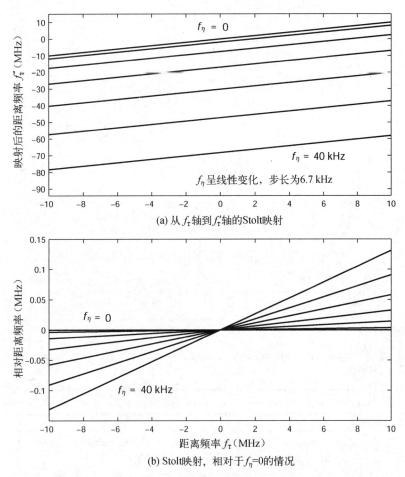

(a) 从 f_τ 轴到 f'_τ 轴的Stolt映射

(b) Stolt映射,相对于 $f_\eta = 0$ 的情况

图 8.2 式(8.5)中从 f_τ 到 f'_τ 的 Stolt 变换示意。图(b)中数据沿垂直轴放大显示,图中已减去了 $f_\eta = 0$ 曲线,以及每条曲线在 $f_\tau = 0$ 处的偏移量

还应注意到,在参考距离处所有的映射都不起作用,这是因为在参考距离处,式(8.4)中的 $4\pi(R_0 - R_{\mathrm{ref}})/c$ 将位移和调制均变为零。在其他距离处,映射效应与点到参考距离处的距离成正比。

为了说明位移量与方位的依赖关系,图 8.3 给出了五种 f_τ 下 f'_τ(见图 8.2)与 f_η 的变化关系。这些曲线代表了图 8.2(a)中的垂直切片。正如式(8.15)所指出的,这些曲线本质上是抛物线。图 8.3 中的虚线为 $f_\tau = 0$ 下的抛物线。由于基本与实线重合(除了在右端),这条虚线几乎看不到。这就表明,在斜视角不太大的情况下,位移量是 f_η 的二次函数。

Stolt 映射的斜率

在式(8.5)中对 f_τ 进行微分,Stolt 映射的斜率为

$$\frac{\mathrm{d}f_\tau'}{\mathrm{d}f_\tau} = \frac{1}{\sqrt{1 - \frac{c^2 f_\eta^2}{4 V_r^2 (f_0 + f_\tau)^2}}} \approx 1 + \frac{c^2}{8 V_r^2 (f_0 + f_\tau)^2} \, f_\eta^2 \tag{8.6}$$

图 8.4 对其进行了示意。可以看到斜率在 $f_\eta = 0$ 处为单位 1，并近似随 f_η 的平方呈线性增长。在除 $f_\eta = 0$ 之外的其他点处斜率非零，表明由 Stolt 插值完成了残余距离徙动校正。

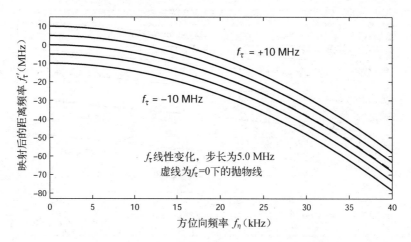

图 8.3 Stolt 映射后的距离向频率为 f_η 的函数

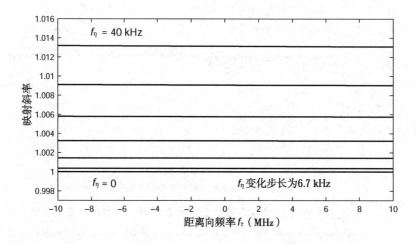

图 8.4 Stolt 映射的斜率，反映了尺度沿距离向频率轴的变化

由于式(8.6)中 $(f_0 + f_\tau) \gg c |f_\eta| / (2V_r)$，在低斜视角情况下，斜率几乎与 f_τ 无关。然而，随着 $|f_\eta|$ 的增加，斜率会随着 f_τ 有微小的变化（由图 8.4 的顶端曲线可看出）。斜率随 f_τ 的变化代表了距离方位耦合，正是通过这种方式 Stolt 插值完成了残余二次距离压缩。

当映射斜率不是单位 1 时，由于匹配滤波器积分中的独立变量存在尺度变换（即匹配滤波器支持域上的尺度变换），在压缩过程中会出现能量变化。幸运的是，这种能量变化非常小，在处理过程中通常可忽略。例如，在 $|f_\eta| = 35\,\mathrm{kHz}$ 处的尺度变化幅度仅为 1%（对 8° 斜视角下的 C 波段卫星而言）。

映射后的相位函数

经过映射，部分压缩后的信号相位式(8.4)变为

$$\theta_{\text{Stolt}}(f'_\tau, f_\eta) = -\frac{4\pi\,(R_0 - R_{\text{ref}})}{c}\,(f_0 + f'_\tau) \tag{8.7}$$

与新的距离向频率 f'_τ 成线性关系。这意味着 Stolt 映射是通过去除高阶项而不是线性项而完成残余距离压缩的。式(8.7)中的线性相位项确定了目标在距离向的位置 R_0。经过二维傅里叶逆变换，目标将被很好地聚焦和配准。距离配准在 R_0 处，该点目标接收回波的方位向频率为零，方位配准在 $\eta = 0$ 处，其方位向频率同样为零(回顾 4.3.1 节中对 η 坐标原点的定义)。

注意，在压缩校正过程中假定 V_r 不随距离变化。对于典型星载 SAR 参数，这种假定是成立的。如果有必要，V_r 的变化可在距离多普勒域(方位向快速傅里叶逆变换之前)通过最终的残余方位压缩予以解决。但对于窄带区域的处理而言，常规的 ωKA 显得更简单。

8.4　对 Stolt 映射的理解

有关地震信号处理的参考文献[20,21]给出了对 Stolt 映射的几种不同解释。本节从信号处理角度给出了几种新的理解。第一种理解是从 2.3.3 节的傅里叶平移/调制性质导出的。第二种理解利用了第 5 章附录推导的二维扭曲频谱。最后一种理解方式基于成像的几何关系。首先考察 Stolt 映射的各组成部分，以便为后续的讨论打下基础。

8.4.1　Stolt 映射的组成部分

可以按如下方式来理解参考函数相乘后的残余相位函数式(8.4)。继续式(5.32)的推导，将残余相位函数展开到 f_τ 和 f_η 的二次项

$$\theta_{\text{RFM}}(f_\tau, f_\eta) \approx -\frac{4\pi\,(R_0 - R_{\text{ref}})}{c}\left[f_0 D(f_\eta, V_r) + \frac{f_\tau}{D(f_\eta, V_r)} - \frac{f_\tau^2}{2 f_0 D^3(f_\eta, V_r)}\frac{c^2 f_\eta^2}{4 V_r^2 f_0^2}\right] \tag{8.8}$$

其中 $D(f_\eta, V_r)$ 为 5.3 节在式(5.30)中引入的徙动参数

$$D(f_\eta, V_r) = \sqrt{1 - \frac{c^2 f_\eta^2}{4 V_r^2 f_0^2}} \tag{8.9}$$

式(8.8)中的方括号内含有三项。第一项为 R_0 处相对于参考距离 R_{ref} 的残余方位调制。第二项为残余距离徙动，它是相对于 R_{ref} 的距离偏移的线性函数。第三项为二次距离压缩所要校正的距离方位耦合。

需要强调的是，式(8.8)分离出了 Stolt 映射的主要部分。在式(8.4)中，所有部分都混在根式内。经过展开后，每一部分的最主要内容都出现在式(8.8)的右侧。式(8.8)对本节中某些处理步骤的直观理解及 8.5 节的误差分析都非常有用。

8.4.2　基于傅里叶变换性质的理解

读者可能会对距离向频率映射能同时完成残余距离徙动校正、残余二次距离压缩和残余方位压缩感到很好奇。为便于说明，这里假设可忽略二次距离压缩的低斜视角情况。尽管如此，以下讨论仍适用于包含二次距离压缩的情况。

以参考函数相乘后的相位展开式(8.8)为基础，并忽略第三项的距离方位耦合，此时点目标相位近似为

$$\theta_{\text{RFM}}(f_\tau, f_\eta) \approx -2\pi\,\Delta\tau\left[f_0 D(f_\eta, V_r) + \frac{f_\tau}{D(f_\eta, V_r)}\right] \tag{8.10}$$

其中，$\Delta\tau = 2(R_0 - R_{ref})/c$ 是以参考距离为基点计算的目标距离向"时间"。

图 8.5 中对相位式(8.10)进行了示意。其中图 8.5(a)给出的是一个偏离参考距离的点目标的信号实部。该相位主要有两个特点。在距离频域，相位是线性的，即图 8.5(b)所示的水平切片是正弦波，但其频率随方位向频率变化。这一特点由式(8.10)中的 $f_\tau / D(f_\eta, V_r)$ 项体现。该项是斜率为 $1/D(f_\eta, V_r)$ 的 f_τ 的线性函数。信号频率(即"距离频域"中的信号频率)代表目标的距离位置，当进行距离向离散傅里叶逆变换后，这一点更加明显。如图 8.5(c)中的粗线所示，可以清楚地看到残余距离徙动是方位向频率的函数[①]。

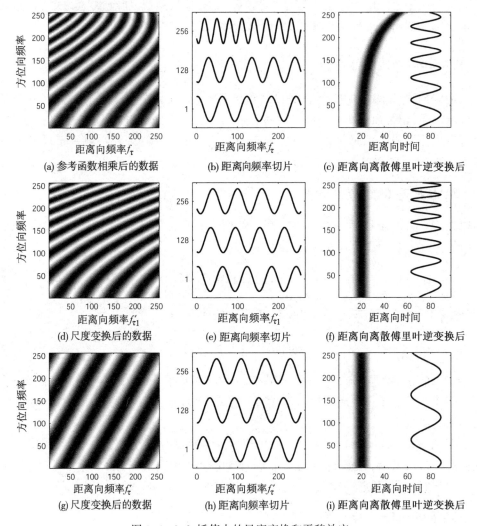

(a) 参考函数相乘后的数据　　　(b) 距离向频率切片　　　(c) 距离向离散傅里叶逆变换后

(d) 尺度变换后的数据　　　(e) 距离向频率切片　　　(f) 距离向离散傅里叶逆变换后

(g) 尺度变换后的数据　　　(h) 距离向频率切片　　　(i) 距离向离散傅里叶逆变换后

图 8.5　Stolt 插值中的尺度变换和平移效应

---

① 图 8.5 可解释如下：左侧图列示意的是点目标实部相位，其中突出的相位等高线表现了正文中方程的特性。中间一列给出的是与左侧点目标相位对应的水平切片。它截取自信号实部的第 1 个、第 128 个和第 256 个方位点。可见经参考函数相乘后，沿距离向频率轴的波形为正弦波。右侧图列中的粗线为左列数据经距离向离散傅里叶逆变换后的结果。离散傅里叶逆变换将正弦波压缩成 sinc 函数，其距离位置与正弦波频率成正比。其中的细线给出的是左侧图中信号实部在距离向频率中点处的垂直切片，是沿方位向频率轴的波形实部，其形状不受距离向离散傅里叶逆变换的影响。从图中可见，在距离谱偏移(最后一行图)之前的方位信号都存在二次相位。经过距离谱移位后，方位信号变为正弦波，此时进行方位向离散傅里叶逆变换即可完成目标压缩。需要说明的是，图中所用的雷达参数仅用于揭示距离频谱的尺度变换及移位性质，并无实际意义。

当在图 8.5(a)中沿着垂直方向(方位向频率轴)截取切片时,在图 8.5(c)中可以看到一个非线性相位,这是式(8.10)所示相位函数的第二个特点。这一非线性项代表了残余距离徙动和方位聚焦引起的调制。

为了理解 Stolt 映射,式(8.10)括号内的部分可以视为新的距离向频率 f_0+f_τ',

$$f_0+f_\tau' = f_0 D(f_\eta, V_r) + \frac{f_\tau}{D(f_\eta, V_r)} \tag{8.11}$$

如式(8.5)所示,或

$$f_\tau' = f_0 [D(f_\eta, V_r) \quad 1] + \frac{f_\tau}{D(f_\eta, V_r)} \tag{8.12}$$

与 f_τ 相比,f_τ' 是映射后的距离向频率。这一映射通过一个简单的距离向频率插值操作就可以实现。为了便于说明问题,可以将式(8.12)中的两项视为映射的两个部分,即残余方位压缩和残余距离徙动校正。

对残余距离徙动校正的理解

式(8.12)中的第一项与距离向频率无关,因而对距离徙动校正没有影响。首先考虑式(8.12)中第二项代表的残余距离徙动校正。该项是 f_τ 的线性函数,斜率为 $1/D(f_\eta, V_r)$。斜率以 $f_\eta = 0$ 处的单位 1 为起始,随方位向频率 f_η 的平方缓慢增长。这样,映射的距离徙动校正部分为

$$f_{\tau_1}' = \frac{f_\tau}{D(f_\eta, V_r)} \approx f_\tau \left(1 + \frac{c^2 f_\eta^2}{8 V_r f_0^2}\right) \tag{8.13}$$

这种近似形式是通过将式(8.9)的 D 展开至 f_η 的平方项得到的。对于给定的 f_η,由于 f_η^2 为常数,映射就是对距离向频率轴进行拉伸。将式(8.13)代入式(8.10),参考函数相乘后的相位为

$$\theta_{\mathrm{RFM},1}(f_{\tau_1}', f_\eta) = -2\pi \Delta \tau [f_{\tau_1}' + f_0 D(f_\eta, V_r)] \tag{8.14}$$

这样,对于新的距离向频率变量,该相位是正弦波。在每一方位向频率处,正弦波频率不随距离向频率变化。但由式(8.14)中的最后一项,正弦波频率却是随方位向频率变化的。

图 8.5 中的第二行示意了距离向频率轴的尺度变换。从图 8.5(e)中可以看出,沿图 8.5(d)的水平方向截取的任一切片波形都有相同的频率。由于 D 总小于 1,因而尺度变换是对频率轴的拉伸。在这种简单模型中,沿距离向频率轴的拉伸是相同的,仅通过对距离轴进行升采样就可以实现。

从图 8.5(f)中可以看到恒定频率的影响,离散傅里叶逆变换后,所有方位向频率处的点目标位置被对齐到同一个正确的距离点上。变量替换通过这种方式实现了残余距离徙动校正。对齐可以通过傅里叶变换的调制/平移性质,即

$$G(f_{\tau_1}', f_\eta) \exp\{-j2\pi \Delta \tau f_{\tau_1'}\} \Longleftrightarrow g(\tau - \Delta \tau, f_\eta)$$

从数学上加以说明。图 8.5(f)还示意了一个揭示残余方位调制的垂直向切片。与图 8.3 一致,该残余调制在本质上是二次的。

当进一步考虑距离方位耦合时,即式(8.8)中的第三项,式(8.14)会附加一个表征残余二次距离压缩的 f_τ^2 项。该附加项并不会影响以上关于残余距离徙动校正的讨论。

对补余方位压缩的理解

为考察补余方位调制,注意式(8.12)中的第一项为距离向频率的恒定移位,大小为

$$f_{\tau_{\text{shift}}} = f_0 \left[D(f_\eta, V_r) - 1 \right] \approx -\frac{c^2 f_\eta^2}{8 V_r^2 f_0} \tag{8.15}$$

综合式(8.12)、式(8.13)和式(8.15)，映射后的频率 f_τ 由平移和尺度变换组成，

$$f_\tau' = f_{\tau_{\text{shift}}} + f_{\tau_1}' \tag{8.16}$$

在图 8.5 的示例中，该移位是通过对相位函数进行带有适度平移的重采样实现的。其结果如图 8.5(g)所示，可以看出此时相位在距离向频率和方位向频率上都是线性的。图 8.5(h)所示的水平切片表明其频率与图 8.5(e)所示的一样。但是，从图 8.5(i)中可以看出方位向相位是方位向频率的线性函数，因此图 8.5(f)中的二次相位已经被平移操作去除了。这意味着残余方位压缩已经完成，余下的线性相位只代表目标的方位位置（为简便起见，在本节的式中都省略了线性相位项）。

如果残余距离徙动和距离方位耦合小得可忽略不计，则只需利用式(8.15)进行残余聚焦。这是将在 8.6 节中讨论的近似 ωKA 的基础。通过在距离多普勒域的相位相乘就可以实现移位，这比完全的插值实现简单得多。

移位效应还可以由傅里叶变换的平移/调制性质看出：

$$G(f_\tau - f_{\tau_{\text{shift}}}, f_\eta) \Longleftrightarrow g(\Delta \tau, f_\eta) \exp\{j2\pi f_{\tau_{\text{shift}}} \Delta \tau\}$$

可见，距离向离散傅里叶逆变换将距离向频率移位 $f_{\tau_{\text{shift}}}$ 变为随方位向频率变化的相位。替换式(8.15)的 $f_{\tau_{\text{shift}}}$，距离多普勒域的相位校正函数为

$$\theta_{\text{corr}}(\Delta \tau, f_\eta) = -2\pi \Delta \tau \frac{c^2 f_\eta^2}{8 V_r^2 f_0} \tag{8.17}$$

它去除了残余方位调制中的二次项，这样就完成了残余方位压缩。这是距离多普勒域中的残余方位压缩频率匹配滤波器的正确形式。

8.4.3　基于支持域的理解

8.4.2 节中对相位进行考察的同时，进一步分析 Stolt 映射对数据的二维频谱支持域的影响也会很有意义。Stolt 映射会导致频谱的扭曲，从而引出了基于傅里叶变换性质的另一种理解。

由于式(8.13)中的 $D(f_\eta, V_r)$ 项，频谱扭曲实际上是方位向频率的二次函数，但当距离方程中的线性项比二次项大时，频谱扭曲近似是线性的。这种情况发生在多普勒中心频率远大于多普勒带宽时。为了解线性项和二次项的相对影响，将式(8.9)中的 $D(f_\eta, V_r)$ 在中心频率 f_{η_c} 处展开：

$$D(f_\eta, V_r) \approx D(f_{\eta_c}, V_r) - \frac{c^2 f_{\eta_c}}{4 V_r^2 f_0^2 D(f_{\eta_c}, V_r)} (f_\eta - f_{\eta_c}) - \frac{c^2}{8 V_r^2 f_0^2 D^3(f_{\eta_c}, V_r)} (f_\eta - f_{\eta_c})^2 \tag{8.18}$$

当 $f_{\eta_c} = 0$ 时，线性项[即式(8.18)的中间项]为零，则得到式(8.15)的二次项形式。但是，当斜视角很大时，线性项占主导地位。用式(8.18)替换式(8.15)中的 $D(f_\eta, V_r)$，可以明显地看出 $f_{\tau_{\text{shift}}}$ 中的线性项对频谱扭曲的影响。图 8.6 中的上行和下行分别给出了在斜视角为零和较大斜视角情况下的这种影响。

图 8.6(a)以相位等高线的形式给出了斜视角为零情况下参考函数相乘后的信号频谱支持域。稍微弯曲的相位等高线表明目标并没有完全聚焦。与距离带宽相比，二次分量非常小，但为了揭示非参考距离处的残余方位压缩效应，对其进行了夸大。

图 8.6(b)给出了 Stolt 映射后的频谱形状（即距离向频率插值之后）。相位等高线变为间隔相同且相互平行的直线。如果沿着垂直方向（对应方位向频率）或水平方向（对应距离向频率）

截取相位切面，其结果就会如式(8.7)那样是线性的。图 8.6(c) 中给出了压缩后的点目标。

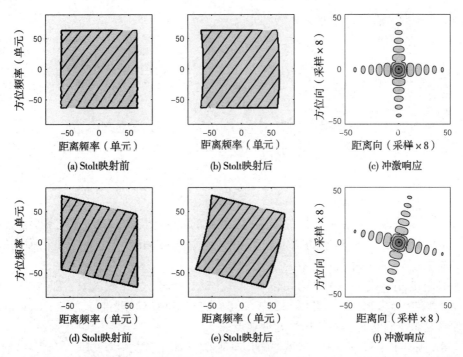

图 8.6   点目标的二维频谱和经过压缩后的冲激响应。上一行，即(a) ~ (c)是斜视角为零的情况，下一行，即(d) ~ (f)揭示了大斜视角情况下的频谱扭曲。最左侧两列图中的实线代表相位等高线

在图 8.6 的上一行中，Stolt 映射没有使频谱变得扭曲，仅可看到微小的二次映射。当斜视角很大时，Stolt 映射引入了频谱扭曲，以完成残余聚焦。在图 8.6(d) 中，距离向频率的跨度与方位向频率无关，但在图 8.6(e) 中可以看出由式(8.18)中的线性项导致的很明显的频谱扭曲。它同样导致了图 8.6(f) 中的旁瓣轴的倾斜。与图 2.2 中的傅里叶变换类似，图 8.6(f) 中的旁瓣与谱的边界平行。

8.4.4   基于成像几何关系的理解

图 8.7 是斜视成像几何关系的示意图，雷达发射脉冲的波前传播方向与距离轴的夹角为 θ_r(第 4 章中的斜视角)。假定距离轴和方位轴正交构成斜距平面。图中的两个波前代表任意时刻电场矢量的两个连续最大值。波前是球面的，但由于只示意了其中一部分，所以它们看起来像是直的。

可以在不同方向上对雷达信号波长进行观测。若发射频率为 f_0，则沿着传播方向的波长为

$$\lambda = \frac{c}{f_0} \qquad (8.19)$$

由图 8.7 中的几何关系，方位向上观测到的波长为

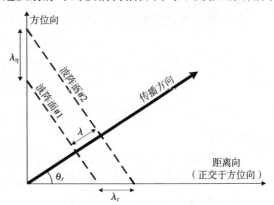

图 8.7   斜视对距离和方位坐标轴上观测到的波长的影响

$$\lambda_\eta = \frac{\lambda}{\sin \theta_r} \tag{8.20}$$

同理，距离向上观测到的波长 λ_r 为

$$\lambda_r = \frac{\lambda}{\cos \theta_r} \tag{8.21}$$

Raney 称 λ_r 为等效波长[22]。λ_η 和 λ_r 的方向构成了一对正交坐标轴，由直角三角形定理可得

$$\frac{1}{\lambda^2} = \frac{1}{(\lambda_r)^2} + \frac{1}{(\lambda_\eta)^2} \tag{8.22}$$

令 f_0' 表示距离向上观测到的频率，则有 $\lambda_r = c/f_0'$。由于距离向坐标轴与方位轴垂直，它也是 SAR 图像连续输出的坐标轴。由式(4.34)和式(8.20)可得 $\lambda_\eta = 2V_r/f_\eta$，替换式(8.22)中的 λ，λ_η 和 λ_r，得到以下结果：

$$(f_0')^2 = f_0^2 - \frac{c^2 f_\eta^2}{4 V_r^2} \tag{8.23}$$

由于 SAR 的发射脉冲占有一定的频宽，上式中的 f_0 应替换为 $f_0 + f_\tau$，而 f_0' 则替换为 $f_0 + f_\tau'$。这样得到的结果就和式(8.5)中的 Stolt 映射一样。这表明 Stolt 映射实际上是用距离轴上(方位垂直方向)观测到的频率代替了传播方向的频率。

非常有趣的是，式(8.2)中的相位 $\theta_{2df}(f_\tau, f_\eta)$ 可以通过等效波长，即 $\theta_{2df}(f_\tau, f_\eta) = -4\pi R_0/\lambda_r$ 简单推导出来，而不必用 5.3 节中冗长的驻定相位原理推导。在 5.3 节中运用驻定相位原理是由于它符合本书的信号处理观点。

附录 8A 则给出了另一种在波数域中的几何理解(如原作者在参考文献[9~11]中的描述)。

8.5 误差分析

假定不存在图 8.1(b)中的算法近似，则 ωKA 中最主要的近似在于假定等效雷达速度 V_r 是距离不变的。对于机载 SAR，由于等效雷达速度基本恒定，这种近似不会有问题。对于星载 SAR，在 50 km 的斜距带内 V_r 可能会变化 0.15%，这样就会引起较大的误差。本节将对此误差进行分析。

Stolt 插值可视为对式(8.4)中的根式 $\theta_{RFM}(f_\tau, f_\eta)$ 的补偿。像式(8.8)那样将根式展开，可明显看出残余的距离徙动、距离方位耦合和方位调制。为了考察使用错误的雷达速度会造成哪些影响，在误差分析中利用以上展开式将会十分方便。

距离徙动误差

距离徙动的主要部分为其线性项。在照射时间 T_a 内，由式(5.58)可知线性距离徙动为

$$\text{RCM}_{\text{lin}}(\eta) = -V_r \sin \theta_{r,c} T_a \tag{8.24}$$

因此，由距离不变假设导致的速度误差会造成一个距离徙动校正误差

$$\Delta \text{RCM}_{\text{lin}}(\eta) = -\Delta V_r \sin \theta_{r,c} T_a \tag{8.25}$$

如图 6.11 所示，如果距离徙动校正误差小于半个距离单元，则分辨率展宽将低于 2%。

二次距离压缩误差

二次距离压缩的目的是校正距离和方位的交叉耦合。交叉耦合相位由式(5.34)给出。根据 5.3.3 节对 $D(f_\eta, V_r)$ 的几何解释，式(5.34)中的 $D^3(f_\eta, V_r)$ 可近似为 $\cos^3 \theta_{r,c}$。这样，式(5.34)为

$$\theta_{\text{cc}} = \frac{\pi}{2} \frac{c R_0 f_\eta^2 f_\tau^2}{V_r^2 f_0^3 \cos^3 \theta_{r,c}} \tag{8.26}$$

速度误差 ΔV_r 在二次距离压缩滤波器中引入的二次相位误差则为

$$\theta_{\mathrm{cc,qpe}} = \frac{\mathrm{d}\theta_{\mathrm{cc}}}{\mathrm{d}V_r} \Delta V_r \bigg|_{f_\tau = |K_r|T_r/2} \tag{8.27}$$

$$= -\pi \frac{c R_0 f_\eta^2 \Delta V_r (K_r T_r/2)^2}{V_r^3 f_0^3 \cos^3 \theta_{r,c}} \tag{8.28}$$

其中 $|K_r|T_r$ 为距离带宽。尽管相位误差分析要求更小些的二次相位误差(如附录 3B 中的 0.1π),但图 3.14(a)表明,为了使分辨率展宽充分小,二次相位误差应小于 0.5π。

方位调制误差

方位匹配滤波器的相位近似为 $\pi K_a \eta^2$,K_a 由式(4.38)给出:

$$K_a = \frac{2 V_r^2 \cos^3 \theta_{r,c}}{\lambda R_0} \tag{8.29}$$

因此,速度误差 ΔV_r 引起的二次方位匹配滤波器相位误差为

$$\theta_{\mathrm{am,qpe}} = \pi \frac{\mathrm{d}K_a}{\mathrm{d}V_r} \Delta V_r \eta^2 \bigg|_{\eta = T_a/2} = 4\pi \frac{V_r \Delta V_r \cos^3 \theta_{r,c}}{\lambda R_0} \left(\frac{T_a}{2}\right)^2 \tag{8.30}$$

类似地,为使方位冲激响应展宽充分小,二次相位误差应控制在 0.5π 以内(如果相位很重要,则应在 0.1π 以内)。

如果方位压缩误差过大,则可以通过以下改进补偿 V_r 的变化。将图 8.1(a)底部的二维快速傅里叶逆变换替换为距离向快速傅里叶逆变换、二次方位压缩和方位向快速傅里叶逆变换。二次方位压缩通过距离多普勒域中的相位相乘补偿了由 V_r 变化引起的调频率误差,但是由 V_r 变化引起的距离徙动校正和二次距离压缩误差并未被补偿。同样的补偿方法也可用在近似 ωKA 中,只需将其与图 8.1(b)中的残余方位匹配滤波简单地进行相位相乘即可。

误差量级

对于典型的 C 波段星载 SAR 而言,等效雷达速度在 50 km 测绘带内大约会变化 0.15%。在这种假设下,利用表 4.1 中的参数可得最大斜视角为 4°时的误差幅度。此时,距离徙动校正误差在 1 m 以内,二次距离压缩和方位匹配滤波器中的二次相位误差均小于 0.01π,因而可以忽略。

在这个例子中,唯一较大的误差是残余距离徙动校正,但仍小于典型分辨率。因此,对 C 波段卫星而言,ωKA 能够容忍 50 km 测绘带内等效雷达速度沿距离向的变化。尽管如此,对每种情况都要有针对性地计算误差量级,尤其是 L 波段或更高分辨率的情况。

8.6　近似 ωKA

Stolt 插值是 ωKA 中非常耗时的一步。插值完成了残余距离徙动校正、二次距离压缩和方位压缩。其中最主要的是残余方位压缩,如果残余距离徙动校正和二次距离压缩小到可忽略,则可以用只完成残余方位压缩的相位相乘来代替 Stolt 插值。这种方式近似认为距离徙动和距离方位耦合不随距离改变[2,9,12]。

图 8.1(b)示意了近似 ωKA 的处理流程。本节将对其所做的近似,以及该算法与 RDA 和 CSA 的关系进行概述。

8.6.1　近似项

近似 ωKA 做了两项近似。为了便于考察,在此分别研究近似对距离方位耦合和距离徙动校正的影响。

忽略残余距离方位耦合

第一项近似是忽略式(8.8)中的残余距离方位耦合,这等于没有进行残余二次距离压缩。回顾一下,在参考函数相乘中二次距离压缩是通过参考距离处的相位实现的。如果在整个测绘带内能满足式(6.31)中的二次相位误差准则,则残余距离方位耦合可忽略,否则就需要使用不同的参考函数对距离向进行分段处理。

根据式(8.8),没有残余距离方位耦合的 Stolt 映射式(8.5)为

$$f_0 + f'_\tau = \frac{f_\tau}{D(f_\eta, V_r)} + f_0 \, D(f_\eta, V_r) \tag{8.32}$$

第一项相当于残余距离徙动,第二项相当于残余方位压缩。上式中 f_τ 的系数依赖于方位向频率,因此仍旧需要插值来完成残余距离徙动校正。

忽略残余距离徙动

第二个近似是忽略残余距离徙动。如果假定式(8.32)中 f_τ 的系数与方位向频率无关,则该近似成立。由于数据处理集中在中心频率附近,因此用 f_{η_c} 代替 f_η 是合理的。这样可得 Stolt 映射的如下近似表达:

$$f_0 + f'_\tau \approx \frac{f_\tau}{D(f_{\eta_c}, V_r)} + f_0 \, D(f_\eta, V_r) \tag{8.33}$$

残余方位压缩

在这种近似映射下,式(8.7)的信号频谱相位变为

$$\theta_{\mathrm{RFM}}(f_\tau, f_\eta) \approx -\frac{4\pi(R_0 - R_{\mathrm{ref}})}{c} \left[\frac{f_\tau}{D(f_{\eta_c}, V_r)} + f_0 \, D(f_\eta, V_r) \right] \tag{8.34}$$

对以上相位频谱进行距离向快速傅里叶逆变换,得到距离多普勒域的信号为

$$S_{\mathrm{app}}(\tau, f_\eta) = A \, p_r \left\{ \tau - \frac{2(R_0 - R_{\mathrm{ref}})}{c \, D(f_{\eta_c}, V_r)} \right\} W_a(f_\eta - f_{\eta_c}) \times \exp\left\{ -\mathrm{j} \frac{4\pi(R_0 - R_{\mathrm{ref}}) f_0 \, D(f_\eta, V_r)}{c} \right\} \tag{8.35}$$

其中 sinc 形状的距离包络 $p_r(\tau)$ 是式(8.1)中 $W_r(f_\tau)$ 的傅里叶逆变换。由于距离包络与方位向频率无关,所以式(8.35)不包含残余距离徙动,而只有与距离相关的残余方位压缩。因此,使用与式(8.35)中最后一项的相位相反的随距离变化的一个简单匹配滤波器,就可以实现数据压缩。这一操作同时补偿了 V_r 随距离的变化。对于常规 ωKA 而言,只有修改算法才能做到这一点。

匹配滤波器对式(8.35)中相位的补偿可以通过距离多普勒域中的相位相乘来实现。与 Stolt 插值相比,该匹配滤波器等效于仅进行距离频域移位的插值操作,其中位移量是方位向频率的函数。从式(8.35)可以看出,当 D 为固定值(即 f_η 固定)时,该相位随 R_0 线性变化。回顾图 8.2(a),注意当图中的每条线具有单位斜率时,距离位移为常量。如果式(8.35)中的 D 与 f_η^2 成正比,则图 8.3 中的映射是 f_η 的二次函数。

对近似的讨论

以上近似假定残余距离徙动和残余距离方位耦合都是距离不变的,这在低斜视角或窄测绘带的情况下是有效的。在使用低斜视角近似之前,必须对每组雷达参数进行评估。由于近似不会在参考距离处引入误差,因此在最坏的情况下,距离恒定区必须很小才能满足近似要求。

由于图 8.2(b)给出了式(8.33)和式(8.5)中的映射参数 f'_τ 的差别,故可将其视为对映射误差的显示。图中非零斜率表明存在残余距离徙动项和一个很小的残余距离方位耦合项。如8.5 节所示,这种近似在目前已知的 C 波段星载 SAR 下是成立的。

8.6.2　与 RDA 和 CSA 的关系

近似 ωKA 与 RDA 和 CSA 既有某些相似之处，也有一些不同点。

RDA　图 6.1(b) 给出了最精确的 RDA。该算法考虑了二次距离压缩的方位依赖性，但没有考虑距离依赖性。由于近似 ωKA 的二次距离压缩是和参考函数一起在二维频域实现的，故其使用了同样的二次距离压缩依赖性。然而，一般使用的 RDA 是图 6.1(c) 给出的精度稍差的形式，其中二次距离压缩与距离和方位无关。

就距离徙动校正而言，RDA 考虑了其与距离的相关性，而近似 ωKA 则认为其是距离不变的。RDA 允许 V_r 沿距离向变化，而近似 ωKA 同样也在方位压缩中补偿了 V_r 的变化（在常规的精确 ωKA 中，V_r 不能沿距离向变化）。

CSA　CSA 中的 Chirp Scaling 操作完成了残余距离徙动校正，但没有进行残余二次距离压缩。CSA 的残余方位压缩允许 V_r 沿距离向变化。CSA 中的距离徙动校正是距离相关的，但近似 ωKA 并非如此。因而，CSA 在精确性上介于 ωKA 的精确形式和近似形式之间。事实上，近似 ωKA 等效于没有 Chirp Scaling 操作的 CSA。

8.6.3　近似 ωKA 的误差讨论

近似 ωKA 遗留了残余距离徙动和残余距离方位耦合。7.4.1 节已对残余距离徙动进行了分析。对于表 4.1 和表 7.1 中的平台参数和 SAR 参数，C 波段星载 SAR 的残余距离徙动仍是可接受的，但对 X 波段及更低频率的机载 SAR 却并非如此。

残余距离方位调制在距离向引入了如式 (6.31) 给出的二次相位误差。在前段使用的参数下，星载 SAR 中的二次相位误差小于 0.02π，而机载 SAR 中的二次相位误差为 0.2π。这种程度的二次相位误差是可忽略的。

由于近似 ωKA 的误差与分辨率、测绘带宽度、波长和斜视角相关，所以必须根据每种情况进行有针对性的分析。

8.7　处理示例

本节通过对点目标和机载雷达数据的处理揭示了 ωKA 的操作流程。对于点目标情况，仿真了图 8.8 所示的 7 个与波束中心对齐的点目标。仿真参数使用表 6.1 给出的机载 SAR 参数。为了更易于观察近似 ωKA 的散焦效果，在此将处理带宽增加到 100 MHz。

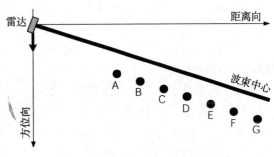

图 8.8　仿真中的 7 个点目标的位置

仿真的斜视角设为 5°。即使在这么小的斜视角下，图 8.6 中给出的频谱扭曲也是很明显的。测绘带宽度设为 3.8 km（3072 个距离向采样点），足以揭示仅用参考函数相乘时非参考距离处的目标散焦。参考距离选在中心目标 D 处。

8.7.1　完整 ωKA 仿真

在二维频域实现的参考函数相乘是 ωKA 的主要聚焦步骤。为了解参考函数相乘对点目标的聚焦影响，在参考函数相乘后不进行 Stolt 插值，而是直接进行二维快速傅里叶逆变换。

图 8.9(a)给出了聚焦结果,可以看出目标 D 得到了良好的聚焦,而其他目标则出现正比于参考距离偏离的方位模糊。这主要是由残余方位调制引起的。

　　然后,为了完成聚焦处理,在参考函数相乘后进行精确的 Stolt 插值,并进行二维快速傅里叶逆变换。图 8.9(b)表明所有目标都得到了良好的聚焦。在图中,目标 A 在方位向上首先出现,而目标 G 最后出现,与图 8.8 中的目标几何排列是一致的。

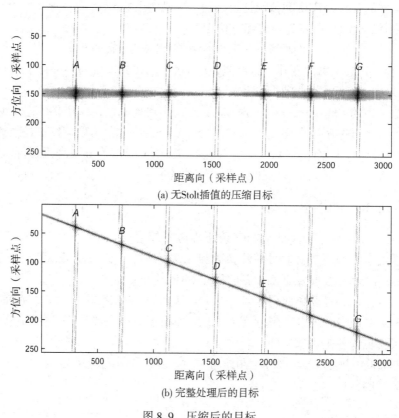

(a) 无Stolt插值的压缩目标

(b) 完整处理后的目标

图 8.9　压缩后的目标

压缩后目标的性质

　　为了更细致地对聚焦进行考察,将图 8.9(b)中的目标 A 的插值结果列于图 8.10 中。测得的斜距分辨率为 1.25 个采样点,而方位向分辨率为 1.21 个采样点,与理论值非常一致。其他 6 个点目标也得到了良好的压缩。

　　由于距离和方位的加权不同,距离和方位之间的分辨率和旁瓣稍微不对称。为了降低旁瓣,在距离向离散傅里叶逆变换时用了 $\beta=2.5$ 的 Kaiser 窗,而方位向仅有来自波束方向图的加权。

频谱形状

　　考察 Stolt 插值前后点的目标频谱也是很有意义的。再次考察点目标 A,通过二维傅里叶变换可以得到其二维频谱(见图 8.11)。左列为 Stolt 插值前的频谱,右列为 Stolt 插值后的频谱。

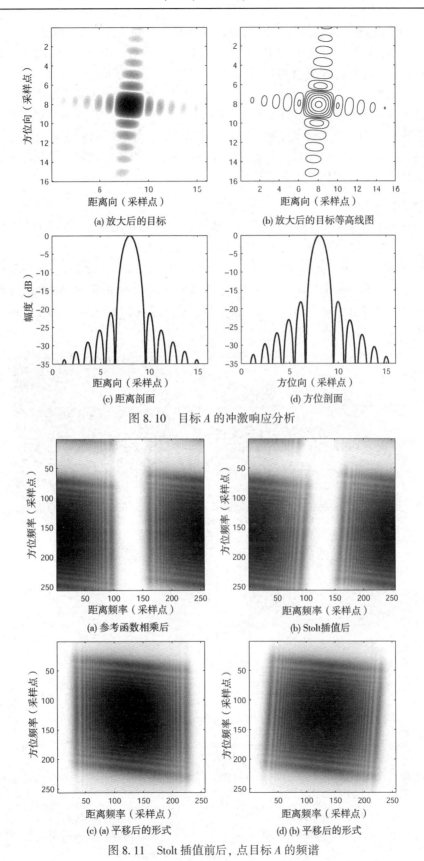

(a) 放大后的目标　　　　　　　　　　　(b) 放大后的目标等高线图

(c) 距离剖面　　　　　　　　　　　　　(d) 方位剖面

图 8.10　目标 A 的冲激响应分析

(a) 参考函数相乘后　　　　　　　　　　(b) Stolt 插值后

(c) (a) 平移后的形式　　　　　　　　　(d) (b) 平移后的形式

图 8.11　Stolt 插值前后，点目标 A 的频谱

图 8.11 中的上边一行是仿真数据频谱,其距离中心频率为 0,方位中心频率为一任意值。频谱间隙来自距离和方位过采样。下边一行的频谱移到了图中央,因此可以与图 8.6 进行比较。其他目标的频谱性质与此类似。

由于参考函数相乘不会改变初始信号的频谱包络,故左边一列中的距离频谱边沿不随方位向频率变化。由于中心频率依赖于波长,方位谱边沿存在随距离向频率的微小变化。Stolt 插值后,与图 8.6(e)一致,频谱变得扭曲了,可见插值会导致距离频谱出现随方位向频率变化的平移和尺度改变。扭曲既有二次方位向频率也有线性方位向频率,但在许多示例中都是线性项起主要作用,而二次项几乎不可见。

Stolt 映射前的频谱相位

考察一下 Stolt 插值前后的相位同样是非常有用的。为此仅仿真一个点目标,以避免其相位被附近的目标所干扰。目标选为不在参考距离处的 A 点。

图 8.12 示意了参考函数相乘后,Stolt 插值前的相位特性。图 8.12(a)给出了卷绕的相位。信号带宽之外的相位被置空。图 8.12(b)是图 8.12(a)左下角 64×64 个采样点的放大显示。由于垂直频率接近于 0.5 周的采样混叠,所以图 8.12(b)的相位不能很好地表现,但仍可从中看到一个微小的二次项。

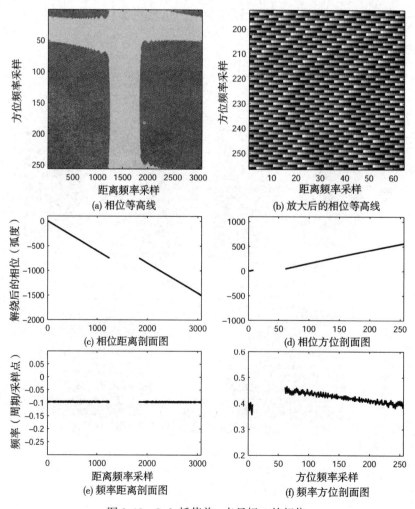

图 8.12　Stolt 插值前,点目标 A 的相位

　　在此考察两个任意相位剖面。图 8.12(c)示意了一个截取自图 8.12(a)中第 150 个方位频率向采样点处的水平切面。它揭示了对应距离向频率的相位形状。图 8.12(e)给出了由相邻相位采样之间的差值表示的波形固有频率。从这些图形可知，由目标距离位置引入的相位在趋势上表现为线性(即恒定频率)。这表明主要距离向调制都被参考函数相乘补偿掉了，而由于距离方位耦合引起的调制是非常小的。

　　然而，可以看出在方位向没有消除二次相位调制。图 8.12(d)是截取自图 8.12(a)第 150 个距离向采样点处，即图 8.12(a)中的垂直切片处的方位向频率相位。由于线性项比二次项大，该相位看上去似乎是线性的。线性项代表的是目标方位位置。然而，图 8.12(f)的相位差表明方位向上存在着非常显著的线性调频或二次相位项，这正是残余方位调制的影响。

Stolt 映射后的频谱相位

　　为表现 Stolt 映射的影响，图 8.13 示意了 Stolt 映射后的相位谱特性。图 8.13(a)至图 8.13(f)的相位特性分别对应于图 8.12(a)至图 8.12(f)。其中，最主要的一点在于相位等高线变为互相平行的等间隔直线，如图 8.13(b)所示。

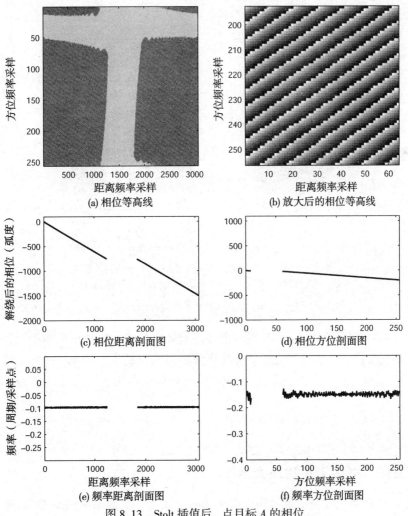

图 8.13　Stolt 插值后，点目标 A 的相位

这与图 8.6(e)是一致的,因此任一方向上的相位都是线性的,也即相位不再包含残余线性调频项,如图 8.13(e)和图 8.13(f)所示。这表明 Stolt 插值完成了聚焦处理,频谱中仅包括源于目标位置的相位。

8.7.2　近似 ωKA

最后对近似 ωKA 进行仿真。如 8.6 节所述,近似算法通过用距离多普勒域的相位相乘取代距离向频率移位,将 Stolt 插值简化为残余方位压缩。图 8.14 中给出了同样 7 个点目标的冲激响应结果。

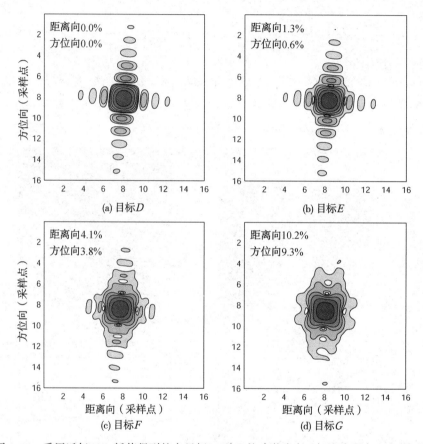

图 8.14　采用近似 Stolt 插值得到的点目标 D 到 G 的冲激响应。标注为距离和方位展宽

可以看出,参考距离处的目标 D 得到了良好聚焦。随着目标偏离参考距离,聚焦质量恶化了。从图中可以看出,残余距离徙动量与参考距离偏离成线性关系,而聚焦效果与该偏离的关系为二次函数(见图 6.11)。边界上的两个点 A 和 G 的残余距离徙动量为 1.4 个距离向分辨单元。

注意,对雷达参数要求不太苛刻的低分辨率、低斜视角或窄测绘带情况,近似 ωKA 的误差会更小。

8.7.3　X 波段机载聚束雷达图像示例

由于 ωKA 适合于大孔径、斜视和聚束模式的 SAR 处理,在此选择一幅 X 波段机载聚束 SAR 图像,以显示该算法的处理结果(与图 6.21 中的同样的雷达系统)。

图 8.15 中的场景选自美国密歇根州安阿伯市，由 MacDonald Dettwiler 用近似 ωKA 处理得到，为方位向分辨率为 1.8 m 的单视图像。图像尺寸为 660×1000 像素，大小为 1 km×1.5 km。

图 8.15　用 ωKA 处理的一幅 X 波段机载聚束 SAR 图像(由 MacDonald Dettwiler 提供)

8.8　小结

本章给出了 ωKA 处理 SAR 信号的具体细节。ωKA 是一种频域处理算法，由两个关键步骤组成：参考函数相乘和 Stolt 插值。参考函数相乘在二维频域中完成，实现的是参考距离处的目标聚焦。Stolt 插值完成距离向频率轴的映射，实现的是非参考距离处的目标残余聚焦。这种算法能够很好地处理宽孔径和大斜视角数据，但无法补偿随距离变化的等效雷达速度，限制了一次能够处理的星载距离测绘带宽。

这种算法起源于地震信号处理。Stolt 插值最初是通过波方程的方式推导出来的，本书中用信号处理原理进行推导。本章给出了对于 Stolt 插值这一关键步骤的物理解释。简单地讲，Stolt 映射通过距离向频率轴的变量替换补偿了残余的距离徙动、距离方位耦合和方位调制。

在某些情况下，可以使用 ωKA 的近似形式。这种近似将 Stolt 映射简化为在每一方位向频率处的一个沿距离向频率轴的常数移位，使 Stolt 插值可被距离多普勒域中的简单相位相乘所替代。这种近似形式仅实现了残余方位压缩，而忽略了非参考距离处的残余距离徙动和残余距离方位耦合。在雷达参数允许的条件下，这种近似是很精确的。本章通过仿真实验给出了标准和近似 ωKA 的精度分析。

ωKA 的唯一不足在于它依赖恒定的等效雷达速度。对于机载 SAR，这不构成问题。对于星载 SAR，等效雷达速度则是随距离变化的。必须具体分析由此引入的误差，对高分辨率情况尤其如此。对于典型 C 波段星载 SAR，测绘带内的等效雷达速度变化不会超过 0.5%。即便如此，该算法仍能很好地满足 50 km 测绘带的 SAR 数据聚焦。

表 8.1 汇总了 ωKA 的主要处理方程。除了 Stolt 映射是以 Hz 为单位的距离向频率，其他各项都是以 rad（弧度）为单位的相位。

表 8.1 ωKA 处理方程汇总

参数	符号	表达式
参考函数相位	$\theta_{\text{ref}}(f_\tau, f_\eta)$	$\dfrac{4\pi R_{\text{ref}}}{c}\sqrt{(f_0+f_\tau)^2 - \dfrac{c^2 f_\eta^2}{4V_r^2}} + \dfrac{\pi f_\tau^2}{K_r}$
参考函数相乘后的一致聚焦数据	$\theta_{\text{RFM}}(f_\tau, f_\eta)$	$-\dfrac{4\pi(R_0-R_{\text{ref}})}{c}\sqrt{(f_0+f_\tau)^2 - \dfrac{c^2 f_\eta^2}{4V_r^2}}$
参考函数相乘后的残余方位向相位		$-\dfrac{4\pi(R_0-R_{\text{ref}})f_0}{c}D(f_\eta, V_r)$
参考函数相乘后的残余距离徙动相位		$-\dfrac{4\pi(R_0-R_{\text{ref}})f_\tau}{cD(f_\eta, V_r)}$
参考函数相乘后的距离方位耦合		$\dfrac{4\pi(R_0-R_{\text{ref}})}{c}\dfrac{f_\tau^2}{2f_0^3 D^3(f_\eta, V_r)}\dfrac{c^2 f_\eta^2}{4V_r^2}$
Stolt 映射（距离向频率）	f_τ'	$\sqrt{(f_0+f_\tau)^2 + \dfrac{c^2 f_\eta^2}{4V_r^2}} - f_0$
Stolt 映射后的信号相位	$\theta_{\text{Stolt}}(f_\tau', f_\eta)$	$-\dfrac{4\pi(R_0-R_{\text{ref}})}{c}(f_0+f_\tau')$

参考文献

［1］ T. E. Scheuer and F. H. Wong. Comparison of SAR Processors Based on a Wave Equation Formulation. In *Proc. Int. Geoscience and Remote Sensing Symp.*, *IGARSS′91*, Vol. 2, pp. 635-639, Espoo, Finland, June 1991.

［2］ R. Bamler. A Systematic Comparison of SAR Focusing Algorithms. In *Proc. Int. Geoscience and Remote Sensing Symp.*, *IGARSS′91*, Vol. 2, pp. 1005-1009, Espoo, Finland, June 1991.

［3］ R. Bamler. A Comparison of Range-Doppler and Wavenumber Domain SAR Focusing Algorithms. *IEEE Trans. on Geoscience and Remote Sensing*, 30(4), pp. 706-713, July 1992.

［4］ I. R. Mufti. Recent Development in Seismic Migration. In *Time Series Analysis：Theory and Practice 6*, O. D. Anderson, J. K. Ord, and E. A. Robinson(eds.). Elsevier Science Publishers B. V., North-Holland, 1985.

［5］ J. F. Claerbout. *Imaging the Earth′s Interior*. Blackwell Science, Oxford, 1985.

［6］ R. H. Stolt. Migration by Transform. *Geophysics*, 43(1), pp. 23-48, February 1978.

［7］ H. Hellsten and L. E. Anderson. An Inverse Method for the Processing of Synthetic Aperture Radar Data. *Inverse Problems*, No. 3, pp. 111-124, 1987.

［8］ L. M. H. Ulander and H. Hellsten. System Analysis of Ultra-Wideband VHF SAR. In *IEE International Radar Conference*, *RADAR′97*, *Conf. Publ. No. 449*, pp. 104-108, Edinburgh, Scotland, October 14-16, 1997.

［9］ C. Cafforio, C. Prati, and F. Rocca. Full Resolution Focusing of SEASAT SAR Images in the Frequency-Wave Number Domain. In *Proc. 8th EARSel Workshop*, pp. 336-355, Capri, Italy, May 17-20, 1988.

[10] F. Rocca, C. Cafforio, and C. Prati. Synthetic Aperture Radar: A New Application for Wave Equation Techniques. *Geophysical Prospecting*, 37, pp. 809-830, 1989.

[11] C. Cafforio, C. Prati, and F. Rocca. SAR Data Focusing Using Seismic Migration Techniques. *IEEE Trans. on Aerospace and Electronic Systems*, 27(2), pp. 194-207, March 1991.

[12] W. G. Carrara, R. S. Goodman, and R. M. Majewski. *Spotlight Synthetic Aperture Radar: Signal Processing Algorithms*. Artech House, Norwood, MA, 1995.

[13] D. C. Munson, J. D. O'Brian, and W. K. Jenkins. A Tomographic Formulation of Spotlight Mode Synthetic Aperture Radar. *Proc. of the IEEE*, 71, pp. 917-925, 1983.

[14] M. Soumekh. *Synthetic Aperture Radar Signal Processing with MATLAB Algorithms*. Wiley-Interscience, New York, 1999.

[15] C. Prati and F. Rocca. Focusing SAR Data with Time-Varying Doppler Centroid. *IEEE Trans. on Geoscience and Remote Sensing*, 30(3), pp. 550-559, May 1992.

[16] M. M. Goulding, D. R. Stevens, and P. R. Lim. The SIVAM Airborne SAR System. In *Proc. Int. Geoscience and Remote Sensing Symp., IGARSS'01*, Vol. 6, pp. 2763-2765, Sydney, Australia, July 2001.

[17] J. Steyn, M. M. Goulding, D. R. Stevens, P. R. Lim, J. Steinbacher, J. Tofil, T. Durak, and K. Wesolowicz. Design Approach to the SIVAM Airborne Multi-Frequency, Multi-Mode SAR System. In *Proc. European Conference on Synthetic Aperture Radar, EUSAR'02*, Köln, Germany, June 2002.

[18] C. Prati, F. Rocca, A. Monti Guarnieri, and E. Damonti. Seismic Migration for SAR Focusing: Interferometric Applications. *IEEE Trans. Geoscience and Remote Sensing*, 28(4), pp. 627-640, 1990.

[19] D. P. Belcher and C. J. Baker. High Resolution Processing of Hybrid Strip-Map/Spotlight Mode SAR. *IEE Proc., Radar, Sonar, Navig.*, 143(6), pp. 366-374, 1996.

[20] J. H. Chun and C. A. Jacowitz. Fundamentals of Frequency Domain Migration. *Geophysics*, 46, pp. 717-733, 1981.

[21] O. Yilmaz. *Seismic Data Processing*. SEG Publications, Tulsa, OK, 1987.

[22] R. K. Raney. Radar Fundamentals: Technical Perspective. In *Manual of Remote Sensing, Volume 2: Principles and Applications of Imaging Radar*, F. M. Henderson and A. J. Lewis(ed.), pp. 9-130. John Wiley & Sons, New York, 3rd edition, 1998.

[23] L. M. H. Ulander and H. Hellsten. Calibration of the CARABAS VHF SAR System. In *Proc. Int. Geoscience and Remote Sensing Symp., IGARSS'94*, Vol. 1, pp. 301-303, Pasadena, CA, August 1994.

[24] L. M. H. Ulander and P. -O. Forlind. Precision Processing of CARABAS HF/VHF-Band SAR Data. In *Proc. Int. Geoscience and Remote Sensing Symp., IGARSS'99*, Vol. 1, pp. 47-49, Hamburg, Germany, June 1999.

附录 8A 波数域的 Stolt 映射

ωKA 最初是在波数域中进行推导的[9-11]。波数域是二维频域，但其使用的符号与本书中主要讲的频域不同。这一推导基于平面波的传播性质及其照射到目标时的相位。本附录的目的是给出式(8.5)中 Stolt 映射的波数域推导。

此附录使用的符号如下：

x ——沿方位向的距离，m

k_x ——x 方向上的波数，rad/m

t ——快时间(与视线方向上的斜距成正比)

r ——垂直于方位坐标轴的距离坐标轴

k_r ——r 方向上的波数，rad/m

ω ——平面波的角频率，rad/s

θ ——雷达波束瞬时斜视角

图 8A.1 给出了平面波传播的几何关系，它是对球面波的局部近似。该近似在环绕雷达视线的局部区域内是合理的，但这里将其扩展至整个平面。垂直轴代表方位位置。传播方向取为脉冲发射和回波接收时刻传感器至目标的矢量方向(基于开始–停止假设)。

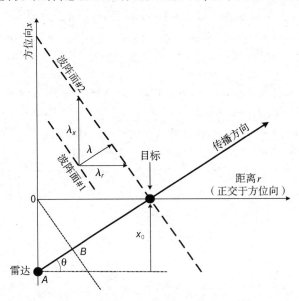

图 8A.1 斜距平面内的平面波几何关系

通常称这两个矢量形成的平面为斜距平面，大多数 SAR 几何模型是在此平面中表述的。水平轴是斜距平面和零多普勒平面的交线，也可将其看成与方位坐标轴垂直的距离坐标轴。

角度 θ 为在斜距平面内测得的瞬时斜视角[①]。与波的传播方向垂直的两条虚线代表间距为波长 λ 的两个波前。

现在假定一个频率为 f_0 的单色波，其角频率表示为

$$\omega = 2\pi f_0 = \frac{2\pi c}{\lambda} \tag{8A.1}$$

c 为雷达波速。

波数域

信号频率可以用波数来表示，其单位是 rad/m（弧度/米）而不是 rad/s（弧度/秒）。通常波数定义为角频率除以速度（等效于 2π 除以波长）。然而，由于 SAR 中的波为双程传播，因而将此定义修改为角频率除以等效雷达速度 $c/2$。在此理解下，波数就是 4π 除以波长。通过使用波数，就可以直接在空间域表达 SAR 的各种参数和方程。

雷达波长 λ 是沿传播方向测量的空间量，是该方向上电场矢量的两个相邻最大值之间的间隔。考察目标附近的二维波前，"波长"同样可以在与图 8A.1 的 x 方向和 r 方向平行的方向上测得。这两个特殊波长分别为 λ_x 和 λ_r，它们引入了这两个坐标轴的空间频率或波数（k_x 和 k_r）的概念。方位波数为

$$k_x = \frac{4\pi}{\lambda_x} \tag{8A.2}$$

方位波数与本章前文中使用的方位向频率相似，不同之处在于它使用的是 rad/m 的几何量纲，而不是周/秒的时间量纲。类似地，距离波数 k_r 为

$$k_r = \frac{4\pi}{\lambda_r} \tag{8A.3}$$

图 8A.1 中的平面几何关系表明方位"波长"λ_x 与雷达波长和瞬时斜视角的关系为

$$\lambda_x = \frac{\lambda}{\sin\theta} \tag{8A.4}$$

根据式（8A.1）、式（8A.2）和式（8A.4），斜视角可表示为

$$\sin\theta = \frac{\lambda}{\lambda_x} = \frac{k_x c}{2\omega} \tag{8A.5}$$

平面波的传播

基于以上关系，可以得到平面波的传播表达式。将图 8A.1 定格为雷达发射脉冲时刻的雷达/目标几何。由于开始−停止假设，当雷达波到达目标时，该图的几何关系仍然有效。

考察在 $t=-t_0$ 时刻发射的平面波，其相位在任意时刻 t 和任意斜距平面位置 (r,x) 上都可观察到。假定初相为零，相位是由以下平面波模型给出的时间和位置的函数：

$$\phi_{r,x}(t) = \omega(t+t_0) - k_r r - k_x(x+x_0) \tag{8A.6}$$

假定时间原点 $t=0$ 为平面波到达空间原点 $(r=0,\ x=0)$ 的时刻。由于 AB 间隔为 $x_0\sin\theta$，从 $-t_0$ 到 0 的时间增量为

$$t_0 = \frac{2}{c}\,x_0\sin\theta \tag{8A.7}$$

将式（8A.5）式代入（8A.7），可得如下关系：

---

① 除了将 λ_η 轴变为 λ_x，将斜视角 θ_r 变为 θ，本图与图 8.7 很类似，其中的 λ_r 保持不变。

$$\omega t_0 = k_x x_0 \tag{8A.8}$$

这也是三角形 $AB0$ 和图 8A.1 中包含 λ 和 λ_x 的三角形相似的结果。应用这一结果，式(8A.6)可简化为

$$\phi_{x,r} = \omega t - k_x x - k_r r \tag{8A.9}$$

这是文献中通常使用的形式。这意味着在 $t=0$ 时刻空间原点处的相位也为 0。当沿着 r 轴观察时，相位为 $\phi_r = \omega t - k_r r$。经过正交解调后，沿着 r 轴的相位为 $\phi_r = -k_r r$。

由式(8A.5)，斜视角的余弦为

$$\cos\theta = \sqrt{1 - \frac{k_x^2 c^2}{4\omega^2}} \tag{8A.10}$$

注意到 $\lambda_x = f_\eta/(2V_r)$［见式(8.23)的推导］，并应用式(8A.1)和式(8A.2)，可以发现 $k_x c/(2\omega)$ 等于 $\lambda f_\eta/(2V_r)$。将这一结果代入式(8A.10)，可以看出此余弦表达式就是式(5.27)中使用的距离徙动参数 D_{2df}。

将注意力转向 r 轴，沿此轴测得的波长为

$$\lambda_r = \frac{\lambda}{\cos\theta} \tag{8A.11}$$

考察图 8A.1 中最近距离为 r 的目标。解调后的信号相位为

$$\phi_{r,x=0} = -k_r r = -\frac{4}{\lambda_r} r = -\frac{4}{\lambda} r \cos\theta \tag{8A.12}$$

基于这种平面波几何公式，式(8A.12)说明了为什么解调后的信号相位正比于最近点斜距与式(5.27)中的距离徙动因子 D_{2df} 的乘积［回顾式(5.28)，$D_{2df} = \cos\theta$］。这正是信号处理器中的方位向相位。

分别应用式(8A.1)中的 λ 和式(8A.10)中的 $\cos\theta$，式(8A.12)中的目标信号相位可写为

$$\phi_{r,x=0} = -\frac{2r\omega}{c}\sqrt{1 - \frac{k_x^2 c^2}{4\omega^2}} \tag{8A.13}$$

当忽略距离脉冲调制时，上式与式(8.2)是一致的。注意到 $\phi_{r,x=0} = -k_r r$，可得以下重要结果：

$$k_r^2 = \left(\frac{2\omega}{c}\right)^2 - k_x^2 \tag{8A.14}$$

这就是波数域中从 ω 到 k_r 轴的 Stolt 映射。它在形式上与式(8.5)给出的映射是相同的。

Stolt 映射的几何解释

通过考察二维频域的支持域，可以进一步阐明 Stolt 映射。对于实际的 SAR，雷达在发射具有一定频宽的信号的同时，沿方位向前进，因而得到的雷达数据弥散在一定宽度的频率 ω 和方位波数 k_x 内。经过 Stolt 插值，数据变换到矩形坐标系 (k_r, k_x) 中。由于这一重要映射发生在 (ω, k_x) 域，故将该算法称为 ωKA。

图 8A.2(a)示意了原始信号的频谱，这与图 8.6(d)或图 8.11(c)是相似的。距离频谱分布是不变的，方位谱分布则随雷达波长而变化。

图 8A.2(b)示意了从 (ω, k_x) 空间映射到 (k_r, k_x) 空间后的支持域。将式(8A.14)重写为

$$k_r^2 + k_x^2 = \left(\frac{2\omega}{c}\right)^2 \tag{8A.15}$$

上式是 (k_r, k_x) 域中以 $2\omega/c$ 为半径的圆。由于 ω 在信号带宽内是变化的，因此图 8A.2(b)中

的支持域是"环形弧",弧长正比于方位向照射时间。实际上,由于大多数条带 SAR 的方位照射时间是有限的,支持域并不明显表现为圆弧,如图 8.11(d)所示。图中弧长 $\theta_2-\theta_1$ 被明显夸大了。对于诸如 Carabas[23,24]的宽孔径 SAR,其图像频谱将会更明显地表现为圆[8]。

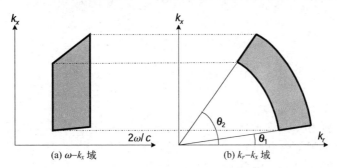

图 8A.2　Stolt 映射怎样改变二维频域中的支持域

对 Stolt 映射的理解可以从接收数据的几何"校正"方面简单地予以类比说明①。SAR 信号是在 (t,x) 域获得的,其中 t 是雷达信号的时间(与雷达视线方向的斜距成正比),x 为传感器方位位置。由于 t 是沿着波矢方向的,而波矢方向通常不与方位向垂直,故 t 和 x 轴不正交。在该域中,几何关系被距离徙动所扭曲。

(ω,k_x) 域是 (t,x) 域的二维傅里叶变换,其中 ω 是波束方向上的发射信号频率,k_x 是方位向上的空间频率。在二维频域中,Stolt 映射通过 ω 轴上的插值处理将信号从 (ω,k_x) 域变换到 (k_r,k_x) 域,从而校正了接收信号坐标轴的非正交性。对 (k_r,k_x) 中映射后的信号取傅里叶逆变换后,就在正交的 (r,x) 空间中得到了 SAR 图像。通过这种方式,Stolt 映射将非正交(信号)空间中的数据变换为正交(图像)空间中的聚焦数据,这也意味数据被对齐至其零多普勒位置。

瞬时斜视角

继续在 (k_r,k_x) 域中推导瞬时斜视角。根据式(8A.2)和式(8A.3),可得如下关系:

$$\frac{k_x}{k_r} = \frac{\lambda_r}{\lambda_x} = \tan\theta \tag{8A.16}$$

上式最后一个等式既可从图 8A.1 所示的平面波几何得到,也可从式(8A.4)和式(8A.11)得到。图 8A.2(b)示意了起始照射时刻和结束照射时刻的斜视角 θ。

---

① 这种类比的主要缺陷在于没有包含由一致压缩完成的主聚焦,而仅用于揭示 Stolt 插值的几何效应。

第 9 章 SPECAN 算法

9.1 简介

SEASAT, ERS-1 和 ERS-2 已经提供了高质量的卫星图像, 并极大地促进了雷达遥感的发展。其条带模式在多视下能够得到 100 km 测绘带的 25 m 分辨率图像。

以上卫星的成功也进一步推动了处理技术的发展。

- 对于无斜视条带数据, RDA 是最常用的算法。但是, 其精度较高, 不适于实时成像。能否找到一种具有较低分辨率的快速实时处理算法? 通过这种算法, 可以先对数据进行浏览, 以确定需要进行精确成像的地区[1]。
- 是否可以通过降低分辨率来换取测绘带的提高? 在条带模式下, 所有目标都被波束完整扫过, 即照射时间与方位照射区长度成正比。如果不需要全分辨率, 每一目标就不必被全部波束照射。这意味着波束可以将时间用于对其他地区进行照射。这就是 RADARSAT-1 扫描 SAR(ScanSAR) 中的基本思想。

事实证明, 条带模式的快视处理及 ScanSAR 的日常处理都可以利用一种称为频谱分析(SPECtral ANalysis, SPECAN)的算法来实现。与 RDA 相比, 该算法的效率更高, 所需内存较少, 适于中等分辨率下的图像处理。

大多数较新的星载 SAR(如 RADARSAT-1, SIR-C 和 ENVISAT)都设计了 ScanSAR 模式, 其测绘带高达 500 km, 分辨率则在 50 ~ 100 m 之间[2]。ENVISAT 还设计了一个测绘带为 400 km, 分辨率为 1 km 的全球监测模式(GMM)。ScanSAR 已经成为 RADARSAT-1 最受欢迎的模式之一, 研究人员也成功地进行了干涉模式下的 ScanSAR 处理[3,4]。有关 ScanSAR 模式的操作和处理将在第 10 章中讨论。

9.1.1 SPECAN 算法概述

图 9.1 给出了 SPECAN 算法的流程图。距离压缩一般与 RDA 的相同, 其余部分则是 SPECAN 快视处理算法所独有的。

SPECAN 算法的核心在于其进行方位压缩的方式。它通过"解斜"(deramping)后的快速傅里叶变换操作来完成。9.2 节将对此进行解释, 其中将建立这些操作与时域卷积之间的等效关系。9.3 节将指出, 在 SPECAN 算法中, 也可以进行类似 RDA 的多视处理。如果进行单视复图像处理, 则图 9.1 中的"多视"将被"相位补偿"所替代, 具体讨论见 9.6 节。

SPECAN 算法的主要特点是其计算效率。9.4 节将对影响效率的参数进行讨论。距离徙动校正将在 9.5 节中讨论, 从中可知距离徙动校正仅限于线性项, 某些情况下对图像质量构成了限制。成像处理后, 由线性距离徙动校正引起的位置扭曲将通过"校直"(deskewing)操作予以校正, 这一点也将在 9.5 节中讨论。

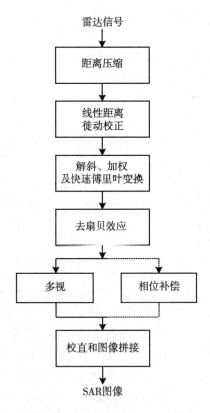

图 9.1　SPECAN 算法流程图

9.7 节将考察由于相位误差、方位向调频率误差及中心频率误差引起的图像降质。9.8 节分别通过点目标仿真及 ERS-1 条带数据对 SPECAN 算法操作进行了说明。9.9 节则对算法特性进行了总结。

SPECAN 算法的历史

SPECAN 算法最初起源于线性调频信号处理中的拉伸步进变换[5,6]，其中包括了 20 世纪 70 年代提出的解斜概念[7~9]。目前的 SPECAN 算法由 MacDonald Dettwiler(简称 MDA)及欧洲空间技术中心(European Space Technology Center, ESTEC)于 1979 年在一个 SAR 实时处理器项目中发展而来[10,11]。当时的主要创新在于多视处理、线性距离徙动校正、去扇贝效应及校直。后来，加拿大温哥华英属哥伦比亚大学的一个研究生比较了不同的线性调频处理方法，并公开发表了第一篇关于 SPECAN 算法的文献[12]。

9.2　SPECAN 算法的推导

本节介绍基本 SPECAN 算法。通过考察线性调频信号的时域匹配滤波器方程，可以得到一种仅用一次短快速傅里叶变换而非两次长快速傅里叶变换的快速匹配方法。其关键在于解斜，线性调频信号通过解斜被转化为频率与信号输入位置成正比的正弦波。随后，通过一次快速傅里叶变换即可将信号压缩至其正确位置上。由于快速傅里叶变换对信号的压缩是通过对解斜频率进行谱分析得到的，故将该算法称为 SPECAN。

在建立算法的数学基础后，将通过时频关系图对算法进行几何解释。这将有助于理解诸如快速傅里叶变换长度、输出样本序号，以及快速傅里叶变换间隔等参数的影响。

9.2.1　SPECAN 的卷积推导

如第 3 章所讨论的,压缩是通过将理想单点目标接收信号的时间反转共轭与回波进行卷积完成的。为便于说明,这里从时域卷积方程的角度推导 SPECAN 算法中的方位压缩。

令解调后的接收信号为 $s_r(\eta')$,则匹配滤波器为

$$h(\eta') = \operatorname{rect}\left(\frac{\eta'}{T}\right) \exp\left\{ j\pi K_a(\eta')^2 \right\} \tag{9.1}$$

与式(3.26)相同,T 为滤波器持续时间[①]。T 应足够长,以使滤波器频带至少覆盖信号带宽。压缩后的信号为 $s_r(\eta')$ 和 $h(\eta')$ 的卷积,

$$s_1(\eta') = \int_{-T/2}^{T/2} s_r(\eta' - u) h(u) \, \mathrm{d}u = \int_{\eta'-T/2}^{\eta'+T/2} s_r(u) h(\eta' - u) \, \mathrm{d}u \tag{9.2}$$

将式(9.1)代入式(9.2)并化简,有

$$s_1(\eta') = \exp\left\{ j\pi K_a(\eta')^2 \right\} \int_{\eta'-T/2}^{\eta'+T/2} s_r(u) \exp\left\{ j\pi K_a u^2 \right\} \times \exp\{-j2\pi K_a \eta' u\} \, \mathrm{d}u \tag{9.3}$$

式(9.3)给出了卷积的另一种实现方式。积分号中的两个指数代表两种操作。第一个指数代表与信号 $s_r(\eta)$ 进行的相位相乘。第二个指数(连同积分号)代表傅里叶变换,在离散情况下,可以通过持续时间为 T 的离散傅里叶变换来实现,但为了提高效率,一般使用快速傅里叶变换。

式(9.3)中积分号左边的指数,代表与压缩信号位置的平方成正比的相位变化。如果进行多视处理,则可将其忽略,但对于单视复图像处理则必须进行补偿(见 9.6 节的讨论)。

距离向的信号通常具有线性调频特点,因而可使用 SPECAN 算法。但稍后将会看到,对于全分辨率处理,其效率将受到极大损失,所以一般不将其用于距离处理。而方位信号总是近似线性调频的,且经常进行低于全分辨率的处理,所以对 SPECAN 算法的讨论将集中在方位处理上。而且,由于多普勒中心及调频率的变化、距离徙动及多视处理,增加了处理的复杂度,故方位压缩显得更棘手。

9.2.2　几何解释

现在对式(9.3)中的相位相乘及快速傅里叶变换的几何解释进行考察。在此,通过信号时频关系图对第 1 步的"解斜"操作和第 2 步的压缩(或聚焦)进行示意。

首先考察单点目标,其时频关系如图 9.2(a)所示,从中可看出明显的线性调频特性,在此将斜线称为"斜坡"(见图 4.10)。目标持续时间 T_a 代表其被雷达主要波束能量照射的时段。由于需要进行过采样,T_a 在时间上要比一个 PRF 时间[②]短 20%~30%。T_a 构成了被处理接收目标能量的上限。

图 9.2(b)给出的则是式(9.3)的积分号中相位相乘因子(第一个指数)的时频关系,该相位相乘因子的性质如下:

- 在时间上与信号重叠;
- 其持续时间长于一个 PRF 时间,因此采样后会出现频域混叠,混叠前的频率如图中虚线所示,混叠后的频率如图中实线所示;

---

① 为与前述各章中相对于零多普勒的时间 η 进行区分,本章中用 η' 代表绝对方位向时刻。绝对方位向时刻会使后续讨论变得更方便。η' 的原点在选择上是任意的。稍后将会看到,匹配滤波器持续时间会对压缩产生影响。

② PRF 时间 = F_a / K_a。——译者注

- 与信号相比，其调频率(或斜率)大小相同但符号相反；
- 其时间起点(或零频时刻)是任意的，可以与信号不一致。

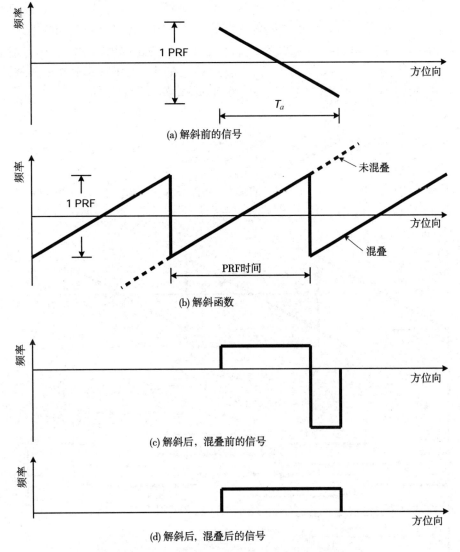

(a) 解斜前的信号

(b) 解斜函数

(c) 解斜后，混叠前的信号

(d) 解斜后，混叠后的信号

图 9.2　解斜前和解斜后，单点目标的时频关系

将信号(a)与解斜函数(b)相乘，则乘积的瞬时频率为两个信号瞬时频率之和。相乘后的时频关系如图 9.2(c)所示。类似地，频率被 PRF 采样混叠，图 9.2(d)则给出了混叠后的最终结果①。由于目标的初始斜坡已被相位相乘去除，故将相位函数称为"解斜函数"或"参考函数"，而将相位相乘称为"解斜"操作。

多个目标

现在考察同一距离单元内多个目标的更真实的情况。令 $s_r(\eta')$ 为方位向等间隔分布的一组目标的信号和，其时频关系如图 9.3(a)所示。在此假定波束以零多普勒为中心，稍后将会

---

① 值得注意的是，即使将图 9.2(b)中虚线所示的没有混叠的解斜函数作用于图 9.2(a)，也会得到同样的结果。图 9.2(d)中给出了最终的混叠图形。

讨论非零多普勒中心的影响。

第一步操作为参考函数的相位相乘

$$h_{\mathrm{dr}}(\eta') = \exp\{+\mathrm{j}\pi K_a(\eta')^2\} \tag{9.4}$$

除没有包络以外,其与式(9.1)的时域匹配滤波器是一致的。类似地,$h_{\mathrm{dr}}(\eta')$ 也是线性调频信号,其调频率符号与目标相反,如图 9.3(b)所示。这样的相位相乘后,每一目标被变为单频信号,即正弦波,如图 9.3(c)所示。应该注意的是,某些目标的频率被相位相乘移至 PRF 之外(如图中虚线所示),但 PRF 混叠又将其移回到图中实线所处的频点上。

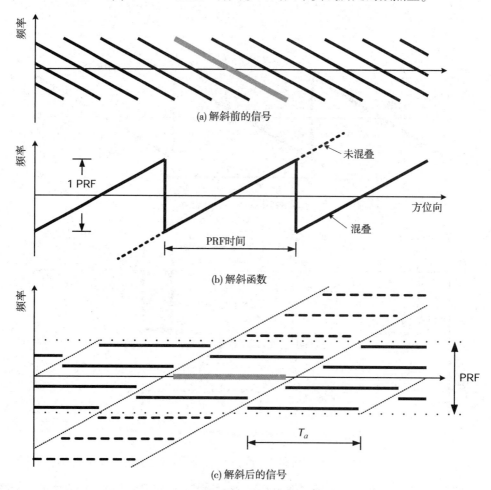

(a) 解斜前的信号

(b) 解斜函数

(c) 解斜后的信号

图 9.3　解斜前和解斜后,多个目标的时频关系

混叠前的目标信号呈梯形排列在图中斜率为 K_a 的两条点线之间。两条点线的垂直(频率)间隔为一个 PRF,而其水平(方位)间隔为一个 PRF 时间(为 F_a/K_a)。图 9.3(c)也表明照射时间 T_a 小于 PRF 时间,即总多普勒处理带宽小于 PRF,从而使信号得到适量的过采样。

图 9.3(c)中,解斜后的信号为

$$s_{\mathrm{dr}}(\eta') = s_r(\eta') h_{\mathrm{dr}}(\eta') \tag{9.5}$$

经过快速傅里叶变换后,每一目标的大部分能量被压缩至快速傅里叶变换输出阵列的一个采样上,而其位置则由解斜后的频率决定。以零多普勒时刻为 η'_d 的目标回波 $s_r(\eta')$ 为例,

$$s_r(\eta') = \exp\{-\mathrm{j}\pi K_a(\eta' - \eta'_d)^2\} \tag{9.6}$$

由于在以下讨论中天线方向图并不重要，所以在式(9.6)中将其忽略。将式(9.6)与式(9.4)相乘并化简，则解斜后的信号为

$$s_{dr}(\eta') = \exp\{-j\pi K_a(\eta'_d)^2\} \exp\{+j2\pi K_a \eta'_d \eta'\} \tag{9.7}$$

式(9.7)中的第一指数项为常数相位，它与目标零多普勒时刻 η'_d 的平方成正比。第二指数项是频率为 $K_a \eta'_d$ 的复正弦波(单频波)。经过快速傅里叶变换后，目标被压缩至与该频率值相应的频率单元中。

该算法在"频率"和"时间"的理解上存在一些混淆。初始输入信号位于时域，压缩后的信号仍然在时域，因此也可将快速傅里叶变换之前的信号视为频域信号，虽然对此并无物理解释。无论使用什么术语，重要的一点在于某一域中的单频信号被转至另一域中由解斜后的信号频率决定的位置上。由于解斜信号中的每一目标分享各自的频率(由目标与参考函数的时间位移决定)，因而经过快速傅里叶变换后其位置是唯一的。

应当强调的是，该算法的初衷是用于处理线性调频信号。但是，对于具有较小非线性调频特性的信号，由 SPECAN 算法导致的质量下降是极低的。一般在快视或 ScanSAR 等中低分辨率处理中，并不要求信号具有较严格的线性调频特性。

9.2.3　混叠与快速傅里叶变换长度

现在考察图 9.3(c)中的混叠效应。图中由加粗虚线代表的信号能量在未混叠前应处于 PRF 间隔之外，但混叠后的信号能量被垂直移进 PRF 间隔之内，如图 9.3(c)中的实线所示。图 9.4 对此进行了再次说明(多至 5 个目标)。

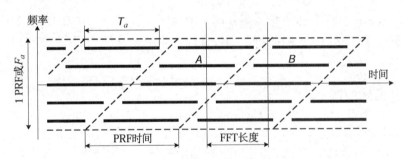

图 9.4　一组等间隔目标的时频关系

在图 9.4 中，由虚线框出的平行四边形为数据处理区域。在这种解斜后的目标结构中，应选择如下参数：

- 首次快速傅里叶变换位置；
- 快速傅里叶变换长度；
- 每次快速傅里叶变换后的目标输出选择；
- 后续快速傅里叶变换位置。

本节及以下章节将对此进行解答。首先讨论快速傅里叶变换的长度选择，需考虑的因素包括：

- 期望的方位向分辨率；
- 避免混叠；
- 计算效率。

分辨率由处理带宽(或图9.4中被每次快速傅里叶变换截获的目标照射时间)决定。根据 RDA 及 4.7.1 节中的讨论,分辨率为 0.886 乘以波束速度,再除以处理带宽。对于 N_{fft} 点的快速傅里叶变换,其信号持续时间为 N_{fft}/F_a,处理带宽为 $K_a N_{\text{fft}}/F_a$,其中 F_a 为采样率(或 PRF),K_a 为方位向调频率。加权用于旁瓣控制,一般会降低 10%~20% 的有效处理带宽。给定快速傅里叶变换长度下的方位向分辨率为(以时间为量纲)

$$\rho_{a,t} = \left(\frac{0.886 \, F_a \, \gamma_{w,a}}{N_{\text{fft}} \, K_a} \right) \tag{9.8}$$

其中 $\gamma_{w,a}$ 为加权引入的 IRW 展宽因子,见式(3.46)。以距离为量纲的方位向分辨率[见式(4.45)]为

$$\rho_a = \left(\frac{0.886 \, F_a \, \gamma_{w,a}}{N_{\text{fft}} \, K_a} \right) (V_g \cos \theta_{r,c}) \tag{9.9}$$

其中 V_g 为雷达波束速度的地面投影,$\theta_{r,c}$ 为斜视角。

决定快速傅里叶变换长度的第二个因素是:同一快速傅里叶变换输出单元内不能出现多于一个的目标能量。以图9.4中的目标 A 和 B 为例,由于解斜信号的混叠,其观测频点重合,故快速傅里叶变换后两者将出现在同一输出单元中。如果快速傅里叶变换长度大于一个 PRF 时间,则几乎每一目标都会与其他目标相混,因此 PRF 时间是快速傅里叶变换长度的上限。

此外,计算效率将对实际情况下的最大快速傅里叶变换长度构成更严格的限制。9.4 节将对此进行讨论,其中表明基于计算效率考虑的合理快速傅里叶变换长度上限应为照射时间 T_a 的 70%,其下限则由可接受的最小分辨率决定,所要求的快速傅里叶变换长度可能短至照射时间的 5%。

改进后的 SPECAN 算法也可得到高分辨率图像。一种结合步进变换的 SPECAN 算法已用于条带及聚束数据的高分辨率处理中。这种高分辨率源自快速傅里叶变换的相干叠加[12~15]。

9.2.4　输出采样间隔

快速傅里叶变换输出采样间隔推导如下。虽然图9.4中每一快速傅里叶变换包含的输入(时间)样本可变,但频域中的快速傅里叶变换输出间隔却是恒定的,为 1 PRF。因此,频率输出采样间距为 F_a/N_{fft},相应的时间间隔为

$$\Delta y = \left(\frac{F_a}{N_{\text{fft}} \, K_a} \right) \tag{9.10}$$

如果 N_{fft} 的长度不适于高效处理,则可以使用补零后的较好长度。

比较式(9.10)中的采样间隔和式(9.8)中的分辨率,得到其比值为

$$\frac{\rho_{a,t}}{\Delta y} = 0.886 \, \gamma_{w,a} \tag{9.11}$$

由于该比值近似为过采样率,见式(3.47),故其应大于 1。如果快速傅里叶变换加权恒定,则过采样率不随距离变化。

扇形畸变

需着重强调的是,方位向上的输出采样间隔是随距离变化的方位向调频率 K_a 的函数。这一性质与具有恒定输出采样间隔的 RDA,CSA 和 ωKA 明显不同。为了将 SPECAN 算法的输出采样间隔等距化,需要进行方位插值。由于通常会将输出插值到一个方便的采样间隔或

地图网格，这并不会增加计算量。

如果不进行校正，则可变采样间隔会导致输出图像中出现扇形畸变。缓解畸变的一种近似方法是，随着 K_a 的降低而增加 SPECAN 的快速傅里叶变换长度，以使式(9.10)中的分子为定值。如果使用变长快速傅里叶变换，就可以每次增加一个采样。这样将导致轻微的量化效应，但在快视处理中是允许的。一个较好的替代方法是使用 chirp-z 变换，其在变换上的可变特性能够完成输出间隔的等距采样(见 10.6 节)。

9.2.5　快速傅里叶变换的有效输出点数

与其他匹配滤波一样，SPECAN 算法中的部分或混叠卷积结果应舍弃。每次快速傅里叶变换的有效输出点数可从时频关系图中推导出来。

选定快速傅里叶变换长度后，应确定变换的初始位置及其有效输出点数。首次快速傅里叶变换的位置是相当任意的。尽管可以将其选在某一个特定场景的起始时刻，但通常应位于数据起始位置。以图 9.5 为例，快速傅里叶变换长度选为 T_a 的 33%，而首次快速傅里叶变换在位置上与数据起始位置对齐。

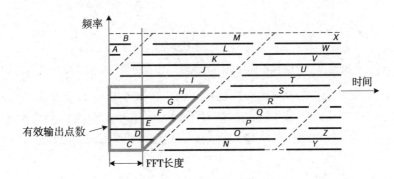

图 9.5　多个目标的时频关系，说明首次快速傅里叶变换的应用

从图 9.5 中可知，虽然目标 A 和 B 在首次快速傅里叶变换中，但其能量却没有填满整个变换，故称其为"部分照射"目标。这意味着它们并没有被压缩至其潜在的分辨率，因而在输出图像中应将其舍弃。目标 J 和 K 与此例相同。被完全照射的目标为 C, D, E, F, G, H 和 I。以上目标被压缩至与快速傅里叶变换截取带宽相对应的分辨率，故应被保存在输出图像中。

现在确定快速傅里叶变换有效输出点的个数及位置。每次变换的有效输出点数可从图 9.5 的几何关系中得出。考察连接目标 C 和 I 端点的直线(图中加粗的斜线)，该斜线构成了一个三角形，其水平向为目标 I 最后 67% 的部分，垂直向则与快速傅里叶变换的尾部对齐(目标 C 的结尾)。

由于该斜线与平行四边形的斜边平行，故其斜率为 K_a。因此，三角形水平向上的持续时间为 $T_a - N_{fft}/F_a$，垂直向上的频率跨度为 $K_a(T_a - N_{fft}/F_a)$。三角形垂直向代表了出现在快速傅里叶变换输出中的良好聚焦点所对应的频宽，这些"有效点"的时频关系如三角形左侧的较粗矩形所示。

将粗三角形的垂直向高度除以 F_a，把频率间隔转为采样率的分数后再乘以 N_{fft}，可得到快速傅里叶变换的有效输出点数为

$$N_{\text{good}} = N_{\text{fft}}\left(T_a - \frac{N_{\text{fft}}}{F_a}\right)\frac{K_a}{F_a} \tag{9.12}$$

其中假定 $N_{\text{fft}} < F_a T_a$。通常该值不是整数，可在数据抽取时将其舍入至最近的整数。

图 9.6 给出了一般星载 C 波段中（参数见表 4.1）的快速傅里叶变换有效输出点数，其中 PRF 为 1700 Hz，方位向调频率为 2095 Hz/s，照射时间为 1088 个采样点。图中的虚线表明，随着快速傅里叶变换长度的增加，有效输出点的百分比将下降。从图 9.5 中也可看出这种效果，其中快速傅里叶变换长度（粗矩形的宽）直接影响到有效输出点数（粗矩形的高）。

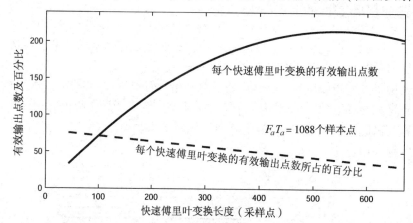

图 9.6　快速傅里叶变换中，有效输出点数与快速傅里叶变换长度之间的关系

图 9.6 中的实线表明，有效输出点数随快速傅里叶变换长度的增加而变大，当后者达到一定的值之后，有效输出点数呈下降趋势。对于快速傅里叶变换覆盖全部处理孔径 T_a 的极限情况，仅有一个有效输出点。稍后将会看到，有效输出点数会极大地影响 SPECAN 算法的处理效率。

有效输出点的选择

为确定快速傅里叶变换输出中的哪些点为有效输出点 N_{good}，应对参考函数的多普勒中心及初始频率（或时间原点）进行考察。考察图 9.3(a) 中的一个目标，解斜前的中心处理孔径处的频率等于处理中所使用的值。为了得到解斜后的目标频率 $f_{\text{tar\_dr}}$，还应附加目标中心时刻的参考函数频率

$$f_{\text{tar\_dr}} = f_{\eta_c} + K_a(\eta'_{\text{mid}} - \eta'_{\text{ramp0}}) \tag{9.13}$$

其中，f_{η_c} 为处理中使用的中心频率，η'_{mid} 为目标照射中心时刻，η'_{ramp0} 为参考函数零频穿越时刻。由式 (9.13) 计算出的解斜频率应被理解为 PRF 的模值。

至此，应确定第一个及最后一个完全压缩目标在快速傅里叶变换输出阵列中的序号。相应的目标在图 9.5 中分别为 C 和 I。例如，目标 C 的中心时刻为快速傅里叶变换末端时刻减去照射时间的一半。这些目标解斜后的频率可由式 (9.13) 计算得出。

令快速傅里叶变换的输出点数为 N_{fft}，输出阵列的第 k($1 \leqslant k \leqslant N_{\text{fft}}$) 个元素对应的解斜后的频率为 $(k-1)F_a/N_{\text{fft}}$。因此，某一目标的输出阵列序号为

$$k = \frac{N_{\text{fft}}}{F_a}f_{\text{tar\_dr}} + 1 \tag{9.14}$$

有效输出点的范围一般会超出快速傅里叶变换输出阵列的结尾。此时应对计算取 N_{fft} 模，以确定有效输出点。

9.2.6　后续快速傅里叶变换位置

既然目标 I 是首次快速傅里叶变换处理出的最后一个有效输出点,那么为保证连续输出,下一次快速傅里叶变换应置于何处呢? 对此,图 9.7 给出了答案,其中第二次快速傅里叶变换的位置选择应使目标 I 成为第一个有效输出。为此,第二次快速傅里叶变换的结尾应与目标 I 的照射结束位置相对应。快速傅里叶变换间隔的这种选择方式保证了输出阵列中的有效目标输出点在频率上的连续性,从而也保证了目标的空间(或时间)连续性。首次快速傅里叶变换中的有效输出点(C 至 I)占据一段频宽,第二次快速傅里叶变换中的有效输出点(I 至 O, N 和 O 产生卷绕)占据另一段频宽,以上两个频段在目标 I 处是连续的[①]。

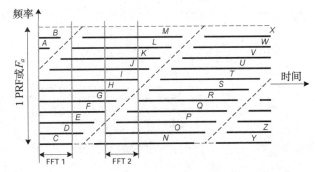

图 9.7　多个目标的时频关系,说明第二次快速傅里叶变换的位置

为改变图 9.7 中的快速傅里叶变换长度(例如缩短),FFT1 的起始位置和 FFT2 的结尾位置应保持不变。通过将 FFT1 的结尾及 FFT2 的起始分别向左、右两侧移动,即可得到所需长度的快速傅里叶变换。这样,目标 I 仍是两个快速傅里叶变换的连接点,从而保证了处理图像的连续性。

首次快速傅里叶变换和第二次快速傅里叶变换的起始时间间隔推导如下。在首次快速傅里叶变换中, N_{good} 个有效输出点占据的频宽为 $F_a N_{good}/N_{fft}$,相应的时宽为 $F_a N_{good}/(N_{fft} K_a)$。为了得到第二次快速傅里叶变换相对于首次快速傅里叶变换的延迟[②],将其与 F_a 相乘,可得到采样点数为

$$N_{\text{FFT\_delay}} = N_{good} \frac{F_a^2}{N_{fft} K_a} \tag{9.15}$$

注意, N_{good} 为快速傅里叶变换输出空间中的“延迟”,而式(9.15)中的其余部分用于将输出样本转化为输入样本。将式(9.12)中的 N_{good} 代入上式,可知 $N_{\text{FFT\_delay}}$ 是快速傅里叶变换长度的线性函数:

$$N_{\text{FFT\_delay}} = T_a F_a - N_{fft} \tag{9.16}$$

---

① 当然,目标 I 不应被包含两次,但这种表述可以简化图像连续性的讨论。

② 为了不偏离正确的处理区域,此方程不能对 N_{good} 进行舍入处理。但在计算下一次快速傅里叶变换的实际位置时,则需对式(9.15)进行取整。然而,计算相邻快速傅里叶变换位置增量时必须使用未舍入的式(9.15),这样才能使快速傅里叶变换处于理想的位置。由于处理带宽的限制较为宽松,所以 N_{good} 和 $N_{\text{FFT\_delay}}$ 微小改变不会影响图像质量。

图 9.8 中的实线示意了相邻快速傅里叶变换之间的延迟，其中的参数与图 9.6 相同。根据式(9.16)，快速傅里叶变换延迟随快速傅里叶变换长度的增加呈线性下降。这将对效率产生影响，从图中以点划线表示的延迟中(以时间为量纲)可以明显地看出这一点。这就表明，随着快速傅里叶变换长度的增加，输出图像将变短，当该长度超出处理孔径一半时会导致计算效率的降低。

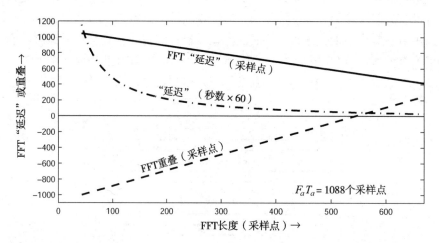

图 9.8　相邻快速傅里叶变换之间的延迟随快速傅里叶变换长度的变化情况(单视)

快速傅里叶变换重叠

从图 9.7 中可见，两次快速傅里叶变换之间存在间隙。若快速傅里叶变换长度小于半个处理孔径，则快速傅里叶变换之间不相交，否则相邻变换之间将会出现重叠。重叠点数是快速傅里叶变换长度的线性函数，为 $N_{\text{fft}}-N_{\text{FFT\_delay}}$。图 9.8 中的虚线对其进行了示意，其中处理孔径为 1088 个采样点。该线的负值代表相邻快速傅里叶变换之间的间隙，而正值代表其重叠点数，具体值见纵轴的采样点数。

由于快速傅里叶变换的长度及相应的重叠会影响计算效率和图像质量，所以在后续章节中将讨论与间隙和重叠相关的问题。

9.2.7　快速傅里叶变换的输出结果的拼接

为了得到连续的图像输出，应对每次快速傅里叶变换的有效输出点进行拼接。图 9.9 对此进行了说明，图中的目标排列与图 9.7 一致。为了示意部分照射目标，在此假定目标强度相同并忽略天线方向图的影响。

图 9.9(a)给出了解绕后的 FFT1 输出结果。部分照射目标(A，B，J 和 K)在分辨率(或幅度)上与完全照射目标(C 至 I)不同。图 9.9(b)给出的则是解绕后的 FFT2 输出结果，其与FFT1 的输出已经对齐。其中的部分照射目标为 G，H，P 和 Q，完全照射目标为 I 至 Q。去除部分照射点后，将 FFT2 的起始有效输出点与 FFT1 的结尾有效输出点拼接在一起。

图 9.9(c)给出了拼接后的结果。拼接点位于目标 I 峰值处，图中仅保留了完全照射的目标。可见，拼接后的输出图像是连续的。

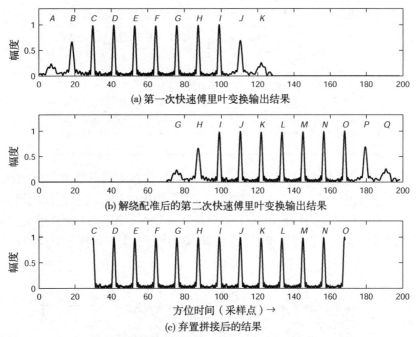

图 9.9 两次快速傅里叶变换之间的拼接，以形成方位连续输出

9.3 多视处理

图 9.7 中的两次快速傅里叶变换之间的间隙代表雷达回波中未利用的信息。对其加以利用的一种简单方式是在间隙处进行另一次快速傅里叶变换。图 9.10 对此进行了说明。图中为完整展示进行了 4 次快速傅里叶变换。这些变换是连续的，为简便起见，对其进行了重新编号。

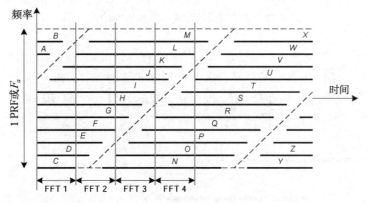

图 9.10 多个点目标的时频关系，说明如何在现有快速傅里叶变换之间安置另外的快速傅里叶变换

这里对每次快速傅里叶变换中的有效输出点数及每一目标的处理次数进行考察，结果见表 9.1。目标 A 和 B 没有得到完整的处理。目标 C，D 和 E 仅在一次快速傅里叶变换中得到了处理，它们代表了处理器的起始条件。所有其他目标都至少在两次快速傅里叶变换中得到了处理，它们代表得到完全处理的数据①。

---

① 目标 I 是个异常点，这是由于它处于快速傅里叶变换之间的一个特殊区域内。

表 9.1　一次快速傅里叶变换中的每一目标的完整处理次数

目标	视数	目标	视数	目标	视数
A	0	F	2	K	2
B	0	G	2	L	2
C	1	H	2	M	2
D	1	I	3	N	2
E	1	J	2	O	2

这意味着，如果最终图像以目标 F 为起始，则每一目标都可分成完整的两视。为此，将 FFT1 的有效输出点分为两组，称为视 1 和视 2。首次快速傅里叶变换仅使用视 1，随后的每次快速傅里叶变换的有效输出结果以同样的方式分为两组。图 9.11 对快速傅里叶变换有效输出的多视分组进行了说明。为清晰起见，目标线被去除，但在排列上与前图是一致的。

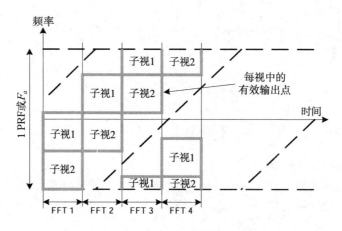

图 9.11　快速傅里叶变换有效输出点的视划分

如图 9.12 所示，将视分离后的快速傅里叶变换有效输出点进行拼接，即可得到连续的图像输出。对图 9.12 中的各视数据在垂直向上进行非相干叠加，即可形成最终的图像。如果需要，可以对各视数据进行不均衡加权，以达到特定的效果。例如，Bamler 和 Eineder 提出了可使每个输出样本的信噪比相等的加权方法[16]。

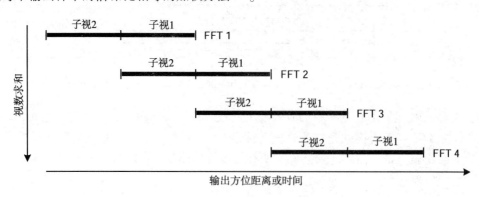

图 9.12　快速傅里叶变换有效输出点的多视划分，叠加前需进行各视图像对齐，以形成最终的连续多视图像

图 9.10 和图 9.11 给出的是两视的情况，其中快速傅里叶变换长度是处理波束宽度的 1/3，快速傅里叶变换连续且无重叠。可以很容易地将其推广至任意视数。一般来讲，对于无重叠快速傅里叶变换，从图 9.10 可知多视下的快速傅里叶变换长度等于处理波束宽除以（$N_{looks}+1$），其中 N_{looks} 为视数。与 RDA 类似，由于加权会弱化视边缘处的影响，故可将各视进行重叠，以利于数据的均衡使用。给定分辨率下的适当视重叠会得到最好的图像质量。

9.4　处理效率

在 SPECAN 算法中，由于快速傅里叶变换延迟（或快速傅里叶变换偏移）决定了每秒应计算的快速傅里叶变换点数，故其为影响处理效率的主要因素。快速傅里叶变换延迟是每视中的有效输出点数的函数。式（9.15）中给出了单视中的快速傅里叶变换延迟，将其除以视数即可得到多视中的快速傅里叶变换延迟：

$$N_{\text{FFT\_delay}} = \frac{N_{\text{good}}}{N_{\text{looks}}} \frac{F_a^2}{N_{\text{fft}} K_a} = (T_a F_a - N_{\text{fft}})/N_{\text{looks}} \tag{9.17}$$

其中 N_{good} 是式（9.12）中定义的每次快速傅里叶变换中的全部有效输出点数。

图 9.13 给出了多视中的快速傅里叶变换延迟。由于其对星载 C 波段 SAR 中的各参数不敏感，故图中的横纵轴尺度被归一化为处理波束宽度的分倍数（即 T_a 的分倍数）。

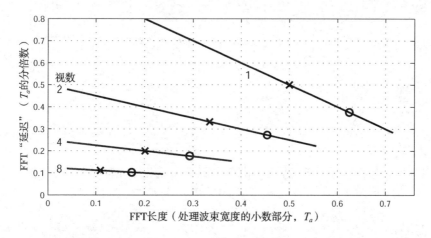

图 9.13　用处理孔径的分倍数表示的快速傅里叶变换延迟。叉号"×"表示连续情况下的
快速傅里叶变换长度，圆圈"○"表示 40% 重叠时的快速傅里叶变换长度

有关效率的另一种比较方式是考察视重叠。图 9.14 对此进行了说明，其中也包含了单视情况。单视下的变量为"FFT 重叠"而非"视重叠"。与图 9.8 相比，由于图中纵轴尺度被 FFT 长度归一化，故重叠曲线是非线性的。实际情况下通常使用的视重叠在 0%~40% 之间。

效率因子

如式（9.17）所示，给定视数下的主要效率因子为 $N_{\text{good}}/N_{\text{fft}}$，快速傅里叶变换长度 N_{fft} 直接由方位向分辨率决定，所以一般将处理效率表示为分辨率的函数。图 9.15 对此进行了说明，其中使用了表 4.1 中的星载 C 波段 SAR 参数。

从图 9.15 中可知，当处理分辨率接近理论值（本例中理论值为 7 m）时，处理效率出现陡降。分辨率可以由快速傅里叶变换持续时间 N_{fft}/F_a 与处理孔径时间 T_a 的比值来表征。当快速傅里叶变换长度短于合成孔径时间时，处理效率较高。当快速傅里叶变换长度接近合成孔径时间时，处理效率降低。因此，当成像要求具有高于 70% 有效照射时间(T_a)所对应的分辨率时，一般不采用 SPECAN 算法。

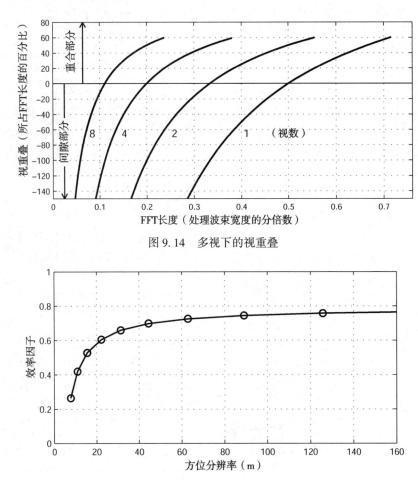

图 9.14   多视下的视重叠

图 9.15   SPECAN 算法的相对效率，$N_{\text{good}}/N_{\text{fft}}$

每秒运算量

测量计算量的另一种方法是累计每秒快速傅里叶变换次数(或每秒算术运算量)。单位距离单元上的每秒快速傅里叶变换次数为

$$N_{\text{FFTs/s}} = \frac{F_a}{N_{\text{FFT\_delay}}} \tag{9.18}$$

而每秒所需的单位距离单元上的快速傅里叶变换的实数运算量为

$$N_{\text{ops}} = 5\, N_{\text{fft}} \log_2(N_{\text{fft}})\, N_{\text{FFTs/s}} \tag{9.19}$$

以上没有考虑图 9.1 中的参考函数相乘及其他运算，这些运算大约占总计算量的 20%。然而，通过快速傅里叶变换可以给出简单有效的算法效率比较。

计算时间/图像质量之间的折中

根据式(9.17)和式(9.18)，给定分辨率条件下的 SPECAN 算法计算量直接与视数成正比：

$$N_{\text{FFT/s}} = N_{\text{looks}} \frac{N_{\text{fft}}\, K_a}{N_{\text{good}}\, F_a} \tag{9.20}$$

在 SPECAN 算法中，通过改变视数可以在图像质量与计算量之间进行灵活的调整。SAR 图像质量一般与视数和分辨率的比值成正比[17]。例如，在以图像质量为代价的最快处理中应使用最低视数（即 1 视）。如图 9.15 所示，低分辨率同样也带来了计算量的降低。

对于分辨率低于半个处理带宽的单视处理，图 9.7 示意了其中的快速傅里叶变换间隙，而图 9.10 则示意了如何在间隙处插入新的快速傅里叶变换，以得到多于一视的更好的图像质量。在给定分辨率条件下，若想获得更好的图像质量，则必须对视数进行选择。

经验表明，若处理序列中的插入视数达到 20% 的视重叠，则能得到更好的图像质量。通常不能指望通过视重叠来提高图像质量，但如果使用加权来弱化（或降低）快速傅里叶变换输入阵列两端的影响，那么变换之间的微小重叠就是有益的。重叠通常能恢复加权导致的信息损失。

图 9.16 对效率（每秒运算量）与图像质量（方位向分辨率及视数）之间的关系进行了说明。较低的曲线是单视情况，此时的处理速度最快，但图像质量也最差。中间曲线是视重叠为 20% 的多视情况，它在给定分辨率下能得到最高的图像质量。对于两者之间的情况，根据式（9.20）可知，计算量与视数成正比。

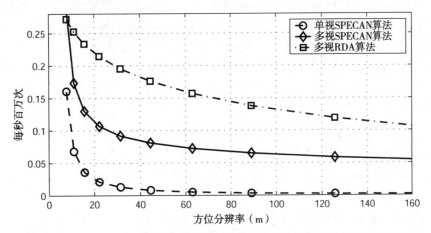

图 9.16　单位距离单元内每秒所需的快速傅里叶变换实数运算量（百万量级）

由于图 9.16 中的曲线是非线性的，SPECAN 算法从效率上来说更适合低分辨率多视处理。例如，基于八视处理的 50 m 分辨率比基于四视处理的 25 m 分辨率更高效。这与计算量及分辨率和视数关系都不大的 RDA 形成了鲜明对比。

为了与多视 SPECAN 算法进行对比（带菱形的曲线），图 9.16 还给出了多视 RDA 中所需的方位压缩计算量（带小方块的曲线）。可见，对于较低的分辨率，RDA 的快速傅里叶变换术运算量是 SPECAN 算法的两倍，这是因为 RDA 进行了一组快速傅里叶变换或逆变换。但对于高分辨率，图 9.15 中的效率因子将会产生作用，此时 SPECAN 算法在效率上比 RDA 的低。

当进行单视处理时（带圆圈的曲线，见图 9.16），SPECAN 算法的效率优势更加明显。这是因为 SPECAN 算法的运算量直接与视数成正比，而 RDA 中只有快速傅里叶逆变换次数与视数成正比，快速傅里叶变换的次数保持不变。

简要而言，对于最佳分辨率在 70% 以下的情况，SPECAN 算法在效率上比 RDA 的高。但 9.7 节将会指出，这会带来图像质量的微弱下降。对于 SPECAN 算法，较低的视数能得到最高的效率，这是其在快视处理中受到广泛欢迎的主要原因。

内存需求

多视 SPECAN 算法最初用于星载情况，因此与运算量降低同等重要的是降低所需内存。

快速算法的内存量与处理块长度（一般等于算法中最长的快速傅里叶变换长度）成正比。在 SPECAN 中，快速傅里叶变换长度由分辨率决定，低于全孔径匹配滤波器长度。而对于诸如 RDA 这样的快速卷积算法，快速傅里叶变换长度通常两倍或四倍于全孔径匹配滤波器长度。因而，在一般的 SAR 快速处理算法中，SPECAN 算法的内存量是最小的。

9.5　距离徙动校正

RDA，CSA 和 ωKA 都能以可控的精度高效地完成距离徙动校正。然而，由于 SPECAN 算法中的数据并不位于真正的方位频域，故仅能完成简化的距离徙动校正。幸运的是，SPECAN 算法只适于中等分辨率下的高效处理，因此距离徙动校正的精度限制一般是可接受的。本节将对 SPECAN 算法的高效距离徙动校正形式及其精度进行分析。

9.5.1　时域线性距离徙动校正

根据式(5.58)，单点目标的距离徙动可分解为线性分量、二次分量及较低的更高次分量。由于 SPECAN 算法中的数据处于时域，因此较难做到频域距离徙动校正中的"批量处理"效率。但是，如果只校正线性分量，则可以达到处理的批量化。

这种简化的距离徙动校正可以通过与方位向时间成线性变化的距离位移来实现。由于仅校正了 RCM 中的线性分量，故称其为"线性距离徙动校正"。对于零多普勒时刻为 η'_d 的目标，其线性距离徙动式(5.58)可表示为

$$R(\eta') = -V_r \sin\theta_{r,c}(\eta' - \eta'_d - \eta_c) \tag{9.21}$$

由于 V_r 和 $\theta_{r,c}$ 与距离有关，故距离徙动校正是随距离变化的。但是，在距离恒定区内可将其近似为不随距离变化的常数位移。由此，即可通过时域插值或频域相位相乘实现线性距离徙动校正。

线性距离徙动校正完成之后会存在残余的二次距离徙动。其上限为式(5.62)给出的 ΔR_{quad}（见图 5.12）。如 5.5.1 节指出的，典型星载 C 波段下的 ΔR_{quad} 约为 3 m，比 SPECAN 算法通常处理的分辨率低。这表明星载 C 波段中的距离徙动校正的二次分量可忽略。

9.5.2　数据倾斜与校直

线性距离徙动校正会导致数据的倾斜，其影响应通过方位压缩后的校直处理(deskewing)予以去除。为揭示校直前后的几何特性，在此使用图 4.2 中的斜视数据几何关系。

图 9.17 示意了 SPECAN 算法中的线性距离徙动校正、方位压缩及校直操作。图 9.17(a)给出的是目标信号的轨迹，其中假定距离位移是方位的线性函数。图中箭头代表所需的线性距离徙动校正，校正后的结果如图 9.17(b)所示。进行线性距离徙动校正之后，目标对齐至距离横向而非方位向，但在低斜视角情况下仍称其为"方位向"。而且，进行线性距离徙动校正之前，处于同一距离门上的目标被校正至其他距离处（比较目标 A 与目标 C）。

现在利用 SPECAN 算法进行方位压缩。正如 9.2 节所讨论的，算法将目标对齐至零多普勒方位上。这意味着 4 个目标被压缩至正确的方位向时间坐标，如图 9.17(c)所示。然而，由于线性距离徙动校正的影响，数据是倾斜的。

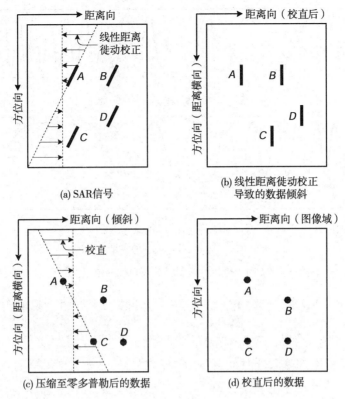

(a) SAR信号

(b) 线性距离徙动校正
导致的数据倾斜

(c) 压缩至零多普勒后的数据

(d) 校直后的数据

图 9.17　SPECAN 算法中倾斜和校直的几何影响

方位压缩后的数据倾斜可以通过反向线性距离徙动校正进行校正。这可以通过将每一距离
线按照与线性距离徙动校正相等的值进行反向移位实现，如图 9.17(c) 中箭头所示。该操作称
为"校直"。最终的图像如图 9.17(d) 所示。与图 4.2(c) 类似，4 个目标都位于正确的位置。

对图 9.17(b) 还需强调的一点是，线性距离徙动校正后的目标轨迹与纵轴对齐，因而可
以沿每一垂直列进行方位压缩。但是，某一列中的目标来自不同的距离门。也就是说，当方
位压缩处理器沿方位向移动时会经过不同的距离门。由于方位向调频率和多普勒中心都是距
离的函数，因此解斜函数和弃置区必须进行定期的方位更新。根据式(9.21)，距离的变化是
方位变化量 $\Delta\eta$ 的函数，为

$$\Delta R = -V_r\,(\sin\theta_{r,c})\,\Delta\eta \tag{9.22}$$

即使在一次快速傅里叶变换内也会存在距离变化，但其值很小，可忽略不计。

9.6　相位补偿

本节将讨论 SPECAN 算法压缩后的数据相位特性，其与常规的匹配滤波器压缩结果存在
差异。如果仅对幅度图像感兴趣，则无须关注相位信息。但对于注重图像相位的场合，则需
进行相位补偿，以校正目标峰值处的相位。

通过再次考察 SPECAN 算法的操作可以推导出相位补偿形式。令 $\eta' = 0$ 为式(9.4)中解
斜函数 $h_{dr}(\eta')$ 的时间原点，如图 9.18(a) 所示。η'_d 为目标零多普勒时刻，η'_1 为快速傅里叶变
换中第一个样本的采样时间，$T_{fft} = N_{fft}/F_a$ 为快速傅里叶变换持续时间，如图 9.18(b) 所示。
该目标的接收信号 $s_r(\eta')$ 由式(9.6)给出。

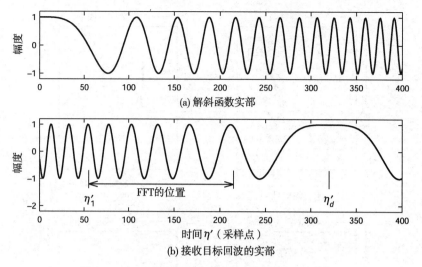

图 9.18　用于分析的解斜函数及目标的位置(时间)

解斜后的信号 s_{dr} 由式(9.7)给出。SPECAN 算法的快速傅里叶变换运算可表示为[①]

$$s_c(\eta') = \int_0^{T_{\mathrm{fft}}} s_{\mathrm{dr}}(u + \eta_1')\ \exp\{-\mathrm{j}2\pi\, K_a\, \eta' u\}\,\mathrm{d}u \tag{9.23}$$

与式(9.3)的卷积相比,其积分时间限于 T_{fft} 以内,且 $s_r(\eta')$ 的积分起始时刻为 η_1'。对式(9.23)积分后的结果为

$$\begin{aligned} s_c(\eta') =\ & \exp\{-\mathrm{j}\pi\, K_a\, (\eta_d')^2\} \exp\{\mathrm{j}2\pi\, K_a\, \eta_1'\, \eta_d'\} \\ & \times \exp\{-\mathrm{j}\pi K_a(\eta' - \eta_d')\, T_{\mathrm{fft}}\}\ T_{\mathrm{fft}}\ \mathrm{sinc}\{K_a\, T_{\mathrm{fft}}\, (\eta' - \eta_d')\} \end{aligned} \tag{9.24}$$

sinc 函数表明目标被压缩至零多普勒时刻 η_d' 处。压缩后的目标相位特性如图 9.19(a)所示。虚线为不同时刻的压缩目标峰值相位。对于所考察的三点目标,实线给出了每一目标冲激响应附近的相位。

　　由于式(9.24)中的第一个指数项是 η_d' 的函数,故对特定目标而言其为定值。类似地,第二个指数项也为定值,但与快速傅里叶变换起始时刻 η_1' 有关。以上两种相位由图 9.19(a)中的虚线表征。第三个指数项代表穿越目标峰值的相位斜坡,其在目标峰值处($\eta' = \eta_d'$)为零。其斜率由 K_a 和 T_{fft} 决定,而与目标位置和快速傅里叶变换位置无关,如图 9.19(a)中的实线所示。

相位补偿形式

　　相位补偿的目的在于使压缩目标的峰值相位等同于常规匹配滤波的压缩结果[②]。由于第三项在峰值处为零,故无须补偿,但式(9.24)的前两项会影响目标峰值相位,因此必须对此进行补偿。

　　峰值处的相位应被置为零,以使余下的相位仅反映目标复散射系数及斜距信息。为此,取式(9.24)前两项的共轭并用时间变量 η' 代替 η_d',即可进行补偿。变量替换的目的在于对每一输出样本而非式(9.24)中的特定目标进行补偿。

---

① 用于加权,不会影响后续讨论。故在快速傅里叶变换分析中没有使用加权函数。

② 补偿后,偏离目标峰值处的相位与一般的匹配滤波器压缩结果不同。对于 SPECAN 算法而言,"相位保持"仅指压缩目标峰值处的相位是正确的。

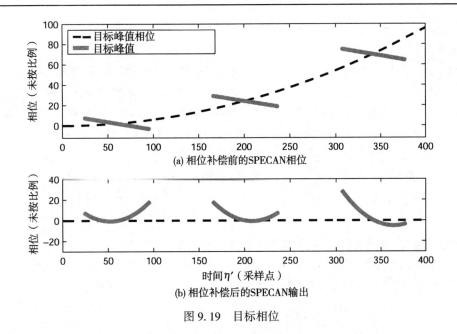

(a) 相位补偿前的SPECAN相位

(b) 相位补偿后的SPECAN输出

图 9.19　目标相位

补偿后的信号为

$$
\begin{aligned}
s_{\mathrm{cm}}(\eta') \;=\;& s_c(\eta')\,\exp\!\left\{\mathrm{j}\pi\,K_a\,(\eta')^2\right\}\exp\!\left\{-\mathrm{j}2\pi\,K_a\,\eta_1'\,\eta'\right\} \\
\;=\;& \exp\!\left\{\mathrm{j}\pi\,K_a\,(\eta'-\eta_d')^2\right\} \\
& \times\,\exp\!\left\{-\mathrm{j}2\pi\,K_a\,(\eta_1'+T_{\mathrm{fft}}/2-\eta_d')\,(\eta'-\eta_d')\right\} \\
& \times\,T_{\mathrm{fft}}\ \mathrm{sinc}\!\left\{K_a\,T_{\mathrm{fft}}\,(\eta'-\eta_d')\right\}
\end{aligned}
\tag{9.25}
$$

其中最后一步需进行一些代数运算。图 9.19(b) 示意了补偿后的目标相位。从图中虚线可知，经过补偿，压缩后的目标峰值($\eta'=\eta_d'$处)相位变为零。

式(9.25)中的前两项分别为 η' 的二次函数和线性函数。以下将对其进行讨论。

线性相位项

线性相位项$-2\pi K_a(\eta_1'+T_{\mathrm{fft}}/2-\eta_d')(\eta'-\eta_d')$的斜率依赖于快速傅里叶变换位置 η_1' 与零多普勒时刻 η_d' 之间的相对值。这里对其频率部分 $K_a(\eta_1'+T_{\mathrm{fft}}/2-\eta_d')$ 加以考察。注意，$\eta_1'+T_{\mathrm{fft}}/2$ 为快速傅里叶变换中心时刻，而 $\eta_1'+T_{\mathrm{fft}}/2-\eta_d'$ 为相对于目标零多普勒时刻 η_d' 的同一时刻。将其与 K_a 相乘，即变为快速傅里叶变换中心处的目标多普勒频率。从图 9.19(b) 中的实线可以看出该线性项斜率对于目标位置的依赖关系。

考虑到快速傅里叶变换是对目标照射时间的截取，相位校正其实是将目标多普勒中心频率恢复为解斜前的值。若将常规匹配滤波器用于受限快速傅里叶变换长度的数据处理，则会得到同样的线性相位项。

二次相位项

二次相位项代表着较小的相位调制，仅在压缩目标冲激响应主瓣内有一定影响。其起因解释如下。

如前所述，SPECAN 算法中的信号处理长度就是快速傅里叶变换长度，而匹配滤波器长度却对应于整个波束宽度，这是因为解斜函数将全部波束频宽内的所有目标都压缩进快速傅里叶变换窗口内。正如附录 3A 所指出的，二次相位项源于滤波器在持续时间上比信号的更长。

现在考察目标主瓣内的二次相位级。根据式(9.25)，一个分辨率单元 $\rho_{a,t}$ 内的最大二次相位为 $\pi K_a(\rho_{a,t}/2)^2$，它随着 $\rho_{a,t}$ 平方递增(或随着快速傅里叶变换长度平方递减)。在某些情况下(特别是低分辨率时)，二次相位会非常大。以典型星载 C 波段为例，令方位向调频率为 2095 Hz/s，地面波束速度为 6700 m/s，处理分辨率为 100 m，则 3 dB 冲激响应宽度的时间跨度为 100/6700，即 0.015 s，最大二次相位为 2095 π(0.015/2)^2 = 0.37 rad 或 21°。

幸运的是，由于图 9.19(b)中的实线具有同样的二次导数，因而所有目标的二次相位都相同。对于干涉 SAR，若两次数据经快速傅里叶变换位置对准后的处理分辨率相同，则形成干涉图后，二次相位将消失。

讨论

需要强调的是，以上讨论的相位特性与数据的快速傅里叶变换截取方式有关。由于变换的截取效应，每个目标的多普勒中心都不同。用包括解斜、快速傅里叶变换及相位补偿在内的 SPECAN 算法进行压缩，在结果上等同于将较短数据与较长匹配滤波器进行卷积。这与 ScanSAR 中的数据采集是一致的，因此对 ScanSAR 的数据处理会得到同样的相位特性(见第 10 章)。

9.7 关于图像质量的一些问题

本节将对 SPECAN 算法独有的图像质量问题进行讨论，其中有些内容也适于 Burst(簇发)模式的 SAR 数据。

一般而言，由于被处理目标的多普勒特性随时间变化，SPECAN 算法比 RDA 更难保持图像质量。另一方面，由于它通常用于低分辨率的 SAR 数据处理，因而图像质量并不太重要。本节将集中于以下问题：(1)频率间断影响；(2)方位向调频率误差影响；(3)由处理目标中心频率变化引起的辐射影响。

9.7.1 拼接点处的频率间断

图 9.9 示意了如何通过快速傅里叶变换输出阵列拼接，以形成连续的地面图像。遗憾的是，由于拼接不可避免地将某些点分成两部分，因而会出现相位问题。由于每部分来自不同的快速傅里叶变换，所以来自拼接目标不同部分的多普勒频谱不同。在此考察图 9.7 和图 9.9 中目标 I 处的拼接。FFT1 的最后一个有效输出点来自波束前沿，而 FFT2 的第一个有效输出点则来自波束后沿。本节将对拼接点处不可避免的频率间断进行讨论。

将 FFT1 的有效输出点和 FFT2 的有效输出点进行拼接，会对目标 I 产生何种影响？图 9.20 给出了目标 I 位于 FFT1 最后一个有效样本和 FFT2 第一个有效样本中间处的结果(即拼接发生在目标中心)[①]。首先考察每次快速傅里叶变换单独处理时的点目标响应。在进行点目标分析时，需要利用目标 I 两端的一些"失效"点(由于每次快速傅里叶变换都完全处在目标 I 的照射时间内，故该方法能够进行精确的分析)。图 9.20(a)和图 9.20(b)给出了目标 I 的幅度和相位，其中实线表示 FFT1 中的响应，虚线表示 FFT2 中的响应。由于图 9.20(a)中的实线和虚线是重合的，因而虚线看不到，这表明两次快速傅里叶变换的幅度响应是相同的。

---

① 图 9.20(a)至图 9.20(c)中的实线表示首次快速傅里叶变换，虚线代表第二次快速傅里叶变换。图中被实线挡住的虚线部分没有表现出来。

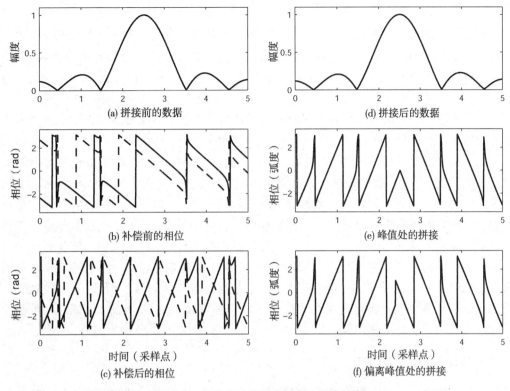

图 9.20　拼接点处的相位间断和频率间断

但是，从图 9.20(b) 中补偿前的相位历程可知，其相位是不同的。由于每次快速傅里叶变换中解斜后目标 I 的频率都相同，故图中每条斜线的斜率一致(-π rad/样本)。如式(9.24)中的第二个指数项所示，每次快速傅里叶变换的起始时刻 η_i' 不同，因而两个相位相差一个常数。利用式(9.25)进行相位补偿，补偿后的相位如图 9.20(c) 所示，有以下几点需要注意。

- 目标峰值处的相位相同(目标 I 的峰值落在第 2.5 个采样点上，此处相位为零)，但其他地方则不同。这与每一目标峰值处的保相要求相符。
- 尽管补偿前相位斜坡的斜率(频率)相同，但补偿后则出现差异。
- 每次快速傅里叶变换输出中的二次分量基本消失。

这样，相位补偿使压缩目标的相位及其斜率与经过适当匹配滤波(如长度和位置与 SPECAN 算法的快速傅里叶变换相对应的 RDA 滤波器)后的结果一致。

以下考察拼接后的输出阵列。拼接点处严重的频率间断会影响此处附近的点目标分析。因此，为考察拼接后的点目标特性，应把插值后的响应连在一起。拼接结果的前半部分取自图 9.20(a) 和图 9.20(c) 中的实线，后半部分取自图中的虚线。拼接点位于第 2.5 个采样点。

如图 9.20(d) 所示，拼接后的幅度保持不变。由于每一快速傅里叶变换的有效输出点都被完全压缩，故拼接点位置不会使幅度发生改变。

图 9.20(e) 表明拼接后的相位是连续的，但左右两侧的频率(或相位斜率)不同。这与前述的 FFT1 和 FFT2 之间的多普勒特性变化相符。然而，如果拼接点偏离目标峰值，则拼接处的相位也将变得不连续。图 9.20(f) 对此进行了示意，其中拼接点稍微偏向峰值左侧。

由于相位和频率的间断，对输出阵列进行点目标分析时必须谨慎。接近边界处的目标在测量时可能会出现畸变。最坏情况发生在图 9.20(e)所示的目标平分处。

如果感兴趣的目标恰好处于拼接边界，则只要数据为复数且已知拼接处的位置，也可对其进行图像质量测量。对此，图 9.20(b)给出了一种解决方法。首先去掉相位补偿(或不在第一步进行相位补偿)，其次估计待分析目标的峰值位置 η_d'，最后补偿式(9.24)中的常数相位。这样，两次结果的相位历程变成一致的，从而得到连续的频率和相位。由于相位变化是可测的，即使峰值相位出现改变也能进行精确的点目标分析。需要强调的是，以上校正无须用于全部数据，而仅用于待分析的目标。

虽然干涉 SAR 已超出本书范围，但在此讨论 SPECAN 算法对干涉输出相位进行的处理将是不无裨益的[18]。干涉 SAR 中的数据取自对同一地区进行的两次观测(two passes)，其星下点离线角稍有不同。通过对两次数据进行配准和共轭相乘，可以得到干涉图。两次数据应进行同步，以使各自的快速傅里叶变换具有相同的多普勒中心。由此，两次数据中每一目标的相位斜率及相位和频率间断点都相同，因而能够互相抵消。

需要强调的是，SPECAN 算法中的近似和假定也可能带来相位畸变。首先，算法忽略了距离徙动的二次分量和更高次分量。其次，假定数据具有标准的线性调频特性。遗憾的是，由于相位畸变与雷达参数和处理参数(如分辨率、斜视角和波长等)有关，因而在每种情况下都应通过仿真对其进行量化研究。

9.7.2　方位向调频率误差

与其他算法类似，方位向调频率误差也会由于以下原因导致方位 IRW 展宽：(1)方位压缩中的调频率误差；(2)多视处理时的图像错位。本节将通过时频关系图对此进行讨论，以给出更直观的解释。注意，其他误差(如多普勒中心频率误差)也会导致方位 IRW 展宽，但方位向调频率是其中的主要因素。

SPECAN 算法通过解斜将目标线性调频率变为单一频率。图 9.21 中的水平粗实线对得到准确解斜的信号进行了示意，此时经快速傅里叶变换后的聚焦是完全的。然而，如果解斜函数的斜率为 K_{amf} 而非 K_a，则相乘后的斜率非零(即常数频率)，此时的斜率为

$$\Delta K_a = K_{\mathrm{amf}} - K_a \tag{9.26}$$

存在 ΔK_a 时，解斜后的信号将出现频率扩散，不再是单频信号(见图 9.21 中的虚线)。频率扩散会导致快速傅里叶变换后的 IRW 展宽。

由于 SPECAN 算法中的解斜/快速傅里叶变换运算相当于匹配滤波，故冲激响应宽度在展宽效应上与 3.5 节中的讨论一致。如图 3.14 所示，IRW 展宽是处理孔径两端二次相位误差(QPE)的函数。对于单视 SPECAN 处理，处理孔径时间为 T_{fft}，相应的二次相位误差为

$$\Delta\phi = \pi\Delta K_a \left(\frac{T_{\mathrm{fft}}}{2}\right)^2 \tag{9.27}$$

除匹配滤波器长度取为快速傅里叶变换长度 T_{fft} 以外，以上结果与 RDA 相同。

多视情况

对于多视处理，由方位向调频率误差带来的子视图像之间的错位会导致额外的 IRW 展宽。对此可通过图 9.21 中的两视情况进行说明。相邻快速傅里叶变换中心处的解斜频率错位为

$$\Delta f = T_s \Delta K_a \tag{9.28}$$

其中 T_s 为两视中心处的时间间隔。如果快速傅里叶变换长度为 N_{fft}，那么输出样本间隔为

F_a/N_{fft}（Hz/样本）。快速傅里叶变换后，相邻两视输出之间的错位为

$$\Delta y_{\mathrm{look}} = \frac{\Delta f\,N_{\mathrm{fft}}}{F_a} = \frac{T_s\,\Delta K_a\,N_{\mathrm{fft}}}{F_a} \tag{9.29}$$

若视数为 N_{looks}，则最外侧两视之间的错位为

$$\Delta y_N = \frac{\Delta f\,N_{\mathrm{fft}}}{F_a}(N_{\mathrm{looks}} - 1) = \frac{T_s\,\Delta K_a\,N_{\mathrm{fft}}}{F_a}(N_{\mathrm{looks}} - 1) \tag{9.30}$$

其中 T_s 为相邻两视中心处的时间间隔。将其与过采样率（一般为 1.1 ~ 1.4）相除，即可得到错位所对应的分辨单元数。良好聚焦情况下，该值应低于半个分辨单元。IRW 展宽与视错位之间的关系在趋势上与 RDA 相同（见图 6.31）。

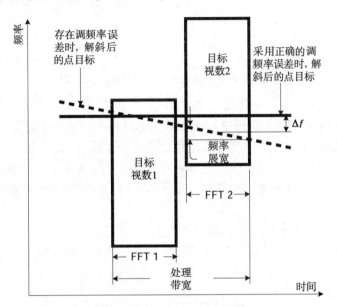

图 9.21　调频率误差导致的子视失配

以星载 C 波段数据为例。令 K_a 为 2095 Hz/s，调频率误差 ΔK_a 为 K_a 的 1%，而快速傅里叶变换持续时间 N_{fft}/F_a 为 0.08 s，相当于 44 m 左右的分辨率。单视下的二次相位误差为 0.03π，基本可忽略不计。最外侧两视之间的时间间隔为 0.5 s，这样会产生 0.8 个分辨单元的错位。根据图 6.31，由此导致的四视方位 IRW 展宽为 8%。

可见，多视情况下的主要 IRW 展宽来自图 9.21 所示的视错位，而非二次相位误差。这可从图 9.21 中虚线所示的频率扩散现象中看出。

9.7.3　扇贝辐射效应

由于不同目标能量来自非均匀多普勒频谱的不同部分，所以 SPECAN 算法在方位向上会产生辐射变化。如图 4.10 所示，天线双程方向图为 sinc 平方函数，峰值位于波束中心，向两侧逐渐减小。天线方向图的这种非均匀性，以及 SPECAN 算法对多普勒频谱的时变截取，使图像在辐射上存在周期性的扇贝起伏。本节将对其特性及相应的补偿方法进行讨论。

单视情况

首先揭示单视情况下扇贝效应的起因。考察被某次快速傅里叶变换截取的三个目标（例如图 9.5 中的 C，F 和 I），其能量分别来自与快速傅里叶变换输入时域相对应的处理波束的

前端、中间和末端。图 9.22 对其位置进行了说明,图中实线代表与目标接收时间(或角度)相对应的双程天线方向图①。

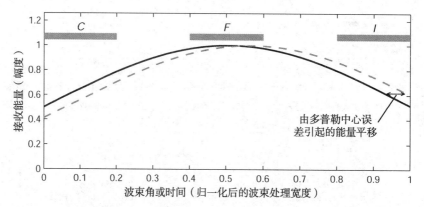

图 9.22　某一快速傅里叶变换内的三个点目标的能量位置,实线代表准确
的多普勒中心频率,虚线代表存在估计误差的多普勒中心频率

从图 9.22 中可见,由于快速傅里叶变换对中间目标 F 的能量截取较高,故其强于两边的目标 C 和 I。经过解斜和快速傅里叶变换之后,三个目标被压缩至快速傅里叶变换有效输出的开始、中间和结尾,每一目标的能量与相应的波束时间或多普勒频率处的接收能量成正比。一般而言,每一目标的能量通过快速傅里叶变换时间内它所占据的波束方向图能量进行积分得到。

为了进行积分,要使用式(4.27)和式(4.28)给出的天线方向图,其中时间 η' 的原点位于波束中心。假设雷达截面积是可忽略的常数,因此当快速傅里叶变换持续时间为 $T_{\mathrm{fft}} = N_{\mathrm{fft}} / F_a$ 时,中心位于 η' 的压缩目标能量为

$$E(\eta') = \int_{\eta' - T_{\mathrm{fft}}/2}^{\eta' + T_{\mathrm{fft}}/2} w_a(u)\, \mathrm{d}u \tag{9.31}$$

其中 w_a 为天线方向图。由于积分限与目标和快速傅里叶变换之间的相对方位位置有关,故能量 $E(\eta')$ 为时间的函数。

如图 9.23(a)所示,对于实际情况下的连续目标,其相对于波束中心的偏移 η' 呈锯齿状②,因而式(9.31)中的积分会产生周期性的能量变化,如图 9.23(b)中的虚线所示。能量变化周期等于一个快速傅里叶变换循环(相当于处理波束宽度减去快速傅里叶变换长度,如图 9.22 中的目标 C 到目标 I 所示)。这种周期结构称为"扇贝效应",在已知接收能量频谱和快速傅里叶变换位置的前提下,可对其进行校正。

为了对输出图像进行一致能量补偿,应将数据与式(9.31)的倒数相乘。图 9.23(b)中的点线给出了补偿曲线 $E^{-1}(\eta')$。如果补偿曲线准确,那么补偿后的目标能量在时间上是恒定的,如图 9.23(b)中的实线所示。需要强调的是,这种理想补偿的一个条件是,要求每次快速傅里叶变换周期内的接收能量对称,这就要准确地知道多普勒中心。

---

① 通常,这种类型曲线的水平轴为"多普勒频率"。由于此前将时间和频率混用,故此处将水平轴替换为波束角或时间。为了给出每次快速傅里叶变换截取的能量,稍后将会对该曲线进行时间积分。图中的水平轴已归一化至与处理带宽相应的角度或时间。

② 本例中给出的是单视情况,其快速傅里叶变换长度设为全部处理孔径的 20%(快速傅里叶变换周期长度对应于处理时间减去快速傅里叶变换长度)。这样会导致非常明显的扇贝效应。本节稍后将会给出更多示例(例如图 9.26)。

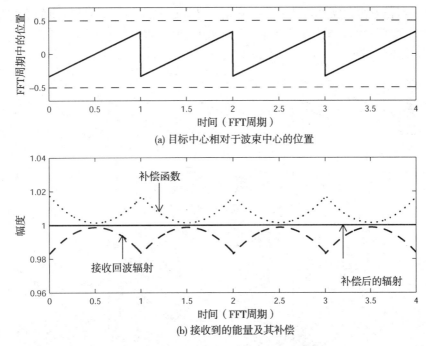

(a) 目标中心相对于波束中心的位置

(b) 接收到的能量及其补偿

图 9.23 多普勒中心频率估计无误差时的扇贝效应及其补偿

多普勒中心估计误差的影响

现在分析多普勒中心误差对辐射补偿的影响。如第 12 章所指出的，估计误差总会存在。由于时频间是一一对应的，所以多普勒中心误差相当于波束中心的时间偏移误差[①]。时间误差会导致每次 FFT 有效输出点的移位(或相对于截取目标的波束方向图偏移，见图 9.22 中的虚线)，而这又会导致使用错误的辐射校正曲线(见图 9.24)。

图 9.24(a)示意了多普勒中心误差对 FFT 截取目标的移位影响。与无误差情况相比，图 9.22 中的截取点相对于波束中心向左偏移，或图 9.24(a)所示的下移。如图 9.24(b)中虚线所示，这会导致 FFT 周期内的截取能量出现扭曲。与无误差情况相比，接收能量的周期模式不再具有对称性。特别地，在 FFT 周期边界的处理能量是间断的，这样就使补偿变得非常敏感。

由于无法判断估计误差，所以补偿函数与前例相同，但与实际能量曲线已不再完全匹配。此时的能量曲线为 $E(\eta'+\Delta\eta)$，其中 $\Delta\eta$ 为波束中心的时间偏移误差，η' 的基准中心取自假定的能量曲线 $E(\eta')$。补偿后的能量曲线为 $E(\eta'+\Delta\eta)E^{-1}(\eta')$。

由于 $E(\eta')$ 是周期性的，因而补偿后的能量也随时间周期变化，如图 9.24(b)中的实线所示。既然补偿函数是连续的曲线，补偿后的间断点在强度上与补偿前是一致的。通常间断点处的辐射影响最明显，因此应尽量准确地估计多普勒中心，以使该处的强度降至最小。

视数影响

多视处理(尤其对于等间隔多视)会减小扇贝效应。这是由于随着视数的增加，每一快速傅里叶变换周期内的目标位置变化将会降低。图 9.25 以两视为例对此进行了示意，图中实线给出的是每次快速傅里叶变换中心与波束中心相对位置随时间的变化。与图 9.23(a)的单

---

① 由于每一目标占据某个特定频段，所以也可以在频域解释扇贝效应。尽管如此，由于式(9.31)中的积分是在时域进行的，在随后的讨论中仍然沿用时域。

视情况相比，可以看出每次快速傅里叶变换的中心（或两次快速傅里叶变换的合并中心）移动量变小。这是因为两视时每次快速傅里叶变换仅保留一半的有效输出点，因而下次快速傅里叶变换就不必相隔过远。

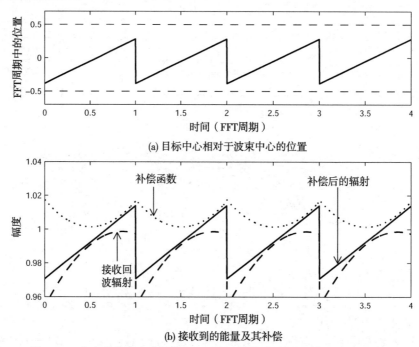

(a) 目标中心相对于波束中心的位置

(b) 接收到的能量及其补偿

图 9.24　存在多普勒中心频率误差时的扇贝辐射效应及其不正确的补偿

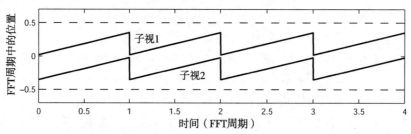

图 9.25　两视情况下随时间变化的目标中心位置

对于视间隔为 T_s［等于式（9.17）中的 N_{FFTstep} 除以 PRF］的 N 视情况，能量曲线变为

$$E(\eta') = \sum_{k=1}^{N_{\mathrm{looks}}} \int_{\eta' - T_{\mathrm{fft}}/2 + (k-1)T_s}^{\eta' + T_{\mathrm{fft}}/2 + (k-1)T_s} w_a(u)\,\mathrm{d}u \tag{9.32}$$

上式中的积分更均匀地分散在波束的不同部分。更重要的是，每一视中不同目标的多普勒频率变化将变小。这意味着每一目标的能量变得更均衡，从而抑制了扇贝效应，因此对多普勒中心误差的要求和敏感度也都相应地降低了。

图 9.26 以单视、两视、四视和八视为例示意了多视处理的平滑作用。每种情况下的快速傅里叶变换长度为处理波束宽度除以 $N_{\mathrm{looks}}+1$（即各视之间是连续的）[①]。以两视为例，其快速傅里叶变换长度是处理波束宽度的 33%。图中给出的是视数及多普勒中心误差对残余扇贝

---

① 为了给图 9.10 中的弃置区留出一定的余量，应使用（$N_{\mathrm{looks}}+1$）而不是 N_{looks} 作为分母。为便于比较，图中给出了快速傅里叶变换长度为 $T_a/2$ 的单视情况。

间断点的跳变影响。例如，在多普勒中心误差为 5% PRF 的两视情况中，扇贝间断为 0.8 dB。图中假定过采样率为 1.4，因此 5% PRF 相当于处理波束宽度的 7%。

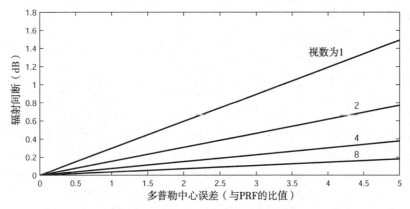

图 9.26　不同视数下，辐射间断与多普勒中心频率误差的关系

快速傅里叶变换长度的影响

扇贝效应既是视数的函数，也是快速傅里叶变换长度的函数。根据式(9.12)，随着快速傅里叶变换长度的增加，有效输出点在快速傅里叶变换输出阵列中的比例减小。而且，当快速傅里叶变换长度增加到一定的值时，有效输出点总数也将不再增加。图 9.6 对此进行了说明。由于有效输出部分随快速傅里叶变换长度的增加而降低，因而变换之间的延迟(或偏移)会变小。当处理视数大于 1 时，有效输出点被分置在不同的视中，变换之间的位置则相应靠近。图 9.13 对此进行了说明。

当快速傅里叶变换延迟减小时，变换中心的间隔也随之降低。这意味着对于连续目标，目标能量提取处的波束宽度随目标位置(即时间)的变化程度将减小。由于式(9.31)和式(9.32)积分限中的 η' 随时间的变化降低，这将抑制扇贝效应。

图 9.27 以 5% PRF 多普勒中心估计误差为例对以上影响进行了说明。曲线源于式(9.32)，天线方向图假定为 sinc 平方函数。每条曲线中的×号代表与连续快速傅里叶变换对应的快速傅里叶变换长度。×号右侧的曲线代表直至 50% 重合度的变换重叠。对于给定视数和较短的快速傅里叶变换长度，由于多普勒中心不随时间剧烈变化，因此曲线随视数增加将变得平缓。

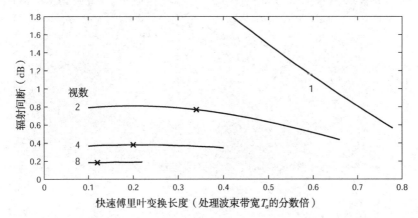

图 9.27　多普勒中心估计误差为 PRF 的 5% 时，不同视数下，辐射间断与快速傅里叶变换长度的关系

值得注意的是，这些曲线在形状上与图 9.13 中的曲线很相似。这是由于快速傅里叶变换延迟是影响扇贝效应的主要参数，而天线方向图的具体形状对其影响较低。

扇贝校正的精度要求

为确定扇贝校正的精度要求，需考虑以下几点。

- 理想均匀场景中的扇贝现象最明显；
- 同样强度下，突变辐射比缓变辐射更容易察觉到；
- 由于辐射间断位于同一距离时在图像中表现为线性特征，因而此时最易察觉。

为对校正精度要求进行实验考察，在此利用随机数仿真均匀场景，场景的统计特性与 N 视 SAR 数据一致[19]。这里对不同的间断强度进行递增仿真，产生了沿方位向的多条直线。仿真中的辐射间断在强度上分别为 0.20 dB，0.33 dB，0.46 dB，0.59 dB，0.72 dB，0.85 dB 和 0.98 dB，在图 9.28 至图 9.31 中从左到右逐级递增。图 9.28 为单视情况，从中仅能察觉到最右侧两三个间断点。因此，对于单视数据，间断强度应控制在 0.6 dB 以内。

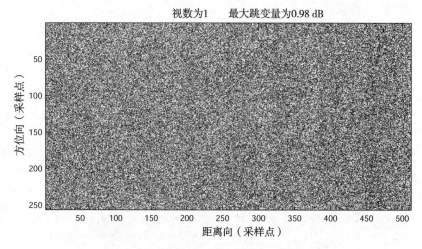

图 9.28　单视情况下的扇贝间断的视觉效果

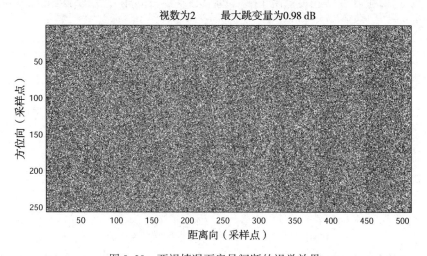

图 9.29　两视情况下扇贝间断的视觉效果

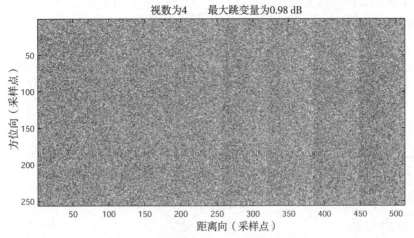

图 9.30　四视情况下扇贝间断的视觉效果

但是，对于更平滑的八视数据，则能目视出较低的辐射变化。从图 9.31 中可看出最右侧的 6 个间断点，表明此时的辐射补偿精度应低于 0.25 dB。同时考察两视和四视的情况，表 9.2 中的第二列给出了相应的辐射间断限制。

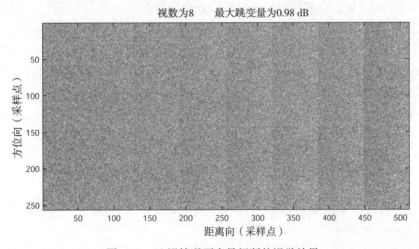

图 9.31　八视情况下扇贝间断的视觉效果

虽然视数的增多使辐射要求变得苛刻，但从图 9.26 和图 9.27 中可以看到，数据本身的扇贝效应确实减轻了。综合考虑以上准则可知，较少视数下的扇贝效应对多普勒中心误差更加敏感。表 9.2 中的第三列给出了单视、两视、四视和八视下的多普勒中心精度要求（以 PRF 的百分比表示）。表中的多普勒精度假定已知精确的天线方向图，否则还会引入其他补偿误差。

表 9.2　辐射要求与视数的关系

视数	标准（dB）	中心误差（%）
1	0.60	2.0
2	0.45	2.8
4	0.35	4.5
8	0.25	6.3

噪声对补偿的影响

最后，扇贝效应还是接收信号的信噪比的函数。前文一直假定信噪比较高，只有这样才能使信号的多普勒频谱保持天线方向图的形状。对于低信噪比(例如,后向散射系数比平静水面还低的情形),接收信号频谱将变得平坦,从而使 $E(\eta')$ 随时间变化而变缓。由于高信噪比时的校正曲线的变化幅度过大,将该曲线用于低信噪比时会导致扇贝效应的过校正。

在低信噪比情况下,如果存在多普勒中心误差,校正同样是有误差的。但是,由于此时多普勒频谱变平,因而其对多普勒中心误差的敏感度将降低。

因此,为了进行精确的辐射补偿,必须知道接收信噪比、天线方向图及多普勒中心。但由于低信噪比时的图像质量变差,因而扇贝辐射的影响相应地降低了。

9.8　处理示例

本节利用仿真点目标及 ERS-1 SAR 数据对 SPECAN 算法进行演示。

9.8.1　仿真点目标

首先利用表 4.1 中的星载 C 波段参数进行点目标仿真。斜视角选为 3°,对应的多普勒中心频率大于 13 kHz。仿真使用了 220 个方位向采样点的数据块,以得到 27 m 左右的方位向分辨率。快速傅里叶变换长度被补零至 256 个采样点。星下点离线角为 20°,相应的斜距−地距比值约为 2.6。斜距分辨率被处理至 10 m 左右,以使地距图像成正方形。

如图 9.32 所示,仿真中相同幅度的目标沿方位向等间隔分布,在斜距上呈交错分布,以使距离徙动校正后的目标位于同一距离。首先对数据进行距离压缩,如图 9.32(a) 所示,从中可见在 220 个方位向采样点内有将近两个距离单元的距离徙动。线性距离徙动校正后,数据在方位向被准确对齐,如图 9.32(b) 所示。解斜及快速傅里叶变换后的目标则被压缩至同一距离单元,如图 9.32(c) 所示。

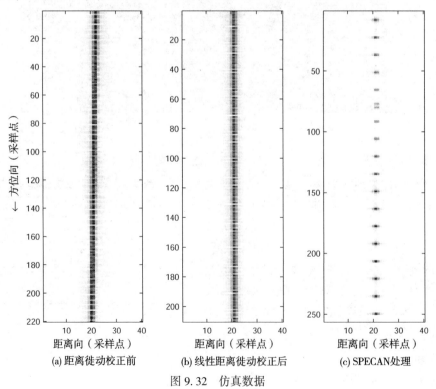

(a) 距离徙动校正前　　　　　(b) 线性距离徙动校正后　　　　　(c) SPECAN处理

图 9.32　仿真数据

　　图 9.33(a)给出了快速傅里叶变换输出的一个垂直切片，以便对压缩目标的幅度进行示意。图中虚线是双程天线方向图。每一目标的强度决定于快速傅里叶变换长度内的方向图积分。去除不完全压缩样本并进行数据解绕，即可得到连续的压缩目标，如图 9.33(b)所示。经过去扇贝效应(或辐射校正)后，目标在幅度上将变得一致。

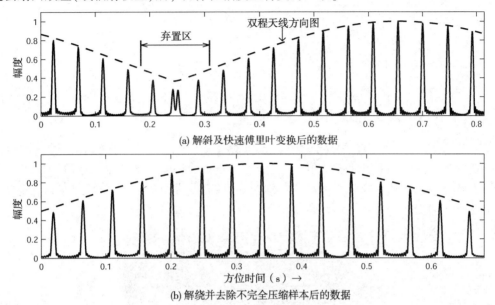

(a) 解斜及快速傅里叶变换后的数据

(b) 解绕并去除不完全压缩样本后的数据

图 9.33　无辐射校正时某一距离门内的点目标序列

　　图 9.34 利用二维幅度、二维等高线及截取自峰值附近的距离/方位幅相曲线，对中心点目标进行了充分显示。规则的旁瓣结构表明目标得到了良好的压缩。距离/方位冲激响应宽度分别为 1.25 个和 1.21 个采样点，与 $\beta = 2.5$ Kaiser 窗下的理论值相符(包括过采样率和方位方向图在内的其他因素会影响测量结果)。测出的距离/方位峰值旁瓣比为 -21.7 dB 和 -21.4 dB，也与理论值相符。其他目标的响应基本类似。

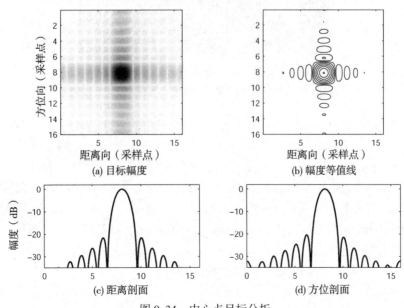

图 9.34　中心点目标分析

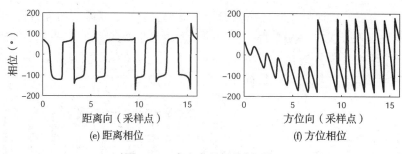

图 9.34　中心点目标分析(续)

9.8.2　SPECAN 算法处理出的 ERS 图像

　　图 9.35 给出的是 SPECAN 算法处理出的 ERS-1 条带图像。方位和距离上的处理都是基于 SPECAN 的。处理程序由英属哥伦比亚大学的 Cathy Vigneron 和 Terry Ngo 在 IDL[①] 环境下实现。分辨率、视数及图像尺寸可选。本例中的距离向/方位向分辨率均为 60 m,其中方位向进行了十五视处理。

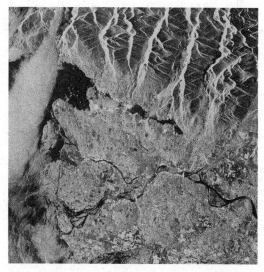

图 9.35　由英属哥伦比亚大学使用 SPECAN 算法处理出的温
哥华地区 ERS 图像(欧洲航天局版权所有,1992年)

　　数据由 ERS-1 在 1992 年 4 月获得(轨道号 4044,帧号 981)。景中心位于北纬 49.2°,西经 122.6°附近,右上角为正北方向。加拿大温哥华市接近图中左上侧,城郊和农田延伸至东、南两方向。场景的上部主要是高山,高至 1400 m 的山峰遍布图中上部。

　　市中心位于(4.5 cm, 4.8 cm)处(分别以场景左、上边界为起始点)。六艘巨轮停靠在市中心西侧的英吉利海湾中。英属哥伦比亚大学位于(2.5 cm, 4.7 cm)处。乔治亚海峡位于该校西侧,其中较亮的粗糙水面流自 Howe Sound。弗雷泽河流过场景的下半部分。

　　SPECAN 算法已被 MacDonald Dettwiler 用于许多快视应用中,包括 1984 年交付给 ESA 的硬件处理器,以及 1992 年用于 ERS-1 的巴西地面站。

---

　　① IDL(Interactive Data Language)是一种数据分析和图像化应用程序及编程语言。——译者注

9.9　小结

本章对包括线性距离徙动校正、解斜、快速傅里叶变换、多视处理、相位补偿及去扇贝效应在内的 SPECAN 算法进行了详细说明，并对误差源进行了讨论，最后通过仿真实验演示了算法操作。

SPECAN 算法的主要特征如下。

- 解斜将每一目标转化为特定频率下的正弦波，而快速傅里叶变换将每一孤立目标的正弦波压缩为 sinc 函数。之所以可以这样操作，是由于接收信号的线性调频特性。由于该算法所需的快速傅里叶变换长度比 RDA，CSA 和 ωKA 等精确处理算法的短，故效率较高。
- SPECAN 算法的分辨率由快速傅里叶变换长度内的未解斜信号带宽决定。与精确算法不同，分辨率和输出采样间隔是方位向调频率的函数，因而也是斜距的函数。
- 快速傅里叶变换长度内的不同目标占有多普勒频谱的不同部分，这将会导致辐射、频率及相位变化，它们可以被部分校正。
- 需要对快速傅里叶变换进行拼接，以形成连续的图像。由于快速傅里叶变换之间的多普勒频率跳变，拼接点处的目标频率是畸变的。这种畸变会导致点目标分析中的测量误差。频率畸变可被校正，但必须针对某一特定目标进行。
- 由于不同目标的能量来自波束的不同部分，因而图像中存在辐射变化(或扇贝效应)。如果多普勒中心频率、天线方向图和信噪比已知，则该效应可基本被校正。
- 由于处理是在方位时域进行的，因而仅有线性 RCM 能得到有效的校正，但通常能满足要求，因为与算法一般情况下处理出的分辨率相比，RCM 二次分量通常很小，可以忽略不计(例如星载 C 波段)。
- 可以在方位压缩时使不同快速傅里叶变换互相靠近，以高效地实现多视处理。
- 多普勒中心在两方面影响到算法。首先，它决定了快速傅里叶变换输出阵列的弃置区及天线方向图校正。其次，由于快速傅里叶变换对频率的时变截取，所需的中心频率估计精度比精确算法的更高。
- SPECAN 算法可以高效地进行中低分辨率的成像处理。算法的这一特性再加上较低的图像质量要求，意味着它最适于快视处理。第 10 章将指出，该算法同样适于 ScanSAR 的数据处理。

表 9.3 对本章中推导出的重要处理方程进行了汇总。

表 9.3　SPECAN 处理方程汇总

参数	符号	表达式	单位
线性距离徙动校正	$R(\eta')$	$-V_r\left(\sin\theta_{r,c}\right)\left(\eta'-\eta_b'-\eta_c\right)$	m
角斜函数	$h_{\mathrm{dr}}(\eta')$	$\exp\{+\mathrm{j}\pi\,K_a\left(\eta'\right)^2\}$	
方位向分辨率	$\rho_{a,t}$	$0.886\,\gamma_{\mathrm{os,a}}\,F_a/\left(N_{\mathrm{fft}}\,K_a\right)$	s
方位向采样间隔	Δy	$F_a/\left(N_{\mathrm{fft}}\,K_a\right)$	s
有效点数	N_{good}	$N_{\mathrm{fft}}\left(T_a-N_{\mathrm{fft}}/F_a\right)\left(K_a/F_a\right)$	采样
快速傅里叶变换间隔	$N_{\mathrm{FFT\,delay}}$	$N_{\mathrm{good}}\,F_a^2/\left(N_{\mathrm{looks}}\,N_{\mathrm{fft}}\,K_a\right)$	采样

参考文献

[1] A. A. Thompson, J. C. Curlander, N. S. McLagan, T. E. Feather, M. D'Iorio, and J. Lam. ScanSAR Processing Using the FastScan System. In *Proc. Int. Geoscience and Remote Sensing Symp.*, *IGARSS'94*, Vol. 2, pp. 1187-1189, Pasadena, CA, August 1994.

[2] A. P. Luscombe. Taking a Broader View: Radarsat Adds ScanSAR to Its Operations. In *Proc. Int. Geoscience and Remote Sensing Symp.*, *IGARSS'88*, Vol. 2, pp. 1027-1032, Edinburgh, Scotland, September 1988.

[3] R. Bamler, D. Geudtner, B. Schättler, P. Vachon, U. Steinbrecher, J. Holzner, J. Mittermayer, H. Breit, and A. Moreira. RADARSAT ScanSAR Interferometry. In *Proc. Int. Geoscience and Remote Sensing Symp.*, *IGARSS'99*, Vol. 3, pp. 1517-1521, Hamburg, Germany, June 1999.

[4] J. Holzner and R. Bamler. Burst-Mode and ScanSAR Interferometry. *IEEE Trans. on Geoscience and Remote Sensing*, 40(9), pp. 1917-1934, September 2002.

[5] M. I. Skolnik. *Radar Handbook*. McGraw-Hill, New York, 2nd edition, 1990.

[6] W. J. Caputi. Stretch: A Time-Transformation Technique. *IEEE Trans. on Aerospace and Electronic Systems*, AES-7, pp. 269-278, March 1971.

[7] R. P. Perry and H. W. Kaiser. Digital Step Transform Approach to Airborne Radar Processing. In *IEEE National Aerospace and Electronics Conference*, pp. 280-287, May 1973.

[8] J. C. Kirk. A Discussion of Digital Processing in Synthetic Aperture Radar. *IEEE Trans. on Aerospace and Electronic Systems*, 10(3), pp. 326-337, May 1975.

[9] R. P. Perry and L. W. Martinson. *Radar Matched Filtering*, chapter 11 in " Radar Technology," E. Brookner(ed.), pp. 163-169. Artech House, Dedham, MA, 1977.

[10] I. G. Cumming and J. Lim. The Design of a Digital Breadboard Processor for the ESA Remote Sensing Satellite Synthetic Aperture Radar. Technical report, MacDonald Dettwiler, Richmond, BC, July 1981. Final report for ESA Contract No. 3998/79/NL/HP(SC).

[11] R. Okkes and I. G. Cumming. Method of and Apparatus for Processing Data Generated by a Synthetic Aperture Radar System. European Patent No. 0048704. Patent on the SPECAN algorithm, filed September 15, 1981, granted February 20, 1985. The patent is assigned to the European Space Agency.

[12] M. Sack, M. Ito, and I. G. Cumming. Application of Efficient Linear FM Matched Filtering Algorithms to SAR Processing. *IEEE Proc-F*, 132(1), pp. 45-57, 1985.

[13] K. H. Wu and M. R. Vant. Extensions to the Step Transform SAR Processing Technique. *IEEE Trans. on Aerospace & Electronic Systems*, 21(3), pp. 338-344, May 1985.

[14] X. Sun, T. S. Yeo, C. Zhang, Y. Lu, and P. S. Kooi. Time-Varying Step-Transform Algorithm for High Squint SAR Imaging. *IEEE Trans. on Geoscience and Remote Sensing*, 37(6), pp. 2668-2677, November 1999.

[15] T. S. Yeo, N. L. Tan, and C. B. Zhang. A New Subaperture Approach to High Squint SAR Processing. *IEEE Trans. on Geoscience and Remote Sensing*, 39(5), pp. 954-967, May 2001.

[16] R. Bamler and M. Eineder. Optimum Look Weighting for Burst-Mode and ScanSAR Processing. *IEEE Trans. Geoscience and Remote Sensing*, 33, pp. 722-725, 1995.

[17] R. K. Moore. Trade-Off Between Picture Element Dimensions and Noncoherent Averaging in Side-Looking Airborne Radar. *IEEE Trans. on Aerospace and Electronic Systems*, 15, pp. 697-708, September 1979.

[18] R. Bamler and P. Hartl. Synthetic Aperture Radar Interferometry. *Inverse Problems*, 14(4), pp. R1-R54, 1998.

[19] C. Oliver and S. Quegan. *Understanding Synthetic Aperture Radar Images*. Artech House, Norwood, MA, 1998.

第 10 章　ScanSAR 数据处理

10.1　简介

通常情况下，SAR 是通过发射周期性的脉冲序列来获得回波数据的，对这些数据进行处理即可得到连续的图像。这种工作方式称为"条带"模式。然而，连续图像的形成并不一定需要所有的发射脉冲。第 9 章中已表明，对于较低方位向分辨率的图像而言，数据段之间可以存在间隙(见图 9.7)。在这种工作模式下，雷达发射的是与图 9.7 中 FFT1 时间相对应的 Burst(簇发)脉冲串。然后，关闭发射机直至 FFT2。数据采集期内，这种开/关周期会一直重复。这种类型的 SAR 工作模式称为 Burst 模式。

1990 年，Burst 模式首次用于发向金星的"麦哲伦号"探测器，其目的是为了节约发射功率和下行数据量[1]。然而，如果不存在这些限制，则雷达系统可以利用 Burst 之间的时间间隙获取其他信息[2,3]。例如，可将间隙用于对其他测绘区进行照射，以形成同样的低分辨率图像。通过数据拼接即可得到具有较宽测绘带的图像，其距离测绘宽度是传统 SAR 模式难以企及的。此外，还可以利用间隙来获取其他极化类型的数据。

这种模式称为 ScanSAR。大多数先进星载 SAR 都具有这种能提供宽测绘带能力的工作模式[4]。对于机载 SAR，由于其 PRF 较低，且无须扫描即可对波束所及的任何区域进行成像，因而 ScanSAR 一般不用在机载系统中。ScanSAR 已被用于 1994 年的 SIR-C[5,6]，以及随后的 RADARSAT-1[7] 和 ENVISAT[8~10] 系统中。

严格地讲，本章更适合的标题是"Burst 模式处理"。但在现代星载 SAR 系统中，ScanSAR 是最常见的 Burst 模式，故将"ScanSAR 数据处理"作为本章标题。ScanSAR 首先对各子测绘带进行单独处理，形成图像后再进行合并，以构成一幅宽测绘带图像。每一子测绘带的数据由一组 Burst(连续回波序列)组成，其处理过程与 Burst 模式相一致。

本章的目的是讨论 Burst 模式下的信号处理。对此已经出现了许多不同的算法：

- "全孔径"处理算法。该算法将 Burst 之间的间隙补零，再利用已有的 RDA 或 CSA 进行成像。
- SPECAN 算法。该算法是效率最高的算法(尤其在忽略重采样时)。
- 改进的 SPECAN 算法。该算法通过 chirp-z 变换去除扇形畸变。
- 短 IFFT(SIFFT)算法。该算法本质上是使用较短快速傅里叶逆变换的 RDA。
- 扩展 CSA。该算法是将 CSA 和 SPECAN 算法结合起来的一种算法。

本章概要

本章将对以上算法进行讨论。由于 ScanSAR 图像已用于干涉应用[11]，本章也将考察算法的保相特性。由于大多数算法由已讨论过的算法各部分组成，因此在描述上都相当简明。

10.2 节通过描述 ScanSAR 模式中的数据获取过程，揭示了多普勒频率随目标位置的变化规律。10.3 节给出了单一 Burst 内的目标最佳压缩冲激响应。ScanSAR 的一种数据处理方法是在 Burst 之间补零，然后利用常规的 RDA 或 CSA 进行处理。10.4 节讨论了这种方法及其性质。10.5 节概述了如何将 SPECAN 算法用于 ScanSAR 数据处理。10.6 节讨论了如何改进 SPECAN 算法，以消除扇形畸变。10.7 节和 10.8 节分别给出了 SIFFT 算法和 ECS 算法。10.9 节则讨论了如何将相邻 Burst 中的压缩目标进行拼接以形成连续图像，同时给出了拼接对点目标分析的影响。最后，10.10 节对本章进行了总结。

10.2　ScanSAR 数据获取

回顾图 9.7 中的单视 SPECAN 算法可知，为了获得连续图像，仅需采集某些特定时间段（即图中的 FFT 位置）内的数据。每段数据包含来自一组发射脉冲的回波信号。这组连续脉冲序列称为一个 Burst，在接收数据中，它包括 N_b 个脉冲和一段时间间隙。该模式下接收到的信号相位历程是不完整的。因此，方位向分辨率的降低与每个 Burst 内的脉冲数成反比，而脉冲数则受限于子测绘带数或极化图像个数。

每一子测绘带内的照射波束称为"子波束"（或简称"波束"、"波位"等），而紧随其后的整数常代表子波束的序号或波束在俯仰方向上的顺序。一般来讲，每一子测绘带的覆盖范围为 100 km 或 150 km。例如，RADARSAT-1 使用了四个子波束，其地距测绘带宽度为 500 km。

通常，较低的方位向分辨率或较少的视数可以得到更宽的测绘带，因为这样可以在孔径时间内安排较短的 Burst 和更多的子波束。从理论上讲，由于受距离向分辨率（近距处）和发射功率（远距处）的限制，测绘带宽度最多能达到 700 km，同时还要考虑到在距离向分辨率和下行数据率之间进行折中[3]。

图 10.1 给出了简单的两波束情况。此时的数据采集序列如下：

1. 发射和接收波束 1 的脉冲序列。
2. 等待所有尚在传播中的波束 1 的脉冲序列，一般为 7~9 个 PRF 时间。
3. 将天线仰角切换至波束 2，再次进行脉冲序列的发射/接收。
4. 等待所有尚在传播中的波束 2 的脉冲序列。
5. 重复第 1 步至第 4 步，直至成像场景的数据都收集完毕。

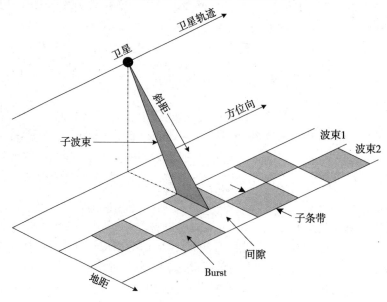

图 10.1　两波束 ScanSAR 的数据采集模式

当子波束多于两个时,应对其余的波束重复第 3 步和第 4 步。

在选择 Burst 时序时需要考虑以下因素:

PRF　由于每一脉冲回波都应落在脉冲间隔内,且应避开较强的星下点回波,因而每一子波束的 PRF 都是独立选定的。以上两个准则都随距离变化。

Burst 起始时间　尽管提前发射脉冲有助于横滚角估计[12,13],但一般在前一次 Burst(尚在传播中的脉冲)中的所有回波都被完全接收后才开始下一次 Burst 的发射。

Burst 持续时间　每一子波束的 Burst 持续时间不必相同。事实上,由于方位向调频率随距离变化,因而可对其进行调整,以使不同子测绘带的分辨率保持一致。

ScanSAR 模式

表 10.1 对 RADARSAT-1 和 ENVISAT ASAR 中的各种 ScanSAR 模式进行了汇总。表中列出了每种模式下的地距测绘带宽度、子波束数、每一子波束的雷达脉冲数和方位视数[14,15]。由于每一子波束中的脉冲个数对方位向分辨率和视数选取具有决定作用(尤其在 ENVISAT GMM 模式下),因而应受到较大关注。

表 10.1　RADARSAT-1 和 ENVISAT ASAR 的 ScanSAR 模式汇总

卫星	模式	子条带	子波束	脉冲数	视数
RADARSAT-1	SCNA	300	3	112	2
	SCNB	300	3	85	2
	SCWA	500	4	58	2
	SCWB	500	4	58	2
ENVISAT	APP	100	2	194~297	2
	WSM	400	5	50~86	3
	GMM	40	5	6~9	4

多视处理

ScanSAR 模式中的方位多视处理方法有两种。如果 Burst 持续时间较短,则每一波束在孔径时间内都有两个以上的 Burst 周期,此时每一 Burst 可以提取出 1 视图像(见图 9.10 和图 9.11)。如果 Burst 的持续时间超出单视所需的长度,则每一 Burst 中可提取出多于 1 视的数据,但此时图像对扇贝效应的敏感度将增大。

对于第一种情况,要得到连续的地距图像,Burst 及合成孔径长度必须满足以下条件。令 T_b 为 Burst 持续时间,T_g 为 Burst 之间的间隙,N_looks 为方位视数,那么根据图 9.10,为得到 N_looks 视独立图像(其中每视的方位向分辨率由 T_b 决定),目标照射时间 T_a 应满足

$$T_a \geqslant N_\text{looks}(T_b + T_g) + T_b \qquad (10.1)$$

图 10.2 示意了 Burst 长度与方位波束宽度的关系,其中每一波束包含两视,图中还以微小间隔给出了沿方位向均匀分布的 25 个目标。由于已完成距离压缩和距离徙动校正,因而所有目标都位于同一个距离单元中。

图 10.2 中的细线是连续模式下的目标照射时间,其较粗部分是被 Burst 实际照射到的时间。可见,每一目标至少经历了两次 Burst,因而所有目标都能进行两视处理(边界点 1,9,17 和 25 则经历了三次 Burst)。

如果在图 10.2 中的 Burst 长度内仅需进行单视处理,则无须发射处于偶数位置的 Burst。

如果功率供给和数据传输允许发射比所需距离向分辨率更高的距离带宽，则也能进行距离多视处理。距离多视需要不同的处理技术，这里不再详细讨论。

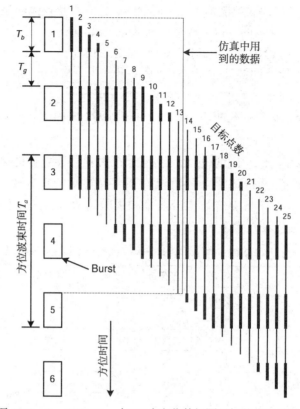

图 10.2　ScanSAR Burst 与 25 个方位等间隔目标的位置关系

目标频谱

　　图 10.3 给出了目标频谱随方位位置的变化规律。在特定的 Burst 内，每个目标都比前一个目标占有更高的多普勒频率。而对于特定的目标，只要它处在照射波束范围内，每个 Burst 所截取的目标多普勒频率都比前一个低。这种不同寻常的目标多普勒历史是影响处理算法的主要因素。

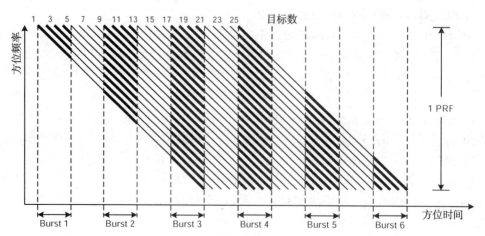

图 10.3　每一 Burst 内的目标频谱，展示了不同目标之间的多普勒频率变化

10.3　单一 Burst 中的目标压缩

图 10.3 中的目标多普勒历程使得处理算法可以有许多种选择。为揭示给定目标的压缩过程，首先对单一 Burst 内的单点目标进行分析。

考虑处于时刻 η'_1 和 η'_2 之间的一个 Burst，其中的上标代表绝对慢时间。为简单起见，假定已准确地完成了距离压缩、距离徙动校正和二次距离压缩。这样即可忽略信号在距离上的扩散，假设方位向调频率是线性的，且天线指向零多普勒频率。解调后的目标接收信号可写为

$$s(\eta') = w_a(\eta' - \eta'_c)\,\text{rect}\left(\frac{\eta' - T'_c}{T_b}\right)\exp\left\{-\text{j}\pi K_a\,(\eta' - \eta'_d)^2\right\} \tag{10.2}$$

其中 w_a 为方位天线方向图，η' 为方位向时间变量，η'_c 为目标处于波束中心的时刻，η'_d 为目标的零多普勒时刻（本例中等于 η'_c），T_b 为 Burst 持续时间，$T_b = \eta'_2 - \eta'_1$，T_c 为 Burst 中心时刻，$T_c = (\eta'_2 + \eta'_1)/2$。

理想情况下的匹配滤波器为 $s * (-\eta')$，其持续时间和带宽与 $s(\eta')$ 相同。然而，这种形式的匹配滤波器要求随输出样本（即目标）的改变而不断更新，因而是不实用的。这是因为在 Burst 内，每一目标的多普勒频率或时间偏移（$\eta' - \eta'_d$）都是不同的（见图 10.3）。若匹配滤波器随着目标变化，则快速卷积的效率将消失，其计算量将远远超出快速傅里叶变换。

虽然不同点的多普勒频率不同，但可以增加匹配滤波器带宽，以使它与一个 Burst 内的数个连续目标相匹配，从而得到一部分连续模式处理中的快速卷积效率。为此，在时域对匹配滤波器进行扩展

$$m_p(\eta') = \text{rect}\left(\frac{\eta'}{T_a}\right)\exp\left\{\text{j}\pi K_a(\eta')^2\right\} \tag{10.3}$$

其中匹配滤波器时间 T_a 大于 Burst 持续时间 T_b。T_a 在选择上应使匹配滤波器能够覆盖一组待压缩目标的频谱。通常，Burst 内所有目标的压缩应在一次运算中完成。此时，匹配滤波器的时间宽度应取为条带模式中单点目标的完整照射时间，见式（4.37）。

附录 3A.2 推导了 $T_a > T_b$ 时单一 Burst 中经过压缩后的目标信号，为

$$\begin{aligned}
s_p(\eta') &= s(\eta') \otimes m_p(\eta') \\
&= \exp\left\{\text{j}\pi K_a(\eta' - \eta'_d)^2 - \text{j}2\pi K_a(T_c - \eta'_d)(\eta' - \eta'_d)\right\} \\
&\quad \times T_b\,\text{sinc}\left\{K_a T_b(\eta' - \eta'_d)\right\}
\end{aligned} \tag{10.4}$$

其中假定 Burst 内的天线方向图为常量。$\eta' - \eta'_d$ 是以零多普勒时刻 η'_d 为参考的相对时间。类似地，$T_c - \eta'_d$ 是以 η'_d 为参考的 Burst 中心处的相对时间。

由式（10.4）可得以下结论：

- 分辨率由 Burst 带宽 $K_a T_b$ 决定；
- 压缩目标峰值位于 $\eta' = \eta'_d$ 处；
- 压缩目标峰值处的相位为零；
- 存在斜率为 $-2\pi K_a(T_c - \eta'_d)$ 的线性相位；
- 存在二次项 $\exp\left\{\text{j}\pi K_a(\eta' - \eta'_d)^2\right\}$。

需要注意的是，每一目标的峰值相位和二次相位是相同的，但线性相位斜率却随目标位置变化，其为 Burst 中心处目标多普勒频率的函数，即 $K_a(T_c - \eta'_d)$。当目标最近点时刻 η'_d 位

于 T_c 时，其值为零。二次相位的出现是由于所使用的匹配滤波器在持续时间上比信号长（见附录 3A）。图 10.4 给出了二次相位的示例，其幅度已在 9.6 节讨论过。

利用式（10.3）所示的匹配滤波器对图 10.2 的前 13 个目标进行压缩，并考察 Burst2 中目标 1 和目标 9 的压缩结果。目标 1 的最短斜距出现在 Burst2 中心处，故其"局部"多普勒中心为零。图 10.4（a）和图 10.4（b）给出了目标 1 压缩后的幅度和相位。由于孔径加权为矩形，因而目标 1 的幅度响应为 sinc 函数。目标峰值处的相位及斜率为零，但从图 10.4（b）中可以看到非常小的二次相位，其值在主瓣分辨单元内小于 1°。

相比之下，Burst2 内的目标 9 被波束边沿所照射，故其局部多普勒中心比较大。此时，相位的主要部分为线性项，二次项基本不可见，如图 10.4（d）所示。与目标 1 一样，峰值处的相位为零，相位弯曲小于 1°。值得注意的是，由于每一目标的带宽低于数据总带宽，因此图 10.4 中的数据都被过采样了。

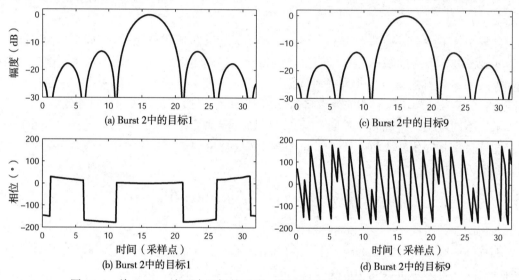

图 10.4　单一 Burst 内两个目标的压缩，说明两目标多普勒中心频率的差异

简而言之，使用加宽的匹配滤波器可以很好地对单一 burst 内的所有目标进行压缩。与图 3.6 的理想匹配压缩结果相比，唯一的差别是多出一个二次相位。

注意，当单一 Burst 内的时间带宽积非常小时（例如 ENVISAT/ASAR 的全球监测模式），传统的匹配滤波器得不到良好的冲激响应。对此，已提出一种利用逆技术（inversion technique）[16] 的解决方法。

10.4　全孔径处理算法

首先讨论的是"全孔径"算法，或称"相干多 Burst"算法[17,18]。该算法对来自特定子测绘带的 ScanSAR 数据进行间隙补零，以使其适于条带模式下的单视处理。前面几章描述的精确算法（RDA，CSA 和 ωKA）都可用在此处。虽然该算法处理效率不高，但仅需对现有的条带 SAR 处理器稍做修改即可进行 ScanSAR 数据的处理。

只要 Burst 之间保持正确的间隔（若间隔有误，则可通过插值恢复正确的信号时序），即可对所有包含目标的 Burst 进行相干处理。相干处理保持了相位信息，它生成的图像在几何特性和频谱特性上与相应的条带模式相同[19]。然而，Burst 之间的相干处理会导致目标响应出现交叉调制。这种调制使图像变得杂乱,但对于幅度图像来说,可以通过低通滤波器对其进行抑制。

　交叉调制的具体形式可通过仿真来研究。假定 Burst 长度及数据间隙均为 256 个脉冲,数据包括 1792 个脉冲,相当于 4 个 Burst 和 3 个间隙。图 10.5 的左起第一列图对 Burst 结构进行了示意。图 10.5 的第三列图则给出了全孔径压缩后的目标 A, B 和 C 的响应。

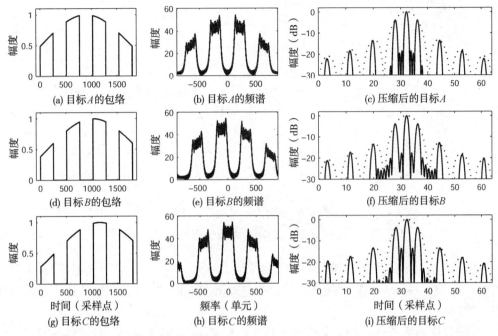

图 10.5　用全孔径处理器进行目标压缩。右侧的实线表示实际冲激响应,点线表示包络

仿真表明 Burst 模式的全孔径处理具有如下性质。

- 第一列表明采集数据受到矩形波和天线方向图的调制。Burst 位置与目标位置无关。三个目标的方位间隔为 128 个采样点(见天线方位图自上而下的移位)。为使调制效果更明显,目标照射时间取得比图 10.2 中的长,信号过采样率约为 18%。
- 第二列示意了每一目标的频谱。由于方位信号具有线性调频特性,目标的频域调制与时域调制很相似。其中,由天线方向图引起的频域调制与目标位置无关,而由 Burst 引起的调制则随目标位置改变。
- 没有 Burst 调制时的冲激响应为较窄的 sinc 函数,其分辨率由全部带宽和天线方向图决定。第二列中响应中心处的尖细"毛刺"即来自狭窄的 sinc 函数。
- Burst 调制使 sinc 函数沿时间轴被复制,其包络为较宽的 sinc 函数(见图中点线)。
- 三个目标冲激响应的包络都相同,但由于"照射方向图"随目标位置而变化,因此不同目标的精细响应结果是不一样的。

　换句话说,以上性质是将全孔径信号(连续模式)与连续数据中的离散 Burst 脉冲串进行相乘的必然结果。图 10.6(a)示意了这些脉冲串,其快速傅里叶逆变换如图 10.6(b)中的实线所示。图中用点线表示 sinc 函数,其包络由单一 Burst 的冲激响应决定。

　这正是第 2 章所讨论的傅里叶变化性质的结果。图 10.6(a)中的 Burst 调制可等效为将冲激序列与一个具有 Burst 宽度的矩形函数进行卷积。因此,Burst 调制信号的傅里叶变换就是这两个函数的傅里叶变换的乘积。冲激序列的傅里叶变换仍为冲激序列,其间隔与时域间隔成反比, 见式(2.50)。矩形函数的傅里叶变换为图 2.3 中的 sinc 函数, 其宽度与矩形函数宽度成反比。两者相乘后的结果如图 10.6(b)所示。

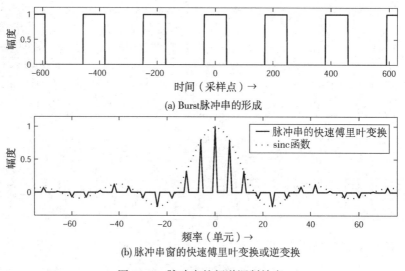

(a) Burst脉冲串的形成

(b)脉冲串窗的快速傅里叶变换或逆变换

图 10.6 脉冲串的频谱调制效应

从本质上讲, 图 10.5 右侧较窄的 sinc 函数源于所有 Burst 的总时间长度(即全部目标照射时间), 而较宽的 sinc 函数(即包络)源于单一 Burst 的时间长度。参考文献[19]对此给出了完整的数学推导。

该算法已用于生成 ScanSAR 数据的干涉图。只要 Burst 时序同步, 且图像得到了良好的配准, 干涉图中的差分相位就是正确的。由于在干涉图生成时进行的复共轭相乘会将 SAR 复图像下变频到基带, 因此可以使用低通滤波器抑制图像中的"毛刺"。该滤波器可通过一般的干涉平滑过程予以实现[11]。

10.5 SPECAN 算法

第 9 章表明, 对于连续模式下的 SAR 数据处理而言, SPECAN 算法是最高效的。这一章还指出, 在中等方位向分辨率或较低视数下, 不同的快速傅里叶变换之间可存在间隙(见图 9.7)。本章开头通过这一事实对 Burst 模式下的连续图像产生过程进行了说明。

由于可将快速傅里叶变换简单地用于每一 Burst 数据的单独处理中, 所以 SPECAN 算法应是 ScanSAR 数据处理的首选算法。虽然可将 Burst 数据补零至更高效的快速傅里叶变换长度(如二的幂次等), 但最简单的方式则是将快速傅里叶变换长度取为 Burst 长度。此时, ScanSAR 数据的处理步骤与图 9.1 的相同。每次快速傅里叶变换处理出一幅完整的 Burst 数据, 再将处理结果进行拼接, 即可得到连续的图像。

多视处理可以在以下两种方式中任选。对于每一孔径包含多个 Burst 的情况, 在拼接前对每次快速傅里叶变换的输出图像先进行幅度检测再叠加即可。另一种方式是在分辨率损失的容许范围内, 缩短快速傅里叶变换长度, 以使每一 Burst 包含两次以上的快速傅里叶变换。若每一孔径口包含的 Burst 数大于 1, 则可将两种方式结合起来使用, 以得到更多的视数。

虽然 SPECAN 算法是最高效的 ScanSAR 处理算法, 但却不可避免地会带来图像质量的损失。该算法的一个不足之处是仅能有效地进行线性距离徙动校正。当然, 在中低分辨率下可能无须进行高次的距离徙动校正。该算法的另一个缺点是，由于输出采样间隔与方位向调频率有关，因而必须对其进行重采样。这可以通过沿距离向不断对快速傅里叶变换长度进行补零微调来近似实现。

MacDonald Dettwiler 已经向 RADARSAT-1 和 ENVISAT/ASAR 地面站交付了许多利用 SPECAN 算法实现的 ScanSAR 处理器。该算法也被用于美国喷气推进实验室的 SIR-C ScanSAR[20]，以及 Alaska SAR 研究机构的 RADARSAT-1 ScanSAR 数据处理中[21,22]。

该算法也用于第一个 SAR Burst 模式中（发向金星的"麦哲伦号"探测器）[23]（见 2.9.1 节）。以下三节将对一些能够部分消除 SPECAN 缺陷的算法进行讨论。这些算法具有较高的处理精度，但效率相对较低。

10.6　改进的 SPECAN 算法

10.5 节指出，ScanSAR 中每一 Burst 数据的方位聚焦可通过 SPECAN 算法高效地实现。然而，由于方位向调频率是距离的函数，因而解斜函数也应随距离变化，这会导致方位输出像素间隔产生随距离变化的扇形畸变（见 9.2.4 节）。可以通过插值将输出点重采样为等间隔，对其进行补偿。然而，过短的插值核会引入假目标，而过长的插值核会增加计算量。无论从计算效率还是精度来讲，插值都会带来不利影响。

为此，在 SPECAN 算法基础上提出了一种改进的扩展算法[24,25]。该算法将 SPECAN 算法中的标准快速傅里叶变换改为变标傅里叶变换（SCFT），其变换核含有能对方位像素间隔进行等距调整的距离变标因子。通过已用于距离徙动校正[27]的 chirp-z 变换[26]可以有效地实现变标傅里叶变换①。

10.6.1　算法概述

为说明改进的 SPECAN 算法的原理，最好从经过距离压缩的点目标方位信号开始讨论，

$$a(x'-x, x, r) = w_a\left\{\frac{x'-x}{X_S}\right\} \text{rect}\left\{\frac{x'}{X_B}\right\} \exp\left\{-\text{j}2\pi\frac{(x'-x)^2}{\lambda r}\right\} \tag{10.5}$$

其中 x' 为方位空间变量，x 和 r 分别为目标的方位和距离坐标。X_B 为"矩形"Burst 的时宽，$X_S = 0.886\lambda_r/L_a$ 为全孔径长度（天线波束宽度的地面投影），λ 为雷达波长，L_a 为方位向天线长度。以上变量的单位均为 m。$w_a\{\cdot\}$ 为双程天线图，正是它导致了扇贝效应。在以下分析中，方向图及其他不重要的幅度因子都忽略不计②。

改进算法的第一步与基本 SPECAN 算法一致，即将 Burst 信号与相位因子 $\exp\{\text{j}\pi(x')^2/\lambda_r\}$ 进行解斜相乘。然后，将解斜后的数据在方位向进行变标傅里叶变换（而非基本 SPECAN 算法中的标准快速傅里叶变换）。变标傅里叶变换使用了式（2.27）的尺度变换性质。

特别地，变标傅里叶变换的核为 $\exp\{-\text{j}2\pi\xi K(r)x'\}$，其中 ξ 为空间频率，单位为周/米。核中含有一个无量纲的距离变标因子

---

① 本节的表述尽量与 Lanari（IREA-CNR, Napoli）提供的材料保持一致，其中方程沿用了参考文献[24,28]原文中的符号，因而与本书的其他部分有所不同。

② 此处假定式（10.5）完成了线性距离徙动校正。X_S 中的因子 0.886 并不重要，因为将 X_S 代入后面包含 sinc 函数的压缩脉冲时，这一因子将会被约掉。该因子在参考文献[24,28]中是没有的，此处仅为与其他章节保持一致。

$$K(r) = \frac{r_0}{r} \tag{10.6}$$

其中 r_0 为与所需方位输出采样间隔相对应的参考距离。假定等效雷达速度 V_r 不变，则 $K(r)$ 与方位向调频率成正比，而方位向调频率是随距离变化的。

解斜后，信号的变标傅里叶变换表达式为

$$\tilde{a}(\bar{\xi}-x,x,r) = \text{SCFT}\left\{a(x'-x,x,r)\exp\left\{j2\frac{(x')^2}{\lambda r}\right\}\right\}$$
$$= \int a(x'-x,x,r)\exp\left\{j2\frac{(x')^2}{\lambda_r}\right\} \times \exp\left\{-j2\,\xi\,K(r)\,x'\right\}\mathrm{d}x' \tag{10.7}$$

引入以下变标量后，积分变为通常的快速傅里叶变换的形式

$$\bar{\xi} = \xi K(r) X_S \frac{L_a}{2} = \xi X \frac{L_a}{2} \tag{10.8}$$

将 $2\bar{\xi}/(L_a X_S)$ 替代式(10.7)中的 $\xi K(r)$，变换后的结果(除了无关紧要的幅度因子)即为压缩信号

$$\tilde{a}(\bar{\xi}-x,x,r) = \exp\left\{-j2\pi\frac{x^2}{\lambda r}\right\}\,\text{sinc}\left\{0.886\frac{2}{L_a}\frac{X_B}{X_S}(\bar{\xi}-x)\right\} \tag{10.9}$$

其中 sinc 函数比单视条带模式情况宽 X_B/X_S 倍。值得注意的是，$X = K(r)X_S = 0.886\lambda r_0/L_a$ 是参考距离处的合成孔径长度。

离散时域的等效形式

为了以数字方式实现该算法，将式(10.9)离散化，得到相应的结果为

$$\tilde{a}(k\Delta\bar{\xi}-x,x,r) = \exp\left\{-j2\pi\frac{x^2}{\lambda_r}\right\}\,\text{sinc}\left\{0.886\frac{2}{L_a}\frac{X_B}{X_S}\left(k\Delta\bar{\xi}-x\right)\right\} \tag{10.10}$$

其中 k 为数据的整数序号，$\Delta\bar{\xi}$ 为方位输出间隔。假定数据初始空间采样间隔 $\Delta x'$ 为奈奎斯特极限 $L/2$，则输出采样间隔为

$$\Delta\bar{\xi} = \Delta\xi X \frac{L_a}{2} = \Delta x' \frac{X}{X_B} \tag{10.11}$$

考察式(10.11)，显然输出采样间隔 $\Delta\bar{\xi}$ 与距离无关，它可以通过在式(10.6)和式(10.8)中对 X 的因子 r_0 进行调整来选择。注意，X/X_B 表示源于 Burst 带宽压缩的降采样。

最后，将式(10.11)代入式(10.10)，得到压缩后的信号为

$$\tilde{a}\left(k\Delta x'\frac{X}{X_B}-x,x,r\right) = \exp\left\{-j2\pi\frac{x^2}{\lambda_r}\right\} \times \text{sinc}\left\{0.886\frac{2}{L_a}\frac{X_B}{X_S}\left(k\Delta x'\frac{X}{X_B}-x\right)\right\} \tag{10.12}$$

chirp-z 变换

需要着重强调的是，式(10.9)中的 SCFT 运算可通过 chirp-z 变换高效地实现，它将式(10.9)的积分简化为卷积[26]。如果需要，则可以通过快速傅里叶变换实现卷积。

chirp-z 的变换核为

$$\exp\left\{-j2\pi\,\xi\,K(r)\,x'\right\} = \exp\left\{-j\pi\,K(r)\,\xi^2\right\}\exp\left\{-j\pi\,K(r)\,(x')^2\right\}$$
$$\times \exp\left\{j\pi\,K(r)\,(\xi-x')^2\right\} \tag{10.13}$$

将式(10.11)代入式(10.7)，有

$$\tilde{a}(\bar{\xi} - x, x, r) = \exp\left\{-\mathrm{j}\pi\,K(r)\,\xi^2\right\}\int a(x' - x, x, r)\,\exp\left\{\mathrm{j}2\pi\,\frac{(x')^2}{\lambda r}\right\}$$
$$\times \exp\left\{-\mathrm{j}\pi\,K(r)(x')^2\right\}\,\exp\left\{\mathrm{j}\pi\,K(r)(\xi - x')^2\right\}\mathrm{d}x' \tag{10.14}$$

其中与 x' 无关的指数项移至积分号外。该方程的卷积形式类似于式(2.1)，为

$$\tilde{a}(\bar{\xi} - x, x, r) = \exp\left\{-\mathrm{j}\pi\,K(r)\,\xi^2\right\}\left\{\left[a(x' - x, x, r)\right.\right.$$
$$\left.\left.\times \exp\left\{-\mathrm{j}\pi\left(K(r) - \frac{2}{\lambda r}\right)(x')^2\right\}\right]\otimes \exp\left\{\mathrm{j}\pi\,K(r)(x')^2\right\}\right\} \tag{10.15}$$

其中 $\otimes$ 代表方位卷积。其结果为式(10.9)中的 sinc 函数。

值得注意的是，式(10.13)中的三个指数项及后续各式中的指数项无 rad 单位。然而，以上各式是成立的，且其左侧指数项的单位为 rad。其实，重要的不在于令右侧三个指数项的幅角的单位为 rad，而在于令其乘积的幅角的单位为 rad。实际上，幅角即为 SCFT 的核。这是 chirp-z 变换的关键之处，即通过卷积实现了尺度变换。

处理步骤

根据式(10.15)，该算法的完整处理流程如下。

1. 将 Burst 信号 $a(\cdot)$ 与变标解斜函数 $\exp\left\{-\mathrm{j}\pi\left(K(r) - \dfrac{2}{\lambda r}\right)(x')^2\right\}$ 相乘，其中在初始解斜函数中引入了变标因子。

2. 将相乘结果与第一步中的变标核的共轭 $\exp\left\{\mathrm{j}\pi\,K(r)(x')^2\right\}$ 进行卷积。这个步骤可通过快速傅里叶变换实现。

3. 最后，将卷积结果与相位补偿因子 $\exp\left\{-\mathrm{j}\pi\,K(r)\,\xi^2\right\}$ 相乘。

图 10.7 示意了处理流程，其虚框内为 chirp-z 变换。值得注意的是，式(10.15)中的卷积运算由频域中的快速卷积来实现。为了避免圆周卷积的卷绕，两个信号都应补零至加倍长度。

最后需提及的是，以上技术仅限于单一 Burst 的聚焦。为得到最终的图像，还需进行辐射校正和 Burst 图像拼接。

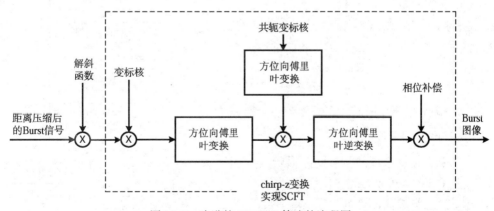

图 10.7　改进的 SPECAN 算法的流程图

10.6.2　SRTM 处理示例

改进的 SPECAN 算法已用于 SRTM 任务所获取的 ScanSAR 数据处理中。由于其干涉应用

背景,算法应特别注意相位信息和配准精度。同时,由于极大的数据量,还需要考虑计算效率。

图 10.8 给出了 SRTM 图像的一个示例。数据在 2000 年 2 月 16 日获取。图像距离向有 1219 个采样(37 km),方位向有 1064 条距离线(32 km)。景中心位于北纬 37.8°,西经 122.2°。分辨率为 30 m,右上角为正北方向。

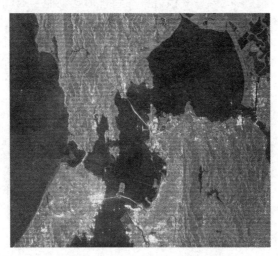

图 10.8　由美国喷气推进实验室利用 SPECAN 算法处理出的美国
旧金山地区的 SRTM 图像(由该实验室的 Paul Rosen 提供)

由于部分像素进行的是两视处理,而其他像素进行的是三视处理,故图 10.8 中存在扇贝现象。视数不同的主要原因在于,天线的方位方向图是与孔径长度相关的,随着距离的增大,天线的方位方向图发生了改变。为了在随后的干涉处理中获得最高的相位精度,图像中保留了所有的视数。

10.7　SIFFT 算法

RDA 是极受欢迎的 SAR 处理算法,具有非常好的精度和效率。能否以一种不同于全孔径处理的方式将其用于 ScanSAR 处理中呢?事实证明,对 RDA 稍加修改即可做到这一点。主要的改进在于将 RDA 最后一步中的快速傅里叶逆变换长度变短,这就是"短 IFFT",或称为 SIFFT 算法[30~32]。

为了将 RDA 用于 Burst 模式的处理,应对其加以改进,以满足如下要求:

1. 冲激响应保持常规的 sinc 函数形式;
2. 适应 Burst 模式数据的相位特性;
3. 尽可能保持较高的处理效率。

图 10.9 给出了满足以上目标的 SIFFT 算法处理步骤。与全孔径算法类似,SIFFT 算法也要在 Burst 间隙处补零。由于目标照射没有占满全部频

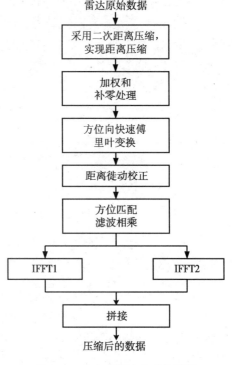

图 10.9　SIFFT 算法的功能框图

带,并且随目标而变化,因此数据加权必须在时域进行。与 RDA 类似,快速傅里叶变换长度的选择主要基于效率考虑。

除了加权和补零,SIFFT 算法在方位匹配相乘前(含该步骤)都与 RDA 相同。SIFFT 算法使用的是图 6.1(c)所示的近似二次距离压缩。由于 ScanSAR 仅用于星载系统,近似二次距离压缩已经足够了(见 6.4.2 节)。如果有必要,也可将算法修改为使用图 6.1(b)所示的精确二次距离压缩。

该算法与 RDA 的主要不同在于方位压缩中的快速傅里叶逆变换。关键之处在于调整快速傅里叶逆变换长度,以使该次变换截取到的某一目标的完整 Burst 信号不受(或尽量少受)来自相邻 Burst 的同一目标能量的影响。这样,每次变换即可不受其他 Burst 干扰,从而对一组目标进行压缩,且能得到单一 Burst 的精确冲激响应。从本质上讲,快速傅里叶逆变换是以图 10.10 中的分段方式对目标能量进行截取的带通滤波器。每一接续的快速傅里叶逆变换用于不同频段的截取,因而该滤波器是时变的。

由于快速傅里叶逆变换长度比一般单视 RDA 中的短,故称该算法为短 IFFT 算法。短 IFFT 技术也用于 6.5 节的多视 RDA,但在其实现中,应对快速傅里叶逆变换位置进行精心选择,以适应受 Burst 调制的目标频谱特性。

快速傅里叶逆变换长度和位置的选取

可以从图 10.10 中推导出快速傅里叶逆变换长度和位置的选取规则。该图其实就是图 10.3,只不过将方位向时间替换为图标序号。水平轴(图标序号)可视为压缩后的方位向时间。

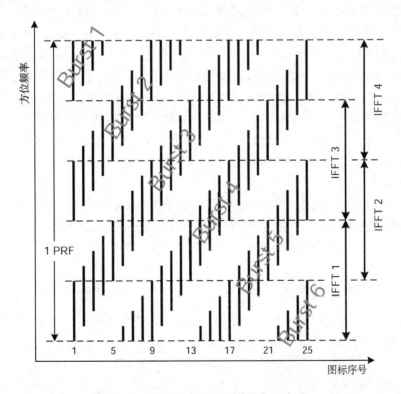

图 10.10　短 IFFT 与目标频谱的位置关系

图 10.10 给出的是对图 10.2 中的 6 个 Burst 进行快速傅里叶变换后的目标频谱能量分布。在给定的 Burst 位置下,所有 25 个目标的频谱都尽可能得到了完整的截取。图中右侧给

出了一组可能的快速傅里叶逆变换位置。从图中可见，IFFT1 截取了目标 1~5（在 Burst3 中），目标 9~13（在 Burst4 中）和目标 17~21（在 Burst5 中）在一个 Burst 内的全部能量。

值得注意的是，为至少截取某一目标在一个 Burst 内的全部能量，一次快速傅里叶逆变换长度最低应为单一 Burst 的频带宽度。此时，每一 Burst 内仅有一个点得到了完全压缩（例如 1，9，17 和 25），故其效率极低。为了提高处理效率，可将快速傅里叶逆变换长度放宽，以实现 Burst 内的一组目标的压缩。

快速傅里叶逆变换长度可以增至的最大频宽为单点目标带宽（一个 Burst 内）与等效间隙带宽的和。图 10.10 示意了最大快速傅里叶逆变换长度，对于特定的目标，该长度应使某一 Burst 内的该目标全部能量不被其他 Burst 内的该目标部分能量所干扰。如果截取的频谱中混进了另一个 Burst 中的目标部分能量，则由于此 Burst 包含了同一目标的不连续频谱，而导致点目标响应被破坏。

快速傅里叶逆变换长度可以在以上两个界限内选取，以达到最好的处理效率。实际上，由于 Burst 长度是有限的，目标能量会扩散到相邻频率单元中，所以在确定快速傅里叶逆变换长度界限时应较为审慎。实际的下限比上述最小值稍高，而上限比上述最大值稍低。

由于目标 5 是 Burst3 中最后一个被 IFFT1 完全截取的目标，IFFT2 在位置选取上应使目标 5 成为 Burst3 目标中第一个被完全截取的点。从图 10.10 可知，为了获得连续图像，IFFT2 是如何截取目标 5~9、13~17 和 21~25 的。图中同样给出了 IFFT3 和 IFFT4 的位置。这样，IFFT1~IFFT4 就截取了在前向快速傅里叶变换时间内 SAR 波束照射产生的所有能量。

图 10.10 示意的是两波束、两 Burst/孔径的情况（RADARSAT-1 通常的工作模式）。此时，每一目标至少被两个 Burst 完全照射，故可进行方位两视处理。如果需要单视处理，则仅需在 4 个快速傅里叶逆变换中挑选两个。一般应选最接近多普勒中心的两个，以使信噪比最大。对于其他 Burst 周期的 SAR 模式，同样要选择适宜的快速傅里叶逆变换长度及位置。

值得注意的是，高于最小值的快速傅里叶逆变换长度会导致输出产生过采样。对于图 10.10 中的两波束情况，过采样率为 2。为了提高效率，可对快速傅里叶逆变换进行加长补零，其代价是增加了过采样率。如果需要，则可对输出数据进行低通滤波，以降低过采样率。

10.9 节给出了 SIFFT 算法处理出的仿真结果。虽然也能将 SIFFT 用于 CSA 中，但一般都是针对 RDA 而言的。

简要言之，SIFFT 算法通过缩短快速傅里叶逆变换长度来减小（或消除）同一目标在不同 Burst 之间的频谱混叠。下一节将给出另一种能够分离 Burst 能量的方法。该方法使用全带宽快速傅里叶逆变换，并在最后的方位处理中使用了 SPECAN 算法。

10.8　ECS 算法（ECSA）

上一节讨论了如何利用 SIFFT 来分离由于 Burst 引起的不连续目标频谱。在方位压缩中使用 SPECAN 算法也可达到该目的。该算法已被 DLR 用于 CSA 中，称为扩展 CSA，即 ECS 算法。

图 10.11 给出了 ECSA 的主要步骤。从本质上讲，图中前五步与图 7.1 中的 CSA 完全一致，不同之处在于将方位压缩替代为频率 Scaling 操作，该操作使每一距离单元上的方位向调频率变为一致的。然后，与 10.5 节一样，对每一单独的 Burst 使用 SPECAN 算法。以下将对每一步骤进行详细说明。

1. **方位 FFT**。可一次针对一个 Burst 进行，也可一次针对一组 Burst 进行。对于后者，应在 Burst 之间插入足够多的零，以使快速傅里叶逆变换（第五步）后的 Burst 间隔较为适宜。方位加权既可在这一步进行，也可在最后一步 SPECAN 处理中进行。

2. **距离 Chirp Scaling** 。对于距离多普勒域中的数据，可以按类似于第 7 章的 CSA 的方式进行距离变标操作。扰动函数既可以是线性调频信号，也可以是较高精度下的非线性调频信号。变标完成了补余距离徙动校正，如果需要，也可用于距离向频率轴的尺度变换。

3. **距离处理**。利用距离向快速傅里叶变换将数据变至二维频域，通过相位相乘完成一致距离徙动校正、距离压缩，以及与方位向频率相关的二次距离压缩，再通过距离向快速傅里叶逆变换将数据变回至距离多普勒域。经过这一处理，数据中仅剩余方位调制。

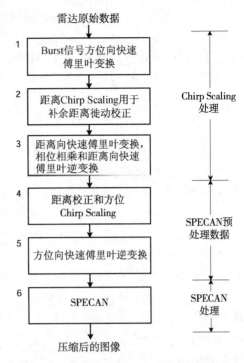

图 10.11　用 ECSA 处理 ScanSAR 数据的步骤

4. **相位校正和方位变标**。这一步包含两个相位相乘。第一项与 CSA 相同，用于校正距离变标引起的距离相关相位。第二项则是 ECSA 所独有的方位变标，可将距离相关的方位双曲相位变为距离无关的线性频率相位。如果需要，也可将其用于方位数据的配准。

5. **方位向快速傅里叶逆变换**。该变换将信号变回时域（或空间域），此时不同的 Burst 被再次分离。

6. **SPECAN**。SPECAN 处理包含解斜（或参考函数相乘）和方位向快速傅里叶变换。对每一 Burst 进行一次快速傅里叶变换，以便在 SAR 图像域中实现方位聚焦。除了方位向调频率已被一致化，SPECAN 算法与第 9 章中的介绍基本相同。

除了以下差别，上述步骤与 CSA 和 SPECAN 算法中的相应步骤完全一致。第 4 步将 CSA 中的距离相关方位压缩替代为方位变标及补余方位压缩，以使方位信号调频率与参考距离处的相等。由于 SPECAN 是针对线性调频信号的，所以这一操作将信号变为 SPECAN 所需的形式。同时，方位变标还可避免 SPECAN 算法通常所需的插值处理。

由于方位变标减小了近距离处的方位向调频率，所以快速傅里叶逆变换之后该处信号在时域上被拉伸。这决定了第一步中 Burst 之间的补零数。与所有 ScanSAR 处理算法类似，最后应进行扇贝辐射校正（天线方向图校正）及 Burst 拼接。

讨论

读者可能会问，既然已经完成了距离向和方位向上的快速傅里叶变换及逆变换，为什么还要在图 10.11 中引入 SPECAN 算法？原因在于不能进行跨 Burst 的相干处理，否则会出现 10.4 节中的调制现象。不同 Burst 的处理应独立进行，而通过 SPECAN 算法可以有效地做到这一点。

与 10.5 节中的 SPECAN 算法相比，ECSA 在精确实现距离徙动校正和二次距离压缩的同时，又通过变标操作顺带完成了数据配准。由于 ECSA 避免了插值，因此在精度上比 RDA 稍高。

　　与 SIFFT 算法相比,ECSA 无须在间隙处进行完全补零,故其效率更高。但由于方位压缩同时包含了快速傅里叶逆变换及 SPECAN,因而这种效率的提高是以增加复杂度为代价的。

　　ECSA 已用于聚束 SAR 处理中,这表明其具有广泛的适应性[37,38]。该算法同样可用于干涉处理,其距离和方位变标非常有助于实现精确的图像配准[39]。

10.9　Burst 图像拼接

　　所有 SAR 处理算法都需要对处理后的数据进行方位拼接,以形成连续图像。对于基于效率考虑的方位分块快速卷积而言(见 2.4 节),这个步骤不言自明。在诸如 RDA 的连续模式处理器中,除非数据块之间的方位处理参数出现变化,否则拼接将是非常直接的。

　　Burst 模式也要进行拼接处理,但拼接后的相位特性存在很大不同。主要原因在于拼接处的目标是相邻 Burst 数据的结合。这将导致不同 Burst 之间出现多普勒频率跳变,从而破坏诸如点目标分析的插值操作。如果使用 SIFFT 算法,则由于每一 Burst 内各组目标的快速傅里叶逆变换位置不同,因而其相位特性也会发生变化。

　　这种效应可以通过仿真予以揭示,在此以 SIFFT 算法为例共仿真 13 个点目标(见图 10.12,其为图 10.10 中的一个目标子集)。时域上的 Burst 长度及间隙均为 256 个采样点。快速傅里叶变换长度为 2048 个采样点(4 个 Burst 及 4 个间隙)。不计频率泄漏,每个目标的带宽占 410 个采样点。因此,图 10.12 中的每一快速傅里叶逆变换长度可达 820 个采样点。

　　为说明拼接,考察图 10.12 中的 IFFT1 和 IFFT2。其各自的输出见图 10.13(a)和图 10.13(b)。目标上方的水平线表示每组目标对应的 Burst。其中,实线表示完全照射目标,虚线表示部分照射目标。在这个例子中使用了最大快速傅里叶逆变换长度,故每一部分照射目标都来自两个 Burst。

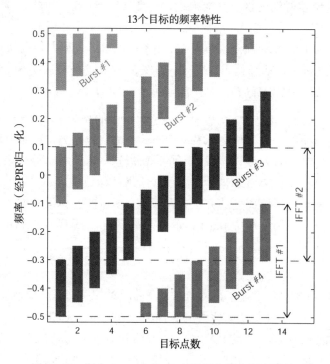

图 10.12　四个 Burst 内的 13 个目标方位向频率特性

　　注意, IFFT1 内的目标 1~5 及目标 9~13 得到完全压缩, 但目标 6~8 却并非如此。这一点从图 10.12 中可明显看出, 在 IFFT1 内, 目标 1~5 及目标 9~13 得到完全连续的照射, 而目标 6~8 则被一个多普勒间隙分成两部分。

　　图 10.13(b)中的 IFFT2 输出则刚好相反, IFFT1 中的失效点在 IFFT2 中被准确压缩, 而IFFT1 中的有效点没有得到完全压缩①。通过考察这种完全和部分的目标照射模式, 可以看出如何将 IFFT1 及 IFFT2 的输出图像进行拼接, 以形成连续准确的压缩目标序列。如图 10.13(c)所示, 输出阵列在目标 5 和 9 处被截断并进行拼接。可以看出, 拼接后得到了经过良好压缩的连续目标序列。

关于相位精度

　　目标的跨 Burst 拼接会造成频率间断(甚至 SIFFT 中同一 Burst 内的跨 IFFT 拼接)。图 10.13 中的目标 9 就是一个例子, 其一半响应来自 Burst4(由 IFFT1 截取), 另一半来自Burst3(由 IFFT3 截取)。其相位间断与图 9.20 中的情况很相似。如果拼接点接近某一感兴趣的目标, 则频率间断将导致点目标分析时插值出现失误。如 9.7.1 节所讨论的, 只要拼接点处的信息没有丢失, 仍可通过相位补偿来进行精确的点目标分析。

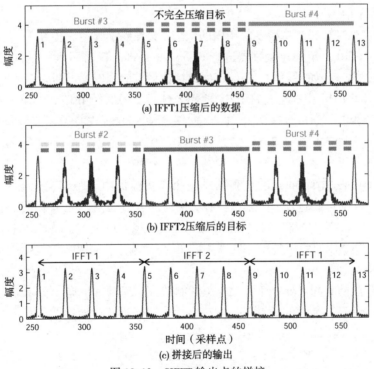

图 10.13　SIFFT 输出点的拼接

　　如果将拼接后的数据用于干涉处理, 则只要拼接点能精确对齐, 两幅图像中的相位误差就会互相抵消。但由于拼接点对齐较难实现, 更为保险的方式是将相邻快速傅里叶逆变换靠得更近, 以使各自的有效输出之间存在部分重合。这样即可远离拼接点而形成干涉图, 从而避免了图像拼接时的相位误差[11]。需要强调的是, 拼接点处的频率间断是接收数据的固有特性, 与算法无关。

---

①　目标 5 和 9 是例外。由于它们处于两次快速傅里叶变换有效区域的边界处, 故在两次变换中都得到了正确的压缩。

10.10 小结

ScanSAR 是通过多个雷达子波束来获取数据的,其中每个子波束覆盖全部测绘带的一部分。每一子带内的数据来自以块方式发射的一组 Burst 脉冲串,相邻块之间的时间用于获得其他子波束的数据。将所有子带图像进行拼接即可得到宽测绘带图像。由于每一块中的目标仅获得部分带宽,因而这是以方位向分辨率的降低为代价的。由于宽测绘带覆盖能力对于许多遥感应用都非常重要,所以先进星载 SAR 中通常都携带这种模式。

在数据处理时,每一子带分别进行处理,形成图像后再进行合并。在每一子带内,处理器处理的是方位分段数据。方位分段相位历程使目标频谱变得非常特别(见图 10.10),从而对算法产生了深刻的影响。

本章讨论了 4 种 ScanSAR 处理算法。最高效的是 SPECAN 算法,其在中等精度场合得到了广泛应用,但对于高精度处理而言它存在以下不足。第一,仅校正了距离徙动的线性项;第二,假定信号为理想方位线性调频信号;第三,方位向采样间隔随距离变化,除了快视情况,一般需进行插值。改进 SPECAN 算法利用 chirp-z 变换实现了变标傅里叶变换,该算法已用于 SRTM 图像的生成。

为避免 SPECAN 算法在高精度应用中的缺陷,又发展了其他 3 种算法。第一种算法只在间隙处补零即可使用现有 SAR 处理器进行 ScanSAR 处理。仅需引入一个低通滤波器以消除 Burst 引入的调制效应,如果可能,还可以通过插值调整间隙时序。

第二种算法将 RDA 中的全孔径 IFFT 替代为频谱受限的短 IFFT,以使不同 Burst 内的同一目标频谱不会相混。通过合适的 IFFT 定位、完全压缩目标选择及 IFFT 输出拼接,即可得到连续图像。对于 CSA,也可按同样的方法加以修改。

第三种算法通过去除方位快速卷积中的方位压缩部分,并最终利用 SPECAN 完成一致方位压缩,即可将 CSA 用于 Burst 的单独处理。距离变标仍用于距离向上的补余距离徙动校正。此外,通过方位向上的另一次相位变标,使得所有方位目标具有相同的方位向调频率。这样即可利用 SPECAN 中的解斜和快速傅里叶变换实现方位压缩,且输出采样间隔变为一致的。SIFFT 及 SPECAN 的使用避免了处理中的 Burst 间隙,因此提高了效率。RDA 也可用类似的方式加以改造。

最后两种算法的共同之处在于,为避免调制效应,都对方位向上的 Burst 进行了单独处理。对此 SPECAN 算法能够轻而易举地解决。而快速傅里叶逆变换及变长 IFFT+SPECAN 的方式则在最后的方位压缩中进行 Burst 的分离处理。

以上算法差异极大,难以比较。唯一可断言的是,SPECAN 是最高效的算法,但仅能得到中等程度的图像质量。其他三种算法在效率和图像质量方面的差别很小,应视具体使用而定。

10.10.1 RADARSAT-1 的 ScanSAR 图像

图 10.14 示意的是五大湖地区的 RADARSAT-1 ScanSAR 窄幅图像。数据采自 2004 年 8 月 1 日降轨#45632 中的波束 W1 和 W2。该图像由 MacDonald 的 MS-SAR 处理器通过 SPECAN 算法处理得到。

图像初始分辨率为 50 m,距离和方位各进行了两视处理。但是,为了显示 13 900 个像素,在每一方向上都进行了 6 点平均,从而使观测到的图像分辨率为 300 m,相当于进行了

100 视的平滑处理。

图 10.14　SPECAN 算法处理出的 RADARSAT-1 ScanSAR 窄幅图像(加拿大航天局版权所有)

　　图像中心位于北纬 42.9°，西经 79.6°，该图像覆盖了安大略湖和伊利湖的部分地区，其测绘带宽约为 350 km。多伦多市和汉密尔顿市位于安大略湖西侧，布法罗市位于伊利湖东侧。尼亚加拉河将两湖连接在一起，而尼亚加拉瀑布市大约位于两湖中间。

参考文献

［1］　W. T. K. Johnson. Magellan Imaging Radar Mission to Venus. *Proceedings of the IEEE*, 79(6), pp. 777-790, June 1991.

［2］　R. K. Moore, J. P. Claassen, and Y. H. Lin. Scanning Spaceborne Synthetic Aperture Radar with Integrated Radiometer. *IEEE Trans. on Aerospace and Electronic Systems*, AES-17, pp. 410-421, May 1981.

［3］　K. Tomiyasu. Conceptual Performance of a Satellite Borne, Wide Swath Synthetic Aperture Radar. *IEEE Trans. on Geoscience and Remote Sensing*, 19(2), pp. 108-116, April 1981.

［4］　A. P. Luscombe. Taking a Broader View: Radarsat Adds ScanSAR to Its Operations. In *Proc. Int. Geoscience and Remote Sensing Symp.*, IGARSS'88, Vol. 2, pp. 1027-1032, Edinburgh, Scotland, September 1988.

［5］　B. L. Honeycutt. Spaceborne Imaging Radar-C Instrument. *IEEE Trans. on Geoscience and Remote Sensing*, 27(2), pp. 164-169, March 1989.

［6］　Special Issue on SIR-C/X-SAR. *IEEE Trans. on Geoscience and Remote Sensing*, 33(4), pp. 817-956, July 1995.

［7］　R. K. Raney, A. P. Luscombe, E. J. Langham, and S. Ahmed. RADARSAT. *Proc. of the IEEE*, 79(6), pp. 839-849, 1991.

［8］　S. Karnevi, E. Dean, D. J. Q. Carter, and S. S. Hartley. ENVISAT's Advanced Synthetic Aperture Radar: ASAR. *ESA Bulletin*, 76, pp. 30-35, 1994.

［9］　J. -L. Suchail, C. Buck, J. Guijarro, and R. Torres. The ENVISAT-1 Advanced Synthetic Aperture Radar Instrument. In *Proc. Int. Geoscience and Remote Sensing Symp.*, IGARSS'99, Vol. 2, pp. 1441-1443, Hamburg, Germany, June 1999.

［10］　A. Monti-Guarieri and Y. -L. Desnos. Optimizing Performances of the ENVISAT ASAR ScanSAR Modes. In *Proc. Int. Geoscience and Remote Sensing Symp.*, IGARSS'99, pp. 1758-1760, Hamburg, Germany, June 1999.

[11] J. Holzner and R. Bamler. Burst-Mode and ScanSAR Interferometry. *IEEE Trans. on Geoscience and Remote Sensing*, 40(9), pp. 1917-1934, September 2002.

[12] D. C. Bast and I. G. Cumming. RADARSAT ScanSAR Roll Angle Estimation. In *Proc. Int. Geoscience and Remote Sensing Symp.*, *IEEE/CRSS*, *IGARSS'02*, Vol. 1, pp. 152-154, Toronto, June 24-28, 2002.

[13] I. G. Cumming and D. C. Bast. A New Hybrid-Beam Data Acquisition Strategy to Support ScanSAR Radiometric Calibration. *IEEE Trans. on Geoscience and Remote Sensing*, 42(1), pp. 3-13, January 2004.

[14] R. K. Hawkins and P. W. Vachon. Modelling SAR Scalloping in Burst Mode Products from RADARSAT-1 and ENVISAT. In *Proc. CEOS Workshop on SAR*, London, September 2002. ESA Publication SP-520.

[15] Y. -L. Desnos, H. Laur, P. Lim, P. Meisl, and T. Gach. The ENVISAT-1 Advanced Synthetic Aperture Radar Processor and Data Products. In *Proc. Int. Geoscience and Remote Sensing Symp.*, *IGARSS'99*, Vol. 3, pp. 1683-1685, Hamburg, Germany, June 1999.

[16] A. Monti Guarnieri and P. Guccione. Optimal "Focusing" for Low Resolution ScanSAR. *IEEE Trans. on Geoscience and Remote Sensing*, 39(3), pp. 479-491, March 2001.

[17] R. Bamler. Adapting Precision Standard SAR Processors to ScanSAR. In *Proc. Int. Geoscience and Remote Sensing Symp.*, *IGARSS'95*, Vol. 3, pp. 2051-2053, Florence, Italy, July 1995.

[18] R. Bamler, D. Geudtner, B. Schättler, P. Vachon, U. Steinbrecher, J. Holzner, J. Mittermayer, H. Breit, and A. Moreira. RADARSAT ScanSAR Interferometry. In *Proc. Int. Geoscience and Remote Sensing Symp.*, *IGARSS'99*, Vol. 3, pp. 1517-1521, Hamburg, Germany, June 1999.

[19] R. Bamler and M. Eineder. ScanSAR Processing Using Standard High Precision SAR Algorithms. *IEEE Trans. Geoscience and Remote Sensing*, 34(1), pp. 212-218, January 1996.

[20] C. Y. Chang, M. Y. Jin, Y. -L. Lou, and B. Holt. First SIR-C ScanSAR Results. *IEEE Trans. on Geoscience and Remote Sensing*, 34(5), pp. 1278-1281, September 1996.

[21] K. Leung, M. Chen, J. Shimada, and A. Chu. RADARSAT Processing System at ASF. In *Proc. Int. Geoscience and Remote Sensing Symp.*, *IGARSS'96*, Vol. 1, pp. 43-47, Lincoln, NE, July 1996.

[22] P. Martyn, J. Williams, J. Nicoll, R. Guritz, and T. Bicknell. Calibration of the RADARSAT SWB Processor at the Alaska SAR Facility. In *Proc. Int. Geoscience and Remote Sensing Symp.*, *IGARSS'99*, pp. 2355-2359, Hamburg, Germany, June 1999.

[23] K. Leung, M. Jin, C. Wong, and J. Gilbert. SAR Data Processing for the Magellan Prime Mission. In *Proc. Int. Geoscience and Remote Sensing Symp.*, *IGARSS'92*, pp. 606-609, Clear Lake, TX, May 1992.

[24] R. Lanari, S. Hensley, and P. A. Rosen. Chirp-Z Transform Based SPECAN Approach for Phase Preserving ScanSAR Image Generation. *IEE Proc. Radar, Sonar and Navigation*, 145(5), pp. 254-261, 1998.

[25] A. Vidal-Pantaleoni and M. Ferrando. A New Spectral Analysis Algorithm for SAR Data Processing of ScanSAR Data and Medium Resolution Data Without Interpolation. In *Proc. Int. Geoscience and Remote Sensing Symp.*, *IGARSS'98*, Vol. 2, pp. 639-641, Seattle, WA, July 1998.

[26] L. R. Rabiner, R. W. Schafer, and C. M. Rader. The Chirp-Z Transform and Its Applications. *Bell System Tech. J.*, 48, pp. 1249-1292, 1969.

[27] R. Lanari. A New Method for the Compensation of the SAR Range Cell Migration Based on the Chirp-Z Transform. *IEEE Trans. Geoscience and Remote Sensing*, 33(5), pp. 1296-1299, September 1995.

[28] G. Franceschetti and R. Lanari. *Synthetic Aperture Radar Processing*. CRC Press, Boca Raton, FL, 1999.

[29] P. A. Rosen, S. Hensley, E. Gurrola, F. Rogez, S. Chan, J. Martin, and E. Rodriguez. SRTM C-Band Topographic Data: Quality Assessments and Calibration Activities. In *Proc. Int. Geoscience and Remote Sensing Symp.*, *IGARSS'01*, Vol. 2, pp. 739-741, Sydney, Australia, July 2001.

[30] F. H. Wong, D. R. Stevens, and I. G. Cumming. Phase-Preserving Processing of ScanSAR Data with a Modified Range Doppler Algorithm. In *Proc. Int. Geoscience and Remote Sensing Symp.*, *IGARSS'97*, Vol.

2, pp. 725-727, Singapore, August 1997.

[31] I. G. Cumming, Y. Guo, and F. H. Wong. A Comparison of Phase-Preserving Algorithms for Burst-Mode SAR Data Processing. In *Proc. Int. Geoscience and Remote Sensing Symp.*, *IGARSS' 97*, Vol. 2, pp. 731-733, Singapore, August 1997.

[32] S. Albrecht and I. G. Cumming. The Application of the Momentary Fourier Transform to SAR Processing. *IEE Proc: Radar*, *Sonar and Navigation*, 146(6), pp. 285-297, December 1999.

[33] A. Moreira, J. Mittermayer, and R. Scheiber. Extended Chirp Scaling Algorithm for Air and Spaceborne SAR Data Processing in Stripmap and ScanSAR Imaging Modes. *IEEE Trans. on Geoscience and Remote Sensing*, 34(5), pp. 1123-1136, September 1996.

[34] J. Mittermayer, R. Scheiber, and A. Moreira. The Extended Chirp Scaling Algorithm for ScanSAR Data Processing. In *Proc. European Conference on Synthetic Aperture Radar*, *EUSAR' 96*, pp. 517-520, Konigswinter, Germany, March 1996.

[35] J. Mittermayer, A. Moreira, and R. Scheiber. Reduction of Phase Errors Arising from the Approximations in the Chirp Scaling Algorithm. In *Proc. Int. Geoscience and Remote Sensing Symp.*, *IGARSS' 98*, Vol. 2, pp. 1180-1182, Seattle, WA, July 1998.

[36] J. Mittermayer and A. Moreira. A Generic Formulation of the Extended Chirp Scaling Algorithm(ECS) for Phase Preserving ScanSAR and Spot-SAR Processing. In *Proc. Int. Geoscience and Remote Sensing Symp.*, *IGARSS' 00*, Vol. 1, pp. 108-110, Honolulu, HI, July 2000.

[37] J. Mittermayer and A. Moreira. Spotlight SAR Processing Using the Extended Chirp Scaling Algorithm. In *Proc. Int. Geoscience and Remote Sensing Symp.*, *IGARSS' 97*, Vol. 4, pp. 2021-2023, Singapore, August 1997.

[38] J. Mittermayer, A. Moreira, and O. Loffeld. High Precision Processing of Spotlight SAR Data Using the Extended Chirp Scaling Algorithm. In *Proc. European Conference on Synthetic Aperture Radar*, *EUSAR' 98*, pp. 561-564, Friedrichshafen, Germany, May 1998.

[39] J. Mittermayer and A. Moreira. The Extended Chirp Scaling Algorithm for ScanSAR Interferometry. In *Proc. European Conference on Synthetic Aperture Radar*, *EUSAR'00*, pp. 197-200, Munich, Germany, May 2000.

第11章 算法比较

11.1 简介

前几章介绍了 RDA，CSA 和 ωKA 这三种高分辨率 SAR 成像处理算法。本章将比较其性能，以便于读者选出合适的应用算法。

11.2 节和 11.3 节分别从算法类型及主要处理步骤(诸如方位压缩、距离徙动校正和二次距离压缩等)角度对前述 3 种方法进行了回顾。虽然在内容上有些重复，但不失为一种简便的参考。11.4 节以星载和机载系统为例，对每种算法的主要误差进行了量化。11.5 节给出了典型规模处理块下的算法运算量比较。最后，11.7 节总结了各种算法的利弊，并给出了一些建议，以帮助读者选择合适的应用算法。

11.2 算法精度回顾

本节对 RDA，CSA 和 ωKA 的主要运算步骤及特点进行总结。

11.2.1 RDA

RDA 的主要特点在于距离徙动校正的距离多普勒域实现，以及每次都基于一维的运算操作。变换到距离多普勒域以后，同一最近斜距上的所有雷达散射点的能量轨迹相同。由于距离徙动校正可以校正某一方位处理块中的一组目标，因此提高了处理效率。

作为一种频域算法，RDA 的独特之处在于其较易适应参数沿距离向的变化。例如，可以通过跟踪等效雷达速度 V_r，多普勒中心 f_{η_c} 及方位向调频率 K_a 的变化，对距离徙动校正和方位压缩进行调整。这种适应性源于数据的距离多普勒域处理(其中一维是距离向时间)。

作为附加步骤，二次距离压缩用于校正目标相位历程中的距离/方位耦合。其实现方式有多种，一种有效的方式是将其并入距离压缩滤波器中，但需假设二次距离压缩与方位向频率无关。更精确的方式是在二维频域实现的，从而可以适应其随方位向频率的变化。

11.2.2 CSA

在信号的线性调频假设下，Chirp Scaling 可以对其进行微小的非线性尺度变化。在 CSA 中，通过简单的相位相乘，Chirp Scaling 能够高效准确地完成补余距离徙动校正。

CSA 首先通过方位傅里叶变换将距离压缩前的信号变换至距离多普勒域，再对其进行变标(扰动函数)，变标具有完成补余距离徙动校正的功能，使信号中的距离徙动变为一致的。随后，通过二维频域的参考函数相乘(RFM)进行距离压缩、距离无关距离徙动校正、距离方位耦合校正及方位调制校正，再在距离多普勒域进行补余方位压缩(但无补余二次距离压缩)。

11.2.3 ωKA

ωKA 在二维频域中处理数据。通过与一个参考函数相乘进行参考距离上的目标聚焦。

此时，其他距离上的目标是散焦的，散焦程度随目标斜距远离参考距离而递增。

对其他目标的聚焦需要通过 Stolt 插值完成。Stolt 插值为距离向频率上的一维插值，可以完成随距离变化的方位向调频率，距离徙动及二次距离压缩的补余校正，但不能解决 V_r 沿距离向的变化问题。

Stolt 插值是处理中最耗时的一步，为了避免 Stolt 插值，可对算法进行近似。此时算法在完成一致压缩后即进行距离向快速傅里叶逆变换，随后在距离多普勒域通过相位相乘进行补余方位压缩。它不能进行距离徙动校正及二次距离压缩的补余校正，但是距离多普勒域中的操作却可以适应 V_r 的变化。

11.3 处理功能对比

本节对算法的主要处理步骤进行对比，其中包括方位匹配滤波器、距离徙动校正及二次距离压缩。表 11.1 对不同算法的基本操作进行了总结，并列出了操作中的距离可变量及距离恒定参量。其中，CSA 进行了线性调频扰动假设，在精确 ωKA 中没有包含用于校正随距离变化 V_r 的残余方位压缩。

表 11.1 不同算法的基本操作和处理功能对比

	RDA 近似的二次距离压缩	RDA 精确的二次距离压缩	CSA	近似 ωKA	精确 ωKA
距离方程的形式	双曲线或幂级数	双曲线或幂级数	双曲线或幂级数	双曲线	双曲线或幂级数
方位匹配滤波器 • 参数	R_0 随距离变化 V_r 随距离变化	R_0 随距离变化 V_r 随距离变化	R_0 随距离变化 V_r 随距离变化	R_0 随距离变化 V_r 随距离变化	R_0 随距离变化 V_r 不随距离变化[1]
• 一致	在 (τ, f_η) 域相位相乘	在 (τ, f_η) 域相位相乘	在 (τ, f_η) 域相位相乘	在 (f_τ, f_η) 域相位相乘	在 (f_τ, f_η) 域相位相乘
• 残余	无	无	在 (τ, f_η) 域相位相乘	在 (τ, f_η) 域相位相乘	在 (f_τ, f_η) 域插值
距离徙动校正 • 参数	R_0 随距离变化 V_r 随距离变化	R_0 随距离变化 V_r 随距离变化	R_0 随距离变化 V_r 不随距离变化[2]	R_0 不随距离变化 V_r 随距离变化	R_0 随距离变化 V_r 不随距离变化
• 一致	在 (τ, f_η) 域插值	在 (τ, f_η) 域插值	在 (f_τ, f_η) 域相位相乘	在 (f_τ, f_η) 域相位相乘	在 (f_τ, f_η) 域相位相乘
• 残余	无	无	在 (τ, f_η) 域相位相乘	忽略	在 (f_τ, f_η) 域插值
二次距离压缩 • 参数	R_0 不随距离变化 V_r 不随距离变化 f_η 不随距离变化	R_0 不随距离变化 V_r 不随距离变化 f_η 随距离变化	R_0 不随距离变化 V_r 不随距离变化 f_η 随距离变化	R_0 不随距离变化 V_r 不随距离变化 f_η 随距离变化	R_0 随距离变化 V_r 不随距离变化 f_η 随距离变化
• 一致	与匹配滤波相结合	在 (τ, f_η) 域相位相乘	在 (τ, f_η) 域相位相乘	在 (f_τ, f_η) 域相位相乘	在 (f_τ, f_η) 域相位相乘
• 残余	忽略	忽略	忽略	忽略	在 (f_τ, f_η) 域插值

注：情况(1)和情况(2)中的距离恒定误差可以被补偿。

情况(1)可通过相位相乘补偿残余方位压缩；情况(2)则可使用非线性扰动函数。

讨论前，先区分如下两种不同类型的距离变量。

直接距离变量　对于诸如方位向线性调频率，二次距离压缩调频率及距离徙动等处理中用到的距离变化参量而言，如果某一参量被假定为距离恒定的，则相应的误差可直接表示为参考距离偏移量 ΔR_0 的函数。

间接距离变量　以上参量还可以表示为随距离变化的另一参量的函数，例如星载中的 V_r。本例中，源于距离恒定 V_r 假设的参量误差可以量化为 ΔV_r 的函数。

11.3.1　距离方程形式

距离方程是计算许多处理函数的主要模型。

RDA　处理中通常使用双曲线形式。有时为简便起见，也使用能够较好地近似低斜视角和（或）短孔径的抛物线形式。

CSA　通常使用双曲线形式。与 RDA 类似，某些情况下也使用抛物线形式，可使扰动函数的推导较为容易。

ωKA　全部处理都基于双曲线形式。

11.3.2　方位匹配滤波器的实现

方位匹配滤波器系数是随距离变化的方位调制函数。匹配滤波器既可以一次完成，也可以通过距离恒定（一致）分量及距离可变（残余）分量的划分，由两步实现。

RDA　可以在每一距离门上产生系数，以适应所有随距离变化的参数（如 f_{η_c} 和 V_r）。

CSA　匹配滤波器分为两步。一致滤波通过二维频域中的参考函数相乘实现。数据变回距离多普勒域（可适应所有随距离变化的参数）后，再通过次级参考函数相乘实现残余补偿。

ωKA　匹配滤波器分为两步。一致滤波通过二维频域中的参考函数相乘实现。精确 ωKA 的残余滤波通过对距离向频率进行 Stolt 插值实现。近似 ωKA 的残余滤波通过距离多普勒域中的相位相乘实现。

11.3.3　距离徙动校正的实现

距离徙动是导致 SAR 数据处理复杂的直接原因，对其进行的不同校正构成了算法之间赖以区别的主要特征。

RDA　该算法的距离徙动校正通过距离多普勒域中随距离向时间变化的插值函数实现。该域中，距离方程中的各项徙动量都可被精确校正。

CSA　CSA 的主要特点在于无须插值即可完成距离徙动校正。距离徙动校正包含两步，首先通过距离多普勒域中的 Chirp Scaling 参考函数相乘完成补余距离徙动校正，随后通过二维频域中的参考函数相乘完成一致距离徙动校正。

ωKA　该算法的距离徙动校正同样分为两步，但次序与 CSA 的不同。首先通过二维频域中的参考函数相乘完成一致距离徙动校正，随后在该域中对距离向频率进行 Stolt 插值，完成补余距离徙动校正。二维频域处理不能适应 V_r 沿距离向的变化，近似 ωKA 则忽略了残余距离徙动。

11.3.4　二次距离压缩实现

在每种算法中，二次距离压缩的实现方式也存在很大差异。

RDA 一种高效的近似二次距离压缩可通过将其并入距离匹配滤波器来实现,其中假定滤波器不随距离向时间和方位向频率变化。在二维频域中的精确二次距离压缩则考虑了方位向频率的相关性。两种实现都假定二次距离压缩与距离和 V_r 无关。

CSA 二次距离压缩在二维频域实现,同样假定其与距离和 V_r 无关。

ωKA 与方位匹配滤波相似,二次距离压缩分为两步。一致二次距离压缩通过二维频域中的参考函数相乘实现。补余二次距离压缩通过在同一域中对距离向频率进行 Stolt 插值实现。类似地,二次距离压缩不允许 V_r 随距离变化。由于 ωKA 中的二次距离压缩考虑了距离相关性,所以在三种算法中是最精确的,其近似形式则忽略了残余二次距离压缩。

11.4 处理误差概述

SAR 处理的主要步骤为距离匹配滤波,二次距离压缩、方位匹配滤波,以及距离徙动校正。斜距 R_0 和等效雷达速度 V_r 是其中的关键输入参数。两者的恒定假设会引入二次相位误差和残余距离徙动。如前所述,二次相位误差应控制在 0.5π 以内,残余距离徙动应控制在半个距离向分辨单元内。

由于二次距离压缩的近似形式(并入距离匹配滤波器内)假定与 f_η 无关,因此会带来额外的误差。本节将考察 X 波段、C 波段和 L 波段机载及星载系统中的误差量级。由距离、速度及方位向频率变化导致的误差分别以 ΔR_0,ΔV_r 和 Δf_η 表示。

11.4.1 方位匹配滤波器中的二次相位误差

孔径两端的二次相位为 $\pi K_a (T_a/2)^2$,其中 T_a 为照射时间。方位向调频率 K_a 由式(4.38)给出,重写如下,可以明显看出它与 R_0 和 V_r 有关,

$$K_a(R_0, V_r) = \frac{2 V_r^2 \cos^3 \theta_{r,c}}{\lambda R_0} \tag{11.1}$$

因此,由 ΔR_0 导致的二次相位误差为

$$\Delta\phi_{mf,R} = \left| \frac{\mathrm{d}K_a(R_0, V_r)}{\mathrm{d}R_0} \Delta R_0 \right| \left(\frac{T_a}{2} \right)^2 = \pi K_a(R_0, V_r) \frac{|\Delta R_0|}{R_0} \left(\frac{T_a}{2} \right)^2 \tag{11.2}$$

如表 11.1 所示,三种处理算法都可以适应 R_0 的变化,因此并不构成问题。但以上分析对于方位匹配滤波中距离恒定区的使用是很有帮助的。

类似地,由 ΔV_r 导致的方位二次相位误差为

$$\Delta\phi_{mf,V} = \left| \frac{\mathrm{d}\pi K_a(R_0, V_r)}{\mathrm{d}V_r} \Delta V_r \right| \left(\frac{T_a}{2} \right)^2 = 2\pi K_a(R_0, V_r) \frac{|\Delta V_r|}{V_r} \left(\frac{T_a}{2} \right)^2 \tag{11.3}$$

11.4.2 二次距离压缩中的二次相位误差

二次距离压缩的调频率 K_{src} 由式(6.22)给出,其为 R_0,V_r 和 f_η 的函数:

$$K_{\mathrm{src}}(R_0, V_r, f_\eta) = \frac{2 V_r^2 f_0^3 D^3(V_r, f_\eta)}{c R_0 f_\eta^2} \tag{11.4}$$

其中 D 由式(5.30)给出

$$D(V_r, f_\eta) = \sqrt{1 - \frac{\lambda^2 f_\eta^2}{4 V_r^2}} \tag{11.5}$$

如前所述，如式(5.40)所示，距离多普勒域中的合并调频率为

$$K_m(R_0, V_r, f_\eta) = \frac{K_r K_{\text{src}}(R_0, V_r, f_\eta)}{K_{\text{src}}(R_0, V_r, f_\eta) - K_r} \approx K_r + \frac{K_r^2}{K_{\text{src}}(R_0, V_r, f_\eta)} \tag{11.6}$$

其中的近似源于 $|K_{\text{src}}| \gg |K_r|$。联立式(11.4)和式(11.6)，可分别得到由 ΔR_0，ΔV_r 和 Δf_η 导致的 K_m 误差，相应的距离二次相位误差为

$$\begin{aligned} \Delta\phi_{\text{src,R}} &= \left| \frac{dK_m(R_0, V_r, f_\eta)}{dR} \Delta R \right|_{f_\eta=f_{\eta c}} \pi \left(\frac{T_r}{2}\right)^2 \\ &= \left| \frac{K_r^2}{K_{\text{src}}(R_0, V_r, f_\eta)} \frac{\Delta R}{R_0} \right|_{f_\eta=f_{\eta c}} \pi \left(\frac{T_r}{2}\right)^2 \end{aligned} \tag{11.7}$$

$$\begin{aligned} \Delta\phi_{\text{src,V}} &= \left| \frac{dK_m(R_0, V_r, f_\eta)}{dV_r} \Delta V_r \right|_{f_\eta=f_{\eta c}} \pi \left(\frac{T_r}{2}\right)^2 \\ &= \left| \frac{2 K_r^2}{K_{\text{src}}(R_0, V_r, f_\eta)} \frac{\Delta V_r}{V_r} \right|_{f_\eta=f_{\eta c}} \pi \left(\frac{T_r}{2}\right)^2 \end{aligned} \tag{11.8}$$

$$\begin{aligned} \Delta\phi_{\text{src,f}} &= \left| \frac{dK_m(R_0, V_r, f_\eta)}{df_\eta} \Delta f_\eta \right|_{f_\eta=f_{\eta c}} \pi \left(\frac{T_r}{2}\right)^2 \\ &= \left| \frac{2 K_r^2}{K_{\text{src}(R_0, V_r, f_\eta)}} \frac{\Delta f_\eta}{f_\eta} \right|_{f_\eta=f_{\eta c}} \pi \left(\frac{T_r}{2}\right)^2 \end{aligned} \tag{11.9}$$

在最后一个方程中，当 Δf_η 为多普勒带宽 Δf_{dop} 的一半时，$\Delta K_{\text{src,f}}$ 达到最大。

11.4.3 残余距离徙动

残余距离徙动可在方位频域中推出，三种算法都在该域进行距离徙动校正。在斜视情况下，多普勒带宽 Δf_{dop} 内的主要残余距离徙动来自其线性分量，分析如下。

斜距方程由式(6.23)给出：

$$R(R_0, V_r, f_\eta) = \frac{R_0}{D(V_r, f_\eta)} \tag{11.10}$$

于是距离徙动为

$$\begin{aligned} R_{\text{rcm}}(R_0, V_r) &= \left| \frac{dR(R_0, V_r, f_\eta)}{df_\eta} \right|_{f_\eta=f_{\eta c}} \Delta f_{\text{dop}} = \frac{R_0}{D^3(V_r, f_{\eta c})} \frac{\lambda^2 f_\eta^2}{4 V_r^2} \left| \frac{\Delta f_{\text{dop}}}{f_{\eta c}} \right| \\ &= R_0 \frac{\sin^2 \theta_{r,c}}{\cos^3 \theta_{r,c}} \left| \frac{\Delta f_{\text{dop}}}{f_{\eta c}} \right| \end{aligned} \tag{11.11}$$

最后一步来自 $D(V_r, f_{\eta c}) = \cos \theta_{r,c}$（见5.3.3节），以及 $\lambda^2 f_{\eta c}^2 / (4V_r^2) = \sin^2 \theta_{r,c}$［见式(11.5)］。

由 ΔR_0 和 ΔV_r 导致的残余距离徙动分别为

$$\Delta R_{\text{rcm,R}} = \left| \frac{dR_{\text{rcm}}(R_0, V_r)}{dR_0} \Delta R_0 \right| = \left| \Delta R_0 \frac{\sin^2 \theta_{r,c}}{\cos^3 \theta_{r,c}} \frac{\Delta f_{\text{dop}}}{f_{\eta c}} \right| \tag{11.12}$$

$$\Delta R_{\text{rcm,V}} = \left| \frac{dR_{\text{rcm}}(R_0, V_r)}{dV_r} \Delta V_r \right| = R_0 \frac{\sin^2 \theta_{r,c}}{\cos^3 \theta_{r,c}} \left| \frac{\Delta f_{\text{dop}}}{f_{\eta c}} \frac{2 \Delta V_r}{V_r} \right| \tag{11.13}$$

由于式(11.11)只考虑了距离的一阶导数，以上分析只针对距离徙动的线性分量，故可忽略其对 ΔR_0 和 ΔV_r 的敏感性。

11.4.4 处理误差量级示例

在此,利用表 4.1 中的机载和星载参数计算上述误差,结果如表 11.2 和表 11.3 所示。机载和星载情况下的斜视角分别设为 8° 和 4°。

表 11.2 机载情况下的算法误差

误差源	二次距离压缩中的二次相位误差(π 弧度)		残余距离徙动(m)
	ΔR_0	Δf_η	ΔR_0
X 波段			
RAD(近似二次距离压缩)	0.2	0.2	0
RDA(精确二次距离压缩)	0.2	0	0
CSA	0.2	0	0
ωKA(近似)	0.2	0	20
ωKA(精确)	0	0	0
C 波段			
RAD(近似二次距离压缩)	0.3	0.7	0
RDA(精确二次距离压缩)	0.3	0	0
误差源	ΔR_0	Δf_η	ΔR_0
CSA	0.3	0	0
ωKA(近似)	0.3	0	36
ωKA(精确)	0	0	0
L 波段			
RAD(近似二次距离压缩)	1.2	>10	0
RDA(精确二次距离压缩)	1.2	0	0
CSA	1.2	0	0
ωKA(近似)	1.2	0	154
ωKA(精确)	0	0	0

表 11.3 星载情况下的算法误差

误差源	方位匹配(π 弧度)		滤波器中的二次相位误差(π 弧度)			残余距离徙动(m)	
	ΔR_0,	ΔV_r	ΔR_0,	ΔV_r,	Δf_η	ΔR_0,	ΔV_r
X 波段							
RDA(近似二次距离压缩)	0,	0	<0.1,	<0.1,	<0.1	0,	0
RDA(精确二次距离压缩)	0,	0	<0.1,	<0.1,	0	0,	0
CSA	0,	0	<0.1,	<0.1,	0	0,	0.3[1]
ωKA(近似)	0,	0	<0.1,	<0.1,	0	5.3,	0.3
ωKA(精确)	0,	0.2[2]	0,	<0.1,	0	0,	0.3
C 波段							
RDA(近似二次距离压缩)	0,	0	<0.1,	<0.1,	<0.1	0,	0
RDA(精确二次距离压缩)	0,	0	<0.1,	<0.1,	0	0,	0
CSA	0,	0	<0.1,	<0.1,	0	0,	0.5[1]
ωKA(近似)	0,	0	<0.1,	<0.1,	0	9.5,	0.5

续表

	方位匹配 (π弧度)	滤波器中的二次 相位误差(π弧度)	残余距离徙动 (m)
ωKA(精确)	0,　0.3[2]	0,　<0.1,　0	0,　0.5
L波段			
RDA(近似二次距离压缩)	0,　0	<0.1, <0.1, 0.7	0,　0
RDA(精确二次距离压缩)	0,　0	<0.1, <0.1, 0	0,　0
CSA	0,　0	<0.1, <0.1, 0	0,　2.0[1]
ωKA(近似)	0,　0	<0.1, <0.1, 0	40.4,　2.0
ωKA(精确)	0,　1.4[2]	0,　<0.1,　0	0,　2.0

注:(1) 非线性扰动函数可以去除残余距离徙动。
　　(2) 残余方位压缩可以补偿该二次相位误差。

本节给出的结论基于两个典型示例。对于每个新系统,读者都应进行独立的误差分析。在本节分析的星载情况下,假定测绘带内的 V_r 变化在 0.15% 以内。

这里通过以下几点对算法进行性能比较。

- 根据表 4.1,机载和星载的距离向分辨率分别为 1.5 m 和 7.5 m。两种情况下,近似 ωKA 在 C 波段和 L 波段的残余距离徙动均超出一个距离向分辨单元。因此,除非用于 X 波段或使用距离恒定区,否则该算法将被排除。以 C 波段为例,残余距离徙动为 1 m,或 0.7 个分辨单元,略高于半个分辨单元的阈值。
- 在机载 L 波段中,使用近似二次距离压缩的 RDA 会出现高达 10π 以上的不可接受的二次相位误差。对于机载 C 波段,二次相位误差为 0.7π,仍比阈值 0.5π 高。也就是说,这种形式仅适于机载 X 波段系统。

在星载情况下,近似二次距离压缩可用于 X 波段和 C 波段,但不能用于具有 0.7π 的二次相位误差的 L 波段。

- 星载中的 $\Delta\phi_{mf,V}$ 必须被补偿。如前所述,这可以通过距离多普勒域中(最后方位傅里叶变换前)的相位相乘实现。但是,在 L 波段中仍存在相当于数个距离向分辨单元的 8.2 m 残余距离徙动。对其进行的校正可通过距离域中的插值完成,但会增加计算量,因而不利于算法的实现。
- 由于星载 L 波段中的残余距离徙动为 8.2 m,超出了一个分辨单元,因而最好在 CSA 中使用非线性扰动函数,以补偿二次距离压缩中的可变 V_r。
- 由于星载情况下所有三个波段的残余二次相位误差均高于 0.5π,故精确 ωKA 需要进行残余方位压缩。

11.5　计算开销

本节主要估算每种 SAR 处理算法中的浮点运算(FLOP)量。每一浮点运算既可以是实数相乘,也可以是实数相加[1]。

11.5.1　基本算法运算

每种 SAR 处理算法都需要进行下列部分或全部的基本运算。

---

① 不能把 FLOPs 与 FLOPS 混淆,后者是指以每秒浮点运算(FLOP)次数表示的计算速率。一些处理器可能采用定点(fixed point)计算来表示。

快速傅里叶变换及逆变换　长度为 N 的快速傅里叶变换及逆变换的 FLOP 都为 $5N\log_2(N)$。

相位相乘　一次复数相位相乘需要 6 次 FLOP。

插值　设插值函数长度为 M_{ker}，则每通道内的一次基带插值需 M_{ker} 次实数相乘和 $(M_{\text{ker}}-1)$ 次实数相加。由于复数据包含两个通道，故每一复输出点所需的全部 FLOP 为 $2(2M_{\text{ker}}-1)$。

大部分计算开销都来自以上三种运算。以下分析将不考虑诸如匹配滤波器设置、相位相乘、插值点数及预设插值核索引等因素。

用于估算 FLOP 的参数如下：

输入距离线数 $N_{\text{az}}=4096$

每一输入距离线上的采样点数 $N_{\text{rg}}=4096$

每一输出距离线上的采样点数 $N_{\text{rg,out}}=3072$

插值核长度 $M_{\text{ker}}=8$

用于分析的数据块为实际通常采用的 4096×4096 个样本。距离滤波器样本点设为 1024，故有效点 $N_{\text{rg,out}}$ 为 3072。

以下将给出运算量，单位为 GFLOP（giga-FLOP），精确到小数点后两位。

11.5.2　RDA

这里考察 RDA 的两种二次距离压缩实现方式，即近似实现和精确实现，如图 6.1(b) 和图 6.1(c) 所示。

近似二次距离压缩

　　距离压缩

距离向快速傅里叶变换	$=5N_{\text{rg}}N_{\text{az}}\log_2(N_{\text{rg}})/10^9$	$=1.01$
相位相乘	$=6N_{\text{rg}}N_{\text{az}}/10^9$	$=0.10$
距离向快速傅里叶逆变换	$=$ 距离向快速傅里叶变换	$=1.01$
部分和		$=\quad 2.11$

　　方位处理

方位向快速傅里叶变换	$=5N_{\text{rg,out}}N_{\text{az}}\log_2(N_{\text{az}})/10^9$	$=0.76$
距离徙动校正	$=2(2M_{\text{ker}}-1)N_{\text{rg,out}}N_{\text{az}}/10^9$	$=0.38$
相位相乘	$=6N_{\text{rg,out}}N_{\text{az}}/10^9$	$=0.08$
方位向快速傅里叶逆变换	$=$ 方位向快速傅里叶变换	$=0.76$
部分和		$=\quad 1.96$
全部运算量		$=\quad 4.08$

精确二次距离压缩

GFLOP 在量级上与近似二次距离压缩相似，但要附加源自方位向频率相关二次距离压缩的额外计算，包括将数据从距离多普勒域变换到二维频域、进行相位相乘后，再将其变回至距离多普勒域的操作。

二次距离压缩距离向快速傅里叶变换	$=5N_{\text{rg,out}}N_{\text{az}}\log_2(N_{\text{rg,out}})/10^9$	$=0.73$
二次距离压缩相位相乘	$=6N_{\text{rg,out}}N_{\text{az}}/10^9$	$=0.08$

二次距离压缩距离向快速傅里叶逆变换＝二次距离压缩距离向快速傅里叶变换＝0.73

二次距离压缩运算量　　　　　　　　　　　　　　　　　　　　　　　＝　　1.53

全部运算量　　　　　　　　　　　　　＝4.08+1.53　　　　　　　＝　　5.61

11.5.3　CSA

Chirp Scaling

方位向快速傅里叶变换　　　　　$=5N_{rg}N_{az}\log_2(N_{az})/10^9$　　　＝1.01

Chirp Scaling 相位相乘　　　　$=6N_{rg}N_{az}/10^9$　　　　　　　　＝0.10

部分和　　　　　　　　　　　　　　　　　　　　　　　　　　　＝　　1.11

二维频域处理

距离向快速傅里叶变换　　　　　$=5N_{az}N_{rg}\log_2(N_{rg})/10^9$　　　＝1.01

相位相乘　　　　　　　　　　　$=6N_{rg}N_{az}/10^9$　　　　　　　　＝0.10

距离向快速傅里叶逆变换　　　　＝距离向快速傅里叶变换　　　　　　　＝1.01

部分和　　　　　　　　　　　　　　　　　　　　　　　　　　　＝　　2.11

残余方位处理

相位相乘　　　　　　　　　　　$=6N_{rg,out}N_{az}/10^9$　　　　　　　＝0.08

方位向快速傅里叶逆变换　　　　$=5N_{rg,out}N_{az}\log_2(N_{az})/10^9$　　＝0.76

部分和　　　　　　　　　　　　　　　　　　　　　　　　　　　＝　　0.83

全部运算量　　　　　　　　　　　　　　　　　　　　　　　＝　　4.05

最后，在经过距离匹配滤波舍弃后的 $N_{rg,out}$ 个距离输出样本上进行残余方位处理。最终的相位相乘用于补偿由 Chirp Scaling 操作引入的残余相位及残余方位压缩。

11.5.4　ωKA

在此，分别考察含有 Stolt 插值的精确 ωKA 以及无须 Stolt 插值的近似 ωKA。

无须 Stolt 插值的近似形式

二维频域处理

距离向快速傅里叶变换　　　　　$=5N_{rg}N_{az}\log_2(N_{rg})/10^9$　　　＝1.01

方位向快速傅里叶变换　　　　　$=5N_{rg}N_{az}\log_2(N_{az})/10^9$　　　＝1.01

相位相乘　　　　　　　　　　　$=6N_{rg}N_{az}/10^9$　　　　　　　　＝0.10

距离向快速傅里叶逆变换　　　　＝距离向快速傅里叶变换　　　　　　　＝1.01

部分和　　　　　　　　　　　　　　　　　　　　　　　　　　　＝　　3.12

残余方位压缩

相位相乘　　　　　　　　　　　$=6N_{rg,out}N_{az}/10^9$　　　　　　　＝0.08

方位向快速傅里叶逆变换　　　　$=5N_{rg,out}N_{az}\log_2(N_{az})/10^9$　　＝0.76

部分和　　　　　　　　　　　　　　　　　　　　　　　　　　　＝　　0.83

全部运算量　　　　　　　　　　　　　　　　　　　　　　　＝　　3.95

最终的残余方位压缩在舍弃距离匹配滤波器长度后的 $N_{rg,out}$ 个距离样本上进行。

含有 Stolt 插值的精确形式

距离向快速傅里叶变换	$=5N_{rg}N_{az}\log_2(N_{rg})/10^9$	$=1.01$
方位向快速傅里叶变换	$=5N_{rg}N_{az}\log_2(N_{az})/10^9$	$=1.01$
参考函数相乘相位相乘	$=6N_{rg}N_{az}/10^9$	$=0.10$
Stolt 插值	$=2(2M_{ker}-1)N_{rg}N_{az}/10^9$	$=0.50$
距离向快速傅里叶逆变换	$=$ 距离向快速傅里叶变换	$=1.01$
方位向快速傅里叶逆变换	$=5N_{rg,out}N_{az}\log_2(N_{az})/10^9$	$=0.76$
全部运算量		$=\qquad 4.38$

最终的方位向快速傅里叶逆变换在舍弃距离匹配滤波器长度后的 $N_{rg,out}$ 个距离样本上进行。

11.6 算法利弊

本节对前文有关各种算法的比较及评论进行归纳总结, 以给出更扼要的对比。

11.6.1 RDA 利弊

RDA 的优势如下。

- 通过简单的一维运算可以达到距离徙动校正及方位匹配滤波的高效处理。
- 除二次距离压缩(一般假定其随距离变化, 若并入距离压缩, 则还应假设其不随方位向频率变化)以外, 无须空间恒定假设。对距离徙动校正轨迹和方位匹配滤波器, 可使用最精确的距离方程, 如果有必要, 还可以随距离门进行更新。
- 只要孔径和斜视角不太大, RDA 是一种适于大多数 SAR 处理的有效算法。
- RDA 属于能够同时兼顾精度、通用性及处理效率的高精度算法。其处理精度不是最高的, 但却最易于理解和实现。
- 由于每次操作都在一维进行, 无须在二维频域操作, 故可实现高效的流水处理。

RDA 的缺陷如下。

- 与其他算法相比, RDA 对斜视角及波束宽度的限制较严, 二次距离压缩也仅适于中等情况。
- 只有当二次距离压缩采用并入距离匹配滤波器的最简形式时, 才能达到算法的简单和高效, 这对高分辨率处理中的斜视角及孔径尺寸构成了限制。
- 若二次距离压缩在二维频域实现, 则算法不能很好地适应多普勒中心的较大变化(见 CSA 中的解释)。
- 距离徙动校正需进行插值。由于插值很耗时, 通常要进行近似, 从而限制了它的精度。
- 通过与距离徙动校正插值结合, 能够得到同时满足距离及方位向频率相关性的最精确的二次距离压缩实现形式, 但其复杂性是不言而喻的, 因而对于高精度处理最好选择其他算法。

11.6.2 CSA 利弊

CSA 的优势如下。

- 算法的主要优势是通过扰动函数相位相乘实现距离徙动校正, 从而避免了插值(图像重采样可能会需要)。

- 通过二维频域中的参考函数相乘对二次距离压缩进行补偿,解决了其与方位向频率的相关性问题。
- 与 RDA 类似,方位匹配滤波器中的所有距离相关因子都可以进行调整。

CSA 的缺陷如下。

- 若已完成距离压缩(如平台实时处理)或不采用 chirp,则进行 CSA 处理前需通过 chirp 对数据进行展宽。
- 若距离匹配滤波器过长,则在进行距离向快速傅里叶逆变换之前,多余的距离弃置区数据必须被保存并用于所有计算中,故其效率会受到损失。
- 由于一部分处理是在二维频域中进行的[11],因而算法难以适应测绘带内多普勒中心频率的变化。例如,对于 20% 的方位过采样率,若测绘带内多普勒中心频率变化超过 20%,则会产生频谱混叠。当多普勒中心频率变化超出过采样率时,则应使用距离恒定区,从而导致效率的降低。这是所有包含二维频域处理的算法都无法避免的缺陷。
- 由于二维频域处理之前的数据是未经压缩的,与 RDA 相比,CSA 需使用包括距离匹配滤波弃置区在内的更大数据阵列。
- 由于仅进行一致校正,故假定二次距离压缩不随距离和 V_r 变化。
- 仅当 chirp 脉冲为线性调频形式,且距离徙动为 V_r 恒定假设下的距离线性函数[见式(6.23)]时,扰动才是线性调频的。若以上条件不满足,则可以使用非线性调频的扰动函数,但会使算法变得更复杂,且在最终的相位校正中引入了近似。

11.6.3　ωKA 利弊

ωKA 的优势如下。

- 只要距离方程为双曲形式,且 V_r 不随距离变化,则 ωKA 能够满足所有斜视角及孔径长度下的精确处理。以上假设对于机载系统及有限距离测绘带的星载系统都有效。
- 与 RDA 和 CSA 不同,除 V_r 恒定假设以外,二次距离压缩的实现是精确的(考虑了随斜距和方位向频率的变化)。
- 近似 ωKA 的效率极高,可用于忽略补余距离徙动校正及补余二次距离压缩的场合。

ωKA 的缺陷如下。

- 精确 ωKA 需进行距离向频率插值。插值在使用上不如相位相乘简单和准确。
- 由于在二维频域进行处理,算法不能处理多普勒中心的快速变化。
- 若数据未进行距离压缩,则在二维频域应使用包括距离匹配滤波弃置区在内的更大数据阵列。ωKA 允许二维频域处理之前的数据是已被距离压缩的,但需附加一组额外的距离向快速傅里叶变换及逆变换。
- 尽管在最终方位向快速傅里叶逆变换之前可以附加补余方位压缩,但算法并未考虑 V_r 沿距离向的变化。

11.7　小结

本章对 RDA,CSA 及 ωKA 等三种高精度 SAR 处理算法进行了比较,着重强调了各种算法(包括每种算法的变形形式)之间的异同。每种算法中的假设和近似都不同。本章以机载和星载情况为例,分析并列举了由各种近似导致的算法误差,并以表格形式列出了每种算法中与快速傅里叶变换、相位相乘及插值等基本操作相关的计算开销。

虽然对于具体应用而言,应进行许多细致的考虑,以选出最适用的算法,但在此仍给出如下一些大致的原则。

- 在中、低分辨率处理中,SPECAN 算法的效率是最高的。对于高分辨处理前的产品快视浏览系统而言,该算法是一个不错的选择。

  SPECAN 算法也适用于 ScanSAR 处理,尽管在某些特殊场合应使用第 10 章中的其他一些算法。

- RDA 是星载高分辨率 SAR 处理中应用最广泛的算法。它在概念上最简单,并且能适应距离向上的参数变化。

  对于机载系统,使用哪种形式的二次距离压缩应进行具体分析。大体上讲,近似的二次距离压缩适用于 X 波段,而非 L 波段,后者应在方位频域中实现二次距离压缩。

  对于星载系统,近似的二次距离压缩适用于 X 波段和 C 波段,有时也适用于 L 波段。但是,随着雷达分辨率的提高,对每种情况都需进行具体分析,以选出最适用的二次距离压缩形式。

- CSA 是 RDA 的一种较好替代算法,无须插值即可实现距离徙动校正,可略微提高图像质量。该算法中的二次距离压缩与方位向频率有关。

- 由于 ωKA 仅进行了 V_r 恒定假设,故对于宽波束或中等以上斜视的 SAR 来说,该算法是最好的选择。算法的近似形式也可用于窄波束或低斜视角情况下的处理。

11. 7. 1　墨西拿海峡的 ASAR 图像

该 ENVISAT ASAR 部分测绘带图像为意大利墨西拿海峡,如图 11.1 所示,它将西西里东岸和意大利大陆一角分隔开来。墨西拿城位于海峡西岸,港口中停靠有意大利渡轮。雷达为 VV 极化,可增强水面的亮度。在海峡南端附近能看到明显的内波。

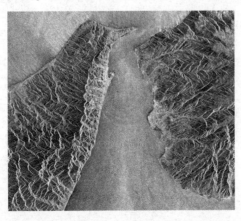

图 11.1　墨西拿海峡的 ENVISAT/ASAR 图像(欧洲航天局授权, 2003 年)

数据采自 2003 年 4 月 9 日降轨#5787 中的成像模式 2。景中心位于北纬 31.8°,东经 15.6°。墨西拿海峡宽 3~8 km,连接了伊特鲁里亚海(图顶端)和爱奥尼亚海(图底端)。图像宽约为 32 km,为了便于显示,在每一方向对原图都进行了两倍的平均。

第三部分　多普勒参数估计

第12章 多普勒中心估计

12.1 简介

接收数据的多普勒参数(包括多普勒中心频率和调频率)估计是 SAR 成像处理中必不可少的步骤[1,2]。本章主要讨论多普勒中心频率的估计,第13章将详细讨论方位向调频率的估计。

12.1.1 多普勒中心频率

由于方位(即多普勒)信号为离散形式,所以多普勒频率可由两部分组成。采样率 PRF 限定了可观测到的最高多普勒频率。在接收信号中,只有 $-0.5\,\mathrm{PRF} \sim +0.5\,\mathrm{PRF}$ 之间的频点能观测到,一般将其称为基带(baseband)频率或 PRF 的小数部分(fractional PRF)。

在无法直接观测的基带以外,频率对 SAR 处理来说是很重要的。为简便起见,将其量化为 PRF 的整倍数,称其为多普勒模糊(Doppler ambiguity)。处理时必须知道多普勒频率中心值或平均值,即多普勒中心频率(Doppler centroid frequency),或简称为多普勒中心。

有关多普勒中心频率的更多细节详见 5.4 节,其表达式如下:

$$f_{\eta c} = f'_{\eta c} + M_{\mathrm{amb}} F_a \tag{12.1}$$

其中 $f'_{\eta c}$ 为 PRF 的小数部分,M_{amb} 为模糊数,F_a 为 PRF。$f'_{\eta c}$ 设定了方位匹配滤波器的频率中心及弃置区,绝对中心频率 $f_{\eta c}$ 则用于距离徙动校正及二次距离压缩。

尽管对 SAR 处理进行了相当的改进,但是许多实用化星载 SAR 处理系统仍饱受大量景成像中不可靠多普勒中心频率的困扰。过低的估计精度会影响到定位和聚焦,导致噪声和模糊度的增高,严重时还会影响到图像质量[3]。

多普勒中心精确估计的难点如下。首先,卫星无法为多普勒中心的几何计算提供足够精确的姿态测量或波束指向;其次,中心频率估计结果与场景内容紧密相关。

任一多普勒中心分量的接收数据估计算法或者是基于幅度的,或者是基于相位的。本章将对其中一些基本算法进行讨论。其他更复杂的估计方法则基本上从本章所述的方法发展而来。其中最全面的算法由 Dragošević 提出,用到了几何模型、沿轨滤波器和数据估计器,以跟踪多普勒中心随时间的变化[4,5]。

12.1.2 星载 SAR 几何

影响多普勒频率的系统因素可以归纳为卫星轨道几何模型、雷达波束指向,以及波束与转动地表的交点。

卫星/地球几何

首先从图 12.1 所示的卫星轨道开始推导几何模型。卫星位置和速度(即卫星星历)可由状态矢量加以描述[6]。这些参数由卫星跟踪控制系统给出,并作为工程数据加注进 SAR 信号记录中。状态矢量数据通常间隔时间较长(如 30 s)。中间任意时刻的卫星位置和速度可通过插值得到。

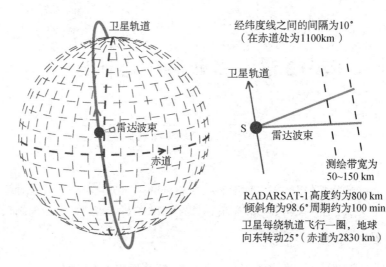

图 12.1　卫星轨道和雷达波束简图

　　这里以 RADARSAT-1 卫星为例计算多普勒中心。假设卫星轨道为局部圆轨道[7]，距地表的平均高度约为 800 km，相对于赤道的轨道倾角为 98.6°。

雷达波束几何

　　确定卫星轨道以后，还需要通过卫星姿态、本地垂线及波束星下点离线角确定波束指向。有了波束指向角，即可通过一定斜距下的星下点离线角而得到波束中心与地表的交点。

　　多普勒频率是距离的函数，它主要与卫星偏航角和俯仰角有关（横滚角的影响可忽略），多普勒中心随时间的变化则由卫星姿态角速率和角加速度决定。

　　图 12.2 示意了雷达波束几何及其与地表的相交情况。目标被波束中心照射时的雷达位置为点 P_1。另一个重要的雷达位置是零多普勒面穿越目标时的点 P_2。由于本例中波束为前向指向，故点 P_2 晚于点 P_1 到达。图 12.2 还给出了处理前的斜距矢量 R，以及经零多普勒处理后的有效斜距 R_0。

卫星偏航角和俯仰角的影响

　　图 12.3 通过俯视下的波束照射区示意了卫星俯仰角及偏航角的影响。最下面的照射区给出的是俯仰角和偏航角均为零的情况。不考虑地球自转影响，波束姿态为零时的多普勒中心频率也为零。波束照射区的尺寸与一系列系统参数有关（如雷达波长、天线尺寸及至目标的距离等）。C 波段下的典型照射区面积为 120 km×5 km。

　　图 12.3 同样给出了俯仰角和偏航角非零情况下的波束照射区。当卫星星体上倾时，俯仰角为正。这种倾斜使得波束或多或少地平行于零俯仰角位置向前移动，从而导致多普勒中心频率增大（在图 12.3 中为上移）。由于方位向调频率随斜距增大而递减，所以远距离处的多普勒增率比近距离处的慢。

　　图 12.3 还示意了偏航角增加时的照射区偏移。偏航指以星下点连线为轴的卫星旋转，在此规定使波束前移的偏航角为正[1]。偏航旋转的影响随距离增大而增强（见图 12.13）。对于几何关系相对简单的机载 SAR，由偏航导致的多普勒则近似与距离无关。12.3 节和附录 12A 将深入讨论以上几何关系在多普勒中心计算中的应用细节。

----

① 偏航和俯仰方向遵循附录 12A 定义的右手坐标系。正偏航角或俯仰角指沿轴方向观察的绕轴顺时针旋转角。

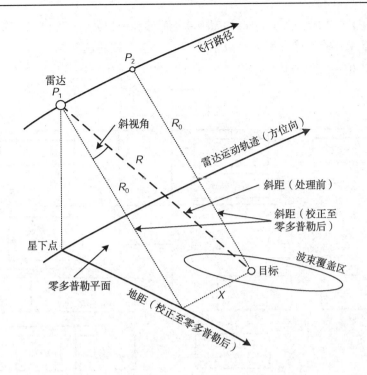

图 12.2　波束覆盖区和相关距离变量示意图

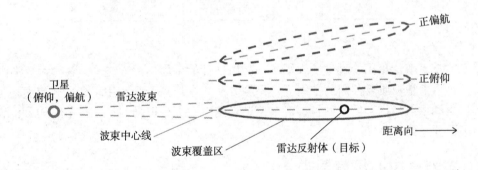

图 12.3　雷达波束覆盖区在地球表面的俯视图, 分别展现
了 (1) 零姿态, (2) 正俯仰角, (3) 正偏航角影响

12.1.3　本章概述

本章主要讨论 SAR 处理中的多普勒中心频率估计。多普勒中心频率的估计既可基于几何模型及相关测量, 也可基于回波数据分析。对于后者, 基带分量和模糊分量的估计算法是不同的。

本章概况如图 12.4 所示。首先, 12.2 节给出了多普勒中心的估计精度要求。12.3 节介绍了利用卫星轨道模型及姿态测量参数的多普勒中心计算方法(更详尽的数学推导见附录 12A), 并以 RADARSAT-1 为例给出了多普勒中心频率的沿轨变化规律。

随后两节介绍了多普勒中心的数据域估计方法。12.4 节给出的是基带多普勒中心的数据域估计方法, 共介绍了两种方法: 基于方位谱形状的方法(见 12.4.1 节)和基于回波信号相位特性的方法(见 12.4.2 节)。12.5 节则对多普勒模糊估计进行了阐述, 包括一种基于方位视距离偏差的幅度方法(见 12.5.1 节)和三种基于回波相位的方法(见 12.5.2 节)。附录 12B 则给出了两种基于相位的估计方法的一致估计偏差。本节最后还介绍了一种基于变 PRF 的可变图像参数测量方法,该方法主要用于 ScanSAR(见 12.5.6 节)。

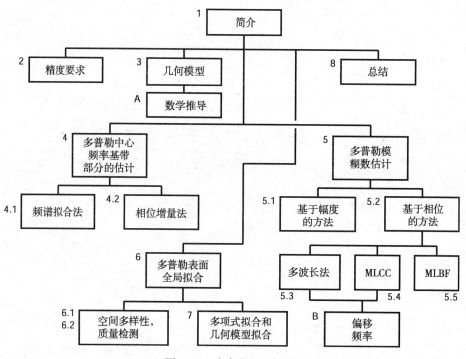

图 12.4　本章节组织结构

最后,12.6 节给出了一种适于大场景一次性估计的全局估计方法。为获得大范围内的良好估计,使用了基于质量控制的空间变化检测方法。全局拟合则利用了多项式表面模型,或通过俯仰角和偏航角已知的几何模型对多普勒观测中心进行拟合(见 12.7 节)。12.8 节对本章进行了简要总结。

12.2　多普勒中心精度要求

基带中心及多普勒模糊的估计方法是不同的,因此其精度要求也不同。

12.2.1　基带中心的精度要求

基带多普勒中心估计对图像质量而言极为重要。本节讨论基带估计精度对信号模糊比和 SNR 的影响。其中,"信号"是指被具有"中心模糊"(即最接近波束中心的模糊)的方位匹配滤波器压缩后的数据。如图 5.3 和图 5.4 所示,这种模糊源于 PRF 混叠。

当多普勒中心估计存在误差时,方位匹配滤波器的中心频率偏离信号频谱能量峰值。这将降低目标主响应的压缩能量,而提高模糊区的能量。由于噪声频谱是平坦的,其能量并不发生变化,因而估计误差会恶化信号模糊比和 SNR。所以,多普勒中心的估计精度应处于信号模糊比或 SNR 的容许损失范围内。

本节将讨论用于常规波束处理的图像质量准则。当进行 ScanSAR 处理时,或用 SPECAN 算法处理常规波束时,将提出更严格的标准,以满足辐射精度要求。9.7.3 节对此进行了讨论。

方位模糊

图 12.5 示意了方位模糊的起因,以及错误多普勒中心对数据处理的影响。图 12.5(a)给出的是方位向时间上的目标回波幅度。当仅有单一目标且在时域观察信号时,混叠影响并不明显。从中可以看到导致模糊的天线旁瓣。在这个例子中,假定方位波束方向图为未加权的 sinc 平方函数,因此与波束中心相比,第一旁瓣幅度低 26 dB。对于方位孔径经过加权的卫星,如 RADARSAT-1,其旁瓣幅度会更低。

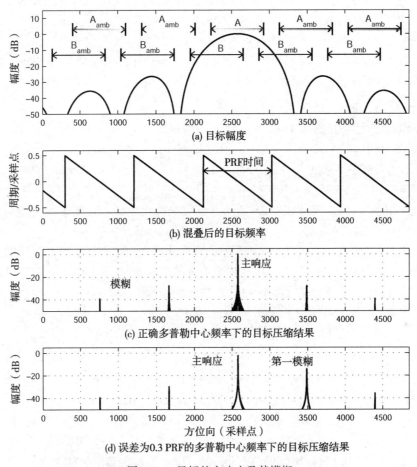

(a) 目标幅度

(b) 混叠后的目标频率

(c) 正确多普勒中心频率下的目标压缩结果

(d) 误差为0.3 PRF的多普勒中心频率下的目标压缩结果

图 12.5　目标的主响应及其模糊

正如 5.4.1 节所指出的,模糊是由多普勒频谱混叠引起的。频谱的主能量集中在波束中心穿越时刻附近,经过匹配滤波后,这部分能量将产生目标主响应(或非模糊响应),图 12.5(a)中以箭头 A 对主能量区进行了标注。

除了主能量区,接收信号中的 4 个模糊区则由 A_{amb} 标识,再向外的模糊区一般可以忽略。不同模糊区以"PRF 时间"相互隔开,在这个例子中为 920 个采样点。由于箭头仅覆盖了与多普勒处理频带相对应的那部分时间,所以模糊区之间存在间隙。方位过采样率为 1.3,6 dB 双程波束宽覆盖 700 个采样点,这是 C 波段卫星中的典型值。

图 12.5(b)给出了多普勒频率与数据采集时间的关系曲线。这里假设了零多普勒天线指向,并且不考虑一般性损失。本图对采样如何造成数据混叠进行了说明,对于复采样仅能看到±0.5 采样周期内的频率。混叠使得图 12.5(a)时域中的 4 个 A_{amb} 区与 A 区共用同一频带。正如下面

将要解释的，由于方位匹配滤波器对所有 A 区和 A_{amb} 区都进行聚焦，因此产生了模糊。

在方位压缩中，匹配滤波器与图 12.5(a)所示的信号进行卷积，当多普勒中心估计无误时，滤波器与 A 区中的信号相匹配，被压缩为图 12.5(c)中称为"主响应"的 sinc 窄脉冲。匹配滤波器持续时间为图 12.5(a)中的水平箭头长度，规定了被处理的带宽。

滤波器相位也与图 12.5(a)中的 A_{amb} 区信号相匹配。对其进行的压缩将导致与主响应相隔数倍 PRF 时间的 sinc 聚焦函数，如图 12.5(c)所示。即，A_{amb} 区信号的压缩结果将产生与主响应相隔数倍 PRF 时间的错位，该结果称为主响应的虚像。除了由错误距离徙动校正导致的相对微小误差(回顾图 5.15 和 6.3.4 节)，模糊区的聚焦是正确的。由于模糊混叠信号的中心频率及方位向调频率与主区的相同，所以聚焦是完全的。

模糊区中的目标幅度比主区的低。在加入匹配滤波加权影响后，对图 12.5(a)中箭头标注区内的波束方向图进行积分即可得到幅度。在图 12.5(c)中，当方位向过采样比值为 1.3 时，最大模糊区能量与主区能量的比值为 -28 dB。

多普勒中心误差产生的模糊

假设多普勒基带中心估计误差为 0.3 PRF。此时，通过匹配滤波器的信号主区如图 12.5(a)中的 B 区所示，而模糊区则来自 B_{amb} 区的信号相位历程。图 12.5(d)给出了存在多普勒中心误差时的压缩结果。由于滤波器压缩至零多普勒，故压缩位置与图 12.5(c)中的相同。两者的不同之处在于：(1)主区目标能量降低；(2)模糊区能量增加。最大模糊区能量与主区能量的比值上升到 -12 dB。

信号模糊比有两种定义。首先，如前所述，可将其定义为最大模糊区与主区的信号响应幅度比。这种定义反映了对孤立强点目标在暗背景中的模糊程度(见图 12.8)。还可将其定义为全部模糊区功率与主区功率的比值。这种定义用于表明杂波分布在场景中的模糊扩散方式。

多普勒中心误差还影响到图像 SNR。比较图 12.5(d)与图 12.5(c)，由于噪声功率与多普勒中心无关，而信号主响应功率随之下降，所以会导致 SNR 的降低。

精度要求

以 sinc 平方函数方位向的方向图为例，图 12.6 给出了信号第一模糊比及 SNR 随多普勒中心误差变化的曲线。其中，多普勒估计误差在 0~0.5 PRF 之间。方位过采样率为 1.1~1.4，其对信号第一模糊比及 SNR 的影响分别如图 12.6(a)和图 12.6(b)所示。

根据这些结果可以给出允许的多普勒中心估计误差。例如，如果要求信号第一模糊比恶化不超出 3 dB，则估计误差必须低于 7.5% PRF。又如，如果要求 SNR 恶化不超出 1 dB，则估计误差必须低于 19% PRF[①]。

另一种多普勒中心精度要求如下：常规波束处理中的典型多普勒中心估计精度应在 ±5% PRF 以内。此时，对于 1.3 倍的过采样率，信号模糊比降低 1.4 dB，信噪比降低 0.1 dB。

RADARSAT-1 图像示例

以图 12.7 中的温哥华地区 RADARSAT-1 的高分辨率图像(精波束 2)为例对多普勒中心估计特性进行说明。图像由 Radarsat International 的 RDA 处理器处理得到，为便于显示，分辨率降至 8 m。景中心位于北纬 49.2°，西经 122.9°。图像中包含水域、农田、城市及山脉。相关参数如表 12.1 所示。

---

① 以上误差敏感值是针对 1.3 倍过采样率及未加权天线而言的。实际上，由于图 12.5(a)中的匹配滤波区在不同过采样率下会产生水平尺度变化，所以误差敏感值是不同的。

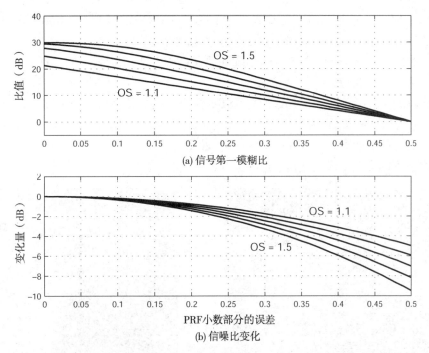

(a) 信号第一模糊比

(b) 信噪比变化

图 12.6　（a）信号第一模糊比；（b）多普勒中心频率误差引起的信噪比变化

图 12.7　多普勒中心频率估计中所采用的 RADARSAT-1
温哥华场景(加拿大航天局版权所有,2002年)

表 12.1　RADARSAT-1 温哥华场景参数

参数	数值	单位
雷达工作波长	5.656	cm
雷达工作频率	5.3	GHz
距离向采样率	32.317	MHz
卫星航迹	344.5	(°)
标称斜距	1000	km
地速	6613	m/s
脉冲重复频率	1257	Hz
斜距采样间隔	4.635	m
地距采样间隔	≈7.2	m
方位向采样间隔	5.262	m

　　根据图 12.6 的误差敏感值，当在处理中使用了错误的多普勒中心时，方位模糊对图像的影响一般高于 SNR 的影响。这里利用了本景图像左下角的一块 12 km×12 km 的切片，以分析第一模糊区的幅度影响。

　　图 12.8 给出了 3 种不同多普勒中心误差下的结果。处理分辨率为 8 m，为了更清晰地表

现辐射特性，进行了十六视处理（距离和方位上的 4 点平均）。图 12.8(a)示意的是多普勒中心无误时的处理结果，其他几幅图则给出了多普勒中心误差分别为-0.10 PRF，-0.20 PRF和-0.30 PRF 时的处理影响。注意，由匹配滤波器中心改变（输入数据不变）所造成的弃置区变化会导致图像出现错位。

通过比较图 12.8(a)与其他几幅图，可以看到明显的方位模糊。该子图中包含一个很大的铁路站、煤炭运输码头（Roberts 银行）和向南 3 km 处的大型渡轮港口（Tsawwassen 站）。通常强点目标的模糊图像在暗背景（如水域）中会表现得特别突出。但对于比较均匀的杂波区，虽然模糊能量可以降低图像对比度，但模糊却并不明显。

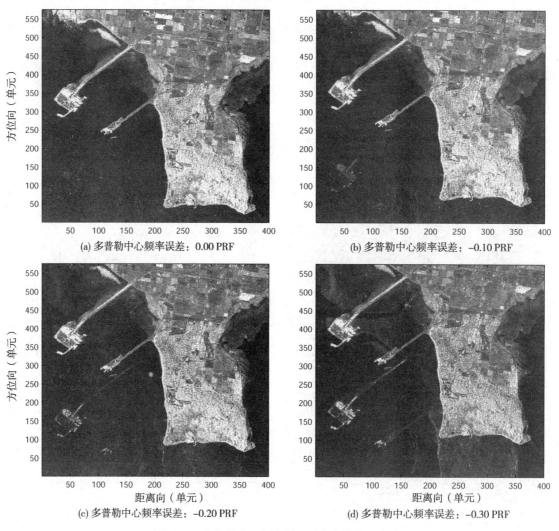

图 12.8　多普勒中心频率误差对方位模糊的影响

从以上图像中可以大致估计出模糊区的尺寸。点 355 为铁路站的终点，其模糊能量在点132 处产生了一个虚像，PRF 时间在多视图像中为（355−132）= 223 点，在原始图像中则为892 点。多普勒中心误差为 0.10 PRF，0.20 PRF 和 0.30 PRF 时的图像的第一模糊能量比分别为-22 dB，-15 dB 和-8 dB。即使在无多普勒中心误差的情况下，如图 12.8(a)所示，仍能在暗水域中看到明显的模糊。这源于本例中的 PRF，而并不是由于处理产生了错误。

由于 RADARSAT-1 的天线经过了加权，所以以上结果与图 12.6 略有不同。如果使用的是方位加权后的天线，就应该基于实际波束方向图来重新计算图 12.6 的结果。相关分析可用于满足一定模糊要求下的天线加权设计。

12.2.2　多普勒模糊的精度要求

多普勒模糊是绝对中心频率除以 PRF 后的舍入整数，因此由模糊引入的多普勒中心误差为 PRF 的整倍数。当模糊误差非零时，将会引起距离和方位上的聚焦误差，并且在方位向上产生较大的位置偏移。聚焦和对准的影响与照射时间成正比。同一模糊误差对 C 波段及更高波段的聚焦影响相对较小，而在 L 波段则会非常明显。每单位模糊误差会在方位向上产生一个与 PRF 时间相对应的位置偏差，这种偏差甚至在高频段仍然存在。

由于模糊数的正确估计相对简单，并且其对方位配准有较大的影响，因而通常要求对其进行的估计是无偏的。

12.3　多普勒中心的几何计算

本节将在给定卫星轨道、姿态及雷达波束指向的前提下，讨论多普勒中心的几何计算方法。假设波束在方位向是对称的，则多普勒中心指的是在波束中心线上的目标多普勒频率，其随距离而变化。

为了得到多普勒中心，必须计算传感器与地面波束中心处目标的相对速度。多普勒频率为

$$f_{\eta c} = -\frac{2V_{\text{rel}}}{\lambda} \tag{12.2}$$

其中 λ 为雷达波长，V_{rel} 为卫星与目标之间的相对速度在波束视线矢量上的投影（见附录 12A）。也就是说，相对速度给出的是卫星至目标的距离变化率。

机载情况下的多普勒中心计算比较简单，如下所示：

$$f_{\eta c} = -\frac{2V_{\text{rel}}}{\lambda} = \frac{2V_r \sin\theta_{r,c}}{\lambda} \tag{12.3}$$

其中 V_r 为载机速度，$\theta_{r,c}$ 为斜视角。但是，在星载情况下，受曲率及地球自转[①]的影响，计算复杂得多。比较式（12.2）、式（4.33）和式（4.34），卫星与目标之间的相对速度为

$$V_{\text{rel}} = -V_r \sin\theta_{r,c} = -V_s \sin\theta_{\text{sq},c} \tag{12.4}$$

其中的角度定义参见 4.3.2 节。

由于地表速度及卫星与目标速度矢量之间的夹角随纬度改变，故相对速度沿轨变化（圆轨道也是如此）。图 12.9 示意了沿地心惯性坐标系（ECI）（见附录 12A）中负 x 轴方向观测到的侧视轨道。在本例中，通过升交点（卫星赤道面穿越点）的经线为本初子午线。

图 12.9 所示为卫星自升交点起向西北方向飞过的四分之一圈轨道。图中的小圆表示的是一定星下点离线角下，6 个轨道位置处的波束中心线目标。星下点离线角的定义如图 4.3 所示。以虚线表示的卫星至目标的矢径定义了目标距离和波束角。惯性空间中的目标速度用每一目标右侧的矢量加以表示。

下面根据卫星与目标之间的相对速度，计算任一卫星轨道位置和波束指向角下的多普勒中心频率。给定卫星位置，即可得到多普勒中心频率随星下点离线角的变化曲线。

---

① 在星载情况下，通常假设目标固定在地球表面上，所以目标速度由地球自转给出。

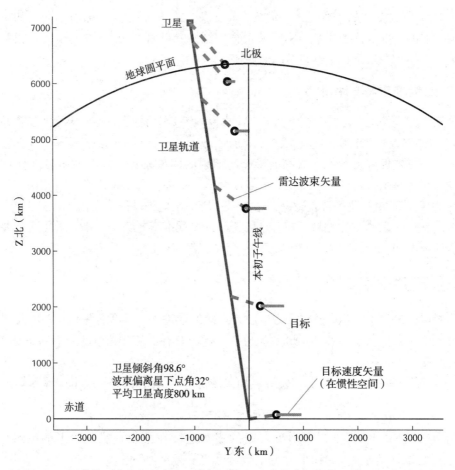

图 12.9　卫星绕轨四分之一的路径示意图，给出了雷达波束矢量、目标和目标速度矢量

计算流程如图 12.10 所示，具体步骤如下。

第 1 步：确定地球和卫星轨道参数。

第 2 步：选定某一轨道时刻，以计算多普勒中心，并给出该时刻的卫星偏航角和俯仰角。

第 3 步：选定一组与波束中心线目标对应的星下点离线角。对每个角执行第 4 步和第 5 步。

第 4 步：根据波束指向角，通过计算波束指向矢量与地表的交点进行目标定位。

第 5 步：计算卫星至目标的距离、相对速度及目标多普勒频率。

第 6 步：根据一组星下点离线角下的结果，对多普勒频率随斜距的变化进行低阶多项式拟合（许多 SAR 处理器都会用到该表达式）。

第 7 步：给出多项式拟合曲线示意图（这个步骤是可选的）。

　　图 12.11 示意了第 4 步和第 5 步的多普勒频率计算流程，详细计算过程见附录 12A。首先，通过一系列坐标系变换将雷达波束"视线矢量"变至地心惯性坐标系 ECI；然后，通过求解二次方程得到波束与椭圆地表的交点，由此确定目标位置；随后，将目标位置及速度变换到地心惯性坐标系 ECI。这个步骤也可以通过地心转动坐标系 ECR，将卫星位置及速度变换到目标参考系中。当卫星与目标的位置、速度都变至同一坐标系后，即可将两者的速度在波束矢量上进行投影，以得到相对速度，并根据式（12.2）计算出多普勒频率。

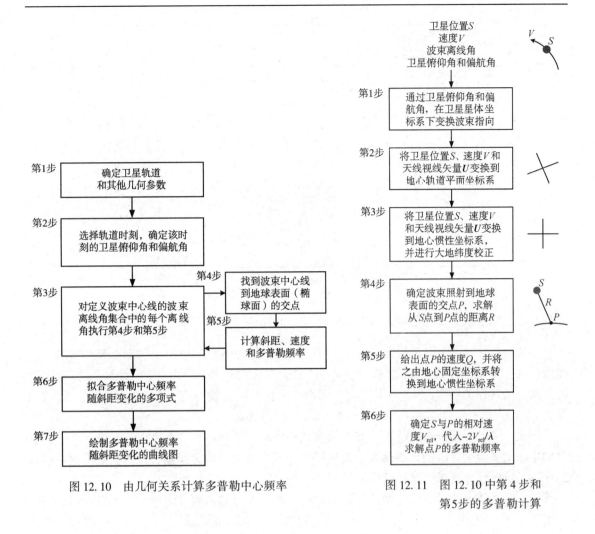

图 12.10　由几何关系计算多普勒中心频率

图 12.11　图 12.10 中第 4 步和第 5 步的多普勒计算

12.3.1　多普勒中心计算示例

基于以上几何模型，即可得到不同 SAR 成像条件下或某一接收数据集的多普勒中心。例如，在星下点离线角及卫星姿态确定的前提下，可以得到一圈轨道内的多普勒中心。由此可以给出多普勒中心与距离和方位的依赖关系，这对 12.7 节中的多普勒模型是很有用的。

图 12.12 分别以 16°，32°和 52°星下点离线角，零度卫星姿态为例[①]，给出了多普勒频率沿 RADARSAT-1 圆轨道的变化曲线。在赤道附近，卫星与目标的相对速度达到最大，因而此处的多普勒中心频率最高。多普勒中心随距离增加，故星下点离线角为 52°时，该轨道下的最大多普勒中心为 14 300 Hz，当 PRF 为 1300 Hz 时则为 PRF 的 11 倍(假设姿态为零)。在零姿态假设下，卫星轨道最南端或最北端的多普勒中心为零(在这些轨道点，卫星和目标速度矢量平行)。由于天线为右视的，并且卫星姿态以局部垂线而非地心为参考，故多普勒中心曲线略显失衡。

---

① 姿态可以基于轨道平面、局部地平线及星下点矢量进行测量(见附录 12A)。

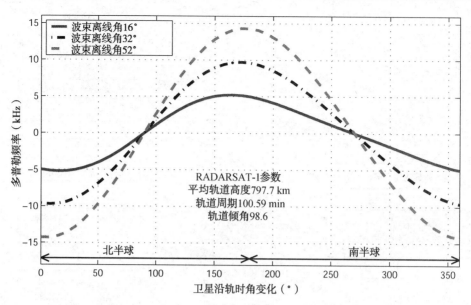

图 12.12　三个不同波束离线角下，多普勒中心频率沿轨变化。每 PRF 模糊对应的频率范围接近 1.3 kHz

　　类似地，对于一个固定的卫星位置，可以得到多普勒中心随斜距或星下点离线角的变化曲线（见图 12.13）。在图 12.13 中，卫星位于自升交点起的 1/8 轨道处，目标则在北纬 49°附近。此处的几何关系与图 12.7 中的温哥华地区很接近。卫星高度为 800 km，星下点离线角的变化范围为 16°~52°，相当于 836~1471 km 的斜距变化。

　　图 12.13 的实线给出的是零姿态下的多普勒中心，可以对其进行多项式拟合，以得到多普勒中心随斜距变化的简单表达式。几何模型的三次多项式拟合偏差在距离测绘带内不超过 2 Hz，对 SAR 处理而言已足够精确。

　　图 12.13 还示意了卫星俯仰角和偏航角对多普勒中心的影响。图中分别用虚线和点划线给出了 ±1°俯仰角和偏航角下的多普勒中心。根据附录 12A 的规则（见图 12.3），俯仰角和偏航角为正时，会使多普勒中心变大。

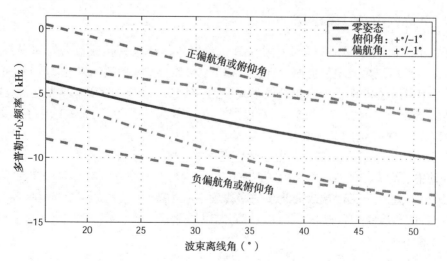

图 12.13　卫星升轨至北纬 48°时，多普勒频率随波束离线角变化的趋势。卫星偏航角和俯仰角设为−1°，0°或+1°

12.3.2　偏航角和俯仰角控制

一些较新的 SAR 卫星通常使用姿态控制系统,以将测绘带内的多普勒中心在轨道内保持在零频附近。这样就减少了接收数据中的距离/方位耦合,从而降低了 SAR 处理对参数误差的敏感程度。它可以带来以下好处:

- 较小的距离徙动使 SAR 处理相对简单
- 处理相位更精确
- 图像配准更精确
- 为干涉测量应用的频谱重叠提供了更大的可能性
- SPECAN 算法和 ScanSAR 处理中的扇贝校正更一致
- 配合相关传感器(如散射计)

但是,姿态控制也会消耗更多的能源,并且使系统变得更复杂。

1991 年发射的 ERS 首先使用了姿态控制。它通过偏航控制,将特定距离上的多普勒中心调整至零频附近,并使大多数时间内的多普勒中心都处于 ±500 Hz 以内。其主要目的是为了配合散射仪的使用,并用于一些特殊的试验。

前述的几何模型可以用于计算所需的控制参数。例如,对于赤道上空 800 km 处的卫星,为了使波束指向零多普勒线,偏航角控制应在 ±3.93° 以内。另外,利用偏航模型可以确定某一卫星轨道位置下的地表零多普勒线位置,这对图像配准是很有用的。

TerraSAR-X 则计划通过同时调整偏航角和俯仰角,使全部测绘带内的多普勒中心能接近零频。除了上例中的 ±3.93° 偏航校正,还需要附加 ±0.06° 的俯仰校正。从理论上讲,这样可使测绘带内的多普勒中心低于 1 Hz。但是,如果姿态控制系统在三个轴向上出现 0.01° 的误差,则中心频率上限将增至 ±123 Hz[8]。通常,雷达频率越低,对控制精度的要求也就越低。

12.4　基于接收数据的基带中心估计

如 12.3 节所讨论的,通过测量出的姿态进行几何计算,可以得到多普勒中心。由于测量精度通常不能满足高精度处理的要求,所以需要从回波数据中估计出更精确的多普勒参数。所有估计算法一般可归为两类:基于幅度的方法和基于相位的方法①。本节将讨论基带多普勒中心(或多普勒中心的小数部分)的估计方法。有关多普勒模糊数(估计绝对多普勒中心频率所必需的)的估计方法将在 12.5 节中讨论。

12.4.1　基于幅度的估计方法

在这类方法中,通过对观测到的频谱能量进行拟合,可以得到幅度谱峰值处的多普勒频率,这种方法称为"频谱拟合"方法。在峰值对称频谱前提下,峰值处的频率即为基带多普勒中心的估计值(见图 5.5)。

可以用一个简单的多普勒频谱模型对该方法进行证明。考察幅度为瑞利分布并且不同样

---

① 这种分类有一定的模糊性。在 12.4.1 节所示的频谱拟合方法中,信号相位对频谱形状具有决定性的影响,而在 12.4.2 节所示的相位增量方法中,波束幅度轮廓却在平均处理中起着很重要的作用。

本之间为随机关系的地面散射模型 $g(\eta)$[9]，其具有平坦的平均频谱 $G(f_\eta)$。为简便起见，这里仅考虑方位向 η。由于每个像素内的不同散射中心斜距在波长量级上是随机的，所以散射系数为具有随机相位的复数。

一般情况下，通过将地面散射系数与雷达系统的方位脉冲冲激响应 $h_{\text{imp}}(\eta)$ 进行卷积，如式(4.43)所示，可以得到回波模型。在此基础上，叠加一个具有平坦频谱 $N(f_\eta)$ 的复高斯噪声 $n(\eta)$。因此，地表散射模型频谱 $G(f_\eta)$ 与系统脉冲冲激响应频谱 $H_{\text{imp}}(f_\eta)$ 的乘积，再加上噪声频谱，就构成了回波频谱。

图 12.14 示意了方位信号及其频谱特性，其中多普勒中心 f_{η_c} 为 0.375 PRF，SNR 为 $-6\,\text{dB}$。图 12.14(a)示意了点目标理想信号回波(已解调) $h_{\text{imp}}(\eta)$ 的实部，其包络为式(4.28)所示的 sinc 平方函数。6 dB 双程波束宽度占 250 个采样，PRF 时间为 325 个采样，方位向过采样率为 1.3。信号持续宽度为 1024 个采样点，相当于 3.15 PRF 的频宽，因此仿真存在信号模糊。信号零多普勒点(第 635 个采样点)位于峰值点右侧，其偏移量与多普勒中心成正比。

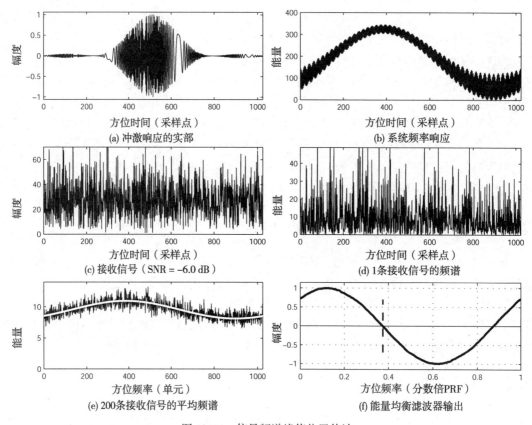

图 12.14　信号频谱峰值位置估计

图 12.14(b)给出了系统传递函数 $|H_{\text{imp}}(f_\eta)|^2$，其峰值位于多普勒中心频率处。利用驻定相位原理，可以对图 12.14(a)中的时间函数进行包络检测，但是会混进模糊能量。图 12.14(b)所示的频域频谱形状近似为一个周期内的正弦波形(图中的高频调制源于采样及离散傅里叶变换)。

图 12.14(c)给出的则是一条距离线上的雷达回波幅度，图 12.14(d)所示的是其功率

谱 $|G(f_\eta)H_{imp}(f_\eta)+N(f_\eta)|^2$。由于 $G(f_\eta)$ 和 $N(f_\eta)$ 均为白噪声型频谱,所以其频谱形状应为图 12.14(b)中的 $|W_a(f_\eta - f_{\eta c})|^2$ 与噪声平坦谱的和。然而,由于仅仅分析了一条距离线,所以观测到的频谱非常杂乱,难以看出正弦波形。

如图 12.14(d)所示,由于单一距离线的频谱是含噪声的,为了从中确定信号频谱峰值,首先应该对大量距离单元上的功率谱求平均。图 12.14(e)示意了经 200 条距离单元平均后的功率谱。其中,抬高的正弦波形轮廓(峰值偏移为 0.375 PRF)用白色加以突出。实验表明,具有一定偏置的正弦波形是对含噪模糊功率谱的合理描述。

因为频谱幅度是关于峰值对称的,所以可简单地通过能量均衡来确定含噪频谱中的多普勒中心,即根据频谱的周期性质找到频谱能量的等分频点。能量均衡可以通过将接收到的平均功率谱与滤波器进行圆卷积来实现,滤波器为

$$F_{pb}(f_\eta) = \begin{cases} +1, & 0 \le f_\eta \le F_a/2 \\ -1, & \text{其他} \end{cases} \qquad (12.5)$$

其中 F_a 为 PRF。$F_{pb}(f_\eta)$ 的 +1 和 -1 部分各占多普勒频谱的一半。

图 12.14(f)给出了图 12.14(e)中的平均频谱与 $F_{pb}(f_\eta)$ 卷积后的结果,其中降交零点即为功率等分频点,图中以垂直虚线示意了其位置(0.375 PRF 处),表明过零点与实际多普勒中心的偏差不超过 1% PRF。

与信号频谱相比,图 12.14(f)中的结果非常光滑,所以估计器 $F_{pb}(f_\eta)$ 是低通滤波器。一种更好的方法是将估计滤波器选为 $|W_a(f_\eta)|^2$ 的导数,该滤波器可以近似为余弦波形(见后续示例)。它也是通过过零点对中心频率进行估计的,其结果与式(12.5)所示滤波器(三角函数的导数)的结果很相似。当以正弦波为模型时,频谱峰值可以简单地由幅度谱一次谐波的相角(即与每次记录中一周所对应的离散傅里叶变换系数的相角)估计得到[11]。

RADARSAT-1 估计示例

使用前面讨论的正弦拟合模型,对 12.2.1 节中的温哥华场景进行 5 km 数据块内的多普勒中心幅度估计。图 12.15 示意了距离压缩后的图像,图 12.16 则给出了具有不同估计特性的四块典型数据的估计结果。每幅图中以虚线表示正弦拟合波形。

图 12.16(a)和图 12.16(c)给出的是水域估计结果。这些区域具有极低的 SNR,仅为 -12 dB 左右。图 12.16(a)所用数据块的上缘为陆地,其多普勒中心估计值比平均值高出 300 Hz。图 12.16(c)中的水域无明显特征,故频谱是对称的,然而过低的 SNR 导致了相对较高的估计标准差(约 20 Hz)。另外,图 12.16(a)情况下的接收机衰减很大,这意味着水域回波将淹没在 4 比特 A/D 量化噪声中,即来自水域的雷达回波频谱被平坦的高强度 A/D 量化噪声频谱所掩盖。图 12.16(c)中的衰减相对较小,因而来自水面散射点的回波频谱比较明显。在水域中,距离向传播的波及水流会造成多普勒中心的估计偏差,虽然其影响在这个例子中很小。

图 12.16(b)和图 12.16(d)示意了陆地频谱,此时 SNR 很高,约为 +8 dB 左右(图中的纵坐标已被压缩,以便与水域相比较)。图 12.16(b)所用数据块的前缘有孤立强散射目标(Port Mann Bridge),其估计偏差高于 80 Hz,强散射体位于图 12.15 中的(8,9.5)处,即数据块中仅包含桥体的一半。来自强散射目标的不完整回波使频谱形状发生扭曲,以至于不能进行精确的正弦波拟合。图 12.16(d)中的数据含有城市、农田和树木,因此其对比度比较适中。由于频谱相当对称,并且 SNR 很高,其估计更精确,误差接近于零。

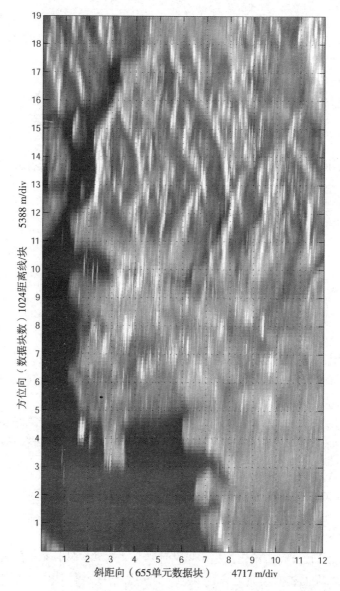

图 12.15　用于多普勒中心频率估计实验的温哥华距离压缩图像

　　实践证明频谱拟合方法十分有效，并在许多处理器中都得到了广泛应用。通过大面积区域平均可以缓解强目标不完整照射(尤其是方位向)的影响，但是平均区域不能取得过大，因为这会掩盖多普勒中心与距离和方位的依赖关系。该问题的一种解决方法是 12.6 节将会讨论的空间可选模型拟合法。通过这些技术可将多普勒中心的估计误差控制在 0.5% PRF 以内。

　　许多估计误差来自方位压缩前数据中的强目标的不完整照射。去除部分照射影响的另一种方法是在方位压缩后估计多普勒中心，因为此时每个目标(和频谱)的能量都集中在数个像素点上[12]。然而，这样做的一个问题是，方位频谱形状会受到匹配滤波器加权的影响，从而导致实际回波频谱形状的失真。即使去除了匹配滤波器的加权，信号仍受到模糊的影响。如果处理使用了不一致的多普勒中心频率，就会导致频谱形状出现畸变。这意味着如果在方位压缩后进行估计，就必须不断地进行迭代，有时这可能得不偿失。

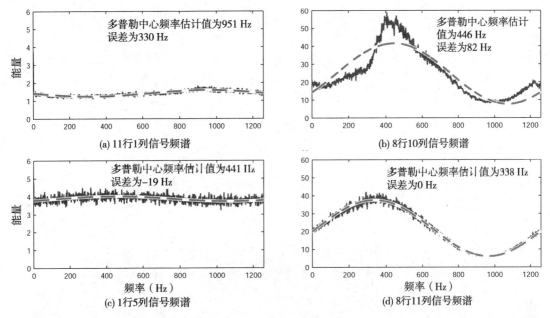

图 12.16　从 RADARSAT-1 数据估计多普勒中心频率基带部分

12.4.2　基于相位的估计方法

1989 年，Madsen 给出了一种新的多普勒中心估计方法[13]。该方法通过雷达复数据的相位来估计基带中心。由于估计使用的是样本之间的信号相位差，所以该方法又称为"相位增量"法。

下文将利用零多普勒附近的点目标对该方法进行原理说明。据式(4.39)，方位接收信号为

$$s(\eta) = w_a(\eta - \eta_c) \exp\left\{ -j \frac{4\pi f_0 R(\eta)}{c} \right\} \qquad (12.6)$$

方位信号近似为线性调频信号，其平均调频率正比于照射中点处 $R(\eta)$ 的二次导数［见式(4.38)］。信号最大幅值位于中点 $\eta=\eta_c$ 上，此时波束中心线穿越目标。假设包络 $w_a(\eta-\eta_c)$ 关于该时刻对称。

由于频率与相位差成正比，所以可通过测量方位样本之间的相位变化来估计信号的多普勒频率。图 12.17 给出的是多普勒中心为 0.375 PRF 的点目标仿真测量结果。图 12.17(a)和图 12.17(b)示意的是信号的幅度和相位，其中仿真信号长为 2 PRF。不出所料，相位被卷绕进(-π, +π]。

单位样本的相差以图 12.17(c)中的虚线表示。因为信号相位具有二次形式，所以相差为时间的线性函数。卷绕后的相位增量均在(-π, +π]内。在这个例子中，信号照射峰值处的相差为 $\Delta\phi = 2.37 = 0.75\pi$，相应的基带多普勒中心为

$$f'_{\eta_c} = \frac{\Delta\phi}{2\pi} F_a = 0.375 F_a \qquad (12.7)$$

以上示例相对简化，而实际情况则复杂得多。首先，真实数据是由许多目标和噪声构成的，因而相差曲线具有极大的随机性，所以必须对所有目标的相位增量进行平均。这是因为每一相位增量受到了关于波束中心对称的方向图的加权调制。因此，最终的相位增量应为目标照射中心处的相位增量。

其次，由于相位卷绕的干扰，不能直接对相位增量进行平均。这可以从图 12.17(c)中的

卷绕前(实线)后(虚线)的相位看出来。卷绕前的相位平均是正确的,而卷绕后的相位平均则不然。然而,当噪声中存在很多目标时,由于可能出现2π的虚假跳变,卷绕前的相位将无法使用。为了避免这个问题,应对平均复信号增量的相角进行测量,而不是信号增量相角的平均。由于反正切函数是非线性的,所以平均的相角和相角的平均并不等价,但是反正切函数和波束方向图都是对称的,所以其期望相同。

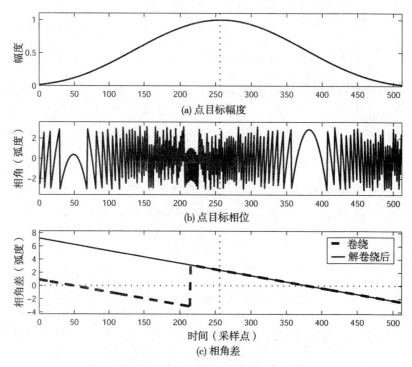

图 12.17　点目标相位历程和相位增量

平均相位增量

令 $s(\eta)$ 为某一雷达信号样本,$s(\eta+\Delta\eta)$ 为方位向上的相邻样本,其共轭乘积为矢量

$$\Delta s(\eta) = s^*(\eta)\, s(\eta + \Delta\eta) \tag{12.8}$$

其相角为两样本之间的相位差($\Delta\eta$ 为方位向采样间隔 $1/\mathrm{PRF}$)。对这些"信号差分"矢量进行复平均(或复求和),即可避免上述卷绕前的相位问题。平均相位增量应为矢量求和后的相角

$$\overline{C(\eta)} = \sum_\eta s^*(\eta)\, s(\eta + \Delta\eta) \tag{12.9}$$

其中 s^* 表示 s 的复共轭。既然仅需测量相角,就可以用求和取代平均。由于式(12.9)为一个样本偏移时信号 $s(\eta)$ 的自相关函数分量,因此 $\overline{C(\eta)}$ 又称为延迟为 1 的平均互相关系数(Average Cross Correlation Coefficient,ACCC)。

图 12.18 示意了该估计器的工作原理,其中每条细线代表式(12.9)中等号右侧的一个信号增量矢量。图 12.18(a)的数据来自图 12.17 的点目标仿真(为清晰起见,对矢量进行了4 倍抽取)。根据图 12.17(a)的幅度轮廓可得每个矢量的长度。经过不同矢量的长度加权,可得到图中粗线所示方向上的和矢量。其相角为 $3\pi/4$(即 2π 的 3/8),这表明基带多普勒中心为 0.375 PRF,与实际值相符。

利用图 12.14 给出的仿真数据，图 12.18(b)示意了噪声的影响。取自同一距离单元中 1024 个样本的信号增量矢量(细线)，表现出了很大的随机性。但是，对信号增量矢量在 200 个距离单元内进行平均之后，最终的平均矢量(粗线)则给出了良好的中心频率估计结果。这个例子中的估计值为 0.373 PRF，非常接近实际值。

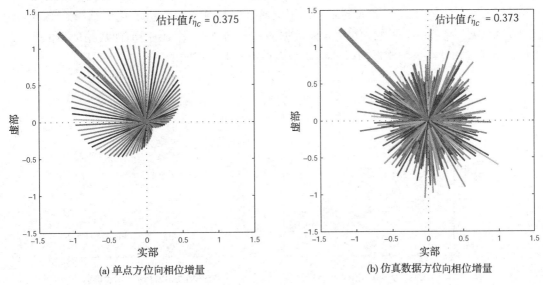

(a) 单点方位向相位增量　　　　　　　　　　(b) 仿真数据方位向相位增量

图 12.18　方位向相位增量矢量及其平均值的极化图

多普勒中心频率的求解

对基带中心频率的求解已经固化[10]。平均互相关系数中的相角期望值为

$$\phi_{\text{accc}} = \angle \left(\overline{C(\eta)} \right) \tag{12.10}$$

在对称频谱前提下，等于照射中心 $\eta = \eta_c$ 处的相位增量。对于 $\Delta\eta$ 的采样间隔，平均相位增量为

$$\phi_{\text{accc}} = \left. \frac{\mathrm{d}\phi(\eta)}{\mathrm{d}\eta} \right|_{\eta=\eta_c} \Delta\eta = -\frac{2\pi}{F_a} K_{\text{a,dop}}\, \eta_c \tag{12.11} \tag{12.12}$$

其中，微分针对式(12.6)的相位进行，$K_{\text{a,dop}}$ 为平均方位向调频率，见式(5.45)和附录 5B。回顾式(5.44)，由于 η_c 与多普勒频率的关系为 $f_{\eta_c} = -K_{\text{a,dop}}\eta_c$，所以多普勒频率为

$$f'_{\eta_c} = \frac{F_a}{2\pi} \phi_{\text{accc}} \tag{12.13}$$

由于 ϕ_{accc} 为 $(-\pi, +\pi]$ 内的卷绕相位，所以式(12.13)估计出的中心频率也卷绕进 $(-F_a/2, +F_a/2]$ 内，其为基带中心频率(或为中心频率的小数部分)。上式用 f'_{η_c} 取代绝对多普勒中心频率 f_{η_c}。

与 12.4.1 节讨论的幅度估计方法一样，接收数据中部分照射的强目标会使估计产生偏差。为了弱化这一影响，Madsen 建议对互相关中的实部和虚部进行符号化处理。令

$$y = \begin{cases} +1, & x \geqslant 0 \\ -1, & \text{其他} \end{cases} \tag{12.14}$$

其中 x 为实部或虚部。在相关时则使用值域为 −1 s 或 +1 s 的 y。这样就使操作得以简化，但会引入一些相位噪声。

最后需要强调的是，以上讨论的幅度或相位方法既可以用于原始数据，也可以用于距离

压缩后的数据。原始数据中的强目标误差影响较小，但是多普勒信号在距离上却散得更开。在实际情况下，两种方法都能得到较好的估计。

RADARSAT-1 数据示例

这里对 12.4.1 节中同样的温哥华场景 5 km 数据块（1024×566 采样）进行平均互相关系数相位增量估计。对于偏差最大的水域，相位增量法与频谱拟合法的估计结果之差不超过0.3 Hz。图 12.19 示意了图 12.16 中 4 块数据的信号增量矢量。使用前面数据的目的是，表明相位增量的估计结果与频谱拟合的估计结果在本质上是相同的。

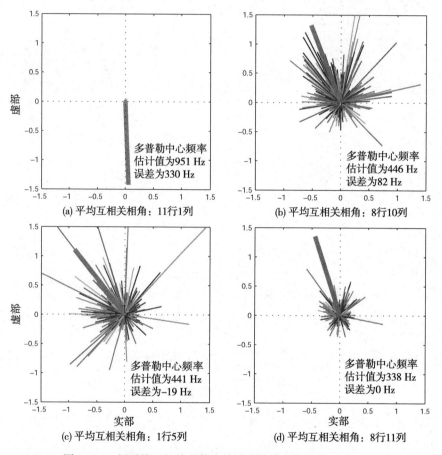

图 12.19　用平均互相关系数法估计多普勒中心频率基带部分

从理论上讲，以上两种方法在估计结果上的一致性是由于功率谱与其相关函数构成了傅里叶变换对[14]。如果功率谱为具有一定偏置的正弦波，则快速傅里叶逆变换后将得到 3 项，等于总能量的零延迟项，以及 ±1 延迟项。+1 延迟处的值即为平均互相关系数估计值。因此，两种方法在本质上是相同的[10]，并已经过了实验验证。

12.5　基于接收数据的多普勒模糊估计

与基带中心频率估计一样，通过姿态测量可能无法得到准确的多普勒模糊，因而提出了基于接收数据的改进方法。本节将给出典型的基于幅度和相位的多普勒方位模糊解算方法（Doppler Ambiguity Resolver，DAR）。

12.5.1　基于幅度的 DAR 估计方法

图 6.6(c)表明,在距离多普勒域中,进行完全的距离徙动校正后的点目标轨迹与方位向频率轴平行。当存在 ΔM_{amb} 的多普勒模糊误差时,则会留有残余的扭曲轨迹,如图 6.6(b)所示。这一扭曲将带来两点不利影响。首先,由于方位压缩是对存在扭曲的数据进行的方位积分,因此将导致距离向脉冲冲激响应的展宽;其次,扭曲会降低每个距离单元上的多普勒带宽,尽管经多视后其影响可能减小,但仍会造成信号方位向的展宽。

DAR 的作用就是对模糊数 M_{amb} 进行正确估计。基于幅度的算法通过两个方位子视之间的相关处理,测量距离向上的位置偏差[15]。下面以单个目标为例对其进行原理说明。当模糊数不正确时,两幅子视图像在距离向会存在错位(见图 12.20)。目标在每个子视中被压缩至相应于视能量中心的距离点上。两幅子视之间的错位 ΔR 即为 M_{amb} 的误差①。

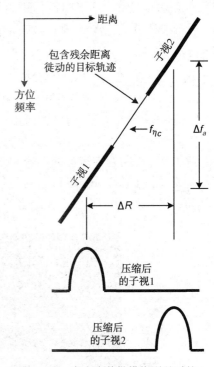

图 12.20　存在多普勒模糊误差时的方位子视之间的距离失配

由模糊误差引入的错位求解如下。距离多普勒域中的斜距方程为式(5.47),即

$$R_{rd}(f_\eta) = \frac{R_0}{\sqrt{1 - \frac{\lambda^2 f_\eta^2}{4 V_r^2}}} = \frac{R_0}{D(f_\eta, V_r)} \quad (12.15)$$

进行距离压缩之后,数据的线性二次距离压缩斜率为

$$S_{rd}(f_{\eta c}) = \left. \frac{dR_{rd}(f_\eta)}{df_\eta} \right|_{f_\eta = f_{\eta c}} = \frac{\lambda^2 R_0 f_{\eta c}}{4 D^3(f_{\eta c}, V_r) V_r^2} \approx \frac{\lambda^2 R_0 f_{\eta c}}{4 V_r^2} \quad (12.16)$$

表示每方位向频率(Hz)下的距离长度(m)。最后一步中的近似源于 $D^3(f_{\eta c}, V_r) \approx 1$ 的假设。当模糊误差为 ΔM_{amb} 时,距离徙动校正之后的残余斜率为

$$\Delta S_{rd} = S_{rd}(f_{\eta c} + \Delta M_{amb} F_a) - S_{rd}(f_{\eta c}) = \frac{\lambda^2 R_0 F_a}{4 V_r^2} \Delta M_{amb} \quad (12.17)$$

设两幅方位子视的中心位于 $f_{\eta c} \pm \Delta f_a / 2$,其中 Δf_a 为两子视之间的频率差。那么,斜距视错位为残余斜率与 Δf_a 的乘积,即

$$\Delta R = \Delta S_{rd} \Delta f_a = \frac{\lambda^2 R_0 F_a \Delta f_a}{4 V_r^2} \Delta M_{amb} \quad (12.18)$$

一旦得到 ΔR,即可根据上式测出多普勒模糊误差

$$\Delta M_{amb} = \text{round} \left\{ \frac{4 V_r^2 \Delta R}{\lambda^2 R_0 F_a \Delta f_a} \right\} \quad (12.19)$$

---

① 由于距离徙动的二次项基本上与多普勒中心无关,即使在错误多普勒模糊下仍能正确去除,所以其并不包含在残余距离徙动中。任一 C 波段卫星中的二次分量仅有数米。为清晰起见,图 12.20 的频率轴是未经卷绕的轴。

实际情况下，通常将两视进行如下划分。将处理带宽内的频谱分割为不相交叠的两部分，这样每一视占据处理带宽的一半，即两视之间的频率差为方位带宽的一半。

虽然以上讨论基于单个目标，但是该算法同样适用于多点目标或一般杂波。此时，通过对每个子视的幅度图像进行距离相关再取平均，可以得到视错位。对于对比度较高的场景，该算法能取得较好的效果，而对于对比度较低的场景，只要进行足够的平均，该算法同样适用。

根据式(12.19)，ΔM_{amb}可以通过ΔR的一次测量得到，故其无须迭代。但是，如果模糊误差量级达到数个以上，则目标距离脉冲冲激响应应将被展宽，由此造成距离相关精度的降低。此时则需要进行迭代，将新的ΔM_{amb}用于距离徙动校正，并再次进行相关。

RADARSAT-1 数据示例

在此以图 12.7 中的 RADARSAT-1 温哥华场景对幅度 DAR 方法进行验证。这个场景是 8 m 精模式场景。精模式的聚焦要求在目前的星载 C 波段 SAR 中是最高的。场景位于北纬 49°的升轨段上，其中城市中心西侧的英吉利海峡停靠着许多具有强反射特性的船只。这种由分布在暗背景水面上的静止船舶构成的场景非常适于估计多普勒模糊。

图 12.21 为包含 5 艘船的一小块距离压缩后的场景(图 12.15 中的 10 行 2 列)，其中可以清楚地看到由孤立强目标形成的长条。由此可以通过直接测量距离徙动倾斜角(即线性距离徙动斜率)得到绝对多普勒中心频率。参考文献[16]中给出了一种类似的方法。

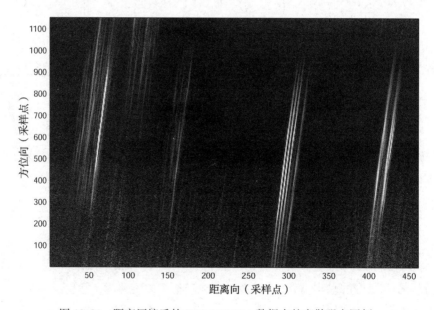

图 12.21　距离压缩后的 RADARSAT-1 数据中的离散强点图例

根据图 12.21，每单位方位像素上的强目标斜率接近 0.034 个距离向采样。由于距离随方位向时间增加，所以斜率为正。这相当于天线朝后指向。分别在距离和方位上乘以 $c/(2F_r)$ 和 PRF，进行长度和时间单位转换，根据表 12.1 中的参数，得到的斜率为 198 m/s。

根据式(5.58)，距离徙动的斜率为$-V_r \sin \theta_{r,c}$ m/s。因而倾斜角约为$-1.6°$，这与北纬 49° 的升轨处的地球自转分量是相符的。将该斜率代入式(4.33)中，多普勒中心频率估计值约为 -7000 Hz(与图 12.12 中 45°水平轴处的相符)。该估计值与实际值(≈ -6980 Hz)非常接近，故能获得准确的多普勒模糊数-6。

这种方法对揭示原理很有帮助,但因其需要判断场景中的强点目标,故很难进行自动化处理。为此可以利用诸如 Hough 变换或 Radon 变换的直线提取技术。视相关法及将在下一节讨论的基于相位的估计方法则利于实现自动估计。

图 12.22 给出了方位视相关法的结果。方位子视间隔为 500 Hz。分别在模糊误差为-1,0 和+1 倍 PRF 下进行距离徙动校正。如图 12.22 中垂直虚线所示,每一单位模糊误差导致 2.1 个采样点的距离错位,相关数据块尺寸为 1536(方位)×1536(距离),包括水域、城市和农田。

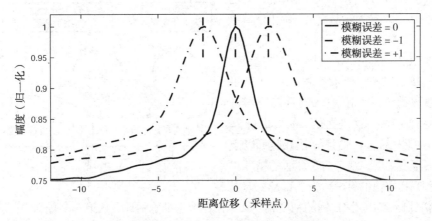

图 12.22 RADARSAT-1 数据子视位移测量

虽然存在模糊误差时相关曲线波峰会变宽,但仍能从图中清楚地看出。根据峰值可以测出距离错位 ΔR,从而再次得到模糊数-6。

12.5.2 基于相位的 DAR 估计方法

相位 DAR 方法基于这样一个事实:绝对多普勒中心频率是雷达载频 f_0 的线性函数。对于 chirp 调制脉冲,其距离向频率变化范围为 $f_0 \pm |K_r| T_r / 2$,其中 K_r 为调频率,T_r 为脉冲持续时间,$|K_r| T_r$ 为脉冲带宽。在遥感雷达中,这种频率变化仅有几十兆赫。

如果给出平均互相关系数相角随距离向频率的变化曲线,那么即使在混叠情况下,也能通过曲线的平均斜率得到绝对多普勒中心频率。其实现步骤为,首先确定斜率在 $f_\tau = 0$ 轴上的截距,随即得到使截距最接近零的模糊数。由于脉冲带宽与载频相比非常小,故斜率(rad/Hz)一般是没有卷绕的,从而距离带宽内的平均互相关系数相角变化也很小。如果出现卷绕,只要该相角的标准差适度,它就能很容易地被判断出并进行解绕。

下面给出 3 种确定多普勒中心频率随距离向频率变化的方法。

WDA 这是由德国宇航中心(German Aerospace Center, DLR)提出的第一个基于相位的 DAR 方法[17]。由于其将信号的多普勒特性作为距离向频率(即雷达波长)的函数进行考察,故称为多波长算法(Wavelength Diversity Algorithm, WDA)。通过在距离向进行快速傅里叶变换,将数据变换到距离频域,并针对每一距离向频率计算平均互相关系数相角,即可得到平均互相关系数随距离向频率的变化斜率,从而得到绝对多普勒中心。

MLCC 等效于距离时域中的多波长算法。该算法首先对频率相隔为 Δf_τ 的两幅距离子视进行距离压缩,即等效得到中心频率不同的两部雷达。测量每一视的平均互相关系数相角并将其相减,再除以 Δf_r,即估计出多普勒中心随距离的变化率。对其的另一种解释为,平均互相关系数相角相减之后,有效载频由式(12.11)中的初始传输频率 f_0 压低至 Δf_r。由于频率很低,故相角差也很小,从而避免了相位卷绕。

MLBF　该方法同样使用距离压缩后的两幅子视。两视相乘后生成差频信号[1],这是一种平均频率被称为差频(beat frequency)的窄带信号,其幅度谱呈现出明显的峰值,峰值处的频率正比于绝对多普勒中心频率。对此的另一种解释为,有效载频通过混频减小至 Δf_r,因而避免了方位向频率卷绕问题。

图 12.23 给出了以上算法共用的一些基本模块。图中的方框表示算法所调用的函数模块。MLCC 和 MLBF 算法都使用了两幅距离子视,但是 MLBF 测量的是两幅子视的差频,而非每一子视的频率。所有算法都要计算平均互相关系数相角,其中 WDA 在距离频域进行,MLCC 和 MLBF 算法则在距离时域进行。

与 12.4 节中的基带估计算法相比,以上 DAR 估计器精度偏低。基带估计算法的精度可达几赫,而 DAR 算法的精度约为几百赫。但是

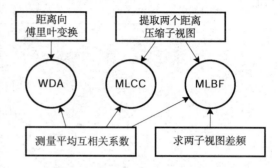

图 12.23　基于相位的 DAR 算法关系

对于 DAR 估计器,PRF/2 Hz 内的精度完全满足模糊数的准确估计。从绝对多普勒中心频率 f_{η_c}(由 DAR 算法估计出)中扣除基带中心 f'_{η_c} 后再估计模糊数,可以使方法更可靠。由于基带估计是 DAR 算法的附带产物,故上述方法较易实现。

绝对多普勒中心与基带中心相减后再除以 PRF,所得结果近似于一个整数,经舍入处理后可得多普勒模糊数为

$$M_{\mathrm{amb}} = \mathrm{round}\left(\frac{f_{\eta_c} - f'_{\eta_c}}{F_a}\right) \tag{12.20}$$

残余部分

$$\Delta f_{\mathrm{remain}} = M_{\mathrm{amb}} F_a - \left(f_{\eta_c} - f'_{\eta_c}\right) \tag{12.21}$$

为 f_{η_c} 的测量精度。一种精度判别准则为残余量应小于 0.33 PRF。由于接近任一整倍数 PRF 的 f_{η_c} 误差也会导致很小的残余量,故以上准则并不唯一。

由于多普勒模糊数在 SAR 场景中变化缓慢,故可以简化模糊数估计器。仅当基带中心卷绕时,模糊数才会出现整倍数跳变。通常,在估计基带频率时可以很容易地判断出卷绕位置,因而可利用几何模型从模糊数估计中消除跳变。当卷绕被补偿后,在全部场景内仅需估计一个模糊数,并且可以将平均区域扩展至场景边界。

一旦得到准确的模糊数,即可将其与基带估计频率结合,得到精确的 f_{η_c},

$$f_{\eta_c} = f'_{\eta_c} + M_{\mathrm{amb}} F_a \tag{12.22}$$

以下给出每一 DAR 算法的详细说明。

---

[1]　此处,相乘表示一幅子视与另一幅子视之间的点对点复共轭相乘。

12.5.3 多波长算法

该算法利用平均互相关系数相角相对于距离向频率的曲线斜率，估计多普勒中心与距离向频率的变化关系，进而得到绝对中心频率。斜率求解如下：对输入数据进行距离向快速傅里叶变换，通过求解式(12.9)的方位信号增量，得到每一距离向频率单元上的平均互相关系数相角；获得平均相位增量的相角后，利用回归方法得到相角随距离向频率的变化斜率。在某些情况下，为避免求解相角时出现卷绕，需要对几个距离向频率单元上的增量进行平均。

下面详细给出通过斜率求解绝对多普勒中心的方法。平均互相关系数相角［见式(12.12)］可写为

$$\phi_{\mathrm{accc}} = -\frac{2\pi}{F_a} K_{\mathrm{a,dop}} \, \eta_c = -\frac{2\pi}{F_a} \frac{2V_r^2 f_0}{c\,R(\eta_c)} \, \eta_c \tag{12.23}$$

其中 f_0 为标称或平均雷达频率。对于 chirp 调制雷达，f_0 被瞬时距离向频率 f_0+f_τ 所代替，其中 f_τ 为脉冲基带频率。以 RADARSAT-1 精模式为例，$f_0 = 5.300\ \mathrm{GHz}$，$f_\tau$ 从 $-15\ \mathrm{MHz}$ 扫至 $+15\ \mathrm{MHz}$。将瞬时频率替代式(12.23)中的 f_0，平均互相关系数相角与距离向频率的依赖关系为

$$\phi_{\mathrm{accc}}(f_\tau) = -\frac{2\pi}{F_a} \frac{2V_r^2 (f_0 + f_\tau)}{c\,R(\eta_c)} \, \eta_c \tag{12.24}$$

ϕ_{accc} 相对于 f_τ 的斜率为

$$\alpha = \frac{\mathrm{d}\phi_{\mathrm{accc}}(f_\tau)}{\mathrm{d}f_\tau} = -\frac{2\pi}{F_a} \frac{2V_r^2}{c\,R(\eta_c)} \, \eta_c \tag{12.25}$$

将其代入平均方位向调频率，$K_{\mathrm{a,dop}} = 2V_r^2 f_0 / [c\,R(\eta_c)]$，并注意到绝对多普勒中心 f_{η_c} 等于 $-K_{\mathrm{a,dop}} \eta_c$，即可通过斜率得到绝对多普勒中心为

$$f_{\eta_c} = \frac{F_a}{2\pi} \, f_0 \, \alpha \tag{12.26}$$

以上推导过程相当于将雷达频率 f_0 附近测量得到的斜线沿距离向频率轴向后延长到 $f_\tau = 0$。由于多普勒频率与雷达频率成正比，当在 f_1 和 f_2 处的多普勒中心(绝对方位向频率)被准确测量时，延长线应穿过图中的(0,0)点。此时，f_0 处的线段纵坐标即为绝对多普勒频率 f_{η_c}。图 12.24 对此进行了示意，其中 f_1 和 f_2 分别为 chirp 信号的低频和高频，通过这些频点即可得到斜率。

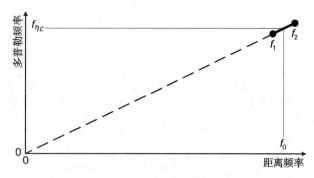

图 12.24 多普勒频率与距离向频率的关系

估计中的偏移频率

在星载 SAR 中，雷达波束方位照射角会随 chirp 信号的扫频而变化。这意味着式(12.23)至式(12.25)中的波束中心偏移 η_c 与雷达传输频率 f_0+f_τ 略有关系，这将导致图 12.24 中的 f_1 和 f_2 处的点产生轻微的上下移动。

这种移动会使距离零频处的延长线交点偏离式(12.26)。可将其视为估计中的偏移频率，加入式(12.26)后，得到

$$f_{\eta_c} = \frac{F_a}{2\pi} \, f_0 \, \alpha \, + \, f_{\mathrm{os}} \tag{12.27}$$

如图 12.25 所示。

偏移频率补偿是多波长算法中的重要组成部分。遗憾的是，就目前星载雷达系统而言，很难得到一致的 f_{os}。偏移频率同样也用在 MLCC 算法中。对其的推导详见附录 12B。

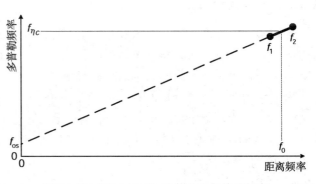

图 12.25　WDA 和 MLCC 算法中的偏移频率

基带中心估计

在距离频域使用多波长算法时，可以通过对全部距离向频率上的平均互相关系数求平均并进行角度变换，很方便地得到基带中心。其结果与距离时域的平均互相关系数测量结果相同。注意距离变换块不能过大，否则会平滑掉距离带内基带中心的非线性变化。

RADARSAT-1 示例

图 12.26 示意了 RADARSAT-1 中的多波长算法结果，与图 12.16(d) 和图 12.19(d) 一样，数据取自图 12.15 中的 8 行 11 列，尺寸为 1024×655。进行距离向快速傅里叶变换之后，得到每一距离向频率上的平均互相关系数，并将其转化为相角。这些相角值在图中表现为"似噪"信号，从中可以明显看到平均互相关系数随距离向频率的线性变化趋势。对中间 90% 的频谱进行最小二乘拟合，得到一条直线（见图中虚线），其拟合斜率为 -7.02 mrad/MHz。假设 $f_{os}=0$，根据式(12.27)，得到绝对多普勒中心频率估计为 -7440 Hz 或 -5.92 PRF。

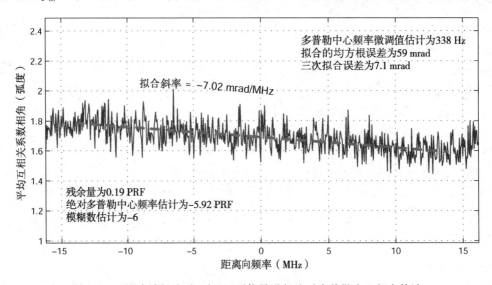

图 12.26　用多波长法对 8 行 11 列信号进行绝对多普勒中心频率估计

随后，对所有距离向频率上的互相关系数进行平均，将其转换为卷绕后的相角，根据式(12.13)，得到基带中心为 338 Hz（基带估计不受 f_{os} 的影响）。将以上两个估计结果代入式(12.20)，得到模糊数为 -6。式(12.21) 的残余量为 0.19 PRF，其可信度一般。更实用的估计精度为平均互相关系数与拟合直线之间的均方根误差或三次拟合误差，其值分别为

59 mrad 和 7.1 mrad，其可信度较高。

　　图 12.27 给出的则是有偏模糊数估计示例。使用图 12.16(b) 和图 12.19(b) 中的数据(8 行 10 列信号)，数据块中被部分照射的强目标使得模糊数估计存在相当大的偏差。三次拟合误差已超过 19 mrad，足以使估计结果无效。

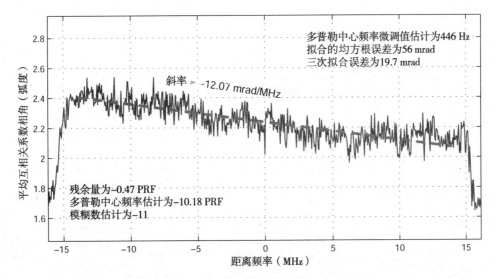

图 12.27　由于存在部分照射的亮目标而产生的多普勒中心频率估计偏差(8 行 10 列信号)

　　当对场景中的全部 228 块数据进行模糊数估计时，有 87 块数据被准确估计，其直方图统计见图 12.28，超出一个单位的误差估计约占 20%。大多数具有较大误差的估计发生在低 SNR 的水域中，可通过均方根误差或 SNR 等质量检测将其排除在外。对余下的数据块进行平均，则得到准确的模糊数-6[①]。

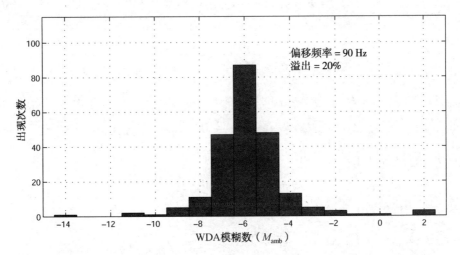

图 12.28　用 WDA 对温哥华场景进行模糊数估计的结果直方图(采用合适的偏移频率 f_{os})

---

① 大多数具有模糊误差的数据块估计结果为-5 和-7。如果偏移频率 f_{os} 设为+90 Hz，见式(12.27)和附录 12B，则-5 和-7 的数据块数将变得均衡。注意，本章中给出的图解和数值仅用于说明目的，并非标定后的结果。为得到每一波束中 f_{os} 的可靠值，还应分析更多的数据。

为揭示估计中的噪声及偏移的影响，实验所用数据块比通常使用的数据块更小。实际上，一般使用更大的数据块进行模糊数估计（就当前数据而言，数据块尺寸可高达 4096×1024）。由于 4096 个采样点约为目标照射时间的 6 倍，因而可以降低不完全照射的强目标点的影响。除此之外，还可利用 12.6 节给出的基于质量控制的空间变化检测方法对小块数据进行处理。

12.5.4　多视互相关法

MLCC 算法通过两幅距离子视分离出距离向频率对多普勒中心的影响。这里以单点目标对其进行说明。忽略目标的幅度和距离包络，目标在两视中的距离压缩后信号可写为

$$s_1(\eta) = w_a(\eta - \eta_c) \exp\left\{-\mathrm{j}\frac{4\pi}{c}\left(f_0 - \frac{\Delta f_r}{2}\right) R(\eta)\right\} \tag{12.28}$$

$$s_2(\eta) = w_a(\eta - \eta_c) \exp\left\{-\mathrm{j}\frac{4\pi}{c}\left(f_0 + \frac{\Delta f_r}{2}\right) R(\eta)\right\} \tag{12.29}$$

频移 Δf_r 导致每一子视中的目标方位向相位历程不同。根据式（12.12），两视中的平均互相关系数相角为

$$\phi_{L1} = \angle\left(\overline{C_1(\eta)}\right) = -\frac{2\pi}{F_a} K_{\mathrm{a1,dop}}\, \eta_c \tag{12.30}$$

$$\phi_{L2} = \angle\left(\overline{C_2(\eta)}\right) = -\frac{2\pi}{F_a} K_{\mathrm{a2,dop}}\, \eta_c \tag{12.31}$$

其中 $K_{\mathrm{a1,dop}}$ 和 $K_{\mathrm{a2,dop}}$ 分别为两视的中心频率处的平均调频率，为

$$K_{\mathrm{a1,dop}} = \frac{2V_r^2}{c\,R(\eta_c)}\left(f_0 - \frac{\Delta f_r}{2}\right) \tag{12.32}$$

$$K_{\mathrm{a2,dop}} = \frac{2V_r^2}{c\,R(\eta_c)}\left(f_0 + \frac{\Delta f_r}{2}\right) \tag{12.33}$$

其差值为

$$K_{\mathrm{a2,dop}} - K_{\mathrm{a1,dop}} = \frac{2V_r^2 \Delta f_r}{c\,R(\eta_c)} = K_{\mathrm{a,dop}}\,\frac{\Delta f_r}{f_0} \tag{12.34}$$

其中 $K_{\mathrm{a,dop}}$ 可简单地视为 $K_{\mathrm{a1,dop}}$ 和 $K_{\mathrm{a2,dop}}$ 的平均。那么，两视中的平均互相关系数相角差为

$$\Delta\phi = \phi_{L2} - \phi_{L1} = -\frac{2\pi}{F_a}\left(K_{\mathrm{a2,dop}} - K_{\mathrm{a1,dop}}\right) \eta_c \tag{12.35}$$

实际情况下，可以通过计算共轭相乘后信号矢量的平均相角，从数据中进行估计，即

$$\Delta\phi = \angle\left\{\left[\overline{C_1(\eta)}\right]^* \overline{C_2(\eta)}\right\} \tag{12.36}$$

这样就避免了相位相减中的卷绕问题。将式（12.34）代入式（12.35），相角差可重写为

$$\Delta\phi = -\frac{2\pi}{F_a}\frac{\Delta f_r}{f_0} K_{\mathrm{a,dop}}\,\eta_c = \frac{2\pi}{F_a}\frac{\Delta f_r}{f_0} f_{\eta_c} \tag{12.37}$$

其中最后一个等式利用了 $f_{\eta_c} = -K_{\mathrm{a,dop}}\,\eta_c$。

由于实际情况下的 $\Delta\phi$ 远小于 1 rad，从平均差值中提取出的相角不存在卷绕问题。绝对多普勒中心的估计为

$$f_{\eta_c} = \frac{F_a}{2\pi}\frac{f_0}{\Delta f_r}\,\Delta\phi + f_{\mathrm{os}} \tag{12.38}$$

与多波长算法中的式(12.27)一样,此处也叠加了偏移频率。将 $\Delta\phi/\Delta f_r$ 视为斜率 α,即可将式(12.38)与式(12.26)联系起来。由于 MLCC 算法相当于多波长算法的距离时域实现,以上结论是很自然的。

式(12.38)估计出的绝对多普勒中心并不能提供足够精确的基带频率,但对确定多普勒模糊数则绰绰有余。与式(12.20)一样,最好的模糊数估计方式为减去基带估计结果再除以 F_a,最后进行取整。如同式(12.13),对 MLCC 算法中的两子视平均互相关系数求平均并进行角度变换,即可得到基带估计结果[①]

$$f'_{\eta c} = \frac{F_a}{2\pi}\left(\frac{\phi_{L1}+\phi_{L2}}{2}\right) \tag{12.39}$$

在此基础上,可通过式(12.20)和式(12.22)给出绝对多普勒中心的精确估计。MLCC 算法的精度与距离子视带宽 $|K_r|\,T_r$ 及两视频率间隔 Δf_r 有关。分析表明,两视之间的最优间隔应为 $\Delta f_r = (2/3)\,|K_r|\,T_r$,最优子视带宽则为 $|K_r|\,T_r/3$[18]。

简而言之,该算法通过两视之间的平均互相关系数相角差给出绝对多普勒中心的近似估计,而其平均则给出了基带中心的精确估计。将两者结合即能得到多普勒模糊数,由此得出更新后的绝对多普勒中心估计。在处理中应考虑与波束相关的偏移频率。

RADARSAT-1 数据实验

在此,对 RADARSAT-1 温哥华场景中的 228 块数据进行 MLCC 估计。图 12.29 给出的是图 12.16(d)中的数据距离频谱(8 行 11 列信号)。距离频谱在形状上受到压缩时所用加权窗的极大影响($\beta = 2.2$ 的 Kaiser 窗)。为简单起见,将频谱的前后两半平分给两幅子视。注意,对于具有特殊频谱形状的数据,由于频谱在形状上是非均匀的,必须对视间隔 Δf_r 进行标定。对于平坦频谱的标定则更为可靠。

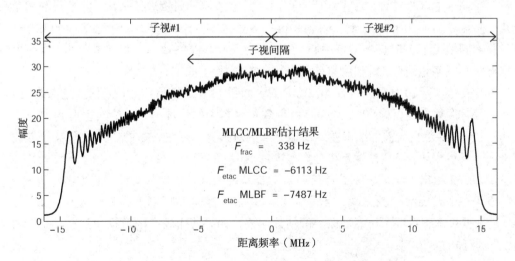

图 12.29 8 行 11 列信号距离频谱和提取的两幅子视位置

随后,在每一距离单元上计算信号增量的和相角与差相角,用以考察单个相角的变化程度。图 12.30 对此进行了示意。和与差相角的标准差可以用来进行质量检测。

---

① 通常 ϕ_{L1} 和 ϕ_{L2} 几乎相等。但是,如果其差值大于 π,在求平均前必须先解绕。

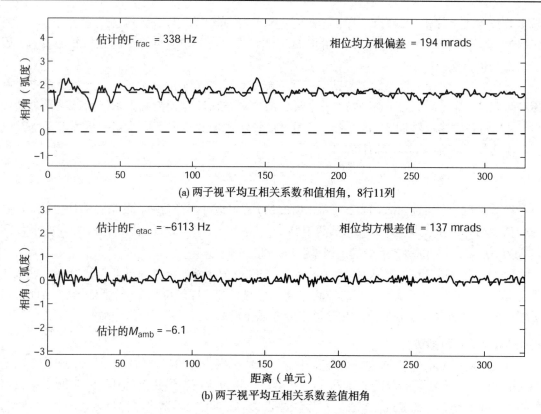

(a) 两子视平均互相关系数和值相角，8行11列

(b) 两子视平均互相关系数差值相角

图 12.30　MLCC：8 行 11 列信号两子视平均互相关系数和值相角与差值相角

为了完成 MLCC 估计，首先对所有距离单元上的增量矢量进行平均，并求得和相角与差相角。将差相角代入式（12.38），得到 8 行 11 列数据块的绝对多普勒中心为 −6113 Hz。而增量矢量和则给出了 338 Hz 的基带中心，这与其他估计器是一致的。将基带中心、偏移频率 f_{os} 与绝对中心频率相结合，得到取整前的多普勒模糊数为 −6.1。

其次，对 8 行 10 列信号进行 MLCC 估计，如图 12.16（b）所用数据，估计结果如图 12.31 所示。部分照射的强目标（Port Mann 桥）导致了相当大的估计偏差。绝对多普勒中心估计偏离达 6 PRF，显然它会被标准偏差或谱拟合准则所摒弃。但是，如果估计数据块在方位向延伸至几千条数据线，该估计偏差将会大幅度降低。

图 12.32 给出了温哥华场景所有 5 km 数据块的 MLCC 模糊数估计的直方图。为使高、低误差各为一个模糊数的数据块在数量上得以均衡，将偏移频率人为地设定为 −380 Hz。约 26% 的数据块都存在一个模糊数以上的估计误差。如果使用较大的数据块进行估计，则该百分比将会下降。

此处的 f_{os} 设置与 WDA 中的不同，这是因为两者的距离向频率轴加权存在相当大的差异，尤其当天线指向角为传输频率的非线性函数时更是如此（见附录 12B）。加权也会导致直方图在取值上更加分散。

从表面上看，MLCC 算法并没有比 WDA 提供更多的信息，但其可以很方便地与 MLBF 算法结合起来使用。

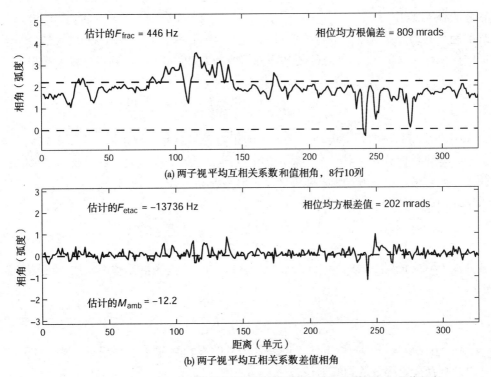

(a) 两子视平均互相关系数和值相角，8行10列

(b) 两子视平均互相关系数差值相角

图 12.31　MLCC：8 行 10 列信号两子视平均互相关系数和值相角与差值相角

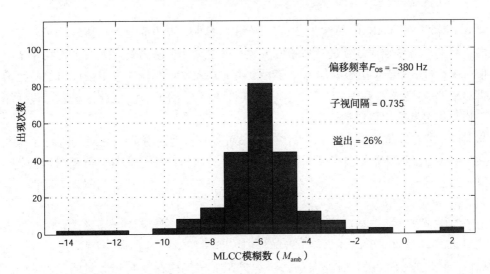

图 12.32　用 MLCC 算法对温哥华场景进行模糊数估计的结果直方图(采用合适的偏移频率)

12.5.5　多视差频法

如同 MLCC 算法，MLBF 算法也用到了同样的两幅子视，其不同之处在于：MLBF 算法是通过距离向频率移动求解多普勒频差的。两视相乘后会产生一个差频，通过傅里叶变换或者平均互相关系数法即可对其进行估计[1]。对子视频差的不同求解使得该算法对 MLCC 算法起

---

[1]　对于实信号，差频处理可产生频率和与频率差；但对于共轭相乘的复信号，则仅产生频率差。

到了很好的补充作用。

理解差频的最好方法就是进行单点目标实验。令每一距离单元中的子视数据为关于方位向时间的序列信号,取式(12.28)的复共轭并与式(12.29)相乘。得到点目标差频信号

$$
\begin{aligned}
s_{\text{beat}}(\eta) &= s_1^*(\eta)\, s_2(\eta) \\
&= |w_a(\eta - \eta_c)|^2 \exp\left\{-j\, \frac{4\pi \Delta f_r\, R(\eta)}{c}\right\}
\end{aligned}
\tag{12.40}
$$

在高频 SAR 中,与高次的距离徙动相比,$R(\eta)$ 的线性分量起主导作用,所以由式(12.40)给出的信号频率在目标有效照射时间内就被限制在某一窄带范围内。也就是说,差频信号近似为正弦波。通过估计正弦波频率,即可确定绝对多普勒中心。

根据式(12.40)中的相位,平均差频为

$$
f_{\text{beat}} = \frac{2\Delta f_r}{c}\, \frac{\mathrm{d}R(\eta)}{\mathrm{d}\eta}\bigg|_{\eta = \eta_c} = -\frac{\Delta f_r}{f_0}\, f_{\eta_c}
\tag{12.41}
$$

其中微分基于双曲距离方程式(4.9)(见附录5B)。可见,差频信号频率正比于绝对多普勒中心。那么

$$
f_{\eta_c} = -\frac{f_0}{\Delta f_r}\, f_{\text{beat}}
\tag{12.42}
$$

对 f_{beat} 的估计方法有多种。一种方法测量差频信号的平均互相关系数相角,另一种方法通过快速傅里叶变换确定幅度谱的峰值位置。

讨论

与其他算法一样,MLBF 算法需要进行平均,以提高估计精度。具体实现为:首先在每一距离单元上求解差频信号并进行傅里叶变换,再通过一组距离单元上的平均功率谱确定频谱峰值频率,给出测绘带中心处的 f_{η_c}。最后,正如在 MLCC 算法中,用估计出的随距离变化的基带频率 f'_{η_c} 更新 f_{η_c}。在 MLBF 算法中,对基带频率 f'_{η_c} 的最简便估计方法是通过两子视之间的平均互相关系数相角和进行求解,这与 MLCC 算法相同。

与 MLCC 算法不同的是,MLBF 算法无须设置偏移频率,附录 12B 对此进行了说明。虽然实践表明,为得到可靠的偏移频率估计,必须进行大量的场景平均,但还可以通过 MLCC 和 MLBF 的差异对其予以确定。偏移频率随星下点离线角变化,甚至同波束方向图一样,能随时间变化。

由于 MLBF 算法适于高对比度场景,而 MLCC 算法适于低对比度场景,故两者具有互补性[18]。当每一距离单元上仅有单一主散射体时,即相当于式(12.40)至式(12.42)中的理想点目标估计,MLBF 算法的估计结果最佳。如果距离单元内存在其他散射体,则目标之间的差频会产生交叉调制频率,从而导致差频结果出现模糊,此处可回顾来自单一目标差频处理的式(12.41)。对于每一距离单元中都含有许多幅度相近散射体的低对比度场景,不同目标之间的交叉调制对实际差频值的干扰甚至会导致差频频谱中没有明显的峰值。

另外,MLBF 算法对部分照射强目标点的不敏感性也与 MLCC 算法形成互补。从式(12.41)可知,如果照射时间内的 $R(\eta)$ 斜率变化不大,则起始照射与结束照射时的差频也不会有较大的差异。

RADARSAT-1 数据实验

这里对 RADARSAT-1 温哥华场景中的所有 5 km 数据块进行 MLBF 估计。类似地,对

MLCC 中的两块典型数据进行讨论。主要考察差频信号的频谱波形。图 12.33 给出了具有中等对比度的 8 行 11 列信号的估计结果。从中可以明显地看到差频,但相对突出不够强。

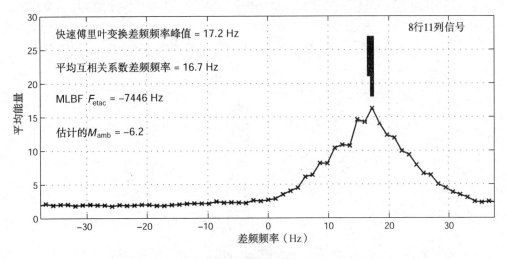

图 12.33 两子视差频信号频谱(8 行 11 列信号)

图 12.33 中的×代表每个差频频点,对于 1024 点傅里叶变换,频差间隔为 1.23 Hz。500 Hz 的多普勒频率变化会使峰值移动一个单元,故每一模糊数对应的频率单元为 2.5。为得到准确的模糊数,峰值位置估计应限制在一个单元内。通过增加快速傅里叶变换长度或增大平均范围,可以使当前的估计更精确。

利用曲线拟合或平均互相关系数相角可以避免双峰及快速傅里叶变换单元量化的影响,从而获得更好的差频估计。在图 12.33 和图 12.34 中,平均互相关系数下的差频估值用短竖条表示,快速傅里叶变换下的差频估值则由长竖条表示。

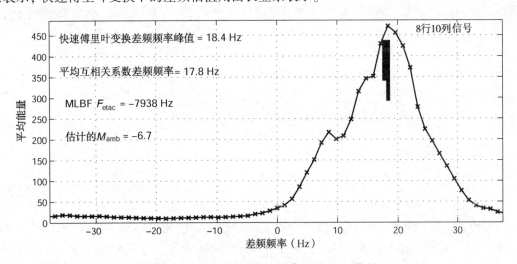

图 12.34 两子视差频信号频谱(8 行 10 列信号)

通过简单地利用最高能量处的快速傅里叶变换单元,得到取整前的模糊数为−6.2。取整后,得到准确结果−6。虽然该算法无须进行偏移频率的标定,但要强调的是必须对有效视间隔进行标定,并且与 MLCC 中的标定相比会有所不同。

图 12.34 给出了 8 行 10 列信号的估计结果。该数据块中存在部分照射的强散射点,因而差频频谱中的峰值相当突出。与图 12.33 相比,峰值右偏一个单元,取整前的模糊数为 −6.7。这表明 MLBF 算法对部分照射目标的敏感度较低(与图 12.31 的 MLCC 结果相比)。

图 12.35 给出了所有数据块的模糊数估计直方图。其中,真实值的统计数最高(110 块),其他估计结果则对称地分布在其两侧,其中将被谱峰高度、SNR 等质量控制标准剔除的数据块约占 18%。

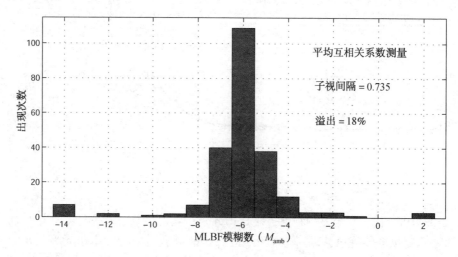

图 12.35　用 MLBF 算法对温哥华场景进行模糊数估计的结果直方图

ScanSAR 多普勒估计

对于 ScanSAR,接收数据被存在于其中的间隙相互隔开。此时如果使用 MLBF DAR 估计方法,则间隙将导致快速傅里叶变换下的差频估计出现问题。如果将快速傅里叶变换长度设为 Burst 脉冲段的长度,则快速傅里叶变换输出单元的间隔过于稀疏,无法进行模糊数估计。如果对多个 Burst 段使用较长的快速傅里叶变换长度,则必须在间隙处补零。但是,正如 10.4 节所讨论的,过长的 FFT 长度会导致调制效应,从而影响谱峰位置的精确测量。

对此问题的解决方法是在 MLBF 算法中使用平均互相关系数进行频率估计,只要不在间隙处计算相位增量,平均互相关系数就不会受其影响。另一种解决方法是对每个 Burst 段分别使用 MLCC 算法或者多波长算法,随即进行段与段之间的平均。

12.5.6　PRF 变调法

如果同一数据集合含有多个 PRF,则还存在另一种多普勒模糊数估计方法。ScanSAR 即属于这种情况,其 PRF 在波束之间是可变的。

如果 ScanSAR 两波束之间存在重叠,则在模糊误差下的相应图像将出现错位[19]。假设天线视线在子波束之间不变,根据同余定理,可以利用基带中心及各波束的 PRF 确定绝对多普勒中心[20]。另一种方法在于找出使波束之间多普勒中心不连续性最小的模糊数[21]。参考文献[22]给出了宽测绘带五波束模式下的 ENVISAT/ASAR 数据实验。

12.5.7　DAR 算法比较

以下给出不同 DAR 算法之间的一些比较。

多视应用　MLCC 算法和 MLBF 算法通过距离上的两视，等效出具有不同中心频率的两部雷达。其对绝对多普勒中心的求解是通过估计子视之间的多普勒频率变化得到的。多波长算法则基于距离频域的相角斜率得到随距离向频率变化的多普勒频率。在两视中，必须对视间有效间隔进行估计。

MLCC 算法与多波长算法　MLCC 算法与多波长算法在实现和精度上都极其相似。由于多波长算法仅使用相位信息，故不会受到距离频谱的加权影响，从而无须标定子视间隔。MLCC 算法的主要优势在于能方便地与 MLBF 算法结合起来使用。

强目标　MLBF 算法比较适于强目标点下的估计，因为每个距离单元上的单一目标点会给出最理想的差频频谱。另外，由于全部目标照射期间的差频值基本不变，故 MLBF 算法不像其他算法那样受到部分照射强目标的影响。

场景对比度　场景中既可能含有许多孤立强点目标，也可能非常均匀，相应地分别将其称为强对比度场景或低对比度场景。多波长算法和 MLCC 算法适于强目标较为稀少的低对比度场景，因为此时目标部分照射的影响也随之减少。与之相反的是，MLBF 算法则适于高对比度场景，此时孤立强目标会给出明显的差频频谱峰值。将上述两类算法结合起来即可降低对场景对比度的敏感性。

偏移频率　存在于多波长算法和 MLCC 算法中的偏移频率使一致估计变得十分棘手。其主要源于波束视线随雷达频率的变化。MLBF 算法则不会受其影响(详见附录 12B)。

ScanSAR 数据的应用　多波长算法和 MLCC 算法基于方位样本之间的相位增量估计，不会受到 ScanSAR 数据间隙的影响。只要使用平均互相关系数相角而非快速傅里叶变换进行差频估计，也可将 MLBF 算法用于 ScanSAR 中。

DAR 算法的敏感度

每一算法对多普勒模糊数的准确估计能力与雷达参数(尤其是波长)有关。表 12.2 给出了不同传感器和雷达波段下的 DAR 算法的估计敏感度，其中距离和方位带宽、距离向采样率及脉冲重复频率取自表 4.1。

表 12.2　DAR 对每单元多普勒模糊数估计误差的敏感度

方法	残余距离徙动	子视相关	WDA 和 MLCC	MLBF
λ	ΔR	ΔR	$\Delta \phi$	f_{beat}
m(波段)	m	距离向分辨单元数	(°)	快速傅里叶变换单元
机载				
0.032(X)	35	12	2.5	28
0.057(C)	115	38	4.5	52
0.250(L)	2250	750	20	228
星载				
0.032(X)	10	0.7	0.5	6
0.057(C)	32	2.1	0.9	10
0.250(L)	630	42	4.0	46

表 12.2 中给出的是多普勒中心模糊误差为一个 PRF 时的变化值。较大的数值表明估计具有较高的灵敏度，但也说明错误的模糊数估计会导致图像质量更加恶化。以 X 波段卫星为例，此时很难将模糊数估计到最接近的整数，但也使一个模糊数误差对图像质量的影响相应降低。不同算法的敏感度测量技术不同，因而很难进行相互比较。

表中第二列表示全处理孔径（假定为 80% PRF）中的残余距离徙动（m）。此处指的是多普勒中心误差为一个 PRF 时，经距离徙动校正后的距离徙动残余量。在子视相关方法中，通过两个方位子视测量距离偏差，假设子视间隔为处理带宽的一半，则距离错位为该残余量的 50%。

第三列给出的是以距离向分辨单元表征的子视错位程度（分辨单元可用于配准测量）。通常，相关处理可以测出一个分辨单元以上的错位。从表中可知，除了 X 波段星载雷达，所有情况下的错位均超出一个距离向分辨单元，这主要是因为 X 波段卫星中的照射时间过短。对于两部 L 波段雷达，相对较长的照射时间使得错位很大，从而较易估计出模糊数。

第四列涉及多波长算法和 MLCC 算法，给出了 2/3 距离处理带宽内的平均互相关系数相角变化量。类似地，该列中的较大数值意味着平均互相关系数相角（或斜率）测量能够估计出更可靠的多普勒模糊数。如前所述，雷达波长仍是敏感度的主要影响参数。虽然 $\Delta\phi$ 看起来很小，但可通过在容许范围内的充分平均对其进行估计。与平均互相关系数相角测量能力相比，不确定偏移频率及部分照射目标对多波长算法和 MLCC 算法的威胁更大。

第五列则给出了 MLBF 算法中模糊数误差为 1 时的差频单元变化数。此处快速傅里叶变换长度设为 4096 个采样点。由于每种情况中都有超出 6 个频率单元的变化，只要进行足够的平均，在这种变换长度下就能得到模糊数的可靠估计。如果使用平均互相关系数法估计差频，则单位模糊数下的平均相位变化与第四列相同。

12.6 全局估计原理

以下两节将讨论四种用于提高估计精度的方法。主要概念包括[11,23]：

1. 空间变化检测。用于大范围场景而非狭窄区域（如前面的 1024 条或 4096 条数据线）的基带中心估计。
2. 质量控制。指对异常估计接收数据进行筛选的参数测量。
3. 几何模型。给定场景数据采集段内的卫星姿态，可以通过几何模型计算多普勒中心频率曲面。
4. 全局拟合。用于整个数据空间内多普勒中心的一次性曲面拟合。

几何模型可以降低估计问题的复杂度，并使结果更接近实际值。SRTM/X-SAR 和 RADARSAT-1 数据实验表明，复杂场景下的多普勒中心估计精度能达到 5 Hz 甚至更高，完全满足高精度 SAR 成像的处理要求。

本节将重点阐述前两个概念：通过图像块进行空间变化检测，以及对每个图像块进行精度评估的质量控制。12.7 节将对几何模型及全局拟合进行讨论。

12.6.1 空间变化检测

空间变化检测的前提是，一景雷达数据中既具有能进行精确基带频率估计的部分，也具有含噪或有偏估计的部分。异常估计或者来自弱散射（低接收 SNR）区，或者来自孤立强点目标区，以及接收能量突变区。低 SNR 区会抬高数据块的估计标准差，而强点目标及辐射变化则会在多普勒估计中引入较大的偏差。

在前面的处理中，一般使用每帧的前 1024 条或 4096 条距离线估计多普勒中心，这样无意中使用了会导致估计偏差的区域。为避开失效区，可以利用空间变化检测方法。该方法通过对全部数据进行数据块或子景划分，独立地估计每个数据块中的基带频率，并选择结果可靠的数据块进行全局估计。

根据场景规模及可利用的计算资源，数据块的空间分布可以是稀疏、相邻或重叠的。如果使用相邻数据块，则合适的尺寸为 256×1024 采样（距离×方位），相当于典型 C 波段星载 SAR 中 5 km×5 km 的地面覆盖区，这种尺寸近似为瞬时波束照射范围。对于相邻数据块，它可以在数据块相关程度及冗余估计之间进行很好的折中。

数据块估计

每块数据的基带频率估计方法可以在频谱拟合及信号增量中任选，其结果基本一致。

经验表明，每块数据中的模糊数估计通常无须使用空间变化检测。这是因为，当每块数据中的基带估值经解绕并从绝对中心扣除后，对全部场景仅需进行一次模糊数估计。这种一次估计应在大区域内而非小数据块中进行。

12.6.2 估计器质量检测

估计出每块数据中的基带频率之后，应对其进行精度检测，以便将精度较低的数据块从估计中剔除。质量检测可通过雷达数据本身及估值统计特性实现。相应于前者的质量参数包括信噪比、波束方向图畸变、每块场景数据的辐射梯度，以及图像对比度。

信噪比

若信号通道增益已知，则可从接收数据功率谱中测得信噪比。据图 12.36，其测量方法如下。

由于接收机噪声与雷达杂波不相关，所以全部接收能量为噪声能量与信号能量的和。假设噪声谱是平坦的，图 12.36 给出了接收信号的平均功率。

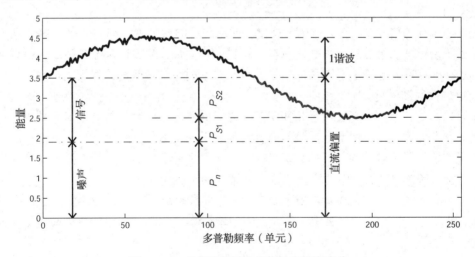

图 12.36 多普勒频谱中的信号和噪声成分

可以利用离散傅里叶变换或傅里叶序列分析对图中的信号和噪声分量进行估计。如果功率谱刚好为基底上的正弦波，则仅有两个非负频率是非零的，即用于估计 $P_n + P_{S1} + P_{S2}$ 的零频离散傅里叶变换系数 S_0，以及用于估计 $P_{S2}/2$ 的离散傅里叶变换第一系数 S_1（相应于一次谐波)。如果使用正弦波拟合,则以上参数可以通过基带估计得到。

如果附加一个假设条件,则以上傅里叶系数可用于三个未知量的求解。正如 12.2.1 节所讨论的,由 P_{S1} 和 P_{S2} 表征的信号频谱形状取决于波束方向图和 PRF 值。P_{S1} 与 P_{S2} 的比值为

$$P_{S1} = \gamma P_{S2} \tag{12.43}$$

其中 γ 可由波束方向图得到,PRF 可从数据中估出。通过接收数据的强散射区可得 γ 的上限。使用图 12.16(d)中的数据波束及 PRF,则 γ 的上限约为 0.25。

可见,信噪比可以通过傅里叶系数得到,即

$$
\begin{aligned}
\text{SNR} &= 10 \log_{10}\left\{\frac{P_{S1} + P_{S2}}{P_n}\right\} = 10 \log_{10}\left\{\frac{(1 + \gamma) P_{S2}}{P_n}\right\} \\
&= 10 \log_{10}\left\{\frac{2(1 + \gamma)\,\mathbf{abs}(S_1)}{\mathbf{abs}(S_0) - 2(1 + \gamma)\,\mathbf{abs}(S_1)}\right\}
\end{aligned}
\tag{12.44}
$$

谱畸变

谱畸变可通过平均谱与拟合曲线之间的均方根(RMS)误差予以衡量。将均方根误差除以平均谱高,再乘以 100,即得到百分数表示的谱畸变。

方位梯度

方位梯度测量的是距离压缩后 1 km 子块数据的平均方位辐射变化。由于距离压缩将该方向上的辐射影响进行了隔离,故距离向梯度对估计基本没有影响。强方位梯度用于基带频率和模糊数估计中的数据块筛选,而对比度用于多波长算法或 MLCC 算法,与 MLBF 算法之间的选择。

对比度

对比度为

$$C = E\{|P_{i,j}|^2\} / E\{|P_{i,j}|\}^2 \tag{12.45}$$

其中 $P_{i,j}$ 是距离压缩后数据的像素幅值。

质量测量的使用

过低或过高的信噪比、强方位辐射梯度,以及严重的谱畸变,都是基带多普勒估计筛选中的主要质量标准。虽然以上参数之间存在一定的相关性,但都包含各自独立的信息。数据块估计的局部标准差也是一个有用的质量参数。对不同质量参数的效用评估可以通过参考文献[11]中的散射图进行。

多波长算法和 MLCC 算法通过相邻距离线之间的平均相位增量得到绝对多普勒中心。不同距离单元上的平均相位增量标准差是最合适的质量控制参数,而 MLBF 算法测量的则是两距离子视方位相乘信号中的强目标频率,所以最合适的质量控制参数是峰值与邻域的谱能量比值。另外,基带频率估计中的质量参数也可用于模糊数估计。

通过考察大量场景内的质量参数散射图,可以大致确定质量参数的阈值。通过设置合适的阈值,可以将一些场景无关量用于曲面模的初始筛选。12.7.3 节中的自动曲面拟合处理要用到这一曲面模。

12.7　曲面拟合法

曲面拟合的目的是从整体角度出发给出全部处理场景内多普勒中心的一次性拟合估计。为此,考察图 12.7 中的 RADARSAT-1 温哥华场景。更多的示例见参考文献[11]。

在此,对图 12.15 的温哥华场景中的 5 km 数据块进行基带频率估计。图 12.37 给出了传统估计器的估计结果,从中可明显看到估计结果的变化(尤其是沿海岸线一带)。由于卫星姿态是缓变的,且天线方向图为距离的光滑函数,故多普勒中心不应出现图 12.37 中的跳变。实际的多普勒中心应为距离和方位的光滑函数。比较图 12.37 和图 12.39(曲面拟合结果)就会发现,如果在估计中将图 12.37 所示的有偏和含噪数据块剔除,就可能得到质量较高的全局估计。这表明在多普勒中心估计中,空间选择和全局检测是非常重要的因素。

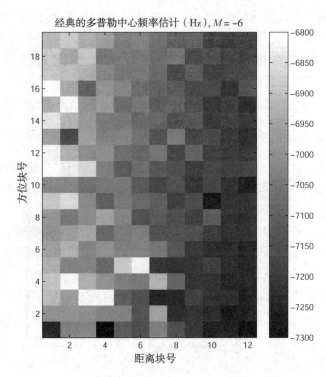

图 12.37　对整幅温哥华场景相邻 5 km 数据块,采用正弦波
拟合方法的多普勒中心频率估计。灰度单位为 Hz

12.7.1　全局多项式曲面拟合

得到每个数据块的基带频率和全场景模糊数以后,对基带估值进行解绕并剔除失效数据块,再拟合出随距离和方位变化的多普勒中心二维曲面。最简单的拟合方法是低阶多项式曲面

$$F(r_i, a_i) = c_0 + c_{a1} a_i + c_{r1} r_i + c_{r2} r_i^2 + c_{ar} a_i r_i + c_{a2} a_i^2 + c_{r3} r_i^3 \qquad (12.46)$$

其中 r_i 和 a_i 分别是相对于中心块的距离和方位块数。

系数 c_0 为全场景的平均多普勒频率, c_{r1} 给出了多普勒频率沿距离向的主要变化, c_{r2} 和 c_{r3} 则反映了二次分量及三次分量的变化。通常,线性项 c_{a1} 刻画了多普勒中心频率在 100 km 或 200 km 内的方位缓变漂移,二次分量 c_{a2} 则可以跟踪源于姿态控制系统的捷变多普勒中心(在 SRTM 中较常见)。最后,引入交叉耦合项 c_{ar},以描述由卫星纬度变化或天线偏航漂移造成的随方位变化的距离斜率。

可以使用 Nelder-Mead 型简单搜索方法对式(12.46)中的系数进行估计[24]。Newton-Raphson 最陡下降法可使算法更快地收敛。由于最优化方法对初始条件很敏感,故对 F_{bb} 的拟

合最好采用单系数 c_0、三系数、五系数直至七系数的拟合顺序。在每一步中按式(12.46)中右侧的顺序添加系数。每次拟合出的系数作为下一次拟合的初始值。另一种方法是将卫星姿态设为零或标称值，利用 12.3 节的几何模型给出初始系数。

根据姿态及其漂移率限制(在 RADARSAT-1 中分别为 ±0.5°和±0.01°/s)，可以导出式(12.46)中系数的极值，并将其作为参数搜索过程中的限制条件。

长条带数据处理

曲面拟合方法适于 SAR 数据分帧处理。在连续长条带 SAR 处理中，随距离线数据处理序列连续地更新多普勒中心，能得到更好的处理结果。首先对每一组新数据块进行空间变化检测，然后利用卡尔曼滤波器更新曲面拟合结果[25]。由于无卫星控制下的多普勒中心变化相当缓慢，所以可简单地通过式(12.46)中的 c_{a1} 或姿态漂移率(见下一节)来模拟多普勒频率的变化。基于模型的滤波方法已成功运用于 ScanSAR 数据的长条带处理中[5]。

12.7.2 基于几何模型的全局拟合

给定卫星轨道和波束姿态角的前提下，可以利用 12.3 节中讨论的卫星/地球几何模型求解每块数据中的多普勒中心。得到数据块估值以后，即可通过调整姿态及姿态漂移率在模型和有效估值之间取得最佳拟合。

首先在零或标称姿态假设下，估计每个数据块 (r_i, a_i) 的绝对多普勒中心，从而得到标称多普勒曲面模型 $F_{za}(r_i, a_i)$，然后在模型中加入姿态角及其漂移率的影响：

$$F(r_i, a_i) = F_{za}(r_i, a_i) + \Delta\mathcal{F}(\phi, \phi', \phi'', \psi, \psi', \psi'') \tag{12.47}$$

其中 ϕ 为偏航角，ψ 为俯仰角，其右上角的标记代表对时间的求导。如果卫星是经过偏航校正的，则 $F_{za}(r_i, a_i)$ 接近为零，在式(12.47)中可被忽略。偏航校正中的微小偏差可以归并到偏航和俯仰估计中。$F(r_i, a_i)$ 中的距离相关因子由波束几何给出，方位相关因子则由地球自转变化和姿态漂移率确定。

式(12.47)中右侧用于数据块最佳估值拟合的姿态参数可以通过 12.7.3 节讨论的搜索过程找到。在步进搜索中要使用姿态及姿态漂移率限制。如果卫星是不受控的，则可以忽略二次导数项。由于偏航和俯仰对多普勒中心的交叉影响相当大，在应用最优化算法之前最好对参数空间进行正交分解。

式(12.46)的多项式模型及式(12.47)的几何模型都适用于曲面拟合过程。多项式模型易于编程，且可将简化的几何模型作为约束条件。该方法可以给出中心频率的简单表达式，供 SAR 处理使用。几何模型则能对估计结果进行更好的物理解释，并可直接利用实际约束条件。下一节将讨论一种较为适用的曲面拟合过程。

12.7.3 自动拟合过程

如图 12.38 所示，可以在基于几何模型的多普勒中心计算中嵌入自动拟合过程。一旦在第 1 步得到了每块数据的估计结果 $F_{bb\_measured}(r_i, a_j)$，即可用参数 $(\phi, \phi', \phi'', \psi, \psi', \psi'')$ 给出全部场景的最佳拟合曲面，见式(12.47)。

如果场景内的多普勒模糊数存在变化，则基带估值一般会稍微超出 PRF。此时，应通过零姿态下的标称多普勒曲面将其解绕。由于中心频率随距离和方位连续光滑地变化，这并不构成问题。

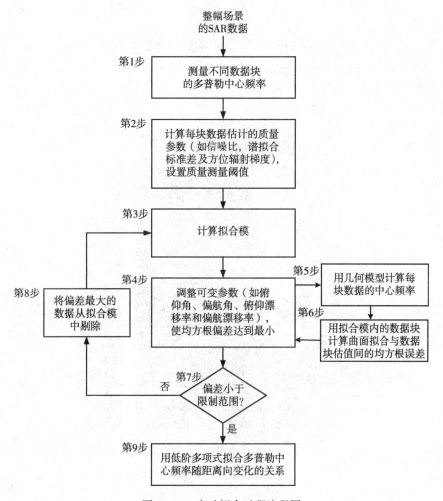

图 12.38　自动拟合过程流程图

　　由于绝对多普勒中心可以直接从几何模型中计算出来, 所以这个步骤也可以估计场景模糊数 M_{amb} :

$$F_{\text{measured}}(r_i, a_i) = F_{\text{bb\_measured}}(r_i, a_i) + M_{amb} F_a \qquad (12.48)$$

　　第 2 步, 计算质量参数并设定用于初始数据块剔除的阈值。主要通过数据信噪比、谱拟合标准差及方位辐射梯度对基带估值进行质量控制。第 3 步, 计算拟合模, 以便进行首次曲面拟合迭代。

　　第 4 步至第 6 步构成了迭代拟合过程, 通过搜索过程调整模型中的自由参数, 使模型与数据块估值之间的均方根误差最小。通常模型要用到俯仰角和偏航角(及其漂移率), 但如果卫星姿态是受控的, 那么还应使用二次导数。第 5 步根据图 12.11 中的几何模型计算每块数据的多普勒中心(计算过程见 12.3 节)。第 6 步则使用拟合模内的数据块计算曲面拟合与数据块估值间的均方根误差。

　　第 7 步对均方根误差进行充分性判断。如果条件不满足, 则在第 8 步从拟合模中剔除偏差最大的数据块群, 重复执行第 3 步至第 7 步, 直至满足拟合条件。第 7 步应包括其他一些终止条件, 如最大迭代次数、均方根误差基准限、数据块最小百分比或拟合模中的最小空间变化度。

曲面拟合示例

这里使用状态矢量几何模型法对图 12.37 中的数据块估值进行曲面拟合。通过迭代筛选掉约 20% 的数据块之后，可以得到图 12.39 所示的曲面拟合结果。拟合曲面与单个数据块估值的均方根误差为 7 Hz，该结果与人为调整下的最佳拟合之差在 1 Hz 以内。

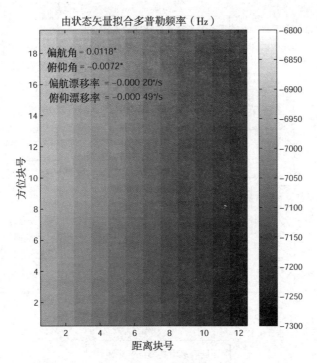

图 12.39　用卫星状态矢量进行多普勒曲面拟合

曲面拟合还可以通过圆轨道几何模型得到。以上两种方法的拟合误差为几十兹，但是用于最佳拟合的姿态角（偏航角和俯仰角）及漂移率分别存在 0.001° 和 0.0001°/s 量级的差异。状态矢量表明轨道半径以 8.7 m/s 的速度递减，即 15 s 内减小 130 m。可见，用圆轨道近似实际轨道会带来一定的偏差。

如果使用 12.7.1 节中的多项式模型进行曲面拟合，那么其结果仅比几何模型方法改善0.2 Hz。这表明对于多普勒曲面的精确求解而言，拟合模型可任选。

12.8　小结

多普勒中心是 SAR 精确处理中的重要参数，原则上讲，可以通过星历数据中的姿轨信息直接计算得出，但是由于星历数据误差及几何模型的局限性，所得到的多普勒中心在精度上通常无法满足精确成像的要求。此时，需要通过 SAR 数据改善估计精度。本章给出了一些基于几何模型和数据域的中心频率估计方法。

多普勒中心包括两部分：PRF 小数部分或基带部分，PRF 整数部分或多普勒模糊。基带频率的幅度估计主要是通过正弦波拟合来确定功率谱的峰值位置。相位估计则基于这样一个事实：接收信号的平均方位向相位增量与波束中心处的增量相等。两种方法在本质上是相同的。虽然两者受部分照射目标和低信噪比的影响不同，但都同样实用。

模糊数的幅度估计是通过测量压缩后两方位子视的距离错位实现的。还可以通过相位方法(如多波长算法、MLCC 算法和 MLBF 算法等)进行模糊数测量。它们都将多普勒中心视为传输频率的函数,只是求解方法不同。多波长算法直接在距离频域测量多普勒中心随传输频率的变化斜率。而 MLCC 算法和 MLBF 算法则通过距离上的两视等效出传输频率不同的两部雷达,进而测量两者之间的中心频率差。

幅度方法适用于高对比度场景。相位方法的敏感度较高,对高、低对比度场景都适用。

当对全部场景进行多普勒中心估计时,应使用全局估计一次拟合出场景内的多普勒曲面。在估计中,应通过质量检测将失效估计区从估计过程中去除掉。几何模型的引入可以降低参数空间的自由度,并将实际解赋给多普勒曲面。

表 12.3 对多普勒中心估计中的重要表达式进行了汇总。

表 12.3　多普勒参数估计表达式汇总

方法	符号	表达式	单位
平均互相关系数法	f'_{η_c}	$\dfrac{F_a}{2\pi}\phi_{ACCC}$	Hz
多普勒方位模糊解算方法,子视相关法	ΔM_{amb}	$\text{round}\left\{\dfrac{4V_r^2\Delta R}{\lambda^2 R_0 F_a \Delta f_a}\right\}$	
斜率法 $\phi_{accc}(f_\tau)$	α	$-\dfrac{2\pi}{F_a}\dfrac{2V_r^2}{cR(\eta_c)}\eta_c$	rad/Hz
多普勒方位模糊解算方法,多波长算法	f_{η_c}	$\dfrac{F_a}{2\pi}\alpha f_0$	Hz
多普勒方位模糊解算方法,多视互相关法	f_{η_c}	$\dfrac{F_a}{2\pi}\dfrac{f_0}{\Delta f_r}\Delta\phi$	Hz
多普勒方位模糊解算方法,多视差频法	f_{η_c}	$-\dfrac{\Delta f_r f_{\eta_c}}{f_0}$	采样点

参考文献

[1] F. K. Li, D. N. Held, J. Curlander, and C. Wu. Doppler Parameter Estimation for Spaceborne Synthetic Aperture Radars. *IEEE Trans. on Geoscience and Remote Sensing*, 23(1), pp. 47-56, January 1985.

[2] C. Y. Chang and J. C. Curlander. Doppler Centroid Ambiguity Estimation for Synthetic Aperture Radars. In *Proceedings of the International Geoscience and Remote Sensing Symposium*, IGARSS'89, pp. 2567-2571, Vancouver, BC, 1989.

[3] D. Esteban Fernandez, P. J. Meadows, B. Schaettler, and P. Mancini. ERS Attitude Errors and Its Impact on the Processing of SAR Data. In *CEOS SAR Workshop*, Toulouse, France, October 26-29, 1999. ESA-CNES. http://www.estec.esa.nl/ceos99/papers/p027.pdf.

[4] M. Dragošević. On Accuracy of Attitude Estimation and Doppler Tracking. In *CEOS SAR Workshop*, Toulouse, France, October 26-29, 1999. ESA-CNES. http://www.estec.esa.nl/ceos99/papers/p164.pdf.

[5] M. Dragošević and B. Plache. Doppler Tracker for a Spaceborne ScanSAR System. *IEEE Trans. on Aerospace and Electronic Systems*, 36(3), pp. 907-924, July 2000.

[6] J. B. Y. Tsui. *Fundamentals of Global Positioning System Receivers: A Software Approach*. John Wiley & Sons, New York, 2000.

[7] R. K. Raney. Doppler Properties of Radars in Circular Orbits. *Int. J. of Remote Sensing*, 7(9), pp. 1153-

1162, 1986.

[8] H. Fiedler, E. Boerner, J. Mittermayer, and G. Krieger. Total Zero Doppler Steering. In *Proc. European Conference on Synthetic Aperture Radar*, *EUSAR'04*, pp. 481-484, Ulm, Germany, May 2004.

[9] C. Oliver and S. Quegan. *Understanding Synthetic Aperture Radar Images*. Artech House, Norwood, MA, 1998.

[10] R. Bamler. Doppler Frequency Estimation and the Cramer-Rao Bound. *IEEE Trans. on Geoscience and Remote Sensing*, 29(3), pp. 385-390, May 1991.

[11] I. G. Cumming. A Spatially Selective Approach to Doppler Estimation for Frame-Based Satellite SAR Processing. *IEEE Trans. on Geoscience and Remote Sensing*, 42(6), June 2004.

[12] M. Dragošević. Attitude Estimation and Doppler Tracking. In *CEOS SAR Workshop*, (ESA), Ulm, Germany, May 27-28, 2004.

[13] S. N. Madsen. Estimating the Doppler Centroid of SAR Data. *IEEE Trans. on Aerospace and Electronic Systems*, 25(2), March 1989.

[14] A. Papoulis. *Probability, Random Variables and Stochastic Processes*. McGraw-Hill, New York, 1984.

[15] I. G. Cumming, P. F. Kavanagh, and M. R. Ito. Resolving the Doppler Ambiguity for Spaceborne Synthetic Aperture Radar. In *Proceedings of the International Geoscience and Remote Sensing Symposium*, *IGARSS'86*, pp. 1639-1643, Zurich, Switzerland, September 8-11, 1986.

[16] J. Holzner and R. Bamler. Burst-Mode and ScanSAR Interferometry. *IEEE Trans. on Geoscience and Remote Sensing*, 40(9), pp. 1917-1934, September 2002.

[17] R. Bamler and H. Runge. PRF-Ambiguity Resolving by Wavelength Diversity. *IEEE Trans. Geoscience and Remote Sensing*, 29(6), pp. 997-1003, November 1991.

[18] F. H. Wong and I. G. Cumming. A Combined SAR Doppler Centroid Estimation Scheme Based upon Signal Phase. *IEEE Trans. on Geoscience and Remote Sensing*, 34(3), pp. 696-707, May 1996.

[19] M. Y. Jin. PRF Ambiguity Determination for RADARSAT ScanSAR System. In *Proc. Int. Geoscience and Remote Sensing Symp.*, *IGARSS'94*, Vol. 4, pp. 1964-1966, Pasadena, CA, August 1994.

[20] C. Y. Chang and J. C. Curlander. Application of the Multiple PRF Technique to Resolve Doppler Centroid Estimation Ambiguity for Spaceborne SAR. *IEEE Trans. on Geoscience and Remote Sensing*, 30(5), pp. 941-949, September 1992.

[21] C. S. Purry, K. Dumper, G. C. Verwey, and S. R. Pennock. Resolving Doppler Ambiguity for ScanSAR Data. In *Proceedings of the International Geoscience and Remote Sensing Symposium*, *IGARSS'00*, Vol. 5, pp. 2272-2274, Honolulu, HI, July 24-28, 2000.

[22] C. Cafforio, P. Guccione, and A. Monti Guarnieri. Doppler Centroid Estimation for ScanSAR Data. *IEEE Trans. on Geoscience and Remote Sensing*, 42(1), pp. 14-23, January 2004.

[23] I. G. Cumming. Model-Based Doppler Estimation for Frame-Based SAR Processing. In *Proc. Int. Geoscience and Remote Sensing Symp.*, *IGARSS'01*, Vol. 6, pp. 2645-2647, Sydney, Australia, July 2001.

[24] J. A. Nelder and R. Mead. A Simplex Method for Function Minimization. *Computer Journal*, 7, pp. 308-313, 1965. Available in MATLAB as the function FMINSEARCH.

[25] O. Loffeld. Estimating Time Varying Doppler Centroids With Kalman Filters. In *Proc. Int. Geoscience and Remote Sensing Symp.*, *IGARSS'91*, Vol. 2, pp. 1043-1046, Espoo, Finland, June 1991.

[26] I. M. Yaglom and A. Shields. *Geometric Transformations*. The Mathematical Association of America, 1962.

附录 12A 多普勒计算详细步骤

图 12.11 给出了多普勒频率的主要计算流程，本附录将对每一步进行详细解释。用于数学推导的参考系见表 12A.1，其中假定升交点位于格林尼治子午线上。图 12A.1 示意了各种参考系，均为由格林尼治子午线与赤道的交点向地心进行的观测。

表 12A.1 参考系的中心和方位指向

参考系	名称	中心	坐标系方向
S0	SAT1	卫星	轴背离地心朝上指向
E1	SAT2	地心	与 S0 相同
E2	ECOP	地心	在升交点处轨道平面
E3	ECI	地心	在升交点处赤道面

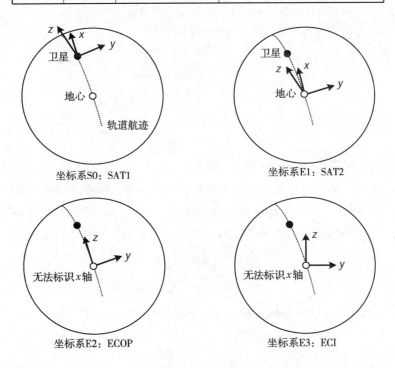

图 12A.1 变换中所用的参考坐标系

第 1 步：通过卫星俯仰和偏航进行波束旋转，并将其变换至地心坐标系（E1）

首先，从卫星星体坐标系（S0）开始进行几何推导。其原点为卫星质心；x 轴背离地心朝上指向；z 轴位于轨道平面内，朝前指向，且垂直于 x 轴；y 轴与 x 轴和 z 轴构成右手直角坐标系。为便于说明，假设卫星为圆轨道，则其位置和速度的状态矢量为

$$\mathbf{S_0} = [\ 0\ \ 0\ \ 0\ ]'$$

(12A.1)

$$\mathbf{V_0} = [\ 0 \quad 0 \quad V_{\text{sat}}]' \tag{12A.2}$$

其中 $V_{\text{sat}} = \sqrt{\mu_e/R_s}$ 是半径为 R_s 的轨道中的卫星速度标量值，$\mu_e = 3.987\ 10^{14}\,\text{m}^3/\text{s}^2$ 为地球重力常数，$[\cdot]'$ 表示转置[①]。

这里假定天线–星体的连接方式使得每一仰角下的方位视线都处于 $x\text{-}y$ 平面内[②]，特定角度指向可由单位视线矢量加以定义，即

$$\mathbf{U_{0f}} = [-\cos(\alpha)\quad \sin(\alpha)\quad 0\,]' \tag{12A.3}$$

其中 α 是波束指向与本地垂线之间的星下点离线角，并以天线右视为正[③]。

假设卫星被人为地转动偏航角 ϕ，俯仰角 ψ，则波束视线矢量需要进行两次旋转变换。首先，绕 y 轴正半轴顺时针旋转俯仰角 ψ，根据欧拉变换矩阵，有[④][26]

$$\mathbf{T_{y\psi}} = \begin{bmatrix} \cos(\psi) & 0 & \sin(\psi) \\ 0 & 1 & 0 \\ -\sin(\psi) & 0 & \cos(\psi) \end{bmatrix} \tag{12A.4}$$

随后，将视线矢量绕 x 正半轴顺时针旋转一个偏航角 ϕ，变换矩阵为

$$\mathbf{T_{x\phi}} = \begin{bmatrix} 1 & 0 & 0 \\ 0 & \cos(\phi) & -\sin(\phi) \\ 0 & \sin(\phi) & \cos(\phi) \end{bmatrix} \tag{12A.5}$$

则 S0 坐标系中的单位视线矢量变为[⑤]

$$\mathbf{U_0} = \mathbf{T_{x\phi}}\,\mathbf{T_{y\psi}}\,\mathbf{U_{0f}} \tag{12A.6}$$

最后，进行卫星星体坐标系至地心 E1 坐标系的平行变换

$$\mathbf{S_1} = \mathbf{S_0} + [R_s\ \ 0\ \ 0]' \tag{12A.7}$$

$$\mathbf{V_1} = \mathbf{V_0} \tag{12A.8}$$

$$\mathbf{U_1} = \mathbf{U_0} \tag{12A.9}$$

第 2 步：旋转至 ECOP 坐标系(E2)

虽然 E1 坐标系以地心为原点，但其方位与卫星零姿态指向保持一致。为进行地心惯性(ECI)坐标系转换，首先将 E1 坐标系转至地心轨道(ECOP)坐标系 E2(沿轨道向后旋转至升交点)。设 γ_h 为过升交点时的卫星时角，绕 y 轴的顺时针方向为正，则变换矩阵为

$$\mathbf{T_{12}} = \begin{bmatrix} \cos(\gamma_h) & 0 & -\sin(\gamma_h) \\ 0 & 1 & 0 \\ \sin(\gamma_h) & 0 & \cos(\gamma_h) \end{bmatrix} \tag{12A.10}$$

如果轨道为圆轨，ω_s 为卫星轨道角速度，t_s 为升交点穿越时刻，则 $\gamma_h = \omega_s t_s$。不失一般性，可将升交点设在零度经线(格林尼治子午线)上。

---

① 状态矢量也适用于非圆，或者垂直速度分量可归并到俯仰角估计中。如果已知 ECI 坐标系中的卫星状态矢量 **S** 和 **V**，则可直接使用第 4 步。
② 如果波束最大指向不在该平面内，则需在偏航角及俯仰角估计中进行微小的偏移校准，以对齐天线视线。
③ 对于几度的仰角波束宽度，一次仅考察某一特殊角度 α(星下点离线角)。此外，假设无俯仰及偏航时，所有离线角下的方位对称波束方向图的最大值都处于 (y,z) 平面内，则多普勒中心就是该角度下的多普勒频率。
④ 通常顺时针及逆时针为相对于旋转轴的视向而言。对于此处的右视天线，俯仰及偏航的正向指右侧视波束的前移(相当于航空术语中的"抬起"、"左偏")。波束前移使得多普勒中心增大。
⑤ 变换次序($\mathbf{T_{x\phi}T_{y\psi}}$ 或 $\mathbf{T_{y\psi}T_{x\phi}}$)会影响到最终结果，但小角度下的影响较小。正确次序由俯仰及偏航的固有定义确定。

ECOP 坐标系相当于格林尼治子午线在赤道上沿 x 轴向地心的内视。z 轴处于轨道平面内，而 y 轴右向垂直于轨道平面。对于圆轨道，z 轴与 $t=0$ 时刻的卫星速度矢量保持一致。沿正北方向逆时针旋转角度（卫星轨道倾角减去 $\pi/2$）κ 即为 z 轴[①]。

以下矩阵相乘给出了 E1-E2 坐标系的矢量旋转

$$\mathbf{S_2} = \mathbf{T_{12}} \, \mathbf{S_1} \tag{12A.11}$$

$$\mathbf{V_2} = \mathbf{T_{12}} \, \mathbf{V_1} \tag{12A.12}$$

$$\mathbf{U_2} = \mathbf{T_{12}} \, \mathbf{U_1} \tag{12A.13}$$

第 3 步：旋转至 ECI 坐标系（E3）

这个步骤包括两部分。首先进行坐标旋转，其次对视线矢量进行大地纬度补偿。

坐标旋转

ECI 坐标系变换中的第 2 步是将 ECOP 坐标绕 x 轴逆时针旋转角度 κ。变换矩阵为

$$\mathbf{T_{23}} = \begin{bmatrix} 1 & 0 & 0 \\ 0 & \cos(\kappa) & -\sin(\kappa) \\ 0 & \sin(\kappa) & \cos(\kappa) \end{bmatrix} \tag{12A.14}$$

得到 E3 坐标系

$$\mathbf{S_3} = \mathbf{T_{23}} \, \mathbf{S_2} \tag{12A.15}$$

$$\mathbf{V_3} = \mathbf{T_{23}} \, \mathbf{V_2} \tag{12A.16}$$

$$\mathbf{U_3} = \mathbf{T_{23}} \, \mathbf{U_2} \tag{12A.17}$$

该坐标系构成一般意义上的北-东观察系（z 轴指向正北，y 轴指向正东，x 轴从地心指向格林尼治子午线上的赤道点）。矢量（$\mathbf{S_3}, \mathbf{V_3}$）代表 ECI 坐标系中的卫星状态矢量[②]。

视线矢量的大地纬度补偿

卫星姿态通常在大地参考系中描述，其中本地垂线指向地球椭面，而不是地心（地心参考系）。在目前的推导中没有使用大地参考系，但如果在大地参考系中描述卫星姿态，则应对单位视线矢量进行转换补偿。图 12A.2 示意了视角的差异。

令 $\vartheta_{\text{sat\_lat}}$ 和 $\vartheta_{\text{sat\_long}}$ 分别为卫星的纬度和经度，为了进行补偿，首先通过式（12A.18）将 ECI 坐标系绕 z 轴顺时针旋转卫星经度[③]

$$\mathbf{T_{z3}} = \begin{bmatrix} \cos(\vartheta_{\text{sat\_long}}) & \sin(\vartheta_{\text{sat\_long}}) & 0 \\ -\sin(\vartheta_{\text{sat\_long}}) & \cos(\vartheta_{\text{sat\_long}}) & 0 \\ 0 & 0 & 1 \end{bmatrix} \tag{12A.18}$$

波束稍微向赤道倾斜一个角度[④]

$$\phi_g = \vartheta_{\text{lat\_geodetic}} - \vartheta_{\text{lat\_geocentric}} \tag{12A.19}$$

变换矩阵为

---

① 倾角为轨道面与赤道面之间的夹角，在 ECI 坐标系中逆时针绕 x 轴旋转得到。高度为 800 km 的太阳同步轨道倾角约为 98.6°。

② 卫星状态矢量通常在 ECR 坐标中表达（如 RADARSAT-1）。虽然此处没有涉及，但可以通过式（12A.32）中 T_{z43} 的逆变换将（$\mathbf{S_3}, \mathbf{V_3}$）变换为 ECR 坐标系中的（$\mathbf{S_4}, \mathbf{V_4}$）。

③ 卫星纬度是基于地心的，北半球为正；格林尼治子午线东侧的卫星经度为正。

④ 给定椭球的偏心率 e，地心纬度与大地纬度的关系为 $\vartheta_{\text{lat\_geocentric}} = (1 - e^2) \tan \vartheta_{\text{lat\_geocentric}}$。

$$T_{y3} = \begin{bmatrix} \cos(\phi_g) & 0 & -\sin(\phi_g) \\ 0 & 1 & 0 \\ \sin(\phi_g) & 0 & \cos(\phi_g) \end{bmatrix} \tag{12A.20}$$

最后通过 $T_{z3}{}^{-1}$ 将波束绕 z 轴向后旋转,逆转至 ECI 坐标系。全部变换过程为

$$U_{3g} = T_{z3}{}^{-1}\ T_{y3}\ T_{z3}\ U_3 \tag{12A.21}$$

　　注意,赤道和两极处的大地补偿角 ϕ_g 为零,在 ±45° 纬度处达到最大值 0.194°。式(12A.21)的效应为:通过视线矢量的旋转,使起初相对于本地水平线的卫星俯仰角及偏航角在 ECI 坐标系中得到正确的表达。

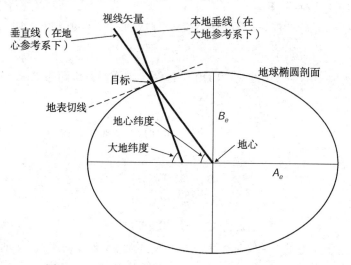

图 12A.2　比较大地纬度和地心纬度中的视线矢量

第 4 步:目标定位

　　这个步骤对地表目标进行定位。根据图 12A.3,卫星位置由式(12A.15)中的矢量 S_3 给出,波束至目标的距离矢量由 $R_3 U_{3g}$ 表示(R_3 未知)。那么,目标位置为以上矢量的和:

$$P_3 = S_3 + R_3 U_{3g} \tag{12A.22}$$

并可通过波束至目标距离矢量与地球椭圆的交点求得

$$\frac{P_3(x)^2}{A_e^2} + \frac{P_3(y)^2}{A_e^2} + \frac{P_3(z)^2}{B_e^2} = 1 \tag{12A.23}$$

其中 $A_e = 6\ 378\ 137.0$ m,$B_e = 6\ 356\ 752.3142$ m,分别为 WGS-84 椭球投影坐标系中的赤道半径和极半径(单位为 m)[①]。

　　由于椭圆是二次的,可以通过二次方程最小根方法求得交点[②]:

$$R_3^2 + 2F R_3 + G = 0 \tag{12A.24}$$

上式中的系数为

$$F = \frac{S_3 \cdot U_{3g} + \epsilon S_3(z) U_{3g}(z)}{1 + \epsilon U_{3g}^2(z)} \tag{12A.25}$$

---

① 在已知本地地形高度的前提下,可对椭圆进行适当的调整。
② 最大根给出地球另一侧的虚拟交点。如果根为复数,则波束离开地球!

$$G = \frac{\mathbf{S_3} \bullet \mathbf{S_3} - A_e^2 + \epsilon S_3^2(z)}{1 + \epsilon U_{3g}^2(z)} \tag{12A.26}$$

其中 $\bullet$ 表示点乘，$S_3(z)$ 为 $\mathbf{S_3}$ 的 z 轴分量。参数 ϵ 在 WGS-84 下定义为

$$\epsilon = \frac{e^2}{1 - e^2} = \frac{A_e^2 - B_e^2}{B_e^2} = 0.006\,739\,5 \tag{12A.27}$$

其中 e 为椭球的偏心率。

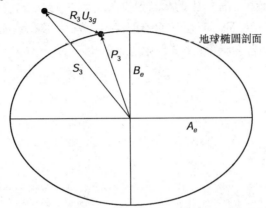

图 12A.3　波束视线矢量 $R_3\mathbf{U_{3g}}$ 与地球表面的交点

标量 R_3 表示卫星至地表目标的距离，可由式（12A.24）和式（12A.27）联立求解：

$$R_3 = -F - \sqrt{F^2 - G} \tag{12A.28}$$

得到 R_3 后，由图 12A.3 可知，ECI 坐标系中的目标位置 $\mathbf{P_3}$ 就是视线矢量 U_{3g}（以卫星位置为起点）上的该距离点，具体推导见式（12A.22）。

第 5 步：计算目标速度

现在在 ECI 坐标系中求解目标速度。假设相对于地表，目标是静止的，否则应在式（12A.30）中增加一项。速度的模值为目标纬度的函数，其指向为目标经度的函数。目标随地球绕极轴旋转，转动半径为

$$D_3 = \sqrt{P_3^2(y) + P_3^2(x)} \tag{12A.29}$$

则零经度处（即 $y=0$）的目标速度矢量为

$$\mathbf{Q_4} = [\,0 \quad D_3\,\omega_e \quad 0\,]' \tag{12A.30}$$

其中 $\omega_e = 7.2921 \times 10^{-5}$ 为惯性坐标系中的地球自转速度。为了得到 ECI 坐标系中的目标速度，应将其绕极轴 z 以目标 ECI 东经旋转

$$\vartheta_{\text{tar\_long}} = \arctan\{P_3(y),\, P_3(x)\} \tag{12A.31}$$

转换矩阵为①

$$\mathbf{T_{z43}} = \begin{bmatrix} \cos(\vartheta_{\text{tar\_long}}) & -\sin(\vartheta_{\text{tar\_long}}) & 0 \\ \sin(\vartheta_{\text{tar\_long}}) & \cos(\vartheta_{\text{tar\_long}}) & 0 \\ 0 & 0 & 1 \end{bmatrix} \tag{12A.32}$$

由此得到 ECI 坐标中的目标速度

---

① 当 $\vartheta_{\text{tar\_long}}$ 为 ECI 及 ECR 坐标系中的经度差时，该转换矩阵也可用于两坐标系之间的变换。

$$\begin{aligned}
\mathbf{Q_3} &= \mathbf{T_{z43}\,Q_4} \\
&= D_3\,\omega_e\,[-\sin(\vartheta_{\text{tar\_long}}) \quad \cos(\vartheta_{\text{tar\_long}}) \quad 0\,]'
\end{aligned} \tag{12A.33}$$

第 6 步：计算多普勒频率

为了计算目标的多普勒频率，首先应该确定卫星与目标的相对速度。具体过程为，求得目标与卫星在视线矢量方向上的速度投影并将其相减。投影既可在 ECI 坐标系中进行，也可在 ECR 坐标系中进行。ECI 坐标系中的相对速度为

$$V_{\text{rel}} = \mathbf{V_3 \bullet U_{3g}} - \mathbf{Q_3 \bullet U_{3g}} = (\mathbf{V_3 - Q_3}) \bullet \mathbf{U_{3g}} \tag{12A.34}$$

波束中心处的目标多普勒频率（多普勒中心）为

$$F_d = -\frac{2\,V_{\text{rel}}}{\lambda} \tag{12A.35}$$

其中 λ 为雷达波长。

附录 12B　DAR 算法中的偏移频率

多普勒模糊数估计中的 WDA 及 MLCC 算法需要使用偏移频率，以进行绝对多普勒中心估计，MLBF 算法则不需要这个参量。偏移频率源于随雷达脉冲传输频率轻微变化的波束视角。这表明图 12.25 中的两点连线不是直线或/且连线延长线不经过(0,0)点。

这个附录的目的是推导 MLCC 算法中的偏移频率，并阐释 MLBF 算法不受偏移频率影响的原因。由于波束视角变化对 WDA 的影响与 MLCC 算法相同，所以该附录推导不包括 WDA。

12B.1　子视信号模型

为了从概念上进行说明，在此考察波束视角随传输频率线性变化的情况。此时，波束中心穿越时刻 η_c 应附加分量 $\alpha_t f_\tau$，其中 f_τ 为距离向频率，α_t 为常量，单位为 s/Hz。

MLCC 和 MLBF 算法需要使用距离两视。式(12.28)和式(12.29)给出的两视单点目标经距离压缩后为

$$s_{v,1}(\eta) = w_a\left[\eta - \left(\eta_c - \frac{\alpha_t\,\Delta f_r}{2}\right)\right]\exp\left\{\frac{-\mathrm{j}4\pi}{c}\left(f_0 - \frac{\Delta f_r}{2}\right)R(\eta)\right\} \tag{12B.1}$$

$$s_{v,1}(\eta) = w_a\left[\eta - \left(\eta_c + \frac{\alpha_t\,\Delta f_r}{2}\right)\right]\exp\left\{\frac{-\mathrm{j}4\pi}{c}\left(f_0 + \frac{\Delta f_r}{2}\right)R(\eta)\right\} \tag{12B.2}$$

采用下标 v 是为了区别于 12.5.4 节和 12.5.5 节中的表达式，如果没有下标则是相同的。

在上面两式中，源于波束视角变化的附加分量出现在方位包络 w_a 内。$-\alpha_t\Delta f_r/2$ 和 $+\alpha_t\Delta f_r/2$ 分别为子视 1 和子视 2 中以时间表达的方位天线视角偏移。

12B.2　多视互相关算法

继续 12.5.4 节中的推导，式(12.30)和式(12.31)变为

$$\phi_{v,L_1} = -2\pi\frac{K_{\mathrm{a1,dop}}\left(\eta_c - \alpha_t\,\Delta f_r/2\right)}{F_a} \tag{12B.3}$$

$$\phi_{v,L_2} = -2\pi\frac{K_{\mathrm{a2,dop}}\left(\eta_c + \alpha_t\,\Delta f_r/2\right)}{F_a} \tag{12B.4}$$

其中 $K_{\mathrm{a1,dop}}$ 和 $K_{\mathrm{a2,dop}}$ 分别由式(12.32)和式(12.33)给出。那么，两角度差 $\Delta\phi_v$ 为

$$\begin{aligned}
\Delta\phi_v &= \phi_{v,L_2} - \phi_{v,L_1} \\
&= -2\pi\frac{(K_{\mathrm{a2,dop}} - K_{\mathrm{a1,dop}})\,\eta_c}{F_a} - \pi\frac{(K_{\mathrm{a1,dop}} + K_{\mathrm{a2,dop}})\,\alpha_t\,\Delta f_r}{F_a}
\end{aligned} \tag{12B.5}$$

与式(12.37)的推导类似，$\Delta\phi_v$ 可写为

$$\begin{aligned}
\Delta\phi_v &= -2\pi\frac{\Delta f_r}{f_0}\frac{K_{\mathrm{a,dop}}\,\eta_c}{F_a} - 2\pi\frac{K_{\mathrm{a,dop}}\,\alpha_t\,\Delta f_r}{F_a} \\
&= +2\pi\frac{\Delta f_r}{f_0}\frac{f_{\eta_c}}{F_a} - 2\pi\frac{K_{\mathrm{a,dop}}\,\alpha_t\,\Delta f_r}{F_a}
\end{aligned}$$

$$= +2\pi \frac{\Delta f_r}{f_0 F_a} (f_{\eta_c} - \alpha_t f_0 K_{a,\text{dop}}) \tag{12B.6}$$

式(12B.6)中的最后一项代表基于 ACCC 估计的偏差。将其表示为偏移频率

$$f_{os} = -\alpha_t f_0 K_{a,\text{dop}} \tag{12B.7}$$

则式(12B.6)可写为

$$\Delta \phi_v = +2\pi \frac{\Delta f_r}{f_0 F_a} (f_{\eta_c} + f_{os}) \tag{12B.8}$$

最后，为确定 PRF 模糊，还应计算多普勒中心的 PRF 的小数部分 f_{η_c}。具体过程为对两个 ACCC 相角进行平均，参见 12.5.4 节的式(12.39)。

这里还应该考察偏移频率对平均结果及 f_{η_c} 精度的影响。与式(12.39)相同，对式(12B.3)和式(12B.4)中的两个 ACCC 相角进行平均，得到 f'_{η_c} 为

$$
\begin{aligned}
f'_{v,\eta_c} &= +\frac{F_a}{2\pi} \left(\frac{\phi_{v,L_1} + \phi_{v,L_2}}{2} \right) \\
&= -\left(\frac{K_{a1,\text{dop}} + K_{a2,\text{dop}}}{2} \right) \eta_c - \left(\frac{K_{a2,\text{dop}} - K_{a1,\text{dop}}}{2} \right) \alpha_t \Delta f_r \\
&= f'_{\eta_c} - \frac{K_{a,\text{dop}} \alpha_t \Delta f_r^2}{2 f_0}
\end{aligned}
\tag{12B.9}
$$

其中最后一步用到式(12.30)、式(12.31)、式(12.34)和式(12.39)。

式(12B.9)中的最后一项代表 f'_{v,η_c} 与实际 f'_{η_c} 的差值。合并式(12B.7)和式(12B.9)，则以偏移频率表示的差值为

$$f'_{v,\eta_c} - f'_{\eta_c} = -\frac{f_{os} \Delta f_r^2}{2 f_0^2} \tag{12B.10}$$

实验表明，ERS-1，ERS-2，J-ERS 和 RADARSAT-1 中的偏移频率 f_{os} 至多达数千赫，由于 f_0 比 Δf_r 高出数个量级，故差值远小于 1 Hz，可以忽略不计。那么，最终结果为

$$f'_{v,\eta_c} \approx f_{\eta_c} \tag{12B.11}$$

即偏移频率并不会影响 f'_{η_c} 的估计精度。

虽然以上推导基于线性模型 $\eta_c = \alpha_t f_\tau$，但可将其推广至非线性模型的偏移频率推导中。实际上，由图 12B.1 所示的 ERS-1 天线测量结果可知，这种变化存在较大的非线性。图中的虚线代表 ERS-1 发射前的天线地面测量结果。在雷达带宽内选取了 5 个频点进行天线波束视角的测量。

另外两条曲线为 ERS-1 接收数据的 MLCC 算法处理结果。使用了 3.56 MHz 的子视带宽。首先，将子视 1 选在距离频谱的低端，子视 2 的位置沿频谱轴变化。计算此时的偏移频率，并将其转换为相应的波束视角。其次，将子视 2 选在距离频谱的高端，子视 1 的位置沿频谱轴变化。两次实验结果相似，并且与发射前测量的结果相吻合。这表明多普勒中心估计器可以对在轨天线特性进行精确的估计。

最后，根据实际数据的测量结果对偏移频率进行标定。绝对中心必须由与偏移频率无关(即不受波束视角变化的影响)的另外途径给出。典型算法为 12.5.1 节中的幅度方法和 12.5.5 节中的 MLBF 算法。然后，通过 WDA 或 MLCC 算法估计相同场景内的多普勒中心。两者之差就是标定后的偏移频率。

由于 MLCC 算法和 WDA 对距离向频率上的数据加权不同，所以两者的偏移频率也不同，

在天线视角为传输频率的非线性函数时更是如此。因此，应该对大量场景内的偏移频率进行平均，以提高标定精度。对于诸如 RADARSAT-1 和 ENVISAT 之类的多波束、多模式卫星，标定过程是非常耗时的。

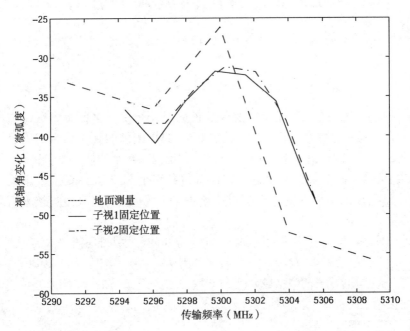

图 12B.1　ERS-1 天线指向随频率变化(由 Dornier GmbH 的 E. Velten 博士提供的发射前测量的结果)

12B.3　多视差频算法

MLBF 算法首先对式(12B.1)和式(12B.2)给出的两距离子视进行差频。差频后的点目标信号 $s_{v,b}(\eta)$ 为

$$
\begin{aligned}
s_{v,b}(\eta) &= s_{v,1}^*(\eta)\, s_{v,2}(\eta) \\
&= w_a\!\left[\eta - \left(\eta_c - \frac{\alpha_t\,\Delta f_r}{2}\right)\right] w_a\!\left[\eta - \left(\eta_c + \frac{\alpha_t\,\Delta f_r}{2}\right)\right] \\
&\quad \times \exp\!\left\{-\mathrm{j}\,\frac{4\pi\,\Delta f_r\,R(\eta)}{c}\right\}
\end{aligned}
\tag{12B.12}
$$

除了包络，该式与式(12.40)相同。

式(12B.12)中的包络为两子视包络的乘积。子视间的包络相互隔开 $\alpha_t\Delta f_r$。实验表明，相对于波束宽度而言，该间隔非常小。对于波束宽度为 0.7 s 和 2.5 s 的 ERS-1 及 JERS-1，该间隔分别小于 4 ms 和 15 ms，因而可以认为：两子视的包络乘积 w_a' 的峰值位于 $\eta=\eta_c$ 处，且关于 η_c 对称：

$$
w_a'(\eta - \eta_c) = w_a\!\left[\eta - \left(\eta_c - \frac{\alpha_t\,\Delta f_r}{2}\right)\right] w_a\!\left[\eta - \left(\eta_c + \frac{\alpha_t\,\Delta f_r}{2}\right)\right]
\tag{12B.13}
$$

由于位移 $\alpha_t\Delta f_r$ 很小，可将上式近似为

$$
w_a'(\eta - \eta_c) = |w_a(\eta - \eta_c)|^2
\tag{12B.14}
$$

与式(12.40)相同。也就是说，MLBF 算法不受偏移频率的影响。

第 13 章　方位向调频率估计

13.1　简介

除方位向中心频率以外，影响 SAR 成像处理的另一个重要多普勒参数是方位向调频率 K_a。它决定了方位匹配滤波器的相位，直接影响到 SAR 图像的聚焦效果。为了计算方位向调频率，必须估计等效雷达速度 V_r。13.2 节将对方位向调频率的精度要求进行讨论。

与多普勒中心频率不同，根据轨道数据即可得到满足 SAR 处理精度要求的等效雷达速度。13.3 节以星载 SAR 为例对此进行了讨论。对于机载情况，速度值直接来自载机导航系统，一般无须做进一步的改善。

如果轨道或导航数据精度不够，则可以通过对 SAR 接收数据的测量来提高估计精度，这就是 13.4 节要讨论的"自聚焦"。自聚焦方法通常分为两类：基于幅度的自聚焦方法和基于相位的自聚焦方法。基于幅度的方法包括最大对比度法(见 13.4.1 节)和方位视错位法(见 13.4.2 节)。13.4.3 节简要讨论了两种基于相位的方法。13.5 节通过简短的概述对本章进行了总结。

13.2　方位向调频率精度要求

双曲雷达方程式(4.9)中的等效雷达速度是 SAR 聚焦中的关键参数。速度误差是方位匹配滤波器相位误差的主要来源，其对距离徙动校正(RCMC)也略有影响[①]。

相位误差模型可以用以下方程表示。匹配滤波器相位可近似为

$$\phi(\eta) = \pi K_a (\eta - \eta_c)^2 \tag{13.1}$$

其中方位向调频率式(4.38)为

$$K_a = \frac{2 V_r^2 \cos^2 \theta_{r,c}}{\lambda R(\eta_c)} \tag{13.2}$$

由速度误差 ΔV_r 引起的匹配滤波器相位误差 $\Delta \phi$ 主要由二次项构成：

$$\Delta\phi(\eta) = \frac{4\pi V_r \cos^2 \theta_{r,c}}{\lambda R(\eta_c)} (\eta - \eta_c)^2 \Delta V_r \tag{13.3}$$

为了测量误差的影响，可以使用 3.5 节讨论的二次相位误差(QPE)。根据式(3.50)，假设处理孔径中心误差为零，二次相位误差是孔径边缘处相位误差的二次分量，可表示为

$$\text{QPE} = \Delta\phi\left(\eta_c + \frac{T_a}{2}\right) = \frac{4\pi V_r \cos^2 \theta_{r,c}}{\lambda R(\eta_c)} \Delta V_r \left(\frac{T_a}{2}\right)^2 = \pi \Delta K_a \left(\frac{T_a}{2}\right)^2 \tag{13.4}$$

其中 T_a 是式(4.37)给出的照射时间，ΔK_a 来自 ΔV_r 的方位向调频率误差。二次相位误差与方位向主瓣展宽的数值关系如图 3.14(a)所示。由此可见，对于低于 8% 的展宽，二次相位误差应控制在 $\pi/2$ 以内。

---

① 几何模型下的聚焦参数通常使用等效雷达速度 V_r，而 SAR 数据及匹配滤波中的聚焦参数应该使用方位向调频率 K_a。这两个参数的误差联系可简单地表示为 $\Delta K_a / K_a \approx 2\Delta V_r / V_r$。

另外，ΔV_r 还主要引起了线性距离徙动校正(RCMC)误差。根据式(5.58)，照射时间 T_a 内的残余距离徙动为

$$\Delta R_{\text{lrcm}} = \Delta V_r \sin \theta_{r,c} T_a \tag{13.5}$$

但其对 SAR 图像聚焦的影响远小于相位误差。

为了说明上述影响的大小，考察表 4.1 的机载及星载参数，并假设 ΔV_r 为 V_r 的 0.5%(ΔK_a 为 K_a 的 1%)。表 13.1 给出了 X 波段、C 波段和 L 波段的二次相位误差结果。从表中可以看出，所有情况下的二次相位误差均大于 0.5π，由此将造成超过 8% 的主瓣展宽。同样的结论还可由 1/TBP(TBP 表示时间带宽积)得出。如 3.5.3 节所述，$\Delta K_a/K_a$ 必须小于 2/TBP，这个要求不是所有情况都能满足的。

表 13.1　0.5% V_r 误差或 1% K_a 误差的聚焦影响

λ(波长)	T_a	K_a	二次相位误差	1/TBP	ΔR_{lrcm}
(m)	(s)	(Hz/s)	(π rad)	(%)	(m)
机载					
0.032(X)	3.44	128	3.77	0.066	0.60
0.057(C)	6.12	72	6.71	0.037	1.06
0.250(L)	26.8	16	29.4	0.009	4.67
星载					
0.032(X)	0.36	3690	1.21	0.207	0.90
0.057(C)	0.64	2070	2.15	0.116	1.60
0.250(L)	2.83	470	9.44	0.027	7.00

由表 4.1 的信号带宽导出的机载距离向分辨率为 1.5 m，星载距离向分辨率则为 7.5 m。因此，除了机载 L 波段，所有情况中的残余线性距离徙动均小于一个距离向分辨单元。表 13.1 中的结果表明，二次相位误差是以上各种情况的限制因素。

另一方面，可以在一定二次相位误差容限下，确定不同情况下的 V_r 精度要求。例如，若二次相位误差限制为 0.5π，则 V_r 精度需求如表 13.2 所示。该表中的 $\Delta K_a/K_a$ 仍为 8% 主瓣展宽下的 2/TBP(见表 13.1)。

讨论

表 13.1 和表 13.2 中的精度准则是基于标称传感器参数给出的。对于那些在较长幅宽内具有可变测绘带的传感器，精度要求会有明显的变化，需要根据特定成像条件有针对性地进行分析。由于 L 波段的照射时间相对较长，对其速度精度要求最严格。在某些应用中还需要比 0.5π 的二次相位误差值更高的聚焦精度要求。

表 13.2　0.5π 的二次相位误差下的方位向调频率及 V_r 精度

λ(波长)	ΔK_a	ΔV_r	$\Delta K_a/K_a$	$\Delta V_r/V_r$
(m)	(Hz/s)	(m/s)	(%)	(%)
机载				
0.032(X)	0.17	0.17	0.13	0.066
0.057(C)	0.053	0.09	0.08	0.037
0.250(L)	0.003	0.02	0.02	0.009
星载				
0.032(X)	15.3	14.7	0.41	0.207
0.057(C)	4.8	8.2	0.23	0.116
0.250(L)	0.3	1.9	0.05	0.027

在机载情况下,方位向调频率误差不仅由载机速度误差引起,也与视线加速度有关。参考文献[1]对这一问题及相关的几何定位进行了讨论。

13.3　方位向调频率的几何计算模型

方位向调频率主要由等效雷达速度 V_r 计算得到。对于机载系统,等效雷达速度就是载机速度。而对于星载系统,等效雷达速度不是卫星速度 V_s,其差别足以造成严重的图像恶化(见图 4.6)。由于地球的自转及弯曲,星载系统中 V_r 的计算相当复杂。

本节在假定卫星状态矢量已知的前提下,给出一种计算星载双曲斜距方程中的 V_r 的简单方法。算法首先根据状态矢量计算随方位照射时间变化的瞬时斜距方程,然后利用多数 SAR 处理系统使用的双曲模型对斜距点集进行拟合。

式(4.9)的双曲距离方程为

$$R^2(\eta) = R_0^2 + V_r^2 \eta^2 \tag{13.6}$$

其中 R_0 是雷达最接近目标时的斜距,η 是相对于零多普勒时刻(最近点时刻)的方位向时间。参考文献[2]给出了对精确距离方程的详细数学推导,但在大多数高精度 SAR 处理算法中采用的是式(13.6)所示的双曲近似。

基于状态矢量计算 V_r

双曲拟合方法的输入是以一定采样间隔得到的场景内的轨道状态矢量和卫星姿态信息(见 12.1.2 节)。在此使用卫星位置信息而不是速度信息。

以场景中心目标为起始,在目标波束照射时间内选择图 13.1 所示 η_1' 至 η_5' 的若干个等间隔轨道时刻。中间时刻 η_3' 接近于波束中心穿越场景中心目标的时刻。五个轨道时刻的卫星位置可由状态矢量计算得到。如果状态矢量之间仅有数秒间隔,则可以通过多项式拟合推出选定时刻上的状态矢量。如果状态矢量的时间间隔过长,以至于不能使用多项式拟合,则要使用轨道传播函数得到精确的卫星位置信息。

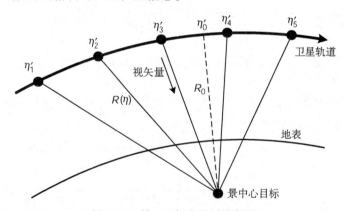

图 13.1　某一目标点的时变斜距

利用选定时刻的卫星位置,等效雷达速度可由如下方法得到:

1. 确定波束中心时刻的卫星姿态。如果姿态测量不到,则可将其设为零或标称值。
2. 利用具有中心时刻状态矢量半径的近圆轨道,与中心时刻状态矢量位置对应的轨道时刻,以及某一斜距下的波束离线角,在地心转动(ECR)坐标系下计算波束视线矢量。这可以利用附录 12A 的方法得到[①]。

3. 利用中心状态矢量的位置信息，由附录 12A[②] 的方法通过解算视线矢量与地球表面的交点，可得到目标位置。然后，计算卫星到目标的距离。

4. 利用其余四个时刻上的卫星位置信息，计算其与目标的距离 $R(\eta)$（见图 13.1）。

5. 使用插值后的状态矢量计算最短星地距离处的轨道时刻和卫星位置。这样就给出了目标的零多普勒时刻 η_0' 及最近距离 R_0。

6. 根据上个步骤得到的 η_0' 及 R_0，计算双曲模型 [见式（13.7）] 中五个距离点的最佳拟合系数 V_r^2，

$$R^2(\eta') = R_0^2 + V_r^2 (\eta' - \eta_0')^2 \tag{13.7}$$

7. 对其他距离（通过改变步骤 2 中的波束离线角得到）重复第 1 步至第 6 步，得到测绘带内一组距离上的 V_r。

8. 如图 13.2 所示，对所有 V_r 进行低阶多项式拟合，得到相对于斜距的速度函数。

该方法简单且易于实现，其中考虑了如非零多普勒指向、椭球、椭圆轨道、由任一方向加速度引起的轨道变化等更一般的情况，并且避免了复杂的几何表达（尤其是存在卫星高度变化时）。估计误差来自轨道状态矢量和/或轨道传播函数。这种误差可以用 13.4 节所讨论的自聚焦算法予以补偿。

注意，由于波束中心穿越时刻是近似的，该方法不能用于精确的多普勒中心测量。由于 V_r 与斜视角的相关性较弱，所以允许这样的误差。

V_r 计算示例

使用上述方法，可以得到一般星载情况下的等效雷达速度 V_r。根据简单圆轨道及与温哥华地区相似的轨道参数，图 13.2 中给出了速度随距离的变化曲线。轨道半径为 7167 km，相当于 800 km 的卫星高度。轨道倾斜 8.6°，轨道周期为 100.63 min。

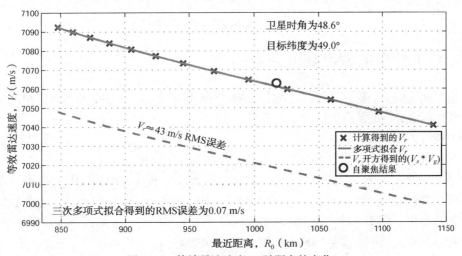

图 13.2　等效雷达速度 V_r 随距离的变化

[①] 由于观测矢量仅与本地垂线有关，而与卫星轨道半径是否改变无关，所以局部圆形轨道是确定观测矢量指向的一种简便方法。

[②] 这一目标位置应接近景中心。虽然该位置不是非常重要，但是可以通过调整轨道时刻 η_i' 使目标尽量接近。

为得到图中的斜距值，波束视角以 2° 间隔从 18° 变至 42°。卫星场景为卫星取在距升交点 1/8 轨道周长的温哥华地区（即地心纬度为北纬 48.6°）。对于 13 个 V_r 计算值进行三次多项式拟合，测量值与拟合值的均方差为 0.07 m/s，可以忽略不计。

附录 4A 表明 V_r 可由 sqrt($\sqrt{V_s V_g}$) 近似，其中 V_s 是地心转动坐标系中的卫星轨道速度，V_g 是波束照射区速度。图 13.2 中用虚线给出了这种近似的结果。该情况中的 V_r 值大约降低了 43 m/s 或 0.6%（精度是随轨道变化的）。这种精度对简单几何模型已经足够了，但并不满足高精度 SAR 成像要求。

为了说明 V_r 在一圈轨道内的典型变化，图 13.3 给出了同样圆轨道下的等效雷达速度。注意，一般来说轨道并非圆形的，因此必须用实际状态矢量计算 V_r。在此考察了对应于 846 km，944 km 和 1138 km 斜距处的三种波束视角（18°，30° 和 42°）。南北两半轨道的不对称源于雷达天线的右视指向。

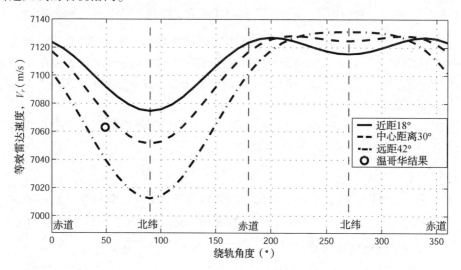

图 13.3   一圈轨道内的等效雷达速度 V_r

13.4　基于数据的方位向调频率估计

在由空间几何关系得到等效雷达速度及方位向调频率之后，为了得到最佳的图像聚焦，需要从接收数据中进行更精确的估计。本节介绍了几种通常称为“自聚焦”的估计方法。由于聚焦质量主要与方位向匹配滤波器中的线性调频项有关[见式(13.1)]，在此仅对其进行考察。

自聚焦可分为两类：基于参数的和不基于参数的。对于前者来说，相位校正被假定为方位向时间 η 的多项式形式，且多项式阶数已知。例如，星载情况中的阶数通常是二次的（二次相位或线性调频）。对于后者来说，与多项式不同，相位校正被假定为 η 的更普适形式。

与多普勒中心频率估计类似，自聚焦也可以从幅度和相位角度予以分类。随后的两节将讨论两种在条带模式中较常用的幅度自聚焦算法，同时还讨论了两种经修改后也能用于条带模式的聚束 SAR 相位自聚焦算法。

13.4.1　最大对比度法

匹配滤波器滤波改变了回波能量的分布，它将具有二次相位历程的目标能量压缩到数个像素内，而将噪声能量以随机方式加以重排。注意，滤波器带宽内的信号和噪声能量近似不变，因而在较低过采样下，积分后的 SNR 不会有明显变化。如果过采样率较大，SNR 则会得到改善(如机载雷达中的数据预滤波情况)。

如果聚焦良好，那么大部分信号能量将被压缩至一个像素内，否则信号能量将会弥散在许多像素上。这意味着可以通过一种以目标能量与均值比值(Power-to-Mean)为量度的对比度测量方法，进行匹配滤波器聚焦。如果聚焦良好，则对比度最大。当聚焦恶化时，对比度也随之下降。一个较为适宜的能量分布或图像对比度测量的量化公式为

$$C = \frac{E(|I|^2)}{[E(|I|)]^2} \tag{13.8}$$

其中 I 是像素幅值，$E(\cdot)$ 是数学期望。

为了说明这种影响，考察一个具有高斯随机噪声背景的简单点目标。参数选为典型 C 波段星载情况：$K_a = 1800\,\text{Hz/s}$，$T_a = 0.6\,\text{s}$。为了得到 0 dB 信噪比，噪声均方根值应与信号幅度相同。实验对调频率在 $\pm0.5\%\ K_a$ 误差范围内变化的数据进行处理，由于对结果影响较小，所以压缩中不进行加窗处理。

图 13.4(a)示意了无调频率误差的正确聚焦结果，图 13.4(b)则为 +5% 调频率误差的聚焦结果，后者表明目标峰值幅度有所下降，主瓣则相应展宽，因而降低了图像对比度。最后，图 13.4(c)给出了对比度随调频率的变化关系，从中可看出当方位向调频率无误差时对比度最大。

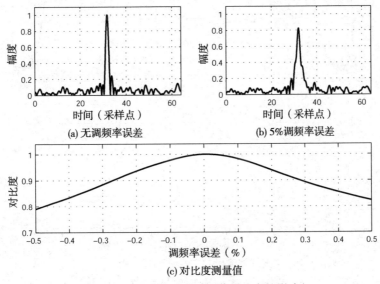

图 13.4　点目标聚焦对图像对比度的影响

实际情况下，该方法依赖于被聚焦的场景目标，尤其在强目标点的边缘区域效果更好。对比度曲线峰值可以通过对实际调频率附近的数个调频率值进行抛物线拟合得到。由于不能直接估计出调频率的误差方向及幅度，所以需要进行迭代处理。

这种方法不适用于低对比度地区。此时图像对比度关于调频率误差的敏感度下降，造成估计偏差。

13.4.2　视错位法

如 6.5.5 节所述，方位向调频率误差 ΔK_a 会造成两个方位视数之间的方位向错位。这种

错位可以通过对处理后的数据进行测量得到,进而将其用于图像聚焦校正。这种方法对场景中的强散射点依赖较弱,已成功用于许多处理器中[3,4]。

　　由于存在错位的视图偏离了正确的图像位置,所以这种方法又称为 Map Drift 算法。式(6.46)给出了错位 $\Delta\eta$ 与调频率误差 ΔK_a 之间的关系。

　　令 K_a 为数据的实际调频率,K_{amf} 为方位向匹配滤波器的调频率,Δf_a 是图 13.5(a)所示的两视中心处的频率间隔。令视 1 代表频谱低端,视 2 代表频谱高端(见图 6.28,频谱已被解绕)。视 2 相对于视 1 的时间错位为

$$\Delta\eta = -\Delta f_a \left(\frac{1}{K_a} - \frac{1}{K_{amf}} \right) \tag{13.9}$$

由于 $K_{amf}=K_a+\Delta K_a$,方位向调频率误差可由错位得到:

$$\Delta K_a \approx -\frac{K_{amf}^2}{\Delta f_a} \Delta\eta \tag{13.10}$$

　　各视偏移如图 13.5 所示。多普勒处理频谱被分为不相交的两部分,每视覆盖一半频谱。Δf_a 为处理带宽的一半[①]。点目标参数与 13.4.1 节中的对比度仿真参数相同,压缩中的调频率误差为 1%。观测到的错位为 2 个采样,对应 $\Delta\eta=3\,\mathrm{ms}$。利用式(13.10)可计算出 1% 的调频率误差,不必迭代就得到了校正后的调频率。

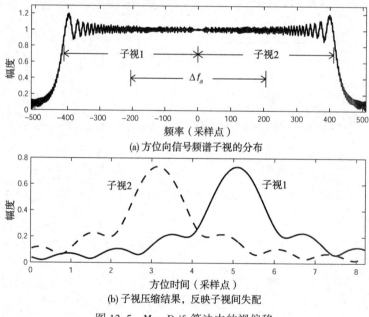

(a) 方位向信号频谱子视的分布

(b) 子视压缩结果,反映子视间失配

图 13.5　Map Drift 算法中的视偏移

　　通过检测两视之间的互相关功率峰值,可以得到错位 $\Delta\eta$。相关是基于方位的,并且要对一组距离进行平均。检测之前稍微进行过采样处理可以提高相关精度,也可以使用插值或曲线拟合寻找相关峰值。

仿真示例

　　在此用随机数据背景下的仿真对这种相关方法予以说明。使用 12.4.1 节中的强对比度地面反射模型进行单一距离单元的仿真,其中方位向采样点数为 4096 个,方位向调频率误差为

―――――――――

① 各视长度与各视间隔之间存在制约关系。较长的视的主瓣较窄,而各视间隔 Δf_a 较小,从而使估计的灵敏度下降。

−1%。相关结果如图 13.6 所示。竖直线表示不同调频率误差下的相关位移。相关峰值接近于−1%调频率误差下的相关位置。实际情况下，对很多距离单元进行相关平均能得到更好的结果（如图 13.7 中对 RADARSAT-1 数据所做的处理）。

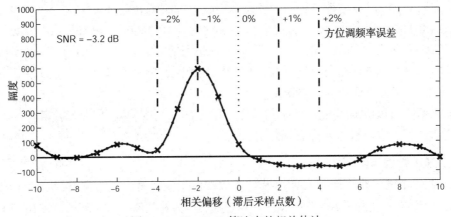

图 13.6　Map Drift 算法中的相关估计

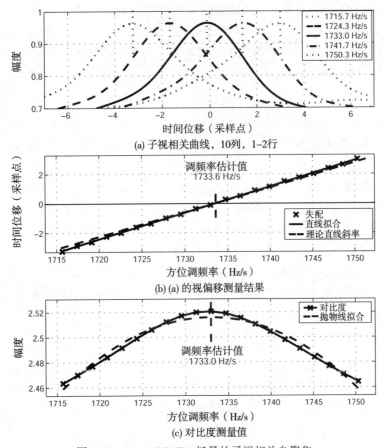

图 13.7　RADARSAT-1 场景的子视相关自聚焦

从原理上讲，由于式(13.10)的测量位移能够直接给出调频率误差的方向及幅度，故这种方法无须迭代。但某些场景会对相关函数带来较大的噪声影响，这与场景内容及平均面积有关。当调频率误差较大时相关函数峰值位置不易辨别。可通过迭代方法提高算法可靠性。

由于该方法仅用于估计二次相位误差，故其是基于参数的。可以通过多视方法将其扩展到对更高次相位误差的估计。这种扩展称为"多孔径 Map Drift"，其中每视对应一段子孔径[5]。Map Drift 算法在各个视对之间进行。通常，N 视测量可以估计 N 阶相位误差，但视长随视数增加而降低，所以估计灵敏度会被每视中较宽的主瓣展宽所减弱。

Map Drift 自聚焦算法与 12.5.1 节中基于幅度的 DAR 算法非常相似。在 DAR 中，两个方位视图在距离向相关，而在 Map Drift 算法中则进行方位向相关。同样的两视图像可由两种算法使用。对两视图像进行距离和方位的二维互相关，其中距离向位移可以估计多普勒模糊，而方位向位移可以估计调频率误差。

由于视相关通过检测图像像素灰度得到，所以 Map Drift 算法是基于幅度的。13.4.3 节将对其他基于复图像数据的方法进行介绍。

RADARSAT-1 数据示例

使用 12.4 节的温哥华地区 RADARSAT-1 数据对最大对比度算法及 Map Drift 算法进行测试。表 13.2 表明 C 波段星载情况下的 K_a 精度要求约为 0.23%。实际情况下，由于通过几何计算得到的初始方位向调频率的误差一般会达到 0.5%，所以通常要进行自聚焦处理。

图 13.7 示意了温哥华地区某一区域的自聚焦结果。距离压缩后的数据取自图 12.15 的第 10 列及第 1 行和第 2 行，包含 512 个距离单元和 2048 个方位向采样点。该区域具有中等对比度，主要为沿美国和加拿大边界处的市郊房屋、农场、公园和树木。方位向匹配滤波器的调频率在实际值±1% 内以+2 Hz/s 间隔变化。

视错位结果

图 13.7(a) 给出了 1716~1750 Hz/s 之间的五个匹配滤波器调频率相关曲线。通常相关峰值可被准确定位，与峰值位置对应的视位移约为 0.2 个采样点(方位向采样间隔与初始数据相同)。对于峰值位置不易确认的情况，可以使用诸如峰值宽度/高度等质量指标，以保证测量结果。图中竖直虚线显示的是通过局部抛物线拟合估计出的峰值位置。

经过一系列相关测量后，可以得到图 13.7(b) 所示的视偏移随调频率的变化曲线。对测量结果进行直线拟合，过零点值就是调频率估计值。理论直线斜率如图中虚线所示。理论直线斜率与拟合直线斜率的一致程度是另一个有用的质量指标。

如果斜率误差较小，则调频率估计误差优于 0.1%，此时估计值为 1733.6 Hz/s。如果能准确地找到相关峰值，由于可以通过式(13.10)一次得到调频率误差，则不必进行直线拟合。

最大对比度结果

图 13.7(c) 给出了调频率误差在实际值±1% 之间变化时的最大对比度结果。图中所示的是不同匹配滤波器 K_a 值下的对比度，见式(13.8)，并使用抛物线拟合估计出对应于最大对比度的方位向调频率。对比度峰值相对较宽，但可以通过抛物线拟合进行精确测量。此时估计出的调频率为 1733.0 Hz/s。如果峰值被准确定位，则估计误差通常小于 0.1%。

讨论

由于所选场景具有中高对比度，所以图 13.7 的结果是相当好的。对于低对比度场景，必须进行更多距离单元平均，以达到同样的估计精度。对于具有较高精度要求的 L 波段，也需要进行较多的平均。

12.6 节所描述的基于质量检测的全局拟合方法也适用于自聚焦估计。估计结果首先应换算为在整个场景中具有较慢变化的等效雷达速度 V_r。但是，由于估值变化相对于多普勒中心来说低得多，所以通常无须在自聚焦处理中进行全局拟合。

图 13.8 示意了从状态矢量、圆轨模型和自聚焦得到的等效雷达速度 V_r。

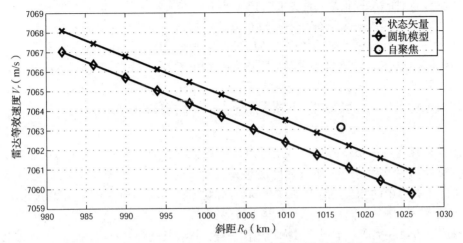

图 13.8　从状态矢量、圆轨模型和自聚焦得到的等效雷达速度

13.4.3　基于相位的自聚焦方法

针对聚束 SAR 系统已经发展了许多基于相位的自聚焦算法。在此模式下，由于波束持续对同一场景进行观测，因此所有目标的照射时间都相同。这意味着每个目标都具有相同的相位误差。这种特性使得基于相位的自聚焦算法特别适合聚束 SAR 数据处理。由于条带模式中每一目标的照射时间不同，所以这类方法不能直接用于该模式。正因为如此，这里对这类方法只进行简单介绍。

这类自聚焦方法中的方位向匹配滤波使用了解斜处理，从而可以对数据进行随时间变化的相位测量。下面对其中常用的两种方法进行讨论。

相位差分法

由于相位差分法用于估计二次方位向相位误差[5]，所以它是基于参数的。与 Map Drift 算法相同，这里要使用方位向两视数据，但不是对压缩后的数据进行两视幅度相关，而是在解斜后将其中一视数据与另一视数据的复共轭相乘，随后进行傅里叶变换，以估计振荡信号的频率（正如 MLBF DAR 算法中所做的）。如果场景被一个孤立的强目标点所主导，则傅里叶变换之后在信号频谱中会出现一个尖峰。调频率误差 ΔK_a 可由该峰值位置得出。

与 MLBF 算法类似，多点目标引起的交叉振荡会模糊频谱中的峰值，因此若将该方法一次应用于所有数据，效果就会比较差。可以从回波数据中提取强目标点的方位向多普勒历程，以减小交叉振荡。对提取出的强点目标将使用该方法，并对所有目标的振荡频谱进行平均。另一种方法是对数据进行方位向分块，对各块轮流进行自聚焦处理。在每一块中仅对完全照射的目标点进行处理。与 Map Drift 算法相似，可以使用方位多视，以估计更高次相位误差。

相位梯度法

由于相位梯度法（PGA）没有对相位误差进行多项式假设[5,6]，所以它不是基于参数的。该方法基于这样一个事实：一个适当解斜后的点目标信号在形式上为正弦波，其频率正比于压缩后的目标位置。解斜后目标的平均频率可以通过快速傅里叶变换得到。这样，可以从解斜后的数据中除去该平均频率，而将任何残余相位项看成相位误差。去除平均频率后，能得到相邻采样之间的相位增量，每个采样点上的相位增量应为零，其在特定相位历程段的相位零偏就是需要校正的相位。

为了估计这种相位校正量，首先通过快速傅里叶变换对解斜后的数据进行压缩，辨识并选择其中的强目标。以每个目标为中心进行方位向加窗，使其与相邻目标分离，目标居中处理有助于去除由目标位置带来的频率。然后进行快速傅里叶逆变换，理想情况下的目标相位增量（即频率）应为零。计算自相关函数可以获得相位增量，通过对所有目标的相位差分进行积分平均，可以得到相位校正量。该算法需要进行迭代，目标在相位校正之后被重新压缩，并重复以上估计过程。每次迭代的窗宽逐渐缩小，以提高目标隔离度。

讨论

以上两种算法有很多相似之处。相位差分法假定相位误差主要由二次项构成，使用错误的雷达速度时就是这种情况。相位梯度法则是针对非理想雷达平台轨迹的一种更通用的方法，此时回波数据中的相位历程是非二次的。同时，两种方法中的相位误差测量也不同。

由于条带模式中的不同目标处于不同方位时刻，以上两种算法不能直接应用于所有数据点。一种解决方法是提取若干强点目标的相位历程，并对其进行算法应用。另一种方法是将数据在方位向分块，对每块数据分别进行自聚焦处理。在块处理时只考虑被完全照射到的目标。

13.5 小结

由等效雷达速度导出的方位向调频率对图像的良好聚焦至关重要，可利用星历表中的卫星轨道和姿态数据通过几何模型计算得到方位向调频率。在不同距离上进行这种计算，就能得到用于 SAR 处理器的方位向调频率参数化模型。

然而，由于模型的局限及星历参数误差，这样导出的参数精度可能不足以对 SAR 数据进行良好聚焦。此时，就必须对 SAR 数据进行"自聚焦"，以提高参数的估计精度。

本节讨论了几种自聚焦方法。一种自聚焦方法基于图像最大对比度，另一种基于幅度的自聚焦方法是 Map Drift 法，通过测量两视压缩后 SAR 数据之间的错位进行估计。针对聚束 SAR 还出现了一些诸如相位差分法、相位梯度法等基于相位的自聚焦方法，它们经修改后也能用于条带模式。

13.5.1 一部小型 SAR 系统——MiSAR

为说明 SAR 系统在形状及规模上的多样性，图 13.9 简要展示了德国乌尔姆 EADS 国防电子部研制的 MiSAR 系统，该系统主要用于无人机监视。

图 13.9 示意的是天线和万向节集成组件。方位向喇叭长 15 cm，与 RA-DARSAT 的 15 m 天线形成了鲜明对比。由于这种连续波体制中的发射和接收存在时间重叠，所以使用了收发分置的双天线。

图 13.10 显示的是该 MiSAR 系统于 2004 年得到的一幅 SAR 图像。雷达频率处于 K_a 波段。测绘带宽在 0.5 ～

图 13.9 具有 15 cm 发射和接收喇叭天线的 MiSAR 系统

2 km 内可调，作用距离可达 5 km。总重量低于 4 kg，功耗为 100 W。

图 13.10　一幅 MiSAR 图像 (承蒙德国 EADS 许可)

参考文献

［1］ C. Oliver and S. Quegan. *Understanding Synthetic Aperture Radar Images*. Artech House, Norwood, MA, 1998.

［2］ J. Curlander and R. McDonough. *Synthetic Aperture Radar: Systems and Signal Processing*. John Wiley & Sons, New York, 1991.

［3］ J. R. Bennett and I. G. Cumming. A Digital Processor for the Production of SEASAT Synthetic Aperture Radar Imagery. In *Proc. SURGE Workshop*, *ESA Publication No. SP-154*, Frascati, Italy, July 16-18, 1979.

［4］ J. C. Curlander, C. Wu, and A. Pang. Automated Processing of Spaceborne SAR Data. In *Proceedings of the International Geoscience and Remote Sensing Symposium*, *IGARSS' 82*, Vol. 1, pp. 3-6, Munich, Germany, June 1982.

［5］ W. G. Carrara, R. S. Goodman, and R. M. Majewski. *Spotlight Synthetic Aperture Radar: Signal Processing Algorithms*. Artech House, Norwood, MA, 1995.

［6］ C. V. Jakowatz, D. E. Wahl, P. H. Eichel, D. C. Ghiglia, and P. A. Thompson. *Spotlight-Mode Synthetic Aperture Radar: A Signal Processing Approach*. Kluwer Academic Publishers, Boston, MA, 1996.

附录 A RADARSAT-1 数据

本书附带的 RADARSAT-1 原始数据可从华信教育资源网(www.hxedu.com.cn)注册下载(数据为 CEOS 格式,包含读取程序)。该数据采集于 2002 年 6 月 16 日格林尼治标准时间 02：03：50 至 02：04：05,升轨号为#34522,精细模式波束 2。该数据经成像生成了图 6.32,且用于第 12 章和第 13 章的估计实验。

该数据存储在文件 dat_01.001 中,包括近 19 400 条记录。每条距离线为一条记录,且每八条记录包含一条传输脉冲的复制信号。每条距离线有 9288 个复回波采样点,按照无符号整型数格式存储。除了复制信号,该记录共 18 818 字节,先是 192 字节头信息和 50 字节辅助数据,接着是 18 576 字节回波数据。如果包括复制信号,则该记录共 21 698 字节,包括 192 字节头信息和 50 字节辅助数据,2880 字节脉冲复制信号,接着是 18 576 字节回波数据。

处理该数据时需要一些雷达参数,重要参数已列在表 A.1 中,其中方位向调频率和多普勒中心频率大约取在测绘带中心。除了这些参数,需要提取系统衰减值,以用于处理中的增益校正。

数据由 Radarsat International 的 Gordon Staples 提供,加拿大航天局版权所有。

表 A.1 温哥华场景的 RADARSAT-1 参数总结

参 数	符号	值	单位	参 数	符号	值	单位
采样率	F_r	32.317	MHz	等效雷达速度	V_r	7062	m/s
脉冲宽度		30.111	MHz	方位向调频率	K_a	1733	Hz/s
脉冲中心频率		0	MHz	多普勒中心频率	f_{η_c}	−6900	Hz
距离向调频率	K_r	0.721 35	MHz/μs	航天器航向		344.49	(°)
数据窗开始时间		6.5956	ms	平台纬度		48.36	(°)
脉宽	T_r	41.74	μs	平台经度		229.29	(°)
复制信号采样数		1349		卫星轨道半径		7 189 029	m
每回波行采样数		9280		地球椭圆近地半径		6 390 524	m
雷达频率	f_0	5.300	GHz	近距入射角		38.64	(°)
雷达波长	λ	0.056 57	m	中距入射角		40.15	(°)
脉冲重复频率	F_a	1256.98	Hz	远距入射角		41.61	(°)

缩略语对照表

ACCC	average across correlation coefficient	平均互相关系数
ADC	analog to digital converter	模数转换器
ALOS	Advanced Land Observing Satellite	先进的陆地观测卫星
APP	ENVISAT ASAR alternating polarization mode	ENVISAT ASAR 交替极化模式
ASAR	Advanced SAR system on the ESA ENVISAT platform	ESA ENVISAT 卫星平台搭载的先进的合成孔径雷达系统
CDPF	Canadian Data Processing Facility, Gatineau, Quebec	加拿大数据处理中心(位于魁北克省加蒂诺)
CSA	Canadian Space Agency	加拿大航天局
CSA	chirp scaling algorithm	变标算法
DAR	Doppler ambiguity resolver	多普勒方位模糊解算方法
DC	direct current	直流
DFT	discrete fourier transform	离散傅里叶变换
DLR	German aerospace center, Oberpfaffenhofen	德国宇航中心(位于 Oberpfaffenhofen)
DSP	digital signal processing	数字信号处理
ECI	Earth centered inertial(coordinate system)	地心惯性(坐标系)
ECOP	Earth centered orbit plane(coordinate system)	地心轨道(坐标系)
ECR	Earth centered rotating(coordinate system)	地心转动(坐标系)
ECS(A)	extended chirp scaling(algorithm)	扩展的变标算法
EM	electromagnetic(wave)	电磁(波)
ENL	equivalent number of looks	等效视数
ENVISAT	European Environmental Satellite	欧洲环境卫星
ERS	Earth Remote Sensing(satellites, 1991 and 1995)	地球遥感卫星(1991 和 1995)
ESA	European Space Agency	欧洲航天局
ESTEC	European Space Technology Center, Nordwijk	欧洲航天技术中心(位于 Nordwijk)
FFT	fast Fourier transform	快速傅里叶变换
FLOP	floating point operation	浮点运算
FM	frequency modulation	调频
GFLOPs	giga-floating point operations	千兆浮点运算量
GMM	ENVISAT ASAR global monitoring mode	ENVISAT ASAR 全球监测模式
GPS	global positioning system	全球定位系统

IDFT	inverse DFT	离散傅里叶逆变换
IFFT	inverse FFT	快速傅里叶逆变换
IFOV	instantaneous field of view	瞬时观测域
InSAR	interferometric SAR	干涉合成孔径雷达
IRW	impulse response width(resolution)	冲激响应宽度
ISLR	integrated sidelobe ratio	积分旁瓣比
J-ERS	Japanese-Earth Remote Sensing(satellite)	日本地球遥感卫星
JPL	Jet Propulsion Laboratory, Pasadena	喷气推进实验室(位于 Pasadena)
MATLAB	signal processing package from the Mathworks	Mathworks 的信号处理包
MDA	MacDonald, Dettwiler and Associates, Richmond, BC	MDA 公司(位于 Richmond)
MFLOPs	mega-floating point operations	百万次浮点运算量
MLBF	multilook beat frequency(algorithm)	多视差频法
MLCC	multilook cross correlation(algorithm)	多视互相关法
PALSAR	Phased Array L-band Synthetic Aperture Radar	L 波段相控阵合成孔径雷达
PFA	polar format algorithm	极坐标算法
PGA	phase gradient autofocus	相位梯度法
POSP	principle of stationary phase	驻定相位原理
PRF	pulse repetition frequency	脉冲重复频率
PRI	pulse repetition interval	脉冲重复间隔
PSLR	peak sidelobe ratio(ratio to main lobe)	峰值旁瓣比
QPE	quadratic phase error	二次相位误差
RADARSAT-1	Canadian SAR satellite(1995)	加拿大合成孔径雷达卫星(1995)
RCM	range cell migration	距离(单元)徙动
RCMC	range cell migration correction	距离(单元)徙动校正
RDA	range Doppler algorithm	距离多普勒算法
RF	radio frequency	射频
RFM	reference function multiply	参考函数相乘
RMS	root mean square	均方根
SAR	synthetic aperture radar	合成孔径雷达
SAW	surface acoustic wave(device)	声表面波(设备)
ScanSAR	scanning synthetic aperture radar	扫描合成孔径雷达
SCFT	scaled Fourier transform	变标傅里叶变换
SCNA	RADARSAT-1 ScanSAR narrow beam A (near range)	RADARSAT-1 ScanSAR 窄波束 A(近距)
SCNB	RADARSAT-1 ScanSAR narrow beam B (far range)	RADARSAT-1 ScanSAR 窄波束 B(远距)
SCWA	RADARSAT-1 ScanSAR wide beam A (near range)	RADARSAT-1 ScanSAR 宽波束 A(近距)

SCWB	RADARSAT-1 ScanSAR wide beam B(far range)	RADARSAT-1 ScanSAR 宽波束 B(远距)
SEASAT	NASA oceanographic SAR satellite(1978)	NASA 海洋观测合成孔径雷达卫星(1978)
SIFFT	short inverse FFT algorithm	短傅里叶逆变换
SIR-C	Shuttle Imaging Radar-C(third generation)	航天飞机搭载成像雷达 C(第三代)
SLC	singlc look complex(SAR data)	单视复数据(SAR 数据)
SNR	signal-to-noise ratio	信噪比
SPECAN	spectral analysis(algorithm)	频谱分析算法
SRC	secondary range compression	二次距离压缩
SRGR	slant range to ground range	斜地变换
SRTM	Shuttle Radar Topography Mission(2000)	航天飞机雷达地形任务(2000)
TA	throwaway region	弃置区
TBP	time bandwidth product	时间带宽积
TerraSAR	German X-band radar satellite	德国 X 波段雷达卫星
UBC	University of British Columbia, Vancouver, BC	英属哥伦比亚大学（位于温哥华）
WDA	wavelength diversity algorithm of DLR	德国宇航中心的多波长算法
WGS-84	World Geodetic System defined in 1984	世界测量系统(1984 年定义)
WSM	ENVISAT ASAR wide swath mode	ENVISAT ASAR 宽测绘带模式
ωKA	Omega-K algorithm	ωK 算法
X-SAR	German X-band SAR on the space shuttle	德国航天飞机搭载 X 波段合成孔径雷达

符 号 表

以下为第 2 章至第 13 章使用的主要符号的含义。

c	光速，m/s
$\overline{C(\eta)}$	方位向采样的平均相位增量（ACCC），rad
$D(f_\eta, V_r)$	距离多普勒域的徙动因子
$D_{2df}(f_\tau, f_\eta, V_r)$	二维频率域的徙动因子
f_0	载频，Hz
F_a	脉冲重复频率，Hz
f_{beat}	MLBF 中的差频，Hz
F_r	距离复采样率，Hz
F_L	方位视带宽，Hz
f_η	方位（多普勒）频率，Hz
f_τ	距离向频率，Hz
f'_τ	Stolt 插值后的距离向频率，Hz
f_{η_c}	绝对多普勒中心频率，Hz
f'_{η_c}	基带多普勒中心频率（多普勒质心的分数部分），Hz
$f_{\eta_{ref}}$	参考方位向频率，Hz
$h_{imp}(\tau, \eta)$	二维冲激响应
$H_{src}(f_\tau)$	二次距离压缩滤波器
K	线性调频率，正扫频为正，负扫频为负，Hz/s
K_a	点目标信号的方位向调频率，通常为正，Hz/s
$K_{a, dop}$	点目标的平均方位向调频率，与多普勒中心频率 f_{η_c} 和波束中心穿越时刻 η_c 有关，Hz/s
$K_{a1, dop}$	多普勒模糊估计时，点目标回波第一距离子视的平均方位向调频率，Hz/s
$K_{a2, dop}$	多普勒模糊估计时，点目标回波第二距离子视的平均方位向调频率，Hz/s
K_{amf}	方位匹配滤波器的调频率，通常为正，理想情况下等于 K_a，Hz/s
K_m	距离多普勒域中点目标信号的距离向调频率（包括 K_r 和 K_{src}），Hz/s
K_r	传输信号的调频率，正扫频为正，负扫频为负，Hz/s
K_{src}	二次压缩滤波器调频率，Hz/s
L_a	方位向天线孔径，m
L_s	合成孔径，m
M_{amb}	多普勒模糊

N_{fft}	FFT 长度
N_{ifft}	IFFT 长度
N_{looks}	多视处理时的方位视数
$p_a(\eta)$	压缩目标的方位包络, sinc 型函数(第 4 章中 p_a 也用来指天线方向图)
$p_r(\tau)$	压缩目标的距离包络, sinc 型函数
$R(\eta)$	时域斜距, m
R_0	最近点斜距, m
$R_{\text{rd}}(f_\eta)$	距离多普勒域斜距, m
R_{ref}	参考距离, m
$s_{\text{sc}}(\tau, f_\eta)$	CSA 中的变标函数
t	时刻, s
T_a	方位照射时间, s
T_b	ScanSAR Burst 间隔时间, s
T_c	ScanSAR 中心时刻, s
T_r	传输脉冲时宽, s
V_g	天线波束照射速度, 标量, 通常为正, m/s
V_r	等效雷达速度, 标量, 通常为正, m/s
$V_{r_{\text{ref}}}$	参考斜距上的等效雷达速度, 标量, 通常为正, m/s
V_{rel}	目标与雷达之间的相对速度, 有符号标量, m/s
V_s	沿飞行轨迹的雷达平台速度, m/s
$w_a(\eta)$	方位向天线波束方向图
$W_a(f_\eta)$	天线波束方向图的多普勒频谱包络
$w_r(\tau)$	传输雷达脉冲包络
$W_r(f_\tau)$	雷达数据的距离频谱包络
Z	二次距离压缩滤波器调频率的倒数, s/Hz
β	Kaiser 窗系数
β_{bw}	天线波束宽度, rad
Δf_a	多视处理和自聚焦处理中的方位子视间隔, Hz
Δf_{dop}	多普勒带宽, Hz
Δf_r	多普勒方位模糊解算中的距离子视间隔, Hz
$\Delta \eta_{\text{PRF}}$	PRF 时间, s
η	相对于近距的方位向时间(慢时间), s
η'	绝对方位时刻, s
η_c	相对于近距的波束中心穿越时刻, s
θ_{cc}	距离/方位耦合相位项, rad
θ_i	入射角, rad
θ_n	偏离星下点角度, rad
θ_r	直线几何中的常规斜视角(从零多普勒开始测量), rad
$\theta_{r,c}$	直线几何中的波束中心斜视角(从零多普勒开始测量), rad
$\theta_{\text{RFM}}(f_\tau, f_\eta)$	ωKA 中的参考函数相乘后点目标信号的相位, rad

θ_{sq}	地球弯曲几何中的常规斜视角(从零多普勒开始测量), rad
$\theta_{sq,c}$	地球弯曲几何中的波束中心斜视角(从零多普勒开始测量), rad
$\theta_{Stolt}(f'_\tau, f_\eta)$	ωKA 中 Stolt 插值后点目标信号的相位, rad
θ_{syn}	合成角, rad
λ	载频 f_0 波的波长, m
ρ	分辨率, s
ρ_a	方位向分辨率, m
$\rho_{a,t}$	方位向分辨率, s
ρ_r	距离向分辨率, m
τ	距离(快变)时间, s
ϕ_{accc}	ACCC 相角, rad
ϕ_{res}	CSA 中的残余相位, rad

参 考 书 目

Special Issue on SIR-C/X-SAR. *IEEE Trans. on Geoscience and Remote Sensing*, 33(4), pp. 817-956, July 1995.

S. Albrecht and I. G. Cumming. The Application of the Momentary Fourier Transform to SAR Processing. *IEE Proc: Radar, Sonar and Navigation*, 146(6), pp. 285-297, December 1999.

W. A. Alpers and I. Hennings. A Theory of the Imaging Mechanism of Underwater Bottom Topography by Real and Synthetic Aperture Radar. *J. of Geophysical Research*, 89(C6), pp. 10529-10546, November 1984.

T. Amiot, F. Douchin, E. Thouvenot, J. -C. Souyris, and B. Cugny. The Interferometric Cartwheel: A Multipurpose Formation of Passive Radar Microsatellites. In *Proc. Int. Geoscience and Remote Sensing Symp.*, IGARSS'02, Vol. 1, pp. 435-437, Toronto, June 2002.

D. A. Ausherman. Digital Versus Optical Techniques in Synthetic Aperture Radar Data Processing. In *Application of Digital Image Processing(IOCC 1977)*, Vol. 119, pp. 238-256. SPIE, 1977.

D. A. Ausherman, A. Kozma, J. L. Walker, H. M. Jones, and E. C. Poggio. Developments in Radar Imaging. *IEEE Trans. on Aerospace and Electronic Systems*, 20(4), pp. 363-400, July 1984.

R. Bamler. A Systematic Comparison of SAR Focusing Algorithms. In *Proc. Int. Geoscience and Remote Sensing Symp.*, IGARSS'91, Vol. 2, pp. 1005-1009, Espoo, Finland, June 1991.

R. Bamler. Doppler Frequency Estimation and the Cramer-Rao Bound. *IEEE Trans. on Geoscience and Remote Sensing*, 29(3), pp. 385-390, May 1991.

R. Bamler. A Comparison of Range-Doppler and Wavenumber Domain SAR Focusing Algorithms. *IEEE Trans. on Geoscience and Remote Sensing*, 30(4), pp. 706-713, July 1992.

R. Bamler. Adapting Precision Standard SAR Processors to ScanSAR. In *Proc. Int. Geoscience and Remote Sensing Symp.*, IGARSS'95, Vol. 3, pp. 2051-2053, Florence, Italy, July 1995.

R. Bamler, H. Breit, U. Steinbrecher, and D. Just. Algorithms for X-SAR Processing. In *Proc. Int. Geoscience and Remote Sensing Symp.*, IGARSS'93, Vol. 4, pp. 1589-1592, Tokyo, August 1993.

R. Bamler and M. Eineder. Optimum Look Weighting for Burst-Mode and ScanSAR Processing. *IEEE Trans. Geoscience and Remote Sensing*, 33, pp. 722-725, 1995.

R. Bamler and M. Eineder. ScanSAR Processing Using Standard High Precision SAR Algorithms. *IEEE Trans. Geoscience and Remote Sensing*, 34(1), pp. 212-218, January 1996.

R. Bamler, D. Geudtner, B. Schättler, P. Vachon, U. Steinbrecher, J. Holzner, J. Mittermayer, H. Breit, and A. Moreira. RADARSAT ScanSAR Interferometry. In *Proc. Int. Geoscience and Remote Sensing Symp.*, IGARSS'99, Vol. 3, pp. 1517-1521, Hamburg, Germany, June 1999.

R. Bamler and P. Hartl. Synthetic Aperture Radar Interferometry. *Inverse Problems*, 14(4), pp. R1-R54, 1998.

R. Bamler and H. Runge. Method of Correcting Range Migration in Image Generation in Synthetic Aperture Radar. U. S. Patent No. 5,237,329. Patent Appl. No. 909,843, filed July 7, 1992, granted August 17, 1993. The patent is assigned to DLR. An earlier successful patent application was filed in Germany on July 8, 1991.

R. Bamler and H. Runge. PRF-Ambiguity Resolving by Wavelength Diversity. *IEEE Trans. Geoscience and Remote Sensing*, 29(6), pp. 997-1003, November 1991.

B. C. Barber. Theory of Digital Imaging from Orbital Synthetic Aperture Radar. *International Journal of Remote Sensing*, 6, pp. 1009-1057, 1985.

D. K. Barton. *Modern Radar System Analysis*. Artech House, Norwood, MA, 1988.

D. C. Bast and I. G. Cumming. RADARSAT ScanSAR Roll Angle Estimation. In *Proc. Int. Geoscience and Remote Sensing*

Symp., *IEEE/CRSS*, *IGARSS'02*, Vol. 1, pp. 152-154, Toronto, June 24-28, 2002.

R. W. Bayma and P. A. McInnes. Aperture Size and Ambiguity Constraints for a Synthetic Aperture Radar. In *Synthetic Aperture Radar*, *J. J. Kovaly(ed.)*. Artech House, Dedham, MA, 1978.

D. P. Belcher and C. J. Baker. High Resolution Processing of Hybrid Strip-Map/Spotlight Mode SAR. *IEE Proc.*, *Radar*, *Sonar*, *Navig.*, 143(6), pp. 366-374, 1996.

J. R. Bennett and I. G. Cumming. Digital Techniques for the Multilook Processing of SAR Data with Application to SEASAT-A. In *Fifth Canadian Symp. on Remote Sensing*, Victoria, BC, August 1978.

J. R. Bennett and I. G. Cumming. A Digital Processor for the Production of SEASAT Synthetic Aperture Radar Imagery. In *Proc. SURGE Workshop*, ESA Publication No. SP-154, Frascati, Italy, July 16-18, 1979.

J. R. Bennett, I. G. Cumming, R. A. Deane, P. Widmer, R. Fielding, and P. McConnell. SEASAT Imagery Shows St. Lawrence. *Aviation Week and Space Technology*, page 19 and front cover, February 26, 1979.

M. Born and E. Wolf. *Principles of Optics*. Cambridge University Press, Cambridge, England, 7th edition, 1999.

R. N. Bracewell. *The Fourier Transform and Its Applications*. WCB/McGraw-Hill, New York, 3rd edition, 1999.

H. Breit, B. Schättler, and U. Steinbrecher. A High Precision Workstation-Based Chirp Scaling SAR Processor. In *Proc. Int. Geoscience and Remote Sensing Symp.*, *IGARSS'97*, Vol. 1, pp. 465-467, Singapore, August 1997.

E. O. Brigham. *The Fast Fourier Transform: An Introduction to Its Theory and Application*. Prentice Hall, Upper Saddle River, NJ, 1974.

C. Cafforio, P. Guccione, and A. Monti Guarnieri. Doppler Centroid Estimation for ScanSAR Data. *IEEE Trans. on Geoscience and Remote Sensing*, 42(1), pp. 14-23, January 2004.

C. Cafforio, C. Prati, and F. Rocca. Full Resolution Focusing of SEASAT SAR Images in the Frequency-Wave Number Domain. *In Proc. 8th EARSel Workshop*, pp. 336-355, Capri, Italy, May 17-20, 1988.

C. Cafforio, C. Prati, and F. Rocca. SAR Data Focusing Using Seismic Migration Techniques. *IEEE Trans. on Aerospace and Electronic Systems*, 27(2), pp. 194-207, March 1991.

W. J. Caputi. Stretch: A Time-Transformation Technique. *IEEE Trans. on Aerospace and Electronic Systems*, AES-7, pp. 269-278, March 1971.

W. G. Carrara, R. S. Goodman, and R. M. Majewski. *Spotlight Synthetic Aperture Radar: Signal Processing Algorithms*. Artech House, Norwood, MA, 1995.

C. Y. Chang and J. C. Curlander. Doppler Centroid Ambiguity Estimation for Synthetic Aperture Radars. In *Proceedings of the International Geoscience and Remote Sensing Symposium*, *IGARSS'89*, pp. 2567-2571, Vancouver, BC, 1989.

C. Y. Chang and J. C. Curlander. Application of the Multiple PRF Technique to Resolve Doppler Centroid Estimation Ambiguity for Spaceborne SAR. *IEEE Trans. on Geoscience and Remote Sensing*, 30(5), pp. 941-949, September 1992.

C. Y. Chang, M. Y. Jin, Y. -L. Lou, and B. Holt. First SIR-C ScanSAR Results. *IEEE Trans. on Geoscience and Remote Sensing*, 34(5), pp. 1278-1281, September 1996.

J. H. Chun and C. A. Jacowitz. Fundamentals of Frequency Domain Migration. *Geophysics*, 46, pp. 717-733, 1981.

J. F. Claerbout. *Imaging the Earth's Interior*. Blackwell Science, Oxford, 1985.

I. G. Cumming. Model-Based Doppler Estimation for Frame-Based SAR Processing. In *Proc. Int. Geoscience and Remote Sensing Symp.*, *IGARSS'01*, Vol. 6, pp. 2645-2647, Sydney, Australia, July 2001.

I. G. Cumming. A Spatially Selective Approach to Doppler Estimation for Frame-Based Satellite SAR Processing. *IEEE Trans. on Geoscience and Remote Sensing*, 42(6), June 2004.

I. G. Cumming and D. C. Bast. A New Hybrid-Beam Data Acquisition Strategy to Support ScanSAR Radiometric Calibration. *IEEE Trans. on Geoscience and Remote Sensing*, 42(1), pp. 3-13, January 2004.

I. G. Cumming and J. R. Bennett. Digital Processing of SEASAT SAR Data. In *IEEE 1979 International Conference on Acoustics*, *Speech and Signal Processing*, Washington, D. C., April 2-4, 1979.

I. G. Cumming, Y. Guo, and F. H. Wong. A Comparison of Phase-Preserving Algorithms for Burst-Mode SAR Data Processing. In *Proc. Int. Geoscience and Remote Sensing Symp.*, *IGARSS'97*, Vol. 2, pp. 731-733, Singapore, August 1997.

I. G. Cumming, Y. Guo, and F. H. Wong. Analysis and Precision Processing of Radarsat ScanSAR Data. In *Geomatics in the*

Era of Radarsat, *GER'97*, Ottawa, ON, May 25-30, 1997. Published on CD-ROM and available on the UBC RRSG Web site.

I. G. Cumming, P. F. Kavanagh, and M. R. Ito. Resolving the Doppler Ambiguity for Spaceborne Synthetic Aperture Radar. In *Proceedings of the International Geoscience and Remote Sensing Symposium*, *IGARSS'86*, pp. 1639-1643, Zurich, Switzerland, September 8-11, 1986.

I. G. Cumming and J. Lira. The Design of a Digital Breadboard Processor for the ESA Remote Sensing Satellite Synthetic Aperture Radar. Technical report, MacDonald Dettwiler, Richmond, BC, July 1981. Final report for ESA Contract No. 3998/79/NL/HP(SC).

I. G. Cumming, F. H. Wong, and R. K. Raney. A SAR Processing Algorithm with No Interpolation. In *Proc. Int. Geoscience and Remote Sensing Symp.*, *IGARSS'92*, pp. 376-379, Clear Lake, TX, May 1992.

J. Curlander and R. McDonough. *Synthetic Aperture Radar: Systems and Signal Processing.* John Wiley & Sons, New York, 1991.

J. C. Curlander, C. Wu, and A. Pang. Automated Processing of Spaceborne SAR Data. In *Proceedings of the International Geoscience and Remote Sensing Symposium*, *IGARSS'82*, Vol. 1, pp. 3-6, Munich, Germany, June 1982.

D. D'Aria, A. Monti Guarnieri, and F. Rocca. Focusing Bistatic Synthetic Aperture Radar Using Dip Move Out. *IEEE Trans. on Geoscience and Remote Sensing*, 42(7), pp. 1362-1376, July 2004.

G. W. Davidson. *Image Formation from Squint Mode Synthetic Aperture Radar Data.* PhD thesis, Dept. of Electrical and Computer Eng., University of British Columbia, Vancouver, BC, September 1994.

G. W. Davidson and I. G. Cumming. Signal Properties of Squint Mode SAR. *IEEE Trans. on Geoscience and Remote Sensing*, 35(3), pp. 611-617, May 1997.

G. W. Davidson, I. G. Cumming, and M. R. Ito. A Chirp Scaling Approach for Processing Squint Mode SAR Data. *IEEE Trans. on Aerospace and Electronic Systems*, 32(1), pp. 121-133, January 1996.

G. W. Davidson, F. H. Wong, and I. G. Cumming. The Effect of Pulse Phase Errors on the Chirp Scaling SAR Processing Algorithm. *IEEE Trans. on Geoscience and Remote Sensing*, 34(2), pp. 471-478, March 1996.

Y.-L. Desnos, H. Laur, P. Lim, P. Meisl, and T. Gach. The ENVISAT-1 Advanced Synthetic Aperture Radar Processor and Data Products. In Proc. *Int. Geoscience and Remote Sensing Symp.*, *IGARSS'99*, Vol. 3, pp. 1683-1685, Hamburg, Germany, June 1999.

C. Ding, H. Peng, Y. Wu, and H. Jia. Large Beamwidth Spaceborne SAR Processing Using Chirp Scaling. In *Proc. Int. Geoscience and Remote Sensing Symp.*, *IGARSS'99*, Vol. 1, pp. 527-529, Hamburg, June 1999.

Y. Ding and D. C. Munson. A Fast Back-Projection Algorithm for Bistatic SAR Imaging. In *Proc. Int. Conf. on Image Processing*, *ICIP 2002*, Vol. 2, pp. 449-452, Rochester, NY, September 22-25, 2002.

R. C. Dixon. *Spread Spectrum Systems with Commercial Applications.* Wiley-Interscience, New York, 3rd edition, 1994.

Y. Dong, A. K. Milne, and B. C. Forster. A Review of SAR Speckle Filters: Texture Restoration and Preservation. In *Proc. Int. Geoscience and Remote Sensing Symp.*, *IGARSS'00*, Vol. 2, pp. 633-635, Honolulu, HI, July 2000.

M. Dragosevic. On Accuracy of Attitude Estimation and Doppler Tracking. In *CEOS SAR Workshop*, Toulouse, France, October 26-29, 1999. ESA-CNES. http://www.estec.esa.nl/ceos99/papers/p164.pdf.

M. Dragosevic. Attitude Estimation and Doppler Tracking. In *CEOS SAR Workshop*, (ESA), Ulm, Germany, May 27-28, 2004.

M. Dragosevic and B. Plache. Doppler Tracker for a Spaceborne ScanSAR System. *IEEE Trans. on Aerospace and Electronic Systems*, 36(3), pp. 907-924, July 2000.

P. Dubois-Fernandez, O. Ruault du Plessis, M. Wendler, R. Horn, G. Krieger, B. Vaizan, H. Cantalloube, D. Heuz, and B. Gabler. The ONERA-DLR Bistatic Experiment: Design of the Experiment and Preliminary Results. In *Proc. Advanced SAR Workshop*, Canadian Space Agency, Saint-Hubert, Quebec, June 25-27, 2003.

C. Elachi. *Spaceborne Radar Remote Sensing: Applications and Techniques.* IEEE Press, New York, 1987.

D. Fernandes, G. Waller, and J. R. Moreira. Registration of SAR Images Using the Chirp Scaling Algorithm. In *Proc. Int. Geoscience and Remote Sensing Symp.*, *IGARSS'96*, Vol. 1, pp. 799-801, Lincoln, NE, July 1996.

D. Esteban Fernandez, P. J. Meadows, B. Schaettler, and P. Mancini. ERS Attitude Errors and Its Impact on the Processing of SAR Data. In *CEOS SAR Workshop*, Toulouse, France, October 26-29, 1999. ESA-CNES. http://www.estec.esa.nl/ceos99/papers/p027.pdf.

H. Fiedler, E. Boerner, J. Mittermayer, and G. Krieger. Total Zero Doppler Steering. In *Proc. European Conference on Synthetic Aperture Radar*, *EUSAR'04*, pp. 481-484, Ulm, Germany, May 2004.

G. Franceschetti and R. Lanari. *Synthetic Aperture Radar Processing*. CRC Press, Boca Raton, FL, 1999.

A. Freeman, W. T. K. Johnson, B. Honeycutt, R. Jordan, S. Hensley, P. Siqueira, and J. Curlander. The "Myth" of the Minimum SAR Antenna Area Constraint. *IEEE Trans. Geoscience and Remote Sensing*, 38(1), pp. 320-324, January 2000.

V. S. Frost, J. A. Stiles, K. S. Shanmugan, and J. C. Holtzman. A Model for Radar Images and Its Application to Adaptive Filtering of Multiplicative Noise. *IEEE Trans. Pattern Anal. Mach. Intell.*, 4, pp. 157-166, 1982.

A. Gallon and F. Impagnatiello. Motion Compensation in Chirp Scaling SAR Processing Using Phase Gradient Autofocusing. In *Proc. Int. Geoscience and Remote Sensing Symp.*, *IGARSS'98*, Vol. 2, pp. 633-635, Seattle, WA, July 1998.

E. Gimeno and J. M. Lopez-Sanchez. Near-Field 2-D and 3-D Radar Imaging Using a Chirp Scaling Algorithm. In *Proc. Int. Geoscience and Remote Sensing Symp.*, *IGARSS'01*, Vol. 1, pp. 354-356, Sydney, Australia, July 2001.

J. W. Goodman. *Introduction to Fourier Optics*. McGraw-Hill, New York, 1968.

J. W. Goodman. Statistical Properties of Laser Speckle Patterns. In *Laser and Speckle Related Phenomena*, J. C. Dainty(ed.). Springer-Verlag, London, 1984.

M. M. Goulding, D. R. Stevens, and P. R. Lim. The SIVAM Airborne SAR System. In *Proc. Int. Geoscience and Remote Sensing Symp.*, *IGARSS'01*, Vol. 6, pp. 2763-2765, Sydney, Australia, July 2001.

A. Monti Guarnieri. Residual SAR Focusing: An Application to Coherence Improvement. *IEEE Trans. Geoscience and Remote Sensing*, 34(1), pp. 201-211, January 1996.

A. Monti Guarnieri and P. Guccione. Optimal "Focusing" for Low Resolution ScanSAR. *IEEE Trans. on Geoscience and Remote Sensing*, 39(3), pp. 479-491, March 2001.

A. Monti Guarnieri and C. Prati. ScanSAR Focusing and Interferometry. *IEEE Trans. Geoscience and Remote Sensing*, 34(4), pp. 1029-1038, July 1996.

R. F. Hanssen. *Radar Interferometry: Data Interpretation and Error Analysis*. Kluwer Academic Publishers, Dordrecht, the Netherlands, 2001.

R. O. Harger. *Synthetic Aperture Radar Systems: Theory and Design*. Academic Press, New York, 1970.

D. W. Hawkins and P. T. Gough. An Accelerated Chirp Scaling Algorithm for Synthetic Aperture Imaging. In *Proc. Int. Geoscience and Remote Sensing Symp.*, *IGARSS'97*, Vol. 1, pp. 471-473, Singapore, August 1997.

R. K. Hawkins and P. W. Vachon. Modelling SAR Scalloping in Burst Mode Products from RADARSAT-1 and ENVISAT. In *Proc. CEOS Workshop on SAR*, London, September 2002. ESA Publication SP-520.

S. S. Haykin. *Communications Systems*. John Wiley & Sons, New York, 4th edition, 2000.

H. Hellsten and L. E. Anderson. An Inverse Method for the Processing of Synthetic Aperture Radar Data. *Inverse Problems*, No. 3, pp. 111-124, 1987.

F. M. Henderson and A. J. Lewis, editors. *Manual of Remote Sensing*, Volume 2: *Principles and Applications of Imaging Radar*. John Wiley & Sons, New York, 3rd edition, 1998.

S. Hensley, P. Rosen, and E. Gurrola. The SRTM Topographic Mapping Processor. In *Proc. Int. Geoscience and Remote Sensing Symp.*, *IGARSS'00*, Vol. 3, pp. 1168-1170, Honolulu, HI, July 2000.

J. Holzner and R. Bamler. Burst-Mode and ScanSAR Interferometry. *IEEE Trans. on Geoscience and Remote Sensing*, 40(9), pp. 1917-1934, September 2002.

B. L. Honeycutt. Spaceborne Imaging Radar-C Instrument. *IEEE Trans. on Geoscience and Remote Sensing*, 27(2), pp. 164-169, March 1989.

W. Hong, J. Mittermayer, and A. Moreira. High Squint Angle Processing of E-SAR Stripmap Data. In *Proc. European Conference on Synthetic Aperture Radar*, *EUSAR'00*, pp. 449-552, Munich, Germany, May 2000.

Y. Huang and A. Moreira. Airborne SAR Processing Using the Chirp Scaling and a Time Domain Subaperture Algorithm. In

Proc. Int. Geoscience and Remote Sensing Symp., *IGARSS'93*, Vol. 3, pp. 1182-1184, Tokyo, August 1993.

W. Hughes, K. Gault, and G. J. Princz. A Comparison of the Range-Doppler and Chirp Scaling Algorithms with Reference to RADARSAT. In *Proc. Int. Geoscience and Remote Sensing Symp.*, *IGARSS'96*, Vol. 2, pp. 1221-1223, Lincoln, NE, July 1996.

E. C. Ifeachor and B. W. Jervis. *Digital Signal Processing: A Practical Approach.* Pearson Education, Harlow, England, 2nd edition, 2002.

F. Impagnatiello. A Precision Chirp Scaling SAR Processor Extension to Sub-Aperture Implementation on Massively Parallel Supercomputers. In *Proc. Int. Geoscience and Remote Sensing Symp.*, *IGARSS'95*, Vol. 3, pp. 1819-1821, Florence, Italy, July 1995.

V. K. Ingle and J. G. Proakis. *Digital Signal Processing Using MATLAB V. 4.* Brooks/Cole Publishing Co., Pacific Grove, CA, 1st edition, 2000.

L. B. Jackson. *Digital Filters and Signal Processing.* Kluwer Academic Publishers, Boston, MA, 3rd edition, 1996.

C. V. Jakowatz, D. E. Wahl, P. H. Eichel, D. C. Ghiglia, and P. A. Thompson. *Spotlight-Mode Synthetic Aperture Radar: A Signal Processing Approach.* Kluwer Academic Publishers, Boston, MA, 1996.

M. J. Jin and C. Wu. A SAR Correlation Algorithm Which Accommodates Large Range Migration. *IEEE Trans. Geoscience and Remote Sensing*, 22(6), pp. 592-597, November 1984.

M. Y. Jin. PRF Ambiguity Determination for RADARSAT ScanSAR System. In *Proc. Int. Geoscience and Remote Sensing Symp.*, *IGARSS'94*, Vol. 4, pp. 1964-1966, Pasadena, CA, August 1994.

M. Y. Jin, F. Cheng, and M. Chen. Chirp Scaling Algorithms for SAR Processing. In *Proc. Int. Geoscience and Remote Sensing Symp.*, *IGARSS'93*, Vol. 3, pp. 1169-1172, Tokyo, Japan, August 1993.

N. L. Johnson, S. Kotz, and N. Balakrishnan. *Continuous Univariate Distributions.* John Wiley & Sons, New York, 2nd edition, 1994.

W. T. K. Johnson. Magellan Imaging Radar Mission to Venus. *Proceedings of the IEEE*, 79(6), pp. 777-790, June 1991.

R. L. Jordan. The SEASAT-A Synthetic Aperture Radar System. *IEEE Trans. Oceanic Eng.*, 5(2), pp. 154-164, 1980.

R. L. Jordan, B. L. Honeycutt, and M. Werner. The SIR-C/X-SAR Synthetic Aperture Radar System. *Proc. IEEE*, 79(6), pp. 827-838, 1991.

T. Kailath. *Linear Systems.* Prentice Hall, Upper Saddle River, NJ, 1980.

J. F. Kaiser. Nonrecursive Digital Filter Design Using the Io-sinh Window Function. In *1974 Inter. Conf. on Circuits and Systems*, pp. 20-23, April 22-25, 1974. Reprinted in "Selected Papers in Digital Signal Processing, II", IEEE Press, New York, 1976.

E. W. Kamen. *Fundamentals of Signals and Systems Using MATLAB.* Prentice Hall, Upper Saddle River, NJ, 1996.

S. Karnevi, E. Dean, D. J. Q. Carter, and S. S. Hartley. ENVISAT's Advanced Synthetic Aperture Radar: ASAR. *ESA Bulletin*, 76, pp. 30-35, 1994.

E. L. Key, E. N. Fowle, and R. D. Haggarty. A Method of Designing Signals of Large Time-Bandwidth Product. *IRE Intern. Cony. Record*, (4), pp. 146-154, March 1961.

J. C. Kirk. A Discussion of Digital Processing in Synthetic Aperture Radar. *IEEE Trans. on Aerospace and Electronic Systems*, 10(3), pp. 326-337, May 1975.

J. J. Kovaly. *Synthetic Aperture Radar.* Artech House, Dedham, MA, 1976.

H. J. Kramer. *Observation of the Earth and Its Environment: Survey of Missions and Sensors.* Springer-Verlag, Berlin, 1996.

E. Kreyszig. *Advanced Engineering Mathematics.* John Wiley & Sons, New York, 7th edition, 1993.

R. Lanari. A New Method for the Compensation of the SAR Range Cell Migration Based on the Chirp-Z Transform. *IEEE Trans. Geoscience and Remote Sensing*, 33(5), pp. 1296-1299, September 1995.

R. Lanari, S. Hensley, and P. A. Rosen. Chirp-Z Transform Based SPECAN Approach for Phase Preserving ScanSAR Image Generation. *IEE Proc. Radar, Sonar and Navigation*, 145(5), pp. 254-261, 1998.

B. P. Lathi. *Signal Processing and Linear Systems.* Oxford University Press, New York, 1998.

J. -S. Lee. A Simple Speckle Smoothing Algorithm for Synthetic Aperture Radar Images. *IEEE Trans. Systems, Man and Cyber-*

netics, 13, pp. 85-89, 1983.

K. Leung, M. Chen, J. Shimada, and A. Chu. RADARSAT Processing System at ASF. In *Proc. Int. Geoscience and Remote Sensing Symp.*, *IGARSS'96*, Vol. 1, pp. 43-47, Lincoln, NE, July 1996.

K. Leung, M. Jin, C. Wong, and J. Gilbert. SAR Data Processing for the Magellan Prime Mission. In *Proc. Int. Geoscience and Remote Sensing Symp.*, *IGARSS'92*, pp. 606-609, Clear Lake, TX, May 1992.

F. K. Li, D. N. Held, J. Curlander, and C. Wu. Doppler Parameter Estimation for Spaceborne Synthetic Aperture Radars. *IEEE Trans. on Geoscience and Remote Sensing*, 23(1), pp. 47-56, January 1985.

O. Loffeld. Estimating Time Varying Doppler Centroids With Kalman Filters. In *Proc. Int. Geoscience and Remote Sensing Symp.*, *IGARSS'91*, Vol. 2, pp. 1043-1046, Espoo, Finland, June 1991.

O. Loffeld, A. Hein, and F. Schneider. SAR Focusing: Scaled Inverse Fourier Transformation and Chirp Scaling. In *Proc. Int. Geoscience and Remote Sensing Symp.*, *IGARSS'98*, Vol. 2, pp. 630-632, Seattle, WA, July 1998.

O. Loffeld, H. Nies, V. Peters, and S. Knedlik. Models and Useful Relations for Bistatic SAR Processing. *IEEE Trans. on Geoscience and Remote Sensing*, 42(10), pp. 2031-2038, October 2004.

J. M. Lopez-Sanchez and J. Fortuny. 3-D Radar Imaging Using Range Migration Techniques. *IEEE Trans. on Antennas and Propagation*, 48, pp. 728-737, May 2000.

A. P. Luscombe. Taking a Broader View: Radarsat Adds ScanSAR to Its Operations. In *Proc. Int. Geoscience and Remote Sensing Symp.*, *IGARSS'88*, Vol. 2, pp. 1027-1032, Edinburgh, Scotland, September 1988.

S. N. Madsen. Estimating the Doppler Centroid of SAR Data. *IEEE Trans. on Aerospace and Electronic Systems*, 25(2), March 1989.

B. R. Mahafza. *Radar Systems Analysis and Design Using MATLAB*. Chapman and Hall/CRC Press, Boca Raton, FL, 2000.

S. R. Marandi. RADARSAT Attitude Estimates Based on Doppler Centroid Of Satellite Imagery. In *Proceedings of the International Geoscience and Remote Sensing Symposium*, *IGARSS'97*, Vol. 1, pp. 493-497, Singapore, August 3-8, 1997.

P. Martyn, J. Williams, J. Nicoll, R. Guritz, and T. Bicknell. Calibration of the RADARSAT SWB Processor at the Alaska SAR Facility. In *Proc. Int. Geoscience and Remote Sensing Symp.*, *IGARSS'99*, pp. 2355-2359, Hamburg, Germany, June 1999.

D. Massonnet. Capabilities and Limitations of the Interferometric Cartwheel. *IEEE Trans. on Geoscience and Remote Sensing*, 39(3), pp. 506-520, March 2001.

S. W. McCandless. SAR in Space—The Theory, Design, Engineering and Application of a Space-Based SAR System. In *Space-Based Radar Handbook*, L. J. Cantafio(ed.), chapter 4. Artech House, Norwood, MA, 1989.

J. H. McClellan, C. S. Burrus, A. V. Oppenheim, T. W. Parks, R. W. Schafer, and H. W. Schuessler. *Computer-Based Exercises for Signal Processing Using MATLAB 5*. Prentice Hall, Upper Saddle River, NJ, 1998.

J. H. McClellan, R. W. Schafer, and M. A. Yoder. *DSP First: A Multimedia Approach*. Prentice Hall, Upper Saddle River, NJ, 1998.

A. D. McGoey-Smith and M. R. Vant. Modification of the SAR Step Transform Algorithm. *IEEE Trans. on Aerospace and Electronic Systems*, 28(3), pp. 666-674, July 1992.

D. L. Mensa. *High Resolution Radar Cross-Section Imaging*. Artech House, Norwood, MA, 1991.

S. K. Mitra. *Digital Signal Processing: A Computer-Based Approach*. McGraw-Hill College Division, New York, 2nd edition, 2001.

J. Mittermayer and A. Moreira. Spotlight SAR Processing Using the Extended Chirp Scaling Algorithm. In *Proc. Int. Geoscience and Remote Sensing Symp.*, *IGARSS'97*, Vol. 4, pp. 2021-2023, Singapore, August 1997.

J. Mittermayer and A. Moreira. A Generic Formulation of the Extended Chirp Scaling Algorithm(ECS)for Phase Preserving ScanSAR and SpotSAR Processing. In *Proc. Int. Geoscience and Remote Sensing Symp.*, *IGARSS'00*, Vol. 1, pp. 108-110, Honolulu, HI, July 2000.

J. Mittermayer and A. Moreira. The Extended Chirp Scaling Algorithm for ScanSAR Interferometry. In *Proc. European Conference on Synthetic Aperture Radar*, *EUSAR'00*, pp. 197-200, Munich, Germany, May 2000.

J. Mittermayer, A. Moreira, and O. Loffeld. High Precision Processing of Spotlight SAR Data Using the Extended Chirp

Scaling Algorithm. In *Proc. European Conference on Synthetic Aperture Radar*, *EUSAR'98*, pp. 561-564, Friedrichshafen, Germany, May 1998.

J. Mittermayer, A. Moreira, and O. Loffeld. Spotlight SAR Data Processing Using the Frequency Scaling Algorithm. *IEEE Trans. Geoscience and Remote Sensing*, 37(5), pp. 2198-2214, September 1999.

J. Mittermayer, A. Moreira, and R. Scheiber. Reduction of Phase Errors Arising from the Approximations in the Chirp Scaling Algorithm. In *Proc. Int. Geoscience and Remote Sensing Symp.*, *IGARSS'98*, Vol. 2, pp. 1180-1182, Seattle, WA, July 1998.

J. Mittermayer, R. Scheiber, and A. Moreira. The Extended Chirp Scaling Algorithm for ScanSAR Data Processing. In *Proc. European Conference on Synthetic Aperture Radar*, *EUSAR'96*, pp. 517-520, Konigswinter, Germany, March 1996.

A. Monti-Guarieri and Y. -L. Desnos. Optimizing Performances of the ENVISAT ASAR ScanSAR Modes. In *Proc. Int. Geoscience and Remote Sensing Symp.*, *IGARSS'99*, pp. 1758-1760, Hamburg, Germany, June 1999.

R. K. Moore. Trade-Off Between Picture Element Dimensions and Noncoherent Averaging in Side-Looking Airborne Radar. *IEEE Trans. on Aerospace and Electronic Systems*, 15, pp. 697-708, September 1979.

R. K. Moore, J. P. Claassen, and Y. H. Lin. Scanning Spaceborne Synthetic Aperture Radar with Integrated Radiometer. *IEEE Trans. on Aerospace and Electronic Systems*, AES-17, pp. 410-421, May 1981.

A. Moreira and Y. Huang. Airborne SAR Processing of Highly Squinted Data Using a Chirp Scaling Approach with Integrated Motion Compensation. *IEEE Trans. Geoscience and Remote Sensing*, 32(5), pp. 1029-1040, September 1994.

A. Moreira, J. Mittermayer, and R. Scheiber. Extended Chirp Scaling Algorithm for Air and Spaceborne SAR Data Processing in Stripmap and ScanSAR Imaging Modes. *IEEE Trans. on Geoscience and Remote Sensing*, 34(5), pp. 1123-1136, September 1996.

A. Moreira and R. Scheiber. Doppler Parameter Estimation Algorithms for SAR Processing with the Chirp Scaling Approach. In *Proc. Int. Geoscience and Remote Sensing Symp.*, *IGARSS'94*, Vol. 4, pp. 1977-1979, Pasadena, CA, August 1994.

A. Moreira, R. Scheiber, J. Mittermayer, and R. Spielbauer. Real-Time Implementation of the Extended Chirp Scaling Algorithm for Air and Spaceborne SAR Processing. In *Proc. Int. Geoscience and Remote Sensing Symp.*, *IGARSS'95*, Vol. 3, pp. 2286-2288, Florence, Italy, July 1995.

I. R. Mufti. Recent Development in Seismic Migration. In *Time Series Analysis: Theory and Practice g*, O. D. Anderson, J. K. Ord, and E. A. Robinson(eds.). Elsevier Science Publishers B. V., North-Holland, 1985.

D. C. Munson, J. D. O' Brian, and W. K. Jenkins. A Tomographic Formulation of Spotlight Mode Synthetic Aperture Radar. *Proc. of the IEEE*, 71, pp. 917-925, 1983.

J. A. Nelder and R. Mead. A Simplex Method for Function Minimization. *Computer Journal*, 7, pp. 308-313, 1965. Available in MATLAB as the function FMINSEARCH.

Y. Nemoto, H. Nishino, M. Ono, H. Mizutamari, K. Nishikawa, and K. Tanaka. Japanese Earth Resources Satellite-1 Synthetic Aperture Radar. *Proc. of the IEEE*, 79(6), pp. 800-809, 1991.

R. Okkes and I. G. Cumming. Method of and Apparatus for Processing Data Generated by a Synthetic Aperture Radar System. European Patent No. 0048704. Patent on the SPECAN algorithm, filed September 15, 1981, granted February 20, 1985. The patent is assigned to the European Space Agency.

C. Oliver and S. Quegan. *Understanding Synthetic Aperture Radar Images*. Artech House, Norwood, MA, 1998.

A. V. Oppenheim, R. W. Schafer, and J. R. Buck. *Discrete-Time Signal Processing*. Prentice Hall, Upper Saddle River, NJ, 2nd edition, 1999.

A. V. Oppenheim and A. S. Willsky. *Signals and Systems*. Prentice Hall, Upper Saddle River, NJ, 2nd edition, 1996.

M. P. G. Otten. Comparison of SAR Autofocus Algorithms. *Proc. Military Microwaves*, pp. 362-367, 1990.

R. Ottolini. Synthetic Aperture Radar Data Processing. *SEP Reports*, *Stanford University*, SEP-56, pp. 203-214, 1988.

A. Papoulis. *The Fourier Integral and Its Applications*. McGraw-Hill College Division, New York, 1962.

A. Papoulis. *Systems and Transforms with Applications in Optics*. McGraw-Hill, New York, 1968.

A. Papoulis. *Signal Analysis*. McGraw-Hill, New York, 1977.

A. Papoulis. *Probability*, *Random Variables and Stochastic Processes*. McGraw-Hill, New York, 1984.

R. P. Perry and H. W. Kaiser. Digital Step Transform Approach to Airborne Radar Processing. In *IEEE National Aerospace and Electronics Conference*, pp. 280-287, May 1973.

R. P. Perry and L. W. Martinson. *Radar Matched Filtering*, chapter 11 in "Radar Technology," E. Brookner(ed.), pp. 163-169. Artech House, Dedham, MA, 1977.

C. Prati and F. Rocca. Focusing SAR Data with Time-Varying Doppler Centroid. *IEEE Trans. on Geoscience and Remote Sensing*, 30(3), pp. 550-559, May 1992.

C. Prati, F. Rocca, A. Monti Guarnieri, and E. Damonti. Seismic Migration for SAR Focusing: Interferometric Applications. *IEEE Trans. Geoscience and Remote Sensing*, 28(4), pp. 627-640, 1990.

J. G. Proakis and D. G. Manolakis. *Digital Signal Processing: Principles, Algorithms and Applications*. Prentice Hall, Upper Saddle River, NJ, 3rd edition, 1996.

J. G. Proakis and M. Salehi. *Communication Systems Engineering*. Prentice Hall, Upper Saddle River, NJ, 1993.

C. S. Purry, K. Dumper, G. C. Verwey, and S. R. Pennock. Resolving Doppler Ambiguity for ScanSAR Data. In *Proceedings of the International Geoscience and Remote Sensing Symposium*, IGARSS'00, Vol. 5, pp. 2272-2274, Honolulu, HI, July 24-28, 2000.

L. R. Rabiner, R. W. Schafer, and C. M. Rader. The Chirp-Z Transform and Its Applications. *Bell System Tech. J.*, 48, pp. 1249-1292, 1969.

R. K. Raney. Doppler Properties of Radars in Circular Orbits. *Int. J. of Remote Sensing*, 7(9), pp. 1153-1162, 1986.

R. K. Raney. A Comment on Doppler FM Rate. *International Journal of Remote Sensing*, 8 (7), pp. 1091-1092, January 1987.

R. K. Raney. A New and Fundamental Fourier Transform Pair. In *Proc. Int. Geoscience and Remote Sensing Symp.*, IGARSS'92, pp. 106-107, Clear Lake, TX, May 1992.

R. K. Raney. Radar Fundamentals: Technical Perspective. In *Manual of Remote Sensing, Volume 2: Principles and Applications of Imaging Radar*, F. M. Henderson and A. J. Lewis(ed.), pp. 9-130. John Wiley & Sons, New York, 3rd edition, 1998.

R. K. Raney, I. G. Cumming, and F. H. Wong. Synthetic Aperture Radar Processor to Handle Large Squint with High Phase and Geometric Accuracy. U. S. Patent No. 5, 179, 383. Patent Appl. No. 729, 641, filed July 15, 1991, granted January 12, 1993. The patent is assigned to the Canadian Space Agency.

R. K. Raney, A. P. Luscombe, E. J. Langham, and S. Ahmed. RADARSAT. *Proc. of the IEEE*, 79(6), pp. 839-849, 1991.

R. K. Raney, H. Runge, R. Bamler, I. G. Cumming, and F. H. Wong. Precision SAR Processing Using Chirp Scaling. *IEEE Trans. Geoscience and Remote Sensing*, 32(4), pp. 786-799, July 1994.

A. W. Rihaczek. *Principles of High-Resolution Radar*. Artech House, Norwood, MA, 1996.

F. Rocca, C. Cafforio, and C. Prati. Synthetic Aperture Radar: A New Application for Wave Equation Techniques. *Geophysical Prospecting*, 37, pp. 809-830, 1989.

E. Rodriguez and J. Martin. Satellite Interferometer Radar for Topographic Mapping. *IEE Proceedings-F*, 139, pp. 147-159, 1992.

R. Romeiser, O. Hirsch, and M. Gade. Remote Sensing of Surface Currents and Bathymetric Features in the German Bight by Along-Track SAR Interferometry. In *Proc. Int. Geoscience and Remote Sensing Symp.*, IGARSS'00, Vol. 3, pp. 1081-1083, Honolulu, HI, July 2000.

P. A. Rosen, S. Hensley, E. Gurrola, F. Rogez, S. Chan, J. Martin, and E. Rodriguez. SRTM C-Band Topographic Data: Quality Assessments and Calibration Activities. In *Proc. Int. Geoscience and Remote Sensing Symp.*, IGARSS'01, Vol. 2, pp. 739-741, Sydney, Australia, July 2001.

H. Runge and R. Bamler. A Novel High Precision SAR Focusing Algorithm Based On Chirp Scaling. In *Proc. Int. Geoscience and Remote Sensing Symp.*, IGARSS'92, pp. 372-375, Clear Lake, TX, May 1992.

M. Sack, M. Ito, and I. G. Cumming. Application of Efficient Linear FM Matched Filtering Algorithms to SAR Processing. *IEEE Proc-F*, 132(1), pp. 45-57, 1985.

T. E. Scheuer and F. H. Wong. Comparison of SAR Processors Based on a Wave Equation Formulation. In *Proc. Int. Geoscience and Remote Sensing Symp.*, *IGARSS'91*, Vol. 2, pp. 635-639, Espoo, Finland, June 1991.

A. R. Schmidt. Secondary Range Compression for Improved Range Doppler Processing of SAR Data with High Squint. Master's thesis, The University of British Columbia, September 1986.

S. M. Selby. *Standard Mathematical Tables*. CRC Press, Boca Raton, FL, 1967.

S. Silver, editor. *Microwave Antenna Theory and Design*. Dover, New York, 1965.

M. Simard. Extraction of Information and Speckle Noise Reduction in SAR Images Using the Wavelet Transform. In *Proc. Int. Geoscience and Remote Sensing Symp.*, *IGARSS'98*, Vol. 1, pp. 4-6, Seattle, WA, July 1998.

M. I. Skolnik. *Radar Handbook*. McGraw-Hill, New York, 2nd edition, 1990.

M. I. Skolnik. *Introduction to Radar Systems*. McGraw-Hill, New York, 2001.

A. M. Smith. A New Approach to Range Doppler SAR Processing. *International Journal of Remote Sensing*, 12(2), pp. 235-251, 1991.

M. Soumekh. A System Model and Inversion for Synthetic Aperture Radar Imaging. *IEEE Trans. on Image Processing*, I(1), pp. 64-76, 1992.

M. Soumekh. *Synthetic Aperture Radar Signal Processing with MATLAB Algorithms*. Wiley-Interscience, New York, 1999.

J. Steyn, M. M. Goulding, D. R. Stevens, P. R. Lim, J. Steinbacher, J. Tofil, T. Durak, and K. Wesolowicz. Design Approach to the SIVAM Airborne Multi-Frequency, Multi-Mode SAR System. In *Proc. European Conference on Synthetic Aperture Radar*, *EUSAR'02*, KSln, Germany, June 2002.

G. W. Stimson. *Introduction to Airborne Radar*. Scitech Pub Inc., 2nd edition, 1998.

R. H. Stolt. Migration by Transform. *Geophysics*, 43(1), pp. 23-48, February 1978.

J. -L. Suchail, C. Buck, J. Guijarro, and R. Torres. The ENVISAT-1 Advanced Synthetic Aperture Radar Instrument. In *Proc. Int. Ceoscience and Remote Sensing Symp.*, *IGARSS'99*, Vol. 2, pp. 1441-1443, Hamburg, Germany, June 1999.

R. J. Sullivan. *Microwave Radar Imaging and Advanced Concepts*. Artech House, Norwood, MA, 2000.

X. Sun, T. S. Yeo, C. Zhang, Y. Lu, and P. S. Kooi. Time-Varying Step-Transform Algorithm for High Squint SAR Imaging. *IEEE Trans. on Geoscience and Remote Sensing*, 37(6), pp. 2668-2677, November 1999.

A. A. Thompson, J. C. Curlander, N. S. McLagan, T. E. Feather, M. D' Iorio, and J. Lam. ScanSAR Processing Using the FastScan System. In *Proc. Int. Geoscience and Remote Sensing Symp.*, *IGARSS'94*, Vol. 2, pp. 1187-1189, Pasadena, CA, August 1994.

K. Tomiyasu. Tutorial Review of Synthetic-Aperture Radar (SAR) with Applications to Imaging of the Ocean Surface. *Proc. IEEE*, 66(5), pp. 563-583, 1978.

K. Tomiyasu. Conceptual Performance of a Satellite Borne, Wide Swath Synthetic Aperture Radar. *IEEE Trans. on Geoscience and Remote Sensing*, 19(2), pp. 108-116, April 1981.

J. B. -Y. Tsui. *Fundamentals of Global Positioning System Receivers: A Software Approach*. John Wiley & Sons, New York, 2000.

L. M. H. Ulander and P. -O. Forlind. Precision Processing of CARABAS HF/VHF-Band SAR Data. In *Proc. Int. Geoscience and Remote Sensing Symp.*, *IGARSS'99*, Vol. 1, pp. 47-49, Hamburg, Germany, June 1999.

L. M. H. Ulander and H. Hellsten. Calibration of the CARABAS VHF SAR System. In *Proc. Int. Geoscience and Remote Sensing Symp.*, *IGARSS'94*, Vol. 1, pp. 301-303, Pasadena, CA, August 1994.

L. M. H. Ulander and H. Hellsten. System Analysis of Ultra-Wideband VHF SAR. In *IEE International Radar Conference*, *RADAR'97*, Conf. Publ. No. 449, pp. 104-108, Edinburgh, Scotland, October 14-16, 1997.

A. Vidal-Pantaleoni and M. Ferrando. A New Spectral Analysis Algorithm for SAR Data Processing of ScanSAR Data and Medium Resolution Data Without Interpolation. In *Proc. Int. Geoscience and Remote Sensing Symp.*, *IGARSS'98*, Vol. 2, pp. 639-641, Seattle, WA, July 1998.

J. L. Walker. Range-Doppler Imaging of Rotating Objects. *IEEE Trans. on Aerospace and Electronic Systems*, 16(1), pp. 23-52, January 1980.

D. R. Wehner. *High Resolution Radar*. Artech House, Norwood, MA, 2nd edition, 1995.

F. H. Wong and I. G. Cumming. A Combined SAR Doppler Centroid Estimation Scheme Based upon Signal Phase. *IEEE Trans. on Geoscience and Remote Sensing*, 34(3), pp. 696-707, May 1996.

F. H. Wong, D. R. Stevens, and I. G. Cumming. Phase-Preserving Processing of ScanSAR Data with a Modified Range Doppler Algorithm. In *Proc. Int. Geoscience and Remote Sensing Symp.*, *IGARSS'97*, Vol. 2, pp. 725-727, Singapore, August 1997.

F. H. Wong, N. L. Tan, and T. S. Yeo. Effective Velocity Estimation for Spaceborne SAR. In *Proc. Int. Geoscience and Remote Sensing Symp.*, *IGARSS'00*, Vol. 1, pp. 90-92, Honolulu, HI, July 2000.

F. H. Wong and T. S. Yeo. New Applications of Non-Linear Chirp Scaling in SAR Data Processing. *IEEE Trans. on Geoscience and Remote Sensing*, 39(5), pp. 946-953, May 2001.

J. M. Wozencraft and I. M. Jacobs. *Principles of Communication Engineering*. John Wiley & Sons, New York, 1965.

C. Wu. A Digital System to Produce Imagery from SAR Data. In *AIAA Conference: System Design Driven by Sensors*, October 1976.

C. Wu. Processing of SEASAT SAR Data. In *SAR Technology Symp.*, Las Cruces, NM, September 1977.

C. Wu, K. Y. Liu, and M. J. Jin. A Modeling and Correlation Algorithm for Spaceborne SAR Signals. *IEEE Trans. on Aerospace and Electronic Systems*, AES-18(5), pp. 563-574, September 1982.

K. H. Wu and M. R. Vant. Extensions to the Step Transform SAR Processing Technique. *IEEE Trans. on Aerospace & Electronic Systems*, 21(3), pp. 338-344, May 1985.

I. M. Yaglom and A. Shields. *Geometric Transformations*. The Mathematical Association of America, 1962.

T. S. Yeo, N. L. Tan, and C. B. Zhang. A New Subaperture Approach to High Squint SAR Processing. *IEEE Trans. on Geoscience and Remote Sensing*, 39(5), pp. 954-967, May 2001.

O. Yilmaz. *Seismic Data Processing*. SEG Publications, Tulsa, OK, 1987.

Z. Zeng and I. G. Cumming. Modified SPIHT Encoding for SAR Image Data. *IEEE Trans. on Geoscience and Remote Sensing*, 39(3), pp. 546-552, March 2001.

索　引

A

B

R